严谨治学，追求卓越
（治学、创新经验的结晶）

研究工作基本纲领

宗旨：探求真理，指导实践，提升水平。

目标：超越现状，标新立异，精益求精。

路线：脚踏实地，实事求是，自主创新。

精神：勇于开拓，敢于碰硬，锲而不舍。

学风：专心致志，独立思考，一丝不苟。

核心：原始创新，必为己出，非我莫属。

理论建模三原则：假设合理、物性鲜明、应用简便。建模所作的假设必须符合自然科学原理，有实在根据；模型应能反映介质的主要特性及其机制，如土的多相性、压硬性、剪胀性、结构性等及引起变形、破坏、孔压变化等的重要机理（包括宏观、细观和微观方面）；模型框架力求简明，模型参数较少且都有确定的物理意义或几何意义，模型参数的确定和实现模型的数值分析比较容易。

理论建模四要领：摸清问题，吃透理论，抓大放小，有机结合。尽量摸清与研究问题有关的各种影响因素；通过对各种试验数据去粗取精、去伪存真、由表及里地分析，抓住主要因素而忽略次要因素，使问题尽可能简化；对建模依据的理论的来龙去脉、基本假设、适用条件等要胸中有数，特别是对交叉学科的新理论和新方法，不能原封不动地照搬照套，而必须把这些一般性的理论方法与岩土介质的具体特点有机结合起来，这是模型成败的关键。只有在"有机结合"上狠下功夫，创新才有实实在在的具体内容。

创新研究十策：

开拓新领域，仪器是先导；	揭示新认识，试验最重要；
创立新理论，为学须精深；	博采众长，搜炼古今；
勇啃硬骨头，十年磨一剑；	学问重在做，实践出真知；
简化是艺术，关键抓大头；	重视计算，综合判断；
交流促创新，天外还有天；	创新育英才，目标要高远。

科研工作的基本纲领——学术团队工作室的第一块展板（2010年10月5日）

陈正汉学术团队座右铭

业精于勤荒于嬉，行成于思毁于随。　　　——韩愈

科学上的创造性，集中地表现为自己提出问题而后去解决它，而不是只跟在别人或文献提出的问题后面。　　——爱因斯坦

聚精会神搞学问，一心一意谋创新。

为学必须专心致志，严谨精深，知行合一，敢为人先。

创新是科研的永恒主题，重要的理论创新成果是学科发展成熟的标志和里程碑，是学者追求的目标。实践是检验理论真伪优劣的唯一标准。

创新文化是学术团队文化的核心和灵魂。突出研究特色瞄准强精尖，凝练团队文化铸造严实新。

探索前沿，服务工程，学以致用，理论的价值和生命力全在于应用。

1991年7月陈正汉博士学位论文答辩（论文题目：非饱和土固结的混合物理论——数学模型、试验研究、边值问题）。前排三位答辩专家分别是：沈珠江先生（左1，南京水科院），匡振邦先生（中，西安交大），刘祖典先生（右1，陕西机械学院）

2001年11月20—25日团队第4次在南水北调中线工程陶岔引水渠首调研并采集原状膨胀土样

2003年9月13日团队第2次在万粱高速公路调研亭子垭隧道裂缝和张家坪滑坡情况

2003年12月27—29日团队在厦门共商厦门地基抗震和深基坑支护大计（左3是谢定义先生）

2004年10月20日作为专家组成员在安徽驷马山切岭分洪工程现场咨询

2004年12月17日考察南宁—友谊关高速公路膨胀土（岩）边坡治理工程

2005年6月18日为小浪底水利枢纽大坝安全出谋献策

2005年8月29—31日团队在小浪底水利枢纽调研大坝病害情况

2006年6月团队为陕西石门水库排忧解难，同时建立汉中CT科研工作站

2006年10月29日在陕西华能蒲城电厂三期工地调研（右1是刘厚健大师）

2006年10月29日团队在陕西华能蒲城电厂三期工地调研

2006年12月1日在新加坡召开的第2届天然土国际会议上作特邀报告

2007年4月12日在广州绕城高速工地现场咨询

2007年4月21日在南京召开的第3届亚洲非饱和土学术会议上作特邀报告

2007年8月在宁夏扶贫扬黄工程现场咨询调研（左1是哈双总指挥）

2007年11月22日团队在原状黄土土压力测试现场（兰州）

**2008年7月4日出席在英国召开的欧洲第1届非饱和土会议时与Alonso
（右1，时任国际土协非饱和土委员会第2任主席）和Laloui（左1，
瑞士科学院院士）合影**

**2008年7月6日出席在英国召开的欧洲第1届非饱和土会议时与Toll
（左1，国际土协非饱和土委员会第3任主席）和Laloui（右1，
瑞士科学院院士）合影**

2008年9月28日在甘肃北山考察中国高放废物地质处置库预选地址

2009年8月12日团队在兰州和平镇科研现场合影

2009年9月26—29日团队在广佛高速埋设监测仪器、采取土样后合影

2010年10月8日团队考察南水北调中线穿黄工程

2010年10月28日团队在南水北调中线工程安阳段现场咨询调研

2011年1月19日团队学术交流合影

2012年2月29日在泰国芭堤雅出席第5届亚太非饱和土会议时与Fredlund
（国际土协非饱和土委员会第1任主席）合影

2012年9月23—24日在武汉召开的第4届国际疑难土会议的4位会议主席合影

2012年9月23日在武汉召开的第4届国际疑难土会议上作主题报告

2012年11月6日专家组在延安新区工地现场咨询合影

2012年12月14日在内蒙古兴和县高庙子考察膨润土矿业开采与加工情况

2013年7月11—14日作为专家组成员在南水北调中线工程陶岔引水渠首现场咨询

2013年10月2日在延安南泥湾机场建设工地咨询（右2是姚雪桂总工）

2013年10月13日在重庆召开的第一届非饱和土与特殊土力学及
工程学术研讨会的会务组合影

2013年10月13日参加第一届全国非饱和土与特殊土力学及工程学术会议的
西安理工大学和西北农林科技大学校友合影

2014年4月19日在北京作黄文熙讲座学术报告（主讲人），右边是会议主持人陈祖煜院士

2014年4月19日在黄文熙讲座期间与团队成员合影

2014年8月23—26日团队在延安新区采取土样后到南泥湾机场建设工地调研

2015年10月24日在桂林召开的第6届亚太非饱和土学术会议上作主题报告

2017年5月7日参加母校西安理工大学水利水电和土木学科创办80周年学术研讨会期间
与母校岩土工程专家合影

2017年9月23日第5次担任中科院精品课程高级研修班授课专家时与部分同行专家合影

2017年11月2日在中学母校（陕西省南郑县高台中学）作励志报告并与校友合影
（前排左2和左4分别是1963—1966年担任高六六级班主任的李如意先生和韩宗愈先生）

2017年12月10日在青岛召开的泰山学术论坛上作特邀报告

2018年4月22日在北京中国科技会堂《黄文熙讲座学术报告会》上作特邀报告

2019年6月26日考察甘肃舟曲江顶崖滑坡及治理工程（滑坡体积约500万m³）

2020年8月6日考察甘肃省通渭—定西高速公路黄土隧道（上覆黄土厚度100m左右）

汉中CT-三轴科研工作站—从2006年6月到2018年7月为后勤工程学院、西南大学、西南科技大学、西南交通大学、西南石油大学、西安理工大学、兰州理工大学、桂林理工大学等单位培养高层次人才提供了重要支持

国家科学技术学术著作出版基金资助出版

非饱和土与特殊土力学
（上卷）

MECHANICS FOR UNSATURATED AND SPECIAL SOILS

陈正汉　著

中国建筑工业出版社

图书在版编目（CIP）数据

非饱和土与特殊土力学＝MECHANICS FOR
UNSATURATED AND SPECIAL SOILS：上下卷/陈正汉著
. —北京：中国建筑工业出版社，2022.10
ISBN 978-7-112-27851-0

Ⅰ.①非… Ⅱ.①陈… Ⅲ.①非饱和-土力学 Ⅳ.
①TU43

中国版本图书馆 CIP 数据核字（2022）第 161623 号

本书内容是作者及其学术团队 40 年来在非饱和土与特殊土力学领域创新成果的系统总结和结晶，分为 6 篇 31 章。第 1 篇（第 1 章）介绍非饱和土与特殊土力学的发展历程、岩土学科发展和工程实践中遇到的形形色色的疑难土力学课题；第 2 篇（第 2 章至第 9 章）全面系统介绍非饱和土与特殊土的测试技术，重点介绍了作者自主研发的仪器设备和高新技术设备；第 3 篇（第 10 章至第 15 章）详细研究非饱和土与特殊土的力学及热力学特性，包括持水、渗水、渗气、屈服、变形、强度和水量变化特性等，揭示相关规律；第 4 篇（第 16 章至第 21 章）论述非饱和土的应力理论（包括有效应力和应力状态变量）及其验证，构建非饱和土与特殊土的本构模型谱系，包括增量非线性模型（各向同性与横观各向同性）、弹塑性模型、黄土和膨胀土的细观结构演化特性与弹塑性结构损伤模型等；第 5 篇（第 22 章至第 27 章）论述非饱和土与特殊土的多场耦合理论和工程应用，创立了岩土力学的公理化理论体系与非饱和土固结的混合物理论，建立了非线性固结模型、弹塑性固结模型、弹塑性结构损伤固结模型与非饱和土的水气渗流耦合分析模型，详细介绍了各种固结模型在小浪底大坝等水利、交通、城建、环保等工程中的应用；第 6 篇（第 28 章至第 31 章）是对几个特殊土疑难问题的研究，包括桩基负摩阻力、原状黄土的土压力、软土的大变形动边界固结和复杂地基的地震反应分析。书末附录是部分同行专家对作者学术成果的评价和作者的部分家国情怀韵文。

本书是国内外第一本关于非饱和土与特殊土力学的专著，书中的图表、表达式和参考文献均数以千计。自主创新、深入系统是本书的最大特色；内容丰富、表述清晰、数据翔实、推理严谨、理论性强、知行合一是本书的鲜明特色。

本书可供从事岩土力学与工程的教学、科研、工程技术人员及研究生参考阅读，也可作为研究生教材使用。

责任编辑：杨　允　刘颖超　李静伟
责任校对：党　蕾

非饱和土与特殊土力学
MECHANICS FOR UNSATURATED AND SPECIAL SOILS
陈正汉　著

*

中国建筑工业出版社出版、发行（北京海淀三里河路 9 号）
各地新华书店、建筑书店经销
北京科地亚盟排版公司制版
北京中科印刷有限公司印刷

*

开本：850 毫米×1168 毫米　1/16　印张：67¼　插页：8　字数：1892 千字
2022 年 12 月第一版　　2022 年 12 月第一次印刷
定价：**350. 00** 元（上下卷）
ISBN 978-7-112-27851-0
（38900）

前　言

　　非饱和土与特殊土力学是研究非饱和土与特殊土的水分、应力、变形、强度、渗透和稳定的规律及其工程应用的一门学科，是土力学的新分支。

　　非饱和土与特殊土力学是 20 世纪 60 年代开始起步、90 年代初步成形、21 世纪趋于成熟的土力学发展的新领域和新分支，作者有幸参与和见证了该学科的创立过程。

　　作者自 1982 年研究湿陷性黄土，1987 年开始研究非饱和土，而后把非饱和土的研究与特殊土的研究相结合，开拓创新，带领学术团队针对全国多种非饱和土与特殊土，对其测试技术、力学特性、理论模型及其工程应用开展了持久深入的研究，并取得了系统的创造性成果；40 年来，走出了一条"脚踏实地、实事求是、自主创新、知行合一"的路子。具体体现在以下 5 个方面：（1）利用吸力测控技术和高新技术（核技术、CT 技术、自动控制、微型传感器等），率先在国内自主研制和开发了 10 多种新仪器设备（非饱和土固结仪、非饱和土直剪仪、非饱和土三轴仪、非饱和土渗气仪、温控三轴仪、多功能土工三轴仪、土工 CT-三轴仪、缓冲材料三轴仪等），搭建起了研究非饱和土与特殊土力学的平台；（2）通过各类数以百计的试验研究，揭示了分布在 12 个省市（陕、甘、宁、青、晋、豫、京、蒙、闽、粤、桂、滇）的黄土（包括新黄土 Q_3、Q_4 与老黄土 Q_2）、膨胀土（原状与重塑）、膨润土、盐渍土、含黏砂土、残积土、红黏土、饱和砂土及饱和软土的持水特性、变形强度特性、水量变化特性、屈服特性、渗水性、渗气性、细观结构演化特性、热力学特性及动力学特性；（3）以现代连续统物理（理性力学）、不可逆热力学、弹塑性力学、损伤力学为基础，建立了非饱和土力学与特殊土力学的基本理论和数学模型（包括建模理论-公理化理论体系、固结理论、应力理论、渗透规律、本构模型谱系和固结模型谱系）；（4）以自主研究的理论成果为基础，自主设计了多套分析计算非饱和土与特殊土渗流、变形和稳定的有限元软件；（5）将研究成果应用于解决我国工程建设和环境保护中遇到的疑难问题（如小浪底大坝，南水北调膨胀土渠坡，宁夏扶贫扬黄工程大厚度湿陷性黄土地基，陕、甘、粤等省的多条高速公路，高放废物的地质处置等）。

　　本书内容是作者及其学术团队 40 年来在非饱和土与特殊土力学领域主要创新成果的系统总结和结晶，共分 6 篇 31 章，内容包括试验仪器研制开发、力学特性试验研究、理论模型构建、分析软件设计和工程应用等方面。全书以吸力为中心概念，以连续介质力学为基础，采用试验研究、科学抽象、演绎归纳、旁征博引和数值分析等多种方法，系统阐述非饱和土与特殊土力学的测试技术、力学特性、应力理论、本构理论与本构模型谱系、固结理论与固结模型谱系及其工程应用。

　　本书写作遵循实践—认识—再实践—再认识的规律，从特殊到一般，从简单到复杂，从测试到规律，从规律到理论模型，从理论模型到工程应用；体现了"实事求是"（即从客观存在探求内在规律）、"抓大放小"（即抓住主要影响因素，忽略次要影响因素）、"有机结合"（即对交叉学科的新理论和新方法，不能原封不动地照搬照套，而必须把这些一般的理论方法与岩土工程及岩土介质的具体特点相结合）、"实践是检验真理的标准"和"知行合一"的理念，升华了对科学理论、科研方法和思想方法的理性认识。

本书是国内外第一本关于非饱和土与特殊土力学的专著，自主创新、深入系统是本书的最大特色；内容丰富、表述清晰、数据翔实、推理严谨、理论性强、知行合一是本书的鲜明特色。本书的其他特色是：（1）理论和模型框架完整，全过程清晰，包括基本假设、构建过程（抽象演绎或归纳综合）、理论的控制方程组或模型的数学表达式、参数测定、试验验证和应用等环节，如非饱和土有效应力的理论公式和应力状态变量、非饱和土固结的混合物理论、水气渗流基本方程、各种本构模型的构建等。（2）试验研究全过程完整透明，从土料来源、试样制备、仪器标定、试验方案，到试验资料整理分析和成果表达（图表和公式），数据翔实，可供进一步挖掘分析。（3）强调对理论模型的试验验证和对自主研发计算分析软件的考核，例如，对应力状态变量用多种应力路径试验从变形、强度和水量变化3方面进行系统验证；对非饱和土的增量非线性本构模型、非饱和土的横观各向同性模型、黄土的弹塑性结构损伤模型和膨胀土的弹塑性损伤本构模型等，都用多种应力路径试验进行验证；对软件CSU8和USEPC等分别用解析解和已有成熟软件的计算结果进行比较考核等；（4）操作性强，应用具体，有示范作用，系统介绍了各种测试设备的构造、特色、功能、操作注意事项（特别是高进气值陶土板的饱和方法与压力室的标定方法）及加载速率选择等；以小浪底大坝、延安新区大面积填方工程等为例，具体说明非饱和土与特殊土力学理论在渗流、变形和稳定分析中的应用。（5）适时阐述科学思想方法，总结科学研究方法，提升理论水平，启迪创新思维。（6）每篇前有导言；每章前有提要，后有小结和参考文献，便于掌握思想方法、要点和进一步考究。希望本书的出版能更好地推动非饱和土与特殊土力学在我国的发展，使这一新兴学科更好地为国家建设、西部大开发、"一带一路"倡议和培养创新人才服务。

许多同行专家建议作者编写一本关于非饱和土与特殊土力学的专著。作者从2004年起开始准备本书的编写资料，先后撰写了《非饱和土与特殊土测试技术新进展》（发展水平报告）（岩土工程学报，2006）、《非饱和土与特殊土的工程特性和力学理论及其应用研究》（中国土木工程学会第十届土力学及岩土工程学术会议论文集，2007）、《膨胀土和黄土的细观结构及其演化规律研究》（岩土力学，2009）、《非饱和土的应力状态变量研究》（岩土力学，2012）、《非饱和土与特殊土的基本理论研究》（黄文熙讲座报告论文）（岩土工程学报，2014）、《非饱和土与特殊土力学及工程应用研究的新进展》（岩土力学，2019）、《非饱和土与特殊土力学——理论创新、科研方法及治学感悟》（科学出版社，2021）等论著，为编写本书提供了丰富的资料、理论、纲目和思想方法准备及经验。本书的个别章节吸收了国内外同行的部分成果，即，轴平移技术对量测吸力的影响（第4.3节）、膨胀土的持水特性（第10.7节）、盐渍土的持水特性（第10.9节）、黄土在各向等压条件下的渗气特性（第11.9节）和巴塞罗那模型（第19.1节）。

本书主要写于2019年8月至2022年10月。在这3年多的时间里，作者经历了当代版的"卧薪尝胆"（其实就是作者40多年学术生涯的缩影和写照），独自过着最简单而又很紧张的日子，吃着自己做的最简单的重复饭菜；每天从清晨到半夜，达到了废寝忘食的地步；减少外出（10天左右购菜一次），关闭手机，尽量排除干扰。"刻苦学习无比乐，辛勤劳动四季安""人生什么最快乐？刻苦钻研出成果""聚精会神搞学问，一心一意谋创新""独立思考，乐在其中""专心致志干本行，润平纳坦是典范"（见：《非饱和土与特殊土力学——理论创新、科研方法及治学感悟》第三篇，科学出版社，2021）。作者在1977年12月、1978年2月、2010年10月、2011年8月和2020年3月写成的这些人生感悟就是自己的座右铭，激励自己坚持不懈、忘我前行。

"古人学问无遗力，少壮工夫老始成。纸上得来终觉浅，绝知此事要躬行。"在完稿之际，作者深感陆放翁的上述诗句言中治学精要，倍感亲切。陆游所说的躬行，就是亲自实践，也就是后来王阳明提倡的"知行合一"（即，知是行的主意，行是知的功夫；知是行之始，行是知之成）。作者有类似的感悟："学问重在做，实践出真知"（见：《力学与实践》，2004年1期）；"发展理论，知行合一"（见：《非饱和土与特殊土力学——理论创新、科研方法及治学感悟》第5章，科学出版社，2021）。作者所说的"做"是指科学实践，包括仪器设备研发、室内外试验研究、理论模型构建、计算软件设计、数值分析和工程应用等环节；看和说比较容易，做好每一个环节则很难，需要经过实践、认识、再实践、再认识的多次反复才行。

自1978年3月以来，作者长期在中国西部地区学习和从事岩土工程的教学科研工作，伴随着科学梦和强国梦，与改革开放和科教兴国同行，传承发扬了刘祖典和谢定义等西部老专家们严谨治学、勇于创新、重视实践、专注执着的优秀品质，磨砺了坚韧不拔的意志，提升了科研创新能力。特别是通过创立岩土力学的公理化理论体系与非饱和土固结的混合物理论、建立流体-各向异性多孔介质有效应力的理论公式与非饱和土有效应力的理论公式、构建非饱和土与特殊土的本构模型谱系及固结模型谱系，大大增强了作者开拓创新（特别是科学理论创新）、敢为人先的勇气和自信心："建立科学理论并非外国人的专利，世上无难事，只要肯攀登"（见：《非饱和土与特殊土力学——理论创新、科研方法及治学感悟》第5章，科学出版社，2021）。饮水思源，改革开放（特别是1978年12月高考）改变了我的命运，给自己提供了为现代化效力、建功立业的机会。我同时十分感谢伟大的祖国，中国幅员辽阔，土类繁多，土性千差万别，大多数土处于非饱和状态；特别是改革开放以来，重大工程遍布祖国大地，提出了许多挑战性的疑难岩土力学问题，为我施展所学提供了广阔平台。作为一个学者，能够学有所用，为国家和军队建设贡献自己的力量，我感到莫大的欣慰。

本书的研究工作是国家自然科学基金项目（项目编号：19272072、10372115、10672182、11072265、11272353、11672330）和原中国人民解放军总后勤部科研项目的研究成果和结晶，作者在此衷心感谢国家自然科学基金委员会、原总后勤部、原中国人民解放军后勤工程学院和陆军勤务学院科技处的大力支持。

作者学术团队的主要成员王权民、黄雪峰、卢再华、汤磊、周海清、方祥位、孙树国、郭剑峰、汪时机、李刚、谢云、李婉、朱元青、黄海、曹继东、张红雨、扈胜霞、李加贵、苗强强、姚志华、秦冰、关亮、张伟、张磊、孙发鑫、章峻豪、程香、阴忠强、郭楠、陈皓、张龙、高登辉、朱国平等为本书的内容做出了重要贡献，陆军勤务学院军事设施系主任陈辉国教授和科研学术处黄磊处长和参谋孙涛先生为本书的出版提供了有益的建议和帮助，作者在此一并表示衷心的感谢。

陆军勤务学院的秦冰博士、兰州理工大学的郭楠博士、军事科学研究院的苗强强高工、南京城乡建设委员会的黄海高工、江苏永昌科教仪器制造有限公司的秦建香高工等帮助作者重新描绘了书中的许多插图，提高了图片质量；2020年在法国深造的西安理工大学张昭副教授给作者发送了许多珍贵文献资料；作者向他们表示衷心的感谢。

本书的出版得到 2022 年度国家科学技术学术著作出版基金的资助；中国建筑工业出版社的编辑杨允老师及其团队与作者齐心合作，在编辑、策划、绘图、封面设计、彩照设计、分篇彩色插页设计、申请资助、出版等方面付出了大量辛勤劳动和心血，显著提高了本书的质量，展现了本书在编辑设计方面的特色；作者向国家科学技术学术著作出版基金委员会和杨允老师及其编辑团队表示衷心的感谢。

多年来，许多同行专家对本书的撰写表示关心和支持，许多亲友对作者的健康表示关切，作者在此对他们表示衷心的感谢。

陈正汉

2022 年 10 月 10 日

目　录

上　卷

目录

10

下　卷

第1篇 引　论

本篇导言

理论源于实践，用于实践，受实践检验，并在实践中充实和发展。

——陈正汉. 关于土力学理论模型和科研方法的思考（续）[J]. 力学与实践，2004，26（1）：63-67.

工程需要是科学研究的主要动力，工程应用是科学研究的目的和归宿，实践（包括试验）是检验理论优劣真伪的唯一标准。

脚踏实地，从本土做起。一定要研究中国土的问题、一定要解决中国土的问题，如黄土、膨胀土、盐渍土、膨润土、冻土、红黏土等。

中国地域辽阔，地形地貌复杂，环境气候差异颇大，土类繁多，工程规模巨大，挑战性岩土工程问题层出不穷，岩土工作者大有作为。因此，我们必须立足中国大地，抓住机遇，乘势而上，把中国的特殊土工程问题研究好、解决好，把中国的事办好。

探索前沿，服务工程。

——陈正汉. 非饱和土与特殊土力学：理论创新、科研方法及治学感悟 [M]. 北京：科学出版社，2021，215-216，222，232，275.

在我国的广大疆域内，特别是中西部地区，存在着大量非饱和土。近年来的西部开发和若干重大工程中，我们遇到了大量的膨胀土、残积土、湿陷性黄土和压实土等难以处理的土类以及相关工程问题……非饱和土力学的理论为工程分析与工程解决方案的结合提供了凝聚力。

——张在明. 在第二届全国非饱和土学术会议开幕式上的讲话 [J]. 岩土工程学报，2006，28（2）：扉页.

第 1 章　非饱和土与特殊土力学发展及工程实践需求概况

本章提要

　　简要介绍了非饱和土与特殊土力学的发展概况，指出了发展非饱和土与特殊土力学的重要性；从 8 个方面提出了工程实践中存在的大量非饱和土与特殊土力学的疑难科学问题；介绍了非饱和土力学的基本概念。

1.1　非饱和土与特殊土力学的发展概述

　　我国地域辽阔，地形地貌和气候差异很大，土的种类繁多，如黄土、膨胀土、冻土、盐渍土、红黏土、膨润土等。从地域上看，这些土大多分布于我国干旱和半干旱的北方、西南和长江以北，属于非饱和土。事实上，不论是北方还是南方，地下水位以上的土都是非饱和的，全国大多数人生活在非饱和土地区。从全球看，陆地上被非饱和土覆盖的面积远大于饱和土。

　　非饱和土是固、液、气三相介质，其工程性质受气候和环境影响很大，远比饱和土（固、液两相介质）复杂。事实上，传统土力学是针对饱和土的特性建立的。例如，太沙基（Terzaghi）有效应力原理和比奥（Biot）固结理论是传统土力学的两大支柱，二者都只能解决饱和土的问题，对非饱和土问题无能为力。同样，传统的达西（Darcy）定律只适用于描述饱和土中水的流动；剑桥模型、邓肯-张（Duncan-Chang）模型也只能用于计算饱和土的变形；现有的土工试验仪器也是如此。

　　上述情况，引起了学术界和工程界的广泛重视。经过多年努力，加拿大学者弗雷德隆德（Fredlund）于 1993 年出版了《*Soil Mechanics for Unsaturated Soils*》专著[1]，1995 年 9 月在巴黎召开了第一届国际非饱和土学术会议，这两个重大事件标志着非饱和土力学分支的诞生。随后又相继在中国北京（1998 年 8 月）、巴西的瑞西腓（Recife）（2002 年 3 月）、美国亚利桑那州的卡尔弗里（Carefree）（2006 年 4 月）、西班牙的巴塞罗那（2010 年 10 月）、澳大利亚（2014）、中国香港（2018）召开了第 2～第 7 届国际非饱和土学术会议；与此同时，先后在新加坡（2000）、日本（2004）、中国南京（2007）、澳大利亚（2009）、泰国（2012）、中国桂林（2015）和日本（2019）召开了 7 届亚太非饱和土学术会议。2008 年 7 月和 2012 年先后在英国和意大利召开了欧洲第 1、2 届非饱和土会议。此外，国际土力学及岩土工程协会自 1998 年成立 TC6 非饱和土专业委员会以来，还先后在英国（2003）、塞浦路斯（2005）、马来西亚（2006）、澳大利亚（2010）、中国武汉（2012）组织召开了"难对付的土（problematic soils）"国际学术会议。可以说，发展非饱和土与特殊土力学的理论和方法是 21 世纪前叶土力学的一项重要任务。

　　国际上研究非饱和土的第一次热潮始于 20 世纪 60 年代初期。与此相应，俞培基和陈愈炯在 1965 年提出把非饱和土划分为"水封闭"、"双开敞"和"气封闭"三种状态[2]，由此拉开了国内研究非饱和土力学性质的序幕，但此后几乎再无人问津。直到改革开放以后，非饱和土在我国的研究才出现生机。1979 年，包承纲提出非饱和土的"气相四形态"一文面世[3]；1986 年，包承纲又撰写了"非饱和土的应力应变关系和强度特性"一文[4]，指出对非饱和土工程特性研究的必要性；李雷[5]（1985）和陆灏[6]（1988）在硕士学位论文中用非饱和土的方法研究了击实土的压缩性和孔压特性。清华大学的水资源与农田水利教研组开展了土壤物理学和土壤水运动的研究，于 1988 年出版了《土壤水动力学》一书[7]，专门用数学物理方法研究非饱和土中水分的运动，而不涉及非饱和土的变形、强度等力学特性。直到 1990 年前后，国内才真正出现研究非饱和土力学特性的活跃局面。1989 年 12 月，陈正汉发表了"非饱和土的固结理论"[8]，蒋彭年撰写了"非饱和土工程性质简论"[9]；1990—1995 年，李锡夔、陈正汉、杨代泉相继发表了一系列研究非饱和土的论文[10-24]；中国土木工程学会土力学及基础工程学会 1992 年 3 月在北京召开了"非饱和土的理论与实践学术研讨会"，1994 年 6 月在武汉举办了"中加非饱和土学术研讨会"；徐永福等[25]1999 年出版了《非饱和土强度理论及其工程应用》；2005 年 4 月在杭州召开了"全国第二届非饱和土学术研讨会"，推动了非饱和土力学在我国的发展，研究单位和队伍迅速扩大。

我国对黄土工程特性的研究始于 20 世纪 50 年代，半个多世纪以来，涌现出了数以百计的学者和工程技术人员，出版了一批专著和学术论文，制定实施了 5 代湿陷性黄土地区建筑规范（1966、1978、1990、2004、2018）。早期的研究工作偏重于黄土基本性质[26]、工程地质和地基处理方法方面，对黄土湿陷性的研究方法和评价指标比较单一。中国科学院土木建筑研究所土力学研究室于 1956—1958 年用近代科学方法和三轴仪研究了兰州黄土的基本性质（包括物理化学性质、变形强度和结构性等）[27]；作者和刘祖典在 1982—1986 年用应力控制三轴仪和现代土力学知识探讨了黄土在复杂应力状态与应力路径条件下的湿陷变形规律及其与结构性的关系[28,29]；随后，陈正汉、谢定义、沈珠江及西安学界同仁把非饱和土的理论和方法引入黄土的研究[19,30-35]，为黄土力学的发展注入了新的活力。

国内外对膨胀土的研究较早，1957—1992 年共召开了 7 届国际膨胀土会议，自 1995 年起改名为国际非饱和土会议：我国于 1987 年颁布了《膨胀土地区建筑技术规范》，1990 年召开了全国首届膨胀土科学研讨会。1988—1994 年，清华大学、中国铁道科学研究院、广西大学与加拿大萨斯喀彻温（Saskatchewan）大学合作，把非饱和土的研究方法引入膨胀土的研究[36]；1996—1998 年长江科学院联合中科院武汉岩土所、后勤工程学院、河海大学、武汉大学、清华大学等单位，开展了用非饱和土方法进行"南水北调膨胀土渠坡稳定和滑动早期预报研究"。上述两个合作项目，推动了非饱和土力学与膨胀土研究的结合。2004 年 12 月在南宁召开的全国膨胀土学术会议则促进了非饱和土力学在公路交通工程方面的应用研究。

经过数十年的发展，特别是随着西部大开发战略、城镇化战略和"一带一路"倡议的实施，工程建设中遇到的非饱和土与特殊土的种类和问题急剧增加（涉及黄土、膨胀土、填土、冻土、红黏土、盐渍土、膨润土、残积土、垃圾土、分散性土、冰水堆积物、红砂土、珊瑚砂、文物土、可燃冰等 10 多个土类），研究队伍迅速扩大，我国从事有关非饱和土与特殊土的科研、教学、勘察、设计、施工的单位遍及全国各地，需要有一个学术交流平台。经过近两年的筹备，中国土木工程学会于 2010 年 12 月批准成立土力学及岩土工程分会非饱和土与特殊土专业委员会（后勤工程学院为挂靠单位）；2011 年 8 月在兰州举行了非饱和土与特殊土专业委员会（以下简称为"专委会"）的第一次工作会议，通过了专委会组织章程，选举产生了专委会领导机构。从此，专委会开展了许多学术活动。

2013 年 10 月在重庆召开了"第一届全国非饱和土与特殊土力学及工程学术研讨会"，共有 91 个单位的 387 名代表参加，具有高级职称的代表 156 名，占 40%；研究生代表 170 名，占 44%；渝外代表 258 名，占 67%；另有 3 位来自中国香港、美国和澳大利亚的教授和 4 名来自西北农林科技大学的优秀本科生代表参加。会议的学术报告共有 59 个，包括 4 个"黄文熙讲座"学者论坛报告、36 个专家教授作的大会学术报告、19 个副教授和青年学者作的专题报告。报告内容涉及非饱和土、黄土、膨胀土、冻土、膨润土、盐渍土、残积土和红砂土等土类的工程特性、理论模型及其在重大工程中的应用，充分反映了我国在这一领域的研究成果和研究水平。

2015 年 10 月在桂林举办了"第 6 届亚太非饱和土会议（6ᵗʰ Asia-Pacific Conference on Unsaturated Soils.）"，共有来自亚太地区和欧洲的 14 个国家的 280 多位学者参会，国际土力学及岩土工程协会的非饱和土委员会（TC106）的两位前任主席——Fredlund D G（加拿大）和 Alonso E E（西班牙）、现任主席 Toll D G（英国）都全程参加了会议并向大会作主题报告；大会报告包括 7 个主题报告；分会场报告共有 10 个特邀报告和 96 个学术报告；会议出版了名为 *Unsaturated Soil Mechanics——from Theory to Practice* 的论文集，共收入 141 篇学术论文，由国际著名出版商 CRC Press/Balkema（Taylor & Francis Group）正式出版。

2017 年 7 月在兰州召开了"第二届全国非饱和土与特殊土力学及工程学术研讨会"，共有 118 个单位的 612 名代表参加，会议交流论文 250 篇，部分论文推荐到《岩土工程学报》《岩土力学》等刊物发表，出版了论文摘要汇编，评选优秀论文 20 篇；会议共组织了 123 个报告，其中大会特邀报告 41 个，分会场报告 82 个，是一次名副其实的学术盛会。在该会议期间召开了专委会全体委员会议，修改完善了专委会章程，健全了专委会的组织机构，明确了专委会领导成员的职责，规范了专委会学术活动，提出了专委会的 50 字学术方针（即：探索前沿，服务工程；开放包容，和而不同；实事求是，百花齐放；心平气和，百家争鸣；力戒空谈标榜，反对学术不端，杜绝歪理邪说）和"5 有"建设目标（即把专委会办成一个有成效、有作为、有影响、有人气、有活力的专委会）。

此外，专业委员会还先后在大连（2016 年 8 月）、武汉（2018 年 11 月）、太原（2019 年 9 月）和西安（2020 年 11 月）举办了 4 次专题学术研讨会（非饱和土的应力-强度理论和变形特性、裂隙性黏土的工程特性及应用、填土的力学特性与工程实践、黄土力学的理论与实践），分别有 116、330、270 和 652 名学者参会；并先后于 2018 年 8 月在太原召开了《非饱和土试验方法标准》筹备会议、2019 年 3 月在石家庄召开了《非饱和土试验方法标准》编制组成立暨第一次工作会议、2020 年 11 月在宜昌召开了《非饱和土试验方法标准》编制组第二次工作会议，为实现"统一标准"的目标、把非饱和土力学的理论和方法应用于工程实际迈出了坚实的一步。目前，全国已形成了多个特色明显的研究方向、研究团队和人才聚集高地，呈现出"百花齐放、百家争鸣、和而不同"的蓬勃发展新局面。

我国土力学界的老前辈蒋彭年、卢肇钧、张在明、沈珠江、陈仲颐、谢定义、包承纲、殷宗泽等都非常重视非饱和土与特殊土的研究。蒋彭年在"非饱和土工程性质简论"一文中指出（1989）[9]，"过去偏重于饱和土工程性质及其应用的试验研究，今后将为非饱和土工程性质研究所补充或取代"。张在明在北京举行的"非饱和土的理论与实践学术研讨会"（1992 年 3 月）上指出[37]："非饱和土理论对于解释膨胀土、黄土、人工重塑土的工程特性非常系统有效。相信对其他的非饱和土类也会有巨大的实用价值。如北京地区土的强度问题、边坡稳定问题、基坑支护问题、地下水渗流及污染传播问题等……非饱和土分布广泛，该理论在世界很多地区都具有应用前景。"2003 年 10 月在北京举行的第九届全国土力学及岩土工程大会的开幕式上，86 岁高龄的卢肇钧院士语重心长地说[38]："我在晚年发现而未能解决的新问题——非饱和土的理论问题，希望未来的青年同志们在这方面进行大量的深入研究"。沈珠江多次强调指出[39]："由于陆地上非饱和土的覆盖面积远大于饱和土，非饱和土固结理论有极其远大的应用前景"，是现代土力学要发展的"三个理论"之一，并被排在第一位。在 2005 年 4 月召开的第二届全国非饱和土会议上，张在明再次指出[40]："在我国的广大疆域内，特别是中西部地区，存在着大量非饱和土。近年来的西部开发和若干重大工程中，我们遇到了大量的膨胀土、残积土、湿陷性黄土和压实土等难以处理的土类以及相关工程问题……非饱和土力学的理论为工程分析与工程解决方案的结合提供了凝聚力。"

因此，发展非饱和土与特殊土力学是现代土力学的重要任务。

1.2 工程实践中的非饱和土与特殊土疑难土力学问题

我国目前正在进行举世罕见的大规模工程建设，在交通、铁路、水利、水电、国防、机场、市政、环境、水土保持、核工业、环境保护等部门的重大工程建设项目中，经常遇到非饱和土与特殊土引起的疑难问题。随着我国现代化建设的推进和西部大开发战略的实施，伴随而来的是在重大工程建设地区，深挖高填不可避免，原有地貌和环境大大改观，岩土的受力条件和水环境发生了重大变化，工程中遇到的非饱和土与特殊土问题日益突出，提出了一系列挑战性的科学课题和实践问题。

1.2.1 高土石坝和高填路堤

我国已建土石坝 8 万余座，大多都未做应力-应变分析，这对低坝关系不大。改革开放以来，随着国家发展的需求（能源、防洪、工农业和生活用水），在大江大河上修建高 100～300m 高土石坝越来越多。高土石坝主要有两种类型：心墙坝和面板坝。心墙的主要材料有黏土、沥青混凝土、混凝土，面板材料是钢筋混凝土。图 1.1 是小浪底大坝典型断面示意图，防渗主体是中塑性黏土（粉质壤土）斜墙，它在施工期及蓄水后的很长一段时间内处于非饱和状态，在水库放空和低水位蓄水时亦处于非饱和状态。在自重和水的作用下，堆石坝壳体、黏土斜墙、反滤层、混凝土防渗墙、黏土铺盖和坝基覆盖层共同工作，各部分相互作用，有一系列问题需要考虑：一是混凝土防渗墙与斜墙的结合部应力集中，应力水平高，混凝土防渗墙必须有足够的强度和一定的柔性；二是大坝的变形场、应力场及稳定性与斜墙中的非饱和渗流过程相耦合；三是不同分区材料性质的差异和蓄水引起的不均匀湿化变形，可使大坝坡面扭曲，以致产生长达数百米的裂缝（图 1.2）；汛期水位骤降将引起坝体的反复运动和局部失稳；四是坝址处于高烈度地震区，应对大坝做动力稳定性评估。科学地回答这些问题必须应用非饱和土力学的理论和方法进行多场耦合分析。

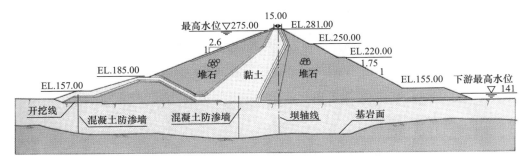

图 1.1 小浪底大坝典型断面示意图

在高速公路和铁路建设方面，存在类似的问题。河北宣化—大同高速公路的最大挖深 57m，最大填高 33.12m[41]；西安—延安铁路和兰州中川机场专线的部分填方段的高度都超过了 60m，兰州—临洮高速公路的填方路堤的最高段达 66.36m[42]，远远超出了现行规范适用的范围（即土质边坡 15m 以下，新填方边坡 10m 以下[43]）。地基和高填路堤大都处于非饱和状态，且其中的应力都很大，都要产生不可忽视的沉降及水平位移，但"高速公路路堤的总沉降量，特别是工后沉降，至今仍没有合理的理论计算方法，而路基工后沉降往往是引起路面开裂、桥涵下沉的主要因素[41]。"文献［42］也指出："正确地估算工后沉降值是公路设计和施工迫切要解决的问题，而目前对这个问题解决的水平还很低。"文献［44］指出："在迅速发展的公路建设中，某些路段交付使用后几年内便出现了严重的路面网裂、块裂、路基沉陷、侧滑等影响使用功能的病害，国家不得不耗费巨资维修，浪费了大量的人力、物力和财力。"如图 1.3 所示为成渝高速公路和重庆丰忠公路路面开裂情况。

(a) 坝顶纵向裂缝

(b) 下游护坡错位

图 1.2　小浪底大坝在蓄水初期出现的病害现象（2004）

(a) 成渝高速公路

(b) 重庆丰忠公路

图 1.3　公路路面开裂（2004）

1.2.2　湿陷性黄土地基和边坡

黄土在我国分布面积约 $64 \times 10^4 \, km^2$（包括原生黄土 $44 \times 10^4 \, km^2$ 和次生黄土 $20 \times 10^4 \, km^2$，但不包括华北和黄淮河平原等地区）[45]，主要分布在黄河流域，涉及陕、甘、宁、青、晋、豫、冀、蒙、京、新、鲁、辽等 12 省市区。其中在甘、陕、晋的大部，豫西和宁、青、冀的部分地区连续分布的面积[46]约 $44 \times 10^4 \, km^2$，厚度从几十米到 400 多米，上层的 Q_4 和 Q_3 黄土具有湿陷性。黄土的湿陷性对工程建设的危害很大，造成修建在黄土地基上的大量工业与民用建筑发生破坏，经济损失巨大。不均匀沉陷是黄土地区常见的病害，有关事例不胜枚举。山西汾阳机场建在 9 条黄土冲沟上，竣工后沉陷不断，历经 5 次翻修。陕西冯家山水库大坝建成后因坝基黄土湿陷而产生大量裂缝，经 3 年灌浆处治才投入运行。兰州西固棉纺厂的染色车间面积超过 10000m^2，1987 年因湿陷失效被拆除。兰州白塔建于 1456 年，塔高 7 层，16.4m，在 20 世纪 80 年代因绿化浇水而倾斜（图 1.4a），塔尖偏移 55.5cm，重心偏移 18.5cm，直到 1997 年 10 月 30 日才由中铁西北科学研究院纠偏扶正（图 1.4b）。

(a) 兰州白塔倾斜　　　　　　　　(b) 纠偏后的白塔

图 1.4　黄土地基湿陷引起的兰州白塔倾斜（陈正汉摄）

新中国成立以来，经过科技工作者的努力，我国对黄土湿陷性的认识和处理厚度 1～15m 的湿陷性黄土已积累了丰富的知识和经验，集中表现为 1966、1978、1990、2004 和 2018 年颁布的《湿陷性黄土地区建筑规范》[47]（2018 年起更名为《湿陷性黄土地区建筑标准》）和出版了一批专著[45,46,48-52]，但并未提出预测黄土湿陷变形的成熟理论方法。

改革开放以来，特别是实施西部大开发战略以来，黄土地区的基本建设数量剧增，规模空前，工程场地从低阶地向高阶地推进，遇到了一些颇具挑战性的新问题：一是近年来的研究发现，除新黄土 Q_3 和 Q_4 具有湿陷性外，林在贯等[51,53,54]发现浅层老黄土 Q_2 也具有一定湿陷性，需要认真研究；二是大厚度湿陷性黄土层问题。所谓大厚度湿陷性黄土层，是指自然沉积的湿陷下限深度大于 15～20m（以至深不见底）、一般地基处理方法难以满足规范和设计要求的自重 Ⅲ～Ⅳ级湿陷性土层。例如，陕西蒲城电厂地基的湿陷性黄土层下限 35m（1990—1991）[55]，宝鸡第二电厂场地的湿陷性黄土层厚 20m（1993）[56]，宁夏扶贫扬黄工程项目（2001—2003）的 10 号、11 号[57]及南城拐子泵站场地的自重湿陷性黄土层的厚度分别是 24～25m、30～35m 和 15～20m，兰州西固区张家台 330kV 变电所（2004—2005）场地的自重湿陷性黄土层的最大厚度为 29.5m（平均 25m）[58]，兰州南 330kV 变电所（2006）场地的自重湿陷性黄土层的最大厚度为 25～26m[58]，郑州—西安客运铁路专线在陕西华阴段、潼关段和河南灵宝段的湿陷性黄土厚分别为 22m、32m 和 29m[59]。由于既往在国内外的工程建设中几乎没有遇到过厚度如此之大的湿陷性黄土场地，从厚度小于 15m 的湿陷性黄土场地总结出的地基处理、桩基和建筑设计施工的经验——《湿陷性黄土地区建筑标准》对大厚度湿陷性黄土场地的适用性受到质疑。

大厚度湿陷性黄土不仅对现有地基处理技术提出了严峻挑战，而且提出了一些亟待解决的疑难科学理论问题。由于大厚度湿陷性黄土场地的厚度很大，在浸水时，湿陷性土层的中下部所受饱和自重压力远远大于《湿陷性黄土地区建筑标准》[47]规定的标准压力（即 200kPa），这势必使湿陷量大大增加。例如，宁夏扶贫扬黄工程做了 4 个泵站的现场浸水试验（2001—2003），最大试坑尺寸 70m×110m，湿陷性黄土层厚度 35m，最大湿陷量 261cm（图 1.5a）；郑州—西安客运专线在 2005—2006 年做了 7 个现场浸水试验，最大的试坑为椭圆形，长轴 65m，最大湿陷量 161.2cm；有关单位在兰州和平镇厚 36.5m 的自重湿陷性黄土场地做了试坑直径 40m 的现场浸水试验（2009—2010），最大湿陷量为 266cm。这些现场浸水试验揭示了大厚度湿陷性黄土湿陷变形的一些重要特征，如湿陷变形属于大变形范畴，需要发展相应的大变形计算理论；在试坑内，土体从上到下，由非饱和状态逐渐到饱和状态；在试坑外的浸水影响范围内（与坑边的距离约等于湿陷性黄土层的厚度），土体是非饱和的，出现一系列环状裂缝和错台（图 1.5b、图 1.5c）。

(a) 浸水试验前期地面的湿陷变形特征

(b) 试验中期地表的错台环状裂缝

(c) 试验后期地表的典型错台裂缝

图 1.5　宁夏扶贫扬黄工程 11 号泵站大厚度自重湿陷性黄土地基的现场浸水试验（2002）

必须指出，尽管国内外自 20 世纪 60 年代起对湿陷性黄土做了几十个现场浸水试验，但迄今尚未见到用理论方法预测湿陷变形量及其过程、裂缝发育演变的报道。饱和土的本构模型和固结理论对计算黄土的湿陷变形无能为力，缺乏计算黄土湿陷的变形理论是问题的症结所在。因而科学地把握大厚度湿陷性黄土的湿陷变形规律、发展相应的理论模型，为黄土地区的工程建设提供理论支持，这是当前急需解决的关键科学问题之一。

对于大厚度湿陷性黄土场地上的重要建筑物（如火电厂冷却塔、铁路大桥、高层建筑等），由于荷载大、对变形要求严格，现有地基处理技术的处理深度和处理效果有限，近年来大直径长桩的应用日益增多。由此引发了另一问题：深厚湿陷性黄土场地（特别是自重湿陷性黄土场地）建筑物地基浸水后，桩周土产生负摩阻力，有的桩周负摩阻力可达几十吨到几百吨，如陕西蒲城电厂（图 1.6）试桩的负最大负摩阻力 4110kN[60]，宝鸡第二电厂试桩的负最大负摩阻力 1380kN[61]，宁夏扶贫扬黄工程试桩（图 1.7）的最大负摩阻力 2328kN[62]。负摩阻力的存在势必减小桩的承载力，对桩是一个很大的负担。对中性点的位置和负摩阻力的大小通常由设计者的经验确定，其结果因设计者不同而差异很大，既可能过于保守造成很大浪费，也可能存在大的风险。例如，《湿陷性黄土地区建筑规范》GB 50025—2004 的第 34 页规定[47]："在自重湿陷性黄土场地，除不计湿陷性黄土层的桩长按饱和状态下的正摩阻力外，尚应扣除桩侧的负摩阻力。"即，完全漠视了正摩阻力的存在，其设计必然很保守。

(a) 灰坝　　　　　　　　　　　　　　(b) 三期工程Q_2黄土地基处理

图 1.6　陕西蒲城电厂（2006 年 10 月）

图 1.7　宁夏扶贫扬黄工程大厚度自重湿陷性黄土场地桩基承载力与负摩阻力试验（2002）
（桩长 40m，桩径 0.8m，黄雪峰提供）

《建筑桩基技术规范》JGJ 94—94 第 239 页指出[63]："精确计算负摩阻力是复杂而困难的。迄今国内外学者提出的计算方法与公式都是近似的和经验性的。"对重大工程，负摩阻力用现场试桩浸水方法确定，但投资很大（以百万元计）、历时很长（3～4 个月），只有大型建筑项目才做（正因为如此，《湿陷性黄土地区建筑规范》[47]GB 50025—2004 的第 114 页称："桩侧负摩阻力应通过现场浸水试验确定，但一般情况下不容易做到。"）；截至目前，有关资料寥寥无几，从中难以得到明确的规律。汪国烈认为[64]："真正在工程中如何考虑和计算负摩阻力，不只是简单的规范规定或引用别人的建议，更重要的是对工程和环境进行综合的准确分析。"事实上，负摩阻力与很多因素有关，如黄土湿陷性的强弱、湿陷量的大小、湿陷性黄土层的厚度、浸水方式（水从上向下渗还是从下向上渗，大面积入渗还是局部入渗）、土浸水后的饱和程度及桩径大小、桩侧表面的粗糙程度、桩的种类（挤土桩或非挤土桩）等。换言之，负摩阻力是桩-土-水相互作用的一种表现形式。宁夏扶贫扬黄工程 11 号泵站的大试坑浸水试验结果[57]和试桩研究结果[62]表明，群桩区浸水后的最大实测自重湿陷量（48.5cm）远小于无桩大坑浸水试验实测结果（平均 249.4cm）。文献［62，65］认为：引起差别的原因除了浸水试坑面积大小不同外，"场地土层浸水湿陷对桩侧产生负摩阻力的同时，桩体本身会对土层的湿陷产生反作用力。试桩区内群桩的支撑起到了限制自重湿陷下沉的作用。"这也反映了湿陷过程中存在桩-土相互作用问题。然而对于群桩基础浸水过程中沉降量的预测、湿陷变形的发展过程（由非饱和状态发展到饱和状态）、湿陷过程中桩-土-水相互作用、群桩的负摩阻力的研究则基本属于空白。因此，需要采用新的方法，探讨在饱和与非饱和条件下，大厚度湿陷性黄土地基湿陷过程中桩-土-水相互作用的规律（包括桩侧负摩阻力的变化规律、群桩基础浸水变形规律等），为黄土地区的重大工程的桩基设计提供理论支持，这也是当前急需解决的关键科学问题之一。

　　湿陷性黄土具有特殊的微细观结构和很强的结构性，属于典型的非饱和土，饱和度一般为 15%～77%，多数为 40%～50%[46]。在湿陷过程中，既有原结构破坏，又有新结构形成。沈珠江院士把现代土力学归结为一个模型、三个理论和四个分支[39]，一个模型即本构模型，特别是指结构性模型；三个理论中有一个是变形理论，即非饱和土固结理论。他强调指出："发展新一代的结构性模型是现代土力学的核心问题"，非饱和土固结理论"必须建立在合理的本构模型的基础上，并用于分析黄土与膨胀土和冻土的变形问题"[39]。因此，此处所说的黄土的变形理论是指非饱和黄土的结构性本构模型与固结理论。建立反映结构性影响的黄土的变形理论和探讨大厚度湿陷性黄土中的桩-土-水相互作用规律，不仅是工程建设的迫切要求，而且将丰富和发展土力学理论，具有重大的科学意义和应用前景。

图 1.8　陕西泾河南岸黄土滑坡（王传仁提供，2002，滑坎高 54m，滑距约 230m）

黄土地区沟壑纵横，滑坡是另一常见病害，陕、甘、宁、青、晋的黄土滑坡时有发生（图 1.8、图 1.9）。兰州皋兰山滑坡体积 2000 多万 m³，高差 600 多米，直接威胁兰州市的安全（图 1.10）。陇海线宝天段雨季经常因塌方停运。陕西省宝鸡峡引渭灌溉工程（图 1.11），渠首自宝鸡峡口筑坝引水，总干渠全长 180.2km，1971 年建成通水，灌溉咸阳、宝鸡两市 13 个县（区）170 万亩土地；由渠首至眉县常兴上塬处长 98km 为塬边渠道。此段地质地貌极其复杂，有古、老、新滑坡 170 个，其中渠道直接通过 98 处，长 45.5km；渠道左岸塬边陡峻，人工高边坡高达 30～74m，总长 20km 以上，地形险峻，1971—1983 年发生滑坡 87 次。甘肃盐锅峡—八盘峡黑方台灌区 1968—1998 年共发生滑坡 52 次，最大滑距达 385m，最大滑体 40 万 m³，迫使村民 3 次搬迁[66]；郑州—西安客运专线高速铁路在三门峡—洛阳段的黄土边坡高 20～40m[59]，发生的最大滑坡体积约 35 万 m³。对黄土边坡的稳定性分析评价，通常沿用一般饱和土边坡的方法，没有考虑黄土的非饱和特性与结构性，有待改进。

图 1.9　山西长治—晋城高速公路 K31 滑坡体积达 25 万 m³（1992 年 8 月）

图 1.10　兰州市皋兰山东侧老狼沟古滑坡　　　　图 1.11　宝鸡峡引渭干渠管道（陕西扶风）

1.2.3　膨胀土地基和边坡

膨胀土在我国分布广泛，涉及 20 多个省区，以广西、云南、陕南、鄂北、南阳最为典型，中国有 3 亿多人生活在膨胀土地区[67]。国内外对膨胀土的研究较早，1957—1992 年共召开了 7 届国际膨胀土会议（自 1995 年起改名为国际非饱和土会议)[1]，我国于 1990 年、2004 年召开了两届膨胀土会议[68-69]，国内外学者出版了一批膨胀土研究专著[70-76]。

膨胀土是典型的非饱和土，其变形和强度随环境与气候条件而剧烈变化，据统计，全世界每年因膨胀土造成的经济损失高达 150 亿美元以上[37]。修建在膨胀土地基上的大量工业与民用建筑发生破坏，公路路面开裂、水利设施失效，经济损失巨大，有关事例不胜枚举。

焦枝线、成渝线、阳安线和南昆线等铁路干线在通过的膨胀土地区，经常发生路基病害和滑坡[76]（如南昆铁路、焦枝线发生 125 次失稳事故，阳安线膨胀土路段的路基病害 521 处），治理费用达数亿元之巨。据文献［67］报道："西部拟建的 21000km 公路中有近 3300km 路段穿越膨胀土地区。淮江高速公路的膨胀土使路面开裂返工，多花了 1 亿元"；"由于膨胀土胀缩变形或填方不均匀下沉，引起沥青路面产生波浪、涌包、沉陷；半刚性基层、面层开裂引起早期破坏；水泥路面则发生纵向开裂（连续可长达数百米）、断板"。南宁—友谊关的高速公路有 14km 通过膨胀土地区，共有 31 个路堑边坡（高度超过 10m 的 9 处，高 18m 的 2 处），其中有 23 个滑塌。镇江南徐大道黄山段路堑膨胀土在 2003 年 6 月因开挖道路发生滑坡（图 1.12）、南阳—邓州高速、南宁—友谊关高速和湖北的多条高速在修建过程中，先挖弃线路上的膨胀土，再从远处运来大量非膨胀土换填，并对膨胀土路堑边坡采取综合治理措施（图 1.13）。安徽淠史杭灌区干渠截至 1989 年共发生滑坡 195 处[77]。安徽驷马山从滁河分洪到长江的分洪渠道切岭段的膨胀土边坡最高达 35m，近几年就发生规模较大的滑坡 8 处。

图 1.12　镇江南徐大道黄山段开挖
道路引起膨胀土边坡滑坡
（范围：纵向 100m，横向 300m 左右）

图 1.13　南宁—友谊关高速公路膨胀土路堑边坡综合治理（2004 年 12 月）

南水北调中线工程总长 1240km，其中有 175km 通过南阳膨胀土地区，输水干渠边坡高度在许多地段超过 20m，其变形和稳定问题引起工程界严重关切[78-82]。引丹总干渠和 11 条主要渠道的渠坡失稳 73 处（挖方渠段长 15.53km，坍塌 55 处；填方段长 8.6km，滑坡 18 处）；10m 以上的挖方有滑坡，5m 以下的浅挖方段也有滑坡；陶岔引丹渠道系在岗地中开挖而成，全 4400m，最大挖深 40m，一段 2km 渠道在开工一年后相继发生滑坡 13 处，滑坡多发生在 $1∶5～1∶4$ 的缓坡上[78]，坡角为 11.3°～14°（图 1.14），其中最大的一个滑坡体积约 $100×10^4 m^3$。2004 年 9 月，陶岔引丹渠道发生了一个长 300m、厚 24m 的滑坡，滑坡体积 $20×10^4 m^3$（图 1.15）。南水北调中线工程在安阳有一段处于膨胀岩地区，2010 年 8—9 月因降雨造成渠坡及衬砌连续 2946m 滑塌（图 1.16、图 1.17）。

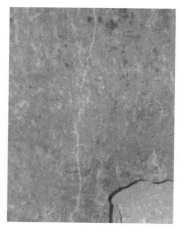

图 1.14　南水北调中线工程陶岔引水渠道膨胀土坡浅层破坏与土体内部的裂隙流素（2001 年 2 月）

图 1.15　南水北调中线工程陶岔引水渠道膨胀土渠坡失稳（长勘院马贵生提供）

图 1.16　南水北调中线工程安阳段　　　　图 1.17　南水北调中线工程安阳段
位于膨胀岩地区的渠坡破坏　　　　尚未衬砌的渠坡破坏情况（2010 年 8 月）

为了减少膨胀土的危害，2002—2007 年，交通部西部交通建设科技项目管理中心专门立项，投资 2000 万元，开展"膨胀土地区公路修筑成套技术研究"[83]；长江科学院[81]（1996）和中国水利水电科学研究院[84]（2004）亦先后设立专项开展膨胀土地区渠道变形稳定问题的研究。

超固结、胀缩性、裂隙性、特殊的矿物成分及微细观结构是膨胀土的基本属性，膨胀土的变形、渗流、强度及稳定性与这些基本属性的依赖关系有待研究。裂隙性是膨胀土重要的结构特征，如何揭示和描述裂隙随荷载与气候的演变规律是另一个难题。

1.2.4　深基坑支护与高边坡加固

如今，即使在西部城市，高楼大厦随处可见，基坑深度也与日俱增，如甘肃省国税局综合楼基坑深 9.2m[85]，陕西省文化体育科技中心制冷塔的黄土基坑深 18m[86]，陕西信息大厦基坑深度大于 17.6m[87]。

北京西直门地铁站和北京王府井宾馆地库基坑开挖深度均达 16m[88]，北京中银大厦基坑深 20.5～24.5m[89]，国家大剧院主体工程的基坑深 26～32.5m（图 1.18）[90]。由于城市空间受限，基坑开挖边坡都很陡，因而必须支护。基坑工程事故在新闻媒体上常有报道。

另一方面，在山区，公路交通、水利水电工程建设开挖切坡形成了许多高危边坡。如重庆市万县—梁平高速公路 K34＋600～K35＋000 段的张家坪堆积层滑坡（图 1.19），滑体长 1000m，最宽处 332m，最厚处近 40m，前后缘高差 330m，滑体约 $200×10^4 m^3$；高速公路从滑坡的中前部以挖方和桥梁方式通过，路基中心最大挖深 11m，堑坡高约 20m。滑坡按地貌特征可划分为三级滑坡体：后级、中级和前级。中级滑坡有三层滑面，滑体及滑带土大多是非饱和的。该滑坡分级分块多，采用分期治理措施，工程造价约 4200 万元[91]。

图 1.18　国家大剧院基础工程施工　　　　图 1.19　分级治理的重庆万县—梁平
高速公路张家坪滑坡（2002）

　　高切坡和深基坑的稳定和支护引起了众多学者的重视，有关论著大量涌现，一批研究成果和规范相继出版[43,92-100]。这些文献主要侧重于稳定分析方法和治理工程措施方面，对岩土本身的力学特性（变形、强度、结构性等）及其与支护结构的相互作用涉及甚少。事实上，不管是高边坡支护设计，还是深基坑支护设计，首先要确定作用在支护结构上的主要荷载——土压力。《建筑边坡支护技术规范》[43]和《建筑基坑支护技术规范》[94]对土压力都用朗肯理论或库仑理论计算，但计算的土压力大小和分布与实际情况相差甚远。从文献［92］提供的北京医院和邮政通信枢纽工程基坑工程实测结果看，无论是主动土压力还是被动土压力，都远小于理论计算结果。原因何在？作者曾在多次学术交流场合中讲过，原因可能是多方面的，但通常在计算中忽略吸力的影响是一个重要因素。兰州、北京、西安的地下水位都很深，如北京西直门地铁站处的地下水位在地面 60m 以下，基坑土处于非饱和状态，用吸力等于零的饱和土的强度指标计算土压力必然失真，造成过大的误差。卢肇钧在 1994 年就指出过这一点[101]。李广信认为[102]，"随着我国大规模建筑基坑和地下工程的发展，支护结构设计计算中的许多问题逐步突现出来。一方面，大量的实测结果表明：支护结构上的实际内力远小于计算值。尽管人们一再降低安全系数，或者将荷载打折，往往实测应力还是偏小；另一方面，还是有许多基坑事故频繁发生。这种情况表明，我们对于在原状土开挖过程中的土与结构的共同作用和水土相互作用机理的认识还远不够透彻和深入。对于这样一个有着巨大实际工程意义和学术价值的课题，进行深入系统的研究是土力学和岩土工程界的迫切任务。"他还认为，在很多情况下，吸力对于支护结构上荷载的减少和抗力的增加常被忽略。Fredlund 在他的专著中最早分析了吸力对土压力的影响[1]，即，考虑吸力因素后，主动土压力和静止土压力将减小，而被动土压力要增大。挡土结构上受的土压力通常按主动土压力考虑，因而按非饱和土力学观点计算土压力能够获得可观的经济效益。

　　除了吸力因素之外，黄土和膨胀土具有显著的特殊微观-细观结构，其变形、强度、土压力还与土自身的结构性有关。膨胀土的结构性主要表现为裂隙发育，分割土体，破坏了土的整体性；卸荷、加载、干湿循环都会引起裂隙变化。在干旱季节，膨胀土和黄土的强度很高。在黄土区经常可以看到坡度很陡（甚至是直立）、高达几十米的边坡（图 1.20～图 1.22），黄土桥和黄土柱（图 1.23、图 1.24），这是由于原状黄土因特殊的结构和高吸力而具有很强的直立性，在没有变形时其侧面是不存在土压力的；城市工程基坑附近有建筑物，要引起基坑侧壁的水平位移，但土的结构强度将减小水平位移，因而可以大大降低对支护结构的要求，节省投资。特别是基坑支护结构属于临时工程，在旱季吸力变化不大，只要有充分的时间完成基础工程施工，就可以利用吸力和土的结构强度。

图 1.20　西安市白鹿塬边缘　　　　图 1.21　西安市郊的直立黄
的黄土陡坡　　　　　　　　　　土坡及其底部窑洞

图 1.22　黄土中的竖直裂隙
（陕西洛川来望村）

图 1.23　黄土桥
（甘肃皋兰忠和）

图 1.24　甘肃庆阳的黄土柱（左）与山西吕梁的黄土笋

近年来，黄雪峰、陈正汉、李加贵等在非饱和原状 Q_3 黄土主动土压力的现场测试和细观结构方面做了有益的探讨[103-106]。

1.2.5　盐渍土和冻土地基

　　易溶盐含量大于 0.3% 的土称为盐渍土。盐渍土在我国北方和东部沿海一带均有分布，在西北内陆盆地较多。例如，由神华集团修建的朔州—黄骅港铁路是我国西煤东运的第二大通道，属于重载铁路（单车重量超过 5000t），在河北省的中东部通过盐渍土地区的路段长 24.686km（图 1.25）[107]。再如，风力发电是利用风能的可持续发展的清洁能源，根据国家发改委《可再生能源中长期发展规划》中最新风能资源评价，全国陆地可利用风能资源 3 亿 kW，加上近海岸可利用风能资源，共 10 亿 kW。酒泉地区被称为"世界风都"，已建和在建风电装机容量超过 3000MW。在早期已建风电场中，对盐渍土未引起重视而造成集控中心、变电站等建筑物倾斜、墙体开裂、地面胀裂[108]（图 1.26）。

图 1.25　朔州-黄骅港重载铁路（左）经过盐渍土地区（右）（2005 年 8 月竣工验收）

图 1.26　酒泉风力发电机组（左）及基坑盐渍土（右）

　　盐渍土可视为土骨架-水-气-盐四相介质，其中易溶盐同时有固态和液态两种赋存形式。当土中水分改变或温度改变时，盐分可能吸收水分子结晶析出，体积增大（例如，硫酸钠吸纳 10 个水分子变成芒硝晶体，其体积增加 2.1 倍），此即所谓的盐胀现象。盐分还腐蚀钢筋混凝土，使其酥裂。宁夏扶贫扬黄工程（图 1.27）是国家重点建设项目，是利用黄河水资源解决宁夏南部山区百万贫困人口脱贫、改善生活环境的大型电力提灌工程，也是为推动和加快宁南山区农业现代化步伐提供强大物质保证的基础性工程。该工程 4 号泵站区域内盐渍土引起了许多问题（图 1.28～图 1.31）[109]。

图 1.27　宁夏扶贫扬黄工程四号泵站及干渠工程（盐渍土地基）（2007 年 8 月）

图 1.28 四号干渠的衬砌破坏（左）与管床隆起开裂（右）（2007 年 12 月）

图 1.29 四号泵站变电所的电缆沟严重腐蚀开裂（2007 年 12 月）

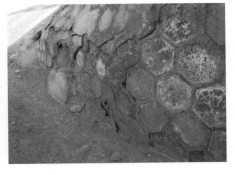

图 1.30 四号干渠排水闸与排水沟衬砌严重腐蚀酥裂（2007 年 12 月）

图 1.31 四号泵站变电所地面隆起、生活区墙体开裂

冻土或季节性冻土在我国分布很广，仅多年冻土面积就有 $215 \times 10^4 \text{km}^2$，占国土总面积的 22％。冻土可视为土骨架-水-冰-气四相非饱和介质，其中的冰含量随温度变化（相变），对冻土的变形、强度等力学性质影响很大。温度改变将引起融陷、冻胀、滑坡、路基和渠道开裂[110-112]（图1.32～图1.34），青藏铁路就修建在冻土地区，为了防止冻胀和融陷的危害，采取了许多保温措施（图1.35）。

盐渍土中的盐分溶解、扩散及其运移与温度场、水气渗流场、应力场、变形场相耦合（化学-热-渗流-应力-变形耦合），并伴随冻胀发生，因此，建立描述盐渍土和冻土多场耦合的物理数学模型是一个难题[113-115]。

图1.32　吐鲁番地区地下古输水渠道（俗称坎儿井）的冻胀破坏（2007）

图1.33　冻土地区的热融滑坡（左）与融陷（右）（俄罗斯）

图1.34　美国阿拉斯加公路冻裂融陷　　　　图1.35　青藏铁路的热棒路基

1.2.6　高放废物地质处置、环境保护、水土保持

国家经济建设的快速发展，对能源的需求量急剧增加，石化能源不久将消耗殆尽，核电是目前可大规模发展的替代能源之一，也是实现"碳达峰、碳中和"的宏伟目标的重要举措之一，日益受到国家的重视。截至 2021 年，全国已有 16 座核电站投入运行，装机容量 5326 万 kW，而已核准建设的反应堆数量已达 18 个，容量达 1902 万 kW。核电的大规模发展产生大量乏燃料。2020 年我国累计有约 10300tHM 乏燃料（Tons of Heavy Matal，如 U、Pu、Th 等）。对这些放射性废物的最终安全处置，是一个与核安全同等重要的问题，是落实科学发展观、确保我国核工业可持续发展和生存环境安全的重大问题。

1986 年 4 月 26 日，苏联切尔诺贝利核电站爆炸事故震惊了全世界，欧洲四分之三的土地被放射性核素铯-137 污染，仅乌克兰就有 30 万人死于放射性病或核辐射诱发的其他疾病，世人至今对其心有余悸。在 2022 年俄罗斯-乌克兰战争中，双方对该核电站和扎波罗热核点站的争夺与控制受到了联合国和国际原子能机构的高度重视。日本 2011 年 3 月 11 日的 9 级地震和海啸导致福岛第一核电站机组爆炸（图 1.36a），放射性核素严重泄漏，在水、土壤、空气、鱼类、水果、农作物甚至母乳中检出的放射性核素（钚-239、铯-134、锶-89、锶-90、碘-131 等）大大超标，引起了全世界的恐慌。2021 年 4 月 13 日，日本政府决定将该核电站的 120 万 t 核废水倾倒大海，其对人类和环境的威胁将持续 100 年以上，招致许多国家反对。2022 年 3 月 16 日福岛附近海域又发生 7.4 级强震，福岛核电站的上千个核废水储罐（图 1.36b）中有 160 个的位置发生偏移，有的甚至漏水，该核电站的安全再次受到高度关注。特别是高放射性废物的放射性强、毒性大、半衰期长（超过 1 万年），且发热（120℃），对其进行安全处置难度极大，是防治的重点对象。世界上的有核国家都极为重视，投入了大量人力和财力开展研究。目前国际上公认的可行方法是将高放废物封闭于 500～1000m 的深地质处置库中，通过工程屏障和天然屏障使其与人类生存环境永久隔离[116]。

(a) 3号反应堆爆炸照片　　　　　　　　　(b) 部分核废水储存罐(共1070个)

图 1.36　日本福岛第一核电站爆炸事故

我国自 1986 年开始高放废物深地质处置的研究，初步推荐甘肃北山为今后地质库预选区，筛选出内蒙古兴和县高庙子膨润土作为地质库的回填/缓冲材料。图 1.37 是地质库的构造示意图，其中缓冲材料起固定废物罐、阻止核素迁移（化学屏障）、减缓水分渗透（水力屏障）、传递扩散热量等多重作用，在相当长的时间内处于非饱和状态。核工业北京地质研究院、后勤工程学院、同济大学和兰州大学等单位开展了非饱和膨润土工程特性的研究。膨润土浸水后产生很大的膨胀力（≥10MPa），使得地质库具有自封闭性，因而缓冲/回填材料的渗透性很小，长期处于非饱和状态，故对地质处置库的安全评价分析涉及放射性废物在非饱和岩土介质中的迁

移[117]、热传输、水汽相变、地下水渗流、缓冲/回填材料和围岩的变形稳定、氢气的累积扩散（金属废物罐受到地下水中离子腐蚀而产生）等热-水-力-化学耦合问题（THMC）[118,119]（图1.38～图1.40），属于当前国际上研究的热点。

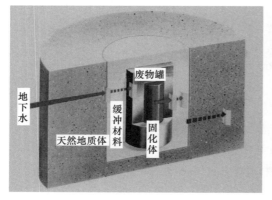
(a) 高放废物地质处置库的构造

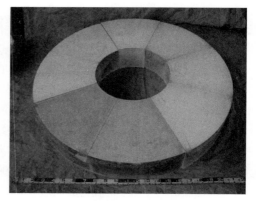
(b) 压制成的缓冲材料-膨润土块

图1.37　高放废物地质处置库的构造示意图（左）及压制成的缓冲材料-膨润土块（右）
（试块尺寸：φ2260mm×H300mm，日本）

(a) 西班牙室内试验(FEBEX)

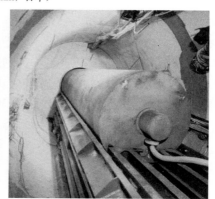
(b) 瑞典Aspo地下实验室

图1.38　高放废物地质处置的模型试验

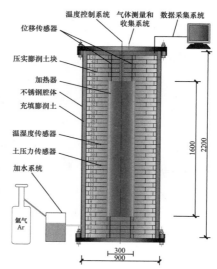

图1.39　核工业北京地质研究院的缓冲材料热-水-力-化学耦合性能大型试验台架（China-Mock-up）及结构示意图

(a) 在试验场地埋设示踪源　　　(b) 土中吸力和水分观测井　　　(c) 土柱内核素迁移的在线探测

图 1.40　中国辐射防护研究院在非饱和黄土中开展核素迁移和水分迁移规律研究（1989—1992 年）

随着我国城市化进程步伐的加快，产生了大量城市废弃物和垃圾，可谓之堆积如山，垃圾填埋场由此应运而生（图 1.41～图 1.43）。从垃圾填埋场和其他污染源中泄漏出来的污染物将在地下水位以上的非饱和带土中及饱和带土中运移，会产生物理过程、化学过程和生物过程[120,121]。其中，物理过程包括对流作用、扩散和弥散作用；化学过程包括吸附与解吸附作用、溶解和沉淀作用、氧化还原作用、配位作用、放射性核素衰减作用、水解作用、离子交换作用等；生物作用包括生物降解作用和生物转化作用等。除此而外，还涉及力学过程、热和气传输过程，因为垃圾和土体在上述过程中要产生变形，垃圾降解会产生热量和气体，国内外还发生过垃圾填埋场失稳的例子。为了减少垃圾对填埋场环境的影响，垃圾被封闭在填埋场中，填埋场的覆盖层和底部通常铺设多层材料形成复合包裹层，以减少降雨、蒸发对垃圾的影响和垃圾对地下水流的影响。复合包裹层实质上起防渗作用，通常处于非饱和状态，其中的水气渗流属于非饱和渗流。因此，只有搞清楚这些过程的机理，才能建立适合于描述污染物在非饱和岩土介质中运移的数学模型，优化复合包裹层的设计，避免污染扩散，并为被污染的土、水修复提供科学依据。

图 1.41　北京顺义垃圾填埋场

 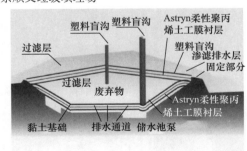

图 1.42　杭州天子岭垃圾填埋场　　　图 1.43　城市垃圾填埋场工程结构示意图

与非饱和土力学有关的问题还有：水土流失机理与防治（图 1.44、图 1.45）、泥石流的发育机理与形成过程（图 1.46）、黄土区的震害[122,123]与地裂（图 1.47、图 1.48）、喀斯特地区的岩溶塌陷（图 1.49、图 1.50）、许多大城市地面沉降和塌陷等。

图 1.44　南水北调中线工程温县段渠坡被雨水侵蚀　　图 1.45　黄河流域水土保持国家防治部署图

图 1.46　甘肃省舟曲县发生泥石流（2010 年 8 月 7 日）

图 1.47　地震引起黄土边坡的酥裂（甘肃永登）　　　图 1.48　地裂缝（陕西西安）

图 1.49 湖南益阳市岳家桥镇塌陷
(2012 年 2 月 21 日湖南台报道)

图 1.50 南宁西乡塘区坛洛镇地陷
(2012 年 6 月 2 日新华网报道)

事实上,地裂不只是发生在黄土地区,陕、甘、宁、晋、苏、皖等十多个省区的 200 多个县市发现有 746 处地裂缝,大型地裂缝有 1000 多条,其中以西安、大同、榆次、运城等处的地裂缝规模与危害最大,所造成的经济损失每年约有数亿元。西安市区共有 13 条地裂缝[124],出露总长度 71km,延伸总长度 115km (图 1.51),形成了 7 个沉降盆,最大沉降 2.85m,沉降超过 200mm 的地区面积达 150km²,2001 年 7 月 1 日西安曲江池西曲村地裂缝 (图 1.52) 东西长约 1500m,缝宽 8～50cm,可见深度 120cm。地裂缝所经之处,地面及地下各类建筑物开裂,破坏路面,错断地下供水、输气管道,危及一些著名文物古迹的安全,不但造成了较大经济损失,也给居民生活带来很大不便。据 1996 年不完全统计,地裂缝活动毁坏楼房 168 幢,车间 57 座,民房 1741 间,道路 90 处,错断供水、煤气管道 45 次,危及名胜古迹 8 处,直接经济损失 1 亿多元,造成的间接经济损失及社会影响更大。

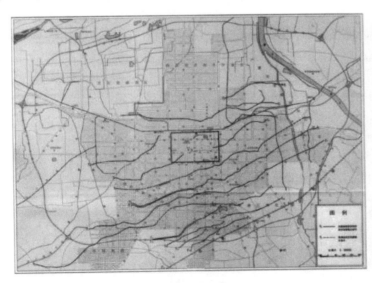 

图 1.51 西安地裂缝分布图

图 1.52 西曲村地裂缝

据央视新闻 2012 年 2 月 20 日报道,我国发生地面沉降灾害的城市超过 50 个,分布于北京、天津、河北、山西、内蒙古等 20 个省区市,最严重的是长江三角洲、华北平原和汾渭盆地。由于地面沉降,有的城市甚至被预言会在几十年后消失。其中华北平原区地面沉降量超过 200mm 的范围,达到 64000km²,占整个华北地区的 46% 左右。

初步研究认为,过量开采承压水和摩天大楼群的修建是导致地面下沉和地裂缝活动加剧的主要因素,地裂缝垂向活动量的 70%～90% 是差异沉降造成的。因而,预测地裂发展及沉降,实质上是非饱和土的强度、渗流和变形问题。值得庆幸的是，2012 年颁布并实施《全国地面沉降防治规划》，在全国范围内全面推进重点地区地面沉降的防治进程。

1.2.7　新能源开发

天然气水化物（gas hydrates）是甲烷等气体在低温和高压条件下与水分子结合形成的多孔冰状晶体，能够燃烧，故亦称为可燃冰。天然气水化物主要赋存于海洋、极地和大陆多年冻土地区的土层中，其总蕴藏量超过石油、煤和天然气的总和。我国已在南海和祁连山冻土区发现了可燃冰，是一种很有开发前景的新能源[125-127]。可燃冰与土粒和水共存，可视为广义的土，故有的研究者称其为"能源土"。海洋天然气水化物在开采过程中，因温度和压力的变化可能发生分解相变，形成土、冰、水、气四相共存的非饱和土；相变可能导致海洋土体强度降低，引起海底滑坡，损坏海底电缆和管线等。因此，对天然气水化物的相变规律和力学特性的研究已受到美、日、德、加、韩等国的重视。

1.2.8　城镇化建设

国家的城镇化发展战略使建设可利用的土地资源问题日益突出，填海造地与削山填沟造地便应运而生。十堰、兰州和延安地区都已实施上山造城的建设。

"车城"十堰老城区的东、西两面亦在大规模造城。其中，"东部新城"的规模将达到 40km²，"西部新城"的规模将达到 46km²。十堰原城区面积为 80km² 左右，这相当于再造一个十堰。

兰州新城建设项目于 2012 年 12 月 10 日在兰州白道坪村的荒山开工，推掉 700 多座山头，平整土地约 25km²，实现真正意义上的"移山造城"（图 1.53）。

延安"中疏外扩、上山建城"，将在附近山地平整 4 个新区（北区、南区、文化产业园区和柳林新区）[128-130]，总面积 77.1～80.3km²，相当于延安现有市区面积的两倍。一期工程（北区）（图 1.54）在 2012 年 4 月开工，于 2013 年 5 月完工，南北向长度约 5.5km，东西向宽度约 2.0km，共削平 33 个山头；场区内地形起伏大，地面高程 955～1263m，高差 308m；预估挖方量为 2.0 亿 m³，填方量为 1.6 亿 m³，挖填方总量 3.6 亿 m³；挖方面积 5.4km²，填方面积 4.6km²，总造地面积 10.0km²；平均挖方深度 37m，最大挖深 57.6m；平均填方厚度 35.6m，最大填土厚度 105m，是迄今遇到的厚度最大的黄土填方工程。大厚度湿陷性黄土地基和大厚度填土地基的变形（沉降和差异沉降）问题、高填方和大挖方边坡的稳定问题都极具挑战。到 2018 年 8 月，延安新区岩土工程全面完成[131]，共造地 3.2 万亩，其中挖方面积 1.8 万亩，填方面积 1.4 万亩。实际挖填方总量 6.8 亿 m³，其中，挖方量 3.7 亿 m³，填方量 3.1 亿 m³。最大挖方高度 118m，平均挖方高度 31m。最大填方厚度 112m，平均填方厚度 32m。

图 1.53　兰州新城建设项目在平整
兰州白道坪村的荒山（2012 年 12 月 10 日）

图 1.54　延安一期工程施工现场
（陈正汉摄，2012 年 12 月 6 日）

除此而外，延安一期工程内还存在淤地坝，其淤积土的淤积时间一般为 15～25 年，时间最短的不足 1 年，最长的约 28 年。总面积约 $25 \times 10^4 m^2$，最大淤积厚度约 14m，一般厚度 7～10m。自然淤积造地后，地下水位上升，勘察期间的水位深度约 3～4m。上部 1～2m 含水率不大，呈可塑，地下水位附近及其下的淤积土多呈软塑—流塑状态，淤积土的结构松散，压缩性高，工程性质与淤泥质土近似，是一期工程区域内的主要相对软弱土。其上填土厚度将达到 49.44～77.6m。软弱地基和填土都要产生很大的沉降，估计总沉降量将超过 3m[130]。对其先开挖纵横排水沟网降排水，形成表层硬壳，机械才得以进入现场；进而采用块石置换强夯。在开发新区主沟设置断面 5m×2m 的卵石排水盲沟，在各支沟设置 0.5m×0.5m 的卵石排水盲沟。

与山区城镇建设相呼应，山丘沟壑地区的机场建设项目也日益增多。2010 年填方竣工的山西吕梁机场和 2018 年 11 月竣工的延安南泥湾机场、贵阳新机场都建在山区，场地面积大，填土厚度大，其中填土为黄土的吕梁机场[132]和延安南泥湾机场的最大填土厚度分别为 80m 和 118m，遇到的工程难题与延安新区建设相似。

1.3　基本概念

本节介绍非饱和土力学的一些基本概念。为简明起见，以名词解释的形式给出。

饱和土——孔隙被水充满的土，或饱和度等于百分之百的土，是由土骨架（固相）和孔隙水（液相）组成的两相介质，其孔隙水压力大于零（或等于零，即大气压）。通常认为地下水位以下的土是饱和土（饱和度达不到百分之百）。

非饱和土——孔隙中既有水、又有气的土，即饱和度小于百分之百的土，是由土骨架（固相）、孔隙水（液相）和孔隙气（气相，包括空气和水蒸气）组成的三相不容混介质，其孔隙水压力小于零。通常认为地下水位以上的土是非饱和土。

非饱和土的分类——根据俞培基和陈愈炯的研究[2]（1965），按土中水气赋存状态与连通状态，非饱和土可分为 3 类：水连通-气封闭状态（对应于饱和度大于 85%），可按饱和土近似处理；水气各自连通（对应的饱和度在 25%～85%），是非饱和土力学研究的主要对象；气连通-水封闭状态（对应的饱和度小于 25%），可按干土处理。包承钢研究认为[3,4]，相应于饱和度在 85%～90% 时，气相处于内部连通状态（故他认为非饱和土应分为 4 类），由于该段的范围太窄，本书不予专门讨论。

收缩膜——Fredlund 将非饱和土中的水、气分界面看作独立的一相，认为其性质既不同于液相，也不同于气相，称之为收缩膜；换言之，他把非饱和土视为四相介质[1]。

土水势——土中水分所具有的势能（以标准状态下自由水所具有的势能为基准）。一般包括 5 个分势[7]，即重力势、压力势、基质势、溶质势、温度势。对饱和土，通常只考虑重力势和压力势；对非饱和土，通常只考虑重力势和基质势。

总吸力（total suction）——土中水的自由能，亦即土水势。以自由纯水（放在大容器中）处于平衡时其上的蒸汽压力为基准，土孔隙中的水（是含有溶质的溶液，且受土骨架的吸持作用）处于平衡时其上方的蒸汽压力与基准压力的差值即为土的总吸力。由于土骨架和溶质对土中水的双重束缚作用，能够脱离束缚逸出液面的水分子数目少于自由纯水水面逸出的水分子数目，导致土中水液面上方的蒸汽压力小于自由纯水水面上方的蒸汽压力；换言之土的总吸力小于纯水的自由能。总吸力包括基质吸力与渗透吸力[1]。吸力是非饱和土力学的中心概念，非饱和土力学主要研究吸力对非饱和土的变形、强度、渗透性、土压力、承载力和稳定性的影响。饱和土的吸力为零，土在接近完全干燥时总吸力可达 10^6 kPa[1]。

总吸力的理论公式——根据上述定义，土的总吸力与相对湿度之间的关系可表达为[1]：

$$\psi = -\frac{RT\rho_w}{M_w}\ln(RH) = -\frac{RT\rho_w}{M_w}\ln\left(\frac{p_{sm}}{p_{w0}}\right) \tag{1.1}$$

式中，ψ 为土的总吸力（kPa）；R 为通用气体常数（亦即 8.31432J/mol·K）；T 为绝对温度（即 $T=273.16+t^o$）；t^o 为温度（℃）；ρ_w 为水的密度（kg/m³）；M_w 为水蒸气的摩尔质量（即 18.016kg/mol·K）；p_{sm} 为土中空隙水（是含有溶质的溶液，且受土骨架的吸持作用）的蒸汽压（kPa）；p_{w0} 为同一温度下自由纯水表面（为平面）上方的饱和蒸汽压（kPa）。式（1.1）右边的负号是为了让总吸力以正数出现，方便应用。

基质吸力(matric suction)——是总吸力的毛细部分。以与土孔隙中的水（是含有溶质的溶液）成分完全相同的溶液（放在大容器中）处于平衡时其上的蒸汽压力为基准，土孔隙中的水（是含有溶质的溶液，受土骨架的吸持作用）处于平衡时其上方的蒸汽压力与基准压力的差值即为土的基质吸力。基质吸力反映土的基质对土中水分的吸持作用，其数值等于非饱和土的孔隙气压力与水压力之差[1]。若用 u_a、u_w 和 s 分别是分别表示孔隙气压力（kPa）、孔隙水压力（kPa）和基质吸力（kPa），则

$$s = u_a - u_w \tag{1.2}$$

渗透吸力(osmotic suction)——是总吸力的溶质部分，亦称为溶质吸力。以自由纯水（放在大容器中）处于平衡时其上的蒸汽压力为基准，配置与土中水成分相同的溶液（相当于把土中水抽出）放在大容器中，在溶液处于平衡时其上方的蒸汽压力与基准压力的差值即为土的渗透吸力。渗透吸力在理论上可用下述公式[133-135]计算：

$$\pi = \zeta RTc\vartheta \tag{1.3a}$$

$$\vartheta = \frac{\rho_w}{\zeta c M_w}\ln\left(\frac{p_{sm}}{p_{w0}}\right) \tag{1.3b}$$

式中，π 为土的渗透吸力（kPa）；ζ 为溶质可分解的离子数（如：NaCl＝2）；c 为溶质的质量摩尔浓度（mol/kg），ϑ 称之为渗透吸力系数（osmotic coefficient，相当于对总吸力进行折减）；其他符号的意义同式（1.1）。由于测定总吸力和基质吸力已有成熟技术，故通常在先分别测出总吸力和基质吸力后，由二者之差算出渗透吸力。

渗透吸力亦可用范特霍夫（van't Hoff）公式[136]计算，即

$$\pi = RT\sum_{i=1}^{N}c_i \tag{1.4}$$

式中，c_i 为土中孔隙溶液浓度（mol/L），N 为分子式所含原子总数。该式最早由荷兰科学家范特霍夫提出，又称渗透压定律。该定律认为，溶质在稀溶液中所产生的渗透压，等于在同一温度 T 时，将其转化为理想气体并占有溶剂体积 V 时所产生的气压。对稀溶液来说，渗透压与溶液的浓度 c 和温度 T 成正比，它的比例常数就是气体状态方程式中的常数 R。当溶液中存在多种溶质时，只要浓度很低，应用渗透压定律时，可将渗透压看成是各种溶质贡献的总和，即式（1.4）。范特霍夫公式的提出主要基于如下基本假设：（1）溶质为理想电解质，即溶质溶于溶剂后完全解离为自由离子；（2）溶液为稀溶液。因此，使用该公式计算得到的溶质吸力与真实溶质吸力存在一定偏差，且偏差随着溶液浓度增加而增大。研究表明，对于常见的二元电解质，如 NaCl 和 KCl，当其水溶液浓度小于 1mol/L 时，范特霍夫公式计算得到的溶质吸力与真实值的偏差小于 5%。

轴平移技术(axis translation)——当土的基质吸力大于70~80kPa时，量测孔隙水压力系统的管道内部就会因负压过高而发生汽化和气穴（cavitation）[1,137]，用普通张力计无法量测。为克服这一点，Hilf（1956）提出了轴平移技术。考虑到通常量测孔压是以大气压作为参考标准的（即把大气压视为计量零点），若人为地提高参考压力的标准，就可使孔隙水压力变为正值而便于量测。这可通过给土施加高于大气压的气压力，使孔隙气压力和水压力都升高相同的数值而其差保持不变，类似于坐标轴平移了一段距离，孔隙水压力由负值变为正值，从而可以避免气穴和汽化现象，便于量测。

关于汽化和气穴的进一步解释[137]：液体沸腾的温度与液面压力有关。水在100℃时沸腾对应的压力是1个大气压，当温度降低时，沸腾的压力也降低，例如，20℃时沸腾压力是2.38kPa。这种压强，称为蒸汽压强。当孔隙水压降低到其相应温度的蒸汽压强时，水内部就会汽化，产生大量蒸汽，放出大量气泡，抵消部分负压。另一方面——水内部含有许许多多溶解的/尚未溶解的微小气泡，叫作气核。体积很小，肉眼看不见。当液压降低时，气核就会膨胀，大到肉眼可见的程度。这就是气穴现象。气核的存在是气穴产生的内因，负压的存在是形成气穴的外因。

质量含水率（简称含水率）——土中所含水分的质量与土中固相质量之比（%），常用 w 表示。

体积含水率——单位土体积中所含水分的体积（%），用 θ_w 表示，其改变量用 ε_w 表示。

体积含水率与质量含水率通过下式相联系：

$$\theta_w = S_r n = \frac{G_s w}{e} \cdot \frac{e}{1+e} = \frac{G_s}{1+e} \cdot w = \frac{\rho_d}{\rho_w} w \tag{1.5}$$

式中，S_r、n、e、G_s、ρ_d、ρ_w 分别为土中水的饱和度、土的孔隙率、土的孔隙比、土颗粒的相对密度、土的干密度、水的密度。

土-水特征曲线（soil-water characteristics curve，简称为SWCC）——土的总吸力与体积含水率（或质量含水率，或饱和度）之间的关系曲线；又称为土的持水特性曲线（soil-water retention curve，简称为SWRC）。土-水特征曲线与水分变化路径有关，土从饱和状态逐渐失水变干所得的土-水特征曲线称为脱湿分支曲线，土从干燥状态逐渐吸水饱和所得的土-水特征曲线称为增湿分支曲线，前者位于后者上方；即对应于同一含水率，前者的吸力高于后者。因此，应根据土中水分变化的实际过程选用相应的分支曲线。从现代土力学观点看[138-141]，土-水特征曲线是非饱和土的本构关系之一，因此，用研究本构关系的观点、理论和方法探索持水特性可提升该领域的研究水平。凡是影响本构关系的因素，如密度、应力状态、应力路径、应力历史、温度、土的结构等，也影响持水特性。换言之，土中水量与吸力之间并不存在单值的对应关系。传统持水曲线仅考虑吸力的作用，考虑其他因素影响的持水曲线可称之为广义持水曲线。

有效应力——太沙基认为，饱和土骨架（或土颗粒之间）传递的应力控制饱和土的变形和强度，称之为有效应力，其值等于总应力减去孔隙水压力，这就是饱和土的有效应力原理，是经典土力学的支柱之一。仿效太沙基的理念，许多学者提出了对非饱和土的有效应力公式，最为流行的是英国学者毕肖普于1959年提出的公式，但没有经过理论论证和试验验证，且其中包含的土性参数不易测定。

应力状态变量（stress state variables）——Fredlund认为[1]，在不计土粒压缩性时，描述非饱和土的应力状态需要两个应力张量：净总应力张量和基质吸力张量，称之为应力状态变量。若用 σ_{ij} 表示总应力张量，则两个应力状态变量可分别表示为 $\sigma_{ij} - u_a \delta_{ij}$ 和 $(u_a -$

$u_w)\delta_{ij}$，其优点是不包含材料参数。

净总应力张量不变量——净总应力张量可用其 3 个不变量（即，净平均应力 p、广义剪应力 q 和应力罗德角 θ_σ）表示，3 个应力不变量和 3 个主应力 σ_1、σ_2、σ_3 的关系如下：

$$p = \frac{\sigma_1 + \sigma_2 + \sigma_3}{3} - u_a \tag{1.6}$$

$$q = \frac{1}{\sqrt{2}}\sqrt{(\sigma_1-\sigma_2)^2+(\sigma_2-\sigma_3)^2+(\sigma_3-\sigma_1)^2} \tag{1.7}$$

$$\theta_\sigma = \tan^{-1}\left(\frac{1}{\sqrt{3}}\frac{2\sigma_2-\sigma_1-\sigma_3}{\sigma_1-\sigma_3}\right) = \tan^{-1}\left(\frac{1}{\sqrt{3}}\mu_\sigma\right) \tag{1.8}$$

其中，μ_σ 是罗德应力参数，其定义为

$$\mu_\sigma = \frac{2\sigma_2-\sigma_1-\sigma_3}{\sigma_1-\sigma_3} \tag{1.9}$$

应变不变量——应变张量 ε_{ij} 可用其 3 个不变量（体应变 ε_v、广义剪应变 ε_s 和应变罗德角 θ_ε）表示，3 个应变不变量和 3 个主应变的关系如下：

$$\varepsilon_v = \varepsilon_1 + \varepsilon_2 + \varepsilon_3 \tag{1.10}$$

$$\varepsilon_s = \frac{\sqrt{2}}{3}\sqrt{(\varepsilon_1-\varepsilon_2)^2+(\varepsilon_2-\varepsilon_3)^2+(\varepsilon_3-\varepsilon_1)^2} \tag{1.11}$$

$$\theta_\varepsilon = \tan^{-1}\left(\frac{1}{\sqrt{3}}\frac{2\varepsilon_2-\varepsilon_1-\varepsilon_3}{\varepsilon_1-\varepsilon_3}\right) = \tan^{-1}\left(\frac{1}{\sqrt{3}}\mu_\varepsilon\right) \tag{1.12}$$

其中，μ_ε 是罗德应变参数，其定义为：

$$\mu_\varepsilon = \frac{2\varepsilon_2-\varepsilon_1-\varepsilon_3}{\varepsilon_1-\varepsilon_3} \tag{1.13}$$

在常规三轴应力条件下，

$$\sigma_2 = \sigma_3, \quad \varepsilon_2 = \varepsilon_3, \quad \theta_\sigma = \theta_\varepsilon = -\frac{\pi}{6} \tag{1.14}$$

$$p = \frac{\sigma_1+2\sigma_3}{3} - u_a \tag{1.15}$$

$$q = \sigma_1 - \sigma_3 \tag{1.16}$$

$$\varepsilon_v = \varepsilon_1 + 2\varepsilon_3 \tag{1.17}$$

$$\varepsilon_s = \frac{2}{3}(\varepsilon_1-\varepsilon_3) = \varepsilon_a - \frac{1}{3}\varepsilon_v \tag{1.18}$$

式中，ε_a 是三轴试验的轴向应变。

水蒸气在空气中的相对湿度（RH）——反映水蒸气在空气中的饱和程度，其表达式为

$$\mathrm{RH} = \frac{\bar{u}_v}{\bar{u}_{v0}} \tag{1.19}$$

式中，$\bar{u}_v$ 为空气中水蒸气压力（kPa）；$\bar{u}_{v0}$ 为同一温度下，水蒸气的饱和压力（kPa）。

黏滞性——流体抵抗变形（包括体变和剪切变形）的特性，其大小与温度和压力有关，单位为 N·s/m²（即牛顿·秒/米²）。液体的黏滞性随温度升高而减少，气体的黏滞性随温度升高而增大[1,142]。在 1 个标准大气压下 20℃时水的黏滞性是空气黏滞性的 56.53 倍。

表面张力（T_s）——液体与气体的交界面如同一层薄膜覆盖在液体表面（即前述的所谓收缩膜），有收缩的趋势，处于张力状态，该力称为表面张力，用收缩膜单位长度上的张力表示（N/m），其大小随温度增加而减小，其作用方向与收缩膜表面相切。

毛细压力——当多孔介质的孔隙中有两种不容混的流体接触时，在两种流体的界面的压力不连

续，即存在压力差 Δu，该压力差称为毛细压力[143]；毛细压力的数值的大小取决于该点处界面的曲率和表面张力。当收缩膜为二维曲面时，该压差用拉普拉斯（Laplace）方程（亦称为 Thomas Young 方程[142]）描述：

$$\Delta u = T_s \left(\frac{1}{R_1} + \frac{1}{R_2} \right) \tag{1.20}$$

式中，R_1 和 R_2 分别为二维曲面在两个正交平面上的主曲率半径。

如收缩膜为球面，其曲率半径为 R_s，即 $R_1 = R_2 = R_s$，从而

$$\Delta u = \frac{T_s}{2R_s} \tag{1.21}$$

如果曲率半径趋于零，则压力差就趋于无限大。换言之，水中一个气泡（即前述气核）的破裂会形成一个高压核[142]，它会损伤附近的固体表面使其凹陷，称为气蚀，溢洪道的下表面和船用螺旋桨的表面都经常发生此类现象。

在非饱和土中，收缩膜两边的压力分别为气压力和水压力，压力差 Δu 就是基质吸力，亦即

$$u_a - u_w = \frac{T_s}{2R_s} \tag{1.22}$$

式（1.22）称为 Kelvin 毛细方程[1]。由该式可见，当表面张力不变时，吸力越大，收缩膜的曲率半径越小。反之，基质吸力越小，曲率半径越大。当基质吸力为零（饱和土）时，曲率半径变为无限大，水气界面就成为平面。

据《科技日报》2020 年 12 月报道[144]，最新研究已将 Kelvin 方程的适用性推广到纳米尺度。在纳米尺度，固-液界面的相互作用力（而不是气-液界面的表面张力）发挥主导角色。

亨利（Henry）定律[1]——在恒温条件下，溶解于一定体积溶液中的气体质量与溶液上方气体的绝对压力成正比。根据亨利定律和理想气体的状态方程可知：在恒温条件下，不同压力下溶解于水中的空气体积为常数。

气体的质量可溶性系数[1]（H）——某气体可溶解于某种液体中的质量与该液体质量的比值，称为该气体的质量可溶性系数。在 15℃时，空气在水中的质量可溶性系数 $H = 27.07 \times 10^{-6}$。

气体的体积可溶性系数[1]（h）——溶解于某液体的气体体积 V_d 与该液体体积的比值，称为该气体的体积可溶性系数，且 $h = (\rho_w / \rho_a) H$。气体的体积可溶性系数随温度有微小变化，在 10～20℃时，空气在水中的体积可溶性系数约为 0.02。

1.4 本章小结

（1）我国地域辽阔，地形地貌和气候差异很大，土的种类繁多，大多数土处于非饱和状态，全国大多数人生活在非饱和土地区。

（2）非饱和土是固、液、气三相介质，其工程性质受气候和环境影响很大，远比饱和土（是固、液两相介质）复杂，传统土力学的理论和方法对非饱和土问题无能为力。

（3）发展非饱和土与特殊土力学是现代土力学的重要任务，近 30 年来在国内外有了长足的发展。

（4）我国目前正在进行举世罕见的大规模工程建设，在交通、铁路、水利、水电、国防、机场、市政、环境、水土保持、核工业、环境保护等部门的重大工程建设中，提出了许许多多

挑战性的科学课题。

（5）对非饱和土力学的一些基本概念，如非饱和土（包括定义及分类）、吸力（包括总吸力、基质吸力和渗透吸力）、轴平移技术、土-水特征曲线等，给出了明确清晰的解释。

参考文献

[1] FREDLUND D G, RAHARDJOH. Soil Mechanics for Unsaturated Soils [M]. New York: John Wiley and Sons Inc., 1993. （中译本：非饱和土土力学 [M]. 陈仲颐，张在明，等译. 北京：中国建筑工业出版社，1997）.

[2] 俞培基，陈愈炯. 非饱和土的水-气形态及其与力学性质的关系 [J]. 水利学报，1965（1）：16-23.

[3] 包承纲. 非饱和土压实土的多相形态及孔压消散问题 [C]//第三届土力学及基础工程学术会议论文选集. 北京：中国建筑工业出版社，1979：1-15.

[4] 包承纲. 非饱和土的应力应变关系和强度特性 [J]. 岩土工程学报，1986，8（1）：26-31.

[5] 李雷. 非饱和击实黏土压缩特性 [D]. 南京：南京水利科学研究院，1985.

[6] 陆灏. 非饱和击实土孔隙压力的试验研究 [D]. 南京：南京水利科学研究院，1988.

[7] 雷志栋，杨诗秀，谢森传. 土壤水动力学 [M]. 北京：清华大学出版社，1988.

[8] 陈正汉，谢定义，刘祖典. 非饱和土的固结理论 [C]//中国力学学会岩土力学专业委员会，同济大学. 岩土力学新分析方法讨论会论文集. 上海，1989：298-305.

[9] 蒋彭年. 非饱和土工程性质简论 [J]. 岩土工程学报，1989，11（6）：39-59.

[10] LI XIKUI, ZIENKIEWICZ O C, XIE Y M. A numerical model for immiscible two-phase fluid flow in a porous medium and its time domain solution [J]. International Journal for Numerical Methods in Engineering，1990，30（6）：1195-1212.

[11] LI X, ZIENKIEWICZ O C. Multiphase flow in deforming porous media and finite element solutions [J]. Computers & Structures. 1992，45（2）：211-227.

[12] CHEN ZHENGHAN et al. The consolidation of unsaturated soil [C]//Proc. 7th Int. Conf. On Computer Methods and Advances in Geomechanics. Australia: G. Beer, J. P. Carter, Caims, 1991：1617-1621.

[13] YANG D Q, SHEN Z J. Two dimensional numerical simulation of generalized consolidation problem of unsaturated soils [C]//Proc. 7th Int. Conf. On Computer Methods and Advances in Geomechanics. Australias: G. Beer, J. P. Carter, Caims, 1991：1261-1266.

[14] 谢定义，陈正汉. 非饱和土力学特性的理论与测试 [C]//中国土木工程学会土力学和基础工程学会. 非饱和土理论与实践学术研讨会文集. 北京，1992：9-52.

[15] 沈珠江，杨代泉. 非饱和土力学的研究途径和发展前景 [C]//中国土木工程学会土力学和基础工程学会. 非饱和土理论与实践学术研讨会文集. 北京，1992：1-8.

[16] 杨代泉. 非饱和土二维固结非线性数值模型 [J]. 岩土工程学报，1992，14（增刊）：2-12.

[17] 陈正汉，谢定义，刘祖典. 非饱和土固结的混合物理：Ⅰ [J]. 应用数学和力学，1993（2），中文版：127-137；英文版：137-150.

[18] 陈正汉. 非饱和土固结的混合物理论：Ⅱ [J]. 应用数学和力学，1993（8），中文版：687-698；英文版：721-733.

[19] 陈正汉，谢定义，王永胜. 非饱和水的土气运动规律及其工程性质的试验研究 [J]. 岩土工程学报，1993，13（3）：9-20.

[20] 陈正汉. 岩土力学的公理化理论体系 [J]. 应用数学和力学，1994（10），中文版：901-910；英文版：953-964.

[21] 陈正汉. 非饱和土研究的新进展 [C]//中国土木工程学会土力学及基础工程学会等. 中加非饱和土学术研讨会论文集. 武汉，1994：145-152.

[22] 陈正汉，王永胜，谢定义. 非饱和土的有效应力探讨 [J]. 岩土工程学报，1994，14（3）：62-69.

［23］　陈正汉．非饱和土的应力状态和应力状态变量［C］//第七届全国土力学及基础工程学术会议论文选集．北京：中国建筑工业出版社，1994：186-191.

［24］　CHEN ZHENGHAN. Stress theory and axiomatics as well as consolidation theory of unsaturated soil［C］//Proc. of 1st Int. Conf. on Unsaturated Soils. Paris：1995. 9（2）：745-750.

［25］　徐永福，刘松玉．非饱和土强度理论及其工程应用［M］．南京：东南大学出版社，1999.

［26］　陕西省水利科学研究所．西北黄土的性质［M］．西安：陕西人民出版社，1959.

［27］　中国科学院土木建筑研究所土力学研究室．黄土基本性质研究［R］//中国科学院土木建筑研究所研究报告第13号．北京：科学出版社，1961.（另见：陈宗基．我国西北黄土的基本性质及其工程建议［J］．岩土工程学报，1989，11（6）：9-24.）

［28］　陈正汉，刘祖典．黄土的湿陷变形机理［J］．岩土工程学报，1986，8（2）：1-12.

［29］　陈正汉，许镇鸿，刘祖典．关于黄土湿陷的若干问题［J］．土木工程学报，1986，19（3），86-94.

［30］　陈正汉．重塑非饱和黄土的变形、强度、屈服和水量变化特性［J］．岩土工程学报，1999，21（1）：82-90.

［31］　李章泌．非饱和压实黄土的压缩与湿陷特性［C］//中国土木工程学会土力学及基础工程学会等．中加非饱和土学术研讨会论文集．武汉，1994：220-227.

［32］　刘奉银．非饱和土力学基本试验设备的研制与新有效应力原理的探讨［D］．西安：西安理工大学，1999.

［33］　胡再强．黄土结构性模型及黄土渠道的浸水变形试验与数值分析［D］．西安：西安理工大学，2000.

［34］　谢定义．试论我国黄土力学研究中的若干新趋势［J］．岩土工程学报，2001，23（1）：3-13.

［35］　邢义川．非饱和土的有效应力与变形-强度特性规律的研究［D］．西安：西安理工大学，2001.

［36］　FREDLUND D G，CHEN Z Y. Chinese-Canada Cooperative research program on expansive soils［R］//Report submitted to International Development Research Centre（IDRC），1988.

［37］　张在明．非饱和土的特性［C］//中国土木工程学会土力学和基础工程学会．非饱和土理论与实践学术研讨会文集．北京，1992：53-71.

［38］　卢肇钧．在第九届全国土力学及岩土工程学术会议开幕式上的祝词（讲稿复印件）．2003. 10.

［39］　沈珠江．理论土力学［M］．北京：中国水利水电出版社，2000.

［40］　张在明．在第二届全国非饱和土学术会议开幕式上的讲话［J］．岩土工程学报，2006，28（2）：扉页.

［41］　河北省宣大高速公路管理处．黄土地区高速公路施工新技术：宣大高速公路河北段工程实践［M］．北京：人民交通出版社，2001.

［42］　刘保健．公路路基沉降过程试验与理论分析［D］．西安：西安理工大学，2004.

［43］　中华人民共和国建设部．建筑边坡支护技术规范：GB 50330—2002［S］．北京：中国建筑工业出版社，2002.

［44］　文君，燕建龙，赵云刚，等．结合某工程浅谈湿陷性黄土地区路基病害与治理［J］．山西建筑，2004专辑，58-59.

［45］　刘东生，等．黄土与环境［M］．北京：科学出版社，1985.

［46］　罗宇生．湿陷性黄土地基处理［M］．北京：中国建筑工业出版社，2008.

［47］　中华人民共和国住房和城乡建设部．湿陷性黄土地区建筑标准：GB 50025—2018［S］．北京：中国建筑工业出版社，2019.

［48］　安芷生．刘东生文集［M］．北京：科学出版社，1997.

［49］　钱鸿缙，王继唐，罗宇生，等．湿陷性黄土地基［M］．北京：中国建筑工业出版社，1985.

［50］　张宗祜，张之一，王芸生．中国黄土［M］．北京：地质出版社，1989.

［51］　王永焱，林在贯，等．中国黄土的结构特征及物理力学性质［M］．北京：科学出版社，1990.

［52］　刘祖典．黄土力学与工程［M］．西安：陕西科学技术出版社，1997.

［53］　刘厚健，黄天石．蒲城Q_2老黄土的湿陷特性与评价［C］//中国工程建设标准化协会湿陷性黄土委员会．全国黄土学术会议论文集．乌鲁木齐：新疆科技卫生出版社，1994：50-55.

［54］　刘厚健，周天红．从多个工程实践看Q_2黄土的湿陷性［C］//罗宇生，汪国烈．湿陷性黄土研究与工程．北京：中国建筑工业出版社，2001：66-72.

第 1 章　非饱和土与特殊土力学发展及工程实践需求概况

[55]　李大展，何颐华，隋国秀．Q_2 黄土大面积浸水试验研究 [J]．岩土工程学报，1993，15（2）：1-11.
[56]　陕西省建筑科学研究院．宝鸡第二发电厂试坑浸水试验报告 [R]．1993.
[57]　黄雪峰，陈正汉，哈双，等．大厚度自重湿陷性黄土场地湿陷变形特征的大型现场浸水试验研究 [J]．岩土工程学报，2006，28（3）：382-389.
[58]　黄雪峰，陈正汉，方祥位，等．大厚度自重湿陷性黄土地基处理厚度与处理方法研究 [J]．岩石力学与工程学报，2007（S2）：4332-4337.
[59]　中铁西北科学研究院．郑州至西安客运专线黄土及湿陷性黄土工程地质专题调查研究报告 [R]．2003.
[60]　李大展，滕延京，何颐华，等．湿陷性黄土中大直径扩底桩垂直承载性状的试验研究 [J]．岩土工程学报，1994，16（2）：11-21.
[61]　罗宇生，李玉林．宝鸡第二发电厂工程钻孔压浆桩、干作业成孔灌注桩试验报告 [R]．西安：陕西省建筑科学研究设计院，1994.
[62]　黄雪峰，陈正汉，哈双，等．大厚度自重湿陷性黄土中灌注桩承载性状与负摩阻力的试验研究 [J]．岩土工程学报，2007，29（3）：338-346.
[63]　中华人民共和国建设部．建筑桩基技术规范：JGJ 94—94 [S]．北京：中国建筑工业出版社，1995.
[64]　汪国烈，明文山．湿陷性黄土的浸水变形规律与工程对策 [C]//罗宇生，汪国烈．湿陷性黄土研究与工程．北京：中国建筑工业出版社，2001：21-32.
[65]　刘明振．含有自重湿陷性黄土夹层的场地上群桩负摩阻力的计算 [J]．岩土工程学报，1999，21（6）：749-752.
[66]　王家鼎，张倬元．典型高速黄土滑坡群的系统工程地质研究 [M]．成都：四川科学技术出版社，1999.
[67]　郑健龙，杨和平．中国公路膨胀土工程问题、研究现状及展望 [C]//郑健龙，杨和平．膨胀土处治理论、技术与实践：全国膨胀土学术研讨会文集．北京：人民交通出版社，2004：3-23.
[68]　廖世文，曲永新，朱永林．全国首届膨胀土科学研讨会论文集 [C]．成都：西南交通大学出版社，1990.
[69]　郑健龙，杨和平．膨胀土处治理论、技术与实践：全国膨胀土学术研讨会文集 [C]．北京：人民交通出版社，2004.
[70]　廖世文．膨胀土与铁路工程 [M]．北京：中国铁道出版社，1984.
[71]　李森林，等．中国膨胀土工程地质研究 [M]．南京：江苏科学技术出版社，1992.
[72]　刘特洪．工程建设中的膨胀土问题 [M]．北京：中国建筑工业出版社，1997.
[73]　CHEN FUHUA．Foundations on Expansive Soils [M]．2 ed．Amsterdam：Elsevier，1988.
[74]　KATTI R K，KATTI DINESH，KATTI A R．Behaviour of Saturated Expansive Soil and Control Methods [M]．Revised and Enlarged Edition．A．A．BALKEMA PUBLISHERS，2002.
[75]　谭罗荣，孔令伟．特殊岩土工程土质学 [M]．北京：科学出版社，2006.
[76]　中国铁路工程总公司，中国地质灾害与防治学报编辑部．中国铁路地质灾害专辑第三辑 [J]．中国地质灾害与防治学报，1995，6（2）.
[77]　廖济川．开挖边坡中膨胀土的工程地质特性 [C]//中国土木工程学会土力学和基础工程学会．非饱和土理论与实践学术研讨会论文集．北京，1992：102-117.
[78]　刘特洪，包承纲．刁南灌区膨胀土渠道滑坡过程的监测和分析 [C]//中国土木工程学会土力学及基础工程学会等．中加非饱和土学术研讨会论文集．武汉：1994：177-183.
[79]　王钊，刘祖德，陶健生．鄂北岗地的膨胀土和渠道 [C]//中国土木工程学会土力学及基础工程学会等．中加非饱和土学术研讨会论文集．武汉，1994.6：169-175.
[80]　包承纲．非饱和土的性状及膨胀土边坡稳定问题 [J]．岩土工程学报，2004，26（1）：1-15.
[81]　长江科学院．南水北调膨胀土渠坡稳定和滑动早期预报研究论文集 [C]．1998.
[82]　包承纲，刘特洪．豫西南膨胀土的工程特性和渠道边坡的稳定问题 [C]//中国土木工程学会土力学和基础工程学会．非饱和土理论与实践学术研讨会论文集．北京，1992：118-130.
[83]　长沙理工大学．膨胀土地区公路修筑成套技术研究总报告 [R]．2007.
[84]　中国水利水电科学研究院．非饱和特殊土增湿变形理论及其在渠道工程中的应用研究报告 [R]．2008.
[85]　吴克彬．对深基坑悬臂式支护结构计算方法的新探讨 [C]//罗宇生，汪国烈．湿陷性黄土研究与工程.

32

北京：中国建筑工业出版社，2001：428-430.

[86] 张浩，杨琦. 土钉支护技术在黄土场地深基坑工程中的应用 [C]//罗宇生，汪国烈. 湿陷性黄土研究与工程. 北京：中国建筑工业出版社，2001：419-427.

[87] 费鸿庆，王燕，王润昌. 黄土地基中超长钻孔灌注桩超高承载力性状试验研究 [C]//魏道垛，顾尧章，洪苕辉. 岩土工程的实践与发展. 上海：上海交通大学出版社，2000：172-180.

[88] 刘建航，侯学渊. 基坑工程手册 [M]. 北京：中国建筑工业出版社，1997.

[89] 周彦清. 压力分散型锚杆在中银大厦基坑工程中的应用 [C]//徐帧祥，阎莫明，苏自约. 岩土锚固技术与西部大开发. 北京：人民交通出版社，2002：400-406.

[90] 张奇志，等. 国家大剧院工程大型深基坑支护技术的研究 [C]//徐帧祥，阎莫明，苏自约. 岩土锚固技术与西部大开发. 北京：人民交通出版社，2002：338-349.

[91] 中铁西北科学研究院. 张家坪滑坡（K34+600-K35+000）工程地质勘察报告与整治工程施工图设计说明 [R]. 2002.

[92] 余志成，施文华. 深基坑支护设计与施工 [M]. 北京：中国建筑工业出版社，1997.

[93] 龚晓南. 深基坑工程设计施工手册 [M]. 北京：中国建筑工业出版社，1998.

[94] 中华人民共和国建设部. 建筑基坑支护技术规范：JGJ 120—99 [S]. 北京：中国建筑工业出版社，1999.

[95] 崔政权，李宁. 边坡工程：理论与实践最新发展 [M]. 北京：中国水利水电出版社，1999.

[96] 徐邦栋. 滑坡分析与防治 [M]. 北京：中国铁道出版社，2001.

[97] 陈祖煜. 土质边坡稳定分析：原理、方法、程序 [M]. 北京：中国水利水电出版社，2003.

[98] 王恭先，徐峻龄，刘光代，等. 滑坡学与滑坡防治技术 [M]. 北京：中国铁道出版社，2004.

[99] 郑颖人，陈祖煜，王恭先，等. 边坡与滑坡工程治理 [M]. 北京：人民交通出版社，2007.

[100] 马惠民，王恭先，周德培. 山区高速公路高边坡病害防治实例 [M]. 北京：人民交通出版社，2006.

[101] 卢肇钧，吴肖茗，刘国楠. 锚定式支护工程实践中几个问题的探讨 [C]//中国土木工程学会，台湾地工技术学术研究发展基金会. 海峡两岸土力学及基础工程、地工技术学术研讨会论文集. 1994：359-365.

[102] 李广信. 基坑支护结构上水土压力的分算与合算 [J]. 岩土工程学报，2000，22（3）348-352.

[103] 黄雪峰，李佳等. 非饱和原状黄土垂直高边坡的潜在土压力的原位测试试验研究 [J]. 岩土工程学报，2010，32（4）：500-506.

[104] 李加贵，陈正汉，黄雪峰，等. 原状非饱和的土压力原位测试和强度特性研究 [J]. 岩土力学，2010，31（2）：433-440.

[105] 李加贵，陈正汉，黄雪峰. Q_3 黄土侧向卸荷时的细观结构演化及强度特性 [J]. 岩土力学，2010，31（4）：1084-1091.

[106] 李加贵. 侧向卸荷条件下考虑细观结构演化的非饱和原状 Q_3 黄土的主动土压力研究 [D]. 重庆：后勤工程学院，2010.

[107] 薛继连，等. 盐渍土、软土地区重载铁路路基修建技术 [M]. 北京：科学出版社，2009.

[108] 王志硕. 风力发电场盐渍土工程地质特性研究 [R]//第三届中国水利水电岩土力学与工程学术讨论会，2010.

[109] 宁夏水利工程建设管理局，兰州理工大学，后勤工程学院，等. 宁夏扶贫扬黄灌溉工程盐渍土地基隆胀变形规律和混凝土侵蚀机理及防治措施研究 [R]. 2007.

[110] 周幼吾，郭东信，邱国庆，等. 中国冻土 [M]. 北京：科学出版社，2000.

[111] 吴紫旺，刘永智. 冻土地基与工程建筑 [M]. 北京：海洋出版社，2005.

[112] 王俊臣. 新疆坎儿井破坏机理及加固技术研究 [R]. 北京：中国水利水电科学研究院，2009.

[113] 徐攸在，等. 盐渍土地基 [M]. 北京：中国建筑工业出版社，1993.

[114] 苗天德，郭力，牛永红，等. 正冻土中热迁移问题的混合物理论 [J]. 中国科学（D辑）. 1999，29（S1）：8-14.

[115] 陈飞雄，李宁，徐彬. 非饱和正冻土的三场耦合理论框架 [J]. 力学学报，2005，37（2）：204-214.

[116] 潘自强，钱七虎. 高放废物地质处置战略研究 [M]. 北京：原子能出版社，2009.

[117]　李书绅，王志明，等. 核素在非饱和黄土中迁移研究 [M]. 北京：原子能出版社，2003.

[118]　秦冰，陈正汉，等. 基于混合物理论的非饱和土的热-水-力耦合分析模型 [J]. 应用数学和力学，2010，31 (12)：1476-1487.

[119]　陈正汉，秦冰. 缓冲/回填材料的热-水-力耦合特性及其应用 [M]. 北京：科学出版社，2017.

[120]　仵彦卿. 多孔介质污染物迁移动力学 [M]. 上海：上海交通大学出版社，2007.

[121]　钱天伟，刘春国. 饱和-非饱和土壤污染物运移 [M]. 北京：中国环境科学出版社，2007.

[122]　张振中，孙崇绍，段汝文，等. 黄土地震灾害预测 [M]. 北京：地震出版社，1999.

[123]　王兰民，等. 黄土动力学 [M]. 北京：地震出版社，2003.

[124]　索川梅，王德乾，刘祖植. 西安地裂和沉降的预防 [J]. 科学季刊，2005，25 (1)：23-28.

[125]　中国科学院能源领域战略研究组. 中国至 2050 年能源科技发展路线图 [M]. 北京：科学出版社，2009.

[126]　金庆焕，张光学，杜木壮，等. 天然气水化物资源概论 [M]. 北京：科学出版社，2006.

[127]　吴青柏，陈国栋. 多年冻土地区天然气水化物研究综述 [J]. 地球科学进展，2008，23 (2)：111-118.

[128]　空军工程设计局. 延安市新区建设工程场地岩土工程可行性研究报告 [R]. 2011.

[129]　中国民航机场建设集团公司，空军工程设计局. 延安新区一期综合开发工程地基处理与土石方工程设计（方案设计）[R]. 2012.

[130]　信息产业部电子综合勘察研究院. 延安黄土丘陵沟壑区城市工程建设关键技术示范研究（可行性报告）[R]. 2012.

[131]　《延安新区黄土丘陵沟壑区域工程造地实践》编委会. 延安新区黄土丘陵沟壑区域工程造地实践 [M]. 北京：中国建筑工业出版社，2019.

[132]　朱才辉，李宁，刘明振，等. 吕梁机场黄土高填方地基工后沉降时空规律分析 [J]. 岩土工程学报，2013，35 (2)：293-301.

[133]　ROBINSON, R. A., STOKES, R. H. Electrolyte Solutions [M]. 2nd Edn. London：Butterworths，1959.

[134]　COLIN E, CLARKE W, DAVID N, GLEW. Evaluation of the thermodynamic functions for aqueous sodium chloride from equilibrium and calorimetric measurements below 154℃ [J]. Journal of Physical and Chemical Reference Data，1985，14 (2)：489-610.

[135]　LANG A R G. Osmotic coefficients and water potentials of sodium chloride solutions from 0 to 40℃ [J]. Australian Journal of Chemistry，1967，20 (9)：2017-2023.

[136]　K E 范霍尔德. 物理生物化学 [M]. 北京：科学出版社，1978.

[137]　成都科技大学水力学教研室. 水力学：下册 [M]. 北京：人民教育出版社，1979：448-456.

[138]　陈正汉，孙树国，方祥位，等. 非饱和土与特殊土研究的最新进展 [C]//郑健龙，杨和平. 膨胀土处治理论、技术与实践：全国膨胀土学术研讨会文集. 北京：人民交通出版社，2004：36-49.

[139]　陈正汉. 非饱和土与特殊土的工程特性和力学理论及其应用研究 [C]//中国土木工程学会. 第十届土力学及岩土工程学术会议论文集：上册. 重庆：重庆大学出版社，2007，172-194.

[140]　陈正汉. 非饱和土与特殊土力学的基本理论研究 [J]. 岩土工程学报，2014，36 (2)：201-272.

[141]　陈正汉，郭楠. 非饱和土与特殊土力学及工程应用研究的新进展 [J]. 岩土力学，2019，40 (1)：1-54.

[142]　冯元桢. 连续介质力学引论 [M]. 北京：科学出版社，1984，227-229，300-302.

[143]　BEAR J. Dynamics of fluids in porous media [M]. American Elsevier Publisher Company, Inc，1972. （中译本：J 贝尔. 多孔介质流体动力学 [M]. 李竞生，陈崇希 译，北京：中国建筑工业出版社，1983，350.）

[144]　吴长锋. 中外学者将经典开尔文方程适用性拓展到纳米尺度 [N]. 光明日报，2020-12-11.

第 2 篇　仪器设备研发及新进展

本篇导言

开拓新领域，仪器是先导。揭示新认识，试验最重要。

——陈正汉. 关于土力学理论模型和科研方法的思考 [J]. 力学与实践，2004，26（1）：63-67.

相对饱和土力学而言，非饱和土力学与特殊土力学的研究进展比较缓慢。制约其发展的因素主要有两个：一是测试技术，至今尚无试验方法标准；二是理论体系欠成熟。理论的发展离不开试验对土的力学特性的揭示与认识的积累，因而测试技术对非饱和土力学与特殊土力学发展所起的作用怎样强调也不过分。

非饱和土与特殊土的测试的难点有以下五个方面[1]。第一，非饱和土是固-液-气三相复合介质，水气的赋存形态有水连通-气封闭、双开敞（各自连通），气连通-水封闭等多种情况，测试内容大大增加，且要求各相的应力和变形分别独立控制、量测。其中孔压包括水压和气压，渗透性包括水的渗透性和气的渗透性，扩散现象包括空气在水中的扩散和水蒸气在空气中的扩散，状态变量包括应力、应变、吸力（包括基质吸力和溶质吸力）、饱和度（或体积含水率、质量含水率）和温度等，本构模型包括土骨架、水、气（如状态方程）的本构关系、强度及水气运动规律等，试验方法（应力路径）有数十种之多。第二，吸力变化范围很大（$0 \sim 10^6\,\mathrm{kPa}$），大于 $70 \sim 80\mathrm{kPa}$ 的基质吸力的直接量测很困难（发生气穴、汽化现象）。第三，土样体变小、水的流速低，土样中状态量达到均衡的时间要很长，要求量测精度高、连续测试的时段长，试验历时从几小时到几天、几周，甚至几月、几年。动载作用下的测试数据几乎不能代表土样实际情况。第四，气相压缩性大，不仅无孔不通，而且还能通过橡皮膜扩散，在土样水分中溶解与扩散，干扰排水量的量测，并大大增加了土样体变量测的难度（不能像饱和土那样由测排水量代替测体变）。第五，特殊土的特殊性质的测试（如黄土在复杂应力状态下的湿陷性、膨胀土和膨润土的三向胀缩性、负摩擦力、微细结构及其损伤演化对变形强度渗透性的影响）有特殊要求和难度。

探索新领域，仪器是先导。庆幸的是：为了探讨非饱和土与特殊土的性质，许多学者进行了不懈的努力，发挥聪明才智，研制出了形形色色的仪器设备。本篇的任务就是系统地介绍这些测试仪器设备。由于仪器种类较多，作者只能选择部分进行介绍。选择按照下述四个原则：一是厚今薄"古"，重点介绍 1990 年以来研制的仪器，Fredlund 专著[2] 上已介绍过的仪器，尽量不讲或少讲；二是充分反映中国学者的成就，国内学者结合中国地域工程特色，发扬自力更生、艰苦奋斗精神研制开发的仪器尽可能选入（因文献 [2] 及国外文献中不曾介绍）；三是全面介绍各类仪器（包括室内、现场、研究宏观力学性质、研究微观及细观结构等），兼顾科研和实用两方面的需求；四是尽可能反映高新技术的应用，如 TDR、核技术、CT 技术、环境扫描电镜、激光、计算机图像测量等。

——陈正汉，等. 非饱和土与特殊土测试技术新进展（发展水平报告）[J]. 岩土工程学报，2006，28（2）：147-169.（另见：中国土木工程学会. 第二届全国非饱和土学术研讨会文集 [C]. 浙江大学，2005，77-136）

　　本篇着眼于测试原理与新仪器功能特点的介绍，对测试涉及的计算公式和用新仪器研究所得的具体结果将在本书第 3 篇和第 4 篇中论述。

　　常规非饱和土固结仪、直剪仪和三轴仪是测试非饱和土力学特性的基本设备，其构造、功能和操作技能是从事非饱和土力学教学、科研和工程的科技工作者必须掌握的知识，故本篇第 5 章对常规非饱和土固结仪和直剪仪做了详细的介绍，第 9 章专门对常规非饱和土三轴仪的试验技术做了系统全面的详细介绍，可直接在教学、科研和工程中应用。

第2章 吸力与水分测试仪器

本章提要

　　吸力和水分是非饱和土与特殊土的两个重要状态量,对量测吸力和水分的多项高新技术,如快速高量程张力计、新型热传导吸力探头、中子法、γ射线透射法和时域反射法等,做了详细介绍,对改进的压力板仪、WM-1型负压计系统和大型秤重式蒸渗仪做了重点介绍。此外,对用于量测冻土和盐渍土的基质吸力和液态水含量的技术做了专门介绍。

　　吸力和水分是非饱和土与特殊土的两个重要状态量,二者既相互联系又有区别,一般不能相互取代。例如,地基中一点的含水率不仅与该点的吸力有关,而且与该点到地下水位的高差、土孔隙的几何结构(毛细管半径、毛细管的延伸高度)有关,还与水分变化路径(增湿或减湿)、孔隙水中溶质的成分与浓度、温度及应力等因素有关。再如,在不排水不排气的三轴试验中,含水率保持常数而吸力则发生变化;反之,在控制吸力为常数的三轴排水试验中,含水率要发生变化。只有当土的结构、应力状态、温度及孔隙水中溶质的成分与浓度保持不变且水分是单调变化时,含水率与吸力之间才有一一对应关系。从认识角度考虑,只有同时知道吸力、含水率及其他状态量,才能完整描述土中一点的物理力学状态,才能建立含水率、吸力、应力、应变、温度之间的函数关系(即本构关系)。因此,应对水分和吸力分别量测。在历史上,水分和吸力的量测技术就是独立逐渐发展起来的。水分的量测比较容易,而吸力的量测相对困难。

2.1 吸力的测试仪器

　　吸力是非饱和土力学的中心概念,在学术上和应用上都有重要的意义[3],第一、三届国际非饱和土会议都有关于吸力量测技术的综述论文[4-5]。文献[4]指出,在1992年召开的第7届国际膨胀土会议上,有关吸力的论文共38篇,占会议论文总数的39%;而在1995年召开的第一届国际非饱和土会议上,会议论文集第1、2卷的论文总数是163篇,有关吸力的论文共72篇,占44%;这说明对吸力的概念、量测和应用已引起了现代岩土工程师在非饱和土研究中的重视。据文献[5]的介绍,在截至2002年的近40年里,大约有10次专题会议和国际会议讨论关于在非饱和土工程性状的研究中,吸力、吸力概念的作用及吸力量测的发展水平(state-of-the-art)。吸力包括基质吸力和溶质吸力,既可直接量测,也可间接量测。常用吸力量测设备如表2.1所示,该表是综合文献[2]的表4.2、文献[4]的表4及近年新进展的结果。

土中吸力的量测设备 表2.1

设备名称	量测的吸力	范围(kPa)	注释
湿度计	总吸力	100~8000	要求恒温环境,环境温度控制在+/-0.001℃,不宜用于测现场吸力;高吸力平衡历时按h计,低吸力(小于100kPa)平衡历时约2周
饱和盐溶液上方气体湿度控制法	总吸力	≥3000	保湿器下部盛放饱和盐溶液,隔板上放试样,将保湿器置于恒温箱内。见第6.8.2节和第6.8.4节
滤纸法	总吸力或基质吸力	(全范围)	与湿土良好接触时可量测基质吸力,平衡历时约7~14d。见第6.9.3节

续表 2.1

设备名称	量测的吸力	范围（kPa）	注释
张力计	基质吸力	0～90	有气蚀和通过陶瓷头的空气扩散问题，平衡历时按 h 计
零位型压力板仪（轴平移技术）	基质吸力	0～1500	量测的最高吸力不超过陶瓷板进气值，平衡历时按 h 计
加拿大萨斯喀彻温大学热传导探头	基质吸力	0～1500	使用不同孔隙尺寸陶瓷传感器的间接量测法，平衡历时约几周
挤液器	渗透吸力	（全范围）	同时使用张力计或量测导电率，平衡历时按 h 计
英国帝国理工学院张力计	基质吸力	0～1500	平衡历时约数分钟，但使用前的准备工作复杂，尚未在现场使用

2.1.1　快速高量程张力计

吸力变化范围很大（从 0～10^6 kPa），在现场（或在室内若不用轴平移技术）直接量测大于 80kPa 的基质吸力是很困难的。英国帝国理工学院自 1993 年以来致力于这方面的研究[3,6-8]，取得了突破性进展，故优先予以介绍。该校研制了一种新张力计（简称 IC tensiometer），有高进气陶瓷头、小水室（体积小于 3mm³）和传感器组成（图 2.1），实际上就是一种微型孔隙水压力传感器，可快速量测 1500kPa 以下的吸力，稳定历时小于 5min（本书第 10.9.2 节图 10.66 表明，高量程张力计的稳定历时为 2～3h）。但用于现场长期监测成功例子不多，仪器中水的张拉破坏是随机的。该张力计的另一缺点是陶土元件的初始饱和程序很复杂，先抽真空（绝对压力小于 1kPa），再浸水 1h，最后加正压 4000kPa，维持 24h 以上。加拿大萨斯喀彻温大学的管云和 Fredlund（1997）[9]、意大利都灵大学的 Tarantino 和 Mongiovi（2002）[10] 以及麻省理工学院的 Toker N K，Germaine J T，Sjoblom K J 和 Culligan P J 等人[11]（2004）做了类似的工作，各家研制的张力计的构造和性能基本相同。据文献 [12] 报道英国 Druck 公司生产了一种微型孔压传感器，型号为 PDCR-81（图 2.2），既可测正孔压，也可测高达 35bar 的负孔压，其探头直径 6.5mm，质量只有 3g，性能与帝国理工学院张力计相近，国内外已将该传感器应用于离心模型试验[13,14]。2015 年，英国学者 Toll[15] 应用英国杜伦大学制造的高量程张力计（原理与帝国理工学院张力计相同，可快速量测 2000kPa 以下的吸力）研发了一套土-水特征曲线快速测定装置，是张力计的最新进展。

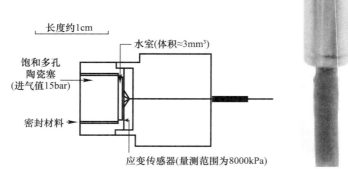

图 2.1　帝国理工学院研制的吸力探头构造示意图

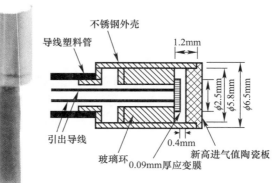

图 2.2　PDCR-81 孔压传感器结构示意图

2.1.2　新型热传导吸力探头

热传导吸力传感器由微型加热器和感温元件的多孔陶瓷探头组成。多孔陶瓷探头的热传导随陶瓷探头的含水率而变化，含水率则取决于周围土施加给探头的基质吸力。故只要预先率定孔陶瓷探头的热传导与施加的基质吸力的关系，就可用陶瓷探头测土中的基质吸力。加拿大萨斯喀彻温大学在 20 世纪 80 年代末曾使用过 100 多只美国 A gwatronics 公司生产的 AGWA-Ⅱ探头，发现该探头易破裂、耐久性差[2]。

帅方生、Fredlund 和冯满（2000、2002）在加拿大萨斯喀彻温大学研制了一种新热传导吸力探头[16-18]（称为 FTC-100 Fredlund 热传导吸力探头，图 2.3），在现场使用了两年，经受了各种环境变化的影响，如温度变化（有影响，给出了修正公式）、干-湿循环（吸湿曲线与脱湿曲线不重合，形成滞回圈。但滞回圈能被记忆，即，再吸湿与再脱湿形成的滞回圈与原滞回圈重合；提出了滞回圈数学模型）、冻-融循环（循环两次，温度从 20℃变到 0℃，仪器显示的吸力值突然降到零，并在冻结过程中保持不变；当温度从零下变到零上，仪器显示的吸力值又从零迅速增加到冻结前的值。换言之，新探头在预先标定的结果不受冻-融循环的影响；且未见探头受损伤）、酸碱度变化（探头先在 0～400kPa 吸力范围内标定，再放入 pH 等于 4.25/10.9 的溶液中泡 3 周取出后再标定，两次标定曲线基本重合），表明新探头可用于现场检测，吸力的量测范围为 1～1500kPa，分辨率为 1～5kPa，精度为 5％。该探头及其采集传输系统已商业化，一套系统共 16 个传感器（自带 10m 电缆，最长可达 100m）；数据采集仪包括一个 16 通道的多路转换器，可以连接到计算机上；电源可使用 12V 电池，也可用太阳能板。国内已将其用于膨胀土边坡现场吸力监测[19]（2002）、平定高速试验段吸力监测[20]（2007）和兰州大厚度湿陷性黄土地基现场浸水试验（2009 年 8 月—2010 年 4 月）的吸力监测[21]。

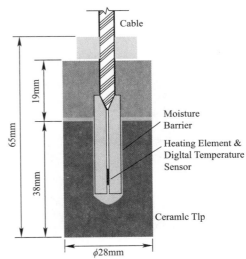

图 2.3　FTC-100 Fredlund 热传导吸力探头与结构示意图

清华大学李未显教授在 1993—1996 年研制出两种型号热传导吸力探头——TS-1 和 TS-2，可量测 0～400kPa 的吸力[22]。还研制了配套的数据自动采集系统，应用方便，曾用于南水北调中线工程的膨胀土边坡吸力监测[23]和兰州理工大学原状黄土高边坡吸力的量测[24]。后勤工程学院使用发现，该陶瓷头也有碎裂问题[24]。

2.1.3　滤纸法的改进

滤纸法与土样不接触时可测总吸力，当与土样接触良好时可测基质吸力。

在用滤纸量测吸力方面，帝国学院近年对两种常用的滤纸（Whatman 42 号，Schleicher & Schuell 589 号）做了一些工作[3]（2003），取得的经验与 Fredlund 的经验[2]大致相同。两种滤纸的吸力量测范围是 30000kPa，精度为 10％。根据他们的经验，用滤纸测基质吸力必须注意以下几点：保证滤纸与土样密切接触，用薄膜裹 3 层，放入两层塑料袋中，在温控环境中放 7d；称滤纸质量的天平的感量应达 0.0001g；称滤纸质量的时间不得超过 5s；滤纸在烘箱中用 105℃ 烘干 2h。若在试验中能做到以上要求，则滤纸的量测结果可与帝国理工学院研制的张力计比美。

在国内，武汉大学的王钊教授对杭州新华造纸厂生产的双圈牌 203 号滤纸的率定（吸湿-脱湿-再吸湿）及测试技术的各个环节（称量历时小于 30s、平衡时间 10d、接触程度、滤纸初始状况、滤纸的大小和摆放方向，直径 70mm 的滤纸的测试结果与摆放方向无关）做了详细研究[25]（2003）。他还研制成基质吸力原位量测装置，即用板车内胎制成气囊，加气压 60kPa 使滤纸与钻孔壁接触良好，平衡时间为 10d，曾在运城—三门峡高速公路张店镇附近处使用。

2.1.4　冷镜露点技术

南洋理工大学的 E. C. Leong，S. Tripathy 和 H. Rahardjo（2003）提出用冷镜露点技术（chilled-mirror dew-point technique）测总吸力[26]。该方法的原理是：在一个小密封舱里安装一面镜子，其温度由热电子制冷器精确控制，在镜子上放有凝结探测器。把土样放在密封舱下部（约占密封舱体积的一半），土样将与其上方空气中的水蒸气达到平衡，这时密封舱里空气的相对湿度就与土样的相对湿度相同。为了准确的捕捉到在镜子上开始发生凝结的时刻，把一束光直射到镜子上，镜子再把光线反射到一光接收器（就是凝结探测器）上。光接收器感知镜子上开始发生凝结时反射率的变化，相应的温度由安置在镜子上的热电偶记录。安装在密封舱里的风扇使空气循环以减少平衡时间。由于温度可控，故相对湿度能测。研制的装置量测相对湿度的精确度是 ±0.1%，平衡时间约为 4~18min。为检验新方法的使用效果，用该技术测总吸力，用轴平移技术测基质吸力，用电导计测从土孔隙中挤出的水的溶质吸力，结果发现总吸力比基质吸力与溶质吸力之和大得多。原因是多方面的，故该法尚待进一步研究。

2.1.5　WM-1 型负压计系统

我国地矿部水文地质工程地质研究所的荆恩春、张孝和等人对张力仪进行了重大改进，于 1988 年成功研制成 WM-1 型负压计系统[27]，并在多处现场成功应用，后勤工程学院用该设备在南水北调中线工程渠坡（陶岔镇）监测吸力近一年之久。

1）WM-1 型负压计系统的结构原理

WM-1 型负压计系统由陶土头、集气管、压力传导管、水银压力表（由 U 形管和水银槽组成）、观测板、注水除气管、多路三通等部件组成（图 2.4）。

陶土头是负压计的传感部件，它是由具有均匀微细孔隙的陶土材料制成的，当负压计内充满水使陶土头被水饱和时，陶土头管壁就形成张力相当大的一层水膜；陶土头埋入土壤以后，土壤水与负压计内部的水体通过陶土头建立了水力联系，在一定的压差范围内，水分和溶质可以通过陶土头管壁，而气体则不能通过，即所谓透水不透气。因此，如果陶土头内外之间存在压力差，水分就会发生运动，直至内外压力达到平衡为止。这时，通过水银压力表测定的负压计内部的负压值就是陶土头所在位置土壤水的基质势。与陶土头相连接的是集气管，集气管顶部有两个接口，其中一个接口在负压计内的一端接一根 φ3mm 的短毛细塑料管，接口外端与压力传导管相连接，它起压力传导的作用。压力传导管的另一端经多路三通到观测板的上端，自上而下紧贴观测板固定，再从观测板的下端圆滑弯曲到观测板的背面，通向固定在观测板背面的水银槽底部，形成了 U 形管水银压力表。每 5 根 U 形管并排排列为一组，一个水银槽可以连接多组 U 形管（视需要而定）。在观测板首尾各单设一根 U 形管，用于显示水银槽液面高度或调整观测板水平位置。水银槽中水银液面高度一般为水银槽高度的 1/3~1/2，水银液面加水密封防止水银蒸汽逸出，负压计 U 形管水银压力表读数可根据观测板的刻度读出，负压计集气管顶部另一接口接除气管通往多路三通，用作负压计注水除气。

2）WM-1 型负压计主要技术性能和特点

（1）测量精度为 1mmHg，能满足室内物理模拟试验和野外试验研究工作的精度要求。

（2）陶土头进气值大于 120kPa，陶土头渗流量大于、等于 $0.05\text{mL/min} \cdot \text{kPa}$，一个 WM-1 型负压计系统中使用的陶土头渗流量的离散性小于、等于 $0.05\text{mL/min} \cdot \text{kPa}$，保证了整个土壤剖面上安装的负压计传感部件（陶土头）性能一致。

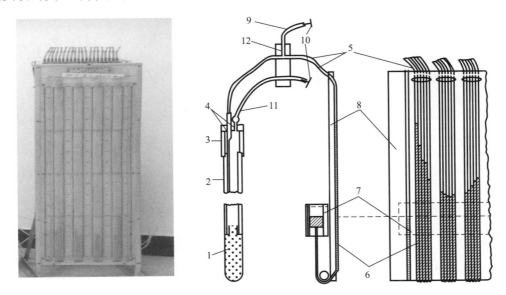

图 2.4　WM-1 型负压计及其结构示意图

1—陶土头；2，3—集气管；4—转接口；5—压力传导管；6—U 形管水银压力表；
7—水银槽；8—观测板；9，11—注水除气管；10—密封塞；12—三通

（3）根据观测工作的需要，负压计观测板可安装在适当的位置，数十个负压计在同一个观测板上观测，能清晰显示整个土壤剖面的水势分布趋势。同时可以通过观测板监视负压计的工作状态。

（4）一个负压计测量系统共用一个水银槽，用一根 U 形管指示水银槽液面高度作为负压计算水银柱高度的参考面，因此比普通 U 形管水银负压计容易读数，而且相对读数误差也会小一些。

（5）负压计量程较宽。压力表位于地表以上的负压计，随着陶土头埋深位置加深而相应地缩小了测量负压值的量程。WM-1 型负压计系统观测板可放在地表下的观测室内使用，从而克服了这一缺点。与压力表在地面以上的负压计相比，可以说扩大了负压测量量程，而且正、负压均可测定。

（6）WM-1 型负压计系统的注水除气，不需要直接接触负压计集气管，避免了常用负压计注水除气时可能扰动负压计陶土头或集气管与土壤良好接触的弊端。同时 WM-1 型负压计（系统）的观测板可以远离负压计埋设位置实现"遥测"，这样不会像其他负压计那样因观测工作而扰动负压计安装区域的地面条件，从而保证了原位测量土壤水势资料的质量。

除上述以外，萨斯喀彻温大学开展了用时域反射技术（TDR）量测现场基质吸力的研究，研制了 TDR 基质吸力探头（1998）[28]，但未见后续报道。

2.1.6　压力板仪的改进与试验注意事项

后勤工程学院于 2000 年从美国引进 15bar 压力板仪核心部件（包括压力容器及高进气值陶

土板），并进行了配套完善与土水特征曲线试验的研究工作，从中发现了一些问题，提出了相应的解决方法，改进后的压力板仪-土水特征曲线测试系统如图2.5所示[29]。

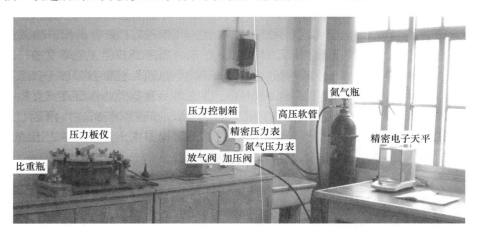

图2.5　改进的压力板仪-土水特征曲线测试系统

　　配套的压力板仪试验系统主要由氮气瓶、高压软管、压力控制箱、压力容器、高进气值陶土板、排水量测系统、精密电子天平等部分组成。该系统具有以下特点：（1）用氮气瓶取代空气压缩机作为压力源，最高压力可达12.5MPa，无噪声，使用安全（氮气既不能燃烧，也不助燃），城市有供应商，换气方便，价格低，成本低。（2）压力控制箱内置一个小贮气平衡钢瓶，与氮气瓶一起组成两级压力控制系统，试验过程中通过加压阀将氮气加入小贮气钢瓶，使其成为试验压力源，控制试验过程中的气压，结构紧凑，体积小巧，功能齐备，连接管路短，阀门及测控仪表少，密闭性能和稳压效果好，气源消耗小，压力调节与控制比较方便。如某试验在2005年12月22日开始时气源压力为5MPa，试验历时68d，到2006年2月28日结束时，气源压力下降到4.7MPa，仅损失0.3MPa。（3）压力容器可内置三层高进气值陶土板，能够同时进行三种不同土样的土-水特征曲线试验，提高了试验效率。（4）排水量测系统由50mL比重瓶和精密电子天平组成，比重瓶收集试样排水，精密电子天平直接称量得到排水质量而不是排水体积，从而无需考虑溶解在水中的气体通过陶土板扩散的问题，排水口也不存在水头压力。比重瓶的瓶径较小，可有效避免试验过程中的水分蒸发，其容量也可满足试验测试要求；电子天平精度高，称量方便，直观，并可根据平行测试的比重瓶蒸发量对每级气压下的排水量进行校正。

　　压力控制箱是配套设备的核心部件，集成了1块氮气压力表，1个加压阀，1个小贮气钢瓶，1块精密压力表和1个放气阀，各部件的作用简介如下。（1）氮气压力表用于显示氮气瓶气源压力值。（2）加压阀给小贮气钢瓶充气。旋紧时，加压阀进气孔打开，给小贮气钢瓶加压至预定值；旋松时，进气孔关闭，使氮气瓶与小贮气钢瓶之间的管路断开。便于试验过程中更换氮气瓶，不影响试验正常进行。（3）放气阀用于对小贮气钢瓶放气，以降低压力或卸荷。试验过程中，应旋紧，以避免漏气。应用情况有三：一是当加压阀一次施加的压力超过了预定值时，可将小钢瓶中过量气体排出降压；二是进行吸湿试验时，逐级放气卸荷；三是试验完毕，用于卸除小钢瓶中的氮气。（4）小贮气钢瓶作为试验过程中压力容器的恒定气压源，对压力板进行供气，并与氮气瓶一起形成两级压力源。（5）精密压力表用于显示小贮气钢瓶中的气压大小，其示值即为试验过程中的土样吸力控制值。

　　用压力板仪做持水特性试验需要注意两方面问题。第一个问题是试样的制备方法与饱和方法。试样可分为原状样和重塑样两种，制备试样一般采用环刀法，试样饱和采用抽气饱和法，

必要时可采用 CO_2 饱和技术。通常土工试验用的环刀直径为 61.8mm，高度为 20mm，可用于压力板仪试验。但由于土-水特征曲线试验历时很长，为提高试验效率，有必要减少试样的高度。根据固结原理，在单向排水条件下，试样排水固结完成时间与试样高度的平方成正比。基于此，试样高度如减小一半，平衡时间可缩短为原来的 1/4。因此，为减小各级达到平衡的时间，建议将试验环刀高度或试样高度减小至 10mm。

做压力板试验应注意的第二个问题是陶土板的饱和方法。饱和陶土板是试验准备工作中的重要环节，直接影响测试结果的正确与否，必须认真对待。正确的饱和方法是：首先，加足量脱气水，尽可能盛满陶土板表面，常温常压静置浸湿 2～3d，并适时补充水分，使陶土板表面孔隙完全润湿；其次，将浸湿过的陶土板安装于压力容器中，连接好陶土板出水孔与排水管之间的管路，小心地加水到陶土板表面，尽量加到最大深度，使水完全覆盖陶土板表面的各处；然后放置好 O 形密封圈，盖好压力容器上盖，通过压力控制箱加气压至 800～1200kPa，使压力水挤出陶土板孔隙中的空气。随着压力的增大，有大量气泡从出水口逸出，如果连接完好，则几分钟后，气泡逸出现象消失，并出现稳定水流。用脱气水取代原压力板仪中的水，重复上述过程 2～3 次，直到陶土板充分饱和为止。

饱和陶土板时还有几个细节问题需要注意。（1）加压前，应在最底层陶土板下面放置几块透水石作为支撑，以免在施加压力时导致陶土板被折断；（2）应确保压力容器水平，以保证陶土板上面的盛水量能够满足饱和所需；（3）陶土板是否完全饱和由两个标准判断：首先，出水口应无气泡逸出；其次，应测定出水率（g/min），以判断是否已出现稳态流。出水率的大小既与陶土板本身的孔隙大小有关，也与施加的气压力有关，但对于特定的一块陶土板，在恒定的压力下出水率为一定值，则表明陶土板已经完全饱和。（4）测定气体扩散率。经饱和后的陶土板，如果维持气压不变，则随着时间的发展，部分气体可溶解于水中，并缓慢地扩散到陶土板中，通过在排水口处连接空气收集器，可测定气体扩散率。

2.2 水分测试仪器

根据各种测定方法的基本原理不同，将土中水分测定方法大体归纳为以下几类[30]：

（1）质量法：通过测定土样的质量变化确定含水率，如有的蒸渗仪就采用称重法。

（2）电测法：通过测定土的电学反应特性，如电阻、电容、电位差、极化现象等的变化，确定土的含水率。例如，英国 Delta-T 公司生产的 θ-probe 就是根据土的介电常数与土的体积含水率相关、通过测土的介电常数间接测得土的含水率[19]。

（3）热学法：通过测定土的导热性能大小确定土的含水率。

（4）吸力法：通过测定土的负压或吸附力的大小确定含水率。

（5）射线法：通过测量 γ 射线或中子射线在土中的变化确定土的含水率。

（6）遥感法：通过遥感技术测定发射或反射电磁波的性状差异确定土的含水率，如时域反射法。

（7）化学法：通过测定土的水分与其他物质的化学反应，确定土的含水率。

其中，中子法、γ 射线透射法和时域反射法属无损检测，可快速、连续测定，无滞后现象，用途广，简介如下。

2.2.1 中子法

用中子测土中水分始于 20 世纪 50 年代，国际原子能机构在 1970 年出版了《中子水分计》一书，全面地总结了当时各国研究成果，作为中子测水理论和实践的指南。在第三届国际非饱和土会议上（2002），还有论文介绍中子测水的基本知识。

由中子源放射出来的快中子与周围介质的原子核发生相互作用，常有两种情况，一是快中子被周围介质所吸收；二是快中子与周围介质发生碰撞而被散射。通常快中子被介质所吸收的数量极少，绝大多数是由于与介质原子核发生碰撞而被散射。这种相互碰撞的结果，就会使快中子损失掉部分能量，同时降低了平均速度，最后变成慢中子（或称热中子）。每次碰撞所损失的能量，主要取决于与快中子相碰撞的原子核的质量。如果与中子碰撞的原子核质量比中子的质量大得多，中子传给它的能量就少，速度下降的也就少；反之，如果原子核的质量和中子的质量相近，则中子损失的能量就多。氢原子核与快中子的质量基本相等，是最理想的减速剂。所以，当把快中子源放入介质中时，如果物质中含氢量大，中子就慢化得快，中子源周围形成的"热中子云球"的半径就大，热中子密度就小。众所周知，水分子包含二个氢原子和一个氧原子，是富含氢的物质。故用中子测定土中水分，就是利用快中子来测定氢的含量。土中含有

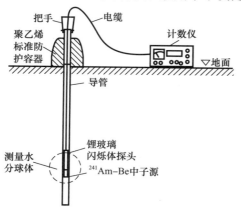

图 2.6　LZS 型中子土壤测水仪示意图[31]

大量的水，若将快中子源放入土中使中子与氢发生弹性碰撞，并利用在中子源的周围的物质中所形成热中子密度分布与被测土中水分含量的相对应关系（率定曲线），就可通过测定热中子密度确定土中水分含量的多少[30]。

根据探头在测量中所处的位置不同，中子水分仪可分为表面型和深层型，表面型的只能测定地表以下 25～35cm 的平均水分含量。我国许多单位使用过英国水文所研制的中子仪，文献［31］对中子仪的使用、标定、误差等问题做了详细介绍。图 2.6 是江苏省农业科学研究院 1984 年研制的 LZS 型中子土壤测水仪[31]，由中子源、探测器、计数装置和标准防护容器等部分组成。该仪器采用[241]Am-Be 作中子源，以锂玻璃闪烁体为探测器，能长距离传输信号，体积含水率的量测一般误差小于 1％，仪器重 3.5kg，便于野外使用。

2.2.2　γ 射线透射法

利用 γ 射线法测土的湿度是 1950 年提出的，西北农林科技大学于 1960 年前后首先应用 γ 射线透射法测定土壤湿度和大土堆内土的水分动态方面的试验研究。1990 年以来，西安理工大学水资源研究室在这方面的研究成果一直处于国内领先地位。

γ 射线穿过物质时，它同物质会发生复杂的相互作用，其主要作用过程有光电效应、康普敦效应和电子对效应。而相互作用的结果就使 γ 射线的一部分能量被穿透物质所吸收或发生散射，穿过物质后的 γ 射线能量（以射线强度表示）也就被减弱，其减弱的程度与射线源原有的能量、物质的性质、密度和厚度等有关[32-34]。因此，可以利用这种关系进行物质厚度和密度的测量、质量检查与控制，以及其他方面的测量，如液位变化、土的重度和含水率、泥浆浓度、含砂量、雪层厚度、蒸发量变化等，在工业上还可用于生产过程自动化控制等。

利用 γ 射线透射法测定土湿度的装置主要由 γ 放射源、探测器和定标器（量测仪器）三大部分组成。γ 放射源目前多采用[137]Cs，因其能量适中（0.66MeV），半衰期长（30 年）。γ 射线源的射线强度一般采用 3～5mg 镭当量，以便防护并具有足够的测量精度。探测器的主要部件为计数管，定标器是测量和自动计算计数管接收 γ 射线能量脉冲数的换算仪器。

在实验室内应用 γ 射线透射法测定土的湿度或进行有关土的水分运动的试验（如土的入渗）以及某些土的水分参数（如导水率、扩散率等）的测定时，可采用的测量装置如图 2.7 所示。

该装置是西安理工大学王文焰和张建丰研制的[35]。该装置由测量设备、放射源自动测架及控制台以及计算机三部分组成；采用北京核仪器厂制造的FJ-367型通用闪烁计数管（探头）和FH-408型自动定标器，以^{137}Cs为放射源。放射源置于铅罐中，其防护厚度可根据源的种类、强度等条件计算求得。为了便于使用，铅罐形状设计为城门洞形，整个铅罐置于一体形相同的铁壳内，铁壳顶部焊有一螺母，以便在取用放射源时，可用一头部带有螺纹的提把，旋入螺母。铅罐正前方有一直径为8mm的圆孔，放射源的射线主要通过此孔穿透土体而被探头所接受（图2.8）。工作时放射源置于自动测架（平台）上，由控制台发出指令使电机转动，通过一套蜗轮蜗杆减速系统带动垂直丝杆做正向或反向旋转，以使放射源平台到达预定的测点（间隔为2.5或5cm）；在测架一侧装有一测点标尺，该测点标尺由有机玻璃制成，在尺面一侧每隔2.5cm设有标记S_1、S_2、S_3……S_n。另在放射源平台上设有一触头S。该触头随平台上下移动并在测点标尺上滑动，因而可以同测点标尺各固定电极S_1、S_2、S_3……S_n构成回路达到控制定点测量。

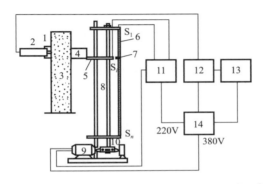

图 2.7　用 γ 射线透射法测土的含水率装置示意图[35]

1—铅屏蔽罩；2—探头 FJ-367；3—土柱；
4—放射源^{137}；5—平台；6—测点标尺；
7—活动触头；8—丝杠；9—电机；10—减速系统；
11—控制台；12—定标器 FH-408；13—计算机；14—电源

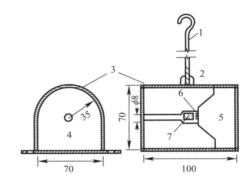

图 2.8　放射源铅罐构造
示意图

1—提把；2—螺母；
3—铁外壳；4—铅罐；
5—铅塞；6—棉花；7—^{137}Cs

　　试验用土柱为圆形断面，断面尺寸大小和高度可视试验目的和要求而定。装土柱的容积用有机玻璃制作。土柱若为回填扰动土时，应分层按要求的土壤重度向容器内充填；若为原状土，可以加工专门取样设备（详见第11章），亦可用环氧树脂包裹，既便于保护原状土层结构，又可不必另设置装土容器。

　　该设备可根据实验需要，沿土柱一定间距进行定点测量，亦可对测点做随机性测量，有利于捕捉到湿润峰出现的位置与时间；工作人员可远距离对测点位置进行控制，避免了放射性物质对人体的危害；所测数据由计算机进行处理，最后打印出具有点号、时间及含水率的成果表；可对土壤水分动态变化过程进行实时检测和处理。

　　利用 γ 射线透射法测定现场任一点位土的湿度（或进行土的水分动态试验），通常要钻两个平行竖孔（图2.9），这样可分层动态测定土的湿度[36]。

2.2.3 中子和 γ 射线的联测仪器

　　在水利工程上土石坝和混凝土坝的碾压，在

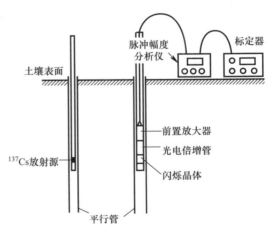

图 2.9　用 γ 射线透射法测定现场土
的湿度示意图[36]

交通运输工程上公路和铁路的路基填筑、机场跑道混凝土浇灌,以及在其他工程上建筑物地基等的施工质量检查,都是以测定密度和含水率作为判别施工质量合格标准的主要指标。随着机械施工技术的快速发展,为了确保施工质量,就要求有一种快速的检测方法,同时测出土密度及其含水率。目前,在国际上就是利用中子和 γ 射线的联测技术来解决的,即利用中子法测出含水率,利用 γ 射线测出土密度,然后经过微机处理得出待测物质的含水率、密度(又称湿重度)和干重度等参数值。这种方法能进行无损、快速、准确和连续测量,而且操作简便。目前,我国已研制成表面型和深层型的中子-γ 射线水分密度仪(或简称为核子水密计),我国电力部门和水利部已分别制定了核子-水分密度仪现场测试规程[37,38]。

表面型中子-γ 射线水密仪在国际上有多种产品,其中以美国的希孟斯公司、乔克司勒公司和坎贝尔太平洋核子公司的产品性能较优且价格较低。该仪器为一轻便可携式工程检测仪器,可用于堤坝、公路、铁路、机场跑道、建筑地基等施工中对土石料、混凝土、沥青混凝土的含水率、湿重度和干重度的快速测定,测量深度为 0~50cm。

深层中子-γ 射线水密仪以德国贝特霍尔德研制的 LB3624 型为代表(图 2.10),是根据反散射原理用来测量 0.3~40m 地基下层土的水分和密度[31]。深层探头内安装有闪烁探测器、γ 和中子脉冲前置放大器、γ 源和中子源。探头外壳为不锈钢,水密封可防止 30 个大气压。探头直径 36mm、长 660mm、重 4kg。双层密封的 γ 源 ^{137}Cs 为 5mCi,双层密封的中子源 ^{241}Am-Be 为 30mCi。探头可以通过导管从可携式屏蔽容器沉放到钻孔里去。导管的外径为 40mm,内径为 37mm。探头放在导管内作标定曲线。如果使用更大直径的导管,则需要重新做标定曲线。运输时,探头放在加扣的屏蔽工作容器内。在测量地点,该容器放在伸出地面的导管座上。然后,用手柄把扣卸下,探头即能利用重载电缆沉放到导管里去。

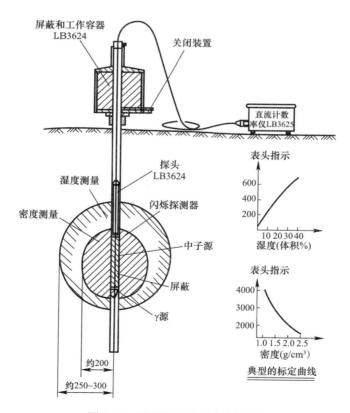

图 2.10　德国深层核子水密计[31]

南京大学研制成 Z86 型中子-γ 水分密度联测仪，选用[241] Am-Be 中子源、[137] Cs 为 γ 源和锂玻璃探测器组成探头，测量体积含水率精度为 0.004g/cm³，干密度精度为 0.03g/cm³。

解决土的重度变化对测定土的湿度的影响，除了上述采用中子-γ 水分密度联测仪外，有的学者建议对 γ 透射法加以改进，例如采用双源透射法，其基本思想是同时使用两种不同能量强度的 γ 放射源[30]和与其相适应的控测器进行 γ 射线透射测量。据此西安理工大学谢定义和刘奉银研制成非饱和土 γ 透射三轴仪，有关内容将在第 6.5.3 节介绍。

2.2.4 时域反射法

始于 20 世纪 80 年代的时域反射测水技术（Time-Domain Reflectometry，简称 TDR）基于电磁波传播的两个特性：一是电磁波在导体中的传播速度与包围导体周围介质的介电常数有关；二是电磁波在传播过程中，当遇到材料性质变化时必然在材料界面发生反射。空气的介电常数为 1，自由水的介电常数是 80.36（20℃时），土的介电常数在 3～7，这种明显的差异表明可通过土的测介电常数测土的体积含水率[39]。TDR 仪器发射出一种高频电磁脉冲（可以高达 1GHz），这种脉冲可以沿着插在土中的金属探针传播，并在末端反射回来。随着土中含水率的不同，电磁脉冲的往返传播的时间也不同。在第 2.1.5 节的末尾曾指出，加拿大学者已研制成 TDR 基质吸力探头[28]（1998）。

TDR 技术已进入实用阶段，国内外学者将其用于边坡稳定监测（1998，2003)[40,41]，刘保健用管式 TDR 法探测了黄土入渗条件下 3m 深度范围的含水率变化（2004)[42]。李保国通过对比试验研究指出[39]，用 TDR 法测土的含水率结果（深度 0～100cm）优于中子法。此法的优点是没有核辐射，但应考虑温度变化、土类及土重度对量测结果的影响，李保国对此做了较深入的探讨。锦州阳光科技发展有限公司生产的 TDR-3 型水分传感器及其数据采集—远程传输系统已在国内多地使用[21]（图 2.11a），数据可在 1000m 范围内远程传输。后勤工程学院在广佛高速公路拓宽工程中使用 TDR 型水分探头 MP-406 和 DT-80 数据采集系统实现了对路基水分的远程监测[43]（图 2.11b、c），联合使用 MP-406、WM-1 型负压计、FTC-100 Fredlund 热传导吸力探头和 DT-80 研究了含黏砂土的毛细水上升过程和土水特征曲线（图 2.11d）。黄雪峰等[44]用 TDR-3 型水分传感器研究了大厚度自重湿陷性黄土场地浸水过程中的水分迁移规律。浙江大学对 DTR 技术的原理、应用和开发做了一系列工作，陈仁朋等将 TDR 应用于研究土体污染[45]和石灰炉渣加固地基[46]，并研发了监测地下水位的 TDR 探头[47]；陈赟和陈伟等根据 Siddiqui 和 Drnevich[48]、Yu 和 Drnevich[49]建议的土体质量含水率及干密度与土的表观介电常数及电导率的函数关系，自主设计了 TDR 传感器[50]，能同时测含水率和干密度，且二者的量测误差都不超过 3%。

(a) TDR-3型水分传感器

(b) 水分探头MP-406和DT-80数据采集系统

图 2.11 TDR 型水分探头与 DT-80 数据采集传输系统及其应用（一）

  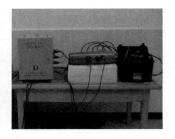

(c) 广佛高速公路的DT-80数据采集系统　(d) MP-406、WM-1型负压计、FTC-100 热传导吸力探头和DT-80 的联合应用

图 2.11　TDR 型水分探头与 DT-80 数据采集传输系统及其应用（二）

2.2.5　三种方法的比较

中子法、γ射线透射法和时域反射法都是间接、无损检测技术，它们的原理和优缺点的比较列于表 2.2。

中子法、γ射线透射法和时域反射法的比较　　　　　　　　表 2.2

方法	原理	优缺点
中子法	中子源放射出来的快中子与土的水分子中的氢核碰撞散射成为慢中子（从 1600km/s 降到 2.7km/s）[36]，在土中形成慢中子云球（在几分之一秒内）而被探测，慢中子愈多则反映土的含水率愈高	中子仪所测含水率是以中子源为球心的球形土体内的体积平均含水率。慢中子云球直径与土的含水率有关，对较湿土约 15cm，对较干土约 15～30cm，故空间分辨率低。测土壤表层含水率误差大，因此时中子云球不能全部落在土体中，部分快中子逸出地表进入大气。需安全防护设备
γ射线透射法	γ射线穿透土体时，被土的固相和水吸收而使放射强度衰减。在土的固体不变的情况下，γ射线强度的改变仅取决于土的含水率。从而测出 γ射线强度的改变，就可推知土的含水率	所测含水率是 γ射线穿透路径范围内土的平均含水率，可针对土中任一点位量测，故空间分辨率高，并且可测土壤表层含水率[51]；对安全防护要求比中子法更高。与中子技术相结合，或采用双源透射法可解决土壤重度和土壤湿度二者同时变化的问题，测深可达 0.3～40m
时域反射法	根据电磁波传播的两个特性，由所测土的介电常数推算土的含水率	无核辐射，是一种远程遥感测定技术。德国近来生产的 Trime TDR 系统的探头，网络线路长达 3km。波兰 Easy Test 生产的 TDR 探头可同时测土的电导率、温度和含水率。加拿大学者已研制成 TDR 基质吸力探头。电磁波往返传播的时间极短，对其准确量测要求有更高的时间基准信号和快速元件保证，量测时间装置的频率需数个 GHz，空间分辨率低

2.2.6　大型称重式蒸渗仪

蒸渗仪是一种装有土壤、置于野外以模拟生态环境、表面裸露或覆盖植物、用来确定生长着的作物（或参照植物）的蒸发蒸腾量（或裸土蒸发量）及降雨入渗量的大型容器[51]，是在限定三维边界条件下测定水分变化的装置，已有 300 年的发展历史[30]。采用新技术快速量测、提高量测精度、数据自动采集处理是现代蒸渗仪的发展方向。

西安理工大学张建丰和王文焰等研制成一台大型称重式高精度土壤蒸渗仪（2001）[52]，目前（2020 年 5 月）有 61 多台在全国各地使用（见本书第 4 章表 4.1）。该设备采用机电结合秤重，配有 γ 透射法测量土壤含水率系统（图 2.12）。其基本性能指标如下：被测土体表面积为 3m² （1.5m×2m），装土深度为 3m，整机质量约 20t。水量分辨率为 ±60g，水量变化检测范围为 2t。分 5 级测量，每级称重范围为 ±420kg。土壤含水率测量采用 γ 透射法，测量精度为 2%。

图 2.12 安装在中国农业科学院山西省寿阳试验站现场的蒸渗仪（2011）

称重机构原理如图 2.13 所示。图中钢丝绳 1（相当于吊称的吊绳）的上端固定在吊架上，下端与蒸渗仪土箱的托架 8 相连，质量 P 通过托架 8 传递到钢丝绳上。夹板 5 将钢丝绳夹住，秤杆 2 和斜铁 4 固定在夹板 5 上。当秤杆在砝码 3 调节下（调级）呈水平状态时，钢丝绳产生垂直错位 S。如果托架上的质量 P 产生 ΔP 的变化，在砝码不动的情况下，秤杆 2 就会发生转动，产生一个转角。测出转角的大小，就可得到质量的变化量。实际上，由于转角的变化非常小（设计变化范围为 $\pm 0.000455°$），所以 $\cos 0.000455°$ 可以用秤杆上某点的线位移来代替。实际设计中，为了仪器安装方便，在夹板上又安装了一个测量臂 6，与秤杆成刚性连接，其摆动的角度与秤杆相同。位移传感器 7 测出测量臂下端某

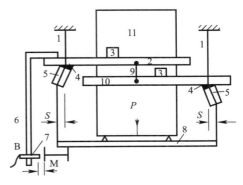

图 2.13 称重系统原理图
1—钢丝绳；2、10—秤杆；3—砝码；
4—斜铁；5—夹板；6—测量臂；7—传感器；
8—托架；9—联动钢条；11—土体

点 B 的线位移 M，即可得到蒸渗仪质量变化。由于托架的面积为 $4m^2$，其受力的位置不一定处在托架的几何中心，为了消除受力位置不同产生的测量误差，将秤杆 2 和秤杆 10 用柔性钢条 9 连接起来，连接点为两吊秤钢丝绳间距的中点。对风和突然加载产生的秤杆振荡，采用在秤杆自由端加空气阻尼器的办法进行减弱。位移传感器采用的是由西安理工大学研制的电涡流传感器，位移测量范围为 3mm，灵敏度为万分之一，测量精度为千分之一，测量土壤含水率的方法为 γ 透射法，采用单放射源（^{137}Cs）双探头测量，其测量原理参见本章第 2.2.2 节。γ 射线通过铅防护体上的放射孔向左右放射，两个接收 γ 射线的探头 2 和 4 分别位于土箱外的导管内与放射源同高的位置。由机械系统 10、11、12 等带动，与放射源同步上下运动。在每个测点上，计算机自动对两个探头进行转换测定，并根据两个探头的测量结果计算得到该深度土壤的平均含水率。测量系统结构如图 2.14 所示。

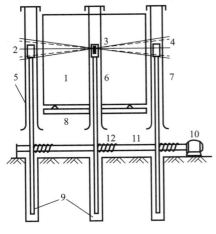

图 2.14 土壤水分测量系统结构原理图
1—土箱；2、4—左、右探头；3—放射源；
5、6、7—上导管；8—托架；9—下导管；
10—电机；11—传动轴；12—钢丝绳

2.3　冻土和盐渍土中基质吸力和液态水含量的量测技术

常规测量基质吸力的手段（如张力计法、压力板法、滤纸法）很难应用到负温条件的测试中，故在冻土水热研究中经常使用 Clapeyron 方程来间接转换得到基质吸力，但是其准确性有待验证。

冻土中未冻水的基质势是冻土中水分迁移的主要驱动力，它是温度、冰压力和渗透压力的函数[53]。pF meter 是一种近年来发明的可用于负温条件下直接测量冻土基质势的新型传感器，它基于比热容（即比热，Specific heat capacity）原理测量土的 pF 值[54]。土是固液气三相复合介质，其固相质量不变，相应的比热容量亦不变；而气和水的比热容量相差很大（水的比热容量是 $4.2kJ/(kg \cdot K)$，空气的比热容量约是 $1.4kJ/(kg \cdot K)$），加之气体质量在土中的占比很小，故土的比热容量变化主要由含水率变化引起。pF meter 以陶瓷头为比热容量探头，其值取决于未冻水的含量。陶瓷头插入土中，与其周围土中的建立水势平衡。预先率定探头比热容量和基质吸力的关系，在试验过程仪器显示陶瓷头的比热容量，再依据率定曲线即可得到土的基质吸力。该仪器适应的介质酸碱度 pH 值为 1～11，故测量值不受酸碱和盐分影响，既可用于冻土，也可用于盐渍土。可以快速获得负温下土体的基质势值。pF 的定义是[55]

$$pF = \lg h_c \tag{2.1}$$

式中，h_c 是以水柱高度（单位为 cm）表示的吸力值。pF meter 量测数值范围为 0～7（等于 0～10^7cm 水柱的压力，1cm 水柱应力相当于 1mBar，1Bar=100kPa[2]），相应的吸力为 0～10^6kPa；两次量测吸力的间隔时间（稳定历时）宜不少于 30min，量测精度为 ±0.05pF 值（等于 1.12cm 水柱的压力，或 0.112kPa）。用户无需标定维护就可直接使用。

pF meter 外形有两种：圆柱形[56]和扁平型[57,58]（后者由德国 Eco-Tech 公司生产，前者系由北京华益瑞科技有限公司改进生产），如图 2.15 所示。该仪器在量测基质吸力的同时，还具可量测温度，适用的温度范围为 －40～80℃，精度为 0.05℃。

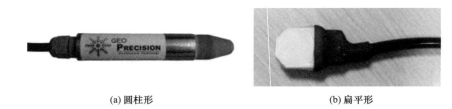

(a) 圆柱形　　　　　　　　　　　　　　(b) 扁平形

图 2.15　pF meter 吸力传感器

与 pF meter 相匹配，近年开发出了基于 FDR 技术[59]（Frequencu Domain Reflectometry，即频域反射法）测定冻土中未冻水含量的水分传感器 Hydro Probe Ⅱ[56]和 Decagon 公司生产的扁平形 5TM[57,58]（图 2.16）。TDR（Time Domain Reflectometry，即时域发射法）水分传感器直接测土的介电常数得出含水率，而 FDR 技术通过测谐振频率和电容求得介电常数，避开了直接测介电常数的困难。Hydro Probe Ⅱ可同时量测液态水含量和温度，其响应时间小于 1s，通电后的稳定时间 2s。

张熙胤[59]在用压力板仪测定持水特性曲线的试验中，在土样中安装 pF meter 和水分传感器，同时用两种方法测试了 3 种土（粉质黏土、粉土和粉砂）在脱湿过程中的持水特性曲线（就是对 pF meter 探头和水分传感器进行率定）。施加的最大吸力为 800kPa，发现两种方法所得结果非常接近，验证了 pF meter 测试土体基质吸力的可靠性，并查明了土体在冻结和脱湿过程中的土水特征。薛珂[57,58]利用 pF meter 测试了不同种类土体在冻结与融化过程中的基质势，揭示了负温冻土中未冻水含量与基质势随冻结与融化过程的变化关系。肖泽岸等则用 pF meter 和 Hydro Probe Ⅱ研究了水盐相变对硫酸盐渍土基质吸力影响[56]。

文献［60］简要介绍了 FDR 水分传感器的原理。电极之间的土充当具有电容的电介质，测试电路的电阻（R）和电感（L）与电容（C）构成一个谐振电路。使用频率扫描的方法，通过不断调整信号电源的频率，使 RLC 振荡电路发生谐振。土的电容随其含水率增加而增大，调谐电路的谐振频率则随土的电容（亦即含水率）呈非线性减少。换言之，谐振频率与土的含水率相关。FDR 水分传感器通过扫描频率检测谐振频率，进而计算得出土的含水率。

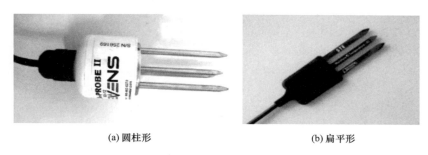

(a) 圆柱形　　　　　　　　　　　　　　　(b) 扁平形

图 2.16　Hydro Probe Ⅱ水分传感器

2.4　本章小结

（1）吸力和水分是非饱和土与特殊土的两个重要状态量，二者既相互联系又有区别，一般不能相互取代；水分的量测比较容易，而吸力的量测相对困难。

（2）新型高量程张力计可快速量测 2000kPa 以下的基质吸力，反应时间 5min 左右，是张力计的最新进展；但准备工作要求苛刻，不易达到，且目前只限于室内使用。

（3）热传导吸力量测装置的吸力的量测范围为 1～1500kPa，分辨率为 1～5kPa，精度为 5％，可在室内和现场应用；但吸力和水分变化不同步，有一定滞后性。

（4）滤纸法的吸力量测范围是 30000kPa，平衡时间 7d，精度为 10％；但对量测技术要求相当高：称滤纸质量的天平的感量应达 0.0001g，称滤纸质量的时间不得超过 5s，环境温度变化不超过±1℃。

（5）冷镜露点技术量测总吸力，平衡时间约为 4～18min，但可靠性尚待检验。

（6）中子法、γ射线透射法和时域反射法都是间接、无损、快速检测水分的高新技术，均得到了广泛应用，但使用前二者必须注意采取一定的防护措施。

（7）改进的压力板仪和 WM-1 型负压计系统可直接量测基质吸力，性能可靠，操作简便，环保节能；但前者只能在室内使用，而后者在室内外均可应用。

（8）大型称重式蒸渗仪用高新技术量测水分变化，为野外现场研究降雨入渗和蒸发提供了方便。

（9）PF meter 和 FDR 水分传感器可用于量测冻土和盐渍土的基质吸力和液态水含量，为研究冻融过程的水分运移机理提供了方便。

参考文献

［1］陈正汉，孙树国，方祥位，等. 非饱和土与特殊土测试技术新进展［J］. 岩土工程学报，2006，28（2）：147-169.（另见：中国土木工程学会. 第二届全国非饱和土学术研讨会论文集［C］. 杭州，2005：77-136）

[2]　弗雷德隆德 D G，拉哈尔佐 H. 非饱和土土力学 ［M］. 陈仲颐，张在明，等译. 北京：中国建筑工业出版社，1997.

[3]　RIDLEY A M, DINEEN K, BURLAND J B, VAUGHAN P R. Soil matrix suction：some examples of its measurement and application in geotechnical engineering ［J］. Geotechnique, 2003, 53（2）：241-253.

[4]　RIDLEY A M, WRAY W K. Suction measurement：a review of current theory and practices ［C］//ALONSO E E, DELAGE P. Proc. of 1st Int. Conf. on Unsaturated Soils. A A BALKEMA/ROTTERDAM/BROOKFIELD, 1996（3）：1293-1322.

[5]　KUMAR B R P, SHARMA R S, GARG S. A review of in situ properties of unsaturated soils with reference to suction ［C］//JUCA J F T et al. A Proc. of 3rd Int. Conf. on Unsaturated Soils. A A BALKEMA, 2002（1）：351-355.

[6]　RIDLEY A M, BURLAND J B. A new instrument for the measurement of soil moisture suction ［J］. Geotechnique 1993, 43（2）：321-324.

[7]　RIDLEY A M, BURLAND J B. Use of the tensile strength of water for the direct measurement of high soil suction：Discussio ［J］. Can. Geotech. J, 1999（36）：178-180.

[8]　TAKE W A, BOLTON M D. Tensiometer saturation and the reliable measurement of soil moisture suction ［J］. Geotechnique, 2003, 53（2）：159-172.（关于此文的讨论见 Geotechnique, 2004, 54（3）：229-232.）

[9]　GUAN YUN AND FREDLUND D G. Use of the tensile strength of water for the direct measurementof high soil suction ［J］. Can. Geotech. J, 1997（34）：604-614.

[10]　TARANTINO A, MONGIOVI L. Design and construction of a tensiometer for direct measurement of matric suction ［C］//JUCA J F T et al. A Proc. of 3rd Int. Conf. on Unsaturated Soils. A A BALKEMA, 2002（1）：319-324.

[11]　TOKER N K, GERMAINE J T, SJOBLOM K J, CULLIGAN P J. A new technique for rapid measurement of continuous soil moisture characteristic curves ［J］. Geotechnique, 2004, 54（3），179-186.

[12]　MEILANI I, RAHARDJO H, LEONG E C AND FREDLUND D G. Mini suction probe for matric suction measurement ［J］. Can. Geotech. J, 2002（39）：1427-1432.

[13]　邢义川. 非饱和特殊土增湿变形理论及其在渠道工程中的应用 ［R］. 北京：中国水利水电科学研究院，2008.

[14]　李京爽. 膨胀土渠道离心模拟和数值分析及非饱和土本构关系探讨 ［D］. 北京：中国水利水电科学研究院，2010.

[15]　TOLL D G, ASQUITH J D, FRASER A, et al. Tensiometer techniques for determining soil water retention curves ［C］//Asia-Pacific Conference on Unsaturated Soil. London：Taylor & Francis, 2015：15-22.

[16]　SHUAI F AND FREDLUND D G. Use of a new thermal conductivity sensor for measure soil suction ［C］//Advances in Unsaturated Geotechnics：Proceedings of Sessions of Geo-Denver. 2000：1-12.

[17]　FREDLUND D G, SHUAI F, FENG M. Use of a new thermal conductivity sensor for laboratory suction measurement ［C］//RAHARDJO H, TOLL D G, LEONG E C. Unsaturated Soils for Asia：Proc. of the Asian Conf. on Unsaturated Soils. 2000：275-280.

[18]　SHUAI F, CLEMENTS, C RYLAND L, FREDLUND D G. Some factors that influence soil suction measurements using a thermal conductivity sensor ［C］//JUCA J F T et al. A Proc. of 3rd Int. Conf. on Unsaturated Soils. A A BALKEMA, 2002（1）：325-330.

[19]　詹良通，吴宏伟，包承纲，等. 降雨入渗条件下非饱和膨胀土边坡原位监测 ［J］. 岩土力学，2003, 24（2），151-158.

[20]　邓卫东，等，公路非饱和路基土的力学特性研究报告 ［R］. 重庆：重庆交通科学设计研究院，等，2009.

[21]　姚志华，黄雪峰，陈正汉，等. 兰州地区大厚度自重湿陷性黄土场地浸水试验综合观研究 ［J］. 岩土工程学报，2012, 34（1）：65-74.

[22]　LI W X, WU X M, CHEN Z Y. Improvement of thermal conductivity sensor for measuring matric suction in unsaturated soils ［C］//Proc. of 2nd Int. Conf. on Unsaturated Soils. International Academic Publish-

ers. 1998 (1): 389-394.

[23] 王钊,龚壁卫,包承纲. 鄂北膨胀土坡基质吸力的量测 [J]. 岩土工程学报,2001,23 (1): 64-67.

[24] 李加贵,陈正汉,黄雪峰,等. 原状非饱和的土压力原位测试和强度特性研究 [J]. 岩土力学,2010,31 (2): 433-440.

[25] 王钊,杨金鑫,等. 滤纸法在现场基质吸力量测中的应用 [J]. 岩土工程学报,2003,25 (4): 405-408.

[26] LEONG E C, TRIPATHY S, RAHARDJO H. Total suction measurement of unsaturated soils with a device using the chilled-mirror dew-point technique [J]. Geotechnique, 2003, 53 (2): 173-182.

[27] 荆恩春,等. 土壤水分通量法实验研究 [M]. 北京:地震出版社,1994.

[28] COOK D L, FREDLUND D G. TDR matric suction measurements [C]//Proc. of 2nd Int. Conf. on Unsaturated Soils. International Academic Publishers. 1998 (1): 338-343.

[29] 孙树国,陈正汉,朱元青,等. 压力板仪配套及 SWCC 试验的若干问题探讨 [J]. 后勤工程学院学报,2006,22 (4): 1-5.

[30] 《土壤水分测定方法》编写组. 土壤水分测定方法 [M]. 北京:水利电力出版社,1986.

[31] 李樟苏,等. 同位素技术在水利工程中的应用 [M]. 北京:水利电力出版社,1990.

[32] 褚圣麟. 原子物理学 [M]. 北京:高等教育出版社,2008.

[33] 杨福家,王炎森,陆福全. 原子核物理学 [M]. 2 版. 上海:复旦大学出版社,2010.

[34] 杨亚新,戴晓兰,彭聂. 核技术勘察 [M]. 南昌:华东地质学院,1999.

[35] 王文焰,张建丰. 室内一维土柱入渗实验装置系统的研究及应用 [M]//沈晋,王文焰,沈冰,等. 动力水文实验研究. 西安:陕西科学技术出版社,1991:6-24.

[36] 秦耀东. 土壤物理学 [M]. 北京:高等教育出版社,2003.

[37] 国家能源局. 核子法密度及含水率测试规程:DL 5270—2012 [S]. 北京:中国电力出版社,2012.

[38] 中华人民共和国水利部. 核子水分-密度仪现场测试规程:SL 275—2014 [S]. 北京:中国水利水电出版社,2014.

[39] 李保国,龚元春,左强,等,农田土壤水的动态模型及应用 [M]. 北京:科学出版社,2000.

[40] 曾宪明,王振宇,徐孝华,等. 国际岩土工程新技术新材料新方法 [M]. 北京:中国建筑工业出版社,2003.

[41] 陈赟,陈仁朋,陈云敏. TDR 边坡监测系统的计算模型和试验初探 [J]. 工业建筑,2003,33 (8): 33-36.

[42] 刘保健. 公路路基沉降过程试验与理论分析 [D]. 西安:西安理工大学,2004.

[43] 后勤工程学院,广东华路交通科技有限公司. 路基内部水分迁移特性研究 [R]. 2011.

[44] 黄雪峰,张广平,姚志华,等. 大厚度自重湿陷性黄土湿陷变形特性水分入渗规律及地基处理方法研究 [J]. 岩土力学,2011,32 (S2): 100-108.

[45] 陈仁朋,张延红,王进学,等. TDR 技术在监测土体污染中的应用 [C]//第十届土力学及岩土工程学术会议论文集:中册. 重庆:重庆大学出版社,2007:725-729.

[46] 陈仁朋,王进学,陈云敏,等. TDR 技术在石灰炉渣加固土中的应用 [J]. 岩土工程学报,2007,29 (5): 676-683.

[47] 陈仁朋,许伟,汤旅军,等,地下水位及电导率 TDR 测试探头研制与应用 [J]. 岩土工程学报,2009,31 (1): 77-82.

[48] SIDDIQUI S I, DRNEVICH V P. A new method of measuring density and moisture content of soil using the technique of time domain reflectometry [R]. West Lafayette: Purdue University, 1995.

[49] YU X, DRNEVICH V P. Soil water content and dry density by time domain reflectometry [J]. Journal of Geotechnical and Geoenvironmental Engineering, 2004, 130 (9): 922-934.

[50] 陈赟,陈伟,陈仁朋,等. TDR 联合监测土体含水率和干密度的传感器的设计及应用 [J]. 岩石力学与工程学报,2011,30 (2): 418-426.

[51] 王文焰,张建丰. 田间土壤入渗试验装置的研究 [J]. 水土保持学报,1991,5 (4): 38-44.

[52] 张建丰,王文焰,等. 大型秤重式高精度土壤蒸发渗漏仪的研制 [C]//中国农业工程学会,农业水土工

程专业委员会. 农业高效用水与水土环境保护. 西安：陕西科学技术出版社，2001：382-386.

[53] Masan. A derivation of matric potential in frozen soil. Bull. Fac. Bioresources Mie Uninersity, No. 10, 175-182, 1993.

[54] GEO Precision (Germany). Pf-Meter Operation instructions.

[55] BEAR J. Dynamics of fluids in porous media [M]. American Elsevier Publisher Company, Inc, 1972. （中译本：J 贝尔. 多孔介质流体动力学 [M]. 李竞生，陈崇希译. 北京：中国建筑工业出版社，1983，375）

[56] 肖泽岸，朱霖泽，侯振荣，等. 水盐相变对硫酸盐渍土基质吸力影响规律研究 [J]. 岩土工程学报，2022，44 （10）：1935-1941.

[57] 薛珂，温智，张明礼，等. 基于 pF meter 传感器的土体冻融过程中基质势与未冻水量关系研究 [J]. 干旱区资源与环境，2017，31 （12）：155-160.

[58] 薛珂，杨明彬，温智，等. 基于 pF Meter 的土体冻结特征曲线研究 [J]. 中国公路学报，2018，31 （3）：22-29.

[59] 张熙胤. 土体冻融水热变化特征及变形过程研究 [D]. 北京：中国科学院大学，2017.

[60] 黄飞龙，李昕娣，黄宏智，等. 基于 FDR 的土壤水分探测系统与应用 [J]. 气象，2012，38 （6）：764-768.

第3章 渗流测试设备

本章提要

    介绍测试非饱和土的渗气性和渗水性的各种试验设备，详细介绍了自主研发的一维试验装置和三轴试验设备及水气两相渗流联测仪器；对基于 γ 射线透射法的渗水试验和二维渗水模型试验系统及测试多相渗流动态图像显示的核磁共振法做了重点阐述。

    根据俞培基和陈愈炯[1]、包承纲[2]的研究结果，非饱和土中的渗流主要有单一水流、单一气流及水气各自连通的两相流三种情况。第一种情况可按饱和土处理，第二种情况可配置不同含水率的土样进行研究，第三种情况测试比较复杂。在油气开采过程中，还经常遇到油水两相流和油、水、聚合物三相流等更复杂情况。

3.1 气相渗流测试设备

3.1.1 非饱和土渗气试验装置

    非饱和土中气相运动既可用菲克定律描述，也可用达西定律描述，其测试相对比较容易。陈正汉、谢定义和王永胜（1991）设计了一种测试装置如图 3.1 所示[3]。主要部件包括：①土筒，兼作试验成型模；②带可控阀门的水箱；③U 形压力计（对小压差用水柱，对大压差用水银柱）；④量筒和秒表。该装置有三个优点：试样不脱模，无间隙；用量测试验过程中的出水量代替流过试样的空气体积，提高了测气体积精度；最大优点是结构简单，操作方便。

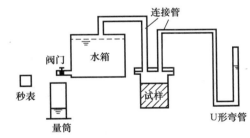

图 3.1 渗气试验装置示意图[3]
（陈正汉等，1991）

    试验开始，开阀放水，并控制到适当的流量。水的流出使水箱上部的空气体积增大，从而在水箱上部、管道及试样上端出现负压。而试样的下端与大气相通，于是在试样两端形成压差，该压差由 U 形管的液面反映。经过一段时间后，经过试样进入水箱上部空气的体积流量与从水箱下部放出的水的流量达到了动态平衡，U 形管内的液面差就保持恒定。这时开始用量筒集水，同时开动秒表计时，经过若干时间便可收集到一定量的水。这样就完成某个试样在一个压力梯度下的试验。通过改变阀门的开度，调节放水量，重复上面的量测过程，就可得出一组试验资料。

    苗强强等在 2009 年研发了以三轴仪为基础的渗气装置（图 3.2）[4]，可施加围压，解决了高吸力时试样周边的渗漏问题；用传感器量测气压力，可施加较高的气压梯度，并用其研究了广州含黏砂土的渗气规律。姚志华[5]用三轴渗气仪研究了兰州原状 Q_3 黄土及其重塑土的渗气特性。陈存礼等[6]用三轴渗气仪研究了西安北郊原状 Q_3 黄土含水率、体积含气率及等向应力对渗气系数的影响。汪龙[7]和秦冰[8]分别采用高精度流量计和三轴渗气仪研究了渗气性很小的膨润土的渗气规律，秦冰[8]发现膨润土的渗气性与压力有关，即所谓的 Klinkenberg 效应。

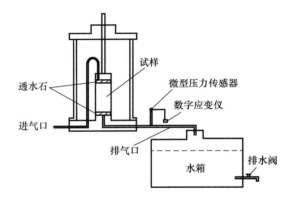

图 3.2　三轴渗气装置[4]

3.1.2　土工聚合黏土衬垫（GCL）渗气试验装置

　　GCL 是将膨润土加在土工织物之间或敷于土工膜上而形成的一种防渗复合体。水位、温度变化及沥溶会引起填土中气的运移和积聚，气压增大，由此可导致土工膜爆炸，也可降低土的抗剪强度，影响边坡稳定。文献［9］用图 3.3 所示设备研究 GCL 部分水化（在水中浸泡）后的渗气性（2004）。其特点是用氮气代替空气（氮气水中溶解度低、惰性）；缝隙用膨润土浆密封；土样容器由两部分组成，土样夹在砂层中间；施加 20kPa 正应力，模拟上覆 1m 土重。

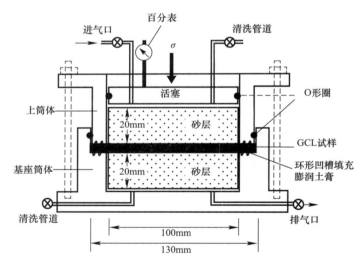

图 3.3　研究 GCL 的渗气性的装置（Bouazza-Vangpaisal）

3.2　渗水试验的测试设备

　　非饱和土的渗水系数不是常量，而是随含水率（或饱和度，或吸力）变化的函数。测定渗水系数的方法有稳态法（试验中的水头、吸力、流速均保持不变）和非稳态法（流速随时间变化）。由于非饱和土的渗透系数很低，导致试验持续时间长，不易精确量测渗水体积；吸力增加时试样产生收缩有可能与陶土板脱离而让空气通过，空气还会在水中扩散引起量测水量的误差；特别是在高吸力下更为困难，故稳态法并不实用。瞬态剖面法是常用的非稳态法，在室内和现场均可使用。水平土柱入渗试验就是最常用、最成熟的一种瞬态剖面法。

3.2.1 水平土柱渗水试验

非饱和土中的水分运动比饱和土中慢得多，故可用达西定律描述，但渗水系数 K_w 是基质吸力或含水率（或饱和度）的函数。在土壤物理中，习惯用体积含水率 θ_w、扩散率 $D(\theta_w)$ 和容水度 $C(\theta_w)$ 描述土中水分运动，它们之间通过下式相联系：

$$D(\theta_w) = K_w(\theta_w)/C(\theta_w) \tag{3.1}$$

式中，容水度 $C(\theta_w)$ 又称为比水容量，是土-水特征曲线（即 θ_w-s 关系）的斜率[10]，表示单位吸力引起的体积含水率的变化，即：

$$C(\theta_w) = -\frac{d\theta_w}{ds} \tag{3.2}$$

式中，$s = u_a - u_w$ 是基质吸力。

通常对这 3 个参数要用两种试验方法和两个大小不同的土样测定，如用水平土柱入渗试验测定扩散度 $D(\theta_w)$，用压力板或张力仪测定土-水特征曲线后确定容水度 $C(\theta_w)$，再根据式（3.1）计算出渗水系数 K_w。由试验资料获得扩散度和渗水参数的具体分析方法分别详见文献[10] 和 [11]，其中，在某一时段内通过某一断面的渗水量根据水量平衡法计算。

水平土柱渗水试验装置由试验台、水平土柱筒、背板、供水马氏瓶和固定土柱筒的辅助装置等 5 部分组成（图 3.4）。水平土柱筒为有机玻璃筒，其厚度不小于 1cm；因需要在试样上安装多个水分传感器和多个吸力探头，土样的尺寸必须足够大，通常内径不小于 10cm，长度宜为 80~100cm。水平土柱筒用支架固定在试验台上，筒外侧上刻有制备扰动土样的分层线，间隔不超过 5cm；在土柱的两侧面均匀预设安装水分传感器和吸力传感器的孔口，孔口的直径略大于传感器的直径。为了避免渗透过程中水对土样的冲刷浸蚀，水平土柱筒的两端设厚度为 3~5mm 低密度海绵和 120 目纱网构成滤网。

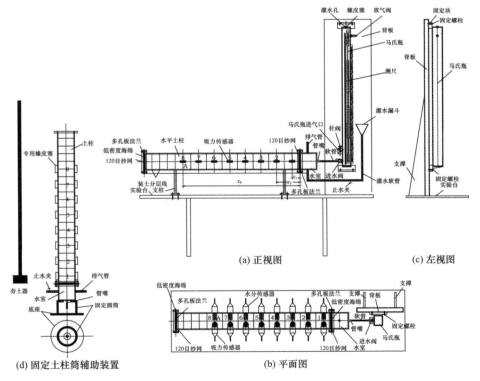

图 3.4　水平土柱渗水试验装置示意图

　　试验台的右端设有背板，用以固定马氏瓶。马氏瓶作为供水源，既可控制水头，又可同时量测渗水量。马氏瓶上设有灌水孔、橡皮塞、进气口、放气阀、测尺；马氏瓶的下端设进水阀，进水阀用软管与水室相接。

　　为便于制备重塑土样，配置了一固定土柱筒的辅助装置，由底座、固定圆筒、夯土器等组成，底座直接放在地面上。

　　姚志华等[12]（2012）用水平土柱渗水试验研究了兰州原状黄土和重塑黄土的渗水特性。

3.2.2　γ射线透射法测定水平土柱渗水参数系统

　　王文焰和张建丰在1990年研制了图3.5所示测定非饱和土水分运动参数的设备[13]，含水率用γ射线透射法量测。与第2章图2.6装置不同之处在于：用水平土柱取代了竖直土柱，消除了位置水头的影响；用跑车在水平轨道上的左右移动取代了蜗轮蜗杆减速系统带动垂直丝杆做正向或反向旋转，以使放射源对准预定的测点；土柱装在直径0.092m，长1.0m的有机玻璃筒中，玻璃筒上部每隔10cm有一直径2cm的孔，用以安装CYG型固态压力传感器，从而可测定负孔隙水压力，进而得到土-水特征曲线。这样，用同一个土样就能同时测出非饱和土水分运动的三个参数。加之，此法属于无损量测，可对同一土样在不同时间进行多次测定，相当于做了多次重复试验。陈正汉等用此设备研究过非饱和黄土（西安黑河水库筑坝土料）的渗透性，并改进了文献［13］整理试验资料的方法[3]。

　　试验步骤如下：

　　（1）在入渗试验开始前，沿土柱用放射源逐点（测点距为2cm）测量γ射线穿透土体的强度，然后打开马氏瓶的供水阀，记录时间。

　　（2）整个试验过程中，每当土柱湿润峰推进15cm左右，即可用γ透射法测量一次含水率在每一横断面上的分布 $\theta_w(t_i)$，$\theta_w(t_{i+1})$，$\theta_w(t_n)$，分别记录入渗时间 t_i，t_{i+1}，$\cdots$，t_n 及马氏瓶的供水量 q_i，q_{i+1}，$\cdots$，q_n（$i=1，2，\cdots，n$），同时在水室位置处测定水的质量吸收系数 μ。

　　（3）当湿润峰快要到达土筒末端前，将马氏瓶供水阀关闭，停止供水，并放空水室，此时测定导水度及扩散度，试验即告结束。

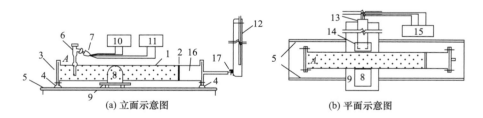

（a）立面示意图　　　　　　　　　　　（b）平面示意图

图3.5　非饱和土水分运动参数的测试设备示意图

1—土筒；2—透水石；3—堵板；4—支架；5—道轨；6—张力计；7—压力传感器；8—放射源；9—跑车；
10—恒流源；11—数字电压表；12—马氏瓶；13—探头；14—铅屏蔽罩；15—定标器；16—水室；17—供水阀

3.2.3　LGD-Ⅲ型非饱和土水分运移试验系统

　　张建丰和王文焰研制的把γ射线透射法用于研究垂直土柱、水平土柱或二维模型水分运动过程的大型设备——LGD-Ⅲ型水分运移试验系统（图3.6），并可用于测量管道水流中泥沙的含量[14]，已在中科院西北水保所等10多个单位使用多年。该系统由土柱（箱）、放射源和射线检测、机械传动、点位检测、土壤水分试验时的恒水头供水装置以及计算机等部分组成，系统的操作过程可完全由计算机控制，测量数据可以在线显示、绘图和保存。该系统的功能与技术指标是：系统测架可移动，具有调平功能；测架上的水分、浓度测定系统具有同步自动升降功能和同步自动水平移动功能，升降范围 20～220cm，水平移动范围 0～150cm；测量点的重复定位误差 2mm，空间分辨率误差小于 2mm；水源可按所模拟入渗方式（定点入渗、积水入渗、降雨入渗）设置，土壤水分测量范围 0～100%（体积比），测量误差 ±1.5%；泥沙浓度测量范围为 0～1400kg/m³，测量误差为 20kg/m³；竖直土柱的直径 15cm、高 200cm，水平土柱的直径 10cm、长 100cm；二维土体的长 120cm、宽 20cm、高 200cm，在水平方向上最少可以有 30 个测量断面，每个断面上有不少于 30 个测点。

该设备的运行机制如下：电机 1、2、3 带动放射源和射线测量探头沿 X、Z、Y 三个方向运动。Y 方向的运动是用于调整放射源和探头之间的间距，最大调节距离为 100cm，最小调节步长为 5cm，其调节过程应该在正式试验以前完成，一次试验的过程中不允许对该方向进行操作；X 和 Z 方向为探头和放射源进行土壤水分或泥沙含量测量的运行方向，其中 X 方向运行范围为 160cm，最小运行步长为 2cm，Z 方向运行范围为 220cm，最小运行步长为 2cm。在计算机控制下当放射源和探头通过机械系统的带动到达某一测点后，计算机启动定标器对射线穿过介质后的强度进行测量，按照定标器上设定的采样时间，等数据稳定后，计算机采集定标器的数据，并进行计算，求得土壤含水率或泥砂含量，同时显示和存储测量和计算结果。一个测点测量完成以后，计算机指导机械系统运行，带动放射源和探头到下一个测点测量。

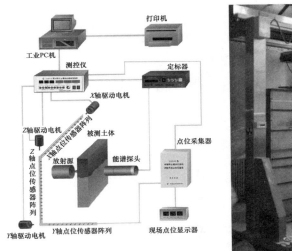

图 3.6　LGD-Ⅲ型非饱和土水分运移模型试验及泥砂含量测试系统（1998）

3.2.4　三轴渗水试验设备

Huang Shangyan、Fredlund D G 和 Barbour S L 于 1998 年研制成非饱和土三轴渗透仪（图 3.7）[15]，目的是能测定不同固结压力和基质吸力下的渗透系数（量级约 $5×10^{-11}$ m/s）。其技术指标和特点是：①压力室罩为钢材，底座和试样帽是铝材，可承压 1500kPa；②底座和铝帽各嵌一块陶土板（厚 10.1mm，下端直径 90mm，上端直径 8.8mm，进气值 1bar，渗透系数 $2.0×10^{-8}$～$2.5×10^{-8}$ m/s）；③底座和铝帽上都有螺旋槽，用以冲洗扩散气泡并装有扩散气泡收集器；④上下两端分别施加水压力，下端用压力传感器量测，上下两端的压力差用差压传感器（亦称微分压力传感器）量测，上端压力通过计算求得，上下压差限制 2～4kPa，取平均值为土样 u_w；差压传感器的量程是 14kPa，分辨率 0.015kPa；⑤进出水的体积用传统双管量测，量程是 10cm³，分辨率 0.02cm³；⑥试样侧面既可是柔性的，也可是刚性的；⑦既可做饱和土渗透试验（因陶土板渗透系数较大），也可做非饱和土渗透试验（基质吸力小于 90kPa）；⑧用三个非接触位移传感器量测变形，两个量直径，一个量高度；用铝箔（单层厚 8×10^{-3} mm，共叠 4 层）作觇标；量直径的觇标胶粘在橡皮膜上，量高度的觇标胶粘在一倒扣在加载帽的陶瓷杯上；非接触位移传感器量测变形的依据是铝箔面与传感器之间的涡流损失原理（Drumright，1989）。由于试样变形不均匀，使用效果并不好，对饱和试样，比净排水量高估 50%。用该设备做一个试验（固结压力和基质吸力都保持常数）大约要 4 周时间。尽管构造和操作比较复杂，但测试结果并不理想。

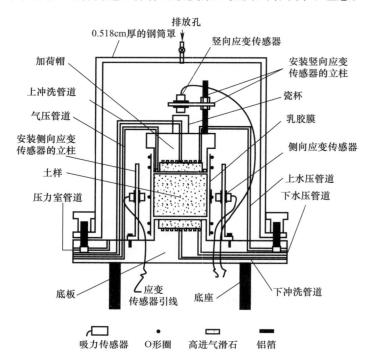

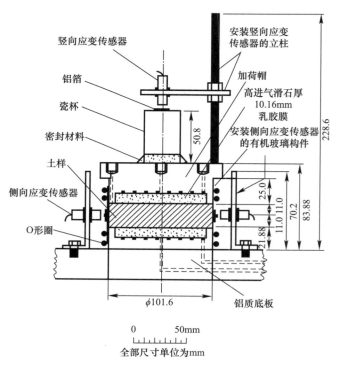

图 3.7　三轴渗水试验压力室示意图（左图为柔性侧墙情况）（1998）

徐永福等研制出一种能考虑应力状态对非饱和土渗透系数影响的三轴渗水试验装置[16]（2005）。在试样上安有应变环，在测渗水系数的过程中可量测试样径向变形，进而结合轴向应变得出试样体变，完成一个试验需要150～300h。

张登飞等[17]用自制的非饱和土三轴剪切渗透仪，对原状黄土在不同等向应力条件下进行了分级浸水渗透试验，分析了孔隙比（无应力）、应力及湿度（饱和度与吸力）对增湿渗水系数的影响。

3.3 多相渗流联测设备

3.3.1 水气两相渗流联测仪器

Corey（1957）[18]是最早用同一设备研究水、气运动规律的学者。Barden 和 Paviakis（1971）研制了三轴装置[19]，可对试样施加总应力、水压和气压，使水、气同时流动并计算各自的渗透系数。他们发现从两相各自连通发展到水连通-气封闭状态过程中渗水系数不断增大，渗气系数不断减小，直到渗气中断。西安理工大学刘奉银、谢定义于1998年研制成水气渗流联测仪[20]，并于2010年对该仪器进行了改进[21]，改进后的构造如图3.8所示。该仪器在文献［3］介绍的非饱和土渗气装置的基础上，增添了加水设备、加压设备及一维变形量测元件，从而可测土样在加载过程中随着密度与含水率变化的渗水系数和渗气系数。在沿试样高度方向上安装了2个张力计，用以量测土样上下吸力的变化，进而判定水分的运移情况。通过上下吸力的变化速率可以判断渗水是否达到稳定，并确定出较准确的渗水稳定时间，避免了另外测定土水特征曲线的试验。其特点是只需测定渗气系数，而渗水系数可利用试验数据近似推算（不必直接测定）。测渗气系数的方法原理与文献［3］相同。推算渗水系数时，先加一定量的水，让水分扩散，水分扩散均匀所用的时间（通过检测渗气量是否达到稳定确定）就是渗水历时；再通过张力计测得的吸力，进而可得试样的平均水头梯度和平均渗水系数。事实上，水分受重力作用，土样中水分并不均匀（上干下湿），各点的含水率和吸力也不相同，试样各水平断面上的水流量及渗径长短也不相等（试样上端面流量最大，留在该面的水分的渗径长度等于零；而试样下端面流量最小，到达该面的水分的渗径长度等于试样高度），故求得的渗水系数是近似平均值。

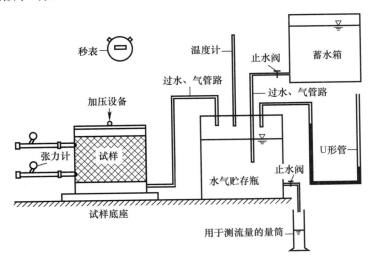

图 3.8 文献［21］水气渗流联合测定仪示意图

文献［22］报道法国两位学者研制了一套一维水气渗流联测装置（图3.9），其特点是用了两种半渗透膜。一种透水不透气，置于水的进口和出口；另一种透气不透水，置于气的进口和出口。从而实现了水、气的独立控制与量测。此外，从文献〔23〕知，美国岩心公司生产 EC-103 型气液两相相对渗透试验装置，但未作任何介绍。

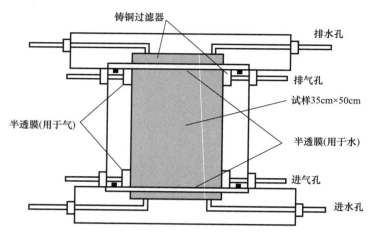

图 3.9　文献〔22〕使用的水气渗流联合测定装置示意图

3.3.2　多相渗流动态图像显示的核磁共振法

原子核由带电的质子和中子组成，它们在核内既做自旋运动，又做相对运动。虽然中子整体不带电，但其内部存在电荷分布。电荷的运动会产生磁场，从而使原子核具有磁矩（包括质子和中子二者的贡献）[24,25]。如把试样置于一均匀磁场中，则试样的原子核的核磁矩与外加磁场之间发生能量相互作用，并将原有能级分裂成若干能量不同的子能级。若再在垂直于均匀磁场的方向上施加一强度较弱的高频磁场（10MHz 量级），调节高频磁场的频率，当试样原子核吸收的外加磁场能量达到一定值时，核的取向改变，由原来的平衡态变为激发态，从低子能级向相邻高子能级跃迁；与此同时，外加高频磁场的强度将减弱。这就是所谓的核磁共振（NMRI）[25]，相应的高频磁场的频率称为共振频率。

原子核从激发态再恢复到平衡态，称为弛豫[26]。发生核磁共振以后，若停止外加高频磁场作用，则自旋体系将通过两种途径把多余的能量释放掉[27]。一是自旋将能量释放到周围环境（晶格）中，恢复平衡，称之为自旋-晶格弛豫，又称为纵向弛豫（即纵向磁化恢复）；二是自旋体系内部不同自旋之间的能量耗散，称之为自旋-自旋弛豫，又称为横向弛豫（即横向磁化衰减）。两类弛豫的历时不同，前者比后者长得多，可用弛豫时间常数 T_1 和 T_2 表征。事实上，T_1 就是纵向磁化恢复至平衡态的 63% 时所经历的时间；而 T_2 则是横向磁化衰减至其最大值的 37% 时所经历的时间[26]。水的 T_1 理论值和实测值为 3.6～5.0s。

核磁共振的原始信号来自恒定外磁场下核素（^1H、^{13}C、^{31}P、^{23}Na……）受到高频电磁场共振激发所产生的磁化核的能级变化。不同核素有不同的共振频率信号，同种核激发后其物理参数（如 T_1，T_2 等）也会因分子、原子的结构不同而变化，随表面性质和其他分子的影响而变化。例如当液体中含有杂质时，多孔介质中表面性质发生变化时，液体分子的弛豫时间 T_1、T_2 就会产生急剧的变化。NMRI 成像技术就是根据水、油、脂肪等物质中的氢核信号强度差异形成不同灰度的像素，重新建立物体图像，区分空间检测点的油、水含量；或根据共振频率的不同形成化学位移图像，分别获得物体的水像和油像；或根据液体中杂质（如钻井泥浆）对弛豫时间的影响，物质表面对液体分子的吸附，分辨纯液体和悬浮液，液体对固体表面的润湿性等。

核磁共振技术（NMRI）和 CT 技术都可无损、快速成像，动态显示流动过程，使人们对岩土的非均质性及流体在多孔介质中的流动特性有更详尽、更直观的认识。但 CT 主要反映物质密度的变化，不能反映流体之间以及流体与岩土骨架之间的相互作用，且 X 射线对人体健康有一定的影响；而核磁共振成像技术不涉及岩土基质（固体），能探测岩土孔隙中的流体分布、聚集及流体与岩土交界面的相互作用，功能比 CT 多，且磁场对人体无害[28]。但用于 NMRI 的岩土试验仪器不能用金属制造，非金属仪器能承受的压力很低，限制了该方法的应用。以下主要介绍 NMRI 成像技术的原理及其在水驱油和聚合物驱油机理研究中的应用。

文献［29］用 NMRI 研究了在砂层中水驱油和聚合物驱油的机理与效果。试验用油是模拟油，系煤油稀释原油而成，其黏度为 19.5mPa·s。聚合物是聚丙烯酰胺类化学聚合物；水为蒸馏水；聚合物溶液浓度为 750ppm；在水中和聚合物溶液中均加入 0.04％的氯化锰。试验所用油层模型是两层非均质填砂模型。先将砂层饱和原油进行水驱；然后用上述聚合物溶液驱残余油。在试验的不同驱替阶段取得纵向剖面成像，分析流动特性及油水分布，计算含油饱和度和驱油效率。

图 3.10 是不同驱替阶段两层均质模型内的核磁共振成像照片。成像段层厚度为 15mm；平面分辨率为 1.2mm×1.2mm。亮区表示含油部位，暗区表示注入水和聚合物波及部位。图像亮度变化清晰地反映出水驱和聚合物驱的流动规律及残余油的分布。从图 3.10（d）、图 3.10（g）来看，注水驱主要进入高渗透层，而低渗透层则滞留大量原油。图 3.10（e）、图 3.10（h）则表示聚合物溶液明显地波及低渗透层。同时，值得注意的是在高渗透层亮度也在明显减弱，它表示在高渗透层内残余油饱和度也在降低。

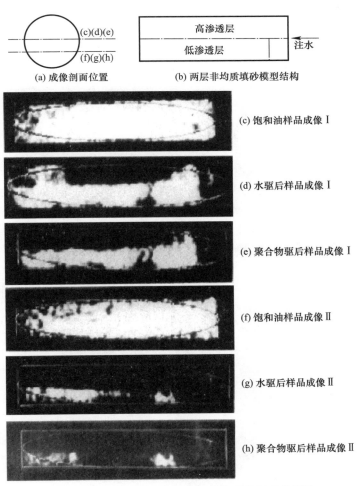

图 3.10 水驱油与聚合物驱油的核磁共振成像照片

从计算机给出的信号强度数据可以计算不同驱油阶段及不同渗透率区的驱油效率。聚合物驱油在该试验条件下可提高采收率 16.2%；聚合物驱油时，低渗透区的采收率提高的幅度大；这主要是提高了波及系数的效果。在高渗透的水淹区，采收率也有所提高，在该试验条件下为 4.9%。这说明聚合物驱可以降低水驱残余油饱和度，即提高驱油效率。

据有关内部资料，中科院于 2010 年已开发出用于研究天然气水化物（可燃冰）在高压和温度变化条件下发生相变的核磁共振配套装置。

据文献［30］报道，哈尔滨工业大学在 2022 年研发了零物距高分辨率土微结构跟踪成像技术，摄像头紧贴土样表面，可实时观测冻土模型中孔隙、颗粒、粒团、水、冰、气泡等动态演变过程。为增强防腐蚀性、防水性和防锈性，在外壳表面涂抹了军工级纯聚脲，并在所有电路板和装置内部填充满了透明硅胶。

3.4　本章小结

（1）一维渗气试验装置结构简单，操作方便，用量测试验过程中的出水量代替流过试样的空气体积，提高了测气体积精度；三轴渗气装置可以考虑围压对渗气性的影响。

（2）基于瞬态剖面法的水平土柱渗水试验可以同时测定持水特性曲线与不同饱和度（或含水率，或吸力）下的水分运动参数，对原状土和重塑土都适用；三轴渗水装置尚未见获得满意的试验结果。

（3）基于 γ 射线透射法的一维渗水试验和二维渗水模型试验系统可以无损、实时、快速测定水分变化，但必须配备合格的辐射防护设备。

（4）核磁共振技术（NMRI）可无损、快速成像，动态显示流动过程，使人们对岩土的非均质性及流体在多孔介质中的流动特性有更详尽、更直观的认识，且磁场对人体无害；但磁场中的土样容器必须用非金属制造，承力水平低，从而限制了该技术的应用。

参考文献

［1］俞培基，陈愈炯. 非饱和土的水-气形态及其力学性质的关系［J］. 水利学报，1965，（1）：16-23.
［2］包承纲. 非饱和土的性状及膨胀土边坡稳定问题［J］. 岩土工程学报，2004，26（1）：1-15.
［3］陈正汉，谢定义，王永胜. 非饱和土的水气运动规律及其工程性质研究［J］. 岩土工程学报，1993，15（3），9-20.
［4］苗强强，陈正汉，张磊，等. 非饱和黏土质砂的渗气规律试验研究［J］. 岩土力学，2010，31（12）：3746-3750.
［5］姚志华，陈正汉，黄雪峰，等. 非饱和 Q₃ 黄土渗气特性试验研究［J］. 岩石力学与工程学报，2012，31（6）：1264-1273.
［6］陈存礼，张登飞，张洁，等. 等向应力条件下原状 Q₃ 黄土的渗气特性研究［J］. 岩土工程学报，2017，39（2）：287-294.
［7］汪龙，方祥位，申春妮，等. 膨润土-砂混合型缓冲/回填材料渗气规律试验研究［J］. 岩石力学与工程学报，2015，34（S1）：3381-3388.
［8］秦冰，陆飏，张发忠，等. 考虑 Klinkenberg 效应的压实膨润土渗气特性研究［J］. 岩土工程学报，2016，38（12）：2194-2201.
［9］VANGPAISAL T, BOUAZZA A. Gas permeability of partially hydrated geosynthetic clay liners［J］. J. Geotech. Geoenviron. Eng. 2004，130（1）：93-102.
［10］雷志栋，杨诗秀，谢森传. 土壤水动力学［M］. 北京：清华大学出版社，1988.
［11］FREDLUND D G, RAHARDJO H. Soil Mechanics for Unsaturated Soils［M］. New York：John Wiley

and Sons Inc. , 1993. （中译本：非饱和土土力学 [M]. 陈仲颐，张在明等译. 北京：中国建筑工业出版社，1997）

[12] 姚志华，陈正汉，黄雪峰，等. 非饱和原状和重塑 Q_3 黄土渗水特性研究 [J]. 岩土工程学报，2012，34（6）：1020-1027.

[13] 王文焰，张建丰. 在一个水平土柱上同时测定非饱和土壤水各运动参数的试验研究 [J]. 水利学报，1990，（7）：26-30.

[14] 张建丰，王文焰. LGD-Ⅲ型非饱和土水分运移实验、泥沙含量测量系统操作手册 [R]. 西安：西安理工大学水资源研究所，1998.

[15] HUANG SHANGYAN，FREDLUND D G，BARBOUR S L. Measurement of the coefficient of permeability for a deformable unsaturated soil using a triaxial permeameter [J]. Can. Geotech. J. 1998（35）：426-432.

[16] 徐永福，兰守奇，孙德安，等. 一种能测量应力状态对非饱和土渗透系数影响的新型试验装置 [J]. 岩石力学与工程学报，2005，24（1）：160-164.

[17] 张登飞，陈存礼，张洁，等. 等向应力条件下非饱和原状黄土增湿渗水特性试验研究 [J]. 岩土工程学报，2018，40（3）：431-440.

[18] COREY A T. Measurement of water and air permeability in unsaturated soil [J]. Soil Science Society of America Proceedings，1957，21（1）：7-10.

[19] BARDEN L，PAVIAKIS G. Air and water permeability of compacted unsaturated cohesive soil [J]. J. Soil Sci. , 1971，22（3）：302-317.

[20] LIU FENGYIN AND XIE DINGYI. Movement characteristics measurement of pore water-air in unsaturated soils [C]//Proc. of 2nd Int. Conf. on Unsaturated Soils. International Academic Publishers. 1998（1）：395-401.

[21] 刘奉银，张昭，周冬. 湿度和密度双变化条件下的非饱和黄土渗气渗水函数 [J]. 岩石力学与工程学报. 2010，29（9）：1907-1914.

[22] FLEUREAU J M，S TAIBI. Water-air permeabilities of unsaturated soils [C]//E E Alonso，P Delage. Proc. of 1st Int. Conf. on Unsaturated Soils. A A BALKEMA/ROTTERDAM/BROOKFIELD，1995（2）：479-484.

[23] 李克文. 多孔介质中多相渗流的图像显示研究以及相对渗透率的理论与试验研究 [D]. 北京：石油勘探开发科学研究院，1989.

[24] 褚圣麟. 原子物理学 [M]. 北京：高等教育出版社，1979.

[25] 杨福家，王炎森，陆福全. 原子核物理学 [M]. 2版. 上海：复旦大学出版社，2010.

[26] 刘定西，于群. MR 成像分册 [M]. 武汉：湖北科学技术出版社，2000.

[27] 陈权，王为民，刘卫，等. 渗吸机理的核磁共振成像研究 [C]//渗流力学研究所，大庆石油学院分院. 渗流力学进展：第 5 届全国渗流力学学术讨论会论文集. 北京：石油工业出版社，1996：388-393.

[28] 王为民，张盛宗. 核磁共振成像技术在石油勘探开发中的应用 [C]//渗流力学研究所，大庆石油学院分院. 渗流力学进展：第 5 届全国渗流力学学术讨论会论文集. 北京：石油工业出版社，1996：25-32.

[29] 郭尚平，黄延章，等. 物理化学渗流微观机理 [M]. 北京：科学出版社，1990：100-111.

[30] 哈尔滨工业大学. 寒区工程地质环境开放系统多场耦合作用试验装备（国家重大科研仪器研制项目）[R]. 国家自然科学基金资助项目结题/成果报告，2022.

第4章 非饱和土与特殊土力学特性测试仪器分类及吸力控制

本章提要

介绍了饱和土力学特性测试设备的种类与发展现状，阐明了施加及控制吸力的方法；用试验详细研究分析了轴平移技术对量测吸力的影响。

4.1 非饱和土力学特性测试设备的种类与发展现状

室内测试非饱和土力学特性（包括变形、应力、强度、孔压和排水量等）的主要设备有非饱和土固结仪、非饱和土直剪仪和非饱和土三轴仪三种。每一种仪器又可按某一标准分为若干类。例如，若以施加吸力的方法为标准，就有用轴平移技术施加、用半渗透技术施加和用具有一定湿度的气体施加三类。若以试验条件和功能为标准，则可分为常规型和特殊型。所谓常规型是指用于试验吸力小于1500kPa、温度为室温、应力小于1MPa的仪器。所谓特殊型是指用于特殊试验条件的仪器（如高吸力、高温、高压）或具有其他特殊功能的仪器（如微细观结构损伤动态测试或含水率的动态检测）。自21世纪初以来，学者们陆续改进了GDS应力路径三轴仪、真三轴、扭剪仪、共振柱和动三轴，使非饱和土的研究进一步深入。西班牙、加拿大、法国、英国、中国、美国、印度、巴西、新加坡、埃及、日本、伊朗、沙特、德国、波兰、意大利、瑞士、澳大利亚等20多个国家拥有非饱和土试验设备。据笔者的不完全统计（表4.1），截至2020年5月，国内各单位已拥有各种国产仪器设备288台套，其中国产非饱和土固结仪44台，国产非饱和土直剪仪83台，国产各类非饱和土三轴仪67台，国产持水特性测试设备9台，国产大型蒸渗仪61台。另一方面，从国外购置的各类非饱和土设备241台套（表4.2）。国产非饱和土仪器设备大多数是近20年内研制生产的，特别是进入21世纪以来，非饱和土仪器研制开发的形势非常喜人，近年来国产压力-体积控制器也取得了良好进展，西安康拓力公司和大连理工大学等研发的146台压力-体积控制器已在全国的59个单位应用（表4.1）。

无论是常规型还是特殊型，一般要求仪器能独立控制（或量测）总应力、孔隙水压力和孔隙气压力，并设法提高量测试样体变、排水量、水压力、气压力的精度。

除上述3类仪器外，研究非饱和土的设备还有室内模型试验、离心机模型试验和现场检测等，有关内容将在第8章介绍。专门用于研究膨胀土的三向胀缩仪及用于研究黄土的湿陷三轴仪在第7章介绍。第9章详细介绍常规非饱和土三轴仪的试验技术。

国产非饱和土与特殊土变形-强度测试设备的拥有单位统计表（截至2020年5月）　　　　表4.1

仪器种类		台数	拥有设备单位及研发/购置时间
非饱和土固结仪	常规	39	南京水科院（填土压缩仪1985）　西北水科所（黄土压缩仪1994）　三峡大学（2001） 后勤工程学院研制成国内第一台（2001）　西安交通大学（2003）　东南大学（2003） 西北农林科技大学（2004）　南京林业大学（2004）　同济大学（3台2005） 河海大学（4台2005）　西安理工大学共4台（3台2008；1台2010） 北京林业大学（2008）　华北水电学院共3台（1台2002，2台2010）　新疆大学（2010） 延安大学（2011）　西北大学（3联2012）　西南大学（2012）　合肥工业大学（2014） 陕西科讯机电设备有限公司（2014）　西南科技大学（3联2015）　重庆交通大学（2015） 兰州永昌电子科技有限公司（3联2018）　湖北工业大学（2019康拓力公司生产）

仪器种类		台数	拥有设备单位及研发/购置时间
非饱和土固结仪	特殊	5	河海大学（2003 半圆柱试样，用光学显微镜观察膨胀土裂隙，袁俊平学位论文） 常温高压固结仪（用于膨润土研究，后勤工程学院 2007，核工业北京地质研究院 2009） 高温-高压固结仪（用于膨润土研究，后勤工程学院 2011，同济大学 2014）
非饱和土直剪仪	常规	83	后勤工程学院 2001 研制成国内第 1 台，4 联非饱和土直剪仪一套（1 台） 三峡大学（2001）　中科院武汉岩土所（2001）　西安交通大学（2003） 西北农林科技大学（2004）　南京林业大学（2004）　同济大学（4 台 2005） 河海大学（2005）　长安大学（2005）　西安建筑科技大学（2005） 国家地质调查局（4 台 2007）　长江科学院（4 台 2007） 西安理工大学共 9 台（5 台 2008；4 台 2010）　华东交通大学（4 台 2008） 华北水电学院共 5 台（1 台 2002，4 台 2010）　汕头大学（4 台 2010） 新疆大学（2010）　哈工大深圳研究生院（4 台 2012）　西北大学（4 联 2012） 南宁宇翔风电子科技公司（4 联 2012）　河北建设勘察研究院（2012） 合肥工业大学（2014）　武汉科技大学（2014）　国家地质调查局（4 联 2015） 成都大学（4 联 2017） 中国水利电力对外公司（2018）　西安理工大学（4 联 2018） 兰州永昌电子科技有限公司（4 联 2018） 南京土壤厂 3 台（信阳师范学院 2013，长江师范学院 2018，内蒙古交通设计院 2019）
非饱和土与特殊土三轴仪	常规	44	中国水利水电科学院（1965 试样直径 101.6mm） 南京水科院（1990 杨代泉学位论文试样直径 61.8mm） 西安理工大学（1991 陈正汉学位论文试样直径 39.1mm）　西安理工大学（2010） 后勤工程学院（1993 试样直径 39.1mm） 河海大学（1997 徐永福学位论文试样直径 39.1mm） 河海大学 4 台（2 台 2005，2 台 2011）　中科院武汉岩土所（2 台 2001） 三峡大学（2 台 2001）　东华理工学院（2 台 2002）　华北水电学院（2 台 2002） 西安交通大学（2 台 2003）　东南大学（2003）　西北农林科技大学（2004） 南京林业大学（2004）　中科院寒旱所（2004）　西安建筑科技大学（2005） 广东省职业技术学院（2005）　石家庄铁道学院（2005） 上海大学（2005）　黄石理工学院（2006） 华东交通大学（2008）　河北防灾学院（2008）　上海科学器材公司（2009） 广州路事达有限公司（2009）　汕头大学（2010）　延安大学（2011） 长江师范学院 2 台（2012，2018）　广东农垦集团进出口公司（2014） 武汉科技大学（2014）　成都欧美大地仪器设备公司（2015）　江苏大学（2017） 西安科技大学（2 台 2017）　新疆喀什大学（2019）
	特殊	19	西安理工大学双源 γ 透射三轴仪（1999 试样直径 61.8mm） 后勤工程学院自研 5 台：①土工 CT-三轴仪（2001 试样直径 39.1mm/61.8mm）； ②温控-三轴仪（2003）；④多功能三轴仪（2004）；④湿陷-湿胀三轴仪（2006）； ⑤缓冲材料三轴仪（高温-高压-高吸力 2008） 解放军总参谋部（2011 多功能三轴仪购置）　南京大学（多功能三轴 2013 购置） 大连理工大学（2001 配备摄像仪和计算机图像测量系统，半圆形压力室，网格试样膜） 其他使用单位：2 台（大连理工大学运载与力学学部 2017，中国海洋大学 2019） 长江科学院土工 CT-三轴仪（2009）　石家庄铁道大学（试样全表面含水率测试 2016） 非饱和土蠕变三轴仪 7 台（延安大学 2011，南京大学 2 台 2012，广州科技大学 2012，西北大学 3 联 1 台 2012） 中科院武汉岩土所研发温控三轴（2018）
非饱和土真三轴		4	西北水科所（邢义川博士学位论文 2001）　西安理工大学研发（2009） 江苏永昌科教仪器研发：2 台（兰州理工大学 2019，河南城建学院 2019）
非饱和土扭剪仪		1	西安理工大学（骆亚生学位论文 2003）
三向胀缩仪		11	中铁西北院（1994 首创）。中科院岩土所（1998 仿制）　后勤工程学院（1999 改进）（电测） 中交第二公路勘察设计研究院（2004）　后勤工程学院自研膨润土三向胀缩仪（2009） 核工业北京地质研究院研制膨润土渗透仪 1 台

续表 4.1

仪器种类	台数	拥有设备单位及研发/购置时间
压力-体积控制器	146	西安康拓力仪器设备有限公司研发 95 台（45 个单位，2017 年 7 月～2020 年 5 月） 大连理工大学研发　49 台（13 个单位，2017—2019） 南京 TKA 技术有限公司研发：大尺寸 2 台（哈工大深圳分校）
持水特性渗水特性测试设备	9	西安理工大学研发：水气渗透性联合测定装置（1998），三轴-渗水装置（2016） 后勤工程学院研发：大尺寸原状黄土水平土柱入渗装置（1000mm×ϕ186mm，2011），同时量测吸力和含水率的水平土柱入渗装置 2 套（2010，2016） 江苏永昌科教仪器研发 2 台（陕西科讯机电设备有限公司 2014，山东大学 2017） 大连理工大学研发 2 台（2019）
其他	73	西安理工大学研发水分运移测试系统（γ 透射法，包括水平土柱和二维模型）12 台 西安理工大学研发大型蒸渗仪 61 台
总计		各种仪器 288 台套；　压力-体积控制器 146 台

从国外购置的非饱和土测试设备数量统计表　　　　　　　　　　表 4.2

土水特征曲线仪	非饱和土固结仪	非饱和土直剪仪	有非饱和土功能的三轴仪	合计
106	3	7	125（104 个单位）	241

注：截至 2020 年 5 月，仅限于欧美大地仪器设备中国有限公司提供的资料。

4.2　吸力的施加与控制

非饱和土力学试验中的主要困难之一是如何正确测定较高的吸力。当试样的负孔隙水压力超过 70～80kPa 时，量测系统内的水会汽化，气压将抵消负压，直接正确量测就很困难。由于负孔隙水压力是相对大气压而言的，故只要人为地提高试样的孔隙气压力，就可使负孔隙水压力的绝对值减小，而保持基质吸力不变。当气压超过基质吸力时，孔隙水压力便上升为正值，从而避免了汽化，便于量测。这就是所谓的**轴平移技术**，系 Hilf 在 1956 年提出[1]。通常在试验中施加的气压保持常数，而让孔隙水压力始终为零（即等于大气压），则施加的气压力就等于试样的基质吸力。这就是所谓的**控制吸力试验**。由于轴平移技术概念明确，设备简单，施加吸力、控制吸力都很方便，故得到广泛的应用。对试样施加气压要求仪器必须有一个气体压力室，试样被置于压力室中进行试验。压力室的一部分宜用透明材料制作，以便随时观察试验情况。气压的存在要求某些部件必须具有良好的密封性能，特别是运动部件与气压室的密封要好。轴平移技术适用于水气各自连通的双开敞状态，在气封闭状态因无法对试样中的气相施加气压力而失效。借助轴平移技术对土样施加基质吸力的大小主要取决于高进气陶土板的进气值，通常在 1500kPa 以内，Escario[2] 利用半渗透膜于 1973 年研制的世界上第一台非饱和土固结仪的控制吸力高达 12MPa。

施加或控制吸力的第二种方法是采用**半渗透技术**。若用一半渗透膜把 U 形管从中间隔开，在 U 形管的两边分别注入纯水与某一溶质的溶液，因两边水的浓度不等，膜两侧的水分子及溶质分子都欲穿越隔膜运动。但因半透膜的孔径限制尺寸较大的溶质分子通过，水分子运动的最终结果（达到平衡时）是在 U 形管装纯水的一侧水位降低，而装溶液一侧水位升高，这种单方向的扩散现象在生物化学上称为渗透作用。两管的液面差可视为阻止水的渗透而必须在溶液液面上施加的应力，此应力就是在渗透作用发生前半渗透膜两侧所存在的压力差，称为原溶液的渗透压。水分子通过半透膜从纯水移入溶液的事实，表明溶质的存在降低了水的势能。设想把 U 形管中的纯水换成非饱和土试样，则土样中的水也要穿过半透膜进入溶液，降低其势能，引起负孔隙水压力。这样，只要预先标定出基质吸力与某一溶液浓度的关系，就可通过改变溶液浓度控制土样的基质吸力。换言之，该技术是以半渗透膜为媒介，通过给土样施加溶质吸力而达到控制基质吸力的目的。通常使用的溶质是聚乙烯乙二醇6000或20000，简称PEG（polyethylene glycol），最早由生物学家Lagerwerff等人（1961）开发[3]，Kassiff and Ben Shalom则最早（1971）把这一技术用于岩土工程研究[4]。崔玉军等[5]（1996）将该方法用于非饱和土三轴仪试验。此法的优点是对土样不施加气压力，无需重型设备，试样的负孔压接近实际状态，并可用于气封闭状态。但改变吸力需要更换溶液，特别是在做应力保持不变而吸力分级增加的试验时更是如此，因而必须准备一系列不同浓度的溶液和容器。PEG溶液的体积随温度波动而变化，影响土样与溶液之间交换水分的量测，故需控制实验室相对湿度和温波动范围，要求不超过0.5℃；对PEG溶液的温度波动要求更严，不得超过0.1℃，一般将盛PEG溶液的容器放入恒温水槽中。应用半渗透技术能控制的基质吸力的大小主要取决于半渗透膜，从数百千帕到数兆帕不等，国外生产的半渗透膜有的可承受5MPa的渗透压。

施加或控制吸力的第三种方法是利用盐溶液液面上方的空气，可称之为**气体湿度控制法**。盐溶液的浓度决定了其上方空气的湿度，而土的总吸力直接与土表面的空气湿度有关[6,7]。因此，只要把溶液及其邻近的空气封闭起来，将土样置于封闭该空气的容器里，并借助蠕动泵使土样中的空气与此封闭空气进行动态交换，则经过一段时间后土样内外的空气湿度就相同了，从而实现对土样施加总吸力。用这种方法可对试样施加高达500MPa的总吸力，但对低吸力不能精确控制。湿度对环境很敏感，要求恒温环境，环境温度的精度应控制在±0.001℃，不易做到。

有关非饱和土力学试验的其他测试技术问题，如体变、孔压、吸力、排水的正确量测等，将在后续章节中结合不同种类的仪器讨论。

4.3 轴平移技术对量测吸力的影响

轴平移技术因不改变吸力的大小而能方便地量测较高的吸力，因而被广泛应用。但轴平移技术改变了土样原来的自然环境状态，有可能影响吸力的量测结果。比如，基于轴平移技术的temple仪或压力板仪，与张力计测试方法，虽然都属于直接方法，但两种测试方法获得的测试结果往往存在一定差异[6,8]，且关于差异的原因，至今尚没有合理的解释。揭示产生差异的原因，对合理确定和评估非饱和土中的基质吸力和持水特性是必要的。

李顺群等[9]探究了非饱和土的基质吸力分别在自然状态用张力计和在轴平移环境下的测试结果之间存在差异的原因，认为土的持水特性与表面张力和土中孔隙结构有关。文献［9］主要研究了表面张力系数和难充水微孔隙在相同吸力作用下对含水率的影响。鉴于轴平移技术对非饱和土测试的重要性，而且文献中很少有相关研究成果的报道，故本节详细介绍文献［9］的研究结果。

4.3.1 环境压力对表面张力的影响

在轴平移技术应用的压力板仪、temple仪以及各种非饱和土测试仪器中，温度可以认为是恒定的，土中水的杂质含量对表面张力的影响也不存在。与张力计测试环境相比，基于轴平移技术的测试方法，土颗粒和土中水承受的气压力将发生很大变化，其值可达几个或十几个大气压。即轴平移测试时的环境压力往往是张力计测试方法即自然状态大气压的几倍或十几倍。因此，研究轴平移环境和自然环境中，土水特征曲线的差别和联系，是非饱和土研究的重要问题。

一般认为，气体压力对表面张力系数的影响是以下三方面的综合效应：一是压力可以增大液体密度，从而有促使表面张力增大的趋势；二是在较高压力条件下，气体可以溶于液体，从而改变液体的成分并改变表面张力系数；三是气体可以被吸附于液面从而影响表面张力系数的大小。试验表明，总的趋势是，随着气体压力增大，水的表面张力系数逐渐减小。在 20℃ 条件下，不同压力对应的水的表面张力系数如表 4.3 所示[10]。

定义表面张力系数比 η 为某压力作用下表面张力系数 γ 与 1 个大气压时的表面张力系数 γ_0 之比，即：

$$\eta = \frac{\gamma}{\gamma_0} \tag{4.1}$$

从表 4.3 可见，在 10 个大气压环境中，表面张力系数降低 1.2%；即使在 50 个大气压环境中，表面张力系数降低 4.9%。通常轴平移技术的最高气压力在 15 个大气压之内，对表面张力系数的影响不超过 2%。

表面张力系数与压力的关系　　　　　　　　　　　　　　　　表 4.3

压力（$\times 10^2$ kPa）	1	10	20	30	40	50
γ	72.8	71.9	71.1	70.4	69.7	69.2
η	1	0.988	0.977	0.967	0.957	0.951

4.3.2　表面张力对土水特征曲线的影响

将毛细管插入水中，由于表面张力作用，水必然沿毛细管上升，毛细上升高度 h_c 可以表示为[6,11]：

$$h_c = \frac{2\gamma \cos\delta}{\rho_w g r} \tag{4.2}$$

其中，δ、ρ_w、g、r 分别为水与毛细管的接触角、水的密度、重力加速度和毛细管半径。若将毛细管置于密闭压力环境中，毛细管上升高度必将由于表面张力系数和接触角的改变而改变。由于表面张力系数随压力的增大而小幅减小，因而毛细上升高度将随压力的增加略微降低。为了验证以上推断，在压力环境中进行了毛细上升试验，试验装置示意图如图 4.1 所示。

试验在 WF 应力路径三轴仪压力室内进行。在压力室底座处沿四周布置防水刻度纸，精度为 1mm。在刻度纸外侧布置八种内径不同的毛细玻璃管各一支。待刻度纸和毛细管布置完毕后，将压力室固定在底座上并旋紧各个螺栓，往压力室内注入少许水以淹没毛细管下端，随后，关闭除进气孔之外的所有阀门以形成密封环境。此时，水沿着毛细管开始上升并很快稳定在一个特定高度，这个高度即为毛细高度 h_c，试验装置如图 4.2 所示。

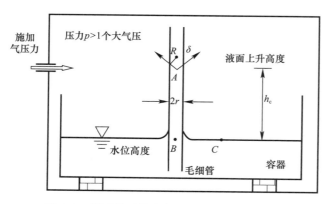
图 4.1　轴平移环境中的毛细上升试验示意图

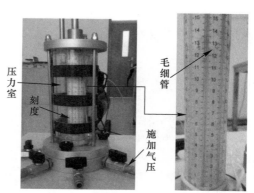
图 4.2　压力对毛细上升高度影响的试验装置

通过进气孔施加某一气压力，待毛细液面稳定后同时测量水位高度和液面上升高度，以计算毛细高度 h_c。然后，施加下一级气压力并以同样的方法测算相应的毛细高度，直到加压至 500kPa 为止。之后逐级卸载气压力直至 1 个大气压，并测算相应的毛细高度，试验结果如图 4.3 所示。

从图 4.3 可见，压力环境的改变，对毛细上升高度并无明显影响。因此可以认为，在使用轴平移技术过程中，不同于常规大气压的压力环境不会引起毛细高度的明显差异。

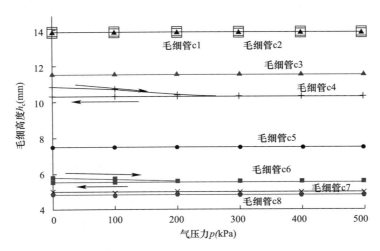

图 4.3 在不同压力环境中的毛细上升高度的变化

上述试验现象也可以通过理论推导进行解释。描述液面内外压力差的 Laplace 方程为[6]：

$$\Delta u = u_a - u_w = \gamma \left(\frac{1}{R_1} + \frac{1}{R_2} \right) \tag{4.3}$$

式中，Δu 是内外的压力差，亦即基质吸力；R_1 和 R_2 分别是翘曲弯液面在正交曲面上的曲率半径。

在轴平移环境中，气压力与水压力之差虽然是一个特定的数值，但气压力和水压力的绝对数却远远高于自然状态对应基质吸力的气压力（大气压）和水压力（负值）。由于在轴平移状态与自然状态下，表面张力系数并不相同，所以某一确定基质吸力对应的孔隙水状态与自然状态必然是不同的。当孔隙水状态相同时，设较高压力环境和 1 个大气压环境对应的基质吸力分别为 s' 和 s_0，它们的比值等于两个压力环境中的表面张力系数之比，即：

$$\eta = \frac{s'}{s_0} = \frac{\gamma}{\gamma_0} \tag{4.4}$$

即

$$s' = \eta s_0 \tag{4.5}$$

可见，不同压力环境对应的土水特征曲线具有相似的形状。差别在于环境压力较大时，对应的土水特征曲线稍低一些，两者的比例系数是 η。一般通过轴平移技术施加的基质吸力在 10 个大气压之内，由表 4.3 知，η 的变化范围在 $0.998 \sim 1$。由此可见，表面张力系数变化并不是两种方法（张力计法和轴平移技术方法）测试结果存在差异的主要原因。

4.3.3 微孔隙对土水特征曲线的影响

由于研究目的的不同，土孔隙的划分依据和方法往往存在一些微小差别。图 4.4 的分类方法是基于等效孔径的，也是常见的一种分类方法[12]。

压汞试验是一种常规的测试土中孔隙分布特征的方法。其原理是非浸润性液体在没有压力作用时不会流入固体中的孔隙。图 4.5 是利用压汞试验测

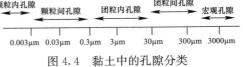

图 4.4 黏土中的孔隙分类

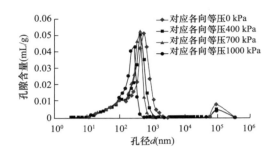

图 4.5　压汞试验测得的各向等
压固结黏土试样孔径分布

得的某黏土中的孔径分布曲线[13]。可见，随土样密实程度提高，孔径分布曲线向左平移，即样品中的小孔隙逐渐增多。但孔径小于 100nm 的微孔隙和超微孔隙，随密实度增大其含量处于稳定状态。由于大孔隙在减小，所以微孔隙和超微孔隙的百分含量随密度的增大而增大。

在室内试验中，对原状试样和重塑试样的饱和可以采用不同的方式，常用的有反压饱和法、抽气饱和法、煮沸饱和法等，但不管采用哪种饱和方式，黏土和粉土的饱和度均不能达到 100%，95% 是通常可以达到的最大饱和度。对于粗颗粒土，饱和度有时可以达到 98%。出现这种现象的原因可能在于，土中存在大量的微孔隙和超微孔隙，尤其是一端封闭微孔隙和超微孔隙的存在。

一端封闭的微孔隙和超微孔隙，可以理想化为一端开口、一端封闭的不等径或等径毛细管，如图 4.6 所示。由于其直径很小，水在进入该毛细管时往往会出现堵塞现象，即毛细管内部的空气无法完全排出。故不论采用何种饱和方式，都难以使该毛细管完全充满水。

假设采用某种饱和方式对土样饱和后，不等径微孔和等径微孔中的气体在环境恢复至 1 个大气压后单位土体中的气体体积分别为 v_{a1} 和 v_{a2}，则土样中总的气体体积 v_a 为：

图 4.6　黏土的微观结构和一端
封闭微孔隙模型

$$v_a = v_{a1} + v_{a2} \tag{4.6}$$

假设某土样总体积为 1，空隙率为 n，孔隙比为 e，饱和度为 S_r，则空气占据的体积为：

$$v_a = (1 - S_r)\frac{e}{1 + e} \tag{4.7}$$

对孔隙比为 1 的黏土，若其饱和度为 95%，则未被水饱和的孔隙体积约为孔隙总体积的 2.5%。这部分未被水饱和的孔隙，在采用轴平移技术施加气压力 u_a 时，将会在高压力条件下被压缩。压缩后的体积 v 满足：

$$u_0 v_a = uv \tag{4.8}$$

式中，

$$u = u_a + u_0 \tag{4.9}$$

这里 u 为孔隙气的绝对压力，u_0 为大气压力。若通过轴平移技术对土样施加的基质吸力为 s：

$$s = u_a - u_w \tag{4.10}$$

则由式（4.9）和式（4.10）可得：

$$u = s + u_w + u_0 \tag{4.11}$$

为便于量测吸力，在轴平移环境中通常让孔隙水压力不小于 0，则有：

$$u \geqslant s + u_0 \tag{4.12}$$

根据式（4.8）可知，随施加的孔隙气压力增大，原本在 1 个大气压条件下体积为 v_a 的孔隙气，其体积 v 将逐渐变小，计算结果如图 4.7 所示。

设未饱和孔隙体积的减少量为 Δv，则：

$$v = v_a - \Delta v \tag{4.13}$$

可见，在利用轴平移技术对土的基质吸力进行测控时，由于末端封闭孔隙的存在，体积为

Δv 的孔隙水被压入了端部封闭的孔隙中而没有被排出土体之外。但在采用张力计测量土的基质吸力时，Δv 被排出了土体，并被计入了总的排水量。即在相同基质吸力作用下，采用轴平移技术的 temple 仪法和压力板法对应的含水率高于张力计法，两者的差值为 Δv。因此，分别通过张力计法和基于轴平移技术的测试方法测量同一试样的土水特征曲线，结果必然存在一定差别。而且，基质吸力越大，在高压力作用下进入一端封闭微孔隙的水越多，两种方法得到的结果差异性也越大。

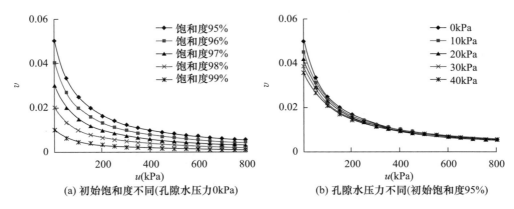

(a) 初始饱和度不同(孔隙水压力0kPa)　　　　(b) 孔隙水压力不同(初始饱和度95%)

图 4.7　单位土体中未饱和孔隙体积与气压力的关系

比如，采用轴平移技术对某试样施加 300kPa 基质吸力时，若孔隙水压力为 0，封闭气泡受到的实际压力约等于 400kPa。根据式（4.8），端部封闭未饱和孔隙的体积将会大幅度减小为原来的 25%，即 75% 的该种孔隙被水充满了，从而增大了土的含水率。对前文孔隙比为 1、饱和度为 95% 的黏土，这部分被人为夸大的孔隙水约为初始体积含水率的 5%×0.5×75%/95%≈2%。

可见，由轴平移技术得到的非饱和土试样，在轴平移状态下的含水率必然大于自然状态同一基质吸力对应的含水率。因此，对于同一基质吸力，轴平移条件下对应的基质吸力作用面积也必然大于自然状态同一基质吸力对应的作用面积。若将由轴平移技术获得的非饱和土试样置于自然环境中，先前在高压力条件下被迫进入一端封闭微孔的水会返回较大孔隙中。所以，对应的基质吸力必然会有一定程度的降低。

4.3.4　试验验证

为进一步阐述轴平移技术的局限性和适应性，一方面，采用张力计法和 Fredlund SWCC 仪分别测试了两种不同干密度状态下石英砂的土水特征曲线；另一方面，对文献提供的砂土、砂壤土和黏壤土的既有测试结果进行了研究。

4.3.4.1　石英砂的 SWCC 试验结果

石英砂矿物成分单一，颗粒较大，且几乎不含微孔隙。因此，可以认为石英砂中没有微孔隙，是一种不含一端封闭微孔隙的模型土，可以认为该种土能达到完全饱和状态。故在采用基于轴平移技术的压力板仪和 temple 仪 SWCC 测试过程中，石英砂饱和试样中是不存在被压缩孔隙气体的。因此，张力计法和轴平移技术两种方法测得的土水特征曲线应该是一致的或者是非常接近的。试验用石英砂为单粒结构，SiO_2 含量 99.98%，颗粒相对密度 2.5。

在一维压缩条件下，制备了两种试样，其干密度分别为 1.5g/cm³、1.7g/cm³。基于轴平移技术的 Fredlund 仪[14]（方法 1）和张力计[15]（方法 2），分别测量了两个不同干密度模型土试样的土水特征曲线，结果如图 4.8 所示。从图 4.8 可见，基于轴平移技术测试方法得到的曲线在张力计测试结果之上。这种现象说明，石英砂虽然可以达到很高的饱和度，但饱和后土中依然存在少量微气泡。不过，两种测试方法的误差在 2% 之内，是非常接近的、一致的。

4.3.4.2　文献中的试验结果

文献［16］分别采用轴平移技术和张力计给出了三种土样的土水特征曲线，如图 4.9 所示。很明显，基于轴平移技术的测试方法得到的曲线在张力计方法得到的曲线之上，即对于同一基质吸力，轴平移方法对应的含水率较大，这与式（4.13）的推导结果相一致。

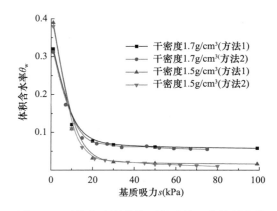

图 4.8　两种方法测得的石英砂的土水特征曲线

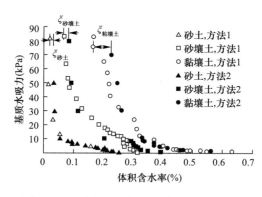

图 4.9　两种方法测得的土水特征曲线对比

在图 4.9 中，ξ 表示两种方法得到的体积含水率之差。可见，在某级基质吸力作用下，三种土对应的 ξ 是不一样的，且存在 $\xi_{砂土} < \xi_{砂壤土} < \xi_{黏壤土}$。

因此，一端封闭微孔隙在砂土中含量最少，在黏壤土中含量最多，在砂壤土中的含量居于两者之间。之所以会出现这种现象，其原因在于在高压力作用下，该类型孔隙中的封闭气泡被轴平移技术施加的压力遵循式（4.8）表示的物理规律被压缩所致。

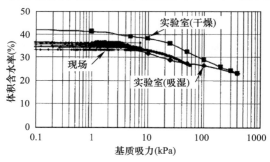

图 4.10　两种方法测得的原状黏土
的土水特征曲线

图 4.10 是文献［17］提供的两种测试方法获得的原状黏土的土水特征曲线。与式（4.13）描述的规律一样，基于轴平移技术测得的实验室干燥曲线位于张力计测得的现场曲线之上，且差别很明显。产生这种现象的原因不仅仅在于一端封闭微孔隙的存在，另一个重要原因可能还在于土水特征曲线的滞回效应。尤其是原状土土水特征曲线的滞回范围很大，且难以对其浮动范围进行有效估算；而轴平移技术测试的吸湿阶段，起始吸湿点的位置对吸湿曲线的走向也有很大影响，且对影响的估算尚无可靠方法。除此而外，原状土的离散性（室内和室外试验的土不在同一空间点）、室内外温度的差异、操作人员的差异等均可能引起偏差。

通过以上分析可见：（1）一方面由于表面张力系数随压力的增大而小幅减小，同一基质吸力条件下轴平移技术对应的含水率有偏小的趋势；另一方面，由于一端封闭微孔隙的存在，较高压力条件下必然促使土中水进入部分难充水微孔隙，从而又有同一基质吸力条件下轴平移技术对应的含水率偏高的趋势；因此，在特定基质吸力条件下，轴平移方法得到的试样含水率较自然状态偏大还是偏小取决于上述两方面的综合效应。（2）在压力条件下，一端封闭微孔隙的存在对土水特征曲线的影响大于表面张力系数变化的影响；且一端封闭微孔隙对石英砂的持水特性影响很小，但对黏土的持水特性的影响较大。

4.4 本章小结

（1）非饱和土仪器有多种分类方法，以试验条件和功能为标准可分为常规型和特殊型；一般要求仪器能独立控制（或量测）总应力、孔隙水压力和孔隙气压力，并设法提高量测试样体变、排水量、水压力、气压力的精度。

（2）施加和控制吸力的方法有三种：轴平移技术、半渗透技术和饱和气体湿度控制技术。轴平移技术可直接施加和控制 1500kPa 以内的基质吸力，简便实用；半渗透技术以半渗透膜为媒介，通过给土样施加溶质吸力而达到控制基质吸力的目的，对环境温度要求严格（精度不超过 0.1℃），比较麻烦；气体湿度控制技术通过控制容器中饱和盐溶液的浓度控制其上方密闭空气的湿度，进而由空气湿度控制土样湿度和总吸力，要求环境温度的精度控制在±0.001℃，不易做到。

（3）通过轴平移技术施加的基质吸力在 15 个大气压之内，对表面张力系数的影响不超过2%。换言之，轴平移技术对测试吸力的精度影响不大。

（4）土中封闭微孔隙对土水特征曲线的影响大于表面张力系数变化的影响；封闭微孔隙对石英砂的持水特性影响很小，而对黏土的持水特性的影响较大。

参考文献

[1] HILF J W. An investigation of pore water pressure incompacted cohesive soils [D]. Denver：Bureau of Reclamation，1956.

[2] ESCARIO V，SAEZ J. Measurement of the properties of swelling and collapsing soils under controlled suction [C]//Proc. 3rd Int. Conf. Expansive Soils. Haifa，1973：195-200.

[3] LAGERWERFF J V，OGATA G，EAGLE H E. Control of osmotic pressure of culture solutions with polyethylene glycol [J]. Science，1961 (133)：1486-1487.

[4] G Kassif & A Ben Shalom. Experimental relationship between swell pressure and suction [J]. Geotechnique，1971，21 (3)：245-255.

[5] CUI Y J，DELAGE P. Yielding and plastic behaviour of an unsaturated compacted silt [J]. Geotechnique，1996，46 (2)，291-311.

[6] Fredlund D G，Rahadjo H. Soil mechanics for unsaturated soil [M]. New York：John Wiley and Sons Inc，1993.（中译本：非饱和土土力学 [M]. 陈仲颐，张在明，等译. 北京：中国建筑工业出版社，1997）

[7] DEAN J A. Lange's Handbook of Chemistry [M]. 15th Edition. New York：McGraw-Hill，1999.

[8] LI A G，THAM L G，YUE Z Q，et al. Comparison of field and laboratory soil-water characteristic curves [J]. Journal of geotechnical and geoenvironmental engineering，2005，131 (9)：1176-1180.

[9] 李顺群，贾红晶，王杏杏，等. 轴平移技术在基质吸力测控中的局限性和误差分析 [J]. 岩土力学，2016，37 (11)：3089-3095.

[10] 黑恩成，刘国杰. 液体的表面张力与内压力 [J]. 大学化学，2010，25 (3)：79-82.

[11] 邵明安，王全九，黄明斌. 土壤物理学 [M]. 北京：高等教育出版社，2006.

[12] KODIKARA J，BARBOUR S L，FREDLUND D G. Changes in clay structure and behavior due to wetting and drying [C]//Proceedings of the 8th Australian-New Zealand conference on Geomechanics，1999：179-186.

[13] 陈宝，朱嵘，常防震. 不同压应力作用下黏土体积变形的微观特征 [J]. 岩土力学，2011，32 (S1)：95-99，369.

[14] 周冬. 应力作用下非饱和土土水特征曲线及渗透性研究 [D]. 西安：西安理工大学，2010.

[15]　刘思春，王国栋，朱建楚，等. 负压式土壤张力计测定法改进及应用 [J]. 西北农业学报，2002，11（2）：29-33.

[16]　任淑娟，孙宇瑞，任图生. 测量土壤水分特征曲线的复合传感器设计 [J]. 农业机械学报，2009，40（5）：56-58，91.

[17]　林鸿州，吕禾，刘邦安，等. 张力计量测非饱和土吸力及工程应用展望 [J]. 工程勘察，2007（7）：7-10.

第 5 章　非饱和土固结仪与非饱和土直剪仪

本章提要

　　介绍固结仪的分类方法及实例；详细说明自主研发的常规非饱和土固结仪、高温高压高吸力固结仪和直剪仪的构造、特色、功能、试验方法及注意事项；对高进气值陶土板的饱和方法及检验方法、变形与排水的稳定标准、剪切速率选择等作了重点阐述。

5.1　非饱和土固结仪的发展简介及分类

　　第一台非饱和土固结仪是 Escario 于 1973 年研制的。为了满足不同研究情况的需要，西班牙的加泰罗尼亚理工大学（Technical University of Catalonia，UPC）岩土工程实验室先后研制出了多种类型的非饱和土固结仪。国内学者李雷[1]（1985）和李章泌[2]（1994）在研制非饱和土固结仪方面做过有益的尝试。李雷所研制的填土压缩仪与常规固结仪构造类似，在底座上增加了高进气陶土板，在加压活塞上增加了进气孔和排气孔。李雷做了击实黏土的排水排气压缩试验与不排水不排气压缩试验，测得了孔隙气压和孔隙水压的变化过程，但未做控制吸力试验。李章泌[2]（1994）研制的黄土压缩仪与李雷的仪器基本相同，他对两种黄土做了三种试验：排水排气压缩试验、不排水不排气压缩试验、施加一定吸力后再降低吸力到零的湿陷试验。他们仪器的主要缺点是未设置气体压力室，因而加压活塞侧壁与试样盒上部内壁的密封困难。李雷的办法是在这二者之间涂一层薄真空脂，当气压较高时其可靠性很难保证。

　　根据试验施加的吸力、压力的高低、试验温度及功能，非饱和土固结仪可分为常规型和特殊型两类。常规型非饱和土固结仪按施加吸力的方式又可分为用轴平移技术施加/控制吸力和用半渗透技术施加/控制吸力两类。

5.2　用轴平移技术施加／控制吸力的常规非饱和土固结仪

　　Escario 研制的第一台非饱和土固结仪（1973）与后勤工程学院的非饱和土固结仪[3]（2001）都属于这一类。现以后者为例，说明非饱和土固结仪的结构特点与功能、变形-排水稳定标准、高进气值陶土板的饱和方法及检验方法。

5.2.1　仪器构造

　　图 5.1(a) 和图 5.1(c) 分别是非饱和土固结仪的实体照片和结构示意图，是由后勤工程学院与江苏永昌科教仪器制造有限公司联合研制的。该仪器主要由台架、气压室、试样容器、气压设备、加载系统、排水系统、位移量测系统、孔压与荷载量测系统等部件组成。其中，加载系统与常规固结仪相同，采用杠杆式加载装置。与常规固结仪相比，非饱和土固结仪的主要部件和特色如下。

　　（1）气压室：类似于三轴仪的压力室。气压室下半部分是筒形金属底座，借以安装试样盒。其上半部分是可整体装卸的气压罩。气压罩的下端和顶盖是不锈钢材料，侧壁是有机玻璃筒，可以随时观察试验情况（此处吸收了常规三轴仪的优点）。竖向压力活塞杆穿过罩顶盖中央，活塞杆下端与荷载传感器相连。荷载传感器置于气压室内可提高荷载量测精度。加载活塞与气压罩顶盖之间采用滚动隔膜密封（此处吸收了毕肖普应力路径三轴仪的优点）。气压罩下端与气压室下半部分采用粗螺纹连结，并用 O 形圈密封（此处吸收了土动三轴仪的优点），装卸方便。试样盒置于气压室内，利用气压室可对试样施加气压，控制试样基质吸力。

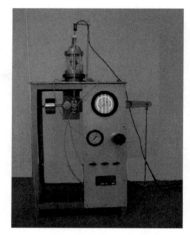
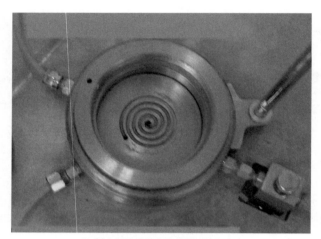

(a) 非饱和土固结仪照片　　　　　(b) 刻有螺旋槽的非饱和土固结仪底座

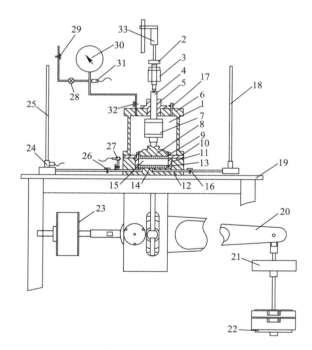

(c) 饱和土固结仪结构示意图

1—气压室；2—调节螺柱；3—上横梁；4—活塞杆；5—活塞套；6—气压室罩；7—荷载传感器；8—传压帽；
9—多孔薄金属板；10—压环；11—护环；12—气压室底座；13—高进气值陶土板；14—陶土板下螺旋槽；
15—非饱和土试样；16—冲洗阀门；17—排气阀门；18—冲洗水管；19—机架部件；20—杠杆砝码式加载部件；
21—补偿小砝码盘；22—砝码盘；23—平衡锤；24—排水差压传感器；25—排水管；26—排水三通阀门；
27—孔隙水压传感器；28—孔隙气压调压阀；29—气源阀门；30—孔隙气压压力表；31—孔隙气压传感器；
32—孔隙气压阀门；33—竖向位移传感器

图 5.1　后勤工程学院研制的非饱和土固结仪（2001）

（2）试样容器：由底座、定位环、高进气值陶土板、螺旋槽等组成，内放试样。在试样下边有一高进气值陶土板。高进气值陶土板的渗透系数应大于试样的渗透系数，进气值必须大于给试样施加的最大基质吸力。陶土板的直径宜为 60mm，厚度为 7mm。必须用高强度双管胶将其侧面与试样容器底部侧壁粘结牢固。宜配备进气值为 500kPa 和 1500kPa 两种规格的高进气值陶土板。饱和的陶土板透水不透气，试样中的水可通过陶土板排出，气体则不能直接通过。但溶解在水中的气体可随水一起透过陶土板而积聚在陶土板下面，历时越长，逸出的空气越多，影响排水量的量测结果和精度。为了及时排走这些气体，在试样盒底专门刻设螺旋槽[3]（图 5.1b）。螺旋槽的宽度和深度宜为 3mm，槽内应光滑无尖角，用以冲洗陶土板下面积聚的气泡，水从底座中心进入螺旋槽，最后从螺旋槽末端流出。在螺旋槽出口应安装三通阀，其一端接排水管，另一端安装孔压传感器。若在试验过程中不排水，则关闭两个水路阀门，用传感器可量测孔隙水压力。试样上面放一块多孔薄铜板，以便对试样施加气压。多孔薄金属板（不锈钢板或铜板）的直径 61.8mm，厚度为 3mm，其上均布直径为 1mm 的网眼，孔心距宜为 10mm，置于试样顶部，通过小孔为试样施加气压力和基质吸力，且不会吸取试样的水分。

（3）气压设备：气压源由空压机或氮气瓶提供（图 2.5）；由精密气压阀和精密压力表给试样施加气压以控制基质吸力，最小分度值为 5kPa，且能保持长时间稳定。

（4）加载设备：能垂直地在瞬间施加各级规定的压力，且没有冲击力；可采用传统杠杆砝码式加载设备，亦可用液压或气压施加竖向荷载，用置于气压室内的荷载传感器量测压力。

（5）补偿砝码：用轴平移技术施加基质吸力时，气压力对竖向加压活塞有向上的顶托作用力，为补偿由此引起的竖向压力的减小，专门配备了一些小砝码，可根据施加气压力的大小通过计算在标准砝码基础上，在加载盘上额外添加质量合适的小砝码即可。

（6）变形量测设备为位移传感器，数据自动采集；亦可用量程 10mm、最小分度值为 0.01mm 的百分表量测。

（7）排水量测设备：由竖直安装的内径 4mm 的有机玻璃管（其中的 79.58mm 水柱体积等于 1cm³）或具有同一内径的硬尼龙管与不锈钢尺（分度值 1mm）组成，宜在排水管的水面之上放一层密度小于 1g/cm³、黏性小、厚 5mm 的轻油，以防止水分蒸发。在排水管下端应安装三通阀，用以放水或充水，使管中液面保持合适的高度。

排水量亦可采用体积分度值不大于 1mm³ 的压力-体积控制器或具有相应量测精度的压差传感器测定。

5.2.2 仪器功能与变形-排水稳定标准

用非饱和土固结仪可做 5 种试验：

（1）控制基质吸力的压缩试验。试验时打开底座排水阀，给试样施加一定的气压力，待变形和排水达到稳定条件时，再逐级施加竖向荷载。在试验过程中，基质吸力保持为常数。对饱和土，基质吸力可保持为零，这就是常规固结试验。由这种试验结果可得不同吸力下的 e-p 曲线或 e-$\lg p$ 曲线。此处，p 是竖向净正应力，其值等于竖向总正应力减去孔隙气压力。通常采用的**变形和排水稳定标准是：在 2h 内，变形不超过 0.01mm，排水量不超过 12mm³。达到该标准一般需要历时 48h 左右。**如此规定的理由：①在《土工试验方法标准》GB/T 50123—2019[4] 的第 17.2.1 条第 11 款中规定，"稳定标准规定为每级压力下固结 24h 或试样变形每小时变化不大于 0.01mm。"这是针对饱和土而言的。由于非饱和土的渗透性远低于饱和土，其稳定历时自然要比饱和土的长。②非饱和土试样在施加吸力之后，其反应包括变形和排水两个方面，加之非饱和土的变形量和排水量都比饱和土的小，所以稳定标准相应提高，要求更严。非饱和土试验的排水量管通常采用内径 4mm 的有机玻璃管，其中的 79.58mm 水柱体积等于 1cm³；在排水量管的侧面安装有竖直的不锈钢尺，其分度值为 1mm，用以观察排水量的变化；排水量管中水位变化 1mm，相应的排水量是 12mm³。后勤工程学院对陕西省铜川原状 Q_3 黄土[3]和兰州原状 Q_3 黄土（朱元青，2008）[5]、广州含黏砂土（苗强强，2011）[6]做的非饱和土侧限固结试验，发现只有在达到上述标准后，试样后续的变形和排水量才可以忽略不计，且达到稳定标准的历时在 50h 左右。Gan（1988）对非饱和重塑冰碛土做了 5 个非饱和土直剪试验，试样先在基质吸力和竖向压力作用下排水固结，其中两个典型试样达到变形和排水稳定的固结历时约为 40h（见文献［7］图 10.46 和图 10.47）。

（2）控制竖向净正应力 p 为常数的收缩试验。试验时，先给试样施加一定的竖向压应力 p，待变形和排水速率达到稳定时，再逐级施加气压力，即逐级增大基质吸力。变形和排水的稳定标准同上。由此可得竖向净正应力 p 不为零的广义土-水特征曲线[3]，将其用于非饱和土问题的分析计算能反映上覆压力的影响，更符合实际情况。应当注意，气压的增加将减小荷载引起的正压力，必须及时用专门配置的小砝码进行补偿。

应当指出，在增加吸力的过程中，试样会发生收缩，试样与环刀周边可能出现缝隙，影响试样体变的量测精度。故对于干缩变形大的黏土（如膨胀土）不宜采用非饱和土固结仪做此类试验，而应采用非饱和土三轴仪。

（3）控制气压力的不排水压缩试验。试验中要量测水压力和竖向变形，含水率保持不变，饱和度则发生变化。

（4）排气不排水压缩试验。试验中让气压室与大气连通，除量测竖向变形和竖向正压力外，还要量测孔隙水压力。

（5）控制基质吸力和净竖向压力为常数、待变形和排水稳定后基质吸力卸载到零的浸水湿陷（或湿化）试验。

在前两种试验中，每隔 6～8h 应对底座螺旋槽通水一次，以冲走陶土板下的气泡，一般历时 30s 即可。在冲放水期间，应先关闭排水量测管的阀门。

5.2.3 高进气值陶土板的饱和方法及检验方法

在试验前必须饱和高进气值陶土板。非饱和土固结仪的高进气值陶土板应采用如下方法：

（1）给螺旋槽末端的排水阀连接一段内径 4mm、长度 5～10cm 的硬尼龙管，并使硬尼龙管末端（与大气相通）上倾，打开该排水阀，用无气水流冲排陶土板下的螺旋槽中的空气，水从连接螺旋槽中心的阀门进入，从上述硬尼龙管末端流出，持续 1min，关闭进水阀门；

（2）给试样容器中注入纯净水，水位应淹没高进气值陶土板，以不溢出容器为宜；

（3）安装气压罩；

（4）给气压室施加 300～500kPa 的气压力，保持压力不变，直到排水硬尼龙管内无气泡而出现连续水流，再继续维持压力 2h，即认为陶土板已经饱和；

（5）卸除气压力，保留试样容器中的水，使陶土板一直处于饱和状态；

（6）若高进气值陶土板是第一次饱和，则应用洗耳球吸走试样容器中的水，注入没有使用过的纯净水，重复上述过程 2～3 次，一般重复 2 次即可。

宜用下述两种方法检验陶土板是否完全饱和、在其标称吸力下是否漏气或陶土板周边与试样底座连接处是否漏气：

（1）用洗耳球吸走试样容器中的水，使高进气值陶土板顶面暴露；安装气压罩；给气压室持续施加量值等于高进气值陶土板额定吸力的气压力，在 1～2h 内未见排水管中有气泡出现即可。

（2）取掉气压罩，用洗耳球给陶土板顶面洒满无气纯净水，并用洗耳球吸走陶土板下面的全部水；连接气压源与排水管，给陶土板下面持续施加量值等于陶土板额定吸力的气压力，在0.5～1h内未见陶土板顶面或周边有气泡出现即可。

（3）若陶土板顶面有气泡出现，则必须重新饱和并重新检验；若陶土板周边有气泡出现，则宜用502胶粘剂处理，待胶粘剂晾干后必须重新饱和陶土板并重新检验；如仍不能达到要求，则必须更换高进气值陶土板。

5.3 用半渗透技术施加/控制吸力的常规非饱和土固结仪

Delage P 和 Vicol T 等人（1992）利用半渗透技术研制成如图5.2所示的渗透固结仪[8]。溶质为PEG-20000，采用纤维素半渗透膜隔离土样。溶液从容器流出，先通过土样底部的半渗透膜，再流过土样顶部的半渗透膜，最后流回容器，形成封闭回路。在溶液回路中，串连一台变流量泵，用于驱动溶液流动。为了保证在高压下溶液流动畅通，在半渗透膜与试样盒底面之间、半渗透膜与加压活塞底面之间各放一层细网，并在试样盒底面及活塞底面加工了一些齿槽。

盛溶液的容器要足够大，以保证溶液与土样之间的水分交换对溶液浓度的影响可以忽略不计。容器口用橡皮塞密封，其上插入三根管子，两侧的管子分别是溶液回路的出口与入口，中间的管子是一根有刻度的毛细管。毛细管中溶液的弯月面高度反映溶液与土样之间的水分交换，弯液面上升，溶液吸水，土样脱水；反之，溶液脱水，土样吸水。当水分交换达到平衡时，弯液面高度不再变化，就给土加上了一定的吸力，而吸力的大小由溶液的浓度确定。经标定可知，对应于0～1500kPa的吸力，PEG溶液的浓度为0～26％，即配100g溶液需加入0～26g的PEG。

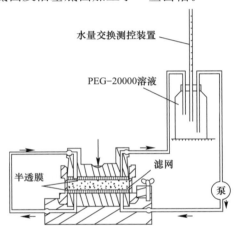

图5.2 非饱和土渗透固结仪

试验时要控制温度，实验室温度的浮动范围为±0.5℃；溶液容器放在恒温水槽内，温度的浮动范围为±0.01℃。某些细菌对纤维素半渗透膜很敏感，可在溶液中加一点抗生素。半渗透膜用环氧树脂胶结在试样盒底面与活塞底面，一个试样应换一次渗透膜。

为了防止水分从环刀与活塞之间的缝隙蒸发，可在环刀与活塞之间加一层薄塑料膜，或涂一层硅脂。试样附近的湿度应高一些，最好为100％。

应用渗透固结仪，也可以做两种试验：控制吸力的压缩试验和控制竖向正应力为常数的吸力变化试验，但改变吸力需要更换溶液，在这一点上不如轴平移技术方便。

5.4 具有特殊功能的非饱和土固结仪

近年来，为了探讨作为地下深埋核废料的缓冲层、处于高温高压环境、具有很高初始吸力的非饱和膨润土的力学特性，欧美学者研制了一些具有特殊功能的非饱和土设备，如高吸力-高压非饱和土固结仪与三轴仪、温控非饱和土固结仪与三轴仪等，在测试技术上遇到了新问题。本节主要介绍高吸力-高压非饱和土固结仪与温控非饱和土固结仪。

5.4.1 高吸力-高压非饱和土固结仪

图5.3是西班牙CIEMAT实验室研制的高吸力-高压非饱和土固结仪[9]，其总吸力量测范围

3～500MPa。当吸力在 3～14MPa 时，以氮气取代空气，用轴平移技术施加吸力；在试样底座上嵌多孔透水石，其上盖纤维素膜，水和离子可通过，但气过不去。当吸力高于 14MPa，用有一定相对湿度的空气施加，而空气的相对湿度用硫酸溶液的浓度控制；装硫酸溶液的容器放在气压罩内（试样上方），使气体封闭。由于硫酸溶液的活动性对温度很敏感，故温度必须严格控制。吸力低于 3MPa 时量测值是不可靠的，因为达不到温控要求。

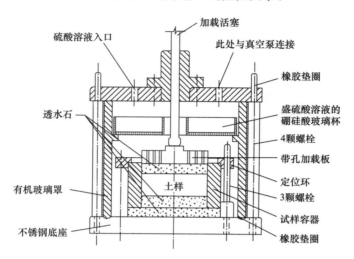

图 5.3　西班牙 CIEMAT 实验室的高吸力-高压非饱和土固结仪示意图

图 5.4 是西班牙 UPC 实验室（2003）研制的高吸力-高压非饱和土固结仪的示意图[10]。气路是封闭的，溶液上方的空气由蠕动泵驱动循环；为了施加高压，加载装置的力臂与重臂之比达 20∶1。近年来，同济大学和核工业北京地质研究院研发的高吸力-高压固结仪也采用盐溶液罐上方的气体湿度和蠕动泵控制总吸力；为了能够施加更大的竖向压力，采用两级连环杠杆加载装置，力臂与重臂之比分别为 12∶1 和 6∶1，总效果为 72∶1。

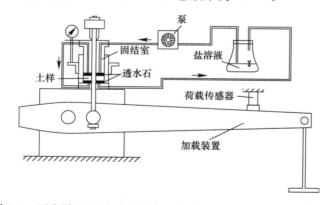

图 5.4　西班牙 UPC 实验室的高吸力-高压非饱和土固结仪的示意图

5.4.2　温控非饱和土固结仪

西班牙 UPC 实验室最早研制出温控非饱和土固结仪[10,11]（1995），其结构如图 5.5 所示。土样盒置于硅油槽内，硅油由浸在其中的电热器加热，土样温度和硅油温度分别用热电偶量测，试验温度介于 22～80℃。基质吸力用轴平移技术施加，排水出口设有扩散空气收集装置[10]，以提高量测排水精度。气压管路进口增设水蒸气封堵装置（Vapour trap），其内的相对湿度为98.5%，限制水蒸气转移。

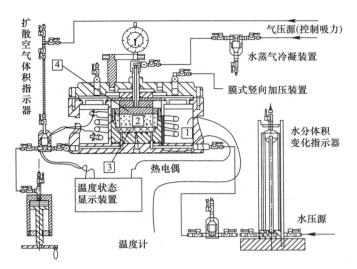

图 5.5　西班牙 UPC 实验室的温控非饱和土固结仪的示意图
1—硅油槽和加热器；2—试样；3—高进气陶土板；4—透水石

为了研究中国缓冲材料（高庙子膨润土）的压缩特性，后勤工程学院研发了用于常温环境试验条件的高压高吸力非饱和土固结仪[12]（图 5.6）和高温高压高吸力非饱和土固结仪[12]（图 5.7）。由于膨润土的吸力很高，故两种仪器均采用气体湿度控制吸力，并在连接盐溶液罐上方气体和试样之间的循环管路中设置蠕动泵以加快吸力的平衡过程。本节仅介绍高温高压高吸力非饱和土固结仪的主要部件、特色及功能。

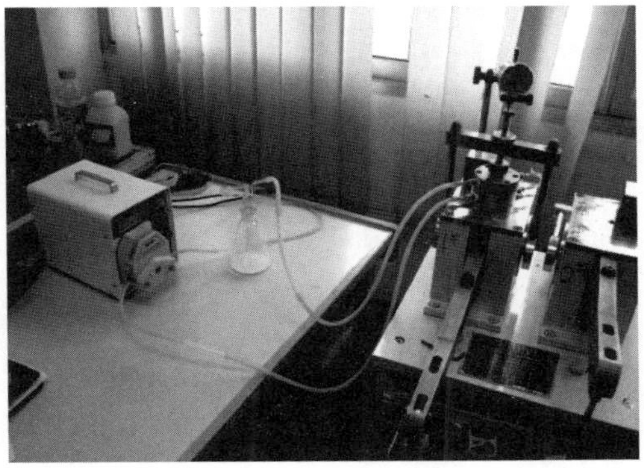

5.4.2.1　仪器特色

图 5.6　后勤工程学院研制的常温高压高吸力
非饱和土固结仪（2009）

高温高压高吸力非饱和土固结仪主要由高吸力固结室、竖向力加载系统、高吸力控制系统、恒温试验箱及数据采集与控制系统等组成。

（1）高吸力固结室由固结室底座、试样环、压环、加压活塞、多孔板等构成，均采用 316L 不锈钢加工。试样环内径为 45mm，直接在试样环中压制高度为 12mm 的试样；试样环壁厚为 17.5mm，可保证制样与加压过程中有足够大的侧向约束和刚度；试样环高度为 35mm，试样能够在其中膨胀 1 倍以上。为保证高吸力固结室的密闭性，在试样环与加压活塞、固结室底座之间均设有三元乙丙橡胶（EPDM）O 形圈密封，EPDM 的最高工作温度为 150℃，适宜于热水、热水蒸气的密封。加压活塞和固结室底座上均刻有折形槽，二者与试样之间均放置多孔金属薄板；控制吸力的恒定湿度气体可沿折形槽流动，并透过多孔板实现与试样的水分交换。压环主要用于固定试样环，避免试样膨胀等引起的试样环移动。

（2）竖向力加载系统主要由固结仪框架、液压缸、GDS 压力/体积控制器等构成，由 GDS 压力/体积控制器提供一定的水压力，再通过液压缸转换为施加的竖向力。固结仪框架、液压缸采用 316L 不锈钢加工，液压缸与 GDS 压力/体积控制器之间使用 316L 不锈钢管连接。固结仪框架作为反力框架，由顶盘、底盘及 3 根竖向拉杆构成，按照承受荷载为 30kN 设计加工。液压缸置于固结仪框架顶部，内径为 100mm，其活塞杆行程为 25mm，通过组合密封可保证在 120℃、4MPa 水压力下具有良好密封性。所选用 GDS 压力/体积控制器（STDDPCv2）可通过 USB 接口实现计算机远程操控与采集，其压力量程为 4MPa，压力控制分辨率为 1kPa；经液压缸转换后可施加的最大竖向力约 31kN（竖向力控制分辨率为 8N），对应试样的最大竖向压力约为 20MPa（试样竖向压力分辨率为 5kPa）。为了确保高温下仪器的安全，限定 GDS 压力/体积控制器的工作压力不超过 3MPa（即满量程的 75％）。

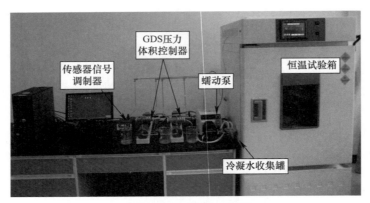

(a) 总体布置及恒温试验箱照片

(b) 恒温试验箱内布置图

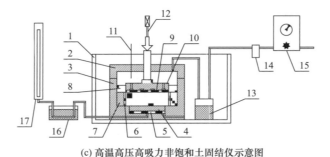

(c) 高温高压高吸力非饱和土固结仪示意图

图 5.7　后勤工程学院研制的高温高压高吸力非饱和土固结仪

1—加热恒温水浴；2—容器顶罩；3—容器底座；4—高进气值陶土板；5—螺旋水槽；6—环刀；
7—大护环；8—小护环；9—多孔薄金属板；10—加压盖板；11—温度传感器；12—变形量测设备；
13—气体润湿装置；14—冷凝水阱；15—气压调压装置；16—冷却水浴；17—排水量测量装置

（3）高吸力控制系统主要由化学溶液罐、湿度量测罐、预热罐、冷凝水收集罐、蠕动泵等组成，各罐均采用 316L 不锈钢加工。控制湿度的化学溶液（本节为饱和盐溶液）置于化学溶液罐中，利用蠕动泵使恒定湿度的气体在化学溶液罐与高吸力固结室之间循环，以实现高吸力的施加与控制。气体从蠕动泵开始，依次通过冷凝水收集罐、预热罐、化学溶液罐、湿度量测罐、高吸力固结室，最终再回到蠕动泵。由于蠕动泵不能承受高温，需置于恒温箱之外，在高温试验条件下，蠕动泵处可能会存在冷凝水，为避免冷凝水重新进入恒温箱而造成的过大湿度波动，设置了冷凝水收集罐以收集可能产生的冷凝水。考虑到在恒温箱之外气体温度会有所下降，为避免其干扰设置了预热罐以对气体进行充分的预热。湿度量测罐主要是用于安装 Rotronic 温湿度传感器。

（4）为避免温度波动对水蒸气平衡技术控制吸力的误差，将仪器主体置入恒温试验箱，以尽量保证仪器各部件之间的温度一致。除 GDS 压力/体积控制器、蠕动泵与冷凝水收集罐、传感器信号调制器、采集计算机等外，仪器的其他组成部分均置入恒温试验箱中。恒温试验箱是根据仪器主体的尺寸定制，可同时容纳 2 台固结仪；恒温试验箱具备加热与制冷的双重功能，温度控制范围为 0~150℃，温度控制精度为 0.1℃；其侧壁开设有测试孔，用于竖向加压的不锈钢管、气体循环的蠕动泵管及传感器数据线的进出。

（5）数据采集与控制系统包括荷重传感器、线性差动变压器式位移传感器（LVDT）、温湿度传感器、传感器信号调制器、采集控制软件及采集计算机等。

5.4.2.2 仪器功能

高温高压高吸力非饱和土固结仪能够实现对高温（20~120℃）、高竖向压力（0~14MPa）、高吸力（由使用的化学溶液确定，最高可达 300MPa）的独立施加、量测与控制，显著超出了常规土工仪器的工作能力范围，且量测与控制精度高、能够自动采集、应用方便。应用高温高压高吸力非饱和土固结仪，可至少进行以下 5 类试验：（1）控制温度、吸力不变的加卸载循环试验；（2）控制温度、竖向压力不变的吸力循环试验（即干湿循环试验）；（3）控制竖向压力、吸力不变的升降温循环试验；（4）控制温度、含水率不变的加卸载循环试验，需关闭控制高吸力的气体循环管路，并可在固结室底座中安装 Rotronic 温湿度传感器以量测吸力的变化；（5）控制温度、竖向压力不变的膨胀变形试验，需将气体循环管路替换为水循环管路，如图 5.7(b) 中右侧的一台所示。

试验前，必须对荷重传感器、位移传感器、温湿度传感器、仪器自身变形等在不同温度下进行标定，以便在整理试验资料时消除误差。

5.5 非饱和土直剪仪

5.5.1 非饱和土直剪仪发展简介

第一台非饱和土直剪仪是 Escario[13]（1980）探讨吸力对非饱和土强度的影响而研制的，用轴平移技术施加吸力。对基质吸力小于 1500kPa 的试样用高进气陶土板控制吸力；对基质吸力大于 1500kPa 的试样用半渗透膜控制吸力，试验的最高吸力可达 12MPa。Fredlund 和 Gan[14]（1986）改进了 Escario 的仪器，在陶土板下设迂回槽，以便定时冲洗集聚在陶土板下面的扩散气泡。国外其他几家的非饱和土直剪仪和萨斯喀彻温大学的基本相似。

与非饱和土的三轴试验相比，直剪试样厚度小，排水路径短，孔隙水压力达到均衡的时间少，因而可大大提高工作效率。非饱和土直剪仪的最大功绩是发现非饱和土的抗剪强度与吸力的关系是非线性的[7,15]；其次，Escario 和 Saez 还发现，在高吸力情况下，非饱和土的抗剪强度有最大值[16]（图 5.8）。迄今为止，非饱和土的三轴试验在强度方面的结果尚未超出这两点认识。

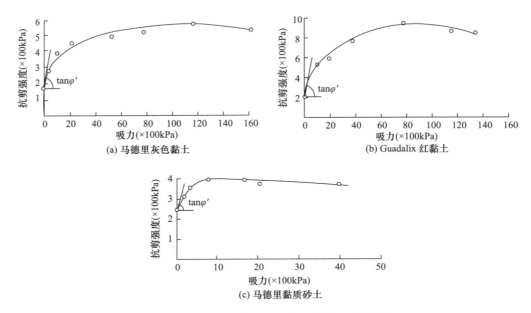

图 5.8　三种土在高吸力条件下的强度特性[16]

后勤工程学院与江苏永昌科教仪器制造有限公司合作，经多年努力，吸取了多方面的优点，研制成国内第一台非饱和土直剪仪[3]（2001）（图 5.9），其结构、特色、功能及剪切速率选择介绍如下。

5.5.2　仪器构造与特色

该仪器主要由台架、气压室、剪切盒、竖向加载装置、水平剪力加载系统、排水系统、应力和位移量测系统等部件组成。竖向加载也采用杠杆式加载装置。与常规直剪仪相比，非饱和土直剪仪有以下特点。

（1）气压室：其下半部分是筒形金属底座，用以安装滑轨、下剪切盒、水平推力活塞杆（位于底座左侧）和水平荷载传感器（位于底座右侧的外伸圆筒中）。其上半部分是可整体装卸的气压罩。罩的侧壁是有机玻璃筒，下端和顶盖是不锈钢材料。竖向压力活塞杆穿过罩顶盖中央，活塞杆下端与荷载传感器相连。水平推力活塞杆及竖向压力活塞杆与气压室之间都采用滚动隔膜密封。气压室的上、下两部分之间采用粗螺纹连接，并用 O 形圈密封，装卸方便。水平荷载传感器和竖向荷载传感器皆置于气压室内，提高了量测精度。

（2）剪切盒：由上、下两半盒组成，下半盒底部刻有螺旋槽（与图 5.1b 相似），螺旋槽上安置高进气值陶板，其功能和非饱和土固结仪的相应部件相同。剪切盒由圆铜棒车削而成，材料密实而无孔隙，不透气，试验中水、气互不干扰。剪切盒固定于气压室内，利用气压室可对试样施加气压，控制试样基质吸力。

（3）变速箱及传动装置：与常规三轴的变速及传动装置相同，变速箱设 15 档剪切速度，供不同试验方法和不同土类的剪切试验选择。

（4）报警装置：考虑到直剪试验的破坏位移一般约 3～7cm，故当剪切位移达 3mm、6mm、9mm 时，分别报警一次，提醒试验人员注意。当剪切位移达到 10mm 时，自动终止试验。

竖向加载设备、气压设备和排水量测装置等与非饱和土固结仪相同。陶土板的饱和方法及检验方法也与非饱和土固结仪相同。

(a) 非饱和土直剪仪照片

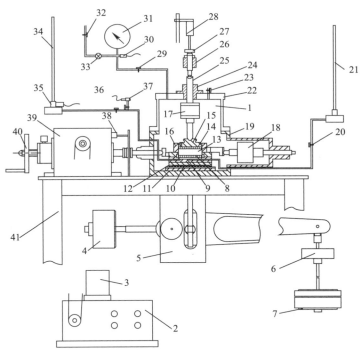

(b) 非饱和土直剪仪结构示意图

图 5.9 后勤工程学院研制的非饱和土直剪仪 (2001)

1—气压室；2—变速箱；3—电动机；4—平衡锤；5—杠杆砝码式加载部件；6—补偿小砝码盘；

7—砝码盘；8—高进气值陶土板；9—陶土板下螺旋槽；10—钢球；11—下滑轨；12—上滑轨；13—非饱和土试样；

14—多孔薄金属板；15—传压帽；16—剪切盒部件；17—轴向荷载传感器；18—水平荷载传感器；

19—气压室下半部（金属部件）；20—冲洗螺旋槽水管阀门；21—冲洗水管；22—气压室罩（有机玻璃）；

23—排气阀门；24—活塞套；25—活塞杆；26—上横梁；27—调节螺柱；28—竖向位移传感器；29—孔隙气压阀门；

30—孔隙气压传感器；31—孔隙气压压力表；32—气源阀门；33—孔隙气压调压阀；34—排水管；35—排水差压传感器；

36—排水三通阀门；37—孔隙水压传感器；38—水平位移传感器；39—水平推动部件；40—手轮；41—机架部件

5.5.3　仪器功能

用非饱和土直剪仪可做以下 3 种试验：

（1）控制基质吸力和竖向净正应力 p 为常数的固结排水剪切试验。固结阶段与控制基质吸力的压缩试验相同。

（2）不固结排气不排水直剪试验（试验全过程气压为零，不测孔隙水压力）。

（3）排气不排水剪切试验。试验中让气压室与大气连通，并量测孔隙水压力。

对前两种试验，在试验过程中，每隔 6～8h 对底座螺旋槽通水一次，以冲走陶土板下的气泡。一般历时 30s 即可。

为了提高效率，后勤工程学院与江苏永昌科教仪器制造有限公司联合研制出四联非饱和土固结-直剪仪（图 5.10），同时可做吸力相同、净竖向压力不同的 4 个试验，大大缩短了确定非饱和土抗剪强度参数的时间。该仪器不仅可以做非饱和土的直剪试验，也可以做控制吸力的非饱和土压缩试验（只需把剪切盒外侧中部用透明胶带密封即可）。

图 5.10　非饱和土四联固结-直剪仪

5.5.4　固结历时与剪切速率选择

陈正汉团队根据控制吸力的侧限压缩试验的经验（见第 5.1.1.1 节），用非饱和土直剪仪对陕西铜川武警驻地黄土和蒲城电厂黄土[17]、兰州和平镇黄土[18]进行的控制吸力的固结排水剪切试验的固结历时为 48h。

直剪试验的剪切速率是一个重要问题。《土工试验方法标准》GB/T 50123—2019[4]规定饱和土慢剪试验的剪切速率应小于 0.02mm/min，非饱和土的固结排水剪切试验的剪切速率应低于该值，故剪切速度应小于 0.01mm/min，即，约为饱和土慢剪试验的剪切速率的一半。如按 0.01mm/min 的剪切速率考虑，则剪切至剪切位移为 4mm 时约需要 400min＝6.7h。Gan[15]在 1988 年对非饱和重塑冰碛土做了 5 个非饱和土直剪试验，剪切位移速率为 1.7×10^{-4}mm/s，即 0.0102mm/min，若以剪切位移达到 4mm 为破坏标准，则剪切历时约为 6.5h。朱元青[5]（2007）对宁夏扶贫扬黄灌溉工程 11 号泵站地基的自重湿陷性黄土进行控制吸力为常数直剪试验采用的剪切速率 0.0072mm/min，剪切至 4mm 历时 9.25h。陈正汉和扈胜霞[3]（2001）对陕西省铜川市武警支队新区工地现场的原状 Q_3 黄土试样做了控制吸力的固结排水剪切试验，剪切位移速率为 0.0032mm/min，剪切位移达到 6～7mm 时试样破坏，剪切历时约 36h；如按剪切位移达到 4mm 为破坏标准，则剪切历时约为 21h。方祥位[17]对蒲城电厂黄土和姚志华[18]对兰州和平镇黄土的固结排水直剪试验均采用 0.0167mm/min，剪切位移达到 6mm 的历时约为 6h。

Escario[14]（1986）对马德里灰黏土和马德里黏质砂土及一种红黏土的重塑试样做了非饱和土直剪试验，剪切位移速率均为 2.8×10^{-5}mm/s，即 0.0017mm/min，剪切至位移达到 4mm 需要 39.2h。表 5.1 是 Escario 和 Saez（1986）的研究经验[7]，供参考。

非饱和压实土的直剪试验的剪切速率　　表 5.1

性质指标	马德里灰黏土	Guadalix de la Sierra 红黏土	马德里黏质砂土
液限	71	33	32
塑性指数	35	13.6	15

性质指标		马德里灰黏土	Guadalix de la Sierra 红黏土	马德里黏质砂土
通过各筛号的百分数	10	—	—	100
	16	—	100	94
	40	100	97	48
	200	99	86.5	17
AASHTO 标准击实试验				
最大干密度（kg/m³）		1330	1800	1910
最优含水率（%）		33.7	17	11.5
初始状态				
ρ_{d0}(kg/m³)		1330	1800	1910
w_0(%)		29	13.6	9.2
$(u_a-u_w)_0$(kPa)		8.5	2.8	0.7
外加总应力和基质吸力下的固结时间（d）		4	4	4
位移速率 d_h(mm/s)		2.8×10^{-5}	2.8×10^{-5}	2.8×10^{-5}
到达破坏所需时间 t_f(d)		2.5~3	2~3	1~2

5.6 本章小结

（1）根据试验施加的吸力和压力的高低、试验温度及功能，非饱和土固结仪可分为常规型和特殊型两类；常规型非饱和土固结仪按施加吸力的方式又可分为用轴平移技术施加/控制吸力和用半渗透技术施加/控制吸力两类，给出了不同类型非饱和土固结仪的实例。

（2）以后勤工程学院自主研发的常规非饱和土固结仪和高温高压高吸力固结仪为例，详细介绍了该类仪器的构造、特色、功能、试验方法及注意事项，对高进气值陶土板的饱和方法及检验方法、变形与排水的稳定标准作了重点阐述。

（3）以后勤工程学院自主研发的非饱和土直剪仪为例，详细说明了该类仪器的构造、特色、功能、试验方法及注意事项，对固结历时与剪切速率选择做了专门介绍。

参考文献

[1] 李雷. 非饱和击实黏土压缩特性 [D]. 南京：南京水利科学研究院，1985.
[2] 李章泌. 非饱和压实黄土的压缩与湿陷特性 [C]//中加非饱和土学术研讨会文集，1994：220-227.
[3] 陈正汉，扈胜霞，孙树国，等. 非饱和土固结仪和直剪仪的研制及应用 [J]. 岩土工程学报，2004，26（2），161-166.
[4] 中华人民共和国住房和城乡建设部. 土工试验方法标准：GB/T 50123—2019 [S]. 北京：中国计划出版社，2019.
[5] 朱元青. 基于细观结构变化的原状湿陷性黄土的本构模型研究 [D]. 重庆：后勤工程学院，2008.
[6] 苗强强. 非饱和含黏砂的水气分运移规律和力学特性研究 [D]. 重庆：后勤工程学院，2011.
[7] 弗雷德隆德 D G，拉哈尔佐 H. 非饱和土土力学 [M]. 陈仲颐，张在明，等译. 北京：中国建筑工业出版社，1997.
[8] DELAGE P，VICOL T et al. Suction controlled testing of non-saturated soils with an osmotic consolidometer [C]//Proc. 7th Int. Conf. on Expansive Soils. Dallas，1992：206-211.
[9] LLORET A et al. Mechanical behaviour of heavily compacted bentonite under high suction changes [J]. Geotechnique，2003，53（1）：27-40.

[10]　ROMERO E，LORET A，GENS A. Development of a new suction and temperature controlled oedometer cell [C]//ALONSO，DELAGE. Proc. of 1st Int. Conf. on Unsaturated Soils. Paris，1995 (1)：553-559.

[11]　ROMERO E，GENS A，LLORET A. Suction effects on compacted clay under non-isothermal conditions. [J]. Geotechnique，2003，53 (1)：65-81.

[12]　陈正汉，秦冰. 缓冲/回填材料的热-水-力耦合特性及其应用 [M]. 北京：科学出版社，2017.

[13]　ESCARIO V. Suction controlled penetration and shear tests [C]//Proc. 4th Int. Conf. Expansive Soils. Denver，1980 (2)：781-797.

[14]　ESCARIO V，SAEZ J. The shear strength of partly saturated soils [J]. Geotechnique，1986，36 (3)：453-456.

[15]　GAN J K M，FREDLUND D G，Rahardjo H. Determination of the shear strength parameters of unsaturated soils using the director shear test [J]. Can. Geotech，1998，25 (3)：500-510.

[16]　ESCARIO V，SAEZ J. Shear strength of soils under high suction values [C]. Proc. 9th Eur. Conf. Soil Mech. Dublin，1987 (3)：1157.

[17]　方祥位. Q_2 黄土的微细观结构和力学特性研究 [D]. 重庆：后勤工程学院，2008.

[18]　姚志华，陈正汉，黄雪峰. 自重湿陷性黄土的水气运移及力学变形特征 [M]. 北京：人民交通出版社，2018.

第 6 章　非饱和土与特殊土三轴仪

本章提要

全面系统介绍了非饱和土的常规三轴仪和特殊用途三轴仪（包括γ透射三轴仪和真三轴仪）；详细讨论了提高量测体变、应力、孔压和排水量精度的措施；对自主研发的非饱和土温控三轴仪、缓冲材料三轴仪、CT-三轴仪、三轴试样变形全表面的计算机图像测量方法等的原理、构造、特色和功能作了重点阐述；详细介绍了扫描电子显微镜与环境扫描电镜的原理和特色。

非饱和土与特殊土三轴仪是探讨其变形、屈服、强度、排水特性的有力工具，是非饱和土仪器的主体。Bishop 和 Donald[1,2]（1961）研制成第一台非饱和土三轴仪，截至 2020 年 5 月国内各单位已拥有自主研发（或国产）的各种类型的非饱和土三轴仪 67 台（第 4 章表 4.1）。

非饱和土三轴试验测试的变量较多，测试技术比较复杂，影响准确量测的因素多，量测精度要求高；各种常规非饱和土三轴仪的工作原理基本相同，各自的特色主要在于针对提高量测精度采取不同的对策。以下先从解剖世界上第一台非饱和土三轴仪入手，讨论在非饱和土三轴试验中所遇到的问题及提高各种变量的量测精度的措施，然后选择部分近年发展的各类非饱和土三轴仪加以介绍。

6.1　首台非饱和土三轴仪的结构与特色

考查首台非饱和土三轴仪（图 6.1）的结构对弄清非饱和土三轴试验中所遇到的问题及对症下药非常有益。因为在 Bishop 研制非饱和土三轴仪时，有关非饱和土测试的各种困难问题都要凸显出来。第一是水、气两相的独立控制与量测；第二是体变量测不能采用饱和土试验中的方法，即通过量测试样的排水量直接得到试样体变；第三是轴向荷载量测，应尽量减少活塞与轴套间的摩阻力；第四是孔压量测，包括气压、水压（或吸力），特别是高吸力的量测，加之试样中的气体会通过橡皮膜扩散，给正确量测孔隙气压力造成困难；第五是排水量的测定，试验历时长，溶解在水中的气体会进入排水量测系统，环境温度变化对其也有影响。除此而外，随着科学技术的进步，要求不断提高试验过程的控制、量测和数据处理的智能化水平。

Bishop 和 Donald 针对上述各种问题，提出了较好的对策。借助高进气陶土板改进三轴仪底座，用轴平移技术控制吸力；从陶土板下量测水压力；用与试样帽连接的细孔聚乙烯管传递气压力，把此管引到压力室外，再与充满水银的尼龙管相连（目的是减少管路中的气体对

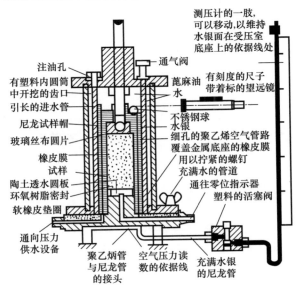

图 6.1　Bishop 和 Donald 研制的非饱和土三轴压力室（1961）[3]

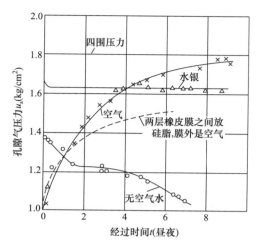

图 6.2　压力室内充不同流体时
对孔隙气压力的影响[3]

试样中气压的影响），即可在压力室外量测气压力；从而实现了水、气两相的独立量测与控制。为了消除压力室本身体积变化对测试试样体变的影响，他们在压力室外罩与试样之间增加了一个可拆卸的有机玻璃内罩。内罩下缘用橡皮垫圈密封，上口敞开，在内罩与试样之间充满水银，在内罩的水银面以上及内外罩之间充水；水银表面浮一不锈钢球或尼龙球。由于内罩两侧的液压相等，故压力室液压的改变并不会引起内罩的胀缩（忽略有机玻璃材料本身的体变）。这样，用带游丝标的望远镜测得浮球下沉量及试样竖向压缩量后，即可得出较为精确的试样体变量。水银能有效地防止气体通过橡皮膜向外扩散，大大提高了气压量测的可靠性[3]（图 6.2）。他们在压力室水面上覆盖一层蓖麻油，以减小活塞与轴套间的摩阻力。此外，Bishop 和 Donald 还设计了气泡泵（图 6.3），用来排除陶土板下面的扩散气体，提高量测排水量的精度。

限于当时的科学技术水平和认识水平，第一台非饱和土三轴仪不可能没有缺点。水银有毒，可能伤害人体；轴压和气压量测精度较低。尽管如此，该仪器为非饱和土三轴仪的进一步发展提供了思路，其中蕴含的创新与求精理念鼓舞了一代又一代的学者。

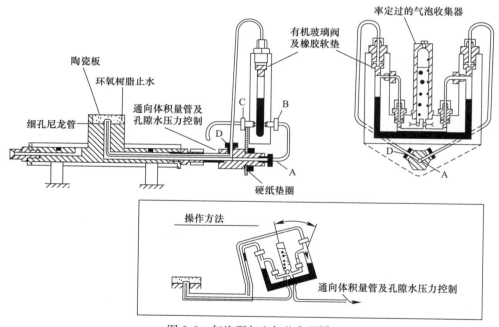

图 6.3　气泡泵与空气收集器[1]

6.2　中国学者在常规非饱和土三轴仪研制方面的工作

受 Bishop 和 Donald 工作的启发，中国学者在研制常规非饱和土三轴仪方面做了大量工作。在国内，俞培基、陈愈炯（1965）最先使用高进气陶土板改进三轴仪底座[4]，在陶土板下量测孔隙水压力；试样直径为 101.6mm，其上放多孔金属板或干玻璃丝布传递气压；从试样顶上引出一条内径 1mm 的细管到压力室外面量测气压；由于细管中的空气压缩会引起试样排气及歪曲试验结果，他们在细管的大部分灌水，仅在靠近试样帽处留一小段空气（图6.4）。他们未使用轴平移技术，对汾河土坝的击实黄土做了不排水不排气试验，直接测定出约负70kPa的孔隙水压力[3]。

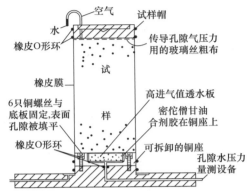

图6.4 中国水利水电科学院研制的非饱和土三轴底座构造与气压量测（1965）[3]

20世纪90年代前后，随着国际学术界对非饱和土的研究日益关注，激发了国内学者的热情。南京水利科学研究院杨代泉和沈珠江[5]（1990）借鉴Bishop和Donald的经验，采用内室上口敞开、外室封闭的双压力室（内充水、外充气）及读数显微镜提高体变量测精度（图6.5），试样直径为101mm。他们做了不排水不排气试验，但孔隙水压力和气压力都从陶土板下量测，不够合理，后由胡再强[6]（2000）把气压力改为从试样顶上量测（图6.6）；另外，由于气相压缩性很大，即使内外室施加同一应力，水、气压力的变化很难达到同步，因而内压力室有可能产生较大的膨胀。

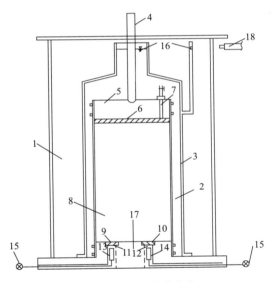

图6.5 南京水科院的非饱和土压力室（1990）[5]

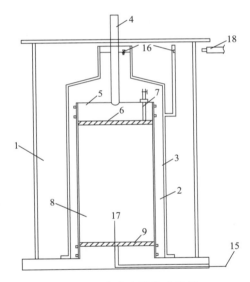

图6.6 南京水科院改进的非饱和土压力室（2000）[6]

1—外压力室（充气）；2—内压力室（充水）；3—体变筒；4—加载活塞；5—试样帽；6—多孔金属网；7—排气孔；8—试样；9—陶土板；10—多孔金属板；11—水媒介；12—空气媒介；13—孔隙水压力传感器；14—孔隙气压力传感器；15—静态应变仪；16—体变水位线；17—试样底座；18—读数显微镜

陈正汉、谢定义和王永胜（1991）在尝试改进常规三轴仪方面取得了成功[7,8]，试样直径39.1mm，采用精密体变量测装置，用微型压力传感器从试样帽底面量测气压，提高了量测精度，实现了试样小型化，便于推广（图6.7）。他们对气压传感器的标定、陶土板性能检验（包括陶土板与底座之间的密封、陶土板进气值、陶土板传压的滞后时间）等方面做了详细的研究。共做了3组9个不排水不排气试验，探讨了孔隙水压力与孔隙气压力的演化规律；并用轴平移技术测定了土样的初始基质吸力（217.5kPa）。他们对应用双层压力室做了初步尝试（图6.8）[7]。随后陈正汉在后勤工程学院正式采用双层压力室，内外压力室都充无气水，施加相同液压；多次试验研究表明，在500kPa液压作用下，内室连同管道的总胀缩量小于0.6～1.2cm³，可通过标定消除（详见本书第9章的第9.3节）；把精密体变量测装置的读数改为自动量测（图6.9），仍用微型压力传感器从试样帽底面量测气压（图 6.10），使小型非饱和土三轴仪趋于初步完善（1994、1996）[9,10]（图 6.11）；应用该三轴仪，后勤工程学院对非饱和原状黄土与重塑黄土、非饱和原状膨胀土与重塑膨胀土、多种非饱和填土的力学特性与土-水特征曲线进行了深入系统的研究[10-22]。对常规非饱和土三轴仪的进一步改进升级及其使用方法将在本书第 9 章详细介绍。

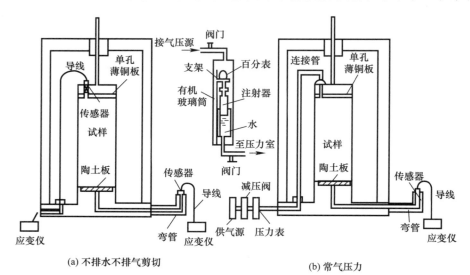

图 6.7 陈正汉初步改装的非饱和土三轴仪与精密体变量测装置示意图（1991）[7]

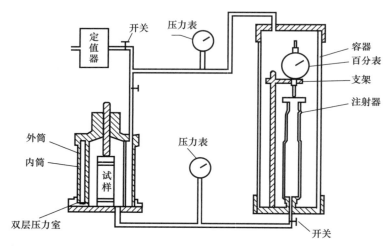

图 6.8 陈正汉和刘保建研发的双层压力室与精密体变量测装置装配联结示意图（1991）[7]

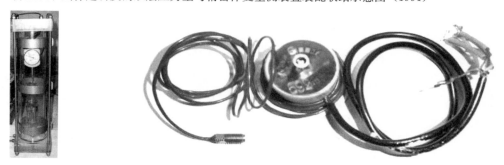

图 6.9 后勤工程学院的精密体变量测装置　　　　图 6.10 后勤工程学院使用的微型压力传感器

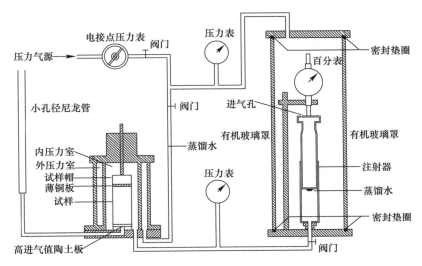

图 6.11 后勤工程学院的非饱和土三轴仪压力室与精密体变量测装置联结示意图（1994、1996）[9,10]

刘国楠和冯满[23]用与图 6.7(b) 相同的三轴仪和轴平移技术，对非饱和土的吸力变化作过一些初步探讨。河海大学徐永福和殷宗泽[24]（1997）采用底座与活塞公用、尺寸大小不同的套叠压力室，内外室压力相等，可防止内室水分可能通过活塞与轴套之间外渗（图 6.12）；徐永福[25]、缪林昌[26-27]（1999）用该设备研究了膨胀土的强度特性。殷建华（2001）采用了与河海大学相似的套叠压力室，并结合了 GDS 三轴仪压力室的优点（荷载传感器内置）[28]（图 6.13）。詹良通等（2003）对非饱和土三轴仪的压力室做了进一步改进[29]，让内室上部对外

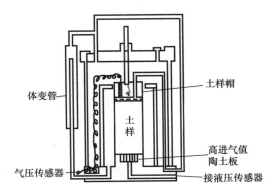

图 6.12 河海大学的非饱和土
三轴仪压力室示意图（1997）[24]

室开敞，在内、外室上部施加同一气压，这样能保证内外压力室的压力同步施加；并借助与内室连通，且与内室固连的水位参照管（其开口处的横断面积与内室上部的过水面积相等，二者的水面上覆盖一薄层煤油）消除蒸发的影响（图 6.14），参照管的水位用双向压差传感器量测。

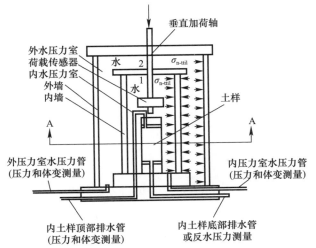

图 6.13 香港理工大学的非饱和土
三轴仪压力室示意图（2001）[28]

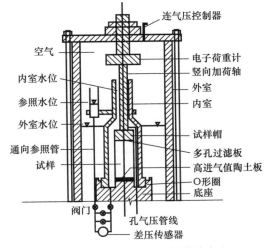

图 6.14 香港科技大学的非饱和土
三轴仪压力室示意图（2003）[29]

6.3 提高试验精度的方法

6.3.1 体变量测方法及提高体变量测精度的措施

量测三轴试样体变有三种方法。一是量测试样排水量,对饱和土而言,其值即为试样体变量;但对非饱和土此法不适用,因孔隙中的部分空气被压缩、部分空气排出。二是量测压力室中水体积的变化,再算出试样体变。第 6.1 节和第 6.2 节介绍的非饱和土三轴仪所用的体变量测方法都属于这一类。这种方法对饱和土、非饱和土皆适用。西班牙学者 Josa、Alonso、Lloret、Gens(1987)[30] 改造了 Bishop-Wesley 应力路径三轴仪(图 6.15),增加了内室,在内室与试样之间充满水银,外室充水;两个 LVDT 浸在外室水中,一个测试样竖向位移,一个通过水银面上的浮环测试样径向变化。英国学者 Wheeler(1988)在研究含大气泡的土的强度时则采用双层压力室(图 6.16)[31],内室水量变化由人工读数;后经 Sivakumar 改为用插压传感器自动量测。Toyota et al(2001)[32]、Aversa 和 Nicotera(2002)[33] 在各自研制的双层压力室装置中都增设了参照管(图略),并用压差传感器量测内室水位的变化。这种方法还受其他因素(如温度设备的刚度及蠕变等)的影响,Sivakumar 采用玻璃纤维带加强内室的刚度以减少内外室压力不同步对量测体变的影响。文献 [34] 对压力室的刚度及温度的影响做了探讨。

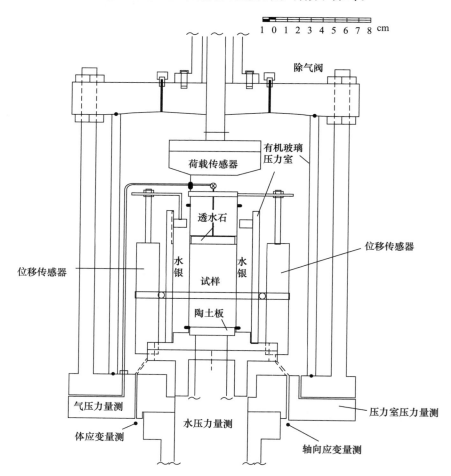

图 6.15 UPC 实验室使用的非饱和土三轴仪(1987)[30]

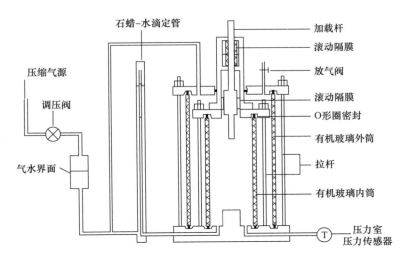

图 6.16　Wheeler 研制的双墙非饱和土压力室（1988）[31]

　　量测三轴试样体变的第三种方法是量测试样在试验过程中的尺寸变化，直接得出试样体变化。这种方法对饱和土、非饱和土也都适用。

　　试样的轴变形可用百分表或位移传感器量测。考虑到试样端部的接触误差与压力室本身变形的影响，GDS 三轴仪用两个内置传感器测试样三分之一高度处的轴向局部变形[35,36]，传感器对称地布置在试样两边，可以量测小应变及反映试样偏心的影响（图 6.17）；近年来的较多文献都采用了与此类似的方法。试样的径向变形量测相对困难，方法有接触传感器量测、非接触传感器量测、光学量测及计算机图像测量等。第一种方法的量测元件或感应元件与试样直接接触，如 EI-Ruwayih 设计的电阻式侧向应变指示器[3]（图 6.18）（其实是夹在试样表面的弹簧钢带，并在钢带上贴了电阻应变丝片，据此测定试样的直径变化）、GDS 三轴仪所用的 Hall 效应传感器（图 6.17）等；第二种方法如 Drumright（1987）使用三个非接触传感器量测试样径向变形[37]，用硅脂把铝质觇标贴在试样中部的橡皮膜上，传感器则固定在压力室内的立柱上[38]（图 6.19）。该传感器能在各种受压流体中工作，如空气、水和油等，且显示基本上相同的灵敏度；其量测范围 4mm，分辨率为其量测范围的 0.01%，即 0.0004mm。在第 3.2.3 节的三轴渗水试验设备中也使用了相同的非接触传感器。试样在试验过程中往往发生鼓肚现象，而上述两类传感器只测试样中部的径向变形，故由此算出的试样体变的误差较大。为减少误差，孙德安等对径向变形用三个分别套在试样 H/4、H/2、H 处的不锈钢环和三个位移计量测[39]（图 6.20）。他假设径向变形是试样高度方向坐标的 3 次多项式[40]，只要测出试验过程中任一瞬时试样 3 个部位的直径，就可较准确地算出试样体变。但上述各种方法的安装操作都比较复杂，且压力室体积与重量也随之大大增加。

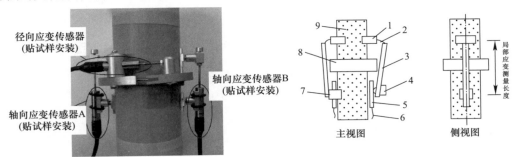

图 6.17　GDS 三轴仪使用的 Hall 效应传感器[36]

1、2、3、4、5、6、7—组成局部轴向应变传感器；1—钟摆上端固定块；2—弹簧；3—钟摆臂；4—永久磁铁；5—霍尔芯片；6—连接线；7—凹形滑块；8—局部径向应变传感器；9—试样

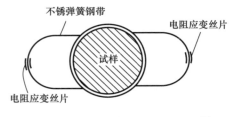

图 6.18　电阻式侧向应变指示器[3]

Escario 和 Uriel 最早采用光学方法测试样的径向变形（1961），图 6.21 是该方法的示意图[3]。在三轴受压室的透明有机玻璃外罩的外表面刻一竖线，在另一侧，绕着筒周贴一条米厘纸，这样，通过竖线和试样边缘的视线，可以在米厘纸上示出读数，再通过数学计算转换成试样的直径。他们声称对直径为 3.8cm 的试样来说，试样直径的量测精度为±0.1mm。

摩根和毛尔将带状铝箔绕在试样周围，并用一薄层硅脂把铝箔贴在试样外的橡皮膜上。利用测微显微镜，测读铝带两端标记之间的距离，即可精确地测定试样周边的长度变化，从而确定试样的平均直径。不过，这种方法只适用于径向应变不断增长的情况。因此，在退荷阶段、伸长试验以及有些在等应力比下的三轴压缩试验中，不能采用这种方法[3]。

图 6.22 是文献［41］报道的用光电传感器从压力室外测试样径向变形的示意图。美国学者 Barfknecht 等用三个光纤传感器量测径向变形（2001）。西班牙 UPC 的学者（2000）和后勤工程学院（2007，2011）采用激光位移传感器量测三轴试样全高度范围内的径向变形（见本书第 7.3 节）。

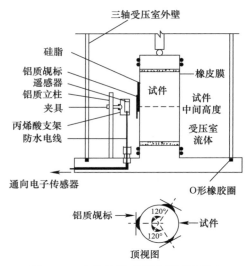

图 6.19　非接触传感器量测试样径向
变形（1987）[38]

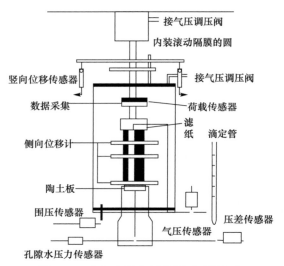

图 6.20　孙德安等使用的量测试样径向
变形的方法（2003）[39]

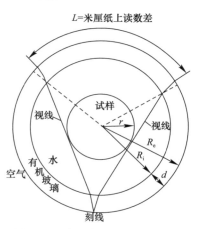

图 6.21　光学方法测试样的径向
变形示意图[3]

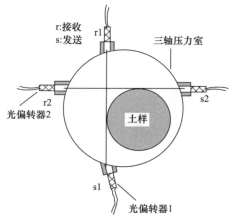

图 6.22　用光电传感器从压力室外测
试样径向变形[41]

上述各种方法，采用目测时测量精度必然会较低，采用读数显微镜时试验过程又会变得很不方便。同时，无论是电测还是光测，都不能得到土样的整体变形图像，也难以实现对土样的任意部分进行变形特性分析。

6.3.2 试样全表面变形的计算机图像测量方法

试样全表面变形的计算机图像测量方法是近年提出的一种新方法[42-44]。任何连续物体的形变，在宏观上都表现为物体边缘的位置变化。因此土样变形的计算机图像测量，就是实时记录和识别土样边缘并检测其位置的变化。物体的边缘，在黑白成像条件下可以由灰度的不连续性来反映，粗略地分为阶跃性边缘和屋顶状边缘。阶跃性边缘的像素灰度值在边缘附近有显著不同；屋顶状边缘则位于灰度值的变化转折点处。利用边缘邻近一阶导数或二阶导数的变化规律，就可以找出边缘所在的位置。

大连理工大学邵龙潭等研制的计算机图像测量系统的组成如图 6.23 所示[42]。采用计算机图像测量的方法进行三轴试验土样的变形量测，主要包括三轴试验系统、图像采集系统与图像处理系统。其中三轴试验系统仍然采用常规应变控制式三轴仪，只是从光学角度出发，为尽量减少三轴试样图像的侧向畸变，把三轴压力室的圆形玻璃外罩改为前部为平板密封的有机玻璃外罩。图像识别处理系统中的图像采集任务由数字采集设备的 CCD 摄像仪完成；图像识别和分析由一块视频采集卡配合 PC 机完成。为了配合试验过程中图像的采集和摄像焦距调节，大连理工大学设计了一套在 x、y 和 z 三个方向上都能调节（包括粗调和精调）的摄像试验台。三轴土样变形的计算机图像测量软件系统可以实现在整个试验过程中每隔一定的时间对土样的轮廓形状进行测量，具有自动捕捉、自动识别、自动存盘等功能。

该方法的优点在于：①摄像设备安装在压力容器外，属于非接触式测量，不会干扰土样的变形；②除压力容器外，不需要对常规的三轴仪做其他改变，易于实现和普及；③不仅可以对土样的任何部分进行变形分析和量测，而且可以得到土样整体变形过程的图像，直观了解任一时刻土样的变形形态；④可以在一台计算机上同时实现加载控制，压力、孔压等参数测量和土样变形测量，操作方便。同时，因为图像数据可以存储，所以该方法还具有可根据需要随时显示和分析土样变形过程的优点。

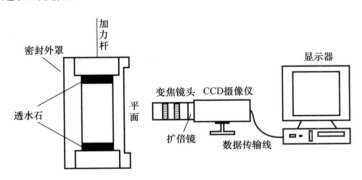

图 6.23 计算机图像测量系统[42]

近年来，邵龙潭等对该方法做了多次改进[45-46]：压力室先后设计为方形和异形（半圆筒形，图 6.24）；橡皮膜上预先印制黑白相间的方形网格（图 6.25）。异形压力室的主体用不锈钢制作，前表面（观测面）装嵌平板钢化玻璃（抗压强度 1.6MPa）；压力室中安装两面互成 120° 的反光镜，反光镜通过可随意调节角度的镜架固定于压力室中，并保持与压力室底面的垂直度；试验时，将 CMOS 摄影机（大恒-1394UC，分辨率 1280×1024，镜头为日本 Computar 公司生产的16mm 定焦镜头）放置在正对钢化玻璃的表面，同时拍摄试样和反光镜中图像，后期通过数据拼接实现试样整体（全表面）变形观测。由于反光镜反射引起数据畸变，需要对原始数据进行修正；另一方面，因试样为圆柱形状，位于试样上不同位置的数据物距各不相同，从而像素当量各不相同，故还需对各数据进行像素当量归一化处理。考虑到试样两端部受到的约束作用，在整理体变资料时仅使用试样中间部分的量测数据[45]。包裹试样的橡皮膜上印制测量标记。试样的全表面被离散成若干个四节点有限单元，网格的角点作为有限单元的节点，以亚像素的识别精度实时跟踪和记录每一节点的坐标信息，得到各个测点的变形过程。以直径 39.1mm、高80mm 的圆柱体试样为例，试样包裹在黑色橡皮膜内，在黑色橡皮模表面印制 8 行×8 列、尺寸为 7mm×7mm 共计 64 个白色方块（图 6.25），形成测量标记。

该设备可用于研究应变局部化问题[46]。

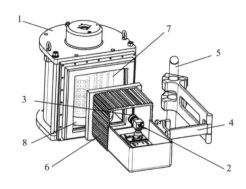

图 6.24　大连理工大学研发的半圆筒形压力室及
光学仪器装配示意图

1—压力室；2—CMOS 相机；3—镜头；
4—相机支架；5—支架固定杆；6—柔性遮光罩；
7—平面镜；8—环形 LED 灯

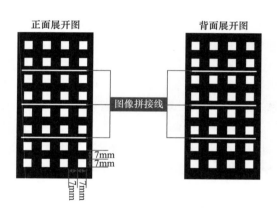

图 6.25　大连理工大学研发的印有黑白方块
网格的橡皮膜示意图

6.3.3　提高应力量测精度的措施

施加的荷载通常是在压力室外面的测力设备量测的。因此，测得的荷重是指作用在活塞上端的荷重，这一荷重减去活塞与轴套之间的摩擦力以及受压室的流体压力对活塞的顶托力以后，才是试样所受到的实有活塞荷重。

对于应变控制式试验来说，消除活塞与轴套之间摩擦力的方法，是在施加围压以后，并在活塞尚未接触试样以前，开动试验机，以预定的变形速率使活塞移动，这时，将量力环上的量表读数设置为零，就可充分消除摩擦力和顶托力。较简单的解决办法是减少活塞与轴套之间的摩擦力[3]。水利水电科学研究院采用的办法是，增加活塞与轴套之间的配合间隙以及它们的光洁度，借助于油封槽防止受压室液体从间隙中漏掉，如图 6.26（a）表示。南京水利电力仪表厂利用 O 形橡皮环防漏，如图 6.26（b）所示。摩根则利用滚珠轴套减少活塞与轴套之间的摩擦力，并用折皱的橡皮套防漏，如图 6.26（c）所示。后一种构造的摩擦力小于作用在活塞上的水平推力的 0.5%。不过，它的缺点是整个装置的体积较大。Wheeler 在活塞与轴套之间采用滚动隔膜（图 6.16）以减小二者的摩擦力。

另一种减少摩擦力的办法是采用转动的轴套，如图 6.26（d）所示。轴套与活塞之间的间隙为 $5×10^{-3}$mm，活塞的直径为 15mm，轴套每分钟约转动 2 周。在受压室液体表面浇一层蓖麻油，在 7MPa 的液体压力下，每天漏油若干毫升。在离轴套 2.5cm 处，向活塞上施加 26×9.8N水平推力，摩擦力为 7×9.8N，当轴套启转后，摩擦力降到 0.98N。

消除摩擦力的根本办法是把荷载传感器或量力环装在压力室内，或通过装在试样帽或底座上的压力传感器，直接量测活塞荷重，如上述图 6.13、图 6.14、图 6.15、图 6.20 及本章第 6.5 节中介绍的温控三轴仪与 GDS 三轴仪（图 6.62）。不过，在压力室里的量力环，在某些情况下会受到水平推力，从而影响测的可靠性。

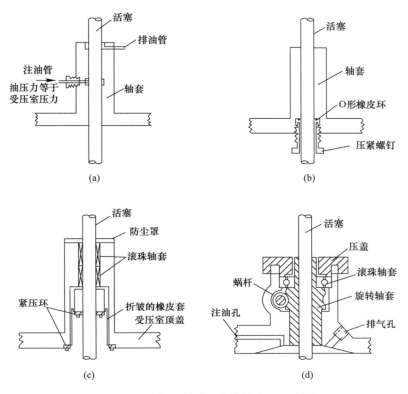

图 6.26 常规三轴减少摩擦擦力的办法[3]

6.3.4 提高孔压与排水量测精度的措施

量测孔隙气压力的传感器应尽量靠近土样，如图 6.8 所示，用微型压力传感器从试样帽底面量测气压。为了防止或减少试样中的气体会通过橡皮膜向压力室中的液体扩散，可给试样套两层橡皮膜，两膜之间再加两层刻有凹槽的铝箔，并在铝箔之间涂硅脂[38]，詹良通等应用过这种方法[29]。最可靠的方法是如 Bishop 和 Donald 那样，在压力室中充水银（图 6.1、图 6.15），但可能对人体造成伤害。

陶土板的充分饱和十分重要，因这涉及孔隙水压、气压与排水量的准确量测，更关系到基质吸力的准确控制与施加、陶土板功能的充分发挥。饱和陶土板的方法在文献［7］、［8］和［38］中都有述及，本书第 9 章将对常规非饱和土三轴仪的高进气值陶土板的饱和方法与检验方法做详细介绍。陶土板下的螺旋槽及量测孔隙水压力的管道中不得有气，以免影响水压力的量测。对溶解在水中通过陶土板进入螺旋槽的气体要设法排除，如采用气泡泵（图 6.3）或 Fred-lund 发明的气泡收集与量测装置[38]（图 6.27），从而也提高了量测排水量的精度。排水量还可通过测定试验前后土样的含水率加以矫正[15,16]，并采用细径尼龙管提高分辨率[15,16]。

量测非控制吸力试验中的吸力有几种方法。一是同时量测孔隙水压力和气压力，二者之差即为基质吸力。二是在试样的上下端部或中部嵌入热传导探头、帝国理工学院微型探头或陶土钉（即微型张力计）（图 6.28）[47]，所测结果为基质吸力。三是在试样端部嵌入微型热电偶湿度计，如曼尼托巴大学等就是用这种方法量测总吸力（见本章第 6.5.1 节图 6.32）。

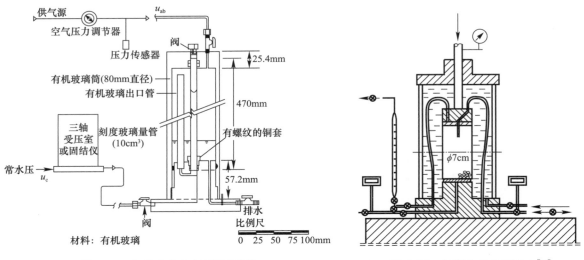

图 6.27　气泡收集与量测装置[38]　　　　　图 6.28　用陶土钉量测吸力[47]

6.4　用半渗透技术控制吸力的常规非饱和土三轴仪

Delage 等人于 1987 年利用半渗透技术研制成如图 6.29、图 6.30 所示的非饱和土三轴仪[48,49]，其原理与本书第 5.3 节中的固结仪（图 5.2）相同。用图 6.29 所示装置先给土样施加初始吸力。试样用半渗透膜包裹，再放入受磁场搅拌的 PEG20000 溶液中，大约历时一周，试样的吸力就可达到控制值，此后再做三轴试验。底座和试样帽刻有同心圆槽，圆槽上放一筛网，再用半渗透膜盖住筛网（膜用环氧树脂粘结），以便溶液流通，溶液成闭合回路（图 6.30）。装溶液的瓶子应足够大，瓶顶的毛细管监测水分交换，要严格控制温度和湿度。试样两端排水，可使试样在剪切过程中的吸力较为均匀。试样与大气相通，试样中的气压恒等于大气压。剪切速率为 $2\mu\mathrm{m/min}$。

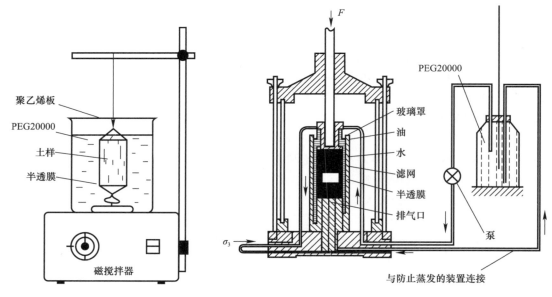

图 6.29　施加初始吸力的　　　　　　图 6.30　用半渗透技术控制吸力的
　　　　装置[49]　　　　　　　　　　　　常规非饱和土三轴仪[49]

仿效 Bishop 和 Donald 的方法（图 6.1），在试样外围装一玻璃筒，内充浅色水（出于安全考虑不用汞），水面有一薄层硅油，以减少蒸发及避免空气扩散到水中。气-油界面还为用光学仪器监试样体变提供了方便。围压用空气施加。

6.5 具有特殊功能的非饱和土三轴仪

本节主要介绍温控三轴、γ 透射三轴、结构损伤探查的 CT-三轴及微观观察仪（扫描电镜扫描）等，每种仪器都有其特色。

6.5.1 温控非饱和土三轴仪

为研究饱和 Boom 黏土，比利时学者 Bruyn 和 Thimus 研制成高温三轴仪[50]（1996），加热元件是浸没在压力室水（或硅油）中的铜螺旋管，温度可加到 80℃（以水为加热流体）或 120℃（以硅油为加热流体）；法国路桥大学的 Sultan、Delage 和 Cui 改进了 GDS 三轴仪[51]（2002），用绕在压力室外围的线圈加热，温度可达 100℃。为了探讨温度对由砂和膨润土混合料组成的深埋核废料覆盖层的力学特性的影响，加拿大学者 Wiebe B, Graham J, Tang 和 Dixon D 研制了一套高温高压三轴仪[52]（1998），如图 6.31 所示。该三轴仪的压力室为铝筒，可承受 3MPa 的液压。压力室内充水（试验温度为 26℃时）或充硅油（试验温度为 65℃和 100℃时），用缠绕在压力室外侧的两条硅油带加热，压力室置于绝热罩内。用两个电阻热元件在试样中部测温度，电阻热元件用硅橡胶带包裹。试样套两层橡胶膜。对低温用乳胶膜，对高温用一层丁基胶膜和一层硅胶膜。由于增设了绝热罩，因而压力室内的温度较为均匀稳定，在温控方面优于欧洲两家的三轴仪。但如图 6.31 所示的三轴仪既不能测量吸力，也不能控制吸力。

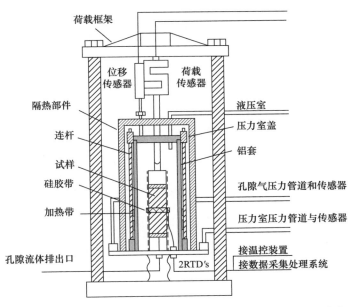

图 6.31　曼尼托巴大学的高温高压三轴仪压力室结构示意图[52]

由于砂和膨润土混合料组成的深埋核废料覆盖层的吸力很大（初始总吸力约 3.5～4.5MPa），加拿大曼尼托巴大学的 Blatz J 和 Graham J 于 2000 年研制出一套新的高温高压三轴系统[53,54]（图 6.32），可承受 10MPa 的液压和 100℃的高温。新的高温高压三轴系统置于温控实验室内[54]，温度的波动范围控制为±1℃。该系统的最大特点是用离子溶液上方的水蒸气平衡

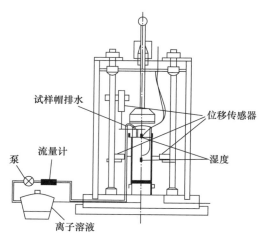

图 6.32　曼尼托巴大学的控制吸力高温
高压三轴压力室示意图[53]

控制试样吸力，用热电偶湿度计量测试样总吸力，故可做高吸力水平的非饱和土试验。蒸汽通道是闭合的，采用微型泵循环，整个系统的水蒸气和离子溶液之总质量是常量。土样周边贴有土工布条，为蒸汽提供通道。布条宽 15mm，其长度可覆盖土样上下底面，其刚度能在 2.5MPa 室压下为蒸汽提供通道。压力室内设 4 根立杆，以便在室内安装量测仪器。荷载传感器置于压力室内。用一个位移传感器量测轴向应变，两个位移传感器量测试样中部的径向应变。用两个热电偶湿度计量测吸力，一个埋在试样顶面中部，一个斜埋在试样顶部靠边角处。如此一来，制样困难。唐湘民等（2002）对此加以改进[55]，只用一只热电偶湿度计测总吸力，并将其上半部分装在试样帽中心线下部的圆柱形不锈钢套

中。湿度计的下半部分呈锥形，直径 5mm，长 7mm，可插入土样顶部预先钻好的小孔中。

曼尼托巴大学的高温高压三轴系统由于置于温控实验室内，无需增设加热设备，但建立温控实验室的费用很高，且在做高温试验时工作人员无法忍受。该系统能测出很高的吸力，但只能测出总吸力，或由总吸力的变化近似得知基质吸力的变化，而不能测定基质吸力。此外，对吸力水平较低的常见情况（吸力在数百千帕范围之内），该系统就显示不出优点了。

后勤工程学院与江苏永昌科教仪器制造有限公司合作，经三年探索，研制成国内第一套温控土工三轴试验设备[56,57]。新研制的温控土工三轴仪的实体照片如图 6.33 所示。该仪器实现了三轴仪与电热恒温箱的巧妙结合。无需增设专门的加热、隔热设备，更不必建造控制高温的恒温实验室，可节省大量资金。该仪器的主要部件有：　（1）电热恒温箱，内部空间为

图 6.33　后勤工程学院研制的温控
三轴试验系统照片[56,57]

1—控制柜；2—步进电机；3—恒温箱；4—压力室；
5—台架；6—荷载速率控制器；7—微机

0.8m×0.8m×1.0m，最高工作温度是 300℃，温度波动范围为 ±1℃。（2）台架与压力室，台架的外围尺寸是 0.30m×0.28m×0.80m。当做温控试验时，可将其置于电热恒温箱内，下垫木板和耐热材料（图 6.33）。台架和压力室都用不锈钢制成，压力室的侧壁厚 1cm，可用于常温、高温和高压环境试验；与压力室及轴向加载部件相连的水、气管道（共 7 条）均采用内径 1mm、外径 3.2mm 的不锈钢管，能承受 100 个大气压，在温度较高时不会发生过大的膨胀，对提高体变、排水的量测精度和减少恒温箱内外热量交换有利。液压加载系统中用水而不用油，易排气，传压滞后小。试验数据自动采集处理，应用方便。

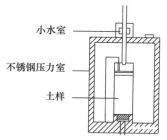

图 6.34　活塞轴套上部的
小水室示意图

非饱和土的温控试验历时较长，为了防止试验温度较高时压力室中的水从压力活塞与其轴套之间蒸发渗漏，在压力活塞轴套上部专门设置了一个小水室（图 6.34），其中的水压力与压力室中的水压力相等，因而压力室中的水与小水室中的水就不会互相侵入。由于有压力水源不断补充，故小水室中始终充满着水。应用此温控三轴仪，谢云等研究了温度对膨胀土变形和强度特性的影响[57]，提出

了考虑温度影响的非饱和土的抗剪强度准则和非线性本构模型[58]。

李剑等[59]研发一台带有弯曲元的非饱和土温控三轴仪，其主要特点通过在 GDS 三轴仪的内压力室的内、外壁上安装螺旋铜管（图 6.35），实现对非饱和试样温度的均匀调控；同时增设 GDS 弯曲元测试系统，实现不同温度条件下三轴试样实时波速的量测。因此，该三轴仪不仅能控制吸力和温度，还能测波速。

图 6.35　在 GDS 三轴仪的内压力室的内、外壁上安装螺旋铜管控制温度

6.5.2 缓冲材料三轴仪

为了研究高放废物深地质处置库的缓冲/回填材料——膨润土在高温、高压及高吸力下的热力学特性，陈正汉和秦冰在 2007—2008 年对后勤工程学院的温控三轴仪做了重大改进，研制成缓冲材料三轴仪[60]（图 6.36），设计了专用恒温箱；对不超过 1500kPa 的吸力，用高进气值陶土板和轴平移技术控制基质吸力（图 6.37）；对大于 1500kPa 的吸力，用气体湿度法控制总吸力（图 6.38）。在恒温箱中放置了饱和盐溶液罐，用蠕动泵循环盐溶液上方与试样中的气体，以加快吸力的平衡过程。两种温控非饱和土三轴仪均可用压力-体积控制器或步进电机-调压筒及控制系统提供轴向荷载。该缓冲材料三轴仪的主要构成部件、特色及功能简介如下。

6.5.2.1 主要构成部件与特色

（1）电热温控箱的内部尺寸为长×宽×高＝0.8m×0.8m×1.0m，内表面为不锈钢板，加热元件置于箱体侧面，底板可承受 150kg 的重量；控制温度的范围为 0～150℃，温度浮动范围为 ±0.1℃；在箱体侧壁设 3 个直径 2cm 的贯穿孔。

（2）压力室用热膨胀系数的量级为 $10^{-6}℃^{-1}$（20℃时）的合金或不锈钢制作，侧壁厚不小于 2cm，能承受不小于 10MPa 的压力；在压力活塞轴套上部应设置一个密封小水室；压力室底座的试样座中是螺旋槽，螺旋槽上部安装高进气值陶土板，高进气值陶土板用高强度双管胶将其侧面与试样底座的凹槽侧面粘结牢固，宜配备进气值为 500kPa 和 1500kPa 两种规格的高进气值陶土板；压力室底座外侧设 4 个三通阀门，分别与压力室、气压通道、螺旋槽中心和末端相连。

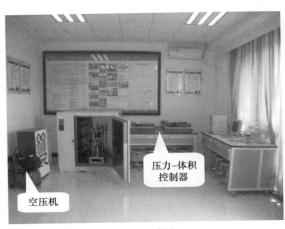

(a) 总体布置

(b) 恒温箱内

图 6.36　后勤工程学院研制的缓冲材料温控三轴仪

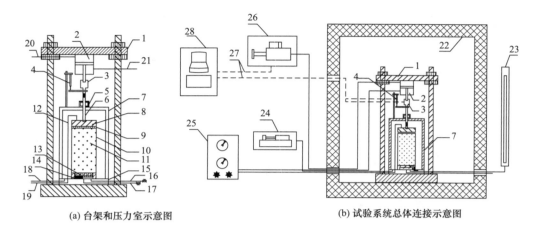

(a) 台架和压力室示意图 (b) 试验系统总体连接示意图

图 6.37 温控常规吸力缓冲材料三轴仪

1—台架；2—竖向加压活塞；3—竖向荷载传感器；4—竖向位移传感器；5—小水室；6—压力室活塞杆；
7—压力室；8—试样帽；9—多孔薄不锈钢板；10—乳胶膜；11—试样；12—进气管；13—高进气值陶土板；
14—螺旋槽；15—压力室底座；16—螺旋槽水管路Ⅰ；17—螺旋槽水管路Ⅱ；18—围压管路（接压力-体积控制器）；
19—气压力管路；20—竖向加压活塞进水管路；21—上抬加压活塞气体管路；22—恒温箱；23—排水量测量装置；
24—压力-体积控制器（通过围压）；25—气体压力控制柜；26—步进电机（或压力-体积控制器）；
27—数据采集线；28—采集控制系统

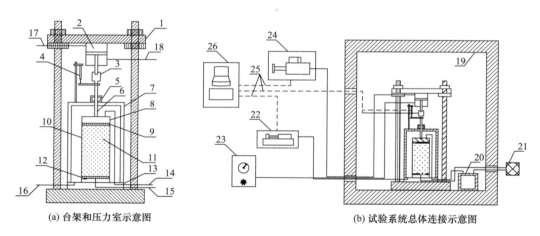

(a) 台架和压力室示意图 (b) 试验系统总体连接示意图

图 6.38 温控高吸力缓冲材料三轴仪

1—台架；2—加压活塞；3—荷载传感器；4—位移传感器；5—小水室；6—压力室活塞杆；7—压力室；
8—试样帽；9—上多孔不锈钢板；10—乳胶膜；11—试样；12—下多孔不锈钢板；13—压力室底座；
14—吸力控制气体循环管路Ⅰ；15—吸力控制气体循环管路Ⅱ；16—围压管路；17—加压活塞进水管路；
18—上抬加压活塞气体管路；19—恒温箱；20—盐溶液罐；21—蠕动泵；22—压力-体积控制器（提供围压）；
23—气体压力控制柜；24—步进电机（或压力-体积控制器）；25—数据采集线；26—采集控制系统

（3）周围压力与体变量测设备：应用两台压力-体积控制器分别给试样施加围压和给小水室施加与围压相同的压力，同时用前者量测压力室内水体积变化（据此推知试样体变）；压力-体积控制器的压力分度值为 1kPa，体积分度值为 1mm³。

（4）孔隙水压力施加和控制设备：用一台压力-体积控制器施加和控制水压力，压力-体积控制器的压力分度值为 1kPa，体积分度值为 1mm³。

（5）气压力施加-控制设备和量测设备：应用高精度气压阀施加-控制气压力，其分度值为 5kPa，气压源可由空气压缩机或配备减压装置的高压氮气瓶提供（图 2.5）。

（6）轴向荷载与轴向变形速率控制/数据采集处理系统：该系统由步进电机及其驱动器、调压筒、数据采集程序系统组成，置于温控箱外面。调压筒由不锈钢制成，与轴向加载活塞之间用不锈钢管连通，内充无气水，不锈钢管内径为 1mm、外径为 3.2mm，应能承受 10MPa 的压力。步进电机在微机指令下推动调压筒工作，把调压筒中的水挤进轴向加载活塞，并对水施加压力。此系统应有 7 档应变速率，以供试验选用；还能通过电机正、反转和自锁达到稳压目的，从而控制试验的轴向荷载为常数。由步进电机、软件和轴向荷载传感器共同控制竖向加载活塞内液压的大小，以达到稳定轴向荷载的目的。故既能控制应变，又能控制应力。如用压力-体积控制器提供轴向荷载，则应通过计算机操控压力-体积控制器，剪切应变速率亦应直接在计算机界面选择。

（7）轴向加载活塞和荷载传感器及轴向位移传感器：轴向加载活塞与步进电机的调压筒相通，内装无气水，其横截面积应足够大，以提供足够的轴向荷载。荷载传感器应能长期在水下工作，承受的水压力不低于 1MPa，工作温度为 −20～125℃；荷载传感器在 20℃时的精度为 ±0.1%F. S.，温度对其零点的漂移及对线性度的影响均为 0.006%F. S. /℃。位移传感器的工作温度为 −20～125℃，量程为 ±12.7mm，非线性不超过 ±0.25%F. S.，在 20℃时，温度对其零点的漂移及对灵敏度的影响均小于 0.018%F. S. /℃。

（8）连通压力室和小水室的液压管道、施加孔隙气压力管道、孔隙水压力管道、排水管道、施加轴向压力的液压管道、上抬轴向加压活塞的气体管道均采用内径 1mm、外径 3.2mm 的高压不锈钢管，能承受 100 个大气压（大于 10MPa），在 150℃高温时膨胀变形极小。

（9）吸力控制设备：在压力室的试样座上应放置厚度 3mm 的多孔不锈钢薄板（无需设置螺旋槽和高进气值陶土板）；存放饱和盐溶液的盐溶液罐用不锈钢制作，置于温控箱中，罐中的盐溶液能提供 2～500MPa 的吸力；为加快试样湿度达到平衡的时间并控制试样的总吸力为常数，在盐溶液罐和试样之间设置蠕动泵，蠕动泵放置在电热温控箱外。

（10）排水量测设备：可选用内径 4mm 的有机玻璃管、压力-体积控制器、压差传感器中之一作为排水量测设备。

6.5.2.2 缓冲材料三轴仪的功能

应用温控三轴仪主要做以下 4 种类型，应根据工作要求分别采用：

（1）控制温度和基质吸力为常数的各向等压固结试验；

（2）控制温度、基质吸力和净围压等于常数的固结排水剪切试验；

（3）控制温度和净围压等于常数的不固结排气不排水剪切试验（试验全过程气压为零，不测孔隙水压力）；

（4）控制温度和净围压等于常数、基质吸力逐步增大的广义持水特性试验。

6.5.2.3 压力室的标定

试验前必须标定压力室及其与压力-体积控制器连接的管路在不同温度和压力下的体积变化。应对每一固定的试验温度；在施加各级围压的同时，必须同步给小水室施加等值的压力。孙发鑫[61]和陈皓[62]曾分别在常温和不同温度下进行过标定，具体结果分别见表 6.1 和表 6.2，可供参考。

常温环境下不锈钢压力室和与压力-体积控制器连接管路的体变标定（孙发鑫，2013）[59] 表 6.1

压力（kPa）	第 1 次标定体变（mm³）	第 2 次标定体变（mm³）	体变平均值（mm³）
0	0	0	0
10	59	44	51.5
50	232	211	221.5
100	382	390	386.0

压力（kPa）	第 1 次标定体变（mm³）	第 2 次标定体变（mm³）	体变平均值（mm³）
200	601	642	621.5
400	950	1030	990.0
800	1600	1710	1655.0
1200	2279	2388	2333.5
1600	2958	3067	3012.5
2000	3669	3728	3698.5
2500	4527	4573	4550.0

不同温度下不锈钢压力室和与压力-体积控制器连接管路的体变标定（陈皓，2018）[60]　表 6.2

围压（kPa）	20℃时最终体变量（mm³）	50℃时最终体变量（mm³）	80℃时最终体变量（mm³）
0	0	0	0
100	870	656	503
500	1739	1402	1167
1000	2456	1906	1609
2000	3537	2858	2344

6.5.3　γ 透射非饱和土三轴仪

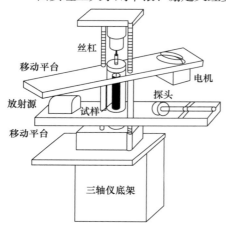

图 6.39　西安理工大学的 γ 射线逐层
扫描系统机械部分示意图

西安理工大学刘奉银、谢定义经多年努力，把 γ 透射法与非饱和土三轴仪巧妙结合，研制成在试验过程中能同时动态测定土样密度和含水率的双源 γ 透射非饱和土三轴仪[63,64]，并改进了体变量测方法。图 6.39 所示是该三轴仪的主体部分，试验时采取远距离控制。放射源与探头在同一个平台上，不会产生相对运动。自动控制箱可以控制放射源平台的运动及其运动方向，当向上（或向下）移动 2cm 时，控制箱自动使放射源平台停止，并在控制箱上显示出目前停止的点号，该点号对应于放射源正在对准的点的位置。新研制的非饱和土三轴仪克服了传统非饱和土三轴仪的缺点，可以用于非饱和土应力和变形的连续、准确量测；可研究非饱和土在荷载作用、水的作用以及二者的耦合作用条件下的力学性状，可追踪水在荷载作用下的传递规律；可以将试样分段测量其体变和侧向变形，从而可以更细致地描述变形后的试样形态。无独有偶，法国学者 Tabani 和 Masrouri 也在做类似的工作[65]。

6.5.4　CT-三轴仪与环境扫描电子显微镜

近年来，原状土的结构损伤及其演化对土的力学性质的影响受到广泛关注，采用宏观、细观、微观相结合的研究方法是学者们的共识，结构损伤探测设备便应运而生，其中最具特色的仪器就是 CT-三轴仪和环境扫描电镜。

6.5.4.1　CT 技术简介

CT 技术是计算机射线断面照相技术（即 Computerized Tomography）的简称。其设备按射线种类主要有 X 射线 CT 机和 γ 射线 CT 机两种，前者又称为医用 CT 机，后者则称为工业 CT 机。按探测源是否旋转分为螺旋 CT 机和固定式 CT 机，或按被测物体的安放角度分为立式和卧式两种类型。以下以卧式螺旋 CT 机为例，简要介绍 CT 机的组成、检测原理和性能指标。

图 6.40 为螺旋 CT 机整体照片及主要部件示意图，主要组成部件包括扫描架、扫描床和操作控制台。扫描架是由固定机架和旋转机架两部分组成。固定机架的主要功能是机架倾斜角度控制，控制扫描架旋转、数据收集和扫描器接口。旋转机架的主要功能是 X 射线的产生和控制，例如高压产生、转子和热交换器控制、X 射线光束成形控制等。扫描床包括对受检试样定位、控制功能，控制扫描床上下运动、进出扫描孔。操作控制台包括计算机、系统控制和通信，以及电发光式触摸面板、紧急停止按钮、扬声器、数据及被检者资料输入、扫描参数设置、影像重建和显示、磁带机和照相控制等。

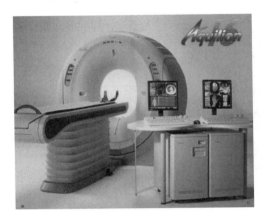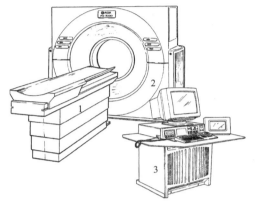

图 6.40 螺旋卧式 CT 机整体（Toshiba320 排 CT 机）照片及 CT 机主要组成部件示意图
1—扫描床；2—扫描架；3—控制台

CT 机的核心部件是高压发生器、X 射线球管和探测器。高压发生器将低压低频交流电源转换成高压高频电源（频率达 $500\sim25000\mathrm{Hz}$，电压 $80\sim140\mathrm{kV}$），供球管使用；球管产生供扫描用的 X 射线，电流一般为 $100\sim600\mathrm{mA}$，寿命 $200000\mathrm{s}$ 左右；探测器接收 X 射线并将其转换为可供记录的电信号，采用稀土陶瓷制作的探测器的转换率高达 99.99%。

CT 的基本功能是重建图像，其工作原理如图 6.41 所示。人体各种组织（包括正常和异常组织）对 X 射线的吸收不等。CT 即利用这一特性，将人体某一选定层面分成许多立方体小块，这些立方体小块称为体素（Voxel）。X 射线通过人体测得每一体素的密度或灰度，即为 CT 图像上的基本单位，称为像素（Pixel）。它们排列成行列方阵，形成图像矩阵。当 X 射线球管从某一方向发出 X 射线束穿过选定的人体组织层面时，沿该方向排列的各体素均在一定程度上吸收一部分 X 射线，使 X 射线衰减；由探测器接收的 X 射线量值是该方向所有体素 X 射线衰减后量值的总和。将此信息经模拟/数字转换器（Analog/Digital Converter）转为数字，存入计算机。然后 X 射线球管转动一定角度，再沿另一方向发出 X 射线束，则在其对面的探测器可测得沿第 2 次照射方向所有体素 X 射线衰减后量值的总和；以同样方法反复多次在不同方向对组织的选定层面进行 X 射线扫描，即可得到若干个 X 射线衰减后量值的总和。在上述过程中，每扫描一次，即可得一方程。该方程中 X 射线衰减总量为已知值，而形成该总量的各体素 X 射线衰减值（与各体素对 X 射线的吸收系数有关）是未知值。经过足够次数的扫描，即可得一联立方程组，经过计算机运算可解出这一联立方程组，从而求出每一体素的 X 射线衰减值（实际上就是求解各体素的吸收系数）[66]，再经数字/模拟转换（Digital/Anolog conversion），使各体素不同的衰减值形成相应各像素的不同灰度（CT 图像是由黑到白共分为 256 个灰度值，$0\sim255$），各像素所形成的矩阵图像即为该层面不同密度组织的黑白图像。CT 技术有以下优点：①可对材料在受力过程中内部结构的变化进行动态、定量和无损地检测；②获得物体某薄层的密度分布，不存在物体前后缺陷的重叠问题，并可根据物体不同薄层的图像资料进行三维成像；③分辨率高，其密度分辨率比 X 射线检查高约 20 倍。

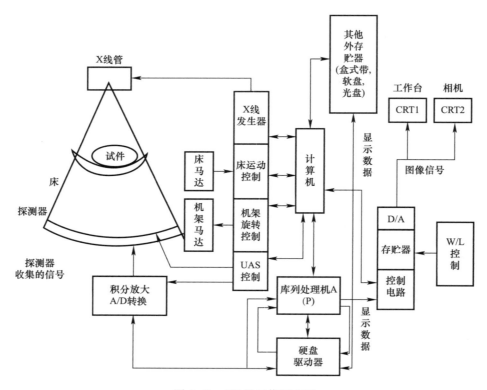

图 6.41　CT 机工作原理图

CT 机重建图像的依据是探测器接收到的射线强度，所有影响该射线强度的因素在扫描过程中都必须相同才能使扫描结果具有可比性。与射线源发出的射线强度有关的扫描参数有：扫描时仪器的工作电压、电流和扫描时间；与被测物体有关的拟扫描断面的厚度；CT 机的 X 射线需穿透物体断面进行旋转扫描，理论上所有位于被测物体、射线源和探测器之间的介质必须在材料性质和形状上是轴对称的。和 γ 射线相比，X 射线的穿透能力差一些。在扫描平面内，被测物体周围的试验装置需采用低密度材料，对高强度材料的力学试验不利。

CT 机得到的物体某断面每个物质点的吸收系数 μ 按下式换算成 CT 数：

$$\text{某物质的 CT 数} = 1000 \times \frac{\mu - \mu_{\text{w}}}{\mu_{\text{w}}} \tag{6.1}$$

式中，μ 为某物质点的 X 射线吸收系数；μ_{w} 为纯水的 X 射线吸收系数。

即某物质的 CT 数等于该物质的吸收系数与水的吸收系数之差和水的吸收系数的比值的 1000 倍，其单位为 HU（Housfield Unit）。空气、水的 CT 数分别为－1000HU、0HU。在得出 CT 数（用 ME 表示）与物质密度的统计规律后，即可通过物质的 CT 数反算物质的密度。物质的密度越大，其 CT 数越大。CT 机根据断面上选定区域所有物质点的 CT 数，按有关规范统计该区域的总体 CT 值 ME 和一定置信水平的方差值 SD。**ME 反映了选定区域所有物质点的平均密度，SD 则反映了该区域所有物质点密度的不均匀程度，二者间接反映了该区域的结构性强弱，亦可反映结构损伤的种类（孔洞或微裂隙）及其发育程度。土样中的结核、砂石、孔洞、生物孔、裂隙等的密度相差较大，在 CT 图像上可以清晰区分出来；微裂纹和破裂面的出现会引起 CT 数的变化，故可利用 CT 进行土样细观结构变化的研究。**

6.5.4.2 有关 CT 技术的常用术语

常用的关于 CT 技术的术语有机架孔径、探测器排数、空间分辨率、密度分辨率、窗宽和窗位，其含义解释如下。

机架孔径是能被扫描试样的最大直径，螺旋 CT 的孔径一般为 70cm，目前最大机架孔径为 78cm 左右（Siemens Somatom Definition AS 128），为大尺寸试样的扫描检测提供了方便。

探测器排数是指螺旋 CT 机的扫描架上安装的探测器排数。探测器是 CT 机价钱最贵的部件，故大多数 CT 机的命名中包含了探测器的排数。探测器在扫描架旋转一周（360°）时，单层螺旋 CT 机只能获得一层扫描数据，双层螺旋 CT 则同时可获得 2 层扫描数据，余类推。层数越多，效率越高，完成一个试样检测所用的时间越少。

目前生产的 CT 机排数已超过 100，如 GE 128 排 CT 机—LightSpeed CT750 HD，Siemens 128 排 CT 机—SOMATOM Definition AS 128（扫描速度 0.3s /360°），Philips256 层螺旋 CT 机—Brilliance 256（扫描速度≤0.35s /360°），Toshiba 320 排 CT 机—Aquilion ONE 640（扫描速度≤0.35s /360°，可减小辐射量 80%）。

相邻两物质点的 CT 数之差称为物体对比度，该值大于 100HU 时称为高对比度，小于 10HU 时称为低对比度[67]。**空间分辨率**（spatial resolution）又称为高对比度分辨率（high contrast resolution），反映在高对比度下 CT 机系统区分相邻最小细节的能力，通常以毫米（mm）或 1cm 内的黑白相间的线条对数目表示，单位是 lp/cm。例如，GE 生产的 Hispeed Advantage 螺旋 CT 的空间分辨率是 15lp/cm，表明该 CT 机能分辨 0.33mm 的物体。目前 Philips Brilliance 256 型 CT 机的空间分辨率达 23lp/cm，即 0.22mm。**密度分辨率**（density resolution）又称为低对比度分辨率（Low contrast resolution），反映在某一辐射剂量下 CT 机分辨最小密度差异的能力，常以 mm @%或%@mm 表示，并同时标明使用的辐射剂量。一般扫描层厚度越小，空间分辨率越高而密度分辨率越低；反之亦然。故在实际测试中应合理选择扫描层厚度。CT 机的扫描厚度一般为 0.5~10mm。

扫描的图像要选择适当的窗宽（Window Width）和窗位（Window Level）。**窗宽**是指显示图像时所选用的 CT 值范围，在此范围内的物质按其密度高低从白到黑分为若干个灰阶等级。人的眼睛一般只能分辨出 16 个灰度，若窗宽选定为 80HU，则其可分辨的 CT 数为 80/16＝5HU，即两种物体 CT 数的差别在 5HU 以上即可分辨出来，故窗宽的宽窄直接影响到图像的对比度和清晰度。**窗位**也称窗中心（Window Center），是指窗宽上下限 CT 值的平均数。因为不同物质的 CT 值不同，观察其细微差别最好选择该图像的 CT 值为中心（即窗位）进行扫描。窗位的高低影响图像的亮度；窗位低图像亮度高呈白色，窗位高图像亮度低呈黑色。对不同的试验根据视觉要求设定不同的窗宽和窗位[67]。**不同的窗宽和窗位不影响试样的 CT 扫描数据**。

6.5.4.3 CT 技术在我国岩土工程中的应用

我国学者在 20 世纪末率先把 CT 技术用于岩石和冻土的研究。施斌和姜洪涛（2000）[68]研究了在直剪过程中试样内部的裂隙发育。蒲毅彬等（2000）[69]首先尝试用 CT 机和简易压力室（刚度小，不能测体变，不能控制吸力等）对原状黄土在侧限压缩、三轴压缩、浸水及加荷-浸水过程进行研究，观察了土样在各个试验过程中的细观结构变化特征。

后勤工程学院在 CT 技术应用于土结构性的动态研究方面做了卓有成效的工作：2000 年改进了非饱和土三轴仪，使其与 CT 机配套[70]（图 6.42）；2004 年研制了与 CT 机匹配的专用土工三轴仪；2005 年研制成湿胀-湿陷三轴仪（图 6.43，将在本章第 7.2 节详细介绍），2006 年在汉中建立了后勤工程学院 CT-三轴科研工作站（图 6.44）。CT 机是陕西省南郑县医院的美国 GE 公司生产的 Prospeed AI 卧式螺旋扫描机，其空间分辨率为 0.38mm，密度分辨率为 0.3%（3Hu）。该套设备可控制吸力，用步进电机加载并控制剪切速率，用 GDS 压力-体积控制器调节浸水压力和浸水量。压力/体积控制器的最大压力 2MPa，容积为 1000cm³。浸水压力控制精度为 1kPa，浸水量精度为 1mm³；试样体变用精密体变量测装置量测，精度为 0.006mm³。故该套设备不仅能够控制吸力和应力、精确量测体变、精确量测浸水量，而且能动态无损地观测试样内部细观结构的变化。用该设备对原状膨胀土和重塑膨胀土、Q_3 和 Q_2 黄土在多种试验应力路径、干湿循环、三轴浸水及随后剪切过程中的裂隙开展、修复、结构演化进行了实时动态监测，取得了大量珍贵图片和资料[70～79]。

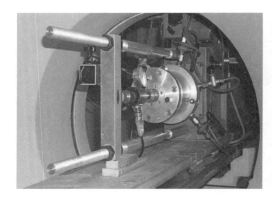

图 6.42 后勤工程学院研发的
土工 CT-三轴仪

图 6.43 后勤工程学院的湿胀-湿陷
三轴仪底座

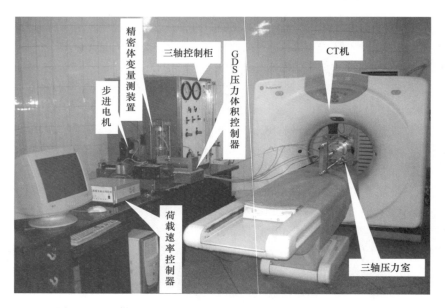

图 6.44 后勤工程学院 2006 年建立的汉中 CT-三轴科研工作站

后勤工程学院在汉中科研站的 CT 机空间分辨率 0.35mm×0.35mm，密度对比分辨率 0.3％。CT 数均值和方差用 GE 公司提供的与 Prospeed AI 配套的软件量测，其他数据用日内瓦大学医院设计的 Osiris 软件量测。该软件是一个通用的医学图像处理与分析软件，和医学数字图像通信标准（DICOM）兼容。这个软件可以分析感兴趣区（ROI），读取任意物质点的 CT 值，进行边缘提取，也可以量测距离、角度、面积和体积。

2015 年，后勤工程学院对 CT-三轴仪进行改进升级[80]（图 6.45～图 6.48），用压力-体积控制器取代了精密体变量测装置；共配置 4 台压力-体积控制器：用两台同步等值地为内外压力室施加液压，一台施加轴向荷载，一台控制浸水水头和进水量。改进升级后操作更为方便，并进一步提高了量测体变的精度。

陈正汉团队在 2015 年还研制了 CT-固结仪（图 6.49、图 6.50），用其研究膨胀土在干湿循环过程中的细观结构演化特性[81]。

图 6.45 改进升级的 CT-三轴试验系统照片

图 6.46 扫描中的 CT-三轴仪照片

图 6.47 远程操作 CT-三轴扫描照片

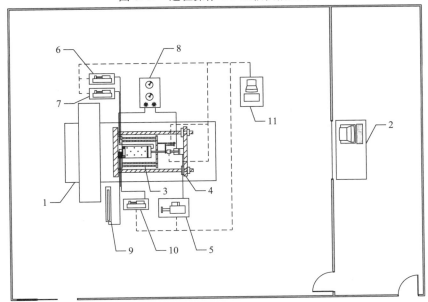

图 6.48 CT-非饱和土三轴试验系统示意图

1—CT 机；2—CT 操作台；3—非饱和土三轴压力室；4—三轴仪台架；
5—压力体积控制器（提供轴向荷载）；6—压力-体积控制器（与外压力室配套）；
7—压力-体积控制器（与内压力室配套）；8—气体压力控制柜；
9—排水量测量装置；10—压力-体积控制器（浸水用）；11—采集控制系统

113

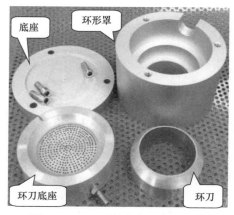

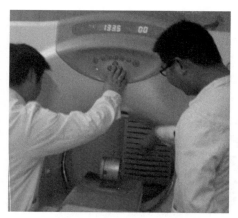

图 6.49　CT-固结仪主要部件照片　　　　图 6.50　扫描中的 CT-固结仪照片

长江科学院于 2008 年建立了岩土试验 CT 工作站[82]（图 6.51），采用德国西门子 Somatom Sensation 40 型 CT 机，该机具有较高的空间和时间分辨率，多维重建图像的质量也较高。该单位开发了两套 CT 三轴压力室（图 6.51）和 CT 渗透仪等设备，开展了多种岩土试验研究，如粗粒土组构、砾石土浸润试验、膨胀土干湿循环试验、水力劈裂试验、加筋土试验等。

关于 CT 技术原理的详细介绍及其在岩石力学中的应用，可参考文献［67，83-85］。

河海大学袁俊平和殷宗泽建立了三轴试验的远距离光学显微镜观测装置（图 6.52），能够观察膨胀土试样的表面裂隙变化情况[86]。

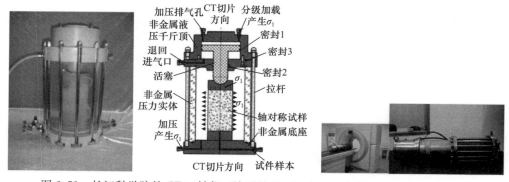

图 6.51　长江科学院的 CT 三轴仪（该型号 CT 机系 2005 年推出，2008 年即停产）

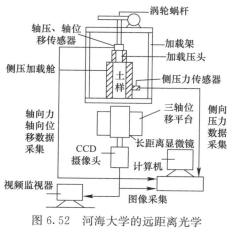

图 6.52　河海大学的远距离光学
显微镜观测装置示意图

6.5.4.4　微观研究与环境扫描电子显微镜

在微观研究方面，我国学者朱海之（1963，1964）、张宗祜（1964）、刘东生（1966，1978）、高国瑞（1980、1981）、谭罗荣和孔令伟（1981、1987）、王永焱（1982）、雷祥义（1983，1987）、林在贯（1983，1985）、薛守义和卞富宗（1987）、贺秀斌（1998）、白晓红（2001）等用显微镜、偏光显微镜、扫描电镜对湿陷性黄土、膨胀土、海洋土、红土做了大量工作，此处不再赘述。据贺秀斌（1997）介绍，偏光显微镜和 Quantiment500 图像处理系统的结合是研究土的微观形态的一个有力工具[87]。

扫描电子显微镜（Scanning Electron Microscope，简写为 SEM/扫描电镜）集成了电子光学技术、真空技术、精细机械结构以及现代计算机控制技术，成像采用二次电子或背散射电子等工作方式[88]。扫描电镜由电子光学系统（包括电子枪、聚光镜、物镜光阑）、扫描系统（包括扫描信号发生器、扫描放大控制器、扫描偏转线圈）、信号探测放大系统（包括探测二次电子、背散射电子等电子信号）、图像显示和记录系统（早期 SEM 采用显像管、照相机等，现用电脑）、真空系统（真空度高于 10^{-4}Torr，1 个大气压等于 760Torr；常用机械真空泵、扩散泵、涡轮分子泵等设备）和电源系统（包括高压发生装置、高压油箱）等 6 部分组成（图 6.53）。

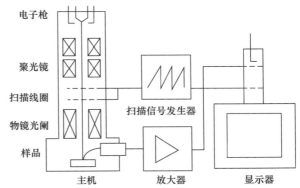

图 6.53 传统扫描电镜的结构示意图

扫描电镜的工作原理简介如下：电子枪发射的电子经高压电场加速和多级电磁透镜聚焦形成细小的电子束（即电子探针）。在末级透镜上方扫描线圈的作用下，电子束在试样表面扫描。入射电子与试样相互作用会产生二次电子（来自样品表层 5～10nm）、背散射电子、X 射线等各种信息。这些信息与试样的成分、表面特征、电磁性质等有关，将各种探测器收集到的信息按顺序、成比率地转换成视频信号，再传送到同步扫描的显像管并调制其亮度，就可以得到一个反映试样表面状况的扫描图像。如果将探测器接收到的信号进行数字化处理即转变成数字信号，就可以由计算机做进一步的处理和存储。

据文献 [89] 介绍，一般扫描电镜的放大倍数可达 15 万～20 万倍，最大可达 100 万倍；分辨率一般为 2～6nm，最高达 0.01nm。样品室的最大尺寸 150mm，样品最大厚度为 20mm。为便于扫描和应用，样品微动装置可使样品座倾斜 0°～90°、旋转 0°～360°和在 X、Y、Z 三个轴向移动 6～48cm。

20 世纪 80 年代发展的**环境扫描电镜**（environmental scanning electron microscope，简称 ESEM）是对传统扫描电镜技术（SEM）的重大改进。美国 Electro Scan 公司于 1990 年推出第一台商用环境电子显微镜。与传统扫描电镜相比，环境扫描电镜有以下特点：①传统扫描电镜样品室的真空度高（低于 270Pa 或 2Torr；1Torr＝133.3Pa），而 ESEM 的试样既可处在高真空度中，也可处于低真空状态（2600Pa，或 20Torr），接近大气环境（但并不等于 1 个大气压（760Torr）的大气环境）；②绝缘样品用传统电镜扫描前需要进行表明金属化（喷膜）处理，制样过程复杂，难以使样品保持原有状态，而应用 ESEM 时对于绝缘样品扫描不需要镀膜，能够反映样品原始形貌，不破坏样品原始结构，大大简化了制样工作；③含油含水的固体样品、生物样品均不需要干燥，即是液体样品都可以直接放入样品室进行观察，亦可观察固态物质在液体中的分布方式，液体在固体表面的附着状态，以及盐溶液样品中溶液的结晶或晶体的溶解现象；④分辨率高，目前可达 1nm。近年来国内已有学者将 ESEM 应用于岩土工程的研究。

环境扫描电镜有两个探头（ET 和 GSED，分别称为标准的 Everhart Thornley 探测器和 Gaseous SE 探测器，SE 即 secondary electron），分别在高真空和低真空下工作。因此，它除了保持传统扫描电镜功能外，由于增加了 GSED 探头，就增加了新的功能：（1）GSED 可以在低真空（约达 20Torr）的多气体环境中工作，故可以观察含有适量水分的生物样品；（2）信号的初始放大靠电离气体分子进行，不再需要光电倍增管，GSED 探头对光、热不敏感，故可以观察发光材料和使用热台[88]；（3）当绝缘样品表面沉积电荷时，形成的电场会吸引被电离的气体中的正离子而被中和，故非导体样品表面不再进行金属化喷涂处理，从而更好地观察样品表面的

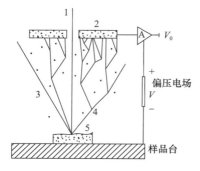

图 6.54　环境扫描电镜中气体
放大原理示意图

细节，也节省了处理样品的中间环节。

环境扫描电镜成像原理及电子探测器的机理可用图 6.54 说明[90,91]。由电子枪发射的高能入射电子束（1）穿过压差光阑进入样品室，射向被测定的样品（5），从样品表面激发出信号电子（包括二次电子 SE（4）和背散射电子 BSE（3））；由于样品室内有气体存在，入射电子和信号电子与气体分子发生碰撞，使之电离产生电子（称为气体二次电子）和离子。如果在样品和电极板（2）之间加一个稳定电场，电离所产生的电子和离子会被加速并分别引往与各自极性相反的电极方向，其中电子在途中被电场加速到足够高的能量时，会电离更多的气体分子，从而产生更多的电子。这种加速—电离过程的不断重复，使初始二次电子信号呈连续比例放大，这称为气体放大原理。ESEM 探测器正是利用此原理来增强信号的。GSED 探头接收这些信号并将其直接传到电子放大器放大成电信号去调制显像管或其他成像系统。

图 6.55 是华中科技大学分析测试中心购置的荷兰飞利浦公司/FEI 生产的 Quanta200 型环境扫描仪。样品室最高压力为 2600Pa，样品在 X 和 Y 两个方向的移动范围均为 50mm。分冷台和热台操作，冷台温度检测精度 0.5℃，操作温度范围为 −5～60℃；热台操作温度最高为 1000℃。该仪器可检测活体的、湿的样品。可安装低温冷台、加热台等进行样品的动态观察和分析，适用于纳米材料、复合材料、陶瓷材料、金属材料、高分子材料、薄膜材料、建筑材料、生物材料、电子材料、导体与非导体地矿、考古等表面微观形貌观察及成分分析。

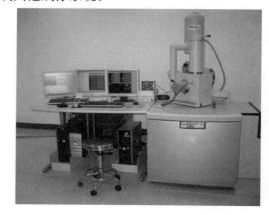

图 6.55　华中科技大学分析
测试中心的环境扫描仪

6.5.5　多功能三轴仪、真三轴仪、扭剪仪、动三轴仪等在非饱和土研究中的应用

后勤工程学院与江苏永昌科教仪器制造有限公司合作，于 2004 年研制成多功能土工三轴仪[92]（图 6.56），采用模块结构，体积轻巧，移动、组装、控制、应用都很方便，可做饱和土与非饱和土的各种试验（常规、CT、温控、湿胀、湿陷等 37 种试验）。

孙德安和松冈元（1998[93]、2003[40]）、Hoyos 和 Macari（2000）[94]、邢义川和谢定义（2001）（图 6.57）[95]、邵生俊（2009）[96,97]（图 6.58）分别改进了真三轴仪（图 6.58）。邢义川和谢定义做了 3 组试验，分别控制初始含水率、σ_3 和中主应力参数 b，应变式加载，施加围压和剪切过程均不排水不排气，量测孔隙水压力和气压力。邵生俊等（2017）[97]采用径向弹性伸缩和水平面内弹性转动的隔离刚性板，有效地分离了相邻液压囊，从而实现了轴向刚性、侧面双向柔性边界的加载机构，即刚性、柔性、柔性边界三向加载机构，对加载过程中刚性边界、柔性边界之间互相影响有所改善，具有独立施加三向主应力、便于三向主应变量测等的优点。该真三轴仪配备了供两种尺寸试样（70mm×70mm×70mm 的正立方体和 70mm×70mm×140mm 的长立方体）的压力室，已做了多处原状黄土和重塑黄土的变形强度特性试验。该真三轴仪的主要缺点是剪切速率偏高，不能满足常含水率试验和控制吸力的固结排水剪切试验对剪切速率的要求（见第 18.5.8.2 节图 18.55 和图 18.56）；另外，当中主应力参数 $b \geqslant 0.5$ 时，尚不能完全消除刚性边界和柔性边界之间的互相影响，试样在 σ_2 与 σ_3 两个方向的变化不均匀；加之柔性液压囊承力有限，轴向应变达不到15％就胀破了（图18.57）。这些缺点有待改进。

图6.56 后勤工程学院多功能土工三轴仪[92]

图6.57 西北水科所的真三轴仪

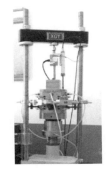
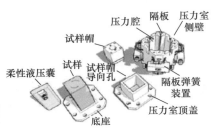

70mm×70mm×70mm　70mm×70mm×140mm

图6.58 西安理工大学的真三轴（左）与压力室结构（中）
及两种规格（右）

意大利那不勒斯费德里克二世大学改进了共振柱和扭剪仪（2000）[98]，骆亚生和谢定义[99]（2003）改进了扭剪仪（图6.59）。还有一些学者用改进的动三轴探讨非饱和土的动力性状[100-102]，其数据有多大的可信度尚不得知。动力试验的主要困难在于荷载变化快，孔隙水压力的反应不一定能跟得上荷载的变化；另一个困难是试样与底座的接触问题。扭剪试验的优点是试样与底座在试验过程中不会分离，能分别量测孔隙水压力和气压力。

图6.59 西安理工大学的扭剪仪

骆亚生和谢定义控制试样的初始含水率与固结比，共做了41个不排水、不排气扭剪试验，系统探讨了非饱和黄土的动孔压（水压和气压）、动剪切模量、动阻尼比和动应力-应变关系。文献［100］在试样底部和中部嵌入陶瓷钉张力计量测吸力（图6.60）。陶瓷钉张力计由两部分组成：陶瓷钉尖和一长40mm、直径5mm、内充无气水的聚丙烯玻璃管；该玻璃管固定在三轴底座上，其作用是把饱和的陶瓷钉尖与张力计内部的压力传感器连接起来；压力传感器既能量测负压（85kPa），也能量测正压。把轴平移技术与张力计相结合，就能控制更高的吸力。该陶瓷钉尖张力计的特殊安装方式可以保证在周期荷载的拉半周张力计与试样良好接触。试验结果发现，周期荷载与振次影响非饱和土的孔隙水压力，试样中部的张力计能快速反映孔隙水压力的变化。

冯怀平[103]基于范德堡法，研发了一种三轴试样全表面含水率分布的测试方法（图 6.61）。该法采用厚度 0.02mm 的钛电极片在土体表面进行测试土体电阻率，只接触土体表面而不破坏土体结构、不影响土样力学特性的优点，可用于研究三轴试样中水分及其迁移规律。

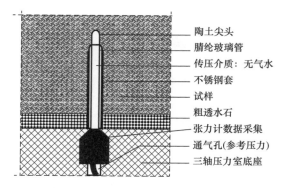

图 6.60　插入试样的陶瓷钉尖张力计
及其在三轴底座上的安装[100]

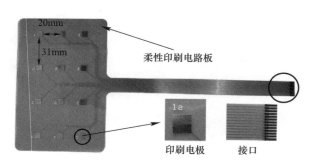

图 6.61　基于范德堡法用柔性印刷电极板测三轴
试样表面含水率
柔性印刷电路板尺寸为 123mm×80mm，
单个电极尺寸为 5mm×5mm

图 6.62　GDS 应力路径三轴仪（后勤工程学院）

GDS 应力路径三轴仪（图 6.62）有许多优点，如自动化程度高，控制精度高（体积为 1mm³，应力为 1kPa）。截至 2020 年 5 月，国内目前已约有 104 个单位拥有 125 台 GDS 三轴仪，且多配置了非饱和土试验设备（见本书表 4.2），远远超过国外的数量，但真正应用于非饱和土研究工作的尚不多，且迄今也未见到有超出国产非饱和土三轴仪研究成果的报道。据笔者所知，长安大学[104]和北京交通大学[105]做了一些工作，也发现了某些问题。用 Hall 效应传感器量试样中部径向应变不能得出正确的体应变；因空气压力控制器的体积有限，不能长时间持续施加高气压；空气的扩散、溶解、渗漏得不到补偿，也无法计量。有关经验值得交流总结。

6.6　本章小结

（1）非饱和土与特殊土三轴仪是探讨其变形、屈服、强度、排水、渗透规律的有力工具，是非饱和土仪器的主体。

（2）非饱和土三轴试验测试的变量较多，测试技术比较复杂，影响准确量测的因素多，量测精度要求高；各种常规非饱和土三轴仪的工作原理基本相同，各自的特色主要在于针对提高量测精度采取不同的对策。

（3）中国学者在常规非饱和土三轴仪研制方面付出很大努力，有效提高了量测体变、气压力和排水量的精度；并自主研发了 γ 透射三轴仪和真三轴仪。

（4）对国内学者研发的温控三轴仪、缓冲材料三轴仪、CT-三轴仪、三轴试样全表面变形的计算机图像测量方法等的原理、构造、特色和功能作了重点阐述；其中，CT-三轴仪构造简单，操作方便，能在加载和浸水过程中无损、实时观测试样内部细观结构的演化，是研究土结构损伤规律的有力工具。目前最快每秒可拍摄 1000 张断层图片，有望捕捉到细观结构形成过程。

（5）详细介绍了研究土的微观结构扫描电子显微镜（SEM/扫描电镜）与环境扫描电镜（ESEM）的原理和特色。

参考文献

[1] BISHOP A W, DONALD I B. The experimental study of partly saturated soil in triaxial apparatus [C]// GOLDMAN A, SELIM E, WATERS PROC R. 5th Int. Conf. on SMFE. 1978 (1)：13-21.

[2] 毕肖普 A W，亨开尔 D J. 土壤性质的三轴试验测定法 [M]. 陈愈炯，俞培基，译. 北京：中国建筑工业出版社，1962.

[3] 黄文熙. 土的工程性质 [M]. 北京：水利电力出版社，1983.（第 6 章由陈愈炯编写）.

[4] 俞培基，陈愈炯. 非饱和土的水-气形态及其力学性质的关系 [J]. 水利学报，1965（1）：16-23.

[5] 杨代泉. 非饱和土广义固结理论及其数值模拟与试验研究 [D]. 南京：南京水利科学研究院，1990.

[6] 胡再强. 黄土结构性模型及黄土渠道的浸水变形试验与数值分析 [D]. 西安：西安理工大学，2000.

[7] 陈正汉. 非饱和土固结的混合物理论：数学模型、试验研究、边值问题 [D]. 西安：西安理工大学，1991.

[8] 陈正汉，谢定义，王永胜. 非饱和土的水气运动规律及其工程性质研究 [J]. 岩土工程学报，1993，15（3）：9-20.

[9] 陈正汉. 非饱和土三轴仪与重塑土制样设备的研制 [R]. 重庆：后勤工程学院，1994.

[10] 陈正汉，周海清. 非饱和压实黄土的本构关系研究 [J]. 西部探矿工程，1996，（S1）：1-3，6.

[11] 周海清. 非饱和土非线性弹性本构模型的实验研究 [D]. 重庆：后勤工程学院，1997.

[12] 孙树国. 膨胀土的强度特性及其在南水北调渠坡中的应用 [D]. 重庆：后勤工程学院，1999.

[13] 孙树国，陈正汉，卢再华. 重塑非饱和膨胀土强度及变形特性的试验研究 [C]//长江科学院. 南水北调膨胀土渠坡稳定与滑动早期预报研究论文集. 武汉，1998：128-136.

[14] 黄海. 非饱和土的屈服特性及弹塑性固结有限元分析 [D]. 重庆：后勤工程学院，2000.

[15] 陈正汉. 重塑非饱和黄土的变形、强度、屈服和水量变化特性 [J]. 岩土工程学报，1999，21（1）：82-90

[16] CHEN ZHENGHAN, FREDLUND D G, GAN JULIAN K M. Overall volume change, water volume change, and yield associated with an unsaturated loess [J]. Can. Geotech. J, 1999（36）：321-329.

[17] 卢再华，陈正汉，孙树国. 南阳膨胀土变形与强度特性的三轴试验研究 [J]. 岩石力学与工程学报，2002，21（5）：717-723.

[18] 方祥位，陈正汉，孙树国，等. 剪切对非饱和土土水特征曲线影响的研究 [J]. 岩土力学，25（9），2004，1451-1454.

[19] 关亮. 非饱和路基填土（黄土）的强度与变形特性研究 [D]. 重庆：后勤工程学院，2006.

[20] 张磊. 非饱和路基填土（含黏砂土）的力学特性研究 [D]. 重庆：后勤工程学院，2010.

[21] 苗强强. 非饱和含黏砂土的水气运动规律与力学特性研究 [D]. 重庆：后勤工程学院，2011.

[22] 章峻豪，陈正汉，苗强强，等. 南水北调中线工程安阳段渠坡换填土的强度特性研究 [J]. 后勤工程学院学报，2011，27（6）：1-7.

[23] 刘国楠，冯满. 三轴试验中非饱和土试样吸力的量测 [J]. 岩土工程学报，1994，16（5）：11-15.

[24] 徐永福. 非饱和膨胀土的力学特性及其工程应用 [D]. 南京：河海大学，1997.

[25] 徐永福，刘松玉. 非饱和土强度理论及其工程应用 [M]. 南京：东南大学出版社，1999.

[26] 缪林昌. 非饱和膨胀土的变形与强度特性研究 [D]. 南京：河海大学，1999.

[27] 缪林昌，殷宗泽，仲晓晨. 非饱和膨胀土强度与含水率的关系 [C]//长江科学院. 南水北调膨胀土渠坡稳定与滑动早期预报研究论文集. 武汉，1998：123-127.

[28] 殷建华. 新双室三轴仪用于非饱和土体积变化的连续测量和三轴压缩试验 [J]. 岩土工程学报，2002，24（5）：552-555.

[29] 詹良通，吴宏伟. 新双室非饱和土体积变化量测系统 [C]//《中国土木工程学会第九届土力学及岩土工

程学术会议论文集》编委会. 中国土木工程学会第九届土力学及岩土工程学术会议论文集：上册. 北京：清华大学出版社，2003：401-405.

[30]　JOSA A，ALONSO E E，LLORET A，GENS A. Stress-strain behaviour of partially saturated soils [C]//Proc. 9th Eur. Conf. Soil Mech. Dublin：Balkema 1987 (2)：561-564.

[31]　WHEELER S J. The undrained shear strength of soil containing large gas bubbles [J]. Geotechnique, 1988, 38 (3)：399-413.

[32]　TOYOTA H，SAKAI N，NISHIMURA T. Effects of stress history due to unsaturation and drainage conditions on shear Properties of unsaturated cohesive soil [J]. Soils and Foundation, 2001, 41 (1)：13-24.

[33]　AVERSA S AND NICOTERA M V. A triaxial and oedometer apparatus for testing unsaturated soil [J]. Geotechnical testing Journal, 25 (1)：3-15.

[34]　LEONG C，AGUS S S，RAHARDJO H. Volume change measurement of soil specimen in triaxial test [J]. Geotechnical testing Journal, 27 (1)：47-66.

[35]　GDS Instruments Ltd，ADVDPC Handbook. 2000.

[36]　张鲁渝，孙树国，郑颖人. 霍尔效应传感器在土工试验中的应用 [J]. 岩土工程学报，2004，26 (5)：706-708.

[37]　DRUMRIHGT E. The contribution of matric suction to the shear strength of unsaturated soils [D]. Ph. D. dissertation, Univ. of Colorado, Fort Collins, Colorado, USA, 1989.

[38]　弗雷德隆德 D G，拉哈尔佐 H. 非饱和土土力学 [M]. 陈仲颐，张在明，等译. 北京：中国建筑工业出版社，1997.

[39]　SUN D A，MATSUOKA H. Collapse of compacted clays using triaxial tests [C]//Juca J F T et al. Proc. of 3rd Int. Conf. on Unsaturated Soils. A A BALKEMA PUBLISHERS, 2002 (2)：631-634.

[40]　SUN D A，MATSUOKA H，XU Y F. Elastoplastic model for unsaturated compacted soils and its verification [C]//同济大学，等. 首届全球华人岩土工程论坛论文集，2003：60-70.

[41]　JUCA J F T，FRYDMAN S. State of the art report -Experimental techniques [C]//Proceedings of the 1st International Conference on Unsaturated Soils. Publ Rotterdam：A A Balkema, 1995：76 -111.

[42]　邵龙谭，王助贫，韩国城，等. 三轴试验土样径向变形的计算机图像测量 [J]. 岩土工程学报，2001，23 (3)：337-341.

[43]　RIFAI A，LALOUI L，VULLIET L. Volume measurement in unsaturated triaxial test using liquid variation and image processing [C]. JUCA J F T et al. Proc. of 3rd Int. Conf. on Unsaturated Soils. A A BALKEMA PUBLISHERS, 2002 (2)：441-445.

[44]　ELKADY Y T，HOUSTON W N，HOUSTON S L. Calibrated image processing for unsaturated soils testing [C]//JUCA J F T et al. Proc. of 3rd Int. Conf. on Unsaturated Soils. A A BALKEMA PUBLISHERS, 2002 (2)：447-451.

[45]　邵龙潭. 土力学研究与探索 [M]. 北京：科学出版社，2011.

[46]　邵龙潭，刘萧，郭晓霞，等. 土工三轴试验试样全表面变形测量的实现 [J]. 岩土工程学报，2012，34 (3)：409-415.

[47]　ZAKOWICZ S，GARBULEWSKI K. Modification of triaxial apparatus for prediction of dam core behaviour [C]//ALONSO E E，DELAGE P. Proc. of 1st Int. Conf. on Unsaturated Soils. A A BALKEMA/ROTTERDAM/BROOKFIELD, 1995 (2)：585-590.

[48]　DELAGE P，SURAJ DE SILVA，G P R，DE LAURE E. Unnouvel appareil triaxial pour les sols non satures [C]//Proc. 9th Eur. Conf. Soil Mech. , Dublin, Vol. 1, 26-28.

[49]　CUI Y J，DELAGE P. Yielding and plastic behaviour of an unsaturated compacted silt [J]. Geotechnique, 1996, 46 (2), 291-311.

[50]　Bruyn D De，Thimus J F. The influence of temperature on mechanical characteristics of Boom clay：The results of an initial laboratory programme [J]. Engineering Geology. 41 (1996), 117-126.

[51]　SULTAN N，DELAGE P，CUI Y J. Temperature effects on the volume change behaviour of Boom clay

[J]. Engineering Geology, 2002（64）：135-145.

[52] WIEBE B, GRAHAM J, TANG G X, DIXON D. Influence of pressure, saturation, and temperature on the behaviour of unsaturated sand-bentonite [J]. Can. Geotech. J, 1998（35）：194-205.

[53] BLATZ J, GRAHAM J. A system for controlled suction in triaxial tests [J]. Geotechnique, 2000, 50（4），465-469.

[54] BLATZ J, Graham J. Elastic-plastic modeling of unsaturated soil using results from a new triaxial test with controlled suction [J]. Geotechnique, 2003, 53（1），113-121.

[55] TANG G X, GRAHAM J, BLATZ J et al. Suction, stresses, and strengths in unsaturated sand-bentonite [J]. Engineering Geology, 2002（64）：147-156.

[56] 陈正汉，谢云，孙树国，等. 温控土工三轴仪的研制及其应用 [J]. 岩土工程学报，2005，27（8）：928-933.

[57] 谢云，李刚，陈正汉. 温度对膨胀土变形强度特性的影响 [J]. 岩土工程学报，2005，27（9）：1082-1085.

[58] 谢云，陈正汉，李刚. 考虑温度影响的重塑膨胀土的非线性本构模型 [J]. 岩土力学，2007，23（9）：1937-1942.

[59] 李剑，王勇，孔令伟，等. 一种新型非饱和土温控三轴试验系统的研制与初步应用 [J]. 岩土工程学报，2018，40（3）：468-474.

[60] 陈皓. 高放废物地质库缓冲材料在高温高压下的变形强度特性研究 [D]. 南宁：广西大学，2015.（该学位论文在后勤工程学院完成）

[61] 孙发鑫. 膨润土-砂混合缓冲/回填材料的力学特性和持水特性研究 [D]. 重庆：后勤工程学院，2013.

[62] 陈皓，吕海波，陈正汉，秦冰. 考虑温度影响的高庙子膨润土强度与变形特性试验研究 [J]. 岩石力学与工程学报，2018，37（8）：1962-1979.

[63] 刘奉银. 非饱和土力学基本试验设备的研制与新有效应力原理的探讨 [D]. 西安：西安理工大学，1999.

[64] 刘奉银，谢定义，俞茂宏. 一种新型非饱和土射线土工三轴仪 [J]. 岩土工程学报，2003，25（5）：548-551.

[65] TABANI P, MASROURI F. Evaluation of the hydromechanical properties of unsaturated soils：experimental approach by two different methods [C]//Proc. 15th Conf. on SMGE. Istanbul：A A BALKEMA PUBLISHERS, 2001（1）：623-628.

[66] 杨福家，王炎森，陆福全. 原子核物理学 [M]. 2版. 上海：复旦大学出版社，2010.

[67] 王鸣鹏. CT检查技术学 [M]. 上海：复旦大学出版社，2004.

[68] 施斌，姜洪涛. 在外力作用下土体内部裂隙发育过程的CT研究 [J]. 岩土工程学报，2000，22（5）：537-541.

[69] 蒲毅彬，陈万业，廖全荣. 陇东黄土湿陷过程的CT结构变化研究 [J]. 岩土工程学报，2000，22（1）：49-54.

[70] 陈正汉，卢再华，蒲毅彬. 非饱和土三轴仪的CT机配套及其应用 [J]，岩土工程学报，2001，23（4）：387-392.

[71] 卢再华. 非饱和膨胀土的弹塑性损伤模型及其在土坡多场耦合分析中的应用 [D]. 重庆：后勤工程学院，2001.

[72] 卢再华，陈正汉，蒲毅斌. 原状膨胀土损伤演化的三轴CT试验研究 [J]. 水利学报，2002（6）：106-112.

[73] 卢再华，陈正汉，蒲毅斌. 膨胀土干湿循环胀缩裂隙损伤演化的CT试验研究 [J]. 岩土力学，2002，23（4）：417-422.

[74] 魏学温. 膨胀土的湿胀变形与结构损伤演化特性研究 [D]. 重庆：后勤工程学院，2007.

[75] 朱元青. 基于细观结构变化的非饱和原状湿陷性黄土的本构模型研究 [D]. 重庆：后勤工程学院，2008.

[76] 方祥位. Q_2黄土的力学特性与微细观结构研究 [D]. 重庆：后勤工程学院，2008.

[77] 姚志华. 裂隙膨胀土在三轴浸水和各向等压加载过程中的结构演化特性研究 [D]. 重庆：后勤工程学院，2009.

[78]　李加贵. 考虑结构性的原状非饱和 Q_3 黄土的主动土压力研究 [D]. 重庆：后勤工程学院，2010.

[79]　陈正汉，方祥位，朱元青，等. 膨胀土和黄土的细观结构及其演化规律研究 [J]. 岩土力学，2009，30（1）：1-11.

[80]　郭楠，陈正汉，杨校辉，等. 重塑黄土的湿化变形规律及细观结构演化特性 [J]. 西南交通大学学报，2019，54（1）：73-81，90.

[81]　朱国平，陈正汉，韦昌富，等. 南阳膨胀土在受荷的干湿循环过程中细观结构演化规律研究 [J]. CT 理论与应用研究，2017，26（4）：411-424.

[82]　程展林，左永振，丁红顺. CT 技术在岩土试验中的应用研究 [J]. 长江科学院学报，2011，28（3）：33-38.

[83]　曹丹庆，蔡祖农. 全身 CT 诊断学 [M]. 北京：人民军医出版社，1996.

[84]　葛修润，任建喜，蒲毅斌，等. 岩土损伤力学宏细观试验研究 [M]. 北京：科学出版社，2004.

[85]　杨更社，张全庆. 冻融环境下岩体细观损伤及水热迁移机理分析 [M]. 西安：陕西科学技术出版社，2006.

[86]　袁俊平. 非饱和膨胀土的裂隙概化模型与边坡稳定研究 [D]. 南京：河海大学，2003.

[87]　贺秀斌. 图像处理技术在土壤微形态定量研究中的应用简介 [J]. 土壤学报，1997，28（3）：110-111.

[88]　吴立新，陈方玉. 现代扫描电镜的发展及其在材料科学中的应用 [J]. 武钢技术，2005，43（6）：36-40.

[89]　郭素枝. 扫描电镜技术及其应用 [M]. 厦门：厦门大学出版社，2006.

[90]　邵曼君. 环境扫描电镜及其应用 [J]. 物理，1998，27（1）：48-52.

[91]　干蜀毅，陈长琦，朱武，等. 环境扫描电子显微镜工作原理及实现 [J]. 真空电子技术，2003（6）：29-32.

[92]　陈正汉. 多功能土工三轴仪的研制 [R]//后勤工程学院 2004 年度实验室建设与管理研究成果报告，2004.

[93]　MATSUOKA H，SUN D A，ANDO M，KOGANE A，FUKUZAWA N. Deformation and strength of unsaturated soil by true triaxial tests [C]//Proc. of 2nd Int. Conf. on Unsaturated Soils. International Academic Publishers. 1998（1）：410-415.

[94]　HOYOS L R，MACARI E J. Nature of principal strain response of unsaturated soils under multi-axial stress states [C]. Advances in Unsaturated Geotechnics：Proc. of Sessions of Geo-Denver，2000：333-343.

[95]　邢义川. 非饱和土的有效应力与变形-强度特性规律的研究 [D]. 西安：西安理工大学，2001.

[96]　邵生俊，罗爱忠，邓国华，等. 一种新型真三轴仪的研制与开发 [J]. 岩土工程学报，2009，31（8）：1172-1179.

[97]　邵生俊，许萍，邵帅，等. 一室四腔刚-柔加载机构真三轴仪的改进与强度试验——西安理工大学真三轴仪 [J]. 岩土工程学报，2017，39（9）：1575-1582.

[98]　MANCUSO C，VASSALLO R，D'ONOFRIO A. Soil behaviour in suction controlled cyclic and dynamic torsional shear tests [C]//Rahardjo H，Toll D G，Leong E C. Unsaturated Soils for Asia：Proc. of the Asian Conf. on Unsaturated Soils，2000：539-544.

[99]　骆亚生. 非饱和黄土在动、静复杂应力条件下的结构变化特性及结构性本构关系研究 [D]. 西安：西安理工大学，2003.

[100]　BECKER T，MEIBNER H. Direct suction measurement in cyclic triaxial test devices [C]//J F T Juca et al Proc. of 3rd Int. Conf. on Unsaturated Soils. A A BALKEMA PUBLISHERS，2002（2）：459-462.

[101]　FLEUREAU J M et al. Influence of suction on the dynamic properties of a silt sand [C]. Juca J F T et al. Proc. of 3rd Int. Conf. on Unsaturated Soils. A A BALKEMA PUBLISHERS，2002（2）：463-471.

[102]　SENER J C，HAMILTON R W. Stress-deformation and strength characteristics of unsaturated bituminous pavement mixtures by dynamic triaxial tests [C]//Juca J F T et al. Proc. of 3rd Int. Conf. on Unsaturated Soils. A A BALKEMA PUBLISHERS，2002（2）：679-685.

[103]　冯怀平. 基于范德堡法的非饱和土电阻率测试方法 [J]. 岩土工程学报，2017，39（4）：690-696.

[104]　齐明山. 基于 GDS 的原状黄土性状试验研究 [D]. 西安：长安大学，2003.

[105]　贾其军. 考虑土体级配影响的非饱和土强度理论及其应用 [D]. 北京：北京交通大学，2004.

第 7 章　膨胀土和湿陷性黄土的专用试验设备

本章提要

　　详细阐述了自主研发的三向胀缩仪、温陷-湿胀三轴仪的构造、特色和功能；对激光量测三轴试样径向变形装置的原理、方法和量测精度的检验做了详细介绍。

　　膨胀土和湿陷性黄土都是典型的非饱和土，本书第 2～6 章介绍的各种测试技术对它们也适用。除此而外，为了测试它们的特殊力学性质，学者们研制了一些专门仪器，如三向胀缩仪、湿陷三轴仪、激光量测三轴试样径向变形的装置等。

7.1　三向胀缩仪

　　为了探讨膨胀土三向膨胀力和胀缩变形的各向异性，中铁西北科学研究院张颖钧研制了三向胀缩仪（1989）[1]。最初是人工读数，后勤工程学院于 2001 年对其进行改进，用计算机自动采集数据。

　　图 7.1 和图 7.2 分别是其结构示意图和改进后的实体照片。三向胀缩特性仪的设计是以平衡加压法试验原理为依据的。正方体试样的三个相邻面安有测力元件，可以同时测出 X 方向、Y 方向和 Z 方向的作用力，而在立方体的另外三个面上装有位移调整装置，可以同时测出 X、Y 和 Z 方向上的变形量，从而建立三维膨胀力与膨胀量之间的关系。试样尺寸选择为 4cm×4cm×4cm。为了使试样均匀浸水，采用上、下同时注水使试样膨胀的方式，可缩短试验时间。为模拟自然界的干缩湿胀现象，配备了试样烘干装置。该设备在控制变形时可测出膨胀力；反之，在控制力时可测出膨胀变形。因而该仪器可以做膨胀力试验、三向膨胀力-变形试验、干湿循环三向膨胀力试验，三向收缩试验。该仪器可测的最大膨胀力为 1.5MPa。谢云[2]和刘军[3]用该仪器分别研究了南水北调中线工程陶岔段渠坡膨胀土和湖南压实红黏土的三向膨胀力。

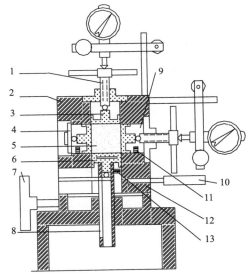

图 7.1　三向胀缩仪结构示意图

1—调整螺杆；2—方型试验框架顶盖；
3—承压活塞；4—等强度梁；5—土样；
6—下承压活塞；7—手轮；8—齿条；
9—方型试验框架方型铜柱；10—加热元件；
11—挡水板；12—方型试验框架底座；
13—贮水排水槽

　　膨润土的最大膨胀压力可达 10MPa 以上，超出了如图 7.1 所示仪器的测试范围。秦冰和陈正汉[4]在 2007 年对该仪器做了进一步改进，将试样尺寸改为 2cm×2cm×2cm，可测 6MPa 的膨胀力。孙发鑫等[5]用改进的三向胀缩仪研究了膨润土-砂混合缓冲材料的三向膨胀力。

　　应当指出，刘祖德和孔官瑞[6]曾用真三轴探讨了平面应变条件下膨胀土卸荷变形过程中泊松比的变化。

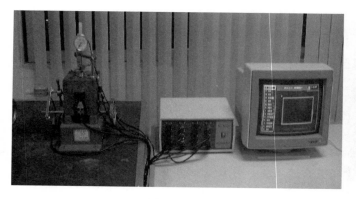

图 7.2 改进的三向胀缩仪及其内部构造照片

7.2 湿陷-湿胀三轴仪

常规非饱和土三轴仪用轴平移技术施加/控制吸力，必须对土样施加气压力，陶土板的渗透性也比较小，若让气压力降低（或让水压力升高）到某一值再控制吸力不变、使土样吸水变形（湿陷或湿胀），则试验过程必然要持续很长时间。为了缩短这一过程，有的学者对非饱和土三轴仪加以改进。图 7.3 是伊朗学者 Habibahi 和 Mokhberi 设计的三轴仪底座（1998）[7]，其特点是一个二元结构，底座中部是螺旋槽和高进气陶土板，用来控制吸力；外围是不封闭的环形槽和普通透水石，用以使土样浸水饱和。他们试验的土样吸力低（小于 55kPa），因而试验时不必用轴平移技术施加气压力，这样试样不排水，可保持天然含水率。试验时先加 10kPa 围压，再等 12～24h，待孔隙水压力稳定后测土样初始吸力；其次施加一定的偏压，然后在 10kPa 水头下浸水饱和湿陷（单线法）；另一个土样在测定了初始吸力后先饱和后加载（双线法）。若试样初始吸力较高，则需用轴平移技术施加气压力，试样的部分排水有可能从底座外围的普通透水石和环形槽流出，引起排水量的量测误差。

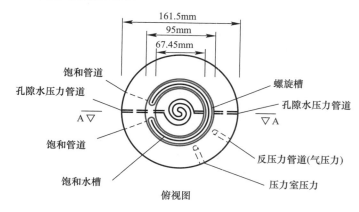

图 7.3 湿陷三轴仪底座示意图

图 7.4 是 UPC 研制的黄土湿陷三轴仪[8,9]，其底座构造与图 7.3 相似。该仪器有三个特点：一是采用小尺寸试样；二是试样帽的构造和底座相同，大大缩短了水分与吸力均等化的时间，但也增加了试样内封闭气泡的数量；三是从压力室外用光电-激光系统测试样两对边的局部径向变形，该量测系统的分辨率是 $2\mu m$，由电动机驱动可在试样全高度范围内运动，因而能测出试样整体剖面，进而可给出试样的总体变形和饱和度。

图 7.5 是后勤工程学院研制的湿陷/湿胀三轴仪底座照片。

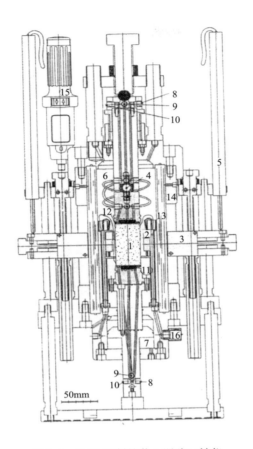

图 7.4 UPC 研制的黄土湿陷三轴仪

1—试样；2—轴向应变传感器；3—径向应变激光传感器；4—加载部件（用于各向同性试验）；

5—激光元件竖向滑动导杆；6—围压（采用气压或硅油加压）；7—竖向加载部件；8—气压；

9—水压（与体变系统连接）；10—水压（与扩散空气冲洗系统连接）；11—高进气陶土板；

12—粗孔环形透水石；13—有机玻璃内压力室；14—钢质外压力室；15—电机；16—传感器接线及数据采集系统接线

图 7.5 后勤工程学院的湿陷/湿胀三轴仪底座构造

7.3 量测试样径向变形的激光装置

后勤工程学院孙树国、苗强强等在 2004—2011 年依据光学原理，利用高精度位置探测传感器 PSD（Position sensing detector）和激光半导体器器件 LD（Laser Semiconductor），研制开发

了一套激光量测非饱和土三轴仪试样的径向变形的装置[17,18]，其分辨率是 0.001mm，可实时、

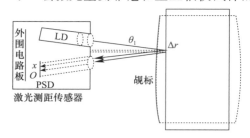

图 7.6　激光量测试样径向变形原理示意图

无损、连续量测。PSD 是一种具有特殊结构的大光敏面的光电二极管，又称为 P-N 结光电传感器[19]。当入射光照射在感光面的不同位置上时，所得到的电信号也不同，从输出的电信号中就可以确定入射光点在感光面上的位置。该装置的测试原理如图 7.6 所示。

在试验开始时先调整接收器的位置使反射光线能够入射到接收器的中心位置，当光线入射到贴有铝箔觇标的试样上，有部分光线自觇标反射到 PSD 传感器接收。在试验进行时，试样径向发生变形，这时接收器上的能量中心将发生变化，但入射光角度并未发生变化，根据三角法测距原理，试样的半径变化 Δr 与 x 偏移距离呈线性关系，即 $\Delta r = x \cot\theta / 2$。通过传感器的外围计算，并由已知的入射角度，就能够确定试样的半径变化量 Δr。

为了提高量测精度，采取了 3 项措施：一是以方形压力室（图 7.8）取代替了常规圆形压力室（图 7.7a），与入射光垂直的两个面为光滑、均匀性好的有机玻璃板，其他两个侧面用金属材料制作，以减少光的偏折现象；二是把控制激光传感器升降的普通电机更换为步进电机以更精确定位，使每一行程都能回到同一初始位置；三是考虑到试样在剪切过程中容易发生偏心而不再关于中轴线对称、用单个激光传感器测量试样直径失真的实际情况，采用两个 PSD 传感器分别对试样某一断面的两侧进行扫描。其量测原理（图 7.9）简介如下。

(a)

(b)

图 7.7　激光量测三轴试样径向变形装置

(a)　　(b)

图 7.8　方形压力室和圆台形标准件

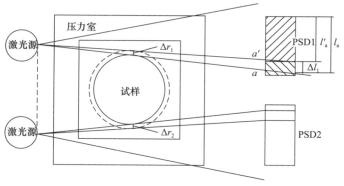

图 7.9　激光量测原理图

激光源发出一束激光，通过土样后一部分被土样遮挡。PSD1 探测器产生的信号与被照射部分的长度有关，当土样的直径变大时，遮挡部分移至 a' 点，照亮部分为 l'_a，产生信号 u'_a，半径的变化 Δr_1 由照亮部分 Δl_1 的变化情况来反映，信号变化 Δu_1 经变换处理后就代表半径的变化 Δr_1；同理 PSD2 上的信号变化为 Δu_2 与半径 Δr_2 对应。于是，试样直径的变化量为：

$$\Delta r_1 + \Delta r_2 = \Delta D \tag{7.1}$$

式中，ΔD 表示试样径向变化量。通过沿土样轴线方向移动探测器，就可以测出不同截面上试样径向变化情况。在测试前用一变截面的不锈钢标件（图 7.8b）标定，将所测电信号与直径关系用数值方法拟合成某一函数关系，用此函数关系换算土样直径变化，并由不同高度的直径变化关系拟合出试样体积变化关系。

对该装置进行了 3 种情况的标定测试：① 空气中的变截面标准件；②方形压力室中的标准件，分析比较压力室对激光测试的影响；③压力室中加水的标准件，分析比较水对激光测试的影响。步进电机每一步长为 2mm，共扫描 39 步。图 7.10 为 2 号 PSD 传感器对标准件、加压力室的标准件和压力室加水的标准件 3 种情况的测试结果。图中的负号表示随直径的增加，激光接收器接收的电信号变小。由图 7.10 可见，压力室对激光测量影响较大，而水的影响很小。将压力室前后两个面调换和两个传感器位置交换，所得的结果也相似。

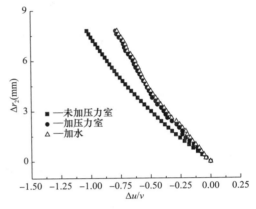

图 7.10　3 种条件下传感器的标定曲线

为了进一步检验该装置量测的可靠性，用其量测了饱和含黏砂土试样在三轴各向等压固结试验过程中的体积变化。试样干密度 1.85g/cm^3，初始直径为 39.10mm，高度为 80.00mm，对试样反压饱和，施加 200kPa 围压固结。激光量测装置的 PSD 传感器测量变形的分辨率是 0.001mm，精度为 0.01mm。在理想状况下，该装置测量的相对直径误差为 0.000512，相对体积误差为 0.000767，理论量测精度较高，但实际测量中影响因素较为复杂，难以达到理论的精度。故根据排水量检验激光测量系统的准确性。假定试样是完全饱和的，由排出水的体积除以试样的高度就等于试样面积变化值，由面积反算试样的直径变化的平均值。部分计算值与量测值进行比较如表 7.1 所示，二者相差不大，表明该套装置具有较高的量测精度。

计算值与量测值比较				表 7.1
排水量（cm³）	0.3000	0.6000	1.2000	2.0000
计算值（mm）	38.8814	38.7909	38.6629	38.5357
量测平均值（mm）	38.8799	38.7916	38.4931	38.3705
相对误差（%）	0.4000	0.1800	0.4400	0.4300

7.4　本章小结

（1）三向胀缩仪以加压平衡原理为依据，试样为立方块，可用于研究膨胀土三向膨胀力和胀缩变形的各向异性。

（2）湿陷-湿胀三轴仪的底座为二元构造，可用于研究非饱和黄土的湿陷特性和非饱和膨胀土的湿胀特性。

（3）详细介绍了激光量测三轴试样径向变形装置的原理和方法，对其量测精度做了初步检验；该装置的特色是可以无损、连续、实时量测试样的径向变形，但压力室为异形构造，对加工精度要求高。

参考文献

[1] 张颖钧. 裂土（膨胀土）的三向胀缩特性 [C]//中加非饱和土学术研讨会文集，1994：249-256.

[2] 谢云. 非饱和膨胀土的热力学特性、三向胀缩特性及膨胀土边坡在复杂条件下的渗流分析 [D]. 重庆：后勤工程学院，2005.

[3] 刘军. 非饱和路基压实黏土工程特性的试验研究 [D]. 西安：长安大学，2008.

[4] 秦冰，陈正汉，刘月妙，等. 高庙子膨润土的三向膨胀力特性研究 [J]. 岩土工程学报，2009，31（5）：756-763.

[5] 孙发鑫，陈正汉，秦冰，等. 高庙子膨润土-砂混合料的三向膨胀力特性 [J]. 岩石力学与工程学报，2013，32（1）：200-207.

[6] 刘祖德，孔官瑞. 平面应变条件下膨胀土卸荷变形试验研究 [J]. 岩土工程学报，1993，15（2）：68-73.

[7] HABIBAHI G，MOKHBERI M. A hyperbolic model for volume change behavior of collapsible soils [J]. Can. Geotech. J，1998（35）：264-272.

[8] BAREERA M，OMERO E R，LLORET A，GENS A. Collapse tests on isotropic and anisotropic compacted soils [C]//TARANTINO A，MANCUSO C. Proc. of an Int. Workshop on Unsaturated Soils. Trento，Italy：A A BALKEMA/ROTTERDAM/BROOKFIELD，2000：33-46.

[9] BAREERA M，ROMERO E，LLORET A，VAUNAT J. Hydro-mechanical behaviour of a clayer silt during controlled-suction shearing [C]//JUCA J F T et al. Proc. of 3rd Int. Conf. on Unsaturated Soils. A A BALKEMA PUBLISHERS，2002（2）：485-4490.

[10] 朱元青，陈正汉. 研究黄土的新方法 [J]. 岩土工程学报，2008，30（4）：524-528.

[11] 魏学温，陈正汉，朱元青. 控制吸力条件下膨胀土的湿胀变形试验研究 [C]//中国土木工程学会第十届土力学及岩土工程学术会议论文集：上册. 重庆：重庆大学出版社，2007：486-488.

[12] 陈正汉，方祥位，朱元青，等. 膨胀土和黄土的细观结构及其演化规律研究 [J]. 岩土力学，2009，30（1）：1-11.

[13] 朱元青，陈正汉. 原状 Q_3 黄土在加载和湿陷过程中细观结构动态演化的 CT 三轴试验研究 [J]. 岩土工程学报，2009，31（8）：1219-1228.

[14] 李加贵，陈正汉，黄雪峰，等. Q_3 黄土侧向卸荷时的细观结构演化及强度特性 [J]. 岩土力学，2010，31（4）：1084-1091.

[15] 姚志华，陈正汉，朱元青，等. 膨胀土在湿干循环和三轴浸水过程中细观结构变化的试验研究 [J]. 岩土工程学报，2010，32（1）：68-76.

[16] 郭楠，陈正汉，杨校辉，等. 重塑黄土的湿化变形规律及细观结构演化特性 [J]. 西南交通大学学报，2019，54（1）：73-81，90.

[17] 孙树国，陈正汉，冷文，等. 基于高精度 PSD 的三轴径向变形激光量测系统的研制 [J]. 岩土工程学报，2007，29（10）：1587-1590.

[18] 苗强强，陈正汉，孙树国，等. 三轴试样径向变形激光量测系统的改进 [J]. 岩石力学与工程学报，2011，30（2）：427-432.

[19] 吕海宝. 激光光电检测 [M]. 长沙：国防科技大学出版社，2004.

第 8 章　模型试验和大型现场试验设备

本章提要

模型试验和现场试验更接近实际情况，本章主要介绍坡地降雨入渗-产流及浸蚀模型试验、地基与结构物相互作用大尺寸物理模型试验和离心机模型试验的构造、原理和功能；对采取大尺寸原状土样的方法、滑动测微计的原理及其在测试桩侧负摩阻力中的应用做了详细阐述。

前述各章所介绍的仪器，除第 2.2.6 节的大型秤重式蒸渗仪外，尺度较小，试样被当作土体中的一个点研究，不能全面考虑土体实际经受的环境因素和应力变化，也难以真实反映土体中的缺陷和结构性。因此，以尺度较大的模型试验模拟实际土体的性态及进行少量的大型现场试验弥补上述各种试验的不足、使人的认识更接近实际是十分必要的。如降雨入渗试验[1]、膨胀土的现场大剪试验[2]、挡土墙后填土为膨胀土的土压力模型试验[3]、膨胀土地基中的桩基承载力试验[4]、黄土地基的现场浸水试验[5-9]和试桩浸水试验[10-13]、特殊土的离心机模型试验[2,14-17]等，需要使用专门的测试仪器和取原状样设备。

8.1　坡地降雨入渗-产流及浸蚀模型试验

为探讨黄土地区坡地降雨入渗及产流规律，西安理工大学王文焰等（1987）研制了一个坡地降雨入渗及产流的模型试验[1]，对研究水土保持、边坡在降雨过程中的稳定性、路基湿化变形等有很好的借鉴作用。

该系统由试验土槽、人工降雨、土中水分测量、坡面径流及浅层土中径流测量四部分组成，其总体结构如图 8.1 所示。

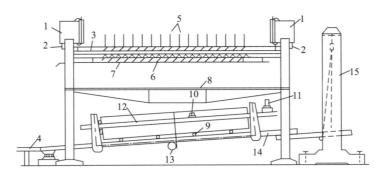

图 8.1　西安理工大学的坡地降雨入渗及产流的模型试验示意图

1—水箱；2—供水管路；3—支架；4—轨道；5—降雨器；6—截雨盘；7—集流槽；8—工作桥；
9—坡面土槽；10—放射源；11—横向电机；12—测桥；13—纵向电机；14—底梁；15—门吊

（1）试验土槽装置

试验土槽宽 0.3m，深 0.6m，最长可达 5.5m。土槽为拼接式钢槽，由两节长 2.0m 和一节长 1.5m 的车厢式槽体组成，故可依试验的需要，分别构成 1.5m、2.0m、3.5m、4.0m 和 5.5m 的坡长。每节车厢式槽底部各装配 4 个车轮，从而使土槽可以在底梁及轨道上推动，以便处理土料。有关研究表明，以放射性同位素 ^{137}Cs 为源，用 γ 透射法测定土样含水率时，土样的最优厚度为 20～30cm。并考虑边界条件对坡面漫流的影响，综合确定槽宽为 0.3m。借助门吊用手动葫芦改变底梁一端的起吊高度，可以改变试验槽坡度，使试验槽坡度在 0～23.5％间调整。

（2）人工降雨装置

人工降雨装置由马里奥特水箱、供水管路、控制阀和分立针管式降雨器构成。供水箱长 0.8m，宽 0.52m，高 0.6m，容积 0.25m³。整个降雨系统由两个供水箱供水，分别置于左、右两端支柱顶部

的横梁上。马里奥特管用有机玻璃制成，既可作为供水箱内水位的指示器，又能调节和控制降雨器集水管内水头并使之维持稳定作业。降雨器由有机玻璃制作，底板尺寸为 25cm×36cm，其上装有 117 个 $6\frac{1}{2}$ 号医用不锈钢注射针头（图 8.2）。多个降雨器并行排列，其间距为 36cm，它们在距地面 4.6m 高的铝合金支架上构成人工降雨装置。试验时可依据坡长确定降雨器数目，最多可

图 8.2　针头式降雨器照片（底面朝上放置）

设 20 个降雨器，水平长度为 5.0m。其降雨强度可在 0.57～2.57mm/min 内调整，均匀度达 0.965 以上，稳定度高于 0.998。截雨盘为浅漏斗形，用有机玻璃制成，其集水面积与降雨器相同，位置与降雨器上下一一对应。其作用是控制坡面降雨的起始与终止，以及对每一次降雨进行率定。在模拟天然降雨过程中，通过调整马里奥特管的高度实现设计降雨强度的变化范围。

（3）土中水量测装置

研究降雨入渗及产流机理，必须了解并掌握各种条件下土中水分的时空分布运移规律。在室内的试验研究中，国内外资料表明，利用放射性同位素进行测量的 γ 透射法是测定土中含水率动态变化的最佳方法，它具有量测迅速、量测精度较高等优点。因此，本试验系统的土中水量测部分采用了 γ 透射法。这一装置由 γ 射线源及量测装置、机械传动装置、计算机控制装置构成。

机械传动装置的功能是使放射源与探头在设计指令下，上下左右同步移动，以达到量测坡地二维（X-Z）剖面内指定点土壤含水率变化过程的目的。测桥是这套机械传动装置的基本设备。俯视呈矩形框架，横向液压伺服电机置于测桥一端，左右桥面各安装了一台滑动小车。横向电机带动传动链条可使两小车沿桥面左右同步移动。测桥桥体侧面装有电极 h_1、h_2……h_n，其间距以 10cm 为基准，且可调。滑动小车上设一触头 h_0，它可随小车左右移动，而与电极 h_1、h_2……h_n 构成回路，达到控制横向定位测量的目的。纵向电机设在底梁中部，它驱动蜗轮蜗杆，带动丝杆转动，而使测桥上下移动。丝杆支架侧面设有电极 V_1、V_2……V_n，间距为 5cm。侧桥相应位置上伸出触头 V_0。它随测桥上下移动，并与电极 V_1、V_2……V_n，共同控制纵向定位测量。纵、横向控制电路共同作业，可以达到在二维剖面内定点测量之目的。

控制台通过 PWM-10 型脉宽调速器控制纵、横向电机的动转方向和速度，使放射源与探头同步抵达指定位置。人工控制时，小车横向运动速度平均为 25mm/s，纵向运动速度平均为 5mm/s。计算机自动控制时，纵、横向移动速度均可提高 1/3。无论人工控制或计算机控制，定点位置误差均小于 1.5mm。

试验中，放射源强度为 34.04×10⁷ 及 44.04×10⁷Bq，每一测点采样时间为 10s，由标准误差传播公式可得含水率量测的总可能误差为 0.0108～0.0085。水量平衡法检验表明，平均相对误差为 3.9％，由此推算含水率量测误差为 0.0118。

（4）坡面径流及浅层土中径流量测装置

黄土坡面流中含砂量甚高，故采用体积法量测。但在高雨强时，坡面过流量较大，采用体积法量测时，容器过大，则精度低，容器小又难以容纳一次试验过程的总径流量。为了保证精度，采用了分段式体积法量测，其设施如图 8.3 所示。储水器呈连通器形，上部接集流器，右端底部设排水阀。用

SWY-784 型自动跟踪水位仪测定水位，它配有数字显示器。用 JS-1 型数字式计时器或 BD-101 型瞬间同步计时器确定时间，并以摄影方式记录水位及相应相间。用上述装置测定了 7 次试验的坡面径流过程线，推算出每次实验的总水量，同时用量筒人工精测总水量，以量筒精测总水量为标准，流量过线推算总水量的平均误差为 3.2%，由此估计，瞬间流量的平均误差为 0.8cm³/s。在恒定雨强 1.0mm/min 条件下，重复进行了不透雨坡面（4.0m×0.3m 木槽，表面涂清漆）的汇流试验。每次试验降雨历时 50s，流量过程线历程约 2min，总水量约 1000cm³。试验过程中，采用 BD-101 型瞬间同步计时器时，每 3s 拍一次照片，记录水位及相应时间，所得两次流量过程线间同一时刻的最大离差为 1.6cm³/s，平均离差为 0.7cm³/s。与前述总水量法检验结果一致，精度较好。

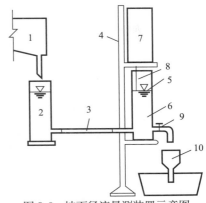

图 8.3 坡面径流量测装置示意图
1—集流槽；2—储水器；3—软胶管；
4—支架；5—最高水位；6—最低水位；
7—自动跟踪水位仪；8—测针；
9—底阀；10—翻斗流量计

由于浅层土中径流流量远小于坡面径流，故可利用遥测器翻斗式雨量器量测。其翻斗容量 3.14cm³，每翻一次输出一个信号，据此信号推算土中径流流量。

西安理工大学水电学院在 1989 年建成了面积 18m×18m 的降雨大厅，降雨装置采用下喷式降雨器（喷射方向朝下，通过内置转子或掺气等方式使水流散射），雾化程度高，可用于模拟降雨入渗、产流、坡面浸蚀等。

中科院西北水土保持研究所的黄土高原土壤浸蚀与干旱农业国家重点实验室在 1991 年建造了国内规模最大的降雨大厅，降雨试验区面积 1296m²，既可分成两块独立使用，亦可合在一起使用。降雨装置采用由日本引进的 4 种孔径的转子式降雨喷头，降雨高度 18m，满足所有降雨雨滴达到终点稳定速度。4 种喷头组合降雨强度变化范围为 12～250mm/h（即从毛毛雨到特大暴雨），降雨均匀度大于 95%，最大持续降雨历时 12h。该实验室配备有 3 种试验土槽：固定式、移动式和组合移动式，可根据试验要求选用。土槽均可升降，倾角可在 0°～30°变化，调节步长为 5°。固定试验土槽（图 8.4a）宽 3m、深 0.6m、长 8m；移动试验土槽宽 1m、深 1m、长 5m；组合试验土槽由上下两个土槽组成，单个土槽宽 1m、深 0.5m、长 5m，组合使用时长度达 10m。

为了研究一个流域内土被浸蚀的规律，该所建造了小流域实体模型（图 8.4b）。除此而外，该所还配有下喷式便携降雨器和侧喷式便携降雨器（喷头内带有倾斜布置的碎流板，水流从水平方向喷出，形成在较大范围内分布比较均匀的雨滴），具有运输方便、安装快捷的优点，其技术参数列于表 8.1。

(a) 试验土槽

(b) 小流域实体模型

图 8.4 中科院西北水土保持研究所的固定式液压升降试验土槽
和小流域实体模型（1∶70）

便携式降雨器的技术参数　　　　　　　　　　　　　　　　　　　　表 8.1

类型	降雨强度（mm/h）	单机降雨面积（m²）	降雨高度（m）	降雨均匀度（%）
下喷式	25～200	1.5×7	2～8	＞90
侧喷式	30～230	1.5×5	2～8	＞75

8.2　地基与结构物相互作用大尺寸物理模型试验

图 8.5 为南京水利科学研究院大尺寸模型槽的照片。模型槽内部尺寸为 10m×2.5m×4.1m（长×宽×高），可根据研究目标，分段安排研究项目，如膨胀土地基浸水膨胀变形规律、浸水对膨胀土地基承载力的影响、填土为膨胀土的挡墙在浸水后受到的侧向膨胀压力、膨胀土中的桩基在浸水前后的承载力与桩侧摩擦力（包括上拔力）等。浙江大学的模型试验槽为开顶钢结构（图 8.6），内部尺寸为 15m×5m×6m，可按需分成三个独立的试验区域（5m×5m×6m）；侧壁上装有透明可视窗口，可观测地基基础破坏形态。后勤工程学院的非饱和土模型试验箱侧壁开有仪器安装孔，可方便地安放传感器及导线引出（图 8.7）。

(a) 地基承载力/浸水试验　　　　　　　　　　　　(b) 桩基承载性状试验

图 8.5　南京水利科学研究院的大型模型试验槽

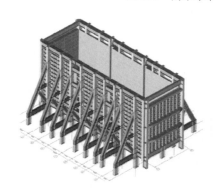 

图 8.6　浙江大学的大尺寸模型试验箱　　　图 8.7　后勤工程学院的非饱和土模型试验箱

8.3　离心机模型试验

离心机模型试验的最大优点是能真实反映土体的自重应力，文献［18］对其试验原理和作用作了详细论述。目前离心模型机已广泛应用于研究高坝、高边坡、深基础、加筋挡墙、高路堤、高防洪堤、深埋隧洞等工程［18］，其试验资料也可用以验证本构模型和数值模拟结果［19］。国内学者已用离心模型机开展了非饱和土边坡在降雨入渗过程中的稳定性、污染物在非饱和土中运移规律及卫生填埋场的试验研究等工作[20]。

国内目前已有 20 多台离心模型机[21]，成都理工大学在 2011 年建成国内目前容量最大的离心模型机（500$g \cdot t$）。目前郑州大学、中国水利水电科学院和浙江大学正在分别筹建 600$g \cdot t$、1000$g \cdot t$ 和 1500$g \cdot t$ 的超级离心机[22]。图 8.8 是中国水利水电科学研究院在 1991 年建成的离心模型机，其主要性能指标列于表 8.2 中。

(a) 离心模型机　　　　　　　　　　(b) 主控制台

图 8.8　中国水利水电科学院 LXJ-4-450 土工离心机和主控制台

对于大厚度湿陷性黄土场地的浸水湿陷变形，室内湿陷试验很难反映其实际情况，而现场浸水试验的试验周期长且费用昂贵，邢义川等[23]另辟蹊径，提出用离心机模型试验研究湿陷变形。研究结果表明：黄土湿陷的离心模型试验同样可以采用双线法和单线法进行，离心模型试验得到的侧压力系数变化规律同室内试验得到的侧压力系数变化规律相一致，通过离心模型试验求得的修正系数 K_0 值与现场浸水试验得到的值相近，证明了基于离心模型试验的黄土湿陷试验新方法可以得到与现场大型浸水试验相近的结果。米文静[24]等进一步开展了包含地基多个土层的单线法和双线法自重湿陷变形离心模型试验，分析了 Q_2 和 Q_3 黄土自重湿陷的分层变形特征，并与室内湿陷试验和现场浸水试验结果进行了对比；试验得到的地区修正系数值与现场浸水试验测得的值之相对误差为 2.5%，可以用于自重湿陷性地基的湿陷性评价。

中国水利水电科学研究院的离心模型机技术参数[17]　　　　表 8.2

最大加速度（g）	有效负重（t）	有效负荷（$g \cdot t$）	最大半径（m）	吊篮尺寸长×宽×高（m）	驱动电机功率（kW）	连续运行时长（h）	加速到 300g 所需时长（min）	电源/信号通道数量	离心机总重（t）
300	1.5	450	5.03	1.5×1.0×1.2	700	48	15～20	14/64	58

8.4　采取大尺寸原状土样

以上模型试验的土样多为重塑土，不能反映原状土的结构性及内部缺陷，因而试验结果是定性的。为克服这一不足，发展采取大尺寸的原状土样技术势在必行。张建丰在这方面做了卓有成效的工作，取得了成功，先后在北京、山东东营、宁夏盐池、河北正定、河北衡水等地采取过大尺寸原状土样（图 8.9）。目前能采取的最大原状土样尺寸为：方形土样达 3m×3m×3m，圆柱形土样的直径 2m、高度 4.5m，完全能够满足各种模型试验（如非饱和土水分运移模型实验、现场大型蒸渗仪、离心模型试验、大尺寸模型箱/槽试验等）的需要。

(a) 矩形取土器　　　　　　　　　　　　　(b) 方形取土器

(c) 圆形取土器　　　　　　　　　　　　　(d) 吊装

图 8.9　现场采取大尺寸原状土样

8.5　滑动测微计及其在测试桩侧负摩阻力中的应用

　　滑动测微计（Sliding Micrometer）是瑞士 Solexperts 公司在 20 世纪 70 年代末至 20 世纪 80 年代初为监测沿某一直线（竖直/水平/倾斜均可）的应变分布而研制的高精度便携式应变仪，可用以研究湿陷性黄土地基中桩侧负摩阻力、坝肩与岩石之间的相互作用等问题，一套仪器可用于多个钻孔甚至多个工程。该仪器以线法监测（Linewise observation）取代以应变计为代表的点法监测（Pointwise Observation）。后者只能测定元件埋设处的应变信息，前者则是连续地测量相邻两点间的信息，这样它就可以导出整条测线上轴向和横向变形分布。

　　滑动测微计由测杆探头、电缆、绞线盘和测读仪组成[25,26]（图 8.10）。测杆的两个探头做成球面，测杆内设有线性位移传感器。电缆为加强的测量电缆，长 100m，配有绞线盘。测读仪为 Solexperts 的 SDC 数据控制器，是菜单驱动的多用途和数据采集装置，可用应变仪或 DT-80 取代（参见本书第 2.2.4 节）。该仪器配有铟钢合金制造的便携式标定架，可随时检查仪器功能和标定探头，以保证仪器性能的稳定性和精度。探头和标定架都带有温度传感器，测试过程中可随时读取测段温度，测试前后可在标定筒中标定，以消除温度影响及零点漂移。灵敏度 0.001mm/m，现场测量精度≤±0.003mm/m。

　　在测量时，将滑动测微计插入钻孔的套管中，并在间距为 1m 的两测标间一步步移动。在滑移位置，探头可沿套管从一个测标滑到另一个测标。现场测量工作很简单，使用导杆，可将探头旋转 45°到达测试位置，向后拉紧加强电缆。利用锥面-球面定位原理（图 8.11，在下段中介绍），使探头的两个测头在相邻两个测标间张紧，探头中的传感器触发，并将测试数据通过电缆传到测读装置。做成锥面的金属测标，用 HPVC 保护套管连接起来，测标间距为 1m，与被测构件浇筑在一起（图 8.10）。周围介质（土、岩石或混凝土）的变形会引起测标产生相对位移，其值可被滑动测微计测得。使用滑动测微计可快速获得测试结果。当钻孔为 30m 时，自上而下及自下而上测试一次，可在 30min 内完成。

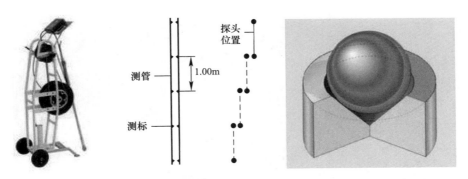

图 8.10　滑动测微计组成（左）和测标布置（右）　图 8.11　球形探头放在锥形测标上

为提高反复量测定位的精度，设计了锥形的测标及两端为球面的探头[25]。锥形测标是环形的，并被切成四瓣，探头两端的球头也切成四瓣。这样，探头就可在用套管连接的锥形测标中自由地滑动和测量。图 8.12 为该仪器量测的示意图，通过采用高硬度的不锈钢或铜及精密机械加工，球心定位精度可达到 0.001mm，可满足多次反复测量的定位要求。

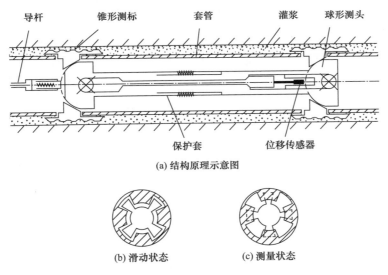

图 8.12　滑动测微计

应用滑动测微计可连续测量沿桩身全长每米内的平均变形，现场测量精度高于 ±0.003mm/m。每根试桩沿深度对称平行埋设 2 根滑动测微管（图 8.13）[12,27]，且每隔 1m 安置一个高精度定位锥形环，环间用 HPVC 管相连，测微计可上下移动依次测量相邻锥形环之间的相对位移，根据 1m 间的长度变化，即可算出相应桩身位置的应变值。取两根平行安装的滑动测微管在同一深度量测试数据的平均值，可起到自行校正桩身偏心影响的作用。

相对于试桩中的钢筋计、压力盒等点法固定式仪器而言，滑动测微计具有如下优点[27]：连续地测定标距为 1m 的测段平均应变，分辨率高（1με），任何部位微小变形都反映在测值中，可评估构件质量，计算弹性模量。传统方法只能测定几个点的应变，两点之间的变形只能推断，而且测点处的应变由于探头介入而产生局部应力畸变，其测量值将偏离真实值。

传统方法是将被测元件预埋在构件内部，不仅测点有限，而且易于损坏，更主要的是零点漂移无法避免，不能修正。应用滑动测微计量测时，只在构件内埋设套管和测环。用一个探头测量，简单可靠，不易损坏，而且探头可随时在铟钢标定筒内进行标定，筒体温度系数小于 $1.5 \times 10^{-6} \text{℃}^{-1}$，可有效地修正零点漂移，特别适用于长期观测。

图 8.13 在试桩中设置两根滑动测微计量测套管（左）和钢筋应力计（右）

滑动测微计的探头具有温度自补偿功能，温度系数小于 $2 \times 10^{-6} \text{℃}^{-1}$，而且附有一分辨率为 0.1℃ 的 NTC 温度计，可随时监测测段温度，特别适用于长期监测，如负摩阻力监测，岩土工程以及钢或混凝土等大型构件监测等，以区分温度应变及应力导致的应变，这是传统方法无法做到的。

在经过分析取得较准确的桩身应变值之后，根据实测的桩身弹性模量，计算桩身轴向力、桩侧摩阻力、桩底端阻力等。

在天然含水率下研究桩的承载性状时，试验开始前进行第一次量测，作为初读数；以后每增加一级荷载量测一次，直至试验结束。在试桩浸水试验中，浸水前量测一次；浸水期间，随着土层湿陷发展情况，进行多次测试。

8.6 本章小结

（1）模型试验和现场试验更接近实际情况，与室内试验相辅相成。

（2）详细介绍了常用的 3 种模型试验（即坡地降雨入渗-产流及浸蚀模型试验、地基与结构物相互作用大尺寸物理模型试验和离心机模型试验）的构造、原理和功能；前两种模型试验属于 1g 下的模型试验，只能模拟尺度不大的岩土体力学行为；离心机模型试验属于 ng 下的模型试验，可以用小尺寸的模型模拟高大、深厚岩土体的力学行为，并简要介绍了其在研究黄土湿陷特性方面的应用。

（3）目前已能采取大尺寸原状土样（方形土样尺寸为 3m×3m×3m，圆柱形土样的直径 2m，高度 4.5m）；大尺寸原状土样能反映原状土的结构性及内部缺陷，能够满足多种模型试验（如非饱和土水分运移模型实验、现场大型蒸渗仪、离心模型试验、大尺寸模型箱/槽试验等）的需要。

（4）滑动测微计是一种高精度便携式应变仪，为监测沿某一直线（竖直/水平/倾斜均可）

的应变分布提供了方便；可用以研究湿陷性黄土地基中桩侧负摩阻力、坝肩与岩石之间的相互作用等问题，对其测试原理和使用方法做了详细说明。

参考文献

[1] 王文焰，沈冰，张建丰. 室内坡地降雨入渗及产流实验系统的研制 [J]. 实验技术与管理，1991，8（5）：12-16.

[2] 刘特洪. 工程建设中的膨胀土问题 [M]. 北京：中国建筑工业出版社，1997.

[3] 张颖钧. 挡墙后裂土膨胀压力分布与设计计算方法 [J]. 铁道学报，1995，17（1）：93-102.

[4] 王年香，顾荣伟，章为民，等. 膨胀土中单桩性状的模型试验研究 [J]. 岩土工程学报，2008，30（1）：56-60.

[5] 李大展，何颐华，隋国秀. Q_2 黄土大面积浸水试验研究 [J]. 岩土工程学报，1993，15（2）：1-11.

[6] 陕西省建筑科学研究院. 宝鸡第二发电厂试坑浸水试验报告 [R]. 1993.

[7] 黄雪峰，陈正汉，哈双，等. 大厚度自重湿陷性黄土场地湿陷变形特征的大型现场浸水试验研究 [J]. 岩土工程学报，2006，28（3）：382-389.

[8] 马侃彦，张继文，刘争宏，等. 自重湿陷性黄土场地试坑浸水试验 [J]. 勘察科学技术，2009（5）：33-36.

[9] 姚志华，黄雪峰，陈正汉，等. 兰州地区大厚度自重湿陷性黄土场地浸水试验综合观测研究 [J]. 岩土工程学报，2012，34（1）：65-74.

[10] 李大展，滕延京，何颐华，等. 湿陷性黄土中大直径扩底桩垂直承载性状的试验研究 [J]. 岩土工程学报，1994，16（2）：11-21.

[11] 陕西省建筑科学研究院，西北电力设计院. 宝鸡第二发电厂干作业成孔灌注桩试桩报告 [R]. 1994.

[12] 黄雪峰，陈正汉，哈双，等. 大厚度自重湿陷性黄土中灌注桩承载性状与负摩阻力的试验研究 [J]. 岩土工程学报，2007，29（3）：338-346.

[13] 马侃彦，张继文，王东红. 自重湿陷性黄土场地桩的负摩阻力 [J]. 岩土工程技术，2009，23（4）：163-166.

[14] 胡再强. 黄土结构性模型及黄土渠道的浸水变形试验与数值分析 [D]. 西安：西安理工大学，2000.

[15] 膨胀土地区公路筑路成套技术研究项目组. 膨胀土地区公路筑路成套技术研究 [R]. 2007.

[16] 邢义川，等. 非饱和特殊土增湿变形理论及在渠道工程中的应用研究成果报告 [R]. 中国水利水电科学研究院，2008.

[17] 李京爽. 膨胀土渠坡离心模拟和数值分析及非饱和土本构关系探讨 [D]. 北京：中国水利水电科学研究院，2010.

[18] 南京水利科学研究院土工研究室. 土工试验技术手册 [M]. 北京：人民交通出版社，2003.

[19] 李广信. 高等土力学 [M]. 北京：清华大学出版社，2004.

[20] 张建红，胡黎明. 重金属离子和LNAPLs在非饱和土中的运移规律研究 [J]. 岩土工程学报，2006，28（2）：277-280.

[21] 濮家骝. 土工离心模型试验技术及其在岩土工程中的应用 [C]//中国土木工程学会土力学及岩土工程分会. 岩土春秋：中国土木工程学会土力学及岩土工程分会成立五十周年纪念文集. 北京：清华大学出版社，2007：124-129.

[22] 蔡正银. 土工测试技术研究进展 [C]//中国土木工程学会土力学及岩土工程分会. 岩土春秋：中国土木工程学会土力学及岩土工程分会成立六十周年纪念文集. 北京：清华大学出版社，2019：162-168.

[23] 邢义川，金松丽，赵卫全，等. 基于离心模型试验的黄土湿陷试验新方法研究 [J]. 岩土工程学报，2017，39（3）：389-398.

[24] 米文静，张爱军，刘争宏，等. 黄土自重湿陷变形的多地层离心模型试验方法 [J]. 岩土工程学报，2020，42（4）：678-687.

[25] 李光煜，黄粤. 岩土工程应变监测中的线法原理及便携式系列仪器 [J]. 岩石力学与工程学报，2001，

20 (1)：99-109.

[26]　二滩水电开发有限公司. 岩土工程安全监测手册 [M]. 北京：中国水利水电出版社，1999.

[27]　黄雪峰. 大厚度自重湿陷性黄土的湿陷变形特征、地基处理方法和桩基承载性状研究 [D]. 重庆：后勤
工程学院，2007.

第 9 章　常规非饱和土三轴试验方法

本章提要

　　如同常规饱和土三轴仪一样，常规非饱和土三轴仪是探讨非饱和土力学特性的重要设备，有关试验是非饱和土最基本的力学试验，从事非饱和土工作的学者、教师、工程师和研究生必须掌握，故本章予以专门介绍。以自主研发的非饱和土三轴仪为例，详细介绍了仪器的构造特色、高进气值陶土板的饱和方法及检验方法、压力室标定方法、重塑土制样方法、试样安装方法、多种应力路径试验的方法与试验资料整理方法及剪切速率的选择等。

9.1　主要部件及特色

　　后勤工程学院于 2016 年改进升级了常规非饱和土三轴仪[1,2]（图 9.1），用压力-体积控制器取代了精密体变量测装置，用两台压力-体积控制器同时同步等值地为内外压力室施加液压，操作更为方便，并进一步提高了量测体变的精度。改进升级后的非饱和土三轴仪分应变控制和应力控制两种类型，其示意图分别见图 9.2 和图 9.3，由双层压力室（图 9.4）、轴向加压设备与轴向变形量测设备、周围压力与体变量测设备、水压力施加设备与量测设备、气压力施加设备与量测设备、排水装置等部件组成。

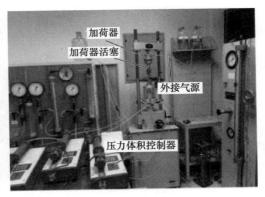

(a) 应变控制式　　　　　　　　　　　　(b) 应力控制式

图 9.1　改进升级的非饱和土三轴仪照片

　　（1）压力室为双层有机玻璃筒结构，分别称为内压力室和外压力室；压力室顶盖有两个排气孔分别与内、外压力室相通；压力室底座上的试样座中刻有螺旋槽，螺旋槽上部安装高进气值陶土板，高进气值陶土板用高强度双管胶将其侧面与试样底座的凹槽侧面粘结牢固，配备进气值为 500kPa 和 1500kPa 两种规格的高进气值陶土板；压力室底座外侧应设 5 个三通阀门，分别与内压力室、外压力室、气压通道、螺旋槽中心和末端相连。

　　（2）周围压力与体变量测设备：用两台型号相同的压力-体积控制器分别给内压力室和外压力室施加周围压力，给内压力室施加围压的压力-体积控制器同时量测试样体变。压力-体积控制器操作方便，性能稳定，量测精度高，量测压力分度值为 1kPa，体变分度值为 1mm³。

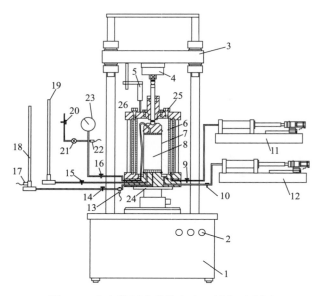

图 9.2　应变控制式非饱和土三轴仪示意图

1—电动机及变速装置；2—电源开关；3—试仪器横梁；4—荷载传感器（或量力环）；5—位移传感器；
6—双层压力室；7—试样乳胶膜；8—试样；9—外压力室加压三通阀门；10—内压力室加压三通阀门；
11—和外压力室配套的压力-体积控制器；12—和内压力室配套的压力-体积控制器；13—孔隙水压传感器；
14—排水三通阀门；15—冲洗三通阀门；16—孔隙气压三通阀门；17—排水差压传感器；18—排水管；
19—冲洗水管；20—气源阀门；21—孔隙气压调压阀；22—孔隙气压传感器；23—孔隙气压压力表；
24—升降台；25—内压力室排气螺钉；26—外压力室排气螺钉

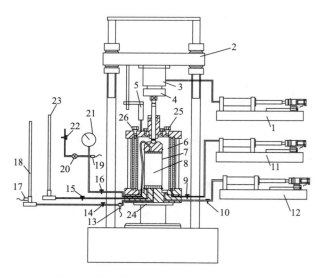

图 9.3　应力控制式非饱和土三轴仪示意图

1—竖向加载压力-体积控制器；2—试验机横梁；3—竖向加载活塞；4—荷载传感器；5—位移传感器；
6—双层压力室；7—试样乳胶膜；8—试样；9—外压力室加压三通阀门；10—内压力室加压三通阀门；
11—和外压力室配套的压力-体积控制器；12—和内压力室配套的压-体积控制器；13—孔隙水压传感器；
14—排水三通阀门；15—冲洗三通阀门；16—孔隙气压三通阀门；17—排水差压传感器；18—排水管；
19—冲洗水管；20—气源阀门；21—孔隙气压调压阀；22—孔隙气压传感器；23—孔隙气压压力表；
24—压力室座；25—内压力室内排气螺钉；26—外压力室排气螺钉

（3）水压力施加和控制设备：用一台压力-体积控制器施加和控制水压力。

（4）气压力施加-控制设备和量测设备：用高精度气压阀施加-控制气压力，其分度值为

5kPa，气压源可由空气压缩机或配备减压装置的高压氮气瓶提供（图 2.5）。

（5）应变控制式的轴向荷载用量力环或荷载传感器量测，轴向剪切速率由电动机的变速装置控制，轴向变形用位移传感器或百分表量测。

（6）应力控制式三轴仪的轴向加载设备：包括压力源、加载活塞和荷载传感器（或量力环）。压力源宜采用下述 3 种方式之一，即空气压缩机及高精度气压阀（施加-控制气压力）、压力-体积控制器（提供液压）、步进电机及其驱动器和调压筒（提供液压）。在试验前必须对荷载传感器（或量力环）进行标定，并应通过标定建立气压阀控制输出气压值与荷载传感器（或量力环）读数之间的关系曲线、压力-体积传感器输出液压值与荷载传感器（或量力环）读数之间的关系曲线。

（7）排水量测装置：由竖直安装的内径 4mm 的有机玻璃管（其中的 79.58mm 水柱体积等于 1cm³）或具有同一内径的硬尼龙管与不锈钢尺（分度值 1mm）组成，宜在排水管的水面之上放一层密度小于 1g/cm³、黏性小、厚 5mm 的轻油，以防止水分蒸发。在排水管下端应安装三通阀，用以放水或充水，使管中液面保持合适的高度。

条件许可时，排水量应采用体积分度值不大于 1mm³ 的压力-体积控制器或具有相应量测精度的压差传感器测定。

（8）多孔薄金属板（图 9.5）：直径 39.1mm，厚度 3mm，均匀分布直径 1mm 的孔若干个。多孔薄金属板试验时放置在试样顶部，其既不会从试样吸水，又能保护试样顶部减少扰动，并通过小孔给试样传递气压力。

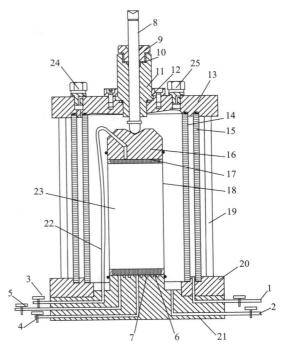

图 9.4 双层压力室构造示意图

1—外压力室三通阀阀门；2—内压力室三通阀阀门；
3—孔隙气压三通阀阀门；4—排水三通阀阀门；
5—冲洗三通阀阀门；6—高进气值陶土板；
7—陶土板底部螺旋槽；8—活塞杆；9—密封螺母；
10—压圈；11—活塞套；12—压紧法兰；13—顶盖；
14—压力室内筒体；15—压力室外筒体；
16—传压帽；17—多孔薄金属板；18—试样乳胶膜；
19—拉杆；20—法兰；21—底座；22—细进气管；
23—试样；24—外压力室排气阀；25—内压力室排气阀

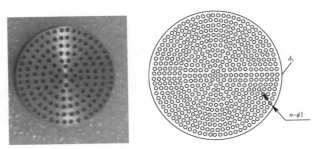

图 9.5 多孔薄金属板照片及构造示意图

9.2 高进气值陶土板的饱和方法及检验方法

饱和的高进气值陶土板过水不过气，从而实现水、气分流和水气压力的独立控制与量测，进而控制基质吸力。因此，在非饱和土试验开始前必须先饱和高进气值陶土板。非饱和土三轴仪的高进气值陶土板宜采用下述方法进行饱和[3]。

（1）安装压力室罩，使压力室底座上的气压三通阀处于完全关闭状态（三向互不相通）；调节压力室底座上的排水三通阀，使压力室与排水量管（或压力-体积控制器）处于关闭状态，而使压力室与该三通阀的另一端头相通，在此端头连接一段内径 4mm、长度 5～10cm 的硬尼龙管，并使硬尼龙管末端（与大气相通）上倾。

（2）用无气水流冲排陶土板下的螺旋槽中的空气，水从连接螺旋槽中心的阀门进入，从上述的硬尼龙管中排出，持续 1min，关闭进水阀门。

（3）宜用具有 1m 水头的无气纯净水源从下部给内、外压力室充水，待水充满后拧紧压力室顶盖上的两颗排气螺钉。

（4）用压力-体积控制器同时同步给内、外压力室施加等值压力，最大压力量值宜为 300～500kPa，保持压力不变，直到排水硬尼龙管内无气泡而出现连续水流，再继续维持压力 2h，即认为陶土板已经饱和。陶土板达到饱和需要的历时除与施加的水压力大小有关外，还取决于陶土板的进气值。陶土板的进气值越高，其中的孔隙越细，渗透性越低，达到饱和的历时就越长。

（5）关闭排水阀，同时同步等值卸除内、外室压力；若要检验陶土板是否完全饱和，待压力完全卸除后，则应放掉压力室中全部水；若不检验高进气值陶土板是否漏气，则只需放掉内压力室中的大部分水，内压力室中保留水的水面应超过高进气值陶土板的顶面 1cm 左右以使陶土板处于饱和状态。

宜用下述两种方法[3]检验陶土板是否完全饱和、在其标称吸力下是否漏气或陶土板周边与试样底座连接处是否漏气。

（1）在完全放掉压力室中的水后，给内、外压力室持续施加量值等于高进气值陶土板额定吸力的气压力，在 1～2h 内未见排水硬尼龙管中有气泡出现即可。

（2）取掉压力室罩，用洗耳球给陶土板顶面洒满无气纯净水，并用洗耳球吸走陶土板下面的全部水；连接气压源与硬尼龙管，给陶土板下面持续施加量值等于陶土板额定吸力的气压力，在 0.5～1h 内未见陶土板顶面或周边有气泡出现即可。

若陶土板顶面有气泡出现，则必须重新饱和并重新检验；若陶土板周边有气泡出现，则宜用 502 胶粘剂处理，待胶粘剂晾干后必须重新饱和陶土板并重新检验；如仍不能达到要求，则必须更换高进气值陶土板。

应当指出，不宜把陶土板放进开水里用煮沸的方法饱和陶土板。因为高进气值陶土板的侧面周边是用双管胶粘结在三轴仪底座的凹槽里的，陶土板、胶粘剂和三轴仪底座是 3 种不同的材料，具有不同的热胀冷缩系数，在煮沸和冷却过程中陶土板和三轴仪底座之间会产生裂缝。

9.3　内压力室及相连管道体变的标定

常规三轴仪是为饱和土试验设计的，其压力室是一个单层有机玻璃筒，在试验的围压作用下会发生相当大的体积膨胀。因饱和土的孔隙中充满水，试样在试验过程中的体变量等于排水量，故只需量测试验过程中的排水量即知试样体变量，压力室的膨胀并不影响试样的体变计算。

非饱和土的孔隙中包含水气两相，试样在试验过程中的体变量不等于排水量，通常通过量测压力室内水体积的变化推算试样体变。但压力室在围压作用下要发生膨胀，影响试样体变的计算。为了尽可能减小压力室的膨胀量，研发了双层压力室[3]（图 6.7）。在试验过程中，给内、外压力室施加相等的液压，内压力室侧壁两边因承受相同的压力而不会引起内压力室膨胀。由于常规三轴试验的围压水平较低，通常认为水和内压力室的有机玻璃侧壁在常规围压作用下的压缩变形可以忽略，故采用双层压力室可以有效提高试样体变的量测精度。不过，压力-体积控制器与内压力室连接的硬尼龙水管在围压作用下会发生膨胀；另一方面，尽管在常规应力（0～1000kPa）作用下，认为水是不可压缩的，压力室侧壁的压缩变形是可以忽略的，但在围压作用下二者毕竟是要产生微小体积变形的；第三，试样帽、导气细尼龙管、乳胶膜等在围压作用下都会产生微小的体积变形。为了尽可能减少以至消除这些误差，在试验前必须对内压力室及其与压力-体积控制器连结的管路在不同压力下的体积变化进行标定。标定用水必须是纯净无气水；标定时必须设法消除附着在压力室侧壁、试样帽、导气细尼龙管、乳胶膜、绑扎乳胶膜带、压力活塞头及活塞杆等器壁上的所有微小气泡。

标定方法和步骤如下。

（1）标定前必须先饱和陶土板，其方法如上一节所述。陶土板饱和后应关闭螺旋槽进口和出口的阀门，并应使保留在内压力室中的水面超过高进气值陶土板的顶面 1cm 左右。

（2）将压力室底座上的气压三通阀的气压源方向关闭，使另一方向与压力室相通，接通该三通阀与具有 1m 水头的无气纯净水源，抬高试样帽（其上连有给试样施加气压的细尼龙管，简称为导气细尼龙管），让水流过导气细尼龙管，待出现连续水流后关闭三通阀，切断水源。

（3）宜用洗耳球给试样帽外侧、导气尼龙管外侧、压力室底座上面、两个 O 形橡胶圈和压力室罩内壁喷水，以尽可能减少后续压力室充水时产生或滞留气泡。

（4）把压力室盖倒置，宜用医用注射器（安装有针头）给压力室活塞下端的机械加工孔中注满水，挤出该孔中的空气。

（5）把用以包裹试样的乳胶膜的内、外面和 6 条乳胶膜绑扎带用水洗净，放入压力室底座上。

（6）安装压力室罩，使压力活塞的下端紧贴压力室盖的下面。

（7）宜用具有 1m 水头的无气纯净水源从下部给内、外压力室注水，注水速率不宜太快，待水注满后拧紧排气孔螺钉。

（8）检查内压力室中的所有物品表面和通水管道中是否有气泡存在，如有气泡，务必除净，或者把水放空重新注满。

（9）将内、外压力室与各自的压力-体积控制器连通，应给内、外压力室同时同步施加 5kPa 的压力，待压力稳定后记录相应的体变值作为初始值。

（10）确定需要施加的各级室压力，室压力等级宜为 10、25、50、75、100、125、150、175、200、250、300、350、400、450、500、600、800、1000（kPa）。

（11）按照上述的室压力等级，依次从低到高进行加载，必须同时同步施加内、外室压力，待压力和变形稳定后记录相应的体变值。

（12）按照第（10）款的室压力等级，依次从高到低进行卸荷，待压力和变形稳定后记录相应的体变值。

（13）应按上述方法加卸载两次，取各级压力下内压力室及其水压力管道的体变平均值作为标定值。

（14）绘制压力-平均体变曲线，作为标定曲线，供修正试样体变资料备用。

作者及其学术团队曾对双层压力室的内压力室进行过多次标定，部分标定结果列于表 9.1、表 9.2 和表 9.3。其中表 9.1 和表 9.2 是用精密体变量测装置标定的结果，表 9.3 是用压力-体积控制器标定的结果。由表 9.1～表 9.3 可见，**标定结果具有以下特点：一是体变量较小，数值比较稳定，可以通过标定消除其对试样体变的影响；二是标定结果与季节温度有关，故应每月标定一次；三是标定数值大小依赖于内压力室与体变管（或压力-体积控制器）之间的连接管路长度，故应在改变管路长度或者更换连接管路时进行体变标定。**

陈正汉和周海清对体变 6 次标定情况统计表　　　　　　　　表 9.1

标定人	陈正汉				周海清	
标定次数	第 1 次	第 2 次	第 3 次	第 4 次	第 1 次	第 2 次
标定年月	1994 年 3—4 月			1995 年 2 月	1995 年 10 月	
具体时间及相关情况	3 月 9 日 加载过程： 8：35—20：30 历时≈12h	3 月 10 日 加载过程： 08：55—15：20 历时：6.5h 卸载过程 15：20—19：30 历时≥4h	4 月 4 日 加载过程： 9：00—16：50 历时≈8h	2 月 3 日 加载过程 3：45—23：00 历时≥19h 卸载过程 3 日 23：00— 4 日 12：40 历时≈14h	10 月 13 日 加载过程 9：00—16：00 历时 7h 卸载 16：00—19：30 历时 3.5h	10 月 14 日 加载过程 9：15—16：00 历时≈7h 卸载直到 15 日 8：00 历时 16h
液压 （kPa）	体变读数 （1%mm）			体变读数 （1%mm）	体变读数 （1%mm）	
0	93	29.5	70	95	2.9	13.3
25	—	—	—	—	11	21
50	109.5	42	82	104	19.5	30
75	—	—	—	—	24	36.2
100	131.5	64.5	102.5	117	34.1	42.5
150	148	81	122.5	137	45.5	53.5
200	161	91.5	135.5	150	54.3	61.5
250	172	103	146.5	163	63.1	70
300	181	113.5	157	173	71	77
350	191	124	167	183	79	84.5
400	200	132.5	177	193	87	92
450	209.5	144	186	202	94.7	99.2
500	219	155	196.5	210，5	103.1	106.6
最终读数与起始读数之差	126	125.5	126.5	115.5	100.2	93.3
最终体变量 （cm³）	0.794	0.791	0.797	0.728	0.631	0.588
	标定三次，在 500kPa 压力作用下的 平均体变量 0.794cm³				标定两次，在 500kPa 压力作用下 的平均体变量 0.61cm³	
说明	① 用特制体变管量测体变，体变读数每 1%mm＝体变百分表 1 格＝0.0063cm³； ② 卸载过程的数据没有列出					

孙树国和黄海对体变 5 次标定情况统计表　　　　　　　　表 9.2

标定人	孙树国			黄海	
标定次数	第 1 次	第 2 次	第 3 次	第 1 次	第 2 次
标定年月	1998 年 2—3 月		1998 年 5 月	1998 年 10—11 月	
具体时间及相关情况	2 月 27 日 加载过程 9：20—13：35 历时≥4h 卸载过程 13：35—17：20 历时≈4h	2 月 28 日 加载过程： 13：40—18：40 历时 5h 维持 500kPa 共 14h，百分表只变 动了 1 格 卸载过程 3 月 1 日 8：30—12：40 历时≥4h	5 月 21 日 加载过程 12：35—19：10 历时 6.5h	10 月 8—9 日 加载过程 8 日 19：05— 9 日 2：52 历时≈8h	11 月 9—10 日 加载过程 9 日 16：40— 10 日 1：00 历时≈8.5h

液压（kPa）	体变读数（1‰mm）			体变读数（1‰mm）	
0	88	19	64	95	30
25	104	30	65	105	45
50	121	50	68.8	114	54
75	142	66	76.8	134	65
100	159	83	93	152	76
125	—	97	113	164	—
150	171	108	120	177	96
200	185	125	146	195	112
250	202	140		212	129
300	219	154	186	228	142
350	235	165	—	241	153
400	248	176	215	255	164
450	262	187	—	267	173
500	271	202	240	281	183
最终读数与起始读数之差	195	183	176	186	153
最终体变量（cm³）	1.229	1.153	标定两次，在500kPa压力作用下的平均体变量1.191cm³		
			1.109	1.172	0.964
说明	①用特制体变管量测体变，体变读数每1‰mm＝体变百分表1格＝0.0063cm³；②卸载过程的数据没有列出；③标定结果与季节温度有关，故应每月标定一次，并控制实验室温度不超过22℃				

张龙对内压力室及其管道体变和螺旋槽及其管道的2次标定情况统计表[1,2]   表 9.3

标定人	张龙			张龙		
标定部件	内压力室及其与压力-体积控制器连接的管道			螺旋槽及其与压力-体积控制器连接的管道		
标定年月	2016 年			2016 年		
标定次数	第 1 次	第 2 次	平均值	第 1 次	第 2 次	平均值
具体时间及历时	1 月 31 日 0：42—3：12 历时 2.5h	2 月 1 日 8：02—10：34 历时 2.5h				
液压（kPa）	读数（mm³）			体变读数（mm³）		
0	0	0	0	18	20	19.0
50	197	192	194.5	32	36	34.0
75	267	260	263.5	53	50	51.5
100	324	315	319.5	67	64	65.5
125	371	369	370.0	81	79	80.0
150	413	413	413.0			
175	453	455	454.0			
200	492	493	492.5			
225	528	532	530.0			
250	563	566	564.5			
275	599	603	601.0			
300	632	638	635.0			

液压（kPa）	读数（mm³）			体变读数（mm³）
325	668	674	671.0	
350	703	709	706.0	
375	738	746	742.0	
400	772	780	776.0	
425	816	817	816.5	
450	851	857	854.0	
475	891	893	892.0	
500	923	934	928.5	
说明	① 用标准压力-体积控制器给内压力室施加围压，分度值为体积 1mm³，压力 1kPa； ② 用标准压力-体积控制器给螺旋槽施加孔隙水压力，分度值同上			

9.4　仪器功能

应用常规非饱和土三轴仪可以做多种应力路径的非饱和土试验，以下 15 种试验比较常用，应根据工作要求分别采用。其中，第 1、5、9 种试验的具体试验方法，将在本章第 7、8、9 节介绍。

（1）控制基质吸力为常数的排水各向等压试验（即，控制吸力的各向等压固结试验）。通过本项试验可以获得非饱和土的初始屈服净平均应力、压缩指标、回弹指标、水量变化指标随吸力的变化规律及巴塞罗那模型的加载-湿陷屈服轨迹的表达式等。

（2）控制气压力为常数的不排水各向等压试验（测孔隙水压力）。通过本项试验可以获得非饱和土在常含水率条件下试样的屈服净平均应力、变形和孔隙水压力随净平均应力与基质吸力的变化规律等。

（3）排气不排水各向等压试验（气压力保持为零，不测孔隙水压力）。通过本项试验可以获得非饱和土在常含水率条件下试样的屈服净平均应力、变形随净平均应力的变化规律等。

（4）不排气不排水各向等压试验（不测孔隙水压力）。通过本项试验可以获得非饱和土在常含水率条件下试样的屈服总平均应力、变形随总平均应力的变化规律等。

（5）控制基质吸力和净围压为常数的固结排水剪切试验。通过本项试验可以获得非饱和土在试验条件下的变形特性、强度特性、强度参数、水量变化特性和非线性本构模型参数等及其随基质吸力、净围压、偏应力的变化规律。

（6）控制气压力和净围压为常数的固结不排水剪切试验（测孔隙水压力）。通过本项试验可以获得经过固结的非饱和土在不排水条件下的变形强度随净围压、偏应力和基质吸力的变化规律等。

（7）控制净围压为常数的不固结排气不排水剪切试验（试验全过程气压力为零，不测孔隙水压力）。通过本项试验可以获得非饱和土在不排水条件下的变形强度随净围压和偏应力的变化规律等。

（8）控制总围压为常数的不固结不排气不排水剪切试验（不测孔隙水压力）。通过本项试验可以获得非饱和土在常含水率条件下的变形强度随总应力（包括总围压、偏应力）的变化规律等。

（9）控制净平均应力为常数而基质吸力逐级增大的广义持水特性试验。本试验即为考虑净平均应力影响的广义持水特性试验。通过本项试验可以获得非饱和土的考虑净平均应力影响的广义持水特性曲线、初始屈服吸力及与吸力有关的非线性本构模型参数。

（10）控制净平均应力增量和基质吸力增量之比为常数的排水各向等压试验。通过本项试验可以获得非饱和土在净平均应力-吸力平面内的屈服轨迹等。

（11）控制基质吸力与净平均应力为常数而偏应力增大的排水剪切试验（应力控制）。通过本项试验可以获得非饱和土在试验条件下的变形、强度和水量变化特性及其随基质吸力、净平均应力和偏应力的变化规律。

（12）控制净平均应力和偏应力为常数而基质吸力逐级增大的广义持水特性试验。本项试验即为同时考虑净平均应力和偏应力影响的广义持水特性试验。通过本项试验可以获得非饱和土的考虑净平均应力和偏应力影响的广义持水特性曲线、初始屈服吸力及与吸力有关的非线性本构模型参数。

（13）在一定应力状态下基质吸力卸载到零的湿陷/湿化试验。通过本项试验可以获得非饱和土在三轴应力条件下的湿陷/湿化变形特性随初始基质吸力、净围压和偏应力的变化规律等。

（14）在一定应力状态下不同浸湿程度的湿陷/湿化试验。通过本项试验可以获得非饱和土在一定初始含水率和三轴应力条件下的湿陷/湿化变形特性随初始含水率、总围压和偏应力的变化规律等。

（15）控制基质吸力和轴向净正应力为常数而净围压减小的剪切试验。通过本项试验可以获得非饱和土在试验条件下的变形、强度和水量变化特性及其随基质吸力、轴向净正应力和偏应力的变化规律。

9.5 重塑土试样的制备方法

制备合格的高质量试样是进行非饱和土试验研究的前提。西安理工大学和后勤工程学院先后在 20 世纪 80 年代和 20 世纪 90 年代初各自加工了一整套重塑土试样的制样模具和压实装置，制样模具包括固结试验用的环刀试样、渗透试验用的环刀试样和三轴试样。江苏永昌科教仪器制造有限公司在 2013 年将其标准化，迄今已在全国 10 多个单位使用。根据西安理工大学和后勤工程学院等单位 30 多年的使用经验，用该设备采用压实法制备试样，制样过程如同工厂生产，不管是环刀试样，还是三轴试样，都能准确控制试样的干密度和含水率，质量好，效率高，操作简便，快捷，几乎不浪费土料。

制样设备主要包括压实装置及制备三轴试样模具（图 9.6）和制备环刀试样模具，图 9.7 和图 9.8 是其示意图。制样模具用不锈钢制成，三轴试验的制样模具包括试样模筒和底座、制样活塞及 4 只活塞套环（每只高 16mm）、脱模活塞；侧限力学试样的制样模具的内径应与环刀外径相匹配。压实装置包括加压台架、千斤顶、脱模支架、加压活塞等。

制备试样前先要按《土工试验方法标准》GB/T 50123—2019 第 4.4.2 条第 1 款的规定制备湿土料。首先称量土料和要加的水量，把水装进喷雾器里；采用分层喷洒的方式加入水分，即先在容器内铺一层土料，用喷雾器在其上均匀喷洒；再撒一层土料，再喷洒一次水……最上面一层土料不再洒水。盖好容器，并用塑料薄膜包裹密封，静置 24h；人工搅和，再静置 24h；再次人工搅和，静置 24h，拌和后测含水率。对膨润土，则需每静置 48h 拌和一次，总历时为 6d。

制备环刀试样时，可根据试样预定的干密度称出所需的湿土量，将湿土倒入模具内，拂平土样表面，一次压实成型。制备三轴试验试样应按下列步骤进行[4]。

（1）根据试样预定的干密度计算所需的湿土质量，分 5 次称出，每次称出 1/5，土样分 5 层压实，每层的厚度相同。

（2）给模筒内壁四周涂上一薄层凡士林，将第一份湿土称出倒入模筒内，拂平土样表面；将制样活塞插入模筒，用千斤顶加压，直到制样活塞外沿与模筒挤紧为止；取下活塞，把模筒内土样的顶面打毛。

（3）将第二份湿土称出倒入模筒内，拂平土样表面；在制样活塞上套一个钢环，将制样活塞插入模筒，用千斤顶加压，直到制样活塞外沿与模筒挤紧为止；取下活塞，把模筒内土样的顶面打毛。如此继续，直到第 5 层压实为止。

（4）将制样模筒从底座上拆下，放在脱模支架上，下面用玻璃板托住土样底面，将脱模活塞插入模筒，推出土样，连同玻璃板一起放在工作台上。

（5）给土样套上三瓣模，用刀把试样两端修平。

（6）拆下三瓣模，称取试样质量，计算试样的初始干密度和初始孔隙比，应符合《土工试验方法标准》GB/T 50123—2019 第 4.1.3 条的规定。

在试样的设计干密度较大时，譬如大于 $1.7 \mathrm{g/cm^3}$，用活塞把试样从模筒中推出就很困难，而且此法对试样的扰动很大，对黏性土（如膨胀土和膨润土）更是如此。为克服这两个缺点，笔者又研制了制备三轴试样的三瓣模制样模筒[2]（图 9.9），使脱模既省力又方便。

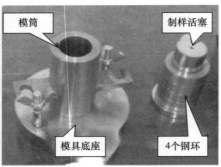

图 9.6　压缩装置（左）和三轴试样模具（右）照片

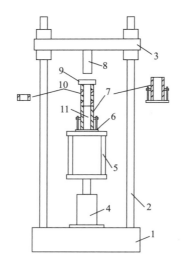
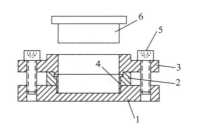

图 9.7　压实装置及制备三轴样模具示意图
1—台架底座；2—立柱；3—横梁；4—液压千斤顶；
5—脱模支架；6—模筒底座；7—试样模筒；8—制样压头；
9—制样活塞；10—制样套环；11—试样

图 9.8　制备环刀试样模具示意图
1—模具底座；2—定位圈；
3—导向上盖；4—环刀；
5—固定螺栓；6—制样活塞

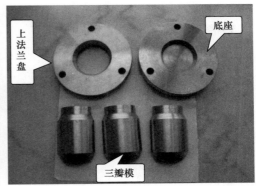

图 9.9 三瓣模制样模筒

9.6 变形和排水稳定标准及剪切速率的选择

在非饱和土三轴试验中,既要施加吸力,又要施加净平均应力,还有施加剪应力。每个试验通常包含几个阶段,吸力、净平均应力和剪应力在不同阶段依次施加,后续阶段必须在前一阶段的变形和排水稳定后才能进行。另外,非饱和土的渗水系数小,为使排水比较充分,用应变控制式三轴仪进行剪切试验的速率不能太大。因此,必须选择合适的稳定标准和剪切速率。**确定稳定标准和合适的剪切速率的途径有二:一是参考饱和土的试验稳定标准,适当提高要求(更严格);二是在不同条件下对非饱和土进行试验,通过分析比较各种试验条件下的数据做出选择。后一方法比前一方法更为合理,应以后者为主。**

9.6.1 吸力和净平均应力中只有一个量增加的稳定标准

非饱和土试样在施加吸力或净平均应力之后,其反应包括体变和排水两个方面,稳定标准自然要求体变和排水均达到稳定(不再随时间变化)。由于非饱和土的变形量和排水量都比饱和土的小,所以稳定标准相应提高,要求更严。

制定稳定标准需要考虑量测变形和排水仪器分辨率和精度。非饱和土三轴仪在 2015 年以前采用精密体变量测装置(图 6.8、图 6.9、图 6.11)量测内压力室的水量变化,进而计算试样体变。精密体变量测装置用百分表量测水量变化,百分表变化 1 格(0.01mm)相当于水量变化 $6mm^3$,这是能用肉眼观察到的最小值。在 2015 年用压力-体积控制器量测内压力室的水量变化,分辨率提高到 $1mm^3$,与精密体变量测装置为同一量级。非饱和土试验的排水量管通常采用内径 4mm 的有机玻璃管,其中的 79.58mm 水柱体积等于 $1cm^3$;在排水量管的侧面安装有竖直的不锈钢尺,其分度值为 1mm,用以观察排水量的变化;排水量管中水位变化 1mm,相应的排水量变化为 $12mm^3$,这也是能用肉眼观察到的最小值。据此,初步确定施加基质吸力后的稳定标准是:在 2h 内,体变不超过 $6mm^3$,排水量不超过 $12mm^3$。

作者团队做了大量控制吸力为常数的排水各向等压试验,表 9.4 是作者在 1995 年对山西汾阳机场重塑 Q_3 黄土所做试验的情况。从表 9.4 可知,采用上述稳定标准时,3 个试样在仅施加吸力后变形和排水达到稳定的历时都在 72h 以上,平均为 73.67h。

作者的团队成员孙树国和黄海在 1998 年 10 月 12 日 10:50—11 月 4 日 17:00 做了一个净围压等于 5kPa、吸力逐级增大的三轴持水特性试验,土样是南阳重塑膨胀土,为饱和试样,初始干密度 $1.5g/cm^3$,共施加 6 级吸力,各级吸力下的稳定时间列于表 9.5;以每级吸力施加后排水和变形稳定的历时为准,其平均历时为 81h,前 5 级平均稳定历时为 75h。比较表 9.4 和

表 9.5 可知，南阳膨胀土（黏土）的固结历时比汾阳机场黄土（粉土）略长一些（见表 9.5 的小结②）。

根据上述试验结果，本书选择施加基质吸力后的稳定标准是：**在 2h 内，体变不超过 6mm³，排水量不超过 12mm³，且历时不少于 72h。**不言而喻，此稳定标准对控制净平均应力为常数而吸力逐级增大的广义持水特性试验同样适用。

从表 9.4 可知，3 个重塑黄土试样施加各向等压应力共 23 次，平均每次加载的稳定历时是 39h。按照从严要求的原则，并为方便试验时间安排考虑，故本书选择的**施加各向等压引起排水固结的稳定标准是：在 2h 内，体变不超过 6mm³，排水量不超过 12mm³，且历时不少于 48h。**

重塑黄土的控制吸力为常数的各向等压固结排水试验在吸力和各级压力下稳定历时统计表　　表 9.4

试验名称	控制吸力为常数的各向等压固结排水试验		
试验者	陈正汉	土样来源及种类	山西汾阳机场重塑 Q_3 黄土
试样初始指标	干密度 $\gamma_d = 1.7\text{g/cm}^3$，含水率 $w_0 = 17.15\%$		
稳定标准	在 2h 内，体变不超过 6mm³，排水量不超过 12mm³		
试样编号			
1		2	3
1995 年 3 月 24 日—4 月 10 日 共历时 17d（408h）		1995 年 4 月 10 日—4 月 29 日 共历时 18d（451h） 除去卸载-再加载 50h=401h	1995 年 4 月 29 日—5 月 13 日 共历时 14d（332h）
控制吸力 $u_a - u_w = 50\text{kPa}$		控制吸力 $u_a - u_w = 100\text{kPa}$	控制吸力 $u_a - u_w = 200\text{kPa}$
总围压（kPa）	稳定历时（h）	总围压（kPa）　稳定历时（h）	总围压（kPa）　稳定历时（h）
50=吸力	稳定历时 72h	—	—
100	48	100=吸力　稳定历时 75h	—
150	45	150　39	—
200	36	200　44	200=吸力　稳定历时 74h
250	37	250　24	250　36
300	35	300　32	300　38
350	36	275 卸载	350　48
400	29	300 再加载	400　44
450	32	350　37	450　52
500	38	400　35	500　40
		450　63	
		500　52	
总体变	3.67cm³	总体变　2.54cm³	总体变　3.16cm³
总排水	3.28cm³	总排水　4.29cm³	总排水　5.98cm³
压力级数	9	压力级数　8	压力级数　6
各向等压平均历时	37.33h	各向等压平均历时　37.8	各向等压平均历时　43h

小结：① 3 个试样仅施加吸力的平均稳定时间＝（72h＋75h＋74h）/3＝73.67h；

② 3 个试样共施加各向等压应力 23 次，平均稳定历时为（37.33h×9 次＋37.8h×8 次＋43h×6 次）÷23 次＝39h

重塑膨胀土的三轴持水特性试验在各级吸力下稳定历时统计表　　表 9.5

试验名称	三轴持水特性试验	
试验者	孙树国、黄海	土样来源及种类　南阳陶岔重塑膨胀土
试验时间	1998 年 10 月 12 日 10：50—11 月 4 日 17：00	
试样初始指标	饱和试样，干密度 1.5g/cm³	
试验方法	净围压等于 5kPa、吸力逐级增大，排水	

试验数量		1
稳定标准		在2h内，体变不超过6mm³，排水量不超过12mm³
吸力	试验持续时间	变形-排水达到稳定历时（h）
50	10月12日10：50—16日9：00共94h	78
100	10月16日9：00—19日9：00共72h	72
150	10月19日9：00—22日10：40共74h	73
200	10月22日10：40—25日11：00共72h	72
300	10月25日11：00—28日19：00	80
400	10月28日19：00—11月02日9：00共110h	110
卸载375	11月2日9：00—3日20：00	
卸载350	11月3日20：00—4日17：00	

小结：①对干密度为1.5g/cm³的重塑膨胀土试样，共施加6级吸力，以每级吸力施加后排水和变形稳定的历时为准，其平均历时为81h；前5级平均稳定历时为75h。
②表4所列3个重塑黄土试样（初始干密度1.7g/cm³）在施加吸力后的稳定历时的平均值是73.67h，可见膨胀土（黏土）在施加吸力后的稳定历时比黄土（粉土）略长一些

9.6.2 同时施加吸力和净平均应力的变形和排水稳定标准

控制吸力和净围压等于常数的非饱和土固结排水剪切试验的第一阶段是固结阶段，同时施加吸力和净围压，试样在二者的共同作用下排水固结。

表9.6是作者对山西汾阳机场重塑Q_3黄土的试验情况，12个试验在固结阶段达到上一节所述的变形和排水稳定（即在2h内，体变不超过6mm³，排水量不超过12mm³）的历时平均值是69.5h。孙树国在1998年4—6月做了17个南阳重塑膨胀土（包括饱和试样与非饱和试样）的控制吸力和净围压为常数的固结排水剪切试验，按上述稳定标准，除个别试验外，固结历时均在72h以上（数据从略）。

从表9.6的小结②可知，在12个试验中，有10个试验的排水量大于体变量，体变先达到稳定，排水延后稳定。**说明稳定历时主要受排水控制；故稳定标准对体变的要求应严于排水。**换言之，上一节确定的稳定标准要求在2h内，体变不超过6mm³，排水量不超过12mm³是合理的。

对试验资料进一步分析表明：如果以满足上述稳定标准的体变和排水量为基准，则稳定后的体变和排水量可以忽略不计。若放松要求，譬如，把上述标准改为在连续2h内，每小时的体变不超过6mm³，每小时的排水量不超过12mm³，则表9.4所列的3个试样在仅施加吸力时，达到该稳定标准的历时分别为36h、49.5h和52h，平均历时为45.83h≈2d；但排水量的误差分别达到20.63%、9.38%和5.44%，显然误差过大，不可接受。对控制吸力等于常数的各向等压固结试验，如采用"在连续2h内，每小时的体变不超过6mm³，每小时的排水量不超过12mm³"的稳定标准，则会造成更大的排水量误差；对试验数据分析表明，除个别情况外，几乎每一级各向等压加载的排水量误差都超过20%，最大误差为47.62%。

作者团队也采用过更加严格的稳定标准。张龙在2015年4月29日—6月29日对延安新区重塑Q_3黄土做过两组控制吸力和净围压等于常数的固结排水剪切试验，试样干密度1.65g/cm³、1.75g/cm³，控制净围压为50kPa，控制吸力为100kPa、150kPa、200kPa，仪器为图9.1所示的应变控制式非饱和土三轴仪，陶土板进气值为500kPa，用两台压力-体积控制器分别给内外压力室同时同步等值施加液压。所采用的固结阶段的稳定标准为：在2h内，体变≤1mm³，排水量≤6mm³。两组试验固结历时的平均值为83.4h，比表9.6所示12个试验的固结历时平均值69.5h

多 14h，而在固结阶段最后 14h 中的体变和排水量均可忽略，可见采用过高的稳定标准意义不大。

综上所述，本书确定同时施加吸力和净平均应力的变形和排水稳定标准是：在 **2h 内，体变不超过 6mm³，排水量不超过 12mm³，且历时不少于 72h**。

显然，此稳定标准对吸力和净平均应力之比等于常数的各向等压固结试验同样适用。黄海在 2000 年的试验研究中就采用了该稳定标准。

控制吸力和净围压都为常数的固结排水剪切试验在固结阶段的稳定历时统计表　　　表 9.6

试验名称		控制吸力和净围压为常数的固结排水试验	
试验者	陈正汉	土样来源及种类	山西汾阳机场重塑 Q_3 黄土
试样初始干密度（g/cm³）	1.70	试样初始含水率（%）	17.15
稳定标准		在两小时内，体变不超过 6mm³，排水量不超过 12mm³	
试验编号	控制净围压（kPa）	试验时间	变形、排水稳定历时（h）
控制吸力=50kPa			
1	100	1994 年 6 月 3 日 15：30—6 日 11：30	67
2	200	1994 年 6 月 13 日 09：30—16 日 10：45	73
3	300	1994 年 6 月 20 日 11：50—23 日 09：50	70
控制吸力=100kPa			
4	100	1994 年 3 月 27 日 16：35—29 日 10：30	42
5	200	1994 年 4 月 9 日 07：30—12 日 10：30	74
6	300	1994 年 4 月 16 日 16：25—19 日 10：30	66
控制吸力=200kPa			
7	100	1994 年 4 月 23 日 10：37—26 日 11：00	60
8	200	1994 年 4 月 29 日 17：40—5 月 3 日 16：20	96
9	300	1994 年 5 月 7 日 17：25—5 月 09 日 21：00	55
控制吸力=300kPa			
10	100	1994 年 5 月 16 日 09：00—5 月 19 日 09：40	73
11	200	1994 年 5 月 22 日 21：30—5 月 25 日 17：00	67
12	300	补做试验 1995 年 5 月 15 日 11：40—19 日 07：10	91

小结：①共 12 个试验，固结历时最长 96h，最短 42h，平均 69.5h。若剔除两个极值，则平均值为 69.6h，与总体平均值相同。
　　　②共 12 个试验，10 个试验的排水量大于体变量，体变先达到达稳定，排水延后稳定。说明稳定历时受排水控制；故稳定标准对体变的要求应高于排水

9.6.3　轴向剪切变形速率的选择

如何选择非饱和土三轴剪切试验中的轴向剪切应变速率？

首先，宜参考饱和土的剪切速率。《土工试验方法标准》GB/T 50123—2019[5] 第 19.6.2 条规定，对于饱和土的固结排水剪切试验，剪切速率宜为 0.003～0.012%/min，按此速率，饱和土剪切至轴向应变到 15% 需要 20.83～83.33h。对非饱和土，应严格要求，取饱和土剪切速率之半，剪切应变速率宜采用 0.0015～0.006%/min；按本标准，非饱和土剪切至轴向应变到 15% 则需要 41.67～166.67h。

其次，从 Bishop[6]（1960）和 Satija（1978）等[6] 的研究可知，**偏应力-应变曲线对剪切速率的大小不敏感，剪切速率主要影响试样含水率（排水剪）和孔隙水压力（不排水剪）的变化**。由于非饱和土的渗水系数较低，在剪切过程中试样的水分不易达到均等分布，故对非饱和土宜采取较低的剪切速率。一般而言，**对固结排水剪切试验，应选用较低的剪切速率；而对于不排**

水剪切试验，剪切速率可适当提高。对某一种土的合适的剪切速率应通过比较不同剪切速率的试验结果确定。Satija[6]（1978）通过试验比较，对 Dhanauri 黏土的固结排水剪切试验，剪切速率选用 $1.3 \times 10^{-4}\%/s$；对该土的不排水剪切试验，选取剪切速率为 $6.7 \times 10^{-4}\%/s$，约为排水剪切速率的 5 倍。按此剪切速率，剪切至轴向应变到 15%，固结排水剪历时为 32.05h，不排水剪只需要 6.22h。陈正汉团队在 1994—2000 年对多地黄土（原状与重塑）和南阳膨胀土（原状与重塑）进行控制吸力和净围压为常数的固结排水剪切试验，采用的剪切速率为 0.0022mm/min，剪切至轴向应变到 15%，需要 91h。

表 9.7 是文献［6］总结国外部分学者所采用的剪切速率，该表最后 1 行是文献［7］使用的剪切速率。表 9.8 是笔者团队研究黄土（原状与重塑）、膨胀土（原状与重塑）、膨润土及膨润土-砂混合料等土采用的剪切速率。应当指出，试验的固结时间和剪切速率均与陶土板的渗透性（即进气值）有关，陶土板的进气值越低，渗透性越大，排水越快，试验历时就越短。

国外部分学者做非饱和土三轴试验使用的轴剪切应变速率和破坏应变[6,7]   表 9.7

试验土类及物性指标	试验类别	应变速率 $\varepsilon(\%/s)$	破坏时轴向应变 $\varepsilon_f(\%)$	试验学者
漂砾黏土：$w=11.6\%$ 黏粒含量＝18%	常含水率剪切	3.5×10^{-5}	15	Bishop 等（1960）
Braehead 粉土	常含水率剪切	4.7×10^{-5}	11	Bishop 和 Onald（1961）
	控制基质吸力和净围压的排水剪	8.3×10^{-6}	12	
漂砾黏土：$w=9.75\%$ 黏粒含量＝6%	不排水剪切量测孔隙压力	4.7×10^{-7}	$\sigma_3=83kPa$：8.5 $\sigma_3=207kPa$：11	Donald（1963）
Dhanauri 黏土：$w=22.2\%$ 黏粒含量＝25%	常含水率剪切	6.7×10^{-4}	20	Satija 和 Gulhati（1979）
	控制基质吸力和净围压的排水剪	1.3×10^{-4}	20	
风化花岗岩和流纹岩	控制基质吸力和净围压的排水剪	1.7×10^{-5}	阶段 I：3～5	Ho 和 Fredlund（1982）
	多级剪切	6.7×10^{-5}	阶段 II：1～3	
			阶段 III：1～3	
黏土质砂土：$w=14\%～17\%$ 黏粒含量＝30%	无侧限-不排水剪切	1.7×10^{-3}	15～20	Chantawarangul（1983）
Kiunyu gravel 试样直径 100mm，高 200mm 黏粒含量 8%～9% 塑性指数＝29%～35%	控制气压力，量测水压力，不排水剪切陶土板进气值＝500kPa	0.016%/min		Toll D G（1990）

陈正汉团队用应变控制非饱和土三轴仪做试验时所使用的轴向剪切变形速率   表 9.8

试验土类及干密度	试验类别	陶土板进气值固结稳定标准	轴向剪变形速率轴向应变到 15% 时的历时	试验人及时间
汾阳机场重塑 Q_3 黄土 干密度 1.7g/cm³	控制基质吸力和净围压的三轴排水剪切试验	进气值 1500kPa 稳定标准：在 2h 内，体变 ≤6mm³，排水量≤12mm³	速率 0.0022mm/min 剪切历时 91h	陈正汉[4]（1999） 周海清[8]（1997）
南阳陶岔重塑膨胀土 干密度 1.5g/cm³	控制基质吸力和净围压的三轴排水剪切试验			孙树国[9]（1998）
广佛高速含黏砂土 干密度 1.85g/cm³	控制基质吸力和净围压的三轴排水剪切试验	进气值 500kPa 固结稳定标准同上	速率 0.0066mm/min 剪切历时 30.3h	张磊[10]（2009）

试验土类及干密度	试验类别	陶土板进气值 固结稳定标准	轴向剪变形速率 轴向应变到 15% 时的历时	试验人及时间
兰州和平镇 Q₃ 黄土 原状：1.35g/cm³ 重塑：1.5g/cm³、 1.7g/cm³、 1.8g/cm³、 1.9g/cm³	控制基质吸力和净围压的三轴排水剪切试验	进气值 500kPa 固结稳定标准同上	速率 0.0066mm/min 剪切历时 30.3h	关亮[11]（2012）
延安新区填土（重塑黄土） 干密度1.58g/cm³、 1.68g/cm³、1.78g/cm³	控制净围压和基质吸力的三轴排水剪切试验	陶土板进气值 500kPa 固结稳定标准：在 2h 内，体变和排水均小于 10mm³，历时 40h	速率 0.0072mm/min 剪切历时 28h	高登辉[12]（2017）
延安新区黄土 原状土干密度 1.33g/cm³ 重塑土干密度 1.68g/cm³				郭楠[13]（2017）
延安新区重塑黄土 干密度 1.65g/cm³	控制净围压和基质吸力的三轴排水剪切试验	陶土板进气值 500kPa 稳定标准：在 2h 内，体变≤1mm³，排水量≤6mm³	速率 0.0067mm/min 剪切历时 30h	张龙[2]（2017）
南水北调中线工程 安阳段渠坡换填土 干密度 1.8g/cm³	不排水、不排气 三轴剪切试验		0.055mm/min （由 3 种剪切速率试验结果比较得出） 剪切历时 3.6h	章峻豪[14]（2013）
高庙子膨润土-砂混合料 干密度 1.4g/cm³ 含水率（%）：14.14、25.55 含砂率（%）：0、15、30、45 围压（kPa）：100、500、1000、2000	常温环境 不固结不排水不排气 三轴剪切试验	不用陶土板不固结	0.033mm/min （由 3 种剪切速率试验结果比较得出） 剪切历时 6h	孙发鑫[15]（2013）
高庙子膨润土 干密度 1.4g/cm³、 1.6g/cm³、1.8g/cm³ 含水率（%）：5、15、25 温度（℃）：20、50、80 围压（kPa）：0、1000、2000	控制温度为常数的不固结不排水不排气 三轴剪切试验		0.033mm/min （由 3 种剪切速率试验结果比较得出） 剪切历时 6h	陈皓[16]（2018）

9.6.4　用应力控制式非饱和土三轴仪做试验有偏应力作用时的稳定标准

　　用应力控制式非饱和土三轴仪做试验时，如果有偏应力作用，则试样除发生体变和排水外，还要产生轴向变形。因此，稳定标准应包括三个方面：体变、排水和轴向变形。其中，体变和排水的稳定标准已在前几节详细讨论，本节仅讨论轴向变形方面。

　　针对饱和土的侧限固结试验，《土工试验方法标准》GB/T 50123—2019 第 17.2.1 条第 11 款中规定，"稳定标准规定为每级压力下固结 24h 或试样变形每小时变化不大于 0.01mm。"非饱和土的渗透性远低于饱和土，其稳定历时自然要比饱和土的长。最直接的方法就是把上述稳定标准的历时延长，即，非饱和土侧限固结试验和三轴试验在有偏应力作用时的轴向变形稳定标准规定为"在 2h 内轴向变形不大于 0.01mm"。同时考虑体变和排水稳定条件，非饱和土应力控制三轴试验在有偏应力作用时的稳定标准为：**必须同时满足三个条件，即：在 2h 内，体变不超过 6mm³，排水量不超过 12mm³，轴向变形不超过 0.01mm。**

　　陈正汉团队用应力控制式非饱和土三轴仪做了多种应力路径的试验，包括黄土湿陷试验和填土湿化试验等，当年所采用的稳定标准列于表9.9，可供参考。应当指出，由于湿陷和湿化都要求试样达到饱和状态，故完全湿陷和湿化后的轴向变形稳定标准与饱和土的标准一致，即试样变形每小时变化不大于0.01mm。

陈正汉团队用应力控制非饱和土三轴仪做湿陷/湿化试验时所使用的稳定标准　　表9.9

试验土类及干密度	陶土板进气值/试验类别	稳定标准	试验人及时间
宁夏扶贫扬黄工程11号泵站原状 Q₃ 黄土 干密度 1.28～1.45g/cm³	陶土板进气值 500kPa，三轴浸水湿陷试验。 双线法：1个试样周边贴6条滤纸条，在吸力和净围压下排水固结，待变形和排水稳定后吸力卸载到零，浸水湿陷，稳定后逐级施加偏应力；另一个试样在吸力和净围压下排水固结，稳定后逐级施加偏应力。 单线法：5个试样周边贴6条滤纸条，试样先在吸力和净平均应力下排水固结；固结后逐级施加偏应力，稳定后浸水湿陷	固结稳定标准：在2h 内体变≤6mm³，排水量≤12mm³。 双线法湿陷稳定标准：在2h内，排水量等于进水量，体变≤6mm³。 双线法湿陷后施加偏应力稳定标准：在1h内，轴向变形≤1mm；且在2h内，体变≤6mm³，排水量≤12mm³。 单线法施加偏应力及湿陷稳定标准：在2h内，体变≤6mm³，排水量≤12mm³，且在1h内轴向位移≤0.01mm	朱元青[17] （2008）
兰州理工大学原状 Q₃ 黄土平均干密度 1.32g/cm³	陶土板进气值 500kPa，三轴侧向卸荷浸水湿陷，CT扫描。 第1组：试样先在吸力和净围压下固结，而后侧向卸荷并保持轴向应力不变。 第2组：侧向卸荷湿陷，分别采用双线法和单线法，方法同上；在试验不同阶段均进行CT扫描	各阶段的稳定标准同上	李加贵[18] （2010）
延安新区填土（压实黄土） 干密度：1.52g/cm³、1.69g/cm³、1.79g/cm³ 固结净围压：50kPa、100kPa 固结吸力：150kPa、300kPa 固结偏应力：100kPa、200kPa	陶土板进气值 500kPa三轴浸水湿化试验，CT扫描。 试样周边贴6条滤纸条，单线法，先在吸力、净围压和偏应力共同作用下排水固结，待变形和排水稳定后吸力卸载到零，浸水湿化。 在试验不同阶段均进行CT扫描	固结稳定标准：在2h内体变≤10mm³，排水量≤10mm³。 湿化稳定标准：排水量等于进水量，且在1h内轴向变形和体变不再发生变化	郭楠[19] （2019）

9.7　安装试样的方法

正确安装试样（特别是原状土试样）、尽量减少对试样的扰动、务必除净内压力室中的气泡是关系到非饱和土试验资料可靠性的关键环节，必须充分重视。应按下列步骤进行。

（1）应采用无气纯净水饱和高进气值陶土板，饱和后关闭螺旋槽进口和出口的阀门，并暂时保留陶土板顶部的水分。

（2）打开压力室底座上的气压阀门，宜用300kPa的压力空气冲出气体管路（包括连接试样帽的通气细尼龙管）中的水分。

（3）借助承模筒，在试样顶上放置多孔不锈钢薄板，给试样套上乳胶膜。

（4）用湿抹布擦去陶土板上面的余水；把套有乳胶膜的试样放在试样底座上；把承模筒套在试样外，用3条橡皮筋（每条折成两圈）把乳胶膜的下端绑扎在试样底座上；移走承模筒，在试样顶上放置多孔金属板；放置试样帽，用手指稳住试样帽，用湿抹布从下往上理顺橡皮膜，挤出橡皮膜与试样之间的空气，使二者贴紧；用 3 条橡皮筋（每条折成两圈）把乳胶膜的上端紧扎在试样帽上。

（5）宜用洗耳球给橡皮膜外侧、橡皮筋之间、试样帽顶上、通气尼龙管外侧、压力室底座上面、两个 O 形橡胶圈和压力室罩内壁喷水，以尽可能减少后续压力室充水时产生或滞留气泡。

（6）把压力室罩倒置，宜用医用注射器（安装有针头）给压力室活塞下端的机械加工孔中注满水，挤出该孔中的空气。

（7）安装压力室罩，使压力活塞的下端紧贴压力室盖的下面。

（8）应从下部给内、外压力室注水，注水速率不宜太快，待水注满后拧紧排气孔螺钉；应仔细检查内压力室中各个部位和通水管道中是否有气泡存在，若有，务必设法除净，或者把水放空重新注满。

（9）将螺旋槽出口的三通阀置于排水状态，调整排水管的高度，使管中液面与试样中心平齐。

（10）同时给内、外压力室施加 5kPa 的压力，使橡皮膜、多孔薄金属板、试样帽与试样之间紧密接触，测记体积变化和排水量作为各自的初始值。

9.8　控制吸力的各向等压固结试验方法与试验资料整理

通过本项试验可以确定非饱和土的初始屈服净平均应力、压缩指标、回弹指标、水量变化指标随吸力的变化规律及巴塞罗那模型的加载-湿陷屈服轨迹的表达式等。

9.8.1　试验方法步骤

控制吸力的各向等压固结试验分为两个阶段：吸力单独作用下的固结排水阶段和在常吸力作用下逐级施加各向等压应力的固结排水阶段。试验开始前应先饱和陶土板、标定内压力室，并按第 9.7 节的步骤（1）～（10）安装好试样后，按下列步骤进行试验。

（1）给试样施加预定的气压力（在数值上等于施加的基质吸力，其值应不低于土样的初始基质吸力），不宜一步到位，应分多步、按每分钟 25kPa 的速率施加气压力到预定值，必须同时同步等值提高内、外压力室的压力，并使内、外室压力始终比气压力高 5kPa。

（2）在施加基质吸力后，宜按下列时间顺序测记体变和排水量。时间为 5min、10min、30min、1h、2h、4h、6h、8h、10h，至稳定为止。稳定标准是：在 2h 内，体变不超过 6mm³，排水量不超过 12mm³，且历时不少于 72h。在稳定过程中，每隔 6～8h 冲洗高进气值陶土板和螺旋槽一次。

（3）确定需要给试样施加的各级净各向等值压力（称为净平均应力，用 p 表示，等于施加的室压力与气压力之差），净各向等值压力等级宜为 10、20、30、50、75、100、125、150、175、200、250、300、350、400、450、500、600、800、1000、1250、1500（kPa）。每级施加的相应的室压力（称为总平均应力，用 p_t 表示）等于每级净平均应力 p 与气压力（用 u_a 表示）之和，即，$p_t = p + u_a$。

（4）必须同时同步等值地对内、外压力室施加总平均应力，不宜一步到位，应分多步、按每分钟 25kPa 的速率施加，待达到预定值后，宜按下列时间顺序测记体变和排水量。时间为 5min、10min、30min、1h、2h、4h、6h、8h、10h，至稳定为止。稳定标准是：在 2h 内，体变不超过 6mm³，排水量不超过 12mm³，且历时不少于 48h。在稳定过程中，每隔 6～8h 冲洗高进气值陶土板和螺旋槽一次。

（5）如需从某一压力下进行卸载，必须同时同步等值减少内、外室压力，不宜一步卸到位，而应按—25kPa的增量，逐步卸载，测记每级卸载的体变值和排水量，直到二者达到稳定为止。稳定标准与上述第（2）步相同。在稳定过程中，每隔 6～8h 冲洗高进气值陶土板和螺旋槽一次。

（6）试验结束，应先同时同步等值卸除内、外压力室的净围压后，并使剩余的围压高于气压 5kPa，再同时同步等值卸除气压力和剩余围压；取掉两个排气孔螺钉，放掉压力室中的水，卸除压力室，拆卸试样，量测试样含水率。

（7）重新饱和高进气值陶土板，安装下一个试样，改变基质吸力，按上述第（1）～（6）的步骤方法进行试验，直到完成全部试验。

（8）根据试验结束后量测的试样含水率，对试验过程中的排水量按历时进行校正；同时应把试验过程中量测的体变按 9.3 节（14）条的标定曲线进行校正。

9.8.2 试验资料整理

对控制吸力的各向等压固结试验的试验资料，经过整理和分析，可以得到非饱和土在一定吸力下的压缩曲线、含水率（体积含水率和质量含水率）的变化曲线，进而得到在一定吸力下的屈服净平均应力和巴塞罗那模型的加载-湿陷屈服线（LC）。具体方法及步骤如下。

（1）以试样的初始体积和初始孔隙比为基准，在基质吸力作用下试样变形稳定后的体应变、孔隙比和比容，应分别按下列各式计算：

$$\varepsilon_v^s = \frac{\Delta V^s}{V_0} \times 100\% \tag{9.1}$$

$$e_s = e_0 - (1 + e_0)\varepsilon_v^s \quad （推导见第 12.2.1 节） \tag{9.2}$$

$$v_s = 1 + e_s \tag{9.3}$$

式中：ε_v^s——在基质吸力作用下试样变形稳定后的体应变（%）；

ΔV^s——在基质吸力作用下试样变形稳定后的体积变化量（应按内压力室标定曲线进行校正）（cm³）；

V_0——试样的初始体积（cm³）；

e_s——在基质吸力作用下试样变形稳定后的孔隙比；

e_0——试样的初始孔隙比；

v_s——在基质吸力作用下试样变形稳定后的比容。

（2）以试样的初始体积和初始含水率为基准，在基质吸力作用下试样排水稳定后的液相体应变和含水率，应分别按以下两式计算：

$$\varepsilon_w^s = \frac{\Delta V_w^s}{V_0} \times 100\% \tag{9.4}$$

$$w_s = w_0 - \frac{1 + e_0}{G_s} \varepsilon_w^s \quad （推导见第 12.2.1 节） \tag{9.5}$$

式中：ε_w^s——在基质吸力作用下试样排水稳定后的液相体应变（%），即试样体积含水率的改变量；

ΔV_w^s——在基质吸力作用下试样排水稳定后的排水体积（cm³）；

w_s——在基质吸力作用下试样排水稳定后的含水率（%）；

w_0——试样的初始含水率（%）；

G_s——土颗粒的相对密度。

（3）以基质吸力作用下试样体变稳定后的体积和孔隙比为基准，试样在第 i 级净平均应力作用下的体应变、孔隙比和比容，应按下列各式计算：

$$\varepsilon_{v,i} = \frac{\sum\limits_{j=1}^{i} \Delta V_j}{V^s} \times 100\% \tag{9.6}$$

$$e_i = e_s - (1 + e_s)\varepsilon_{v,i} \tag{9.7}$$

$$\upsilon_i = 1 + e_i \tag{9.8}$$

$$V^s = V_0 - \Delta V^s \tag{9.9}$$

式中：$\varepsilon_{v,i}$——在第 i 级净平均应力作用下试样变形稳定后的体应变；

$\sum\limits_{j=1}^{i} \Delta V_j$——在第 i 级净平均应力作用下试样变形稳定后的体积总的变化量（不计施加基质吸力引起的体积变化量，应按内压力室标定曲线进行校正）（cm^3）；

V^s——在基质吸力作用下试样变形稳定后的体积（cm^3）；

e_i——在第 i 级净平均应力作用下试样变形稳定后的孔隙比；

υ_i——在第 i 级净平均应力作用下试样变形稳定后的比容。

（4）以基质吸力作用下试样体变稳定后的体积和含水率为基准，试样在第 i 级净平均应力作用下排水稳定后的液相体应变和含水率，应按下列各式计算：

$$\varepsilon_{w,i} = \frac{\sum\limits_{j=1}^{i} \Delta V_{w,j}}{V^s} \times 100\% \tag{9.10}$$

$$w_i = w_s - \frac{1 + e_s}{G_s}\varepsilon_{w,i} \tag{9.11}$$

式中：$\varepsilon_{w,i}$——试样在第 i 级净平均应力作用下排水稳定后的液相体应变（%），即试样体积含水率的改变量；

$\sum\limits_{j=1}^{i} \Delta V_{w,j}$——试样在第 i 级净平均应力作用下排水稳定后的总排水量（不计施加基质吸力引起的排水量）（cm^3）；

w_i——试样在第 i 级净平均应力作用下排水稳定后的含水率（%）。

（5）分别以 ε_v 和 υ 为纵坐标，以净平均应力的自然对数（$\ln p$）为横坐标，绘制各级净平均应力下（包括加载过程和卸载过程）的 ε_v-$\ln p$ 关系曲线（图 9.10）和 υ-$\ln p$ 关系曲线（图 9.11）。其中，υ-$\ln p$ 关系曲线在加卸载过程中近似为直线（图 9.11），宜按以下两式描述：

$$\upsilon = N(s) - \lambda(s)\ln \frac{p}{p^c} \tag{9.12}$$

$$\upsilon = \upsilon_k(s) - k\ln p \tag{9.13}$$

式中：$N(s)$——对应于某一基质吸力，图 9.11 中描述加载过程直线的截距；

$\lambda(s)$——对应于某一基质吸力，图 9.11 中描述加载过程直线的斜率；

p^c——参考应力，当 $p = p^c$ 时，$\upsilon = N(s)$；

$\upsilon_k(s)$——对应于某一基质吸力，图 9.11 中描述卸载过程直线的截距；

k——对应于某一基质吸力，图 9.11 中描述卸载过程直线的斜率。

（6）不同基质吸力下的 υ-$\ln p$ 关系曲线（图 9.11）的直线段斜率，宜按下式描述：

$$\lambda(s) = \lambda(0)[(1 - \gamma)\exp(-\beta s) + \gamma] \tag{9.14}$$

式中：$\lambda(0)$——饱和土试样的各向等压试验在 υ-$\ln p$ 平面上屈服后的直线段斜率；

γ——与试样最大刚度相关的常数；

β——控制试样刚度随吸力增长速率的参数，视为常数。

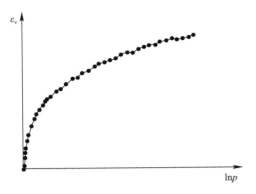

图 9.10 加卸载过程的 ε_v-$\ln p$ 关系曲线

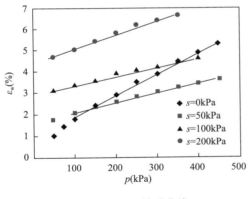

图 9.11 加卸载过程的 v-$\ln p$ 关系曲线

（7）分别以 ε_w 和 w 为纵坐标，以净平均应力为横坐标，绘制各级净平均应力下（包括加载过程和卸载过程）的 ε_w-p 关系曲线（图 9.12）和 w-p 关系曲线（图 9.13）。利用式（9.11）可知，两图中的曲线斜率有如下联系：

$$\beta(s) = -\frac{1+e_0}{G_\mathrm{s}} K_\mathrm{wt} \tag{9.15}$$

式中：$K_\mathrm{wt} = \dfrac{\mathrm{d}p}{\mathrm{d}\varepsilon_\mathrm{w}}$——与净平均应力相关的液相切线体积模量（kPa），即图 9.12 曲线的斜率；

$\beta(s)$——图 9.13 曲线的斜率，随吸力而变化的参数。

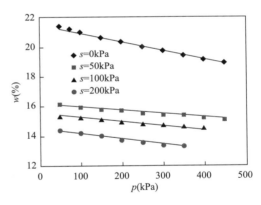

图 9.12 ε_w-p 关系曲线

图 9.13 w-p 关系曲线

（8）试样在某一基质吸力下的初始屈服净平均应力 $p_0(s)$，可按下列方法确定：

1）分别以 ε_v 和 v 为纵坐标，以净平均应力的常用对数（$\lg p$）为横坐标，绘制包括加载过程和卸载过程的 ε_v-$\lg p$ 关系曲线（图 9.14）和 v-$\lg p$ 关系曲线（图 9.15）。

2）借助 v-$\lg p$ 曲线，用卡萨格兰德（Arthur Casagrande）提出的确定土的前期固结压力的方法可以确定试样在某一基质吸力下的初始屈服净平均应力。

3）若 ε_v-$\lg p$ 曲线和 v-$\lg p$ 曲线的前后两部分可分别用两段直线近似，则两直线的交点对应的净平均应力值即为该试样在某一基质吸力下的初始屈服净平均应力（图 9.14 和图 9.15）。

4）类似地，可利用 ε_v-$\lg p$ 关系曲线确定 $p_0(s)$。

（9）以基质吸力为纵坐标，以净平均应力为横坐标，绘制屈服时基质吸力与屈服净平均应力的关系曲线（图 9.16），该曲线称为初始 LC（加载-湿陷）屈服线，宜用下式描述：

$$\frac{p_0}{p^\mathrm{c}} = \left(\frac{p_0^*}{p^\mathrm{c}}\right)^{\frac{\lambda(0)-\kappa}{\lambda(s)-\kappa}} \tag{9.16}$$

式中：p_0^*——饱和土的屈服净平均应力（kPa）。

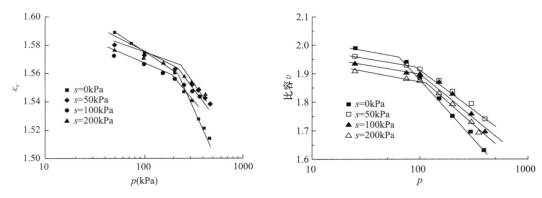

图 9.14　汾阳机场重塑黄土的 ε_v-lg$p$ 关系曲线　　　图 9.15　兰州和平镇重塑黄土的 υ-lg$p$ 关系曲线

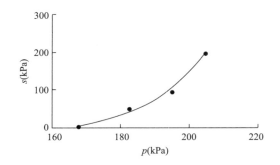

图 9.16　屈服时基质吸力与屈服净平均应力的关系曲线

9.9　控制吸力和净围压等于常数的固结排水剪切试验方法与试验资料整理

通过本项试验可以获得非饱和土在试验条件下的变形特性、强度特性、强度参数、水量变化特性和非线性本构模型参数等及其随基质吸力、净围压、偏应力的变化规律。

9.9.1　试验方法步骤

控制吸力和净围压等于常数的固结排水剪切试验分为固结和剪切两个阶段，试验前应先饱和陶土板、标定内压力室，并按第 9.7 节的步骤（1）～（10）安装好试样。

1）固结阶段

固结阶段宜按下列步骤进行。

（1）按第 9.8.1 节第 1 步给试样施加预定的基质吸力，可不必待试样变形和排水稳定，紧接着给试样施加预定的净围压，以减少试验历时。

（2）给试样施加预定的净围压（用 σ_3 表示），不宜一步到位，应分多步、按每分钟 25kPa 的速率施加，必须同时同步等值提高内外压力室的压力（用 σ_{3t} 表示，$\sigma_{3t}=\sigma_3+u_a$）。

（3）在施加基质吸力和净围压后，宜按下列时间顺序测记体变和排水量。时间为 5min、10min、30min、1h、2h、4h、6h、8h、10h，至稳定为止。稳定标准是：在 2h 内，体变不超过 6mm³，排水量不超过 12mm³，且固结历时应不少于 72h。在稳定过程中，每隔 6～8h 冲洗高进气值陶土板和螺旋槽一次。

2）剪切阶段

剪切阶段应按以下列步骤进行。

（1）将离合器调至粗位，转到粗调手轮，当试样帽与活塞及测力计接近时，将离合器调至细位，改用细调手轮，使试样帽与活塞及测力计接触；装上变形指示计，将测力计和变形指示计调至零位，同时测记此时的体变读数和排水读数，将其作为剪切试验的初始值。

（2）剪切应变速率宜为 0.0015～0.006％/min。

（3）启动电机，合上离合器，开始剪切，试样每产生 0.3％～0.4％的轴向应变（或 0.2mm 变形值），测记一次测力计读数、轴向变形值、体变量读数和排水量读数。当轴向应变大于 3％时，试样每产生 0.7％～0.8％的轴向应变（或 0.5mm 变形值），测记一次。

（4）在剪切过程中，每隔 6～8h 冲洗高进气值陶土板和螺旋槽一次。

（5）当测力计读数出现峰值时，剪切应继续到轴向应变至 15％～20％。

（6）如需从某一压力下进行卸载，可让电动机反转，卸载过程采用的应变速率应与加载过程采用的应变速率相同。在卸载过程中，每隔 6～8h 冲洗高进气值陶土板和螺旋槽一次。

（7）试验结束，关电动机，脱开离合器，将离合器调至粗位，转到粗调手轮，将压力室降下；先同时同步等值卸除内、外室的净围压，并使剩余的围压高于气压 5kPa，再同时同步等值卸除气压力和剩余围压；取掉两个排气孔螺钉，放掉压力室中的水，卸除压力室，拆卸试样，量测试样含水率。

（8）重新饱和高进气值陶土板，安装下一个试样，改变基质吸力或净围压，重复以上的方法步骤进行试验，直到完成全部试验。

（9）根据试验结束后量测的试样含水率，对试验过程中的排水量按历时进行校正；同时把试验过程中量测的体变按标定曲线进行校正。

9.9.2　试验资料整理

对控制吸力和净围压为常数的固结排水剪切试验的试验资料进行整理分析，可以得到非饱和土的偏应力-轴向应变曲线、体应变-轴向应变曲线、体积含水率变化（或质量含水率变化）-轴向应变曲线，进而得到在一定吸力下的抗剪强度参数和非线性本构模型参数。具体方法步骤如下。

（1）以试样的初始体积和初始孔隙比为基准，试样在基质吸力和净围压的共同作用下固结完成后的体应变、孔隙比、高度、横截面积和体积，应分别按下列各式计算：

$$\varepsilon_{vc} = \frac{\Delta V_c}{V_0} \times 100\% \tag{9.17}$$

$$e_c = e_0 - (1 + e_0)\varepsilon_{vc} \tag{9.18}$$

$$h_c = h_0(1 - \varepsilon_{vc})^{1/3} \tag{9.19}$$

$$A_c = A_0(1 - \varepsilon_{vc})^{2/3} \tag{9.20}$$

$$V_c = A_c h_c = V_0(1 - \varepsilon_{vc}) = V_0 - \Delta V_c \tag{9.21}$$

式中：ε_{vc}——试样在基质吸力和净围压的共同作用下固结完成后的体应变（％）；

ΔV_c——试样在基质吸力和净围压的共同作用下固结完成后的体积变化量（cm³），应按标定曲线进行校正；

V_0——试样的初始体积（cm³）；

e_c——试样在基质吸力和净围压的共同作用下固结完成后的孔隙比；

e_0——试样的初始孔隙比；

h_0——试样的初始高度（cm）；

h_c——试样在基质吸力和净围压的共同作用下固结完成后的高度（cm）；

A_0——试样的初始横截面积（cm^2）；

A_c——试样在基质吸力和净围压的共同作用下固结完成后的横截面积（cm^2）；

V_c——试样在基质吸力和净围压的共同作用下固结完成后的体积（cm^3）。

（2）以试样的初始体积和初始含水率为基准，试样在基质吸力和净围压的共同作用下固结完成后的液相体应变和含水率，应分别按以下两式计算：

$$\varepsilon_{wc} = \frac{\Delta V_{wc}}{V_0} \times 100\% \qquad (9.22)$$

$$w_c = w_0 - \frac{1 + e_0}{G_s}\varepsilon_{wc} \qquad (9.23)$$

式中：ε_{wc}——试样在基质吸力和净围压的共同作用下固结完成后的液相体应变（%），亦即试样体积含水率的改变量；

ΔV_{wc}——试样在基质吸力和净围压的共同作用下固结完成后的排水体积（cm^3）；

w_c——试样在基质吸力和净围压的共同作用下固结完成后的含水率（%）；

w_0——试样的初始含水率（%）；

G_s——土颗粒的相对密度。

（3）在排水剪切过程中试样所受到的净围压、净大主应力、净平均应力、偏应力和基质吸力，应用下列各式表示和计算：

$$\sigma_3 = \sigma_{3t} - u_a \qquad (9.24)$$

$$\sigma_1 = \sigma_{1t} - u_a \qquad (9.25)$$

$$p = \sigma_3 + \frac{1}{3}(\sigma_1 - \sigma_3) \qquad (9.26)$$

$$q = \sigma_1 - \sigma_3 \qquad (9.27)$$

$$s = u_a - u_w \qquad (9.28)$$

式中：σ_3——净围压（kPa）；

σ_1——净大主应力（kPa）；

σ_{1t}——总大主应力（kPa）

p——排水剪切过程中的净平均应力（kPa）；

q——排水剪切过程中的偏应力（kPa）；

s——基质吸力（kPa）；

u_a——孔隙气压力（kPa）；

u_w——孔隙水压力（kPa）。

（4）以固结完成后的试样的尺寸为基准，排水剪切过程中任一瞬时的试样的轴向应变、横截面积、偏应力数值、体应变、径向应变（小主应变）、偏应变和孔隙比，应按下列各式计算：

$$\varepsilon_{1i} = \frac{\Delta h_i}{h_c} \times 100\% \qquad (9.29)$$

$$A_i = \frac{V_i}{h_i} = \frac{V_c - \Delta V_i}{h_c - \Delta h_i} \qquad (9.30)$$

$$\sigma_1 - \sigma_3 = \frac{CR}{A_i} \times 10 \qquad (9.31)$$

$$\varepsilon_{vi} = \frac{\Delta V_i}{V_c} \times 100\% \qquad (9.32)$$

$$\varepsilon_{ri} = \varepsilon_{3i} = \frac{1}{2}(\varepsilon_{vi} - \varepsilon_{1i}) \qquad\qquad (9.33)$$

$$\varepsilon_{si} = \bar{\varepsilon}_i = \frac{2}{3}(\varepsilon_{1i} - \varepsilon_{3i}) \qquad\qquad (9.34)$$

$$e_i = e_c - (1 + e_c)\varepsilon_{vi} \qquad\qquad (9.35)$$

式中：ε_{1i}——在排水剪切过程中试样的轴向应变（%）；

Δh_i——排水剪切过程中试样的高度变化（cm），等于变形百分表读数与测力计百分表读数之差（以 cm 为单位计量）；

V_i——试样剪切过程中任一时刻的体积（cm³）；

h_i——试样剪切过程中任一时刻的高度（cm）；

A_i——试样剪切过程中任一时刻的面积（cm²）；

ΔV_i——排水剪切过程中试样任一时刻的体积变化量，等于内压力室中水的体积变化量与活塞杆进入压力室中的体积之和（cm³），因围压不变而不必对体变进行校正；其中活塞进入压力室的体积等于变形百分表读数与测力计百分表读数之差乘以活塞的横截面积（cm³）；

$\sigma_1 - \sigma_3$——偏应力，亦称主应力差（kPa）；

C——测力计率定系数（N/0.01mm 或 N/mV）；

R——测力计读数（0.01mm）；

ε_{vi}——排水剪切过程中试样的体应变（%）；

$\varepsilon_{ri} = \varepsilon_{3i}$——排水剪切过程中试样的径向应变或小主应变（%）；

$\varepsilon_{si} = \bar{\varepsilon}_i$——排水剪切过程中试样的偏应变（%）；

e_i——排水剪切过程中试样的孔隙比。

（5）以固结完成后的试样尺寸和物性指标为基准，排水剪切过程中的液相体应变、含水率与饱和度，应按下列各式计算：

$$\varepsilon_{wi} = \frac{\Delta V_{wj}}{V_c} \times 100\% \qquad\qquad (9.36)$$

$$w_i = w_c - \frac{1 + e_c}{G_s}\varepsilon_{wi} \qquad\qquad (9.37)$$

$$S_{ri} = \frac{G_s w_i}{e_i} \qquad\qquad (9.38)$$

式中：ε_{wi}——排水剪切过程中试样液相的体应变（%），即试样体积含水率的改变量：

ΔV_{wj}——排水剪切过程中试样排出的水体积（cm³）：

w_i——排水剪切过程中试样的含水率（%）；

S_{ri}——排水剪切过程中试样的饱和度（%）。

（6）分别以偏应力和体应变为纵坐标，轴向应变为横坐标，在同一图上绘制偏应力-轴向应变关系曲线和体应变-轴向应变关系（图 9.17）。对有峰值的偏应力-轴向应变曲线，取其峰值点作为破坏点；对无峰值的曲线，取 15% 轴向应变对应的点作为破坏点。

（7）以径向应变为纵坐标，轴向应变为横坐标，绘制径向应变与轴向应变关系曲线（图 9.18）。

（8）以偏应变为纵坐标，轴向应变为横坐标，绘制偏应变与轴向应变关系曲线（图 9.19）。

（9）以液相体应变（或含水率，或饱和度）为纵坐标，轴向应变为横坐标，绘制液相体应变与轴向应变关系曲线（图 9.20）、含水率与轴向应变关系曲线（图 9.21）。

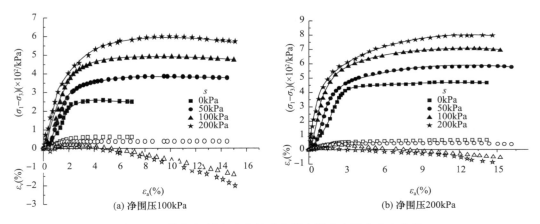

图 9.17　偏应力-轴向应变关系曲线和体应变轴向应变曲线

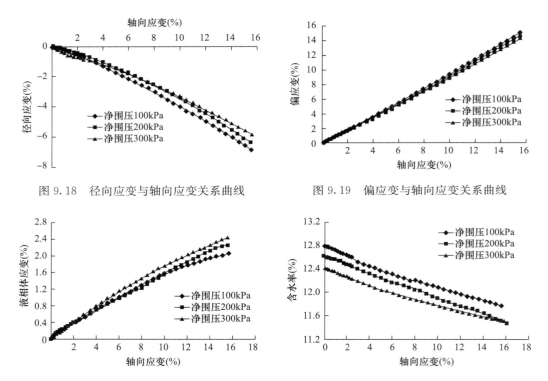

图 9.18　径向应变与轴向应变关系曲线　　　　图 9.19　偏应变与轴向应变关系曲线

图 9.20　液相体应变与轴向应变关系曲线　　　　图 9.21　含水率与轴向应变关系曲线

（10）剪切破坏时的偏应力、净平均应力、基质吸力、净应力摩尔圆的半径和圆心坐标，应按下列各式计算：

$$q_{\mathrm{f}} = (\sigma_1 - \sigma_3)_{\mathrm{f}} \tag{9.39}$$

$$p_{\mathrm{f}} = (\sigma_{3\mathrm{t}} - u_{\mathrm{a}})_{\mathrm{f}} + \frac{1}{3}(\sigma_1 - \sigma_3)_{\mathrm{f}} = \sigma_{3\mathrm{f}} + \frac{1}{3}(\sigma_1 - \sigma_3)_{\mathrm{f}} \tag{9.40}$$

$$s_{\mathrm{f}} = (u_{\mathrm{a}} - u_{\mathrm{w}})_{\mathrm{f}} = (u_{\mathrm{a}} - u_{\mathrm{w}})_{\mathrm{initial}} \tag{9.41}$$

$$\bar{q} = \frac{1}{2}(\sigma_1 - \sigma_3)_{\mathrm{f}} \tag{9.42}$$

$$\bar{p} = \frac{1}{2}(\sigma_1 + \sigma_3)_{\mathrm{f}} \tag{9.43}$$

式中：p_{f}——剪切破坏时的净平均应力（kPa）；

q_f——剪切破坏时的偏应力（kPa）；

s_f——剪切破坏时的基质吸力（kPa），等于初始吸力；

$\bar{p}$——剪切破坏时的净应力摩尔圆中心坐标（kPa）；

$\bar{q}$——剪切破坏时的净应力摩尔圆的半径（kPa）。

（11）以 $\bar{q}$ 为纵坐标，以 $\bar{p}$ 为横坐标，绘制破坏时净应力摩尔圆的半径和圆心坐标的关系曲线（图 9.22），可用直线拟合，直线的截距和倾角分别用 $\bar{c}$ 和 $\bar{\varphi}$ 表示，则破坏时与破坏面上的净法向应力相关的内摩擦角和总黏聚力，应分别按以下两式计算（有关推导见 17.2.2 节）：

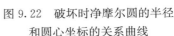

图 9.22　破坏时净摩尔圆的半径和圆心坐标的关系曲线

$$\sin\varphi' = \tan\bar{\varphi} \qquad (9.44)$$

$$c = \frac{\bar{c}}{\cos\bar{\varphi}} \qquad (9.45)$$

式中：φ'——与破坏面上的净法向应力相关的内摩擦角（°）；

c——总黏聚力（kPa）。

（12）以破坏时的偏应力为纵坐标，以破坏时的净平均应力为横坐标，绘制破坏时的偏应力和净平均应力的关系曲线（图 9.23），可用直线拟合，直线的截距和倾角分别用 ξ 和 ω 表示，则与破坏时破坏面上的净法向应力相关的内摩擦角和总黏聚力，应分别按以下两式计算（有关推导见第 17.2.2 节）：

$$\sin\varphi' = \frac{3\tan\omega}{6 + \tan\omega} \qquad (9.46)$$

$$c = \frac{3 - \sin\varphi'}{6\cos\varphi'}\xi \qquad (9.47)$$

（13）以总黏聚力为纵坐标，基质吸力为横坐标，绘制总黏聚力与基质吸力关系曲线（图 9.24），可用直线拟合，直线的截距和倾角分别为有效黏聚力 c' 和与基质吸力相关的内摩擦角 φ^b。

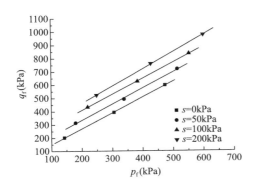

图 9.23　破坏时的偏应力和净平均应力的关系曲线

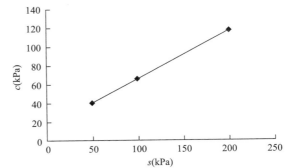

图 9.24　总黏聚力和基质吸力关系曲线

（14）图 9.17 的偏应力与轴向应变关系曲线，宜用下列双曲线描述：

$$\sigma_1 - \sigma_3 = \frac{\varepsilon_a}{a + b\varepsilon_a} \qquad (9.48)$$

$$\frac{\varepsilon_a}{\sigma_1 - \sigma_3} = a + b\varepsilon_a \qquad (9.49)$$

$$E_i = \frac{\mathrm{d}(\sigma_1 - \sigma_3)}{\mathrm{d}\varepsilon_a} \bigg|_{\varepsilon_a \to 0} = \frac{1}{a} \tag{9.50}$$

$$(\sigma_1 - \sigma_3)_{ult} \bigg|_{\varepsilon_a \to \infty} = \frac{\varepsilon_a}{a + b\varepsilon_a} = \frac{1}{b} \tag{9.51}$$

式中：a——其几何意义是式（9.49）所示直线（图 9.25）的截距，其物理意义是式（9.48）所示双曲线起始斜率（初始切线模量 E_i）的倒数（kPa^{-1}）；

b——其几何意义是式（9.49）所示直线（图 9.25）的斜率，其物理意义是式（9.48）所示双曲线渐近线所对应的极限偏应力的倒数（kPa^{-1}）。

（15）以 $\lg \dfrac{E_i}{p_{atm}}$ 为纵坐标，$\lg \dfrac{\sigma_{3t} - u_a}{p_{atm}} = \lg \dfrac{\sigma_3}{p_{atm}}$ 为横坐标，绘制 $\lg \dfrac{E_i}{p_{atm}}$ 和 $\lg \dfrac{\sigma_3}{p_{atm}}$ 关系曲线（图 9.26），可用直线拟合，按下式描述：

$$E_i = \Lambda p_{atm} \left(\frac{\sigma_{3t} - u_a}{p_{atm}} \right)^n = \Lambda p_{atm} \left(\frac{\sigma_3}{p_{atm}} \right)^n \tag{9.52}$$

式中：$\lg \Lambda$——图 9.26 中直线的截距，无量纲；

n——图 9.26 中直线的斜率，无量纲。

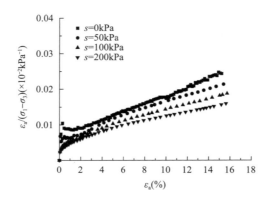

图 9.25　$\dfrac{\varepsilon_a}{\sigma_1 - \sigma_3}$ 与 ε_a 关系曲线

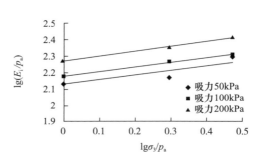

图 9.26　$\lg \dfrac{E_i}{p_{atm}}$ 和 $\lg \dfrac{\sigma_3}{p_{atm}}$ 关系曲线

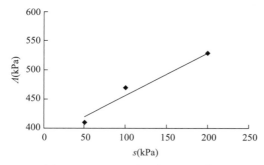

图 9.27　Λ 和基质吸力的关系曲线

（16）以 Λ 为纵坐标，基质吸力为横坐标，绘制 Λ 和基质吸力的关系曲线（图 9.27），可用直线拟合，按下式描述：

$$\Lambda = k^0 + m_1 \frac{s}{p_{atm}} \tag{9.53}$$

式中：k^0——图 9.27 所示直线的截距，是基质吸力等于零（饱和土）的 Λ 值；

m_1——图 9.27 所示直线的斜率，无量纲。

（17）试样的切线杨氏模量，应按下式计算：

$$
\begin{aligned}
E_t &= \frac{\mathrm{d}(\sigma_1 - \sigma_3)}{\mathrm{d}\varepsilon_a} \\
&= p_{atm} \left[1 - \frac{R_f (1 - \sin\varphi')(\sigma_{1t} - \sigma_{3t})}{2c\cos\varphi' + 2(\sigma_{3t} - u_a)\sin\varphi'} \right]^2 \left(k^0 + m_1 \frac{s}{p_{atm}} \right) \left(\frac{\sigma_{3t} - u_a}{p_{atm}} \right)^n \\
&= p_{atm} \left[1 - \frac{R_f (1 - \sin\varphi')(\sigma_1 - \sigma_3)}{2(c' + s_f \tan\varphi^b)\cos\varphi' + 2\sigma_3 \sin\varphi'} \right]^2 \left(k^0 + m_1 \frac{s}{p_{atm}} \right) \left(\frac{\sigma_3}{p_{atm}} \right)^n
\end{aligned} \tag{9.54}
$$

式中：$R_f = \dfrac{(\sigma_1 - \sigma_3)_f}{(\sigma_1 - \sigma_3)_{ult}}$——破坏比，或许与基质吸力有关。

对试验资料的进一步分析还可得到非饱和土的切线体积模量和水量变化参数的具体表达式以及在三轴应力条件下的初始屈服应力，详细情况将在第 3 篇有关章节介绍。

9.10 控制净平均应力为常数而基质吸力逐级增大的广义持水特性试验方法

本试验即考虑净平均应力影响的广义持水特性试验。通过本项试验可以获得试样的考虑净平均应力影响的广义持水特性曲线、初始屈服吸力和与吸力有关的非线性本构模型参数。

本试验采用饱和土样，土样的饱和方法应按《土工试验方法标准》GB/T 50123—2019 第4.6 节的方法进行。试验前应先饱和陶土板、标定内压力室，并按第 9.7 节的步骤（1）～（10）安装好试样。

控制净平均应力为常数而基质吸力逐级增大的持水特性试验，应按下列步骤进行。

（1）给试样施加预定的净平均应力（即净各向等值压力，用 p 表示），不宜一步到位，应按每分钟 25kPa 的速率分多步施加，必须同时同步等值提高内、外压力室的压力。在施加预定的净平均应力后，宜按下列时间顺序测记体变和排水量。时间为 5min、10min、30min、1h、2h、4h、6h、8h、10h，至稳定为止。稳定标准是：在 2h 内，体变不超过 6mm³，排水量不超过 12mm³，且历时不少于 48h。

（2）确定施加的基质吸力等级，基质吸力的等级宜为 5、10、20、30、50、75、100、125、150、175、200、250、300、350、400、450、500、600、800、1000（kPa）。

（3）在施加基质吸力的同时，必须对内、外压力室同时同步等值地施加总平均应力，以维持净平均应力为不变。待基质吸力达到预定值后，宜按下列时间顺序测记体变和排水量。时间为 5min、10min、30min、1h、2h、4h、6h、8h、10h，至稳定为止。稳定标准是：在 2h 内，体变不超过 6mm³，排水量不超过 12mm³，且历时不少于 72h。在稳定过程中，每隔 6～8h 冲洗高进气值陶土板和螺旋槽一次。

（4）如需从某一基质吸力下进行吸力卸载，必须同时同步等值减少内、外室压力以保持净平均应力不变，不宜一步卸到位，而应按－25kPa 的增量，逐步卸载，测记每级卸载的体变值和排水量，直到二者达到稳定为止。稳定标准同上述第（3）条。在稳定过程中，每隔 6～8h 冲洗高进气值陶土板和螺旋槽一次。

（5）试验结束，应先同时同步等值卸除内、外压力室的净平均应力后，并使剩余的围压高于气压 5kPa，再同时同步等值卸除气压力和剩余围压；取掉两个排气孔螺钉，放掉压力室中的水，卸除压力室，拆卸试样，量测试样含水率。

（6）重新饱和高进气值陶土板，安装下一个试样，改变净平均应力，按照上述的方法步骤进行试验，直到完成全部试验。

（7）根据试验结束后量测的试样含水率，对试验过程中的排水量按历时进行校正；同时把试验过程中量测的体变按标定曲率进行校正。

（8）以试样的初始体积和初始孔隙比为基准，在净平均应力作用下试样变形稳定后的体应变、孔隙比和比容，应分别按下列各式计算：

$$\varepsilon_v^p = \frac{\Delta V^p}{V_0} \times 100\% \qquad (9.55)$$

$$e_p = e_0 - (1 + e_0)\varepsilon_v^p \qquad (9.56)$$

$$\upsilon_p = 1 + e_p \qquad (9.57)$$

式中：ε_v^p——在净平均应力作用下试样变形稳定后的体应变（%）；

ΔV^p——在净平均应力作用下试样变形稳定后的体积变化量（应按标定曲线进行校正）（cm^3）；

V_0——试样的初始体积（cm^3）；

e_p——在净平均应力作用下试样变形稳定后的孔隙比；

e_0——试样的初始孔隙比；

υ_p——在净平均应力作用下试样变形稳定后的比容。

（9）以试样的初始体积和初始含水率为基准，在净平均应力作用下试样排水稳定后的液相体应变和含水率，应分别按以下两式计算：

$$\varepsilon_w^p = \frac{\Delta V_w^p}{V_0} \times 100\%$$
(9.58)

$$w_p = w_0 - \frac{1+e_0}{G_s}\varepsilon_w^p$$
(9.59)

式中：ε_w^p——在净平均应力作用下试样排水稳定后的液相体应变（%），即试样体积含水率的改变量；

ΔV_w^p——在净平均应力作用下试样排水稳定后的排水体积（cm^3）；

w_p——在净平均应力作用下试样排水稳定后的含水率（%）；

w_0——试样的初始含水率（%）；

G_s——土颗粒的相对密度。

（10）以净平均应力作用下试样体变稳定后的体积和孔隙比为基准，试样在第 i 级基质吸力作用下的体应变、孔隙比和比容，应按下列各式计算：

$$\varepsilon_{v,i} = \frac{\sum_{j=1}^{i}\Delta V_j}{V^p} \times 100\%$$
(9.60)

$$e_i = e_p - (1+e_p)\varepsilon_{v,i}$$
(9.61)

$$\upsilon_i = 1 + e_i$$
(9.62)

$$V^p = V_0 - \Delta V^p$$
(9.63)

式中：$\varepsilon_{v,i}$——在第 i 级基质吸力作用下试样变形稳定后的体应变；

$\sum_{j=1}^{i}\Delta V_j$——在第 i 级基质吸力作用下试样变形稳定后的体积变化量（不计施加净平均应力引起的体积变化量，应按标定曲线进行校正）（cm^3）；

V^p——在净平均应力作用下试样变形稳定后的体积（cm^3）；

e_i——在第 i 级基质吸力作用下试样变形稳定后的孔隙比；

υ_i——在第 i 级基质吸力作用下试样变形稳定后的比容。

（11）以净平均应力作用下试样体变稳定后的体积和含水率为基准，试样在第 i 级基质吸力作用下排水稳定后的液相体应变和含水率，应按下列各式计算：

$$\varepsilon_{w,i} = \frac{\sum_{j=1}^{i}\Delta V_{w,j}}{V^p} \times 100\%$$
(9.64)

$$w_i = w_p - \frac{1+e_p}{G_s}\varepsilon_{w,i}$$
(9.65)

式中：$\varepsilon_{w,i}$——试样在第 i 级基质吸力作用下排水稳定后的液相体应变（%），即试样体积含水率的改变量；

$\displaystyle\sum_{j=1}^{i}\Delta V_{w,j}$ ——试样在第 i 级基质吸力作用下排水稳定后的总排水量（不计施加净平均应力引起的排水量）（cm^3）；

w_i ——试样在第 i 级基质吸力作用下排水稳定后的含水率（%）。

（12）分别以 ε_v 和 υ（或孔隙比 e）为纵坐标，以基质吸力的常用对数（$\lg s$）为横坐标，绘制各级基质吸力作用下的 ε_v-$\lg s$ 关系曲线（图 9.28）和 υ-$\lg s$ 关系曲线（图 9.29），两图中的曲线的转折点对应的基质吸力就是试样的初始屈服基质吸力。初始屈服基质吸力与净平均应力关系不明显，宜视为常数，用 s_{y0} 表示。

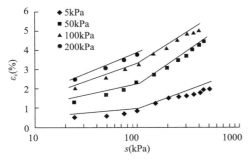

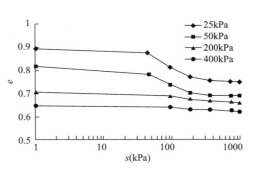

图 9.28　ε_v-$\lg s$ 关系曲线　　　　　　　图 9.29　e-$\lg s$ 关系曲线

（13）分别以 ε_w 和 w 为纵坐标，以 $\lg\dfrac{s+p_{atm}}{p_{atm}}$（或 $\ln\dfrac{s+p_{atm}}{p_{atm}}$）为横坐标，绘制各级基质吸力作用下（包括加载过程和卸载过程）ε_w-$\lg\dfrac{s+p_{atm}}{p_{atm}}$ 关系曲线（图 9.30）和 w-$\lg\dfrac{s+p_{atm}}{p_{atm}}$ 关系曲线（图 9.31）。两图中的曲线均可用直线拟合，宜按下列两式描述：

$$\varepsilon_w = \varepsilon_w^p + \lambda_w(p)\lg\frac{s+p_{atm}}{p_{atm}} \tag{9.66}$$

$$w = w_p - \beta(p)\lg\frac{s+p_{atm}}{p_{atm}} \tag{9.67}$$

从式（9.65）可得：

$$\beta(p) = -\frac{1+e_p}{G_s}\lambda_w(p) \tag{9.68}$$

式中：$\lambda_w(p)$ ——图 9.30 中直线的斜率；

$\beta(p)$ ——图 9.31 中直线的斜率。

图 9.31 中的曲线就是考虑净平均应力影响的广义持水特性曲线，式（9.67）即为其数学表达式。

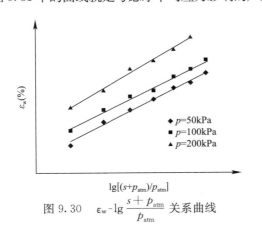

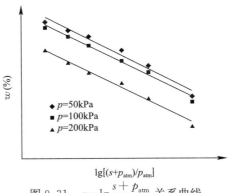

图 9.30　ε_w-$\lg\dfrac{s+p_{atm}}{p_{atm}}$ 关系曲线　　　　图 9.31　w-$\lg\dfrac{s+p_{atm}}{p_{atm}}$ 关系曲线

对试验资料进一步分析，可得到非饱和土的增量非线性本构模型中与吸力有关的其他参数。

9.11　本章小结

（1）常规非饱和土三轴仪是探讨非饱和土力学特性的重要设备，有关试验是非饱和土最基本的力学试验，从事非饱和土工作的学者、教师、工程师和研究生必须掌握。

（2）作者结合自己及其学术团队多年的试验研究工作经验，详细介绍了非饱和土三轴仪的构造、特色、功能、高进气值陶土板的饱和方法及检验方法、压力室标定方法、重塑土制样方法、试样安装方法、多种应力路径试验的方法与试验资料整理方法及剪切速率的选择等，可供从事非饱和土工作的学者、教师、工程师和研究生参考。

参考文献

[1] 张龙，陈正汉，周凤玺，等. 非饱和土应力状态变量试验验证研究 [J]. 岩土工程学报，2017，39（2）：380-384.

[2] 张龙，陈正汉，周凤玺，等. 从变形、水量变化和强度三方面验证非饱和土的两个应力状态变量 [J]. 岩土工程学报，2017，39（5）：905-915.

[3] 陈正汉. 非饱和土固结的混合物理论：数学模型、试验研究、边值问题 [D]. 西安：陕西机械学院，1991.

[4] 陈正汉. 重塑非饱和黄土的变形、强度、屈服和水量变化特性 [J]. 岩土工程学报，1999，21（1）：82-90.

[5] 中华人民共和国住房和城乡建设部. 土工试验方法标准：GB/T 50123—2019 [S]. 北京：中国计划出版社，2019.

[6] 弗雷德隆德 D G，拉哈尔佐 H. 非饱和土土力学 [M]. 陈仲颐，张在明，等译. 北京：中国建筑工业出版社，1997.

[7] TOLL D G. A framework for unsaturated soil behaviour [J]. Geotechnique，1990，40（1）：31-44.

[8] 周海清. 非饱和土的非线性本构模型研究 [D]. 重庆：后勤工程学院，1997.

[9] 孙树国，陈正汉，卢再华. 重塑非饱和膨胀土强度及变形特性的试验研究 [C]//长江科学院. 南水北调膨胀土渠坡稳定和滑动早期预报研究论文集. 武汉，1998：128-136.

[10] 张磊，苗强强，陈正汉，等. 重塑非饱和含黏砂土变形强度特性的三轴试验 [J]. 后勤工程学院学报，2009，25（6）：6-10，41.

[11] 关亮. 预留湿陷量的大厚度自重湿陷性黄土复合地基的变形特性研究 [D]. 重庆：后勤工程学院，2012.

[12] 高登辉，陈正汉，郭楠，等. 干密度和基质吸力对重塑非饱和黄土变形与强度特性的影响 [J]. 岩石力学与工程学报，2017，36（3）：736-744.

[13] 郭楠，陈正汉，高登辉，等. 加卸载条件下吸力对黄土变形特性影响的试验研究 [J]. 岩土工程学报，2017，39（4）：735-742.

[14] 章峻豪，陈正汉，苗强强，等. 南水北调中线工程安阳段渠坡换填土的强度特性研究 [J]. 后勤工程学院学报，2011，27（6）：1-7.

[15] 孙发鑫. 膨润土-砂混合缓冲材料的力学特性和持水特性研究 [D]. 重庆：后勤工程学院，2013.

[16] 陈皓，吕海波，陈正汉，等. 考虑温度影响的高庙子膨润土强度与变形特性试验研究 [J]. 岩石力学与工程学报，2018，37（8）：1962-1979.

[17] 朱元青，陈正汉. 研究黄土湿陷的新方法 [J]. 岩土工程学报，2008，30（4）：524-528.

[18] 李加贵，陈正汉，黄雪峰. 原状 Q_3 黄土湿陷特性的 CT-三轴试验 [J]. 岩石力学与工程学报，2010，29（6）：1288-1296.

[19] 郭楠，陈正汉，杨校辉，等. 重塑黄土的湿化变形规律及细观结构演化特性 [J]. 西南交通大学学报，2019，54（1）：73-81，90.

第3篇 持水、渗流、力学和热力学特性

本篇导言

经典的土力学可以说是饱和（二相）土力学，晚近非饱和（三相）土力学问题正在开始深入研究。过去偏重于饱和土工程特性及其应用的试验研究，今后将为非饱和土工程性质研究所补充或代替。

——蒋彭年. 非饱和土工程性质简论 [J]. 岩土工程学报，1989，11（6）：39-59.

揭示新认识，试验最重要。

——陈正汉. 关于土力学理论模型和科研方法的思考 [J]. 力学与实践，2004，26（1）：63-67.

物理规律都是通过辛苦的和巧妙的试验发现的。

试验科学的巨大成功就是由不同类型的人完成的。他们有的兢兢业业，有的坚持不渝，有的富有直观洞察力，有的善于创造，有的精力充沛，有的老成持重，有的机智灵巧，有的细致周密；也有的人具有灵巧的双手，有的只喜欢使用简单的设备，而另一些人则发明或制作了许多极为精细的、大型的或者复杂的仪器。他们中的绝大多数人仅有的共同点是：他们是诚实的，真正做了他们记录上写的那些观察；他们发表自己的工作结果使得其他人可能重复这些试验或观察。

——基特尔等. 伯克利物理学教程（第一卷）：力学 [M]. 陈秉乾，等译. 北京：科学出版社，1979：2-3，6.

湿陷性黄土、膨胀土、膨润土、含黏砂土、红黏土、重塑黏土与盐渍土等都是工程中经常遇到的非饱和土。非饱和土与特殊土的力学特性包括持水特性、渗气性、渗水性、水量变化特性、屈服特性、强度特性、变形特性、应力路径相关性，湿陷性黄土的湿陷性，膨胀土和膨润土的胀缩性、膨胀力的各向异性、热力学特性及化学特性等，它们是建立非饱和土理论的前提和基础。揭示这些特性主要采用唯象法，借助各种非饱和土试验仪器进行探索。为了揭示新认识，要花费大力气研制新仪器设备，精心设计试验方案。

关于湿陷性黄土和膨胀土的结构性将在第 20 章和第 21 章讨论。

第10章 非饱和土与特殊土的持水特性

本章提要

系统论述了土的持水特性及其数学描述,详细研究了考虑密度、应力状态影响的广义持水特性和原状/重塑黄土、膨胀土、膨润土、盐渍土和红黏土的持水特性,揭示了各种土的持水特性规律和水分变化的敏感区间,分析了不同广义持水特性公式的精度,详细讨论了持水特性曲线的力学定位及试验的合理吸力范围等。

10.1 概述

在土壤物理学中,把由试验得到的土的体积含水率[或水的饱和度(以下简称为饱和度),或重力含水率]与吸力(基质吸力或总吸力)之间的关系曲线称之为**土-水特征曲线**[1](即 soil-water characteristics curve,简称为 SWCC)。由于土的吸力变化范围很大($0\sim10^6\,\text{kPa}$),故对吸力常采用对数坐标表示。在一般情况下,仅考虑基质吸力的作用。当吸力超过 $1500\,\text{kPa}$ 之后,可认为基质吸力与总吸力等价。土-水特征曲线反映土在一定基质吸力作用下的持水性能,即由于基质吸力克服重力而使水保持在土中的能力,因而也称为**持水特性曲线**或曲面[2](soil-water retention curve / surface,简称为 SWRC 或者 SWRS)。本书主要采用持水特性曲线这一术语。

既往的研究表明,持水特性曲线与土的种类(黏土/粉土/砂土)、密度、级配、结构性、水分变化路径(吸湿/脱湿)等因素有关[2,3],如图 10.1 所示。在含水率相同时,土的细粒含量越高、土越密实,吸力就越大,曲线的形态亦剧烈变化。

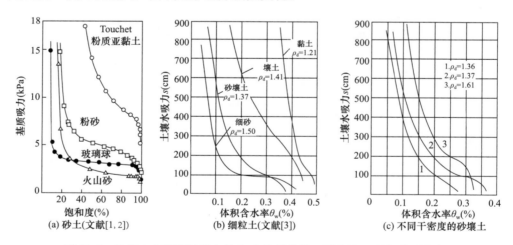

图 10.1 几类土在脱湿过程中的土-水特征曲线(图中的 ρ_d 是初始干密度)

测定持水特性曲线有两种试验路径:一是从饱和样开始,逐级施加基质吸力,水分被挤出,土样逐渐变干,称之为脱湿过程;二是从干样开始,逐级减小基质吸力,土样吸水,直至饱和,称之为吸湿过程。两种过程的曲线不相重合,形成滞回曲线(图 10.2)。脱湿曲线之所以高于吸湿曲线,主要是由于瓶颈效应和接触角效应所致[1-3]。位于滞回曲线中间的任意路径,称为扫描曲线。换言之，土的含水率与基质吸力之间并非一一对应的单值关系。在具体应用时，应根据实际情况选择脱湿曲线或吸湿曲线。由于脱湿试验相对简便，耗时少，故通常采用脱湿曲线。

在持水特性曲线试验过程中，试样体积与空隙体积随水分的增减而变化。当采用脱湿法测定时，在缩限含水率之前试样体积不断减小，传统意义上的持水特性曲线忽视了体变引起的土样密度的变化；膨胀土的干缩变形更大，近年来受到许多学者的重视。考虑密度影响的持水特性曲线在第10.2节中介绍，膨胀土的持水特性及考虑体变影响的修正在第10.6节中介绍。

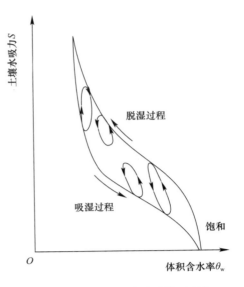

图10.2 土-水特征曲线的滞后现象

上述持水曲线表现出的各种特点，都具有本构关系的特征。事实上，从现代土力学观点来看，对非饱和土而言，除了土骨架的应力-应变关系和强度条件外，气液两相的运动方程、状态方程及在土中含水率的变化规律都是必不可少的本构关系[1,4-7]。因此，用研究本构关系的观点、理论和方法探索持水特性可提升该领域的研究水平。例如，传统的持水特性曲线就是在单纯吸力作用下液相的本构关系，而近期的研究表明，持水特性曲线与应力状态、应力路径和应力历史有关。考虑应力状态和应力路径影响的持水特性曲线可称之为**广义持水特性曲线**，有关内容在第10.3节和第10.4节中介绍。

确定持水特性曲线有两种途径：试验方法和理论方法。试验方法能反映多种主要影响因素，结果可靠，适用于各种土。测定土-水特征曲线的常用试验仪器有压力板仪、非饱和土固结仪、非饱和土三轴仪、滤纸法和气体湿度控制法等。

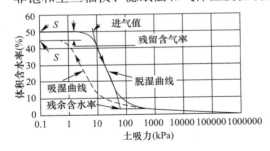

图10.3 典型的土-水特征曲线形态及特征点

用Ψ表示吸力，用θ_w、w和S_r分别表示体积含水率、重力含水率与饱和度，典型的完整的持水特性曲线在$\lg\Psi$-θ_w坐标系或$\lg\Psi$-S_r坐标系中大致呈"S"形（图10.3），曲线上有两个特征点：进气值和残余含水率。进气值是气体开始进入土中大孔隙、开始排水的气压力。残余含水率对应于植物的凋萎含水率，当含水率低于残余含水率后，土中水处于不连通状态，靠提高吸力排出试样空隙水的难度大大增加，要排出土中的余水，必须施加大的吸力增量。换言之，

在残余含水率之后的曲线斜率远小于该点之前的曲线斜率。土的细粒含量越多、密度越高，其进气值和残余含水率越大。应当指出，土力学中的残余饱和度是指由土的死空隙中的水分和在105℃温度下不能蒸发的水分共同占据的饱和度，一般小于3%。显然，残余体积含水率并不和土力学中的残余饱和度相对应。通常认为，SWCC在两个特征点之间大体上为一条直线。

鉴于土中含水率一般在饱和含水率与残余含水率之间变化，持水特性曲线的数学表达式多采用归一化的体积含水率Θ、归一化的质量含水率Θ_w或归一化的饱和度Θ_{s_r}表示土中水的数量，这3个归一化变量分别定义如下：

$$\Theta = \frac{\theta_w - \theta_{res}}{\theta_s - \theta_{res}}, \quad \Theta_w = \frac{w - w_{res}}{w_s - w_{res}}, \quad \Theta_{s_r} = \frac{S_r - S_{res}}{1 - S_{res}} \tag{10.1}$$

其中，θ_w、w、S_r分别是试样的体积含水率、质量含水率和水的饱和度；θ_s与w_s为饱和状态下的体积含水率与质量含水率；θ_{res}、w_{res}、S_{res}分布为残余含水状态下的体积含水率、质量含

水率及饱和度。若不计 3 个残余量的影响及忽略土样体积的变化，则 $\Theta = \Theta_w = \Theta_s$。在试验过程中，土样一般要发生体变，但固体质量保持常数，质量含水率与体变无关，故以质量含水率为函数建立的土-水特征曲线方程不受试样体变的影响。

土壤物理中常以 Θ 为函数，已提出多个描述持水特性曲线的经验公式或数学模型（表 10.1），其中的 Brooks-Corey 模型[8]、van Genuchten 模型[9]、Fredlund-Xing 模型[10]因参数具有相对明确的物理意义、彼此相对独立、拟合比较容易收敛而最为流行。Brooks-Corey 模型的优点是参数少，形式简单，在早期引用较多；其缺点是在接近饱和时方程不连续，对高吸力段的描述因未考虑残余水分的影响而可能造成较大的偏差。van Genuchten 模型具有较好的适应性，若取 $m=1$，则与 Gardner 模型、Brutsaert 模型等价；若取 $m=1-2/n$，则简化为 Burdine 模型；若取 $m=1-1/n$，则简化为 Mualem 模型。Fredlund-Xing 模型以土的孔隙分布规律为基础，在吸力全范围（$0 \sim 10^6$ kPa）能较好地拟合试验资料；其缺点是形式复杂，通常试验的吸力远低于 10^6 kPa，得不到完整的 SWCC 曲线，确定残余饱和度的难度大。

持水特性曲线的数学模型统计表

表 10.1

模型提出者及时间	数学表达式	参数及其物理/几何意义
Burdine（1953）	$\Theta = \dfrac{1}{[1+(a\Psi)^n]^{1-2/n}}$ (10.2)	
Gardner（1958）	$\Theta = \dfrac{1}{1+a\Psi^n}$ (10.3)	
Brooks 和 Corey（1964）	$\Theta = \begin{cases} 1 & \Psi \leqslant a \\ \left(\dfrac{a}{\Psi}\right)^n & \Psi > a \end{cases}$ (10.4)	
Brutsaert（1966）	$\Theta = \dfrac{1}{1+\left(\dfrac{\Psi}{a}\right)^n}$ (10.5)	2 个参数： a—进气压力值； n—反映曲线形态，n 越大，曲线越陡
Mualem（1976）	$\Theta = \dfrac{1}{[1+(a\Psi)^n]^{1-1/n}}$ (10.6)	
Tani（1982）	$\Theta = \left(1+\dfrac{a-\Psi}{a-n}\right)\exp\left(-\dfrac{a-\Psi}{a-n}\right)$ (10.7)	
Boltzman（1984）	$\Theta = \begin{cases} 1 & \Psi \leqslant a \\ \exp\left(\dfrac{a-\Psi}{n}\right) & \Psi > a \end{cases}$ (10.8)	
Fermi（1987）	$\Theta = \dfrac{1}{1+\exp\left(\dfrac{\Psi-a}{n}\right)}$ (10.9)	
van Genuchten（1980）	$\Theta = \dfrac{1}{[1+(a\Psi)^n]^m}$ (10.10)	3 个参数：a、m、n a 与进气值相关的参数，其值大于进气值，a 越大，曲线起始段越平缓； m、n 反映曲线的形态，n 越大，曲线越陡；m 描述曲线的对称性； e 是自然对数的底数； Ψ_r 是与残余含水率对应的吸力
Fredlund 和 Xing（1994）	$\Theta = \dfrac{C(\Psi)}{\left\{\ln\left[e+\left(\dfrac{\Psi}{a}\right)^n\right]\right\}^m}$ (10.11a) $C(\Psi) = 1-\dfrac{\ln\left(1+\dfrac{\Psi}{\Psi_r}\right)}{\ln\left(1+\dfrac{10^6}{\Psi_r}\right)}$ (10.11b)	

应当指出，从图 10.1 可见，土-水特征曲线的形态是千变万化的，许多土的持水特性曲线与典型的持水特性曲线的形态相差甚远；加之通常试验设备所能施加的吸力小于 1500kPa，所得

SWCC 并不完整，在试验曲线上根本找不到特征点（进气值、残余含水率）的蛛丝马迹；通常认为对试验资料只能内插，不能外延，因而企图不做试验、直接搬用表 10.1 中的公式是不合适的。从工程应用角度讲，常用吸力（即对土的变形和强度影响比较显著的吸力范围）在 0～500kPa，没有必要知道覆盖吸力全范围（0～10⁶kPa）的完整持水特性曲线，通过试验直接测定实用范围内的 SWCC 不仅能节省大量时间，而且可靠实用。仅当分析干旱条件下的蒸发问题或高放废物深地质库的缓冲/回填材料（如膨润土）的热-水-力-化学耦合问题时才可能用到持水曲线的高吸力段。

土-水特征曲线是非饱和土的一个基本关系，在非饱和土力学中有重要作用，其一，把它与水平土柱渗透试验资料相结合，可以算出非饱和土的扩散度和渗透系数与吸力的关系；其二，它的数学模型是非饱和土的本构关系之一，即由吸力引起的水分变化规律；由吸力在 SWCC 试验过程中引起干缩变形问题将在第 10.7.2 节中研究；其三，自 20 世纪 90 年代以来 Fredlund 学派提出以它估算土的强度和体变，引起许多学者效仿，其合理性将在第 10.11 节中讨论。

由于本书主要涉及基质吸力的作用，故在下文中，除特别说明外，基质吸力简称为吸力。

10.2 考虑密度影响的广义持水特性曲线

陈正汉在 1991 年通过理论分析[11,12]，提出了以下描述持水特性的理论表达式：

$$S_r = f(\boldsymbol{\varepsilon}, u_a, u_w) \tag{10.12}$$

式中，$\boldsymbol{\varepsilon}$ 是土的应变张量。式（10.12）表明，饱和度与吸力及应变张量有关。由于饱和度是标量，而应变张量是二阶张量，故饱和度对应变张量的依存关系只有通过其三个不变量才能实现（表达式见本书第 1 章的式（1.7）～式（1.9））。应变张量的第一个不变量是体应变，等价于土的密度变化。暂且不考虑应变第二不变量和第三不变量对饱和度的影响。

为了探讨密度对持水特性曲线的影响，陈正汉和谢定义等[13]（1993）采用张力计研究了非饱和土的持水特性。试验用土取自西安黑河大坝金盆土场的 Q₃ 黄土（粉质黏土），重塑制样。用千斤顶把配好水的重塑土在高 15cm、内径 10cm 的钢筒中分 5 层压实到设计干密度，每层的厚度用套在压力活塞上的钢环高度控制。试样成型后的高度是 10cm。土的物理性质见表 10.2。

用直径略小于张力仪陶瓷头直径的钻头在试样中心打孔，孔深 8cm，把标定好的张力仪插入试样中。在钢筒上部分的空余部分，用制样的余土填满，然后把土筒装入塑料袋中，塑料带的口在收紧后用绳子紧扎在张力仪的塑料杆上（图 10.4）。根据跟踪观察，张力仪的读数在 36h 内就稳定了。因此，上述措施完全可以保证试样的含水率不变。

试样的控制含水率为 10%、13.2%、16.2%、17.33%、19.34%、21.06%、23.5%、26.00%、28.00%、31.00%、36.00%；控制干密度为 1.3g/cm³、1.4g/cm³、1.5g/cm³、1.6g/cm³、1.7g/cm³。对于干密度为 1.6g/cm³ 和 1.7g/cm³ 的试样，把张力仪的陶瓷头插入小于其直径 0.1mm 的孔中非常困难，只得放弃相应的试验。每一干密度在同一含水率下同时制 5 个试样平行测定，整理资料时采用它们的平均值。当含水率低于 17.33% 时，张力仪的读数超过了其有效量程（80kPa），因而对这一部分资料舍弃不用。

西安黑河大坝金盆土场黄土的物理指标 表 10.2

相对密度 d_s	天然含水率 w（%）	塑限 w_P（%）	液限 w_L（%）	塑性指数 I_P（%）	颗粒组成（%）		
					>0.05mm	0.05～0.005mm	<0.005mm
2.73	21.5	17.6	30.9	13.3	12	58	30

将试验结果绘成吸力-饱和度关系曲线（图 10.5），可以看出，饱和度和密度对吸力都有显

著影响，密度越大，同一饱和度对应的吸力越高。这可能是因为密度大者平均孔径小，毛细作用更为强烈，排水需要更高的气压力（即吸力）。

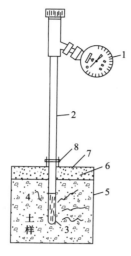

图 10.4　用张力计测定土样的吸力示意图
1—真空表；2—塑料杆；3—陶瓷头；4—土样；
5—钢筒；6—覆盖土；7—塑料包袋；8—扎绳

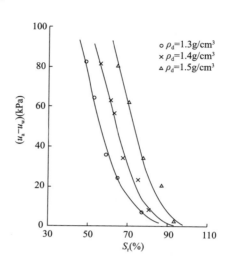

图 10.5　西安金盆重塑黄土
的土-水特征曲线

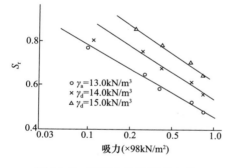

图 10.6　西安金盆重塑黄土的
持水特性曲线（半对数坐标）

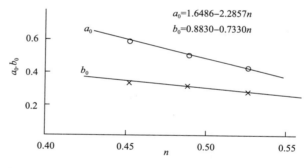

图 10.7　持水曲线参数 a_0、b_0
与空隙率的关系

在半对数坐标上，当饱和度小于 80% 时，不同密度的土样的 S_r-$\lg\left(\dfrac{u_a-u_w}{p_{atm}}\right)$ 都是直线（图 10.6），其方程是

$$S_r = a_0 - b_0 \lg\left(\frac{u_a-u_w}{p_{atm}}\right) \tag{10.13}$$

式中，p_{atm} 是标准大气压，a_0、b_0 均为无量纲土性参数。式（10.13）表明，饱和度随吸力增大而降低。

图 10.7 是参数 a_0、b_0 与空隙率 n（与干密度等价）的依赖关系，可用式（10.14）描述：

$$a_0 = a_1 - a_2 n \tag{10.14a}$$

$$b_0 = b_1 - b_2 n \tag{10.14b}$$

式中，a_1、a_2、b_1、b_2 分别是图 10.7 中两条直线的截距和斜率，皆为无量纲参数。对于西安金盆土样，参数 a_1、a_2、b_1、b_2 的数值分别为 1.6486、2.2857、0.8830 和 0.7330。由图 10.7 可见，参数 a 随密度变化较大，而 b 受其影响较小，可视为常数。把 a_0 的表达式代入式（10.13），

$$S_r = a_1 - a_2 n - b_0 \lg\left(\frac{u_a - u_w}{p_{atm}}\right) \tag{10.15}$$

由于式（10.15）明显反映了密度的影响，包含饱和度、孔隙率、吸力3个变量，故可称之为3变量广义持水特性曲线，其中包含3个参数，即 a_1、a_2、b_0。

与传统持水特性试验方法相比，上述方法虽然需要较多的试样，但其试验过程中的质量含水率和试样干密度被控制为已知量，试样的体积亦保持常数，仅需测试吸力；试样不发生干缩或湿胀，无需考虑体变影响，因而不必对传统持水特性曲线进行修正；也不必区分增湿过程与脱湿过程，这些是其最突出的优点。当吸力高于**80kPa**后，可用接触滤纸法或热传导探头测定吸力；如果有多套设备，可同时制备一系列干密度相等但含水率不同的试样，同时测试吸力，则可把测试一条完整SWCC的历时从几个月缩短到**7d**之内。显然，该法对任何土类的原状试样和重塑试样均适用，具有广泛的应用前景。

为了考虑密度对SWCC的影响，张雪东和赵成刚等[14]（2010）在已知两个具有不同初始孔隙比的SWCC的基础上（以饱和度为变量），假定饱和度的改变量与孔隙比的改变量之间存在一定的比例关系，通过插值逐点求解任意初始孔隙比的持水特性曲线。该法只需做两个不同初始密度的试验，可简化工作量；但其假定并非普遍规律，也未经试验数据验证，必然存在偏差。与图10.5中曲线不同的是，他们研究的每条曲线上的孔隙比是逐点变化的。

包承纲、龚壁卫和詹良通[15]（1998）视持水特性曲线上两个特征点之间的区段为直线，建议了一个与式（10.13）相同的持水特性曲线公式，其中的参数为常数，可用两个特征点处的吸力解联立方程确定，进而将式（10.13）改写为如下的表达式：

$$\frac{\theta_w - \theta_r}{\theta_s - \theta_r} = p - q \lg(u_a - u_w) \tag{10.16}$$

其中，p 和 q 均为常数。李志清和胡瑞林等[16]（2006）用压力板仪研究了襄樊原状膨胀土的持水特性，在吸力 $10 \sim 300kPa$ 范围内，建议的表达式与式（10.16）相同。

王协群和邹维列等[17]（2011）用压力板仪研究了重庆黏土在不同压实度下的持水特性，结果表明压实度对该土的持水特性有一定影响。同时指出重庆黏土受降雨入渗影响的吸力变化范围为 $30 \sim 100kPa$，相应重力含水率与吸力之间呈线性关系，建议的表达式形式与式（10.13）相同，且其中的参数随密度变化。换言之，文献［17］和本节的研究成果不仅在形式上而且在内涵上都是一致的。

10.3 考虑应力状态和应力路径影响的广义持水特性曲线

从理论上考虑，持水特性应当与应力状态、应力路径相关。这是因为，水分变化规律是非饱和土的一个本构关系，必然与应力状态变量及应力路径有关。描述非饱和土的应力状态通常用两个应力状态变量，即净总应力 $\sigma_{ij} - u_a\delta_{ij}$ 和吸力 $S = u_a - u_w$。净总应力可用其三个不变量（即，净平均应力 p、偏应力 q 和应力罗德角 θ_σ，具体表达式见本书第1.3节的式（1.6）～式（1.8））反映，它们和吸力对持水特性曲线均有贡献。传统持水特性曲线仅考虑了吸力一个变量的影响，存在明显的缺点。

10.3.1 考虑净平均应力或净竖向压力影响的广义持水特性曲线及验证

1）考虑净平均应力影响的持水特性曲线试验结果

陈正汉（1999）用一系列控制净平均应力为常数、吸力增大的非饱和土三轴收缩试验研究了净平均应力对持水特性曲线的影响[18]。试验用土取自山西汾阳机场探井中的 Q_3 黄土（粉质黏土），重塑制样。制样方法见本书第 9.5 节。根据设计的试样干密度算出一个土样所需的湿土，再分成 5 等份。用专门的加载设备（本书第 9 章图 9.6）把土料在试样模中分 5 层压实，每层高度用套在试样模活塞上的钢环控制。试样的直径和高度分别是 3.91cm 和 8cm；土样的初始含水率、初始干密度和初始吸力分别为 17.15%、1.70g/cm³ 和 20kPa；相应的初始孔隙比为 0.60；初始饱和度为 77.75%；土粒相对密度为 2.72。做了 4 个三轴收缩试验，净平均应力分别控制为 5kPa、50kPa、100kPa 和 200kPa，试样的吸力从 20kPa 起分级施加，试验终止时的吸力依次为 500kPa、450kPa、400kPa 和 100kPa。

由于非饱和土的渗透性很小，为了使试样内的吸力在加荷过程中尽可能保持不变并取得各级荷载下试样变形与排水量的稳定值，加荷速率必须相当小。采用的稳定标准为：在 2h 内，试样的体变和排水量分别小于 0.0063cm³ 和 0.012cm³，且每级吸力稳定时间不少于 72h。完成一个试验约需 24～33d，其历时长短取决于试验最终达到的净平均应力或吸力的高低。试验结束时，试样被切成 3 段，分别量测各段的含水率，发现 3 者的含水率彼此很接近。由试样的初始含水率和最终含水率之差，可以算出试样的实际排水量，并据此把试验过程中所量测的排水量按历时校正。由于试验在秋冬季进行，试验结果表明，排水量的量测值与校正值之间的相对差别在 5% 之内。尽管如此，在下文的分析中排水量采用校正值。

试验结果示于图 10.8。显而易见，不同的净平均应力对应着不同的持水特性曲线。说明当土同时受吸力和净平均应力作用时，土中水分与吸力之间并不存在单值对应的关系。事实上，净平均应力引起体变，改变了土的密度。这一点具有实际意义，当在分析计算中使用持水特性曲线时，应根据土实际承受的正应力进行持水特性曲线试验。

图 10.8 中净平均应力等于 5kPa 的试验近似于常规收缩试验（净平均应力等于零）。相应的 $(u_a - u_w)$-S_r 关系或 w-$\lg(u_a - u_w)$ 关系可近似看成是通常的持水特性曲线，其他 3 个试验的相应曲线就是考虑净平均应力影响的广义持水特性曲线。

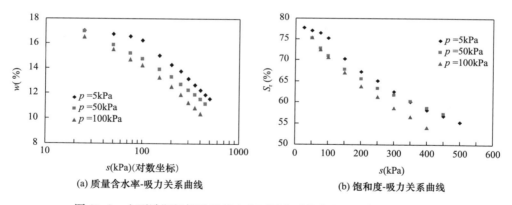

(a) 质量含水率-吸力关系曲线　　　(b) 饱和度-吸力关系曲线

图 10.8　山西汾阳机场重塑黄土在不同净平均应力下的持水特性曲线

应当指出，吴宏伟[19]（2000）、龚壁卫[20]（2004）也提出持水特性曲线试验应考虑上覆压力和围压的影响，他们所做的一维固结和各向等压的土-水特征曲线试验分别采用单轴体积压力板仪和应力式体积压力板仪，试样直径和高度分别为 7cm 和 2cm。

国外学者 Nuth 等[21]、Masin[22]、Uchaipichat[23] 的研究同样表明，持水曲线依赖于应力状态。换言之，应力状态的改变引起土的孔隙率改变，从而导致土的持水性状发生变化。

2）考虑净平均应力影响的广义持水特性曲线的数学表达式

对于非饱和土的水量变化，陈正汉（1999）提出了如下的本构关系[5]：

$$d\varepsilon_w = \frac{dp}{K_{wt}} + \frac{ds}{H_{wt}}$$

$$(10.17)$$

式中，d 是微分符号；$\varepsilon_w = \dfrac{\Delta V_w}{V_0}$（即体积含水率的改变量），$\Delta V_w$ 和 V_0 分别表示水的体积变化量和试样的初始体积；K_{wt} 为与净平均应力相关的水分切线体积模量，对汾阳机场的重塑黄土，其值为常数[18]；$H_{wt} = \ln 10 \dfrac{s + p_{atm}}{\lambda_w(p)}$ 为与基质吸力相关的水分变化的切线体积模量，$\lambda_w(p)$ 是控制净平均应力为常数、吸力增大的三轴收缩试验的 ε_w-$\lg[(s + p_{atm})/p_{atm}]$ 关系曲线的斜率[18]，对汾阳机场的重塑黄土而言，$\lambda_w(p)$ 为常数；陈正汉通过推导得出 ε_w 和质量含水率 w 联系式为[18]（有关推导见本书第 12.2.1 节）：

$$w = w_0 - \frac{1 + e_0}{G_s}\varepsilon_w \tag{10.18}$$

式中，e_0，w_0 和 G_s 分别是试样的初始孔隙比、初始含水率和土粒的相对密度。

黄海[24]（2000）将 H_{wt} 的表达式代入式（10.17），对两边积分，得全量形式：

$$\varepsilon_w = \frac{p}{K_{wt}} + \frac{\lambda_w(p)}{\ln 10}\ln\left(\frac{s + p_{atm}}{\lambda_w(p)}\right) \tag{10.19}$$

将式（10.19）代入式（10.18），得

$$w = w_0 - \frac{1 + e_0}{G_s}\left[\frac{p}{K_{wt}} + \frac{\lambda_w(p)}{\ln 10}\ln\left(\frac{s + p_{atm}}{\lambda_w(p)}\right)\right] \tag{10.20}$$

式（10.20）即为考虑净平均应力的广义持水特性曲线的理论公式。其一般形式为[24]：

$$w = w_0 - ap - b\ln\left(\frac{s + p_{atm}}{p_{atm}}\right) \tag{10.21}$$

式中，$a = \dfrac{1 + e_0}{G_s K_{wt}}$，$b = \dfrac{1 + e_0}{G_s}\dfrac{\lambda_w(p)}{\ln 10}$，二者均为常数。式（10.21）包括含水率、净平均应力和吸力 3 个变量，亦是 3 变量广义持水特性曲线。比较式（10.15）与式（10.21），可见 $a_2 n$ 与 ap 相当。换言之，净平均应力的作用等价于密度的影响。

3）试验验证

（1）试验验证之一

黄海和陈正汉[24]（2000）用一系列净平均应力与吸力之比等于常数的三轴排水试验验证了式（10.21）的合理性。试验用土为汾阳机场重塑黄土，试样的直径和高度分别是 3.91cm 和 8cm，制样设备（本书第 9 章图 9.6）和方法同前（详见本书第 9.5 节）；土样的初始含水率、初始干密度和初始吸力分别是 17.2%、1.65g/cm³ 和 20kPa；相应的初始孔隙比为 0.65，初始饱和度为 71.98%。共做了 7 个不同路径的试验，试验路径如图 10.9 所示。点 A 是试验起始位置，试验路径 AB、AC、AD、AE、AF、AG、AH 与水平轴的夹角依次为 0°、15°、30°、45°、60°、75°、90°。其中路径 AB 是控制吸力

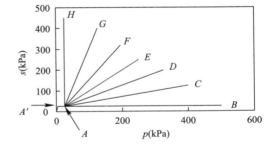

图 10.9　净平均应力与吸力之比等于
常数的三轴试验路径

为常数的各向等压试验，路径 AH 是控制净平均应力为常数、吸力增大的三轴收缩试验，其余路径是净平均应力和吸力同时增大的三轴试验。为了减小各试样间的差异，均先加载至 $p = 5$kPa 和 $s = 25$kPa 的应力点 A'，保持 12h；再加载至路径起点 A（$p = 25$kPa，$s = 25$kPa）。7 条试验路径的终止荷载列于表 10.3。每级荷载中的净平均应力和吸力均一次性同步施加。稳定标准为：在 2h 内，试样的体变和排水量分别小于 0.0063cm³ 和 0.012cm³，且每级历时不少于 48h。

试验在秋冬春季进行，7 个试验共历时 8 个月。由于每个试验历时 1 个月左右，考虑到排水量测系统的试验误差和环境变化对排水量的影响，对排水量测值进行了校正分析。由试样的初始含水率和最终含水率之差，可以算出试样的实际排水量，再根据算得的实际排水量对量测值校正，校正结果列于表 10.4。7 个试验中有 3 个试验的量测值与校正值的相对误差超过了 8%，故必须校正。在以下的分析中，含水率用校正值。

应当指出，AB 路径的排水由净平均应力引起，AH 路径的排水由吸力引起。从表 10.3 和表 10.4 可知，两种路径的初始应力状态相同；在试验结束时 AB 路径的净平均应力数值（500kPa）高于 AH 路径的吸力数值（450kPa），但前者的排水量（3.11cm³）远小于后者的排水量（10.01cm³），二者的排水效率（单位应力或吸力的排水量）之比为 1：3.58。换言之，对排水而言，施加吸力远比施加净平均应力的效率高。

为了说明拟合效果，绘制土-水特征曲线的二维图，取占各试验路径中比重大的 p 或 s 作为横坐标，式（10.20）部分预测结果示于图 10.10。除路径 AG 外，其余路径的预测结果均与试验数据吻合较好。

汾阳机场重塑黄土各试验路径的终至荷载　　表 10.3

路径	p(kPa)	s(kPa)
AB	500	25
AC	400	125.5
AD	325	198.2
AE	250	250
AF	195.3	320
AG	125.5	400
AH	25	450

汾阳机场重塑黄土试验排水量的校正　　表 10.4

路径	历时（d）	量测值（cm³）	校正值（cm³）	差值（cm³）	相对误差（%）
AB($\alpha=0°$)	33	2.96	3.11	0.15	4.80
AC($\alpha=15°$)	28	5.54	5.02	0.52	10.33
AD($\alpha=30°$)	26	6.83	6.78	0.05	0.71
AE($\alpha=45°$)	18	5.80	5.37	0.43	8.05
AF($\alpha=60°$)	31	8.13	8.12	0.01	0.12
AG($\alpha=75°$)	36	7.90	8.61	0.71	8.22
AH($\alpha=90°$)	29	9.71	10.01	0.30	2.98

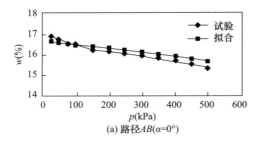 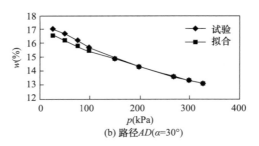

(a) 路径AB($\alpha=0°$)　　　　(b) 路径AD($\alpha=30°$)

图 10.10　预测曲线与汾阳机场重塑黄土试验曲线的比较

（2）试验验证之二

苗强强和张磊[25,26]用一系列控制净竖向压力为常数、吸力增大的非饱和土收缩试验研究了广州—佛山高速公路的重塑含黏砂土的广义持水特性曲线。制样设备（图 9.6～图 9.8）和方法详见本书第 9.5 节。试样的干密度为 1.85g/cm^3，制样时的含水率为 14.5%，试样直径为 6.18cm，高 2cm，饱和后装样。共做了 4 个试验，4 个试样的净竖向压力分别控制为 0kPa、100kPa、200kPa 和 300kPa，每个试样的基质吸力按 25kPa、50kPa、75kPa、100kPa、150kPa、200kPa、300kPa 和 400kPa 的目标值逐级施加。每级稳定标准是：每 2h 竖向变形量不超过 0.01mm；排水的稳定标准是：每 2h 排水量不超过 0.012cm^3，且每级吸力稳定时间不少于 48h。

试验结果示于图 10.11(a)。净竖向压力 $p=0\text{kPa}$ 的曲线近似于常规的土-水特征曲线，它与其他三条曲线有明显不同之处。该曲线包含首尾两个平缓段（$0 \leqslant s \leqslant 50\text{kPa}$ 和 $s \geqslant 200\text{kPa}$）和中间陡降段，而其他三个试验因有竖向压力作用发生固结，没有第一个平缓段。

根据式（10.21）采用二元回归分析求得相应的 a、b 值（表 10.5）。考虑净竖向压力作用时理论公式（10.21）拟合曲线与试验曲线的比较情况示于图 10.12。

两种重塑土的广义持水特性曲线参数数值   表 10.5

土样种类	取土场地	干密度（g/cm³）	初始含水率（%）	试验方法	a（×10⁻⁵kPa）	b
重塑黄土	山西汾阳机场	1.65	17.2	净平均应力与吸力之比等于常数的三轴试验	2.91	0.014
重塑含黏砂土	广州—佛山高速公路	1.85	饱和土样	控制净竖向压力为常数吸力增大的收缩试验	2.50	0.021
				控制净平均应力为常数吸力增大的三轴仪收缩试验	8.40	0.018

张磊和苗强强还做了控制净平均应力为常数的三轴收缩试验，制样设备和方法同第 10.3.1 节（详见本书第 9.5 节）。试样的干密度为 1.85g/cm^3，直径和高度分别是 3.91cm 和 8cm，饱和后装样。共做了 4 个试验，净平均应力分别为 0kPa、25kPa、50kPa 和 100kPa，吸力分级施加，试验结果见图 10.11(b)。相应的理论公式拟合参数 a、b 值亦列于表 10.5。由于两种试验条件不同，所得参数值的差异较大。当土受复杂应力作用时，宜做三轴收缩试验确定参数。考虑净平均应力作用时理论公式（10.21）的拟合曲线与试验曲线一起绘于图 10.13，二者比较接近。

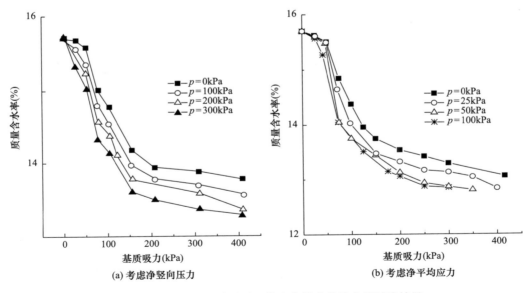

(a) 考虑净竖向压力   (b) 考虑净平均应力

图 10.11 广州重塑含黏砂土的广义持水特性曲线试验结果

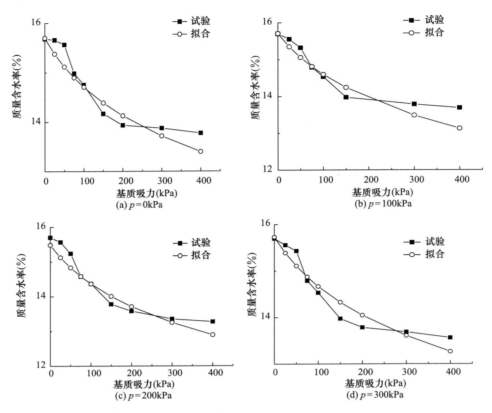

图 10.12 拟合曲线与广州重塑含黏砂土的试验曲线比较（考虑净竖向压力作用）

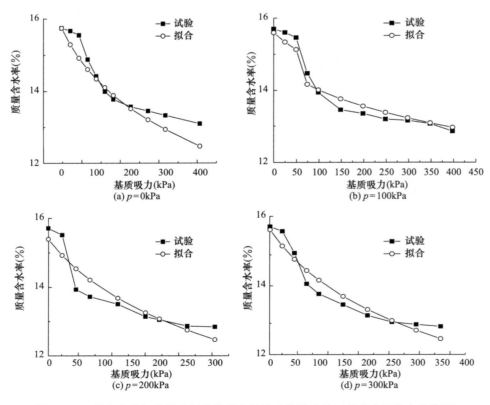

图 10.13 拟合曲线与广州重塑含黏砂土的试验曲线比较（考虑净平均应力作用）

10.3.2 考虑偏应力影响的广义持水特性曲线及验证

方祥位和陈正汉等[27]（2004）用应力控制式非饱和土三轴仪（图 9.3）研究了偏应力对持水特性曲线的影响。试验用土采用青海桥头电厂五期工程探井中的黄土，重塑制样。制样设备和方法同第 10.3.1 节（详见本书第 9.5 节）。试样的直径和高度分别是 3.91cm 和 8cm。土粒相对密度为 2.72，土的液限、塑限和塑性指数分别为 29.5%、19% 和 10.5，属于粉质黏土。试验按干密度分为两组：初始干密度为 1.68g/cm³ 的土样，初始孔隙比为 0.62，初始含水率为 16%，初始饱和度为 70.2%；初始干密度为 1.5g/cm³ 的土样，初始孔隙比为 0.81，初始含水率为 16%，初始饱和度为 53.7%。

共做了 7 个同时控制吸力和净平均应力为常数的三轴固结排水剪切试验（表 10.6）。试验包括固结和排水剪切两个阶段：在固结阶段，先施加吸力，紧接着施加围压，使净围压 $\sigma_3 - u_a$ 等于 150kPa；在剪切阶段，控制吸力为常数，调节围压 σ_3 和轴向应力（相当于 $\sigma_1 - \sigma_3$），使净平均应力控制为常数（150kPa），逐级施加偏应力直至试样破坏。每级加载的稳定标准与第 10.3.1 节的试验相同，即：在 2h 内，试样的体变和排水量分别小于 0.0063cm³ 和 0.012cm³。完成一个试验约需15d。鉴于试验历时较长，对排水量进行了校正，分析试验资料时采用校正值（表 10.6）。

对固结阶段，根据式（10.21）用二元线性回归拟合，分别得到两组试验的 a、b 值（表 10.7）。a、b 均与土样密度有关，密度越小，在压力和吸力作用下变形和排水越容易。

从表 10.6 的最后一列可见，等 p 剪切过程的排水量约占总排水量的 18%～30%，不容忽略。同时可以看到，吸力越低，剪切引起的排水量占有的份额越大。

图 10.14 是剪切阶段的含水率随广义剪应力的变化情况。其 w-q 关系近似为直线，斜率的绝对值用 $c(s)$ 表示，列于表 10.8。相同密度的土样在不同吸力作用下的直线斜率数值很接近，可用其平均值 c 取代。

结合式（10.21），可得同时考虑吸力、净平均应力和偏应力的广义土水特征曲线公式如下：

$$w = w_0 - ap - b\ln\left(\frac{s + p_{atm}}{p_{atm}}\right) - cq \tag{10.22}$$

式（10.22）是迄今包含非饱和土应力状态变量的不变量数目最多的广义持水特性曲线公式，亦可称为 4 变量持水特性曲线公式。应力罗德角对持水特性曲线的影响尚待研究。

试样排水量的量测值与校正值的比较　　　　表 10.6

干密度 (g/cm³)	吸力 (kPa)	排水量的量测值 (cm³)			排水量的校正值 (cm³)			差值 (cm³)	相对误差 (%)	剪切排水量占总排水量比例 (%)
		总量	固结	剪切	总量	固结	剪切			
1.68	30	0.25	0.188	0.062				0.11	2.56	26.34
	75	4.18	3.08	1.10	4.29	3.16	1.13	0.11	2.56	26.34
	100	5.14	3.96	1.18	5.34	4.11	1.23	0.2	3.75	23.03
	200	7.50	6.15	1.35	7.61	6.24	1.37	0.11	1.45	18.00
1.5	75	4.32	3.04	1.28	4.26	3	1.26	0.06	1.41	29.58
	100	5.01	3.70	1.31	5.18	3.83	1.35	0.17	3.28	26.06
	200	7.40	5.96	1.44	7.55	6.08	1.47	0.15	1.99	19.47

试样的广义持水特性曲线参数值　　　　表 10.7

干密度 (g/cm³)	$a(\times 10^{-5}\,kPa^{-1})$	b	$c(\times 10^{-5}\,kPa^{-1})$
1.68	1.47	0.0329	2.09
1.50	1.87	0.0353	3.07

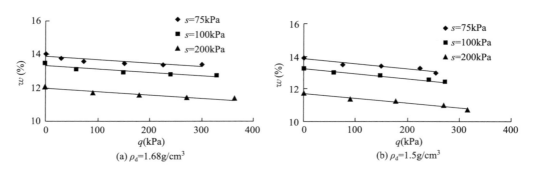

图 10.14　重塑黄土在控制吸力和净平均应力为常数的剪切过程中的 $w\text{-}q$ 关系

重塑黄土的 $w\text{-}q$ 关系直线斜率的绝对值　　　　　　　　表 10.8

ρ_{d}(g/cm³)	吸力（kPa）	$c(s)$（-10^{-5}kPa^{-1}）	c（-10^{-5}kPa^{-1}）
1.68	75	1.98	2.09
	100	2.09	
	200	2.19	
1.5	75	3.02	3.07
	100	3.17	
	200	3.02	

式（10.22）亦可用理论方法导出。考虑偏应力的影响，式（10.17）可扩展为[27]

$$\mathrm{d}\varepsilon_{\mathrm{w}} = \frac{\mathrm{d}p}{K_{\mathrm{wpt}}} + \frac{\mathrm{d}s}{H_{\mathrm{wt}}} + \frac{\mathrm{d}q}{K_{\mathrm{wqt}}} \qquad (10.23)$$

式中，K_{wpt}、H_{wt} 和 K_{wqt} 分别表示与净平均应力、吸力和偏应力相关的水的切线体积模量，K_{wpt} 和 K_{wqt} 可视为常数[27]，H_{wt} 与吸力相关，从第 10.3.1 节知，$H_{\mathrm{wt}} = \ln 10 \dfrac{s + p_{\mathrm{atm}}}{\lambda_{\mathrm{w}}(p)}$。对式（10.23）两边积分，并利用式（10.18），化简即得式（10.22）。其中，

$$a = \frac{1 + e_0}{G_{\mathrm{s}} K_{\mathrm{wpt}}}, b = \frac{(1 + e_0)\lambda_{\mathrm{w}}(p)}{G_{\mathrm{s}} \ln 10}, c = \frac{1 + e_0}{G_{\mathrm{s}} K_{\mathrm{wqt}}} \qquad (10.24)$$

张磊（2010）[25]以广州含黏砂土为对象，用一组净平均应力和吸力为常数的非饱和土三轴剪切试验（应力控制式，图 9.3）进一步验证了式（10.22）的正确性。制样设备和方法同第 10.3.1 节（详见本书第 9.5 节）。试样初始含水率和干密度分别为 14.5％ 和 1.85g/cm³，试样直径和高度分别是 3.91cm 和 8cm。共做了 3 个试验，净平均应力控制为 200kPa，吸力分别控制为 50kPa、100kPa 和 200kPa。由于在增大偏应力时必须降低净围压（$\sigma_3 - u_{\mathrm{a}}$）以保持净平均应力不变，加之试验历时长，故每个试验只加了 4 级剪应力：50kPa、100kPa、150kPa 和 175kPa。试验方法和稳定标准与本节前述相同，每级荷载稳定时间 2～3d，完成一个试验约需要 30d，对试验排水量做了校正，见表 10.9。

由表 10.9 的最后一列可见，含黏砂土在等 p 剪切过程的排水量约占总排水量的 35％～45％，高出青海桥头电厂重塑黄土在同类试验中的排水量 10％ 以上，在分析计算中必须考虑。

图 10.15 是广州含黏砂土在剪切阶段的含水率随偏应力的变化情况，其 $w\text{-}q$ 关系近似为直线，不同吸力作用下的直线斜率数值很接近，其平均值为 1.09×10^{-4}kPa，此即为式（10.22）中参数 c 之值，比青海桥头电厂重塑黄土的相应参数值高出了 1 个数量级。

此外，姚志华[28]用控制吸力和净平均应力为常数的三轴固结排水剪切试验研究了兰州和平镇原状 Q_3 黄土及其重塑土的广义持水特性，进一步验证了式（10.22）。

ρ_d (g/cm³)	s (kPa)	排水量的量测值（cm³）			排水量校正值（cm³）			差值 (cm³)	相对误差 (%)	剪切排水量占总排水量比例（%）
		总量	固结	剪切	总量	固结	剪切			
1.85	50	7.102	3.85	3.252	7.3	3.95	3.35	0.248	3.49	45.89
	100	7.892	4.55	3.342	8.1	4.6	3.5	0.208	2.64	43.21
	200	9.744	6.3	3.444	10	6.45	3.55	0.256	2.63	35.5

试样排水量的量测值与校正值的比较　　表 10.9

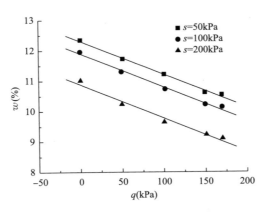

图 10.15　控制吸力和净平均应力为常数的剪切过程中的 w-q 关系

10.4　考虑应力状态变量交叉效应（或应力路径）影响的广义土水特征曲线

章峻豪指出，在上述对广义持水特性曲线在研究中，用试验确定 w-s 关系和 w-p 关系时，不施加偏应力（即 $q=0$），未考虑偏应力对其影响；而在用试验确定 w-q 关系时，仅取了一个净平均应力，未考虑不同净平均应力对其影响。换言之，章峻豪认为，式（10.23）中的 K_{wpt}、$H_{wt}=\ln 10 \dfrac{s+p_{atm}}{\lambda_w(p)}$ 和 K_{wqt} 均不为常数，后二者等价于 $\lambda_w(p)$ 和 c 不为常数。为弥补上述研究的不足，章峻豪（2012）[29] 探讨了考虑净平均应力和偏应力对广义持水特性曲线影响的交叉效应，研究结果还发现偏应力和吸力的交叉效应对持水特性曲线也有影响。

10.4.1　研究方案

试验用土取自南水北调中线工程安阳段渠坡换填土，重塑制样。土样的液限为 28.48%，塑限为 14.97%，塑性指数为 13.51。制样时先将土样风干，过 2mm 筛，然后将其配置到一定的含水率。参考该渠坡换填土的设计参数，试样的初始含水率、初始干密度和初始孔隙比分别为 16.72%、1.80g/cm³ 和 0.51，土粒相对密度为 2.72。制样方法、试验仪器、试样尺寸和稳定标准与本章前述相同。

共做了 3 种应力路径的试验，即控制偏应力和净平均应力都为常数、吸力逐级增大的三轴收缩试验，控制偏应力和基质吸力都为常数、净平均应力逐级增大的三轴各向等压试验，控制净平均应力和基质吸力都为常数、偏应力逐级增大的三轴剪切试验。每种应力路径试验包括 3 组，总计 26 个试验（表 10.10）。表中的符号 p_0、q_0 和 s_0 的下标"0"表示该值在试验过程中控制为常数。

每个试验过程分为两个阶段。第一阶段施加两个控制的应力分量并达到变形、排水稳定，第二阶段分级施加第三个应力变量直到试验目标值。试验中分段分级量测试样的排水量，汇总于表 10.11。为了提高分析精度，对试验过程中量测的排水量按试验历时进行了校正，总排水量的量测值和校正值亦列于表 10.11，二者的相对误差均不超过 10%。尽管如此，在以下分析中排水量用校正值。

广义持水特性曲线试验方案　　　　　　表 10.10

试验名称	控制应力 (kPa)		吸力终值 (kPa)	试验名称	控制应力 (kPa)		净平均应力终值 (kPa)	试验名称	控制应力 (kPa)		偏应力终值 (kPa)
	q_0	p_0	s		q_0	s_0	p		p_0	s_0	q
控制偏应力和净平均应力为常数、吸力逐级增大的三轴收缩试验	0	50	300	控制偏应力和吸力为常数、净平均应力逐级增大的三轴各向等压试验	0	50	300	控制净平均应力和吸力都为常数、偏应力逐级增大的三轴剪切试验	100	50	169.63
		100				100				100	213.20
		200				200				200	290.00
	100	50	300		100	50	300		200	50	276.03
		100				100				100	313.35
		200				200				300	333.94
	200	—	300		200	50	400		300	50	356.71
		100				100	400			100	405.59
		200				200	300			200	420.28

试验的阶段排水量与总排水量的量测值及校正值　　　　　　表 10.11

试验类别	控制应力 (kPa)		总排水量 (cm³)			第一阶段排水量 (cm³)		第二阶段排水量 (cm³)	
			量测值	校正值	相对误差 (%)	量测值	占总排水比例 (%)	量测值	占总排水比例 (%)
控制偏应力和净平均应力为常数、吸力逐级增大的三轴收缩试验	$q_0=0$	$p_0=50$	4.44	4.33	2.54	4.44	100.00	0	0
		$p_0=100$	4.89	4.47	9.40	4.89	100.00	0	0
		$p_0=200$	6.02	5.69	5.80	6.02	100.00	0	0
	$q_0=100$	$p_0=50$	4.09	3.79	7.92	3.53	86.31	0.56	13.69
		$p_0=100$	3.90	3.75	4.00	3.27	83.85	0.63	16.15
		$p_0=200$	4.96	4.78	3.77	4.05	81.65	0.91	18.35
	$q_0=200$	$p_0=100$	3.32	3.11	6.75	2.73	82.23	0.59	17.77
		$p_0=200$	3.98	3.67	8.45	3.17	79.65	0.81	20.35
控制偏应力和基质吸力为常数、净平均应力逐级增大的三轴各向等压试验	$q_0=0$	$s_0=50$	3.46	3.26	6.13	3.46	100.00	0	0
		$s_0=100$	3.99	3.88	2.84	3.99	100.00	0	0
		$s_0=200$	5.67	5.22	8.62	5.67	100.00	0	0
	$q_0=100$	$s_0=50$	3.02	2.75	9.82	2.64	87.42	0.38	12.58
		$s_0=100$	3.88	3.57	8.68	3.50	90.21	0.38	9.79
		$s_0=200$	5.01	4.69	6.82	4.62	92.22	0.39	7.78
	$q_0=200$	$s_0=50$	2.34	2.17	7.83	1.95	83.33	0.39	16.67
		$s_0=100$	3.49	3.46	0.87	3.05	87.39	0.44	12.61
		$s_0=200$	4.39	4.30	2.09	3.91	89.07	0.48	10.93
控制净平均应力和吸力为常数、偏应力逐级增大的三轴剪切试验	$p_0=100$	$s_0=50$	1.50	1.38	8.70	1.20	80.00	0.30	20.00
		$s_0=100$	2.58	2.43	6.17	2.13	82.56	0.45	17.44
		$s_0=200$	3.36	3.15	6.67	2.81	83.63	0.55	16.37
	$p_0=200$	$s_0=50$	2.31	2.15	7.44	1.92	83.12	0.39	16.88
		$s_0=100$	3.25	3.04	6.91	2.73	84.00	0.52	16.00
		$s_0=200$	3.78	3.64	3.85	3.24	85.71	0.54	14.29
	$p_0=300$	$s_0=50$	3.54	3.46	2.31	2.96	83.62	0.58	16.38
		$s_0=100$	3.99	3.81	4.72	3.39	84.96	0.60	15.04
		$s_0=200$	4.75	4.58	3.71	4.11	86.53	0.64	13.47

10.4.2 控制偏应力和净平均应力都为常数的三轴收缩试验的水量变化分析

图 10.16 为试验的 w-$\lg[(s+p_{\mathrm{atm}})/p_{\mathrm{atm}}]$ 关系。当净平均应力相同，偏应力较大时，w-$\lg[(s+p_{\mathrm{atm}})/p_{\mathrm{atm}}]$ 曲线的位置较高。这是因为偏应力使土样剪胀，偏应力越大，剪胀量和土的孔隙体积越大，导致持水性增强。相同净平均应力和偏应力作用下的 w-$\lg[(s+p_{\mathrm{atm}})/p_{\mathrm{atm}}]$ 关系近似呈线性，可以用直线拟合，直线斜率随净平均应力和偏应力变化，可用 $\beta(p,q)$ 表示。如再用 $\lambda_{\mathrm{w}}(p,q)$ 表示本节试验的 ε_{w}-$\lg[(s+p_{\mathrm{atm}})/p_{\mathrm{atm}}]$ 曲线的斜率，把式（10.18）两边对 $\lg[(s+p_{\mathrm{atm}})/p_{\mathrm{atm}}]$ 求导可得：

$$\beta(p,q) = -\frac{1+e_0}{G_{\mathrm{s}}}\lambda_{\mathrm{w}}(p,q) \tag{10.25}$$

$\beta(p,q)$ 和 $\lambda_{\mathrm{w}}(p,q)$ 的计算值列于表 10.12。同一偏应力作用时不同净平均应力下 $\beta(p,q)$ 和 $\lambda_{\mathrm{w}}(p,q)$ 均可视为常数，即二者与净平均应力无关，可用各自在不同净平均应力下的平均值取代。不同偏应力下的 $\lambda_{\mathrm{w}}(p,q)$ 值与偏应力的关系可用式（10.26）拟合：

$$\lambda_{\mathrm{w}}(p,q) = a_{22} + b_{22}q \tag{10.26}$$

式中，$a_{22}=0.076$，表示偏应力为 0kPa 时的 $\lambda_{\mathrm{w}}(p)$ 值；$b_{22}=-0.00015\mathrm{kPa}^{-1}$，负号表示 $\lambda_{\mathrm{w}}(p,q)$ 随偏应力的增大而减小。

用 $\lambda_{\mathrm{w}}(p,q)$ 取代第 10.3.1 节定义的 $H_{\mathrm{wt}}=\ln 10\dfrac{s+p_{\mathrm{atm}}}{\lambda_{\mathrm{w}}(p)}$ 中的 $\lambda_{\mathrm{w}}(p)$，得：

$$H_{\mathrm{wt}} = \ln 10\frac{s+p_{\mathrm{atm}}}{\lambda_{\mathrm{w}}(p,q)} = \ln 10\frac{s+p_{\mathrm{atm}}}{a_{22}+b_{22}q} \tag{10.27}$$

式（10.27）反映了偏应力和吸力对持水特性曲线的交叉效应影响。

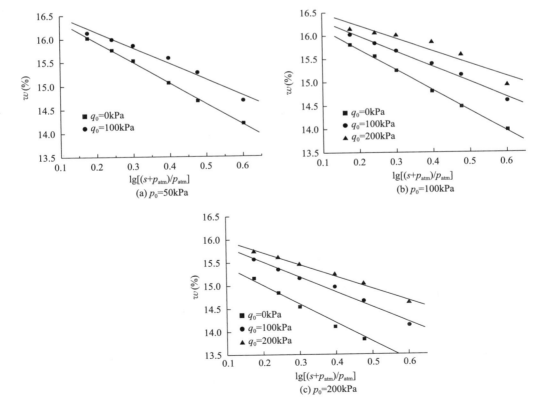

图 10.16 w-$\lg[(s+p_{\mathrm{atm}})/p_{\mathrm{atm}}]$ 关系

图 10.16 中的曲线斜率值   表 10.12

p_0 (kPa)	$q_0 = 0$kPa		$q_0 = 100$kPa		$q_0 = 200$kPa	
	$\beta(p, q)$	$\lambda_w(p, q)$	$\beta(p, q)$	$\lambda_w(p, q)$	$\beta(p, q)$	$\lambda_w(p, q)$
50	−0.0437	0.0787	−0.0335	0.0604	—	—
100	−0.0438	0.0789	−0.0327	0.0589	−0.0272	0.0489
200	−0.0409	0.0737	−0.0327	0.0588	−0.0260	0.0469
平均值	−0.0428	0.0771	−0.0330	0.0594	−0.0266	0.0479

10.4.3 控制偏应力和基质吸力都为常数的三轴各向等压试验的水量变化分析

图 10.17 是不同偏应力和基质吸力作用下三轴各向等量加压试验的 w-p 关系曲线。试样的含水率随净平均应力的增大而减小，同一偏应力和基质吸力作用下的 w-p 关系近似呈线性，可以用直线拟合，直线的斜率用 $\beta(q, s)$ 表示。总体上看，当基质吸力相同时，偏应力较大者其 w-p 曲线的位置较高，其原因已在第 10.4.2 节中说明。

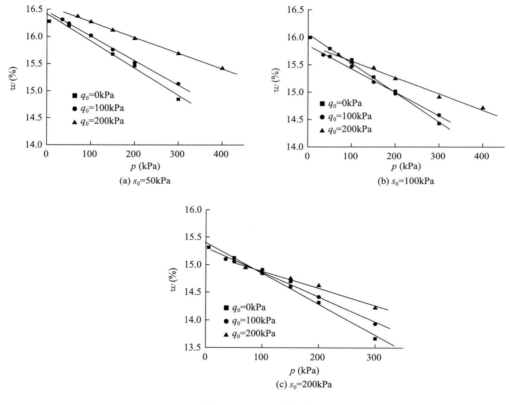

图 10.17 w-p 关系

把式 (10.18) 两边对 p 求导，并利用定义 $K_{wpt}(q, s) = \partial \dfrac{\varepsilon_w}{\partial p}$ ，得

$$\beta(q, s) = -\frac{1 + e_0}{G_s} \frac{1}{K_{wpt}(q, s)} \tag{10.28}$$

$\beta(q, s)$ 值和 $K_{wpt}(q, s)$ 的值列于表 10.13。偏应力相同时，不同基质吸力下的 $K_{wpt}(q, s)$ 值近似相等，说明其值与吸力无关，取其平均值即可。$K_{wpt}(q, s)$ 与偏应力的关系可用下式描述。

$$K_{wpt}(q, s) = a_{11} + b_{11} q \tag{10.29}$$

式中，$a_{11} = 9800.70\text{kPa}$，$b_{11} = 40.77$。式（10.29）反映了偏应力和净平均应力对土-水特征曲线的交叉效应影响。

图 10.17 中的曲线斜率值   表 10.13

s_0 (kPa)	$q_0 = 0\text{kPa}$		$q_0 = 100\text{kPa}$		$q_0 = 200\text{kPa}$	
	$\beta(q, s)$ ($\times 10^{-5}\text{kPa}^{-1}$)	$K_{\text{wpt}}(q, s)$ ($\times 10^{4}\text{kPa}$)	$\beta(q, s)$ ($\times 10^{-5}\text{kPa}^{-1}$)	$K_{\text{wpt}}(q, s)$ ($\times 10^{4}\text{kPa}$)	$\beta(q, s)$ ($\times 10^{-5}\text{kPa}^{-1}$)	$K_{\text{wpt}}(q, s)$ ($\times 10^{4}\text{kPa}$)
50	−5.01	1.11	−4.52	1.23	−2.88	1.93
100	−5.34	1.04	−4.28	1.30	−2.98	1.86
200	−5.58	0.99	−4.45	1.25	−3.09	1.80
平均值	−5.31	1.05	−4.42	1.26	−2.98	1.86

10.4.4 控制净平均应力和基质吸力为常数、偏应力增大的三轴剪切试验的水量变化分析

图 10.18 为该试验的 w-q 关系。相同基质吸力和净平均应力作用下的 w-q 关系近似呈线性，可以用直线拟合，直线的斜率用 $\beta(p, s)$ 表示。当基质吸力相同时，w-q 曲线随净平均应力增大而降低。这是因为净平均应力越大，土样体变越大，挤出的水分越多，致使相应试验在图 10.19 中的起始点处于较低位置。

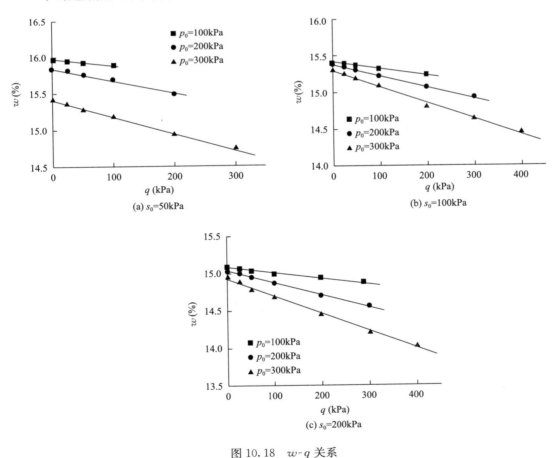

图 10.18 w-q 关系

把式（10.18）两边对 q 求导，并利用定义 $K_{\text{wqt}}(p, s) = \dfrac{\partial \varepsilon_{\text{w}}}{\partial q}$，得

$$\beta(p, s) = -\frac{1+e_0}{G_s}\frac{1}{K_{wqt}(p, s)} \tag{10.30}$$

$\beta(p, s)$ 值和 $K_{wqt}(p, s)$ 的值列于表 10.14。除 $p=100$kPa 的一组试验外，另外两组试验得到的不同基质吸力下的 $K_{wqt}(p, s)$ 值近似相等。为简化分析，暂不考虑吸力对 $K_{wqt}(p, s)$ 的影响，取不同基质吸力下的平均值即可。$K_{wqt}(p, s)$ 值与净平均应力的关系可用式（10.31）拟合

$$K_{wqt}(p, s) = a_{33} + b_{33}p \tag{10.31}$$

式中，$a_{33}=87700$kPa，$b_{33}=-225$。式（10.31）反映了净平均应力和偏应力对持水特性曲线的交叉效应影响。

图 10.18 中曲线的斜率值及相关常数　　表 10.14

s_0 (kPa)	$p_0=100$kPa		$p_0=200$kPa		$p_0=300$kPa	
	$\beta(p, s)$ ($\times10^{-6}$kPa^{-1})	$K_{wqt}(p, s)$ ($\times10^4$kPa)	$\beta(p, s)$ ($\times10^{-6}$kPa^{-1})	$K_{wqt}(p, s)$ ($\times10^4$kPa)	$\beta(p, s)$ ($\times10^{-6}$kPa^{-1})	$K_{wqt}(p, s)$ ($\times10^4$kPa)
50	−8.62	6.44	−17.30	3.21	−23.1	2.40
100	−8.40	6.61	−15.90	3.49	−21.8	2.55
200	−7.10	7.82	−16.10	3.45	−22.9	2.43
平均值	−8.04	6.96	−16.40	3.39	−22.6	2.46

10.4.5　考虑应力状态变量交叉效应的广义持水特性曲线公式

从以上可知，$\lambda_w(p, q)$ 和 $K_{wpt}(q, s)$ 主要与偏应力有关，而 $K_{wqt}(p, s)$ 主要与净平均应力有关，故不能简单地将其作为常数来处理。于是式（10.23）可改写为

$$d\varepsilon_w = \frac{dp}{K_{wpt}(q, s)} + \frac{ds}{H_{wt}(p, q)} + \frac{dq}{K_{wqt}(p, s)} \tag{10.32}$$

将式（10.29）、式（10.27）和式（10.31）代入式（10.32），再对两边积分，得：

$$\varepsilon_w = \frac{p}{a_{11}+b_{11}q} + \frac{a_{22}+b_{22}q}{\ln10}\ln\left(\frac{s+p_{atm}}{p_{atm}}\right) + \frac{q}{a_{33}+b_{33}p} \tag{10.33}$$

把式（10.33）代入式（10.18），可得描述考虑净平均应力、偏应力、吸力之间交叉效应的广义持水特性曲线表达式：

$$w = w_0 - \bar{a}p - \bar{b}\ln\left(\frac{s+p_{atm}}{p_{atm}}\right) - \bar{c}q \tag{10.34}$$

其中，$\bar{a} = \dfrac{1+e_0}{G_s(a_{11}+b_{11}q)}$，$\bar{b} = \dfrac{(1+e_0)(a_{22}+b_{22}q)}{G_s\ln10}$，$\bar{c} = \dfrac{1+e_0}{G_s(a_{33}+b_{33}p)}$ （10.35）

式（10.35）中的 a_{11}、a_{22}、a_{33}、b_{11}、b_{22} 和 b_{33} 都是土性参数，对安阳段渠坡换填土，其值汇总于表 10.15。

式（10.33）和式（10.34）抓住了主要因素，忽略了次要因素，不仅反映了净平均应力和偏应力对土的持水特性的交叉效应，而且反映了偏应力和吸力的交叉效应；既是对式（10.22）的改进，也是对持水特性认识的深化，故可称为考虑应力状态变量交叉效应的 4 变量广义持水特性曲线公式或改进的 4 变量广义持水特性曲线公式。

广义持水特性曲线的拟合参数　　表 10.15

a_{11}(kPa)	a_{22}	a_{33}(kPa)	b_{11}	b_{22}(kPa^{-1})	b_{33}
9800.70	0.076	87700	40.77	−0.00015	−225

　　为了评价改进的广义持水特性曲线的效果，章峻豪和陈正汉用式（10.22）和式（10.34）对本节的 3 种应力路径试验数据进行预测。式（10.22）中的参数 a、b 由无偏应力三轴收缩试验确定，其数值分别为 $5.66 \times 10^{-5} \text{kPa}^{-1}$ 和 0.018；c 由净平均应力为 100kPa 的三轴各向等压试验确定，其数值为 $8.51 \times 10^{-6} \text{kPa}^{-1}$。计算结果示于表 10.16 和图 10.19，按式（10.34）的计算结果明显优于按式（10.22）计算的结果，与试验数据更为吻合。同时可见，用式（10.22）预测第三类试验的最大误差仅 3.90%，说明对此类应力路径没有必要用式（10.34）计算。若以误差≤5% 的数据点数达到 90% 为标准，则式（10.22）对三类试验均满足要求，这样可大大减少试验工作量。

广义持水特性曲线公式预测试验结果情况统计表　　表 10.16

试验类别	试验数据点数目	式（10.22）预测试验结果的相对误差			式（10.34）预测试验结果的相对误差		
		最大值	误差≤5%点数/相对百分数	误差≤1%点数/相对百分数	最大值	误差≤5%点数/相对百分数	误差≤1%点数/相对百分数
控制净平均应力和偏应力为常数、吸力增大的三轴收缩试验	48	6.23%	46 95.83%	21 43.75%	2.01%	48 100%	45 93.75%
控制偏应力和基质吸力为常数、净平均应力增大的三轴各向等压试验	53	7.58%	48 90.57%	24 45.28%	1.24%	53 100%	50 94.34%
控制净平均应力和吸力为常数、偏应力增大的三轴剪切试验	50	3.90%	50 100%	37 74.00%	1.76%	50 100%	46 92%

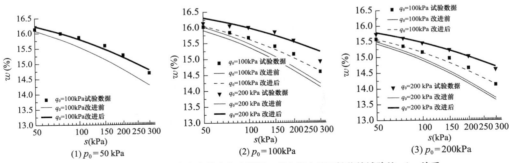

(a) 控制净平均应力和偏应力为常数、吸力增大的三轴收缩试验的 w-$\lg s$ 关系

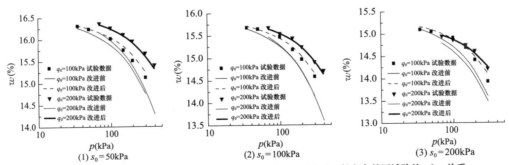

(b) 控制基质吸力和偏应力为常数、净平均应力增大的三轴各向等压试验的 w-$\lg p$ 关系

图 10.19　式（10.22）、式（10.34）预测曲线与试验数据的比较（安阳段渠坡换填土）（一）

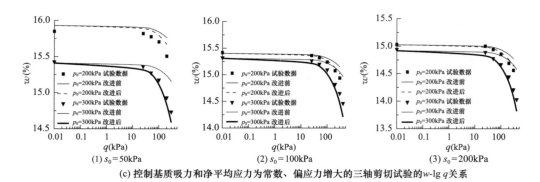

(c) 控制基质吸力和净平均应力为常数、偏应力增大的三轴剪切试验的 w-lg q 关系

图 10.19　式（10.22）、式（10.34）预测曲线与试验数据的比较（安阳段渠坡换填土）（二）

10.5　广义持水特性曲线公式的选用

第 10.2 节到第 10.4 节共提出了 4 种广义持水特性曲线公式，包括两个 3 变量公式和两个 4 变量公式，即式（10.15）、式（10.21）和式（10.22）、式（10.34），为便于选用，将其表达式、参数、优缺点汇总于表 10.17。

4 变量公式同时考虑了吸力、净平均应力和偏应力对持水特性的影响，适用面广，精度高。特别是式（10.22）考虑因素比较全面，也不太复杂，便于应用。譬如，可将其用于分析控制吸力和净围压（$\sigma_3 - u_a$）为常数的三轴剪切试验过程中的水量变化。在剪切过程中，吸力和净围压保持常数，净平均应力和偏应力不断增大，排水量由净平均应力增量和偏应力共同产生。净平均应力的增量用下式计算：

$$\Delta p = \frac{q}{3} = \frac{\sigma_1 - \sigma_3}{3} \tag{10.36}$$

由于 $dp/dq = 1/3$，故既可把剪切过程中的排水量全部归结为由偏应力引起，也可全部归结为由净平均应力的增量引起。若全部归结为由偏应力引起，则只需作一元回归确定参数 c 即可。

广义持水特性曲线公式及其特色　　　　　　　　　　　　　　　　表 10.17

数学表达式及在本章中的编号	参数表达式、物理几何意义及确定方法	优缺点	提出者及时间
3 变量公式：S_r、s、n $S_r = a_1 - a_2 n - b_0 \lg\left(\dfrac{u_a - u_w}{p_{atm}}\right)$ 式（10.15）	S_r 是饱和度，p_{atm} 是标准大气压，n 是孔隙率，a_1、a_2、b_0 是土性参数，用干密度相同、饱和度不同的若干土样测定，a_1、a_2 的几何意义分别是回归直线的截距和斜率	能反映密度的影响，不必作体变影响的修正，简单实用；可同时做多个试样密度相同而饱和度不同的试验，把 SWCC 试验历时缩短到 10d，但需要多个试样和多台设备	陈正汉 谢定义 王永胜 1993
3 变量公式：w、p、s $w = w_0 - ap - b\ln\left(\dfrac{s + p_{atm}}{p_{atm}}\right)$ 式（10.21）	$a = \dfrac{1 + e_0}{G_s K_{wt}}$，$b = \dfrac{1 + e_0}{G_s} \dfrac{\lambda_w(p)}{\ln 10}$ w、w_0、e_0、d_s 分别是含水率、初始含水率、初始孔隙比和土粒相对密度，$\lambda_w(p)$—净平均应力为常数、吸力增大的三轴收缩试验的 ε_w-lg$[(s + p_{atm})/p_{atm}]$ 关系曲线的斜率，视为常数；K_{wt} 为与净平均应力相关的水分切线体积模量，可视为常数。a、b 用净平均应力等于常数、吸力增大的三轴收缩试验及二元回归分析确定	能反映净平应力的影响，简单实用；但需要做一组三轴试验（或侧限压缩试验）	黄海 陈正汉 2000

数学表达式及在本章中的编号	参数表达式、物理几何意义及确定方法	优缺点	提出者及时间
4 变量公式：w、p、s、q： $w = w_0 - ap - b\ln\left(\dfrac{s + p_{atm}}{p_{atm}}\right) - cq$ 式 (10.22)	$a = \dfrac{1+e_0}{G_s K_{wpt}}$，$b = \dfrac{(1+e_0)\,\lambda_w\,(p)}{G_s \ln 10}$，$c = \dfrac{1+e_0}{G_s K_{wqt}}$ K_{wpt} 和 K_{wqt} 分别表示与净平均应力和偏应力相关的水的切线体积模量，可视为常数。a、b 用净平均应力等于常数、吸力增大的三轴收缩试验测定（二元回归分析），c 用吸力和净平均应力为常数、偏应力增大的三轴剪切试验测定（一元回归分析）	能反映净平均应力和偏应力的影响，比较全面，也不太复杂，预测精度高，适用面广；但需做两类三轴试验	方祥位 陈正汉 2004
4 变量公式：w、p、s、q $w = w_0 - \bar{a}p - \bar{b}\ln\left(\dfrac{s + p_{atm}}{p_{atm}}\right)$ $- \bar{c}q$ 式 (10.34)	$\bar{a} = \dfrac{1+e_0}{G_s(a_{11}+b_{11}q)}$，$\bar{b} = \dfrac{(1+e_0)(a_{22}+b_{22}q)}{G_s \ln 10}$， $\bar{c} = \dfrac{1+e_0}{G_s(a_{33}+b_{33}p)}$，$a_{11}$ 和 b_{11}、a_{22} 和 b_{22}、a_{33} 和 b_{33} 都是土性参数，分别是 3 条一元回归直线的截距和斜率；分别用控制偏应力和净平均应力都为常数、吸力逐级增大的三轴收缩试验，控制应力和基质吸力都为常数、净平均应力逐级增大的三轴各向等压试验，控制净平均应力和基质吸力都为常数、偏应力逐级增大的三轴剪切试验确定	优点：不仅反映了净平均应力和偏应力的交叉效应，而且反映了偏应力和吸力的交叉效应，预测精度很高。 缺点：形式复杂，确定参数的试验工作量很大。一般情况可不使用	章峻豪 陈正汉 2013

10.6 原状 Q₃ 黄土的持水特性

本节主要介绍陕甘宁地区原状黄土的持水特性和分别考虑净竖向压力及净平均应力影响的广义持水特性，并与相应的重塑土或其他类土的持水特性进行比较。所用试验设备包括压力板仪、非饱和土固结仪和非饱和土三轴仪。

10.6.1 陕西关中地区 Q₃ 黄土的持水特性

李靖[30]（1989）研究了美国 Palouse 黄土的持水特性。党进谦和李靖等[31]（1997）最早用压力板仪和连续称重法研究了陕西关中地区 10 个县市（千阳、彬县、铜川、白水、合阳、岐山、宝鸡、咸阳、渭南、潼关）马兰黄土（Q₃）的常规持水特性。试验前，用饱和器将试样饱和，然后放入压力室内量测基质吸力。基质吸力的量测从 0～1500kPa，分 8 级施加：25kPa、50kPa、100kPa、300kPa、500kPa、700kPa、1000kPa和 1500kPa，试验结果如图 10.20 所示。各土样的持水特性曲线开始段很陡且几乎相互重合，后半段平缓且基本接近平行。在吸力等于 0～1000kPa 范围内，土样的含水率变化剧烈；吸力超过 1000kPa 后，含水率变化很小。

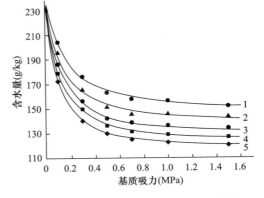

图 10.20 关中 Q₃ 黄土的持水特性曲线
1—潼关；2—渭南；3—白水；4—咸阳；5—千阳

10.6.1.1 陕西铜川武警支队新区场地原状湿陷性黄土的广义持水特性

陈正汉和胡胜霞等（2004）[32] 应用后勤工程学院研制的非饱和土固结仪（第 5 章图 5.1）最早研究了原状湿陷性黄土（Q₃）的广义持水特性。试验用土取自陕西省铜川市武警支队新区工地现场，在探井 10～10.2m 深度处取原状样。土样的物性指标为：天然孔隙比 1.02，干密度 1.34g/cm³，塑性指数 10.9，湿陷系数 0.055。原状试样的直径 61.8mm，高 20mm。试样制好后，用注射器给试样上、下表面加水，使其饱和度达 85% 左右。然后把土样连同环刀一起放入保湿器中使水分均匀化 72h，再称重算出土样的实际含水率或饱和度，发现与相应的控制值相差甚微。

　　试验为控制净竖向压力（总竖向应力减去气压力）为常数而逐级增加基质吸力的收缩试验，净竖向压力控制（用 p 表示）为 25kPa 和 50kPa，基质吸力则按 25kPa、50kPa、75kPa、100kPa、150kPa、200kPa、300kPa、400kPa 逐级增加。每加一级吸力，增加相应重量的砝码以补偿气压力引起的竖向应力减小。不管是施加竖向压力还是施加吸力，都需要较长的时间变形和排水才能达到稳定。稳定标准是：每 2h 变形量不超过 0.01mm，每 2h 排水量不超过 0.012mm³。通常每加一级荷载（基质吸力或竖向压力），大约需经 2d。

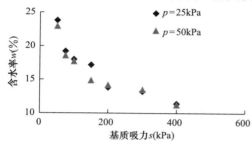

图 10.21　控制净竖向压力的铜川原状 Q_3
黄土的广义持水特性试验结果

　　图 10.21 是净竖向压力分别控制为 25kPa 和 50kPa 时基质吸力增加的收缩试验结果。两个试样在相同基质吸力下的含水率接近，其原因可能是施加的净竖向压力小于土样的屈服压力，试样的压缩变形很小，对试样的排水影响小，排水主要受基质吸力控制。还可以看出，在吸力超过 400kPa 以后，含水率的变化范围就很有限了。

10.6.1.2　西安曲江原状 Q_3 黄土的广义持水特性

　　陈存礼等（2011）[33] 用后勤工程学院研制的非饱和土固结仪（第 5 章图 5.1）研究了西安曲江原状 Q_3 黄土的持水特性。陶土板的进气值为 500kPa；土样的土性指标见表 10.18。

　　为了研究压力对不同湿度黄土持水特性的影响，对所制备的原状黄土试样控制了不同的初始含水率（初始饱和度）。低于天然含水率的试样采用风干的方法，高于天然含水率的试样则采用滴定注水的方法，等到风干或加水达到控制含水率后，在保湿缸中密闭放置 48h 以上，以使水分扩散均匀。

　　试验前用轴平移技术测定了土样在不同初始含水率下的基质吸力，气压力由试验控制，在不排水条件下量测孔隙水压力。为了避免孔隙水压力量测系统中的水压力接近−1 个大气压力时出现汽化和气穴现象，施加的气压力必须使孔隙水压力均大于−70kPa。对不同初始含水率黄土试样控制不同的孔隙气压力，所控制的孔隙气压力随含水率增大而减小。吸力的稳定标准为每小时吸力变化量小于 0.5kPa，试验结果列于表 10.19 和图 10.22(a)。

　　试验过程中同样采用轴平移技术量测各级荷载作用下黄土吸力的变化，试验方法同上。所施加的净竖向应力级别分别为 12.5kPa、25kPa、50kPa、100kPa、200kPa、400kPa、800kPa、1600kPa，试验中量测孔隙水压力和竖向变形。试验中含水率保持不变，饱和度则发生变化。压缩稳定标准为变形增量小于 0.005mm/h 及吸力变化量小于 0.5kPa/h。试验结果示于图 10.22(b)。

　　图 10.22 表明该土的持水特性具有以下特点：（1）不同的净上覆压力对应着不同的持水特性曲线，吸力在 0～400kPa 范围和净竖向应力在 400～1600kPa 范围对持水特性的影响比较显著，陈正汉认为原因有三：一是低吸力对应于高含水率，土较软模量低；二是竖向压力水平高，超过了该土的结构屈服压力和屈服吸力，土样的体变远大于屈服前，导致土样的密度发生较大变化，而持水特性与密度相关［本章 10.1 节的图 10.1(c) 和 10.2 节式（10.15）］；三是 3 个竖向压力 400、800 和 1600kPa 的两两之间的差距很大。（2）在吸力大于 400kPa 后不同净上覆压力下持水特性曲线有收敛的趋势，表明变形主要发生在吸力为 0～400kPa 范围内。（3）在吸力小于 300kPa 时，水分的变化比较显著；而当吸力超过 300kPa 后，水分的变化很小。事实上，该土的缩限是 14.13%（表 10.18），结合表 10.19 便知理应如此。

西安曲江原状 Q₃ 黄土的物性指标						表 10.18
相对密度	天然含水率（%）	干密度（g/cm³）	孔隙比	液限（%）	塑限（%）	缩限（%）
2.70	16.85	1.36	0.99	30.86	19.63	14.13

西安曲江原状 Q₃ 黄土在不同初始含水率下的基质吸力							表 10.19
初始含水率（%）	13.0	15.5	18	20.5	23.0	28.0	36.7
初始饱和度（%）	36.6	43.6	50.7	57.7	64.8	78.8	100
初始吸力（kPa）	449	239	107	84	40	26	0

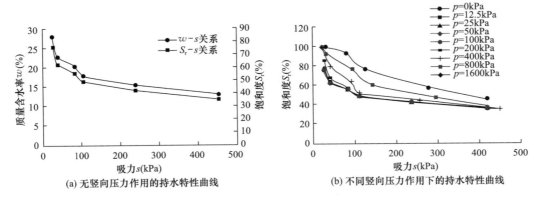

图 10.22　西安曲江原状 Q₃ 黄土的持水特性试验结果

10.6.2　宁夏扶贫扬黄工程 11 号泵站场地原状 Q₃ 黄土的持水特性

孙树国等（2006）[34] 用后勤工程学院改进的压力板仪（第 2 章的图 2.5）同时研究了宁夏扶贫扬黄工程 11 号泵站场地（位于固原县七营镇张堡二队）原状自重湿陷性黄土（Q₃）、北京原状粉质黏土（由北京勘察院提供）和黄河小浪底大坝防渗墙重塑黄土类壤土（寺院坡土场，按塑性指数应定名为粉质黏土）的土-水特征曲线。压力板仪中有 3 层陶土板，每层放一种土的 3 个试样，整理试验资料时取 3 个试样含水率的平均值。三种土样的初始条件见表 10.20，试验前试样均采用抽气饱和法进行饱和，经测定饱和度均已达到 100%。吸力分 10 级施加，最大值为 800kPa，共历时 68d，每级吸力的平均稳定时间 6.8d。三种土的压力板试验数据见表 10.21，相应的体积持水特性曲线见图 10.23（a）。由这些试样结果可得如下认识：

（1）不同类土、不同地区的土其土-水特征曲线的形态差异很大。宁夏原状 Q₃ 黄土和小浪底重塑土黄土类壤土在 10kPa 吸力下就开始明显排水，吸力达到 20kPa 时出现陡降段；而北京粉质黏土在 100kPa 左右才出现较明显的陡降段，尽管该土与小浪底土样的初始干密度相近。宁夏原状 Q₃ 黄土的含水率变化敏感区在吸力 0～500kPa 范围内，而其他两类土的含水率变化敏感区则在吸力等于 0～250kPa。

（2）三种土的排水量明显不同。试验结束时，实测宁夏原状 Q₃ 黄土、北京粉质黏土、小浪底重塑土黄土类壤土的失水率分别为 88.7%、43.6%、62.6%。由于北京原状粉质黏土的干密度最大，孔隙比最小，一直呈现缓慢排水的特征，表明黏粒含量最多，比表面积最大，亲水性最强，排水也就最慢。宁夏原状黄土的干密度最小，孔隙比最大，且大于 1，饱和含水率大，试验过程中排水量大，尤其是 100kPa 吸力范围内，其排水量占总排水量的 68.8%。小浪底土为重塑制样，干密度和孔隙比与北京土接近，但仍表现出与北京土不同的失水特征，吸力较低时排水明显，在小于 60kPa 的吸力范围，其排水量占试验总排水量的 71.3%。

（3）三种土的稳定历时差异很大。以吸力等于 60kPa 为例，三种土的稳定历时分别为 263h、49h 和 169h。

由图 10.23 可见，用本章表 10.1 中所列公式的任一个都难以描述这 3 种土的持水特性曲线，用试验方法确定具体对象的持水特性曲线才是有效的可靠途径。

试样的初始条件　　　　　　　　　　　　表 10.20

土类	干密度（g/cm³）	含水率（%）	孔隙比
宁夏扶贫扬黄工程 11 号泵站场地自重湿陷性黄土	1.29	2.6	1.10
北京粉质黏土	1.67	19.2	0.62
小浪底大坝防渗墙重塑黄土类壤土	1.64	11.9	0.65

三种土的压力板试验数据　　　　　　　　　　表 10.21

	基质吸力（kPa）	10	30	60	100	150	250	350	500	700	800
	每级历时（h）	80.5	288	276	120	61	120	128	96	278	222
宁夏土	稳定历时（h）	76	258	263	107	43	95	118	89	262	198
	排水量（g）	8.926	11.908	27.057	10.788	4.904	7.792	4.604	5.858	2.970	1.320
北京土	稳定历时（h）	76	71	49	85	*	81	*	63	113	120
	排水量（g）	6.381	3.182	2.956	3.664	3.410	6.705	3.848	2.844	0.641	0.718
小浪底土	稳定历时（h）	76	276	169	60	43	103	84	62	206	*
	排水量（g）	5.755	15.937	13.017	5.081	1.847	5.111	2.153	1.319	1.232	1.044

注：1. 稳定标准采用每级吸力作用至不排水为止；
　　2. 表中排水量为经蒸发量校正后的实测排水量与根据试验完成后的试样质量、含水率、各级的排水量，以及总排水量与实际土样失水量之间的差值计算出的反推排水量的 3 个试样的算术平均值，并以此作为含水率、体积含水率和饱和度计算的依据；
　　3. 表中 * 表示原记录数据不清楚。

朱元青（2008）[35]用后勤工程学院研制的非饱和土固结仪（第 5 章图 5.1）研究了宁夏扶贫扬黄工程 11 号泵站场地原状自重湿陷性黄土（Q_3）的持水特性。试样的物性指标见表 10.20。为了做脱水过程的持水特性试验，将土样的含水率与饱和度分别提高到 34% 和 84.7%。试验中控制净竖向应力为 5kPa，所加吸力依次为 25kPa、50kPa、75kPa、100kPa、150kPa、200kPa、300kPa、400kPa。每加一级吸力，增加相应重量的砝码以补偿气压力引起的竖向应力减小。每一级吸力平衡的标准为：排水在 2h 内不超过 0.012cm³；竖向位移在 1h 内不超过 0.01mm。试验共历时 697.75h，约 29d，每级吸力的平均稳定时间为 87.2h。含水率与吸力的关系如图 10.24 所示，与压力板仪测试结果相似。计算分析表明，当土样的饱和度在 85%～20% 之间变化时，对应的基质吸力为 15～400kPa，是湿陷性黄土的工程性状随吸力发生显著变化的敏感区，与上述孙树国用压力板仪所做试验的结果（0～500kPa）接近。

10.6.3　兰州两处原状 Q_3 黄土的持水特性

李加贵（2010）和姚志华（2012）分别用后勤工程学院的压力板仪（第 2 章图 2.5）和多功能非饱和土三轴仪（第 6 章图 6.56）研究了兰州理工大学家属院与兰州和平镇原状 Q_3 黄土的持水特性。两种仪器的陶土板的饱和方法、试验方法、变形和排水的稳定标准分别见本书第 2 章的 2.1.6 节和第 9 章 9.2 节。

10.6.3.1　兰州理工大学原状 Q_3 黄土的持水特性

兰州理工大学土样的干密度为 1.32g/cm³。考虑到原状土样的结构离散性，李加贵[36]用压力板仪做了 3 个平行试验，施加的吸力依次为 25kPa、50kPa、100kPa、200kPa、300kPa、400kPa、500kPa、600kPa、700kPa、800kPa、1000kPa。每一级吸力平衡的标准为：排水在 2h 内不超过 0.001g；试验历时 31d。用多功能非饱和土三轴仪做了 3 个控制净平均应力为常数而吸力逐级增大的三轴收缩试验，净平均应力控制为 10kPa、50kPa 和 200kPa。

压力板试验结果如图 10.25 所示，3 个原状土样的持水特性曲线有一定的离散性，但差别并不显著。当吸力小于 100kPa 时，含水率（饱和度）随着吸力的增加快速降低；当吸力超过 100kPa 后，随吸力增加含水率（饱和度）缓慢减小。从图 10.25 可见，含水率的敏感变化区对应的基质吸力范围为 0～400kPa。将图 10.25(b) 中的饱和度与吸力关系曲线中斜率恒定的部分延长并与饱和度 100％时的吸力轴相交，交点的吸力值即为土样的进气值，约为 22kPa。

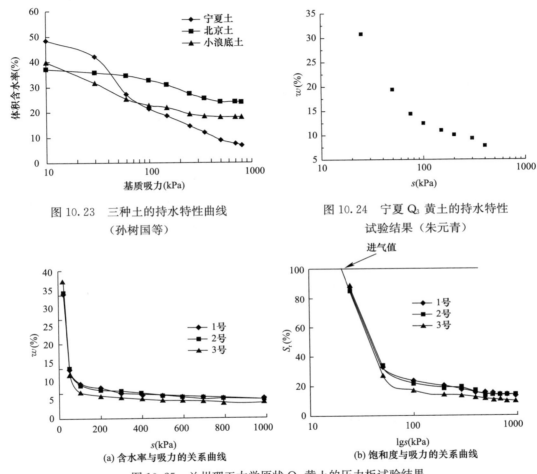

图 10.23 三种土的持水特性曲线
（孙树国等）

图 10.24 宁夏 Q₃ 黄土的持水特性
试验结果（朱元青）

(a) 含水率与吸力的关系曲线

(b) 饱和度与吸力的关系曲线

图 10.25 兰州理工大学原状 Q₃ 黄土的压力板试验结果

兰州理工大学土样的三轴收缩试验的结果示于图 10.26。由该图看见，不同的净平均应力对应着不同的持水特性曲线。当土同时受吸力和净平均应力作用时，土中水量与吸力之间并不存在单值对应的关系。对应于同一基质吸力，不同正应力条件下的曲线对应的试样的含水率存在一个差值，这个差值随着吸力的增大逐渐减小，最后趋于重合；换言之，在吸力较小时持水特征曲线受净平均应力的影响大，而在吸力较大时，持水特性曲线基本不受应力状态的影响。另外，从图 10.26 亦见，含水率的敏感变化区对应的基质吸力范围为 0～400kPa，与上述压力板试验的结果相同。

10.6.3.2 兰州和平镇黄土的持水特性

兰州和平镇的土样的初始干密度为 1.35g/cm³。考虑到原状土样的结构离散性，同时为了与重塑土比较，姚志华[28]对原状土和重塑土各做了 2 个压力板试验（平行试验，图 2.5）。做了 6 个控制净平均应力为常数、吸力逐级增大的三轴收缩试验，净平均应力分别控制为 25kPa、50kPa 和 100kPa，原状试样和重塑试样各 3 个。所有重塑土样的干密度与原状土样相同。

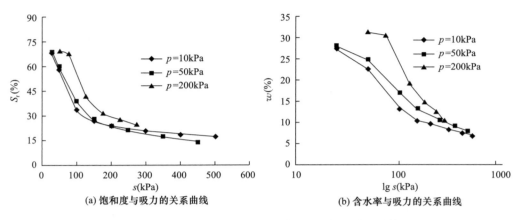

图 10.26　兰州理工大学原状 Q₃ 黄土的三轴收缩试验结果

此外，姚志华还在做水平土柱入渗试验时，用 TDR 水分传感器和热传导探头测定土柱 5 个断面的体积含水率和基质吸力（本书第 3 章图 3.4 和第 11 章图 11.8），得到了 4 个原状土样和 5 个重塑土样的持水特性曲线[28]。

压力板试验的结果示于图 10.27。由图 10.27（a）得到原状和重塑试样进气值分别为 21.6kPa 和 17.5kPa；由图 10.27（b）得到原状和重塑试样进气值分别为 22.3kPa 和 18.3kPa。取平均值得原状 Q₃ 黄土和重塑黄土的进气值分别约为 22kPa（与兰州理工大学原状 Q₃ 黄土的进气值相同）和 18kPa，原状黄土的进气值要略高于重塑土，这与两者结构差异有关。

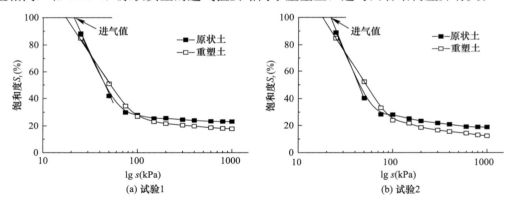

图 10.27　兰州和平镇原状 Q₃ 黄土及其重塑土的压力板试验结果

图 10.28 是三轴收缩试验的结果。其中图 10.28（a）、（c）的纵坐标是液相体变，由第 9 章的式（9.4）定义，就是因施加吸力排水而引起的体积含水率改变量。横坐标是吸力归一化后的常用对数。显见，不同的净平均应力对应着不同的持水特性曲线，原状土的持水特性低于重塑土。

图 10.29 是兰州和平镇原状 Q₃ 黄土及其重塑土的水平土柱入渗试验测得的持水特性曲线。原状土样是用专门器具从现场采取的，包括两个水平土柱和两个竖向土柱（本书第 11 章的图 11.5 和图 11.6），土柱的直径 18.6cm，长 100cm。重塑土样是在水平土柱入渗试验放置土样的有机玻璃筒中直接分层击实而成。由图 10.29（a）可见，4 个原状土样的试验点都落在一带状区域内，离散性很小。图 10.29（b）说明，持水特性曲线依赖于干密度，可用本章第 10.2 节的式（10.15）描述。

应当指出，热传导探头测试基质吸力有一定的滞后性。换言之，尽管水分传感器和热传导探头安装在水平土柱的同一个断面上（本书第 3 章图 3.4），但所测含水率基本与入渗过程中的水分变化同步，而热传导探头所测基质吸力并非入渗过程中水分变化后的非实时值。不过，图 10.29（a）是 5 个测点在多个时间的数值，其拟合曲线具有良好的代表性。

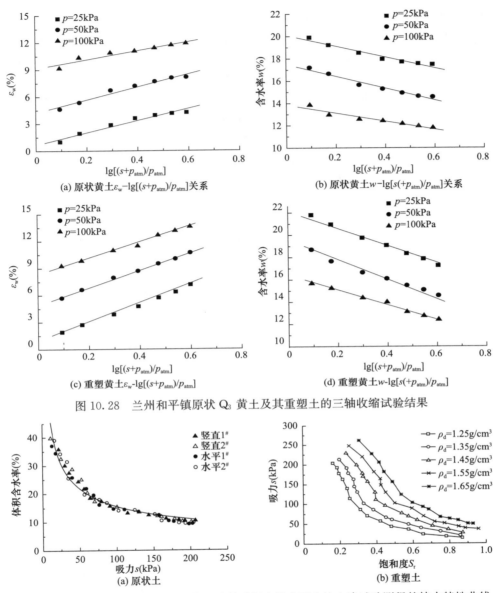

图 10.28　兰州和平镇原状 Q_3 黄土及其重塑土的三轴收缩试验结果

图 10.29　从兰州和平镇原状 Q_3 黄土及其重塑土的水平土柱入渗试验测得的持水特性曲线

10.7　膨胀土的持水特性曲线及考虑体变影响的修正

10.7.1　密度对膨胀土持水特性的影响

　　刘艳华和龚壁卫等[37]（2002）研究了湖北枣阳和河南南阳膨胀土（原状土和重塑土）的持水特性，考虑了不同孔隙比和不同固结压力的情况。湖北枣阳土样的基本物性指标为：黏粒含量 47%～59%，天然含水率 25%～35%，自由膨胀率 58%～88%，液限含水率 70.8%，塑性指数 47.3。南阳土取自南水北调总干渠渠线附近，为第四系上更新统冲湖积黏土，黏粒含量 48.7%～56%，天然含水率 23.4%～26.4%，自由膨胀率 70%～77%，天然密度 1.94～2.04g/cm³，液限含水率 52.2%～66.6%，塑性指数 24.5～38.9。为了比较，同时对风化砂做了试验研究。从试验结果（图 10.30）可见：在试验吸力范围内，风化砂的 SWCC 形态接近典型的土-水特征曲线，大体上呈"S"形。膨胀土（原状土和重塑土）的 SWCC 形态与"S"形相差很大：在低吸力范围内（100kPa 左右）固结压力和初始孔隙比对 SWCC 均有显著影响，特别是进气值差异较大，孔隙比大者进气值小；而当吸力较大时，不同固结压力和不同孔隙比的 SWCC 趋于重合，差异消失；原状膨胀土的 SWCC 形态平缓，而重塑膨胀土的 SWCC 有明显转折点，近似为两段直线；原状膨胀土在 1kPa 吸力作用下就开始排水，而重塑膨胀土的进气值约 10~30kPa。李志清和胡瑞林[16]（2006）对襄阳和枣阳膨胀土做了类似的工作。缪林昌等[38]（2006）研究了密度对膨胀土持水特性的影响，认为进气值和 SWCC 中间段的坡度均随干密度的增加而增大。詹良通等[39]（2007）得到的枣阳膨胀土的原状样和重塑样的进气值与文献［37］相同，认为原状土进气值很低的原因是土样存在裂缝和裂隙（图 10.31），即使土样浸水膨胀，裂缝也不可能完全闭合。上述国内学者关于进气值随孔隙比的变化规律与日本学者 Karube 等[40]（2001）的研究结果相同。Kawai 等（2000）[41]建议用指数函数描述进气值 a 随吸力的变化

$$a = Ae_0^{-B} \qquad (10.37)$$

其中，e_0 是初始孔隙比；A、B 是土性参数。

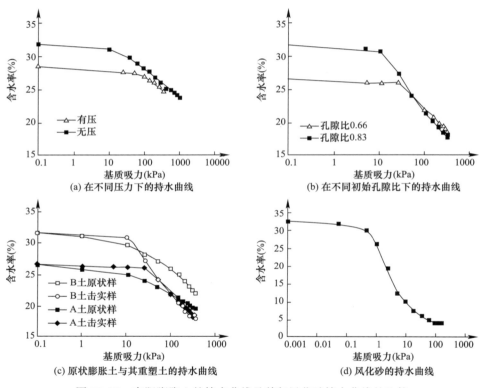

(a) 在不同压力下的持水曲线

(b) 在不同初始孔隙比下的持水曲线

(c) 原状膨胀土与其重塑土的持水曲线

(d) 风化砂的持水曲线

图 10.30　南阳膨胀土的持水曲线及其与风化砂持水曲线的比较

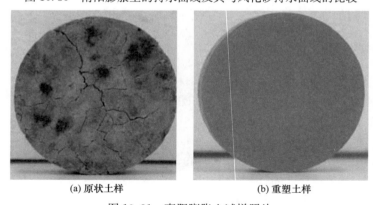

(a) 原状土样

(b) 重塑土样

图 10.31　枣阳膨胀土试样照片

10.7.2 考虑体积变化影响的膨胀土的持水特性曲线

在第 10.1 节中已述及，传统持水特性曲线不考虑土样在脱湿过程中的体积变化。这对体变不大的土可以忽略，但对试验过程体变较大的土的持水特性曲线的影响就不容忽视[42-44]。这时的持水特性试验结果就不只是水量与吸力的关系，而且涉及土的干缩变形（或孔隙比）与吸力的关系，可视为一个包含吸力、水分和变形 3 个变量的水-力耦合问题。有的学者同时将吸力和孔隙比都作为独立变量建立模型。事实上，从持水特性试验过程可知，每施加一级吸力，既引起土中水分排出，又同时引起土样干缩变形；换言之，吸力是自变量，水分和变形（或孔隙比）都是吸力的函数。另一方面，土样的固体质量在持水特性试验过程中保持常数，质量含水率不受试样体变的影响，用 w-s 形式表达土-水特征曲线就不存在体变影响的问题，这一点已在第 10.1 节述及；但因饱和度与空隙体积有关、体积含水率与饱和度及孔隙率有关，故用 S_r-s 形式或 θ-s 形式表达持水特性曲线时就必须考虑体变的影响。

10.7.2.1 Salager 的描述方法

在考虑体变对持水特性影响方面，Salager 等[44]（2010）的工作具有代表性，简介如下。试验用土为黏粉质砂（A clayey silty sand），塑性指数为 10.5%，砂砾、粉粒和黏粒含量分别是 72%，18% 和 10%。制备 5 个不同干密度的土样，饱和后再测算其含水率和孔隙比，并把这时的孔隙比（分别为 0.44、0.55、0.68、0.86 和 1.01）作为压力板试验的初始值 e_0，在试验中同时测定试样的空隙体积变化，试验数据绘制在 w-e-s 的三维空间中，称为持水特性曲面（soil-water retention surface，简称为 SWRS）。

首先，固定孔隙比，将试验点投影在 w-s 平面上，就得到 w-s 表达的持水特性曲线。由于 w-s 形式的持水特性曲线与体变无关，为简便起见，直接利用已有公式描述。如选用 Fredlund-Xing 土-水特征曲线公式描述，其方程为［与式（10.11）等价］

$$w = \left[1 - \frac{\ln(1 + s/s_{res})}{\ln(1 + 10^6/s_{res})}\right]\left(\frac{e_0}{G_s}\right)\left\{\frac{1}{\ln[\exp(1) + (s/a)^n]}\right\}^m \tag{10.38}$$

式中的 s_{res} 是与残余含水率相应的残余吸力。显而易见，此类持水特性曲线只与初始孔隙比有关。由此确定进气值和残余含水率，再分别建立进气值-初始孔隙比、残余含水率-初始孔隙比的关系。由于在高吸力段不同压力或初始干密度的土样的持水特性曲线趋于重合，故可认为初始孔隙比对高吸力段的 SWCC 无影响，即残余含水率与初始孔隙比无关，因而只需建立进气值-初始孔隙比的关系，或直接利用式（10.38）即可。

其次，固定含水率，将试验点投影在 e-s 平面，可得试验中的一定吸力下孔隙比与初始孔隙比和吸力的关系曲线。该曲线的表达式可用如下方法获得：在试验曲线上分别找出与吸力等于 1kPa、10kPa、100kPa、1000kPa、10000kPa 对应的孔隙比；绘制每一吸力下孔隙比与初始孔隙比的关系曲线（图 10.32），通常为直线，可用线性公式拟合，其中的系数是吸力的函数，文献［44］给出以下表达式：

$$e(e_0, s) = \alpha(s)e_0 \tag{10.39}$$

其中，$\alpha(s)$ 是图 10.32 中直线的斜率，是吸力的函数，文献［44］给出的表达式很复杂，从略。

最后，给定一个吸力，利用式（10.38）和

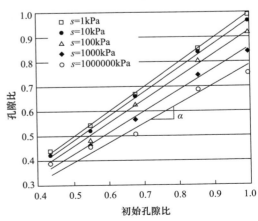

图 10.32 一定吸力下的孔隙比与初始孔隙比的关系

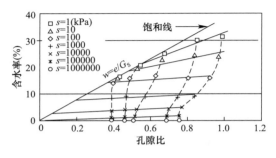

图 10.33　在一定吸力下含水率
随孔隙比的变化曲线

式（10.39）可计算与 5 个初始孔隙比对应的数对（w_i^{e0}，e_i^{e0}），这些数对描述在给定吸力下含水率随孔隙比的演化（图 10.33），其全体构成含水率随孔隙比和吸力的演化曲面。图 10.32 中对应每个吸力的数据点可用直线拟合，具体表达式从略。

10.7.2.2　国内学者的相关研究成果

受 Salager 等人工作的启发，周葆春和孔令伟[45]（2011）研究了考虑体积变化影响的膨胀土持水特性。试验用土为湖北荆门膨胀土，塑性指数为 21.2，自由膨胀率为 42%（属弱膨胀土），重塑制样。试样直径 61.8mm，高 20mm，初始含水率为 17% 左右，5 个试样的初始干密度分别是 $1.86g/cm^3$、$1.77g/cm^3$、$1.67g/cm^3$、$1.58g/cm^3$ 和 $1.49g/cm^3$，孔隙比为 0.491、0.527、0.599、0.641、0.758。

为了得到较完整的土-水特征曲线，试验分两个阶段进行。首先让试样在常规固结仪容器中充分吸水饱和膨胀（使吸力为零），同时量测试样体积变化，5 个土样在饱和膨胀后高度分别增加了 3.73mm、3.18mm、3.54mm、3.69mm、2.24mm，孔隙比依次变为 0.764、0.771、0.888、0.957、0.964，孔隙比增加率依次为 55.6%、46.30%、48.25%、49.30% 和 27.18%，故分析持水特性时以土样膨胀后的孔隙比为起始值（e_0）。其次，将试样置于压力板仪中进行脱湿试验，分级施加气压力，相应的吸力控制为 10kPa、20kPa、40kPa、80kPa、150kPa、300kPa、600kPa、1200kPa；每级气压力作用下以排水稳定为准，稳定后取出土样称量各土样在每级气压下的质量，由此得出排水量和含水率（表 10.22）。SWCC 试验完成后，用游标卡尺量测试样的直径与高度；发现土样均发生了较大的干缩变形，试样均与环刀脱开，但没有开裂。

除压力板试验外，还做了两种平行试验。一组（5 个土样）初始条件与上述相同、并经充分饱和膨胀的土样的收缩试验，以获得脱湿过程中土样的体变规律；一个掺 3% 石灰的改良膨胀土的压力板试验，以便和膨胀土的持水特性比较。收缩试验的数据示于表 10.23。

掺灰土样的初始干密度、孔隙比和含水率分别为 $1.62g/cm^3$、0.646 和 21%，饱和后的孔隙比、高度和含水率分别增加了 0.05、0.06mm 和 2.93%；掺灰土在 SWCC 试验后的含水率为 19.85%，在收缩试验后的含水率和孔隙比分别为 6.16% 和 0.612。掺灰土的孔隙比在收缩试验后仅减小了 5.99%，而重塑膨胀土的孔隙比则减小了 43% 以上。据此，掺灰土可视为不发生湿胀干缩变形的土。

荆门重塑膨胀土的 SWCC 试验在各级吸力下的质量含水率 w（%）　　　　表 10.22

s（kPa）	试样的初始孔隙比 e_0					
	0.764	0.771	0.888	0.957	0.964	掺灰土
0	28.08	28.36	32.65	35.17	35.43	23.93
10	27.91	28.19	32.11	33.60	32.71	23.87
20	27.70	28.00	31.49	32.61	31.43	23.68
40	27.10	27.46	30.83	31.50	30.06	23.51
80	26.06	26.39	29.69	29.63	28.13	22.62
150	24.99	25.28	28.45	27.97	26.63	21.96
300	23.36	23.68	26.64	25.73	24.64	21.26
600	21.67	21.86	24.36	23.37	22.59	20.62
1200	19.33	19.61	21.39	20.82	20.26	19.85

　　　　表 10.23

土样类别	初始孔隙比 e_0	试验后孔隙比 e	孔隙比改变率（%）	初始含水率（%）	试验后含水率（%）	含水率改变率（%）
重塑膨胀土	0.764	0.364	52.36	28.08	6.69	76.18
	0.771	0.404	47.60	28.36	7.44	73.77
	0.888	0.419	52.81	32.65	7.57	76.81
	0.957	0.460	51.93	35.17	8.22	76.63
	0.964	0.542	43.78	35.43	8.99	74.63
掺灰土	0.651	0.612	5.99	23.93	6.16	74.26

从表 10.22 可知，6 个土样在试验结束时的含水率均超过 19%。收缩试验结果表明，当含水率大于 15% 时，试样体积收缩量随含水率变化呈线性关系。据此定义试样体积收缩系数 λ_v：

$$\lambda_v = \frac{(\Delta V/V_0)}{\Delta w} \times 100\% \qquad (10.40)$$

式中，ΔV 和 Δw 分别是收缩试验前后试样的体积与含水率的减少量。利用式（10.39）即可计算出 SWCC 试验过程中试样在各级气压作用下稳定后的体积 V_i：

$$V_i = (1 - \lambda_v \Delta w_i)V_0 \qquad (10.41)$$

式中，Δw_i 是试样初始含水率与第 i 级吸力作用下稳定的含水率之差。进而可算得各级气压下的孔隙比、体积含水率及饱和度。

图 10.34 是 SWCC 试验结果。在高吸力段，不同孔隙比的 w-s 关系曲线和 θ-s 关系曲线有收敛的趋势，孔隙比影响主要在低吸力范围，与前述刘艳华和龚壁卫等人[37]的研究结果相同。但 e-s 关系曲线和 S_r-s 关系曲线在试验吸力范围内呈发散状。

掺灰土的初始干密度（1.62g/cm³）与初始干密度 1.58g/cm³ 的膨胀土试样（饱和膨胀后的孔隙比等于 0.957）很接近，但从图 10.34 可见，除 S_r-s 关系曲线两者较为接近外，其余 3 类关系曲线二者相差甚远。

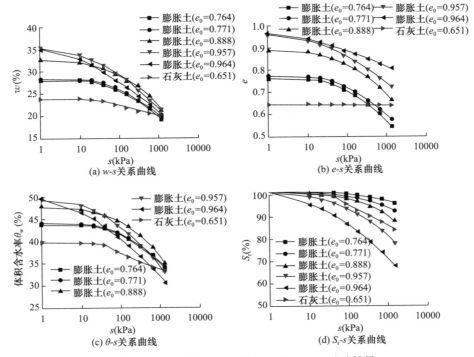

图 10.34　湖北荆门重塑膨胀土的 SWCC 试验结果

类似于文献［44］，选用 Fredlund-Xing 土-水特征曲线公式描述 w-s 坐标系中的持水特性，即式（10.38）。与式（10.38）相关的参数值汇于表 10.24。通过分析，发现式（10.38）中的参数 m、n 随初始孔隙比的变化不大，可以各自的平均值取代；而 a 随初始孔隙比的增大而减小，可用下述椭圆曲线函数描述［优于式（10.39）的拟合效果］：

$$a = b \sqrt{1 - ce_0^2} \tag{10.42}$$

式中的参数 $b = 442.54\mathrm{kPa}$，$c = 1.058$。此外，取 s_{res} 等于 $3000\mathrm{kPa}$。将式（10.42）代入式（10.38）得考虑初始孔隙比影响的 w-s 型 SWCC 方程：

$$w = \left[1 - \frac{\ln(1 + s/s_{\mathrm{res}})}{\ln(1 + 10^6/s_{\mathrm{res}})} \right] \left(\frac{e_0}{G_{\mathrm{s}}} \right) \left\{ \frac{1}{\ln\left[\exp(1) + (s/b \sqrt{1 - ce_0^2})^n \right]} \right\}^m \tag{10.43}$$

荆门膨胀土的 Fredlund-Xing 土-水特征曲线公式的参数及体积收缩系数 表 10.24

e_0	a（kPa）	n	m	a（kPa）（以 m、n 的均值获得）	λ_{vs}
0.764	373.67	0.8039	0.6603	287.10	0.0867
0.771	347.72	0.7945	0.6171	250.70	0.0795
0.888	407.55	0.6933	0.8033	185.82	0.0976
0.957	116.61	0.6339	0.7059	87.25	0.0996
0.964	45.948	0.5691	0.6329	49.42	0.0799
平均值		0.6990	0.6839		0.0887

为求得吸力作用下的体积变化，参考巴塞罗那模型，用下式描述：

$$e = e_0 - \lambda_{\mathrm{vs}} \ln \left(\frac{s + p_{\mathrm{atm}}}{p_{\mathrm{atm}}} \right) \tag{10.44}$$

式中的参数 λ_{vs} 系用式（10.44）拟合图 10.34（b）得到，列于表 10.24 中。不同 e_0 下 λ_{vs} 差异较小，取其均值即可。

利用三相比例指标关系：

$$S_{\mathrm{r}} = \frac{G_{\mathrm{s}} w}{e} \tag{10.45}$$

将式（10.43）和式（10.44）代入式（10.45）得

$$S_{\mathrm{r}} = \frac{e_0}{e_0 - \lambda_{\mathrm{vs}} \ln \left(\frac{s + p_{\mathrm{atm}}}{p_{\mathrm{atm}}} \right)} \left[1 - \frac{\ln(1 + s/s_{\mathrm{res}})}{\ln(1 + 10^6/s_{\mathrm{res}})} \right] \left\{ \frac{1}{\ln\left[\exp(1) + (s/b \sqrt{1 - ce_0^2})^n \right]} \right\}^m \tag{10.46}$$

式（10.46）即是考虑体积变化的 S_{r}-s 型土-水特征曲线方程。共包含 6 个参数：λ_{vs}、S_{r}、m、n、b、c，它们数值汇于表 10.25 中。用式（10.46）计算，其结果与试验结果吻合较好（图略）。

式（10.46）中的常数与参数值（荆门重塑膨胀土） 表 10.25

常数		参数					
p_{atm}（kPa）	G_{s}	λ_{vs}	s_{res}（kPa）	n	m	b（kPa）	c
101.3	2.72	0.0887	3000	0.6990	0.6839	442.54	1.058

10.7.2.3　计算膨胀土干缩体变的理论方法及应用

邹维列和张俊峰等［46］（2013）做了与文献［45］类似的工作，主要区别有两点：一是提出了计算干缩体变的理论方法；二是土样不经过饱和膨胀阶段，直接放入压力板仪中进行试验，施加的第一级吸力为 $50\mathrm{kPa}$，因而缺少吸力小于 $50\mathrm{kPa}$ 范围内的试验数据。

试验用土为南水北调中线工程南阳试验段的膨胀土，重塑制样。土的塑性指数为 43.23，自由膨胀率为 70%。试样压制在直径 61.8mm、高 20mm 的环刀中；共 5 个干密度，分别为 1.40g/cm³、1.45g/cm³、1.50g/cm³、1.55g/cm³ 和 1.60g/cm³，每个干密度同时用 3 个试验平行测试。施加气压等级设定为 50→100→200→400→700→1000→1300（kPa）。由于每一级压力下达到试样排水稳定所需要的时间较长，造成压力会有所下降，实际排水稳定时的各级压力分别为：50→100→200→390→678→980→1280（kPa）。以排水量连续 3d 小于 0.01g 作为各级气压下排水稳定标准。稳定后称取各试样的质量。压力板试验结束后发现试样与环刀脱开，但未开裂（图 10.35）。

采用与 SWCC 试验相同的制样条件，制作完全饱和的膨胀土试样进行平行收缩试验，获得试样体积随含水率的变化曲线，用以修正以体积含水率和饱和度表征的 SWCC。

试验所得 w-s 型土水特征曲线示于图 10.36，所呈现的规律与上述相同。由于试验的吸力从 50kPa 开始施加，故图 10.36 中将吸力等于 50kPa 的试验点与由计算得到的试样饱和含水率用直线段连接是一种近似处理，对确定模型参数和进气值可能造成一定误差。

图 10.35　试样在 SWCC
试验后的照片

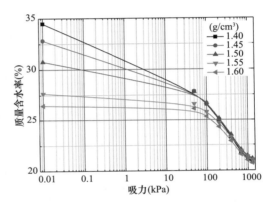

图 10.36　南阳重塑膨胀土的
w-s 型 SWCC 曲线

在 SWCC 试验结束时发现所有试样含水率均大于其缩限（20%），即在 SWCC 试验过程中，试样均处于收缩曲线的第一阶段（直线段）。基于此，可以假设试样线缩率随含水率呈线性变化，表达式为：

$$\delta = \frac{\Delta z}{z_0} = K_V(w_0 - w) \tag{10.47}$$

式中，δ 为线缩率；w 为收缩试验第一阶段中的某一含水率；w_0 为试样初始（饱和）含水率；K_V 为收缩系数，与式（10.40）定义的体积收缩系数 λ_V 类似。不同初始干密度试样的收缩系数汇于表 10.26。随着试样初始干密度的增加，收缩系数缓慢增大，也可视为常数。

南阳重塑膨胀土试样的收缩系数　　　　　　　　　　　　　　　　　表 10.26

初始干密度（g/cm³）	1.40	1.45	1.50	1.55	1.60
K_V	0.2395	0.2435	0.2540	0.2842	0.3055

对于线缩率与体应变之间的关系，不同学者采取了不同的处理方法。文献［43］对环刀试样采用线缩率代替体应变；有的学者利用竖向收缩率 K_V 和水平方向的线缩率 K_H 叠加计算膨胀土的体应变：

$$\frac{\Delta V}{V_0} = (K_V + 2K_H)(w_0 - w) \tag{10.48}$$

该式仅在试样体变发生小变形的情况下是合理的。Bronswijk[47]采用下式进行线缩率和体应变之间的换算：

$$1 - \frac{\Delta V}{V_0} = \left(1 - \frac{\Delta z}{z_0}\right)^{r_s} \tag{10.49}$$

式中，Δz 为试样的竖向变形；z_0 为试样的初始高度；r_s 为几何系数，与试样的几何形状、是否开裂等因素有关。对于立方体试样，在没有开裂的情况下，$r_s = 3$。

下面针对试验所采用的环刀试样，提出膨胀土试样的体积修正公式。

设环刀直径为 r_0，高度为 z_0；在试样失水收缩过程中的某一个含水率状态下，试样半径变化为 Δr，高度变化为 Δz。则试样变形前、后的体积分别为：

$$V_0 = \pi r_0^2 z_0 \tag{10.50}$$
$$V_0 - \Delta V = \pi (r_0 - \Delta r)^2 (z_0 - \Delta z) \tag{10.51}$$

如假设试样在任意时刻的竖向线缩率与横向线缩率都相等，且试样含水率均匀，则有：

$$\frac{\Delta z}{z_0} = \frac{\Delta r}{r_0} \tag{10.52}$$

由式（10.51）和式（10.50）的左右两边相除并展开，结合式（10.52），将试样的体积变化 ΔV 表示成竖向变形 Δz 的函数：

$$\left(1 - \frac{\Delta V}{V_0}\right) = \frac{\left(1 - \frac{\Delta z}{z_0}\right)^2 (z_0 - \Delta z)}{z_0} = \left(1 - \frac{\Delta z}{z_0}\right)^3 \tag{10.53}$$

式（10.53）与式（10.49）类似。若假设试样为小变形，可略去式（10.53）中的高阶小项，即可得到如下关系：

$$\left(1 - \frac{\Delta V}{V_0}\right) = \frac{r_0^2 z_0 - 3 r_0^2 \Delta z}{r_0^2 z_0} = \left(1 - \frac{3\Delta z}{z_0}\right) \tag{10.54}$$

可见，在假设竖向和横向收缩系数相等时，式（10.54）和式（10.48）是等价的。

利用线缩率计算试样的体积变化，得到在 SWCC 试验中膨胀土体应变随含水率变化的公式如下：

$$\frac{\Delta V}{V_0} = 1 - \left(1 - \frac{\Delta z}{z_0}\right)^3 = 1 - [1 - K_V(w_0 - w)]^3 \tag{10.55}$$

据式（10.55）可计算试验过程中试样的孔隙比如下：

$$e = e_0 - \Delta V(1 + e_0)/V_0 \tag{10.56}$$

同时利用式（10.55）、式（10.56）和式（10.45）计算相应饱和度的表达式为：

$$S_r = \frac{G_s w}{(1 + e_0)[1 - K_V(w_0 - w)]^3 - 1} \tag{10.57}$$

进而可得以 Fredlund-Xing 土-水特征曲线公式为基础、考虑体变的 S_r-s 型的土-水特征曲线表达式［与式（10.46）类似］。

图 10.37 是不考虑体变影响（修正前）与考虑体变影响（修正后）的土-水特征曲线比较。可见相同吸力作用下，体积修正后的饱和度明显高于修正前的饱和度，在吸力越高的区域，差别越大。这是由于膨胀土在脱湿过程中发生了较大的收缩变形，试样孔隙体积减小。修正后的 SWCC 考虑了这一效应，因此饱和度更高。用体积含水率和吸力表达的土水特征曲线亦如此（图略）。

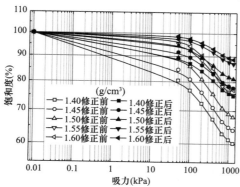

图 10.37　修正前后饱和度-吸力曲线对比
（南阳重塑膨胀土）

10.7.3　控制干密度和含水率的膨胀土的持水特性曲线（不发生体积变化）

在第 10.2 节中，陈正汉等[13]通过一系列控制试样干密度和重力含水率的试验研究了土的密度对 SWCC 的影响，建立了相应的数学表达式［即式（10.15）］；同时指出，该方法仅需测试吸力，试样不发生干缩或湿胀，也不必区分增湿过程与脱湿过程；对低吸力可用张力计量测，对高吸力可用滤纸或热传导探头量测；当有多台套设备时，可大大缩短试验总历时，提高工作效率。完成一种土样的完整持水特性试验只需 10d 左右。显然，该法可用于膨胀土的 SWCC 研究。

周葆春等[48]（2013）用滤纸法研究了荆门重塑膨胀土的 SWCC。土性物理指标同第 10.7.2.2 节，其最优含水率为 15.5％，最大干密度为 1.86g/cm³。设计了 6 个干密度（按最大干密度的 95、90、85、80、75、70％控制）和 14 个重力含水率（7％、11％、14％、17％、19％、20％、22％、23％、26％、29％、32％、34％、35％、38％）的 47 种组合试验，每个组合制备 4 个试样，分别用于测定总吸力和基质吸力（各用 2 个土样平行测定），共计做了 188 个试验。试样相应的饱和度变化范围为 17.5％～98.2％，孔隙比变化范围为 0.539～1.089。

试样直径 61.8mm，高度 10mm。用 Whatman 42 号滤纸（直径 55mm）量测土体的总吸力与基质吸力，采用双圈牌 201 号快速定量滤纸（裁剪为直径 61mm）作为基质吸力量测时的保护滤纸。试样和滤纸被置于密闭容器中，再将密闭容器放入恒温恒湿箱中，温度控制为 20℃，吸力平衡时间控制为 8d。由于控制压实度 70％、控制含水率 7％的试样过于松散，无法成型；控制压实度 70％、控制含水率 38％的试样孔隙结构过大，失真；实际完成试验的试样共 45 种组合、180 个试验。

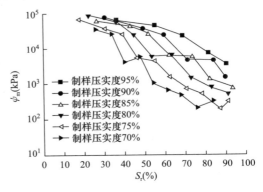

图 10.38　吸力-饱和度曲线（荆门重塑膨胀土）

试验方法、试验步骤、Whatman 42 号滤纸率定曲线、数据处理参照《滤纸法量测土体势能（吸力）标准试验方法》ASTM D5298-10[49]执行。测得的吸力值范围为 100～100000 kPa。试验得到的吸力-饱和度关系曲线和吸力-重力含水率关系曲线分别示于图 10.38 和图 10.39。由图 10.39 可知，该土的基质吸力与总吸力很接近，说明渗透吸力很小。文中还以 Fredlund-Xing 土-水特征曲线公式为基础，研究了模型参数的变化规律。但缺少吸力在 0～100kPa 范围内的试验资料，所得 SWCC 公式及参数变化规律不一定可靠。

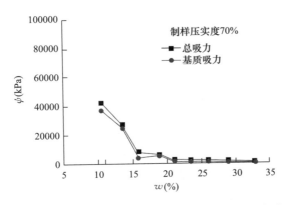
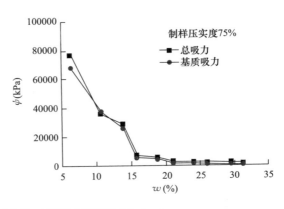

图 10.39　吸力-重力含水率关系曲线（荆门重塑膨胀土）（一）

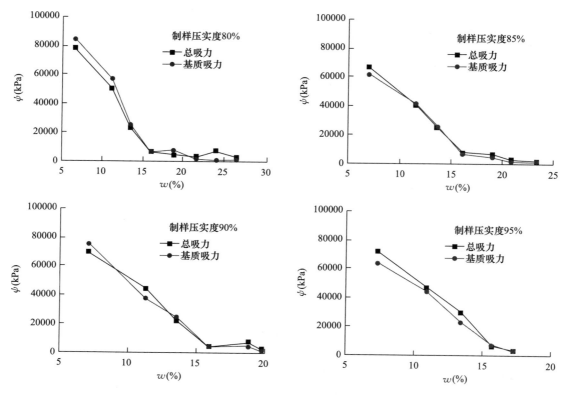

图 10.39　吸力-重力含水率关系曲线（荆门重塑膨胀土）（二）

刘小文和常立君等[50]（2009）用滤纸法研究了南昌市新建县重塑红黏土的持水特性。该土的天然含水率为 13.5%，塑性指数为 11.78，属于粉质黏土。土样的干密度控制为 1.4g/cm³ 和 1.5g/cm³。采用杭州新华造纸厂生产的"双圈"牌 203 号滤纸测基质吸力，平衡的时间均不少于 10d。试验的重力含水率范围为 12%~27%，实测基质吸力范围为 0~14MPa，重力含水率与基质吸力间的关系用下式拟合：

$$w = a - b\ln(\psi + c) \tag{10.58}$$

式中，ψ 为基质吸力；a、b、c 为土性参数，与土的密度有关。式（10.58）与式（10.13）的内涵一致。

10.8　缓冲材料的持水特性

在国际上高放废物深地质处置库的缓冲材料多采用膨润土或膨润土-砂混合料[51]。我国已将高庙子钠基膨润土 GMZ001 作为我国高放废物深地质处置库的缓冲材料。膨润土的矿物成分以蒙脱石为主，比表面积大，吸水能力强，其吸力可达数百兆帕，一般用盐溶液上方的气体湿度控制（本书第 4.2 节），即通过施加恒定的相对湿度（RH）实现总吸力的控制。另一方面，由于高放废物中的核素的半衰期长（几万年甚至几十万年），发热量大，必须考虑温度对缓冲材料持水特性的影响。

相对湿度（RH）定义为当前水蒸气压力 p_v 与当前温度对应的饱和水蒸气压力 p_{vs} 之比（通常认为 p_{vs} 只是温度的函数）。在均匀恒定的温度条件下，一定化学溶液上方气体的相对湿度是恒定的，故通常使用化学溶液控制气体的相对湿度。总吸力与相对湿度之间存在如下关系[1]：

$$\psi = -\frac{RT\rho_w}{M_w}\ln(RH) = -\frac{RT\rho_w}{M_w}\ln\left(\frac{p_{sm}}{p_{w0}}\right) \tag{10.59}$$

式中，ψ 为土的总吸力（kPa）；R 为通用气体常数 [即 8.31432J/(mol·K)]；T 为绝对温度（即 $T=273.16+t$）（K）；t 为温度（℃）；ρ_w 为水的密度（kg/m³）；M_w 为水蒸气的摩尔质量 [即 18.016kg/(mol·K)]；p_{sm} 为土中空隙水的部分蒸气压（kPa）；p_{w0} 为同一温度下自由纯水表面上方的饱和蒸气压（kPa）。

10.8.1 缓冲材料在高吸力段的持水特性理论模型（考虑温度影响）

在高吸力段内，吸附作用是土中吸持水的主导因素，当达到（高）吸力平衡时，土中的水蒸气与土中的吸附水是处于平衡状态的。据此，秦冰以吸附热力学为基础，考虑温度影响，建立了缓冲材料在高吸力段的持水特性理论模型[52]，其数学表达式如下：

$$\left(\frac{\Psi}{\Psi_0}\right) = \left(\frac{T}{T_0}\right)^\xi \tag{10.60}$$

式中，Ψ、Ψ_0 为相同含水率下任意温度 T、参考温度 T_0 所分别对应的总吸力，ξ 为土性参数。由于试验发现土的持水能力随着温度的升高而减弱（温度越高，水的黏性越小，水分子的动能越大，越不容易被吸附），在等含水率条件下吸力必会随温度的升高而减小，故参数 ξ 必小于零。

如果已知参考温度 T_0 下持水曲线的函数形式，

$$w_{T_0} = w_0(\Psi) \tag{10.61}$$

利用式（10.60），则任意温度 T 下的持水曲线可表达为：

$$w_T = w_0[\Psi(T_0/T)^\xi] \tag{10.62}$$

依据上式，通过对参考温度 T_0 之外的持水曲线试验数据进行拟合分析，即可确定参数 ξ。

10.8.2 膨润土的持水特性

秦冰等[53]研究了高庙子钠基膨润土 GMZ001 的持水特性。土样的主要矿物为蒙脱石（含量为 73.2%），其基本物理性质指标分别见表 10.27。

利用饱和盐溶液上方气体湿度控制总吸力，试样与饱和盐溶液同时置于保湿器中，底部为饱和盐溶液，带孔搁板上放置试样，将保湿器整体放入恒温箱内实现温度的控制（图 10.40）。每隔一定时间称量试样的重量变化，平衡后量测试样的最终含水率。试验在 20℃、40℃、60℃、80℃、100℃ 共 5 个温度下进行，温度控制精度为 ±0.5℃。各温度下所用的饱和盐溶液及其相对湿度值与吸力值见表 10.28，共 30 个吸力，吸力范围为 18～253MPa。其中，20℃、40℃、60℃、80℃ 下的相对湿度数据取自 Dean（1999）[54]，而 100℃ 下的相对湿度数据源于 Lange（1961）[55]。各种化学手册中给出的饱和盐溶液的相对湿度值并非完全准确，可能会存在 ±1% 相对湿度的不确定性。

试验之前，首先将土样在 44% 相对湿度与 85% 相对湿度的环境中保存，平衡后的含水率分别为（11.2±0.7）%、（17.8±0.9）%。对 2 种初始含水率的静力压实试样与未压实的粉末状试样均进行试验。压实试样的直径为 2cm，高度为 1cm，干密度为 1.6g/cm³。

高庙子钠基膨润土 GMZ001 基本物理指标 表 10.27

相对密度	塑限（%）	液限（%）	塑性指数	比表面积（m²/g）	阳离子交换量（CEC）（mmol/100g）	$E(1/2Ca^{2+})$
2.65	42	325	283	570	0.7546	0.2390

图 10.41～图 10.46 是试验结果，可以看到以下规律：（1）初始含水率与最终含水率差值越大，最终平衡时间越长（图 10.41）。（2）温度的升高可显著缩短吸力平衡的时间，在 20℃ 下，吸力的平衡最多可能需要 10 余天（图 10.41），而在 60℃ 下，吸力平衡时间不到 5 天（图 10.42），这是因为温度越高，水蒸气的扩散能力越强。（3）比较干密度有很大差异的粉末样

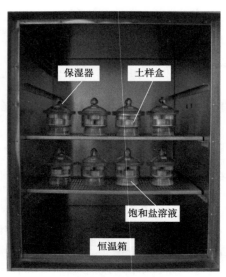

图 10.40　持水曲线试验照片

试验所用饱和盐溶液及其相对湿度与吸力　　　　　　　　　　　表 10.28

固相	20℃	40℃	60℃	80℃	100℃
KNO₃	—	88%RH (18MPa)	82%RH (30MPa)	—	—
KCl	85%RH (22MPa)	—	—	79.5%RH (37MPa)	—
NaCl	75.7%RH (38MPa)	74.7%RH (42MPa)	74.9%RH (44MPa)	76.4%RH (44MPa)	—
KBr	—	—	—	—	69.2%RH (63MPa)
NaNO₃	—	—	67.5%RH (60MPa)	65.5%RH (69MPa)	—
NaNO₂	66%RH (56MPa)	61.5%RH (70MPa)	59.3%RH (80MPa)	58.9%RH (86MPa)	—
NaClO₃	—	—	—	—	54%RH (106MPa)
NaBr	57.9%RH (74MPa)	52.4%RH (93MPa)	49.9%RH (107MPa)	50%RH (113MPa)	—
Mg(NO₃)₂	—	—	43%RH (130MPa)	—	—
K₂CO₃	44%RH (111MPa)	42%RH (125MPa)	—	—	—
MgCl₂	33%RH (150MPa)	32%RH (164MPa)	30%RH (185MPa)	—	—
KF	—	—	—	22.8%RH (241MPa)	22.9%RH (253MPa)
KC₂H₃O₂	23%RH (198MPa)	20%RH (232MPa)	—	—	—

与压实样的吸力平衡过程,未发现二者的平衡过程有显著的区别(图 10.43)。换言之,无论是在高温下还是在低温下,对于初始含水率相同的压实样与粉末样,其持水曲线均没有明显的差异,表明在试验吸力范围内(即高吸力段内),干密度对持水曲线基本没有影响(图 10.44)。国外学者对 MX80 膨润土、FEBEX 膨润土、Boom 黏土等的研究亦得到同样结论,详见文献[51]。其原因是:在高吸力段,土中水主要为吸附水,其含量取决于矿物的吸附能力,而压实土样很难对矿物的吸附能力产生影响;但在低吸力段,毛细水占主导作用,孔结构对持水特性有重要影响,土的密度不同,其孔隙结构不同。(4)图 10.45 与图 10.46 表明,初始含水率对持水曲线有一定影响,在相同的吸力下,初始含水率高的试样的平衡含水率更高;但初始含水率对持水曲线的影响随温度的升高逐渐减弱,在 60℃ 以上时,初始含水率不同的试样的持水曲线不再有明显差异。

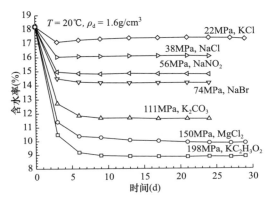

图 10.41 20℃下压实试样含水率随时间
变化曲线(初始含水率为 18.2%)

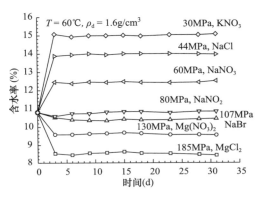

图 10.42 60℃下压实试样含水率随时间
变化曲线(初始含水率为 10.8%)

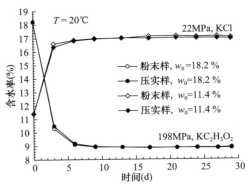

图 10.43 粉末样与压实样的
含水率随时间变化曲线比较

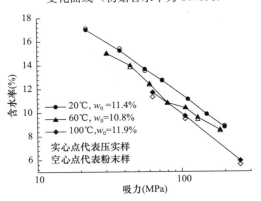

图 10.44 干密度对不同温度下
持水曲线的影响

尽管不同初始含水率下的持水曲线有所不同,为了简化问题,取其平均值进行温度效应的分析。图 10.47 中示出了不同温度下压实试样的平均持水曲线。为了便于观察,各温度下的拟合曲线亦在图中示出。随着温度的升高,平均持水曲线将逐渐下移,表明随着温度的升高,高庙子膨润土的持水能力逐渐减弱。在 w-$\lg\Psi$ 的半对数坐标中,不同温度下的平均持水曲线基本上都呈直线,且各温度下直线的斜率大致相同,即各温度下的平均持水曲线彼此大致平行。

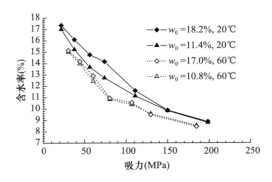

图 10.45　20℃与 60℃下不同初始含水率
压实试样的持水曲线

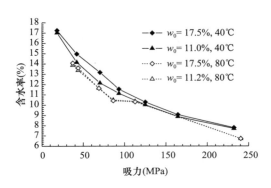

图 10.46　40℃与 80℃下不同初始含水率
压实试样的持水曲线

10.8.3　理论模型的验证

在下文模型验证中，先利用 2 个温度下（含参考温度 T_0）的持水曲线确定参数 ξ，进而预测与比较其他温度下的持水曲线。

【例 1】高庙子膨润土

首先以本节试验中压实试样的平均持水曲线为例（图 10.47）进行分析，选取 20℃作为参考温度。在本节试验范围内，20℃下压实试样平均持水曲线的拟合公式为：

$$w_{20} = a_0 \ln \Psi + c_0 \tag{10.63}$$

其中，$a_0 = -3.86$，$c_0 = 29.51$。将式（10.63）代入式（10.62），可得：

$$w_T = a_0 \ln \Psi - a_0 \xi \ln(T/T_0) + c_0 \tag{10.64}$$

利用上式对 60℃下的试验数据进行拟合分析，可得 $\xi = -2.27$。由式（10.64），并取 $\xi = -2.27$，可得 40℃、80℃及 100℃下的预测曲线如图 10.48 所示，预测曲线与试验数据吻合得很好。

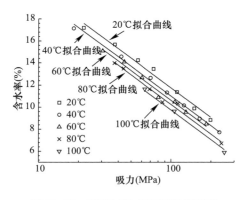

图 10.47　压实试样在不同温度下的
平均持水曲线

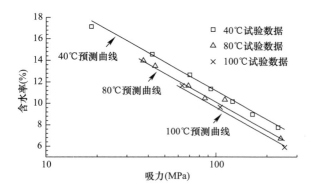

图 10.48　模型预测曲线与实测数据的比较
（本节压实试样）

【例 2】MX-80 膨润土

MX-80 膨润土是目前研究最为广泛的缓冲/回填材料，其蒙脱石含量在 $65\% \sim 82\%$，可交换性阳离子以 Na^+ 为主。Tang 与 Cui（2005）[56]、Jacinto 等（2009）[57] 分别采用不同方法研究过温度对 MX-80 膨润土持水曲线的影响。

Tang 与 Cui（2005）[56] 的试验方法及条件与上述秦冰所用方法类似，试样的初始干密度约为

1.65g/cm³，试验吸力在 6～180MPa，分别在 20℃、40℃、60℃及 80℃下进行了试验，并给出了各温度下的拟合曲线（在 w-lgΨ 坐标中为直线），其中，20℃、60℃下的拟合公式分别为：

$$w_{20} = -6.68\ln\Psi + 40.88 \tag{10.65}$$

$$w_{60} = -6.68\ln\Psi + 38.87 \tag{10.66}$$

由上两式及式（10.60），可得 $\xi = -2.36$。以 20℃ 作为参考温度，利用式（10.64）、式（10.65），并代入 $\xi = -2.36$，可得 40℃、80℃下持水曲线的预测值如图 10.49 所示，预测值与 Tang 等[56]（2005）给出的 40℃、80℃下的拟合曲线可以很好地吻合。

在 Jacinto 等（2009）[57]对 MX-80 膨润土的研究中，采用了湿度探头直接量测试样吸力的方法。对于干密度 1.75g/cm³ 的试样，分别在 40℃、60℃、80℃及 100℃下进行了吸力量测，测得的吸力在 10～200MPa，所得各温度下的持水曲线在 w-lgΨ 坐标中基本上亦呈相互平行的直线，其中，40℃、100℃下的拟合公式分别为：

$$w_{40} = -7.45\ln\Psi + 44.50 \tag{10.67}$$

$$w_{100} = -7.45\ln\Psi + 41.45 \tag{10.68}$$

由上两式及式（10.60），可得 $\xi = -2.33$。以 40℃ 作为参考温度，利用式（10.64）、式（10.67），并代入 $\xi = -2.33$，可得 60℃、80℃下的预测持水曲线如图 10.50 所示，预测曲线与实测数据可以较好地吻合。

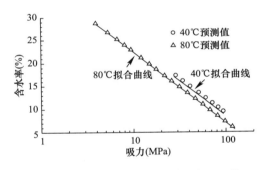

图 10.49　预测值与实测数据拟合的比较（MX-80 膨润土[56]）

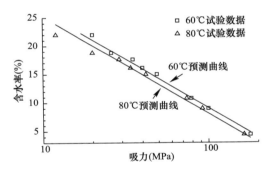

图 10.50　预测曲线与实测数据的比较（MX-80 膨润土[57]）

【例 3】FEBEX 膨润土

FEBEX 膨润土是西班牙高放废物处置库的候选缓冲/回填材料，其蒙脱石含量超过 90%，可交换性阳离子中 Ca²⁺ 所占比例最高。Lloret 等（2004）[58]曾较为系统地研究了温度对 FEBEX 膨润土持水特性的影响，本例选取其中一组恒体积条件下的试验结果加以分析，该组试样干密度为 1.65g/cm³，试验温度为 20℃、40℃、60℃，试验过程中吸力逐级减小（即吸水路径），吸力范围在 1～150MPa，试验结果如图 10.51 所示，在该图中还示出了 van Genuchten-Mualem 模型在各温度下的拟合结果。van Genuchten-Mualem 模型（1980）[59]可表达为［与本章表 10.1 中的式（10.10）等价］：

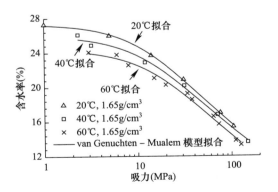

图 10.51　不同温度下 FEBEX 膨润土持水曲线[58]

$$w = \frac{w_s}{\left[1 + (\alpha\Psi)^n\right]^{1-1/n}} \tag{10.69}$$

其中，w_s 为饱和含水率；α、n 为拟合参数。

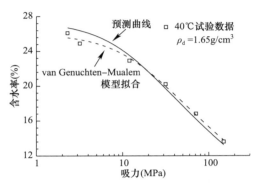

图 10.52 预测曲线与实测数据的比较
（FEBEX 膨润土[58]）

将式（10.69）代入式（10.64），可得：

$$w_T = \frac{w_{s0}}{\left[1+(\alpha_0\,\Psi(T_0/T)^\xi)^{n_0}\right]^{1-1/n_0}} \quad (10.70)$$

其中，w_{s0} 为参考温度 T_0 下的饱和含水率；α_0、n_0 为参考温度 T_0 下 van Genuchten-Mualem 模型的拟合参数。取 20℃ 作为参考温度，有 $w_{s0}=27.37\%$，$\alpha_0=0.065$，$n_0=1.29$，再依据式（10.70）通过对 60℃ 下的试验数据进行拟合分析，可得 $\xi=-3.58$。在式（10.70）中取 $\xi=-3.58$，可得 40℃ 下的预测曲线如图 10.52 所示。当吸力大于 10MPa 时，预测曲线可以与实测数据很好地吻合；但当吸力小于 10MPa 时，预测曲线与实测数据之间有一定偏差，

这是因为在式（10.70）中，不管温度 T、参数 ξ 如何变化，当吸力 Ψ 趋于零时，含水率 w_T 总是趋于参考温度下的饱和含水率 w_{s0}，而实际上不同温度下的饱和含水率是有所不同的。

10.8.4 考虑温度影响的膨润土-砂混合缓冲材料的持水特性

孙发鑫[60]（2013）详细研究了高庙子膨润土 GMZ001-石英砂混合缓冲材料在温控条件下的持水特性。

10.8.4.1 试验方法

试验使用不同的饱和盐溶液控制气体的湿度，利用气体湿度控制试样吸力。试验恒温箱温度控制精度为 $\pm0.5℃$，试验在 20℃、40℃、60℃、80℃ 共 4 个温度下进行。相对湿度数据取自 Dean（1999）[54]，再根据式（10.59）可算出不同温度条件下所用各饱和盐溶液的吸力。考虑到不同温度下水的密度不一致，为使计算结果更符合实际，从化学手册[61]中查得 20℃、40℃、60℃、80℃ 条件下水的密度分别为 998.2kg/m³、992.2kg/m³、983.2kg/m³、971.2kg/m³，最后得出所用盐溶液的相对湿度值与对应吸力值见表 10.29。

试验用饱和盐溶液及其相对湿度与吸力 表 10.29

饱和盐溶液	20℃	40℃	60℃	80℃
LiCl	12%RH/286MPa	11.2%RH/314MPa	11%RH/334MPa	10.5%RH/357MPa
$KC_2H_3O_2$	23.1%RH/198MPa	—	—	—
$MgCl_2$	33.1%RH/149MPa	31.6%RH/165MPa	29.3%RH/186MPa	26.1%RH/213MPa
K_2CO_3	43.2%RH/113MPa	39.6%RH/133MPa	35.4%RH/157MPa	—
NaBr	59.1%RH/71MPa	53.2%RH/90MPa	49.7%RH/106MPa	51.4%RH/105MPa
KI	69.9%RH/48MPa	66.1%RH/59MPa	63.1%RH/70MPa	61%RH/78MPa
NaCl	75.5%RH/38MPa	74.7%RH/42MPa	74.4%RH/45MPa	73.9%RH/48MPa
KCl	85.1%RH/22MPa	82.3%RH/28MPa	80.3%RH/33MPa	78.9%RH/38MPa
K_2SO_4	97.6%RH/3MPa	96.4%RH/5MPa	95.2%RH/7MPa	93.9%RH/10MPa

试验用土高庙子钠基膨润土（GMZ001），基本物理指标见表 10.27。试验所用砂为石英砂，其主要成分是 SiO_2，颗粒相对密度为 2.65g/cm³。为分析砂粒径对混合料持水能力的影响，试验分别采用两种不同粒径的石英砂，砂粒径筛分结果见表 10.30 和表 10.31，石英砂经筛分后确定的颗粒级配曲线如图 10.53 所示。为便于叙述，两种砂粒径在下文中用粗砂、细砂进行区分。

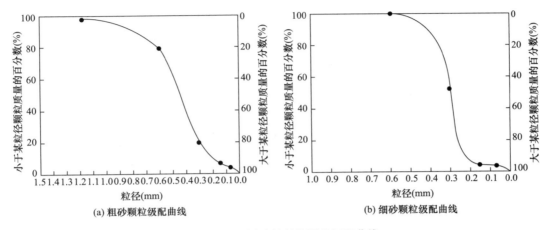

图 10.53 不同砂粒径的颗粒级配曲线

试验之前将膨润土放入配有 K_2CO_3 饱和溶液的保湿器中,定期对土进行称重,直到质量恒定,即达到平衡含水率,用烘干法测得平衡后的膨润土含水率为 10.8%。试验用石英砂放入烘箱烘至恒重。

在第 10.8.2 节指出,干密度对膨润土在高吸力段的持水特性曲线基本没有影响,故本节不再考虑干密度对其持水性能的影响,试样统一采用干密度为 $1.8g/cm^3$ 的压实试样。在 9 种饱和盐溶液条件下对 3 种含砂率、2 个砂粒径共 65 个试样(含粗砂平行试样 11 个)进行试验,具体试验方案见表 10.32。试样为直径 2cm,高度 1cm 的圆柱体试样,用千斤顶在专门的模具中压实(本书图 9.6),制样前按照拟定的含砂率将膨润土和石英砂混合均匀并静置一段时间,然后根据密度制备试样。试验未对水蒸气采取强制循环,吸力平衡主要依靠水蒸气自由扩散实现。试验过程中发现温度升高可以明显缩短最终平衡时间,这与第 10.8.2 节的试验规律相同。

粗颗粒石英砂粒径分析 表 10.30

砂类	颗粒组成百分数(%)					
	>1.18mm	1.18~0.6mm	0.6~0.3mm	0.3~0.15mm	0.15~0.075mm	<0.075mm
粗砂	0.82	20.18	59.31	13.09	2.9	3.7

细颗粒石英砂粒径分析 表 10.31

砂类	颗粒组成百分数(%)				
	>0.6mm	0.6~0.3mm	0.3~0.15mm	0.15~0.075mm	<0.075mm
细砂	0.05	49.72	45.64	0.97	3.62

试验方案 表 10.32

试样编号(细砂)	试验用盐溶液	含砂率(%)	试样编号(粗砂)	试验用盐溶液	含砂率(%)	试样编号(粗砂平行样)	试验用盐溶液	含砂率(%)
1 号	LiCl	15	8 号	KCl	15	15 号	KI	30
2 号	CH_3COOK	15	9 号	K_2SO_4	15	16 号	NaCl	30
3 号	$MgCl_2$	15	10 号	LiCl	30	17 号	KCl	30
4 号	K_2CO_3	15	11 号	CH_3COOK	30	18 号	K_2SO_4	30
5 号	NaBr	15	12 号	$MgCl_2$	30	19 号	LiCl	45
6 号	KI	15	13 号	K_2CO_3	30	20 号	CH_3COOK	45
7 号	NaCl	15	14 号	NaBr	30	21 号	$MgCl_2$	45

续表 10.32

试样编号（细砂）	试验用盐溶液	含砂率（%）	试样编号（粗砂）	试验用盐溶液	含砂率（%）	试样编号（粗砂平行样）	试验用盐溶液	含砂率（%）
22 号	K_2CO_3	45	37 号	LiCl	30	52 号	NaCl	45
23 号	NaBr	45	38 号	CH_3COOK	30	53 号	KCl	45
24 号	KI	45	39 号	$MgCl_2$	30	54 号	K_2SO_4	45
25 号	NaCl	45	40 号	K_2CO_3	30	55 号	LiCl	15
26 号	KCl	45	41 号	NaBr	30	56 号	CH_3COOK	15
27 号	K_2SO_4	45	42 号	KI	30	57 号	KCl	15
28 号	LiCl	15	43 号	NaCl	30	58 号	K_2SO_4	15
29 号	CH_3COOK	15	44 号	KCl	30	59 号	LiCl	30
30 号	$MgCl_2$	15	45 号	K_2SO_4	30	60 号	KCl	30
31 号	K_2CO_3	15	46 号	LiCl	45	61 号	K_2SO_4	30
32 号	NaBr	15	47 号	CH_3COOK	45	62 号	LiCl	45
33 号	KI	15	48 号	$MgCl_2$	45	63 号	CH_3COOK	45
34 号	NaCl	15	49 号	K_2CO_3	45	64 号	KCl	45
35 号	KCl	15	50 号	NaBr	45	65 号	K_2SO_4	45
36 号	K_2SO_4	15	51 号	KI	45			

试验过程中将试样与饱和盐溶液同时置于带搁板的保湿器中，底部为饱和盐溶液，试样放置在带孔隔板上（图 10.54）。图 10.55 为试验称量用的精密天平，其精度为 0.001g。将保湿器整体放入高精度恒温箱内实现对温度的恒定控制（图 10.56）。保湿器放入恒温箱中后，每隔 3d 称一次重量，直至连续 2 次称量质量差在 0.004g 以内，即认为试样达到其平衡含水率。为确保试验结果的准确性，采用同一试样逐级加温平衡的办法，即在 20℃ 平衡以后使用同一试样加温到 40℃、60℃ 直到 80℃。土样在最后一级温度下（80℃）平衡后，将其放入烘箱烘干后称量，计算各级土样平衡后的含水率，土样烘干过程在 110℃ 下进行 24h 以上。整个试验历时 3 个月。

图 10.54　装有饱和盐溶液及试样的保湿器

图 10.55　精密天平

图 10.56　土-水特征曲线试验照片

10.8.4.2　试验结果分析

1）分析砂粒粒径对混合料持水特性的影响

图 10.57 给出了三组不同砂粒径条件下相同温度和含砂率的两种试样持水特性曲线的比较。从图 10.57 可以看出，无论是在低温还是高温，亦或是高含砂率和低含砂率，相同含砂率和吸力条件下不同砂粒径的混合料试样含水率基本重合，即砂粒径对混合料的持水性能基本没有影响。这是因为，在高吸力段，土中水主要是吸附在黏土矿物表面的结合水，添加的石英砂不与水发生作用，石英砂表面基本不对水产生吸附作用，矿物对水的吸附能力很难受到石英砂的影响。因此在高吸力范围内，混合料的土-水特征曲线基本与掺加的石英砂粒径无关。

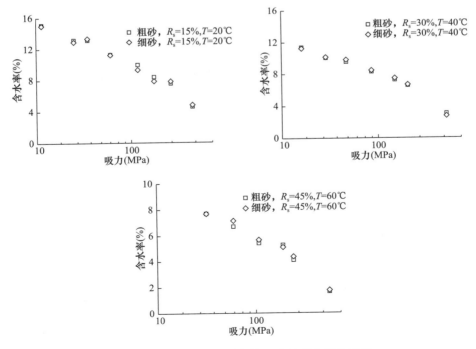

图 10.57　砂粒径对混合料土-水特征曲线的影响

2）分析温度对混合料持水特性的影响

根据以上分析，混合料的持水特性曲线基本与掺加的石英砂粒径无关，为了简化讨论，下面以两种砂粒径条件下的平均含水率为基础，分析温度对混合料持水能力的影响。

不同温度下膨润土-砂混合料的平均持水特性曲线见图 10.58，为便于分析，不同温度下的试验数据拟合曲线亦在图中示出。由图 10.58 可以看出，当温度由 20℃ 升高到 80℃ 时，相同含砂率和干密度条件下的平均土-水特征曲线随着温度的升高逐渐向左下方移动，说明随着温度升高，混合料的持水能力下降。这一点也与第 10.8.2 节的试验规律相同。

3）分析含砂率对混合料持水特性的影响

不同含砂率在同一温度（20℃、40℃、60℃、80℃）条件下，膨润土-砂混合料的平均土-水特征曲线见图 10.59。从图 10.59 可以看出，随着含砂率的增加，数据拟合曲线向左下方移动，说明含砂率增加使混合料的持水能力降低。这是因为在高吸力段，土中水主要是吸附在黏土矿物表面的结合水，添加的石英砂不与水发生作用，石英砂表面基本不对水产生吸附作用，故砂含量的增加必然导致混合料整体含水率下降；同时可以看出数据拟合曲线从吸力较低阶段到吸力较高阶段有在右下方交汇的趋势，说明在本试验的较低吸力段，含砂率对混合料含水率影响较为显著，随着吸力的增加，含砂率对混合料含水率的影响逐渐减弱。

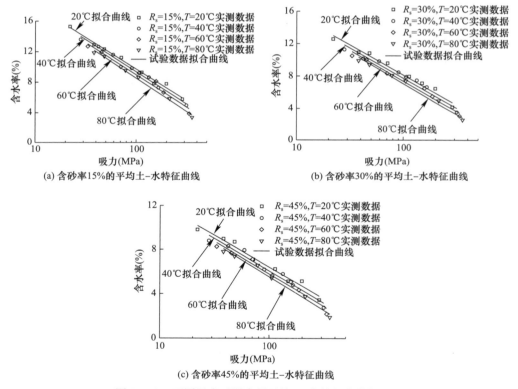

图 10.58　不同温度对混合料平均土-水特征曲线的影响

综上所述可见，膨润土-砂混合料在不同温度下的持水特性与膨润土基本相同，其持水特征曲线亦可用式（10.60）描述，此处不再赘述。

孙发鑫发现[60]混合料的试验数据在半对数 w-$\lg\psi$ 坐标中，在试验控制的吸力范围内，随着吸力的增大，混合料的含水率呈线性递减，不同温度、含砂率条件下含水率与吸力存在以下关系：

$$w_T = A - B\ln\psi \tag{10.71}$$

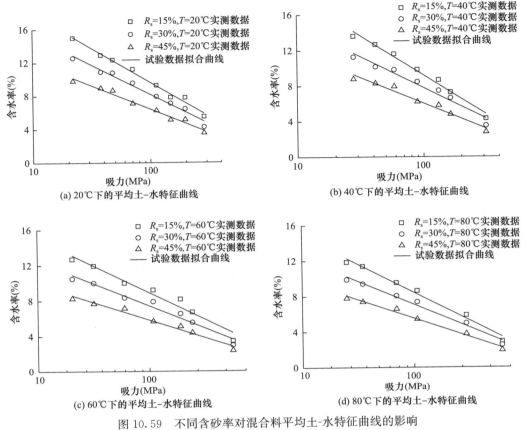

图 10.59　不同含砂率对混合料平均土-水特征曲线的影响

式中，w_T 为不同温度 T 下混合料的含水率；ψ 为对应温度下的吸力；A、B 为方程系数，与试样的含砂率有关。通过分析，孙发鑫给出了参数 A、B 的具体表达式，此处亦不再赘述。

10.9　盐渍土的持水特性

在第 1.3 节中已述及，土的总吸力包括基质吸力和渗透吸力两部分，渗透吸力是因土中水含有溶质引起的。由于渗透吸力的量测比较困难，通常先分别测出总吸力和基质吸力，再由二者之差算出渗透吸力。

10.9.1　人工配置含氯盐的盐渍土的持水特性曲线

孙德安等[62]（2013）研究了人工配置含氯盐的盐渍土的持水特性曲线。定义盐渍土的含盐量为土中氯化钠的质量与干土质量的百分比；盐渍土的含水率为土中纯水质量与干土（不含盐）质量的百分比。试验中控制各组中每个土样的含盐量相同，含水率不同。共调配了 3 组盐渍土，含盐量分别为 1%、2% 和 6%。土样的制作过程是：把一定质量比例的干土、氯化钠和水充分混合并静置 24h，然后把土样放入环刀内击实。制成的土样截面积为 30cm²、高 2cm，干密度控制在 1.5g/cm³ 左右。

用压力板仪量测低吸力段的基质吸力 s_m，用非接触滤纸法和接触滤纸法（Whatman 42 号滤纸）分别量测总吸力 s_t 和高吸力段的基质吸力 s_m，进而得出全吸力范围内的渗透吸力 s_o。试验前用盐溶液上方的气体湿度控制法对滤纸在高吸力段的总吸力 s_t 进行了标定，基质吸力的计算直接采用 Leong 等给出的率定曲线方程[63]，总吸力和基质吸力分别用式（10.72）和

219

式（10.73）、式（10.74）确定，其中 w_{lz} 为滤纸含水率。

总吸力

$$\lg s_t = 0.001 w_{lz}^2 - 0.114 w_{lz} + 5.4798 \qquad (10.72)$$

基质吸力

$$\lg s_m = 2.909 - 0.0229 w_{lz} \quad (w_{lz} \geqslant 47) \qquad (10.73)$$

$$\lg s_m = 4.945 - 0.0673 w_{lz} \quad (w_{lz} < 47) \qquad (10.74)$$

试验结果示于图 10.60 和图 10.61。从图 10.60 可见，含盐量对基质吸力的影响不大，但对总吸力的影响比较显著。总吸力随着含盐量的增加向右移动（图 10.60 和图 10.61），最大值不超过 10^5 kPa。

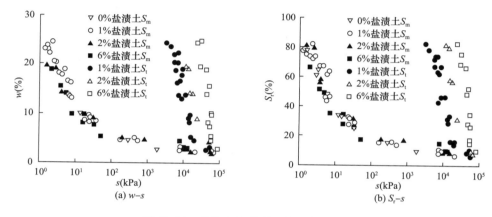

图 10.60　总吸力和基质吸力的试验结果

孙德安等用范德华公式［第 1 章式（1.3a）和式（1.3b）］计算了土样的渗透吸力，其与试验结果的比较见图 10.62，理论计算值低于试验值。事实上，造成差异的原因是多方面的，理论公式参数值的准确性、试验温度的控制精度均可能造成误差[51]。除此而外，秦冰分析发现[52]，试样中气体的湿度和盐溶液罐液面上方的气体湿度的差别也能导致一定的试验误差。

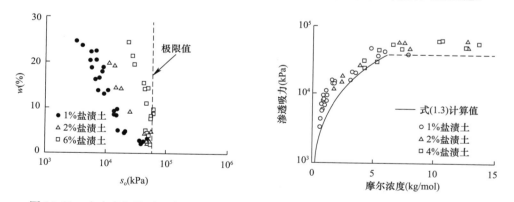

图 10.61　含水率与渗透吸力的关系　　图 10.62　试验结果与范德华公式计算结果的比较

10.9.2　吐鲁番交河含盐土的重塑试样持水特性

交河故城地处新疆维吾尔自治区吐鲁番盆地西部，气候干燥、炎热，强烈蒸发引起易溶盐在遗址本体尤其是其表面的富集，其含量可高达 2%～5%（易溶盐含量 3.7g/kg），其中氯化钠和硫酸钠是两种主要易溶盐。张悦等[64]（2020）研究了交河遗址土重塑试样的持水特性。为研究方便，先对原土脱盐处理，再配制成含盐量 0%、2% 和 5% 的盐渍土（为泥浆状态），分别记为 C0、C2 和 C5。用压力板仪、英国斯克莱德大学研发的 Trento 高量程张力计（0～1500kPa）、盐溶液蒸汽平衡法、滤纸法 ［Whatman 42 号滤纸，试验前用盐溶液蒸气平衡法对高吸力段进行了标定，基质吸力直接采用式（10.73）和式（10.74）计算］、冷镜露点技术（Decogon 公司生产的露点水势仪 WP4C）等 5 种方法测定了土样的吸力。

图 10.63 是用盐溶液蒸汽平衡法、滤纸法和冷镜露点技术等三种方法测得的总吸力与含水率的关系。呈现如下特点：（1）总吸力随含水率的降低和 NaCl 含量的升高而增大（与图 10.61 的规律相同），但当含水率低于 3% 时，总吸力值趋于相同。（2）总吸力大于 10MPa 时，试验方法对测得的吸力值几乎没有影响；而当总吸力小于 10MPa 时，滤纸法和蒸气平衡法结果较为一致，而 WP4C 测得的总吸力偏大，以不含盐试样 C0 尤为明显。（3）三种方法达到平衡的历时差别很大。蒸气平衡法最慢，耗时一至数月不等，滤纸法的静置时间为 14d，WP4C 测吸力仅用时 15～30min（但其测试结果的可靠性差，待后详细分析）。

图 10.64 是压力板仪测得的持水特性曲线，可见基质吸力与含盐量无关，与图 10.61 的规律相似。图 10.65 是用压力板仪、高量测张力计和滤纸法测得的无盐试样（C0）的含水率-基质吸力关系，通常认为压力板仪测得的吸力是最可靠的，由此可见，在吸力小于 30kPa 时，张力计和滤纸法的结果均偏低；且二者的离散性较大，特别是滤纸法的离散性更大，故不宜用滤纸法测 1000kPa 以下基质吸力。

文献 ［64］ 分析了高量测张力计的平衡历时资料（图 10.66）。以含水率 18.9% 的试样为例，发现张力计读数在前 80min 内迅速降低；随后逐渐拐平并趋于稳定，200min 左右达到平衡；随着试验的持续进行，读数继续呈线性降低，但变化程度很小。总体而言，张力计能在 2～3h 与试样达到吸力平衡。而并非像文献中所说的 IC 张力计的吸力平衡历时只要 5min。事实上，张力计的反应快慢与试验前张力计陶瓷头的饱和水平有关，IC 张力计的饱和过程非常复杂，并需要很高的压力，故至今难以推广。而文献 ［64］ 并没有介绍所用张力计的饱和过程。

此外，文献 ［64］ 探讨了冷镜露点技术的测试误差（图 10.67）。采用 WP4C 针对每个试样进行三次平行测量，所得吸力并不完全相同。若将其平均值视为土中实际吸力，则每个实测值偏离平均值的百分比，即可定义为仪器的相对测量误差。如图 10.67 所示，高吸力段的相对测量误差较小，普遍在 ±1%，最大不超过 ±5%；当吸力小于 1MPa 时，相对测量误差值的波动

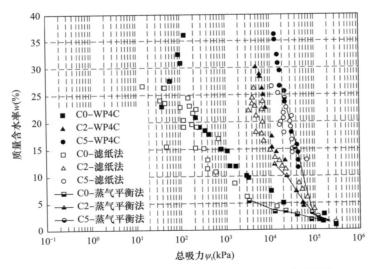

图 10.63 三种方法测定的质量含水率-总吸力关系曲线

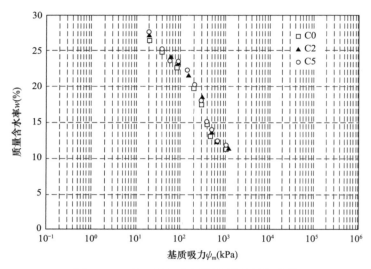

图 10.64　是压力板仪测得的持水特性曲线

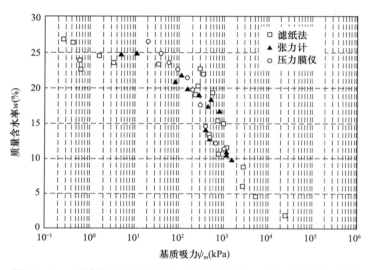

图 10.65　不同方法测得的无盐 C0 试样质量含水率-基质吸力关系

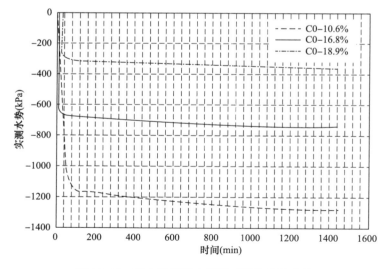

图 10.66　张力计实测水势随时间的发展曲线

更加明显，并随总吸力的降低呈非线性增大的趋势。总吸力 250kPa 时，三次平行测量的相对误差分别为 32%、−24% 和 −8%；总吸力为 90kPa 时达到 −56%、22% 和 77%，完全不可接受。WP4C 的测量误差与仪器自身的传感器精度有关，此外还受到传感器与试样及上部空间的温度平衡状态（是否存在梯度或波动）、多余水蒸气的冷凝以及试验人员操作方法等因素的影响。仪器测量腔室具有维持内部温度恒定的功能，然而试样放入后仍会造成扰动。温度波动引起的测量误差也会随着吸力的降低和温度变化幅度的增大而呈非线性增加。由此观之，冷镜露点技术尚不成熟，不宜推广使用。这在本书第 2.1.4 节也曾提及。

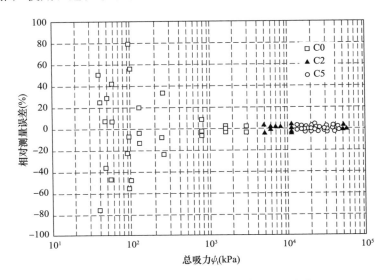

图 10.67　WP4C 测量总吸力的相对误差变化

10.9.3　新疆伊犁原状含盐湿陷性黄土的持水特性

新疆伊犁黄土具有湿陷性强烈（现场浸水试验测得的最大自重湿陷量达到 3.52m）、易溶盐含量高的特点（易溶盐含量最大为 19.2g/kg），描述其非饱和土应力状态中的吸力参量时，须同时考虑总吸力和基质吸力两个参量。张爱军等[65]采用滤纸法开展了不同含盐量下伊犁黄土的土水特征曲线试验，测量了不同含盐量下伊犁黄土的总吸力与基质吸力，计算了不同含盐量下土样中溶液浓度，提出了能够描述含盐量和含水率耦合变化情况下伊犁黄土的土水特征的修正 Gardner 模型，并分析了含盐量对湿陷的影响。

10.9.3.1　研究方法

试验所用土样取自新疆伊犁昭苏县特克斯河Ⅲ级阶地上，土样初始含水率为 6.67%，干密度为 1.37g/cm³。土样初始易溶盐含量如表 10.33 所示。鉴于实测得到同区域伊犁黄土的易溶盐含量最大为 19.2g/kg，确定试验土样易溶盐含量分别为 5g/kg、8g/kg、14g/kg、20g/kg、26g/kg。试验所用土样均为原状样。依据表 10.33 中所测得易溶盐离子浓度，在土样中加的易溶盐为：$MgSO_4$、$CaCl_2$、$NaHCO_3$、$NaOH$。计算土样易溶盐含量达到 5g/kg、8g/kg、14g/kg、20g/kg、26g/kg 时所需要加入的易溶盐质量，配成一定浓度的溶液，分次加入土样当中，确保每次加入的溶液小于 10mL。每次加完盐溶液后，自然风干一昼夜，再进行下一次的滴加，防止土样中水分过多产生胀缩变形。少量多次加入盐溶液，直至达到所要求的易溶盐含量为止。将加盐后的土样用保鲜膜包裹，置于保湿缸养护 3d 以上，确保土样内盐分分布均匀，试验时抽取一定数量的土样进行复测，确保含盐量、含水率和密度符合试验要求。

土样易溶盐含量　　　　　　　　　　　　　　　　　表 10.33

离子	含量（g/kg）
K^+	0
Na^+	2.3379
Ca^{2+}	0.7251
Mg^{2+}	0.5291
Cl^-	0.3535
SO_4^{2-}	1.6161
HCO_3^-	0.1861
CO_3^{2-}	0
总量	5.7478

试验采用滤纸法测量土样的总吸力、基质吸力。试验方法参考标准 ASTM D5298-10[66] 和文献 [1, 63]。滤纸法测定总吸力、基质吸力的试验装置如图 10.68 所示。土样下方放置三层滤纸与土样紧密贴合，上、下两片为保护滤纸，中间滤纸为测试滤纸，滤纸含水率与土样溶液交换平衡后测得的吸力即为基质吸力。在土样上部放置两种不同直径的"O"形圈，"O"形圈上部铺设两层滤纸，此时试验滤纸不与土样接触，下层滤纸含水与土样周围的水蒸气达到平衡后测得的吸力即为总吸力。将土样与滤纸置于密闭容器，并在容器外部包裹保鲜膜，置于密封盒中，防止水分流失。

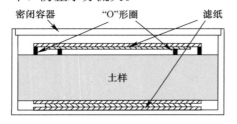

图 10.68　滤纸法测试基质吸力和总吸力示意图

为测定比较宽的含水率范围内持水特性曲线，共配制了 10 个含水率的试样，即 7%、10%、13%、16%、19%、22%、25%、28%、31%、34%。试验操作步骤具体如下：

（1）从养护缸中取出不同含盐量的土样，通过风干及水膜转移法用纯水将土样的含水率配制为 7%；

（2）将土样用保鲜膜包好放入养护缸，养护 3d，使水分在土样中分布均匀；

（3）将试验所用滤纸提前 1d 放入 105℃烘箱烘至恒重，冷却后，按图 10.68 所示方法将土样与滤纸装入密闭容器中，包裹保鲜膜，放入密封盒中，置于恒温柜（20±2）℃，放置 7d，使土样与滤纸达到水分平衡；

（4）打开容器，迅速称取土样的质量，计算土样的含水率；

（5）打开容器，迅速称取基质吸力、总吸力滤纸样的湿重量（精确到 0.0001g）；

（6）将湿滤纸放入 105℃烘箱 8h 以上，烘干后，将滤纸迅速放入密封的自封袋中，放入干燥缸冷却 30min，称取干滤纸质量（精确到 0.0001g），反复多次烘干称量，直至两次滤纸重量差值小于 0.0003g；由滤纸的湿重量和烘干重量计算滤纸的含水率，并通过率定曲线确定相应的吸力值；

（7）对含水率 10% 的土样，重复上述步骤（2）～（6），直到完成全部试验。

试验采用 Whatman 42 号滤纸，率定曲线采用 Leong 等根据试验结果给出的双线性率定曲线方程[63][式（10.73）～式（10.76）]。

基质吸力率定曲线方程：式（10.73）和式（10.74）；

总吸力率定曲线方程：

$$\lg s_t = 8.778 - 0.222 w_{lz} \quad (w_{lz} \geqslant 26) \tag{10.75}$$

$$\lg s_t = 5.31 - 0.0879 w_{lz} \quad (w_{lz} < 26) \tag{10.76}$$

式中，s_m 为基质吸力（kPa）；s_t 为总吸力（kPa）；w_{lz} 为吸力平衡时滤纸的含水率（％）。

10.9.3.2 含盐量对持水特性的影响

图 10.69 为滤纸法得到的不同易溶盐含量下伊犁黄土基质吸力、总吸力和渗透吸力的土水特征曲线。从图 10.69 可以看出，含盐量的改变对基质吸力有一定影响；随着含盐量的增大总吸力与渗透吸力明显增大，在低含水率（8％）时，总吸力受基质吸力影响较大，在高含水率（13％～38％）时，总吸力的增大主要是由渗透吸力的增大引起的；随着含水率的降低，溶质趋于饱和，渗透吸力存在一极值，最终不超过 25000kPa，这与前述文献［62］所得结论相同。

伊犁黄土易溶盐含量较高，随着体积含水率的变化和易溶盐溶解、析出，土样内溶液浓度发生较大变化，从而对伊犁黄土的土水特征曲线，尤其是对总吸力土水特征曲线产生较大的影响，因此很有必要计算不同体积含水率下，土样内的溶液浓度，分析其对土水特征曲线的影响。根据表 10.33 所测土样中原有各离子摩尔浓度，确定所加四种溶液 $MgSO_4$、$CaCl$、$NaHCO_3$、$NaOH$ 溶液摩尔浓度比为：0.22 ∶ 0.05 ∶ 0.03 ∶ 1。四种盐相互反应会生成溶解度较低的 $Ca(HCO_3)_2$、$Ca(OH)_2$、$CaSO_4$、$Mg(HCO_3)_2$、$Mg(OH)_2$。除去析出盐分，剩余易溶盐溶解于土样液体当中，土中溶解易溶盐的质量与土样中溶液的质量之比即为土样的溶液浓度。

依据溶解度小的盐分先析出的原则，几种盐析出的先后顺序为：$Mg(OH)_2$、$CaSO_4$、$Ca(OH)_2$、$Ca(HCO_3)_2$、$Mg(HCO_3)_2$。溶液中溶质是否析出可用溶液的离子积（Q_i）与溶度积（K_{sp}）的大小进行判断。离子积为溶液中各离子浓度的乘积[67]。对溶度积解释如下[68]：任何难溶电解质在水中或多或少地溶解，绝对不溶的物质是不存在的。在一定温度下，难溶电解质的饱和溶液中，有关离子浓度的乘积为一常数，称为溶度积常数，简称溶度积，用 K_{sp} 表示。溶度积的大小主要取决于难溶电解质的本身特性和温度，与离子浓度改变无关。溶度积越大说明该物质在水中溶解的可能性越大，生成沉淀的机会越小；反之亦然。溶度积可用试验测定，或由化学热力学理论公式推测，亦可通过化学手册得到不同溶液的溶度积，如表 10.34 所示[68]。当 $Q_i = K_{sp}$ 时，溶液达到沉淀-溶解平衡状态，溶液是饱和溶液；$Q_i > K_{sp}$ 时，溶质析出；$Q_i < K_{sp}$ 时溶液为不饱和溶液。当离子剩余浓度小于 10^{-5} mol/L 时，可以认为离子完全析出[67]。

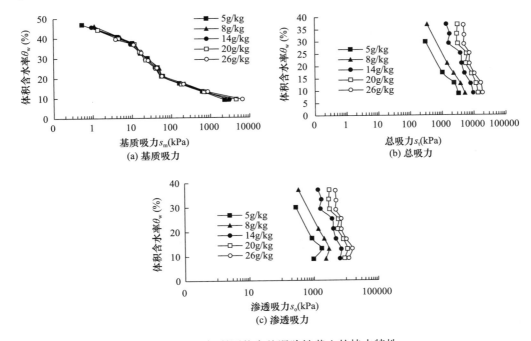

图 10.69　伊犁原状含盐湿陷性黄土的持水特性

几种电解质的溶度积　　　　　　　　　　　表 10.34

盐	溶度积 K_{sp}
Mg (OH)$_2$	1.8×10^{-11}
CaSO$_4$	9.1×10^{-6}
Ca (OH)$_2$	5.5×10^{-6}
Ca (HCO$_3$)$_2$	5.2×10^{-5}
Mg (HCO$_3$)$_2$	4.5×10^{-1}

计算过程如下：

(1) 计算溶液中 Mg (OH)$_2$、CaSO$_4$ 的离子积，与其溶度积进行比较，判断溶质是否析出，如果析出则需依步骤 (2) 判断 Mg^{2+}、Ca^{2+} 离子是否完全析出，若不析出则盐分完全溶解；

(2) 由于溶液中 OH$^-$、SO$_4^{2-}$ 离子较多，故依公式 $Q_i = K_{sp}$ 计算 Mg^{2+}、Ca^{2+} 离子剩余 10^{-5} mol/L 所需要的 OH$^-$、SO$_4^{2-}$ 离子浓度，分别为 1.34×10^{-3} mol/L、0.91mol/L。与溶液中 OH$^-$、SO$_4^{2-}$ 离子浓度进行比较，若阴离子浓度较大，则阳离子完全析出，反应停止，以阳离子浓度计算析出溶质质量。若阴离子不足，则需通过公式 $Q_i = K_{sp}$ 来计算阳离子的剩余的浓度；

(3) 依次比较剩余溶液中 Ca (OH)$_2$、Ca (HCO$_3$)$_2$、Mg (HCO$_3$)$_2$ 的离子积 (Q_i) 与溶度积 (K_{sp})，重复步骤 (1)、(2)，判断盐分是否析出，计算至溶液达到平衡状态，得到析出盐分的总质量 $m_{盐}$。

土样中溶液浓度的计算公式为：

$$k = \frac{0.001\alpha m_s - m_{盐}}{m_s(w + 0.001\alpha)m_{盐}} \times 100\% \qquad (10.77)$$

式中，k 为土样中溶液浓度（%）；$m_{盐}$ 为析出盐分的质量（g）。

通过计算可得不同易溶盐含量的土样在不同体积含水率下，土样内溶液浓度如表 10.35 和图 10.70 所示。显而易见，随着含盐量的增加，土样溶液浓度明显增大，随着体积含水率的增加，土样溶液浓度逐渐减小，溶液浓度最终趋于一致。

不同体积含水率下试样内溶液浓度　　　　　　　　表 10.35

5g/kg 土样		8g/kg 土样		14g/kg 土样		20g/kg 土样		26g/kg 土样	
体积含水率 (%)	土样溶液浓度 (%)	体积含水率 (%)	土样溶液浓度 (%)	体积含水率 (%)	土样溶液浓度 (%)	体积含水率 (%)	土样溶液浓度 (%)	体积含水率 (%)	土样溶液浓度 (%)
8.80	5.55	8.89	8.37	8.93	13.61	9.04	18.03	9.04	22.04
13.12	3.79	12.90	5.92	12.83	9.38	12.87	13.39	12.99	16.44
17.27	2.91	17.06	4.55	17.01	7.64	16.82	10.58	16.83	13.18
20.97	2.41	21.09	3.71	21.04	6.27	20.93	8.68	20.91	10.89
25.32	2.00	24.94	3.16	25.12	5.30	24.94	7.39	25.11	9.24
29.90	1.70	28.99	2.73	29.22	4.60	29.07	6.40	28.83	8.14
32.69	1.56	32.40	2.45	33.01	4.09	33.07	5.67	32.58	7.27
37.49	1.36	37.00	2.15	36.98	3.67	36.87	5.12	36.64	6.52
40.67	1.26	40.37	1.97	40.52	3.36	39.80	4.76	39.46	6.08
46.90	1.09	46.10	1.73	45.62	2.99	44.13	4.31	52.82	1.05
48.95	1.01	49.95	1.02	50.94	1.03	51.89	1.04		

图 10.71 和图 10.72 分别是渗透吸力、总吸力与溶液浓度的关系曲线。可以看出，渗透吸力-土样溶液浓度、总吸力-溶液浓度之间均呈线性关系。

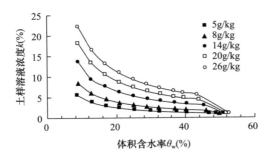

图 10.70　体积含水率与土样溶液浓度关系曲线　　图 10.71　渗透吸力与土样溶液浓度关系曲线

分别用 Fredlund-Xing 模型、Gardner 模型、Van Genuchten 模型借助 Matlab 中 lsqnonlin 函数对试验所得基质吸力土水特征曲线进行拟合，其中 Gardner 模型拟合 R^2 均达到 0.97 以上，拟合结果较好，适合拟合新疆伊犁黄土基质吸力土水特征曲线。以体积含水率和基质吸力为变量的 Gardner 模型的数学表达式为[69]［与式（10.3）等价］：

$$\theta_{\rm w} = \frac{\theta_{\rm s} - \theta_{\rm res}}{\left(\frac{s}{a}\right)^n + 1} + \theta_{\rm res} \qquad (10.78)$$

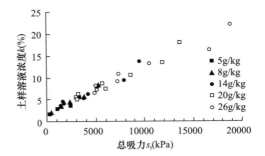

图 10.72　总吸力与土样溶液浓度关系曲线

式（10.78）中各符号的意义与式（10.3）相同。

用 Gardner 模型拟合所得参数如表 10.36 和图 10.73 所示，含盐量对 Gardner 模型参数 a 影响较大，二者近似呈线性关系。含盐量对参数 n、$\theta_{\rm s}$、$\theta_{\rm r}$ 影响较小，可取平均值。将参数 a 与含盐量 α 的关系代入 Gardner 模型公式中，即得考虑含盐量的伊犁黄土基质吸力水特征曲线模型公式（10.79），能够反映含盐量和含水率耦合变化情况下伊犁黄土的土水特征。

$$\theta_{\rm w} = \frac{\theta_{\rm s} - \theta_{\rm res}}{\left(\frac{s_{\rm m}}{c\alpha + d}\right)^n + 1} + \theta_{\rm res} \qquad (10.79)$$

式中，$n=0.704$；$\theta_{\rm s}=50.91\%$；$\theta_{\rm res}=8.44\%$；$c=-0.391$；$d=29.343$。

用 Gardner 模型拟合总吸力的试样数据，发现含盐量对各参数的影响规律与上述相似。

Gardner 模型拟合基质吸力参数

表 10.36

易溶盐含量 α(g/kg)	a	n	$\theta_{\rm r}(\%)$	R^2
5	28.464	0.776	8.44	0.994
8	26.333	0.728	8.74	0.994
14	21.853	0.714	8.56	0.993
20	21.427	0.664	8.07	0.987
26	20.090	0.639	8.39	0.983

10.9.3.3　含盐量对湿陷性的影响

湿陷试验采用双线法进行。将含水率为 12% 的土样依据不同易溶盐含量分为 5 组，每组 2 个土样。其中 1 个土样试验过程中保持初始含水率，另 1 个土样则在 50kPa 压力下达到变形稳定后，加水饱和，待再度稳定后，继续加压进行试验。压力等级为 50kPa、100kPa、150kPa、200kPa、300kPa。同一级压力下，浸水变形减去不浸水变形即为湿陷变形。湿陷变形量与土样初始高度的比值即为湿陷系数，在不同净法向应力下湿陷系数如图 10.74 所示。易溶盐含量对湿陷系数影响较大，随易溶盐含量的增加土样的湿陷系数明显增大，但含盐量为 5g/kg 的土样与 8g/kg 的土样湿陷系数接近，含盐量为 20g/kg 的土样与 26g/kg 的土样湿陷系数接近。

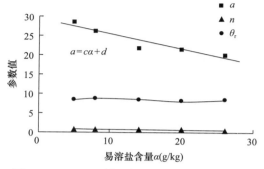

图 10.73　Gardner 模型参数与含盐量的关系曲线　　　图 10.74　不同净法向应力下湿陷系数

试验所用土样深度在 10m 以上，根据《湿陷性黄土地区建筑标准》GB 50025—2018 的要求，应取净法向应力为 300kPa 时的湿陷系数判断土样的湿陷性[70]。依照土水特征曲线中计算土样内溶液浓度的方法，可计算出湿陷土样初始状态与饱和状态下，土样的溶液浓度、体积含水率。将其与净法向应力 300kPa 时土样的湿陷系数，初始状态下土样的基质吸力、总吸力汇总，如表 10.37 所示。

湿陷试验参数　　　　　　　　　　　　　　　　　　　　　　　表 10.37

易溶盐含量 (g/kg)	湿陷系数	初始含水率土样				饱和土样	
		体积含水率 (%)	基质吸力 (kPa)	总吸力 (kPa)	溶液浓度 (%)	体积含水率 (%)	溶液浓度 (%)
5	0.046	17.06	152.24	2035.05	2.97	48.23	1.01
8	0.048	17.54	151.30	3345.31	4.68	47.13	1.02
14	0.081	17.50	138.24	8796.89	7.90	47.84	1.03
20	0.110	17.23	166.34	11725.33	10.92	49.12	1.04
26	0.109	17.17	177.51	14431.17	13.75	49.78	1.05

从湿陷系数来看，新疆伊犁黄土为强烈湿陷性黄土。随着土样内易溶盐含量的增加，土样湿陷系数明显增大。分析原因，易溶盐对黄土湿陷性主要存在两方面的影响：一是易溶盐结晶的溶解、软化。浸水后由于颗粒表面的薄膜水增厚，水溶盐类被溶解或软化，强度降低，土体结构遭到破坏，产生湿陷。二是孔隙中高浓度盐溶液的吸水作用，溶液浓度越大，在浸水过程中吸水越多，大量水分进入孔隙中破坏土样骨架结构，从而加剧土体湿陷变形的发生；但是这种对土样结构的破坏并不是无限增长的，因此，20g/kg 与 26g/kg 土样的湿陷系数较为接近。

10.10　红黏土的持水特性

红黏土是一种在我国分布较广的特殊土，以贵州、云南和广西的红黏土最具代表性。本节以云南腾陇公路路基红黏土填土为对象，研究重塑红黏土的持水特性[71]。

试验仪器为后勤工程学院自主研发的非饱和土四联固结-直剪仪（图 5.10），该仪器不仅可以做非饱和土强度试验，也可以测试持水特性曲线。该设备的最大优点是一次能做 4 个土样，大大地缩短了试验时间，提高了效率。试验用土取自云南腾陇公路路基填方段，重塑制样。土料先过 2mm 筛，再配制成初始含水率 20.36% 的试验用土。土样直径 61.8mm，高 2cm，用专门的制样设备和模具压制而成（图 9.6、图 9.8）。采用真空饱和法进行饱和，饱和时间为 24h。

土样取自云南腾陇公路的 K137+440～K138+000 路堤填方土场，该路段有两处典型红黏土填方路堤，高度分别为 8.5m 和 7.0m。该红黏土的土粒相对密度为 2.64，最优含水率为 18.40%，最大干密度为 1.70g/cm³。为满足不同工程需要，试验按 9 个不同的压实度制备试样，相应的干密度见表 10.38。试样照片见图 10.75。

重塑红黏土试样的初始物性指标 表 10.38

干密度（g/cm³）	孔隙比	含水率（%）	体积含水率（%）	压实度（%）
1.28	1.06	40.31	51.60	75
1.36	0.94	35.72	48.58	80
1.40	0.88	33.57	47.00	82
1.45	0.82	31.13	45.13	85
1.50	0.76	28.79	43.18	88
1.53	0.73	27.51	42.08	90
1.56	0.69	26.27	40.98	92
1.60	0.65	24.75	39.60	94
1.63	0.62	23.52	38.33	96

试验吸力分 9 级施加，即 5kPa、10kPa、20kPa、30kPa、50kPa、100kPa、200kPa、400kPa 和 600kPa。每一级吸力平衡的标准为排水在 2h 内不超过 0.001g。等到吸力稳定后量测排水量，由此算出试样的含水率，就得到了一个吸力对应的体积含水率。整个试验历时约 4 个月，均在后勤工程学院地下工程实验室完成，室内温度采用空调进行调节，保持在 22℃，无需考虑温度对排水的影响。每隔 12h 对压力室底部螺旋槽进行冲洗处理，以防止螺旋槽内停留气泡。

图 10.75 重塑红黏土试样照片

表 10.39 是不同干密度的试样在各级吸力下的质量含水率，据此可以算出试样在不同吸力下的饱和度与体积含水率。图 10.76 是重塑红黏土的持水特性曲线，图 10.76（a）是饱和度-吸力型持水特性曲线，图 10.76（b）是体积含水率-吸力型持水特性曲线。从表 10.39 和图 10.76 可见，干密度对红黏土的持水特性影响非常明显，干密度较小的试样在较小吸力作用下饱和度迅速降低。吸力从 5kPa 增加到 600kPa，干密度为 1.28g/cm³ 的试样含水率减少了 15.19%，而干密度为 1.63g/cm³ 的试样含水率仅仅减少了 1.06%。换言之，干密度低的土样的持水性能比干密度高的土样差，这是由于干密度低的试样中存在着较多的大孔隙通道，进气值低，其中的水分容易排出；干密度大的试样孔隙半径小，进气值高，试样的干密度从 1.28g/cm³ 增加到 1.63g/cm³，相应的进气值从 5kPa 提高到 40kPa 左右。

文献［71］使用 Van Genuchten 的持水特性模型［式（10.10）］对试样数据进行拟合，此处不再赘述。

应当指出，尽管试验的最高吸力只做到 600kPa，但已能满足工程应用的需要，而不必做更高吸力的持水特性试验，这将在第 10.11 节讨论。

重塑红黏土的持水特性试验数据　　　　　　　　　　　　表 10.39

吸力 (kPa)	试样干密度 (g/cm³)								
	1.28	1.36	1.40	1.45	1.50	1.53	1.56	1.60	1.63
	各级吸力下的质量含水率（%）								
5	39.70	35.60	33.51	31.09	28.79	27.49	26.25	24.75	23.48
10	37.36	34.42	32.71	30.63	28.58	27.33	26.14	24.73	23.47
20	31.76	30.78	30.26	28.57	27.87	27.09	26.00	24.60	23.44
30	27.63	26.92	27.46	26.53	27.06	26.8	25.82	24.56	23.43
50	26.7	25.67	26.15	25.13	25.56	26.08	25.50	24.45	23.36
100	25.91	24.83	25.33	24.36	24.50	25.05	24.81	24.23	23.18
200	25.31	24.22	24.75	23.78	23.86	24.44	24.03	23.75	22.92
400	24.7	23.65	24.21	23.32	23.38	23.95	23.59	23.21	22.60
600	24.51	23.41	23.96	23.06	23.12	23.77	23.29	22.93	22.42

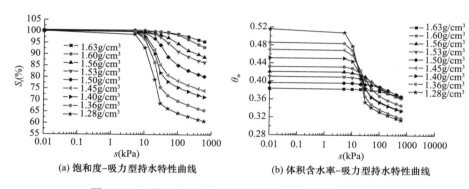

(a) 饱和度–吸力型持水特性曲线　　　(b) 体积含水率–吸力型持水特性曲线

图 10.76　重塑红黏土（腾陇公路填土）的持水特性曲线

10.11　对持水特性研究的若干意见

持水特性是非饱和土力学的一个基本课题，受到学术界的广泛关注。笔者认为以下两个方面值得注意。

10.11.1　持水特性的力学定位和作用

在第 10.1 节指出，持水特性曲线表现出的各种特点，都具有本构关系的特征。事实上，非饱和土是固液气三相介质，其本构关系包含多方面的内容[1,4]。除土骨架的应力-应变关系和强度条件外，气液两相的运动方程（渗透规律）、气体状态方程及土中水量的变化规律都是必不可少的本构关系。文献［6，7］指出："从现代土力学观点来看，持水特性是非饱和土的本构关系之一。因此，用研究本构关系的观点、理论和方法探索持水特性可提升该领域的研究水平"。式（10.12）就是根据岩土力学的公理化理论体系[4]，通过理论分析[11,12]得出的持水特性一般表达式，其中的应变张量可通过其 3 个不变量体现。受应力-应变关系和强度准则研究的启示，用应力张量取代式（10.12）中的应变张量更符合岩土力学研究的惯例，亦更方便应用。对非饱和土而言，应力张量包括两个方面，即净总应力张量和吸力张量，本章第 10.3 节和第 10.4 节的内容就是这一思路的具体体现。文献［72—76］用边界面模型和内变量构建的描述干湿循环引起的滞后效应和滞回圈的数学模型也是把持水特性当作本构关系进行研究的结果。

顾名思义，持水特性曲线的作用就是描述土中水分与应力张量之间相互依赖的本构关系，是非饱和土的本构关系之一，它不能代替土的其他本构关系，如应力-应变关系、强度准则、渗水规律和渗气规律、气体状态方程、气体在水中溶解的亨利定律等。Fredlund 学派对传统持水特性曲线赋予更多的功能，用其估算土的强度[77]、变形和渗水系数，这是不合适的。事实上，"土的变形、强度和渗流特性是很复杂的，他们的方法过于简化，所得结果难有代表性"[78]。以非饱和土的强度为例，文献[76]给出了如下表达式：

$$\tau_{\mathrm{f}} = c' + (\sigma - u_{\mathrm{a}})\tan\varphi' + \tan\varphi' \int_0^\psi \left[\frac{S_{\mathrm{r}} - S_{\mathrm{res}}}{1 - S_{\mathrm{res}}}\right]\mathrm{d}(u_{\mathrm{a}} - u_{\mathrm{w}}) \qquad (10.80)$$

式中，S_{res} 是残余饱和度。如果把被积函数用 Fredlund-Xing 持水特性模型[即式（10-11）]代入，则该式形式极其复杂，难以得出积分的具体结果；此外，采用不同的持水特性模型得到的抗剪强度包线相差甚远（图 10.77）。

众所周知，抗剪强度公式中的所有状态变量（包括正应力、剪应力和孔隙水压力）都是土在破坏时的数值，而不是初始值或试验过程中任意时刻的数值。在不排水剪切过程中，有的土发生剪缩孔隙水压力上升（在排水剪切过程中排水量增加），有的土则发生剪胀孔隙水压力减小甚至出现负值（在排水剪切过程中出现吸水）。传统持水特性曲线试验时试样不受外力，仅考虑吸力的作用，在吸力增加的脱湿过程中试样的水分一直减少，在吸力减小的增湿过程中试样的水分一直增加，与试样剪切破坏时应力状态及水分变化情况相差甚远，几乎没有可比性，因而用其预测非饱和土的强度不可能得出合理的结果。

顺便指出，随着非饱和土固结仪、直剪仪和三轴仪的普及，测定非饱和土的变形参数、强度参数和水量变化特性已变得比较容易[18,31]，例如，用同一组控制吸力和净围压的三轴排水剪切试验就可以确定非饱和土的非线性模型参数、强度参数和水量变化规律[18]（此处所说的水量变化规律实质上就是考虑应力状态和应力路径的广义持水特性曲线），而不必借助传统的持水特性曲线，具体试验方法可参考本书第 2 篇有关章节（特别是第 9 章）。

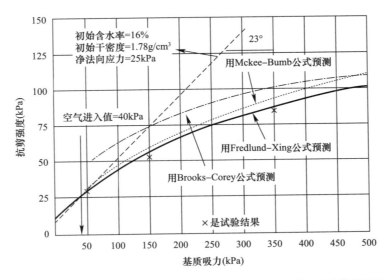

图 10.77 不同持水特性模型预估的抗剪强度包线和重塑冰碛土试验结果的比较[76]

10.11.2 确定持水特性曲线的实用方法与合理吸力范围

从第 10.2 节到第 10.10 节可知，不同类土的持水特性曲线形态是相当复杂的，表 10.1 中所列的任意一个公式的都不可能适用于所有土。如同没有万能的本构模型一样，不可能有描述各种土在不同条件下的持水特性模型。近年来在持水特性研究方面的一个倾向是，用很窄的低吸力范围（0～1000kPa，甚至低于 300kPa）的试验资料去套用表 10.1 中所列公式以描述全吸力范围（0～10^6kPa）的持水特性。其缺点有二：一是不分青红皂白套用现成公式，实属削足适履，生搬硬套，不宜提倡，文献［64］发现，"数据对应的吸力范围有限时，由于试验点无法代表完整的土水特征曲线形状，拟合结果与实测值在局部存在较大误差。"二是依据少量试验资料进行外推，其结果不是唯一的[79]，是不可靠的，特别是外推得到的残余含水率有时严重失真，不能使用。例如，文献［77］用 Fredlund-Xing 持水特性模型［即式（10.11）］对重塑冰碛土的持水特性试验资料拟合得出的残余饱和度竟高达 65%，失去了该参数的本意。事实上，图 10.78 的曲线不存在反弯点，强行用式（10.11）进行拟合就是死搬硬套。因此，目前获得持水特性曲线的最可靠的方法仍然是试验。

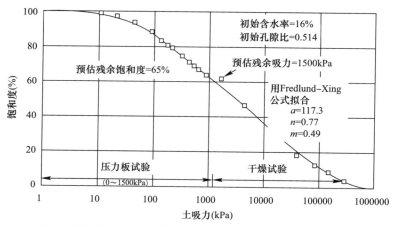

图 10.78　用 Fredlund-Xing 模型拟合重塑冰碛土的持水特性试验结果[77]

完整的土-水特征曲线的吸力范围为 0～10^6kPa，但并非整个吸力范围内的吸力对土的力学性状都有明显影响。众所周知，正常固结饱和土达到临界状态时的 v-$\ln p'$ 关系和 q-p' 关系具有唯一性，即二者分别满足如下关系式：

$$v = \Gamma - \lambda \ln p' \tag{10.81}$$
$$q = Mp' \tag{10.82}$$

式中，$v = 1 + e$ 为土的比容；Γ 和 λ 为土性参数，分别表示式（10.81）描述的直线的截距和斜率；M 为式（10.82）描述的临界状态线的斜率；p' 和 q 分别为饱和土在临界状态时的有效平均应力和偏应力。Toll[80] 应用净平均应力和吸力描述非饱和土的应力状态，将式（10.81）和式（10.82）分别推广为：

$$v = \Gamma_{aw} - \lambda_a \ln p - \lambda_w \ln(u_a - u_w) \tag{10.83}$$
$$q = M_a p + M_w(u_a - u_w) \tag{10.84}$$

式中，Γ_{aw}、λ_a、λ_w、M_a、M_w 都是与饱和度有关的土性参数。λ_a 和 M_a 分别代表净平均应力对变形和强度的贡献，λ_w 和 M_w 则分别代表基质吸力对变形和强度的贡献。Toll 做了 23 个击实非饱和土试样的试验（控制气压力，量测水压力，不排水剪切）与 6 个饱和土试样的不排水剪切试验，在剪切过程中含水率不变而饱和度变化，通过二元线性回归技术得到该 4 个参数的变化规律是（图 10.79）：M_w 随饱和度降低而减小，当饱和度低于 55% 以后，吸力对强度不再有任何影响，这意味着土中水只存在于土团粒内细小孔隙中，而对发生在颗粒或团粒接触处的剪切毫无作用；M_a 则随饱和度的降低而增大，说明净平均应力在低饱和度时对强度的贡献增加；在高饱和度时，M_a 和 M_w 都逼近于饱和土的临界应力比 M，式（10.84）最终退化为式（10.82）。λ_a 和 λ_w 的变化规律（图 10.80）与 M_a 和 M_w 相似。无独有偶，陈正汉[81] 在研究非饱和土的有效应

力参数 χ 的变化规律时发现，在饱和度低于 70% 时 χ 值很小，即高吸力对变形的影响不大（表 10.40）。

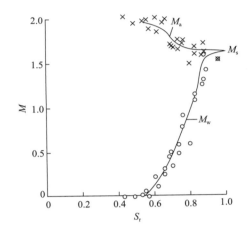

图 10.79 M_a 和 M_w 随饱和度的变化

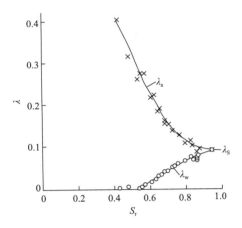

图 10.80 λ_a 和 λ_w 随饱和度的变化

不同干密度的土样的有效应力参数[81]　　　　　　　　　　　　表 10.40

饱和度（%）			0.70	0.75	0.80	0.85	0.90	0.95	0.98	1.00
干密度 (g/cm³)	1.56	有效应力参数	0.10	0.15	0.21	0.32	0.46	0.68	0.86	1.00
	1.70		0.13	0.18	0.26	0.36	0.51	0.71	0.87	1.00

近年来有的研究者对各类土都在不遗余力地测定或预测完整的持水曲线。事实上，除了作为高放废物地质库缓冲材料的膨润土等在工作环境下吸力可高达数百兆帕外，工程中经常遇到的填土、黄土、膨胀土、红黏土等在工作环境下的吸力不超过 1500kPa，而对土的变形和强度影响比较显著的吸力范围就更窄。表 10.41～表 10.49 是黄土主要分布地区——兰州、陕西、山西、宁夏、河南等 5 省市的多个黄土场地通过挖探井采取原状土样实测的含水率[82-87]，其中表 10.47～表 10.49 是郑州—西安客运专线沿各地黄土的物性指标。这些表中的含水率代表了不同地貌（阶地、高边坡、丘陵沟壑、平原等）和不同生成年代黄土（Q_4、Q_3、Q_2）的天然湿度状态。从地域上看，甘肃和宁夏的黄土含水率较低，而陕西、山西和河南的黄土含水率较高。总的看来，黄土地基中含水率变化范围多为 10%～27%，相应的饱和度变化范围为 20%～85%；高边坡临空面（表 10.46）和高阶地上层的黄土含水率较低，在 10% 左右，相应的饱和度变化范围为 15%～30%。

渭北张桥黄土地基（表 10.42）、汾阳机场跑道黄土地基（表 10.44）和郑州—西安客运专线郑州—洛阳西 10km 段黄土路基（表 10.47）等 3 个场地的最低含水率分别是 12.1%、11.3% 和 12.7%，与表 10.19 给出的西安曲江原状 Q_3 黄土试验的最低含水率为 13% 很接近，后者在含水率为 13% 时的基质吸力等于 449kPa，由此推断上述 3 个场地黄土的基质吸力在 500kPa 左右。宝鸡第二发电厂黄土地基（表 10.43）和郑州—西安客运专线西安火车站附近黄土地基（表 10.47）的最低含水率为 20.2% 和 18.3%，结合表 10.19 可知该 2 个场地黄土的基质吸力约为 100kPa。

从图 10.23 知，宁夏扶贫扬黄工程 11 号泵站场地黄土的体积含水率为 6.9%（相应的质量含水率为 5.3%）时的基质吸力是 800kPa。兰州钢厂黄土地基（表 10.41）、宁夏扶贫扬黄工程 11 号泵站（表 10.45）、兰州理工大学后山黄土高陡边坡的临空面附近（表 10.46）和郑州—西安客运专线 3 个区段黄土路基（表 10.48）的最低含水率分别为 9.0%、7.5%、6.1% 和 5.6%，均大于 5.3%，由此推断该 4 个场地黄土的最大基质吸力约为 800kPa。事实上，图 10.25(a) 所示的兰州理工大学原状 Q_3 黄土在含水率为 5% 时对应的基质吸力为 1000kPa。

综上可知，黄土在工作环境下的吸力上限为 1000kPa 左右。另一方面，从表 10.18 可知，西安曲江原状 Q₃ 黄土的缩限含水率是 14.13%，由缩限的定义可知，当含水率小于缩限含水率之后，水分变化亦即吸力变化就不再引起土的体积变形。换言之，做黄土持水特性试验的合理吸力范围为 0～1000kPa。

兰州钢厂黄土地基不同深度土层的物性指标 表 10.41

探井编号	湿度指标	取土深度（m）										
		1.3	2.3	3.3	4.3	5.3	6.3	7.3	8.3	9.3	10.3	11.3
1	含水率（%）	9.0	10.0	11.0	13.0	12.0	16.0	16.0	19.0	20.0	21.0	26.0
	饱和度（%）	20.0	24.0	31.0	34.0	32.0	43.0	44.0	51.0	54.0	74.0	83.0
	干密度（g/cm³）	1.23	1.29	1.39	1.30	1.32	1.34	1.36	1.33	1.36	1.37	1.46
2	含水率（%）	8.0	10.0	13.0	11.0	12.0	14.0	16.0	17.0	17.0	22.0	31.0
	饱和度（%）	20.0	23.0	32.0	29.0	31.0	35.0	43.0	47.0	48.0	60.0	90.0
	干密度（g/cm³）	1.28	1.29	1.30	1.32	1.32	1.31	1.33	1.37	1.38	1.38	1.40
3	含水率（%）	10.0	11.0	13.0	15.0	14.0	16.0	15.0	20.0	18.0	23.0	26.0
	饱和度（%）	27.0	30.0	34.0	38.0	36.0	38.0	40.0	53.0	48.0	57.0	79.0
	干密度（g/cm³）	1.34	1.34	1.35	1.33	1.32	1.29	1.36	1.34	1.34	1.31	1.45

注：引自文献 [82] 表 1。

渭北张桥黄土地基不同深度土层的物性指标 表 10.42

探井编号	湿度指标	取土深度（m）										
		1.5	2.5	3.5	4.5	5.5	6.5	7.5	8.5	9.5	10.5	11.4
13	含水率（%）	12.6	12.1	14.9	14.3	13.5	14.6	13.0	15.1	17.0	15.5	—
	饱和度（%）	34.9	29.7	33.2	32.9	32.3	30.3	29.8	38.0	58.8	53.8	—
	干密度（g/cm³）	1.37	1.29	1.22	1.24	1.27	1.17	1.24	1.30	1.51	1.52	—
14	含水率（%）	14.9	14.2	13.2	13.4	13.3	13.9	14.9	17.7	17.4	17.2	17.4
	饱和度（%）	39.0	33.0	31.0	31.0	31.0	31.0	37.0	45.0	48.0	51.0	54.0
	干密度（g/cm³）	1.33	1.26	1.25	1.26	1.24	1.22	1.30	1.32	1.36	1.42	1.46

注：综合文献 [83] 的表 7 和表 12。

宝鸡第二发电厂黄土地基不同深度土层的物性指标 表 10.43

深度（m）	2.2	3.2	4.2	5.2	6.2	7.2	8.2	9.2	10.2	11.2	12.2	13.2	14.2	15.2	16.2	17.2	18.2	19.2
含水率（%）	24.2	21.0	22.0	24.5	27.5	24.1	22.4	21.1	20.6	23.5	25.5	23.0	21.1	22.4	21.0	22.6	23.2	20.2
饱和度（%）	60.4	68.4	76.5	76.8	83.3	71.7	58.9	53.0	51.5	61.5	60.5	67.1	70.2	65.9	65.2	65.4	64.1	73.3
干密度（g/cm³）	1.30	1.45	1.49	1.45	1.43	1.42	1.33	1.30	1.30	1.33	1.36	1.41	1.41	1.42	1.42	1.40	1.37	1.55

注：引自文献 [84] 表 1。

汾阳机场跑道黄土地基不同深度土层的物性指标 表 10.44

探井编号	取土深度（m）	含水率（%）	饱和度（%）	干密度（g/cm³）	土类
1	2.0	13.1	41.0	1.45	原状 Q₃ 黄土
	5.0	18.5	49.6	1.31	
	6.0	19.5	50.5	1.32	
	7.0	13.3	34.5	1.32	
	8.0	15.8	38.3	1.28	
	10.0	11.3	30.8	1.36	

续表 10.44

探井编号	取土深度（m）	含水率（%）	饱和度（%）	干密度（g/cm³）	土类
5	1.5	25.6	92.4	1.55	填土
	4.0	18.3	92.5	1.85	
	7.0	14.6	48.1	1.48	原状 Q₃ 黄土
	8.0	13.6	33.0	1.29	
	9.0	13.5	38.4	1.38	
	10.0	14.7	37.9	1.32	
8	3.0、4.0、5.0	15.2、19.1、16.0	51.0、76.8、84.8	1.70、1.61、1.78	填土
	7.0、8.0	18.6、16.8	62.4、54.7	1.49、1.47	原状 Q₃ 黄土
12	2.5～9.0	12.2～22.8	57.4～92.9	1.57～1.72	填土

注：文献 [85] 表2。

宁夏扶贫扬黄工程 11 号泵站黄土地基不同深度土层的物性指标　　　表 10.45

土层深度（m）	0～7.5	7.5～18.0	18.0～40.0
含水率（%）	9.3～20.9	7.5～18.0	8.8～19.0
饱和度（%）	23.3～57.0	17.5～35.0	25.2～56.0
干密度（g/cm³）	1.1～1.41	1.28～1.45	1.29～1.58

注：文献 [86] 表2.1。

兰州理工大学后山黄土高陡边坡的临空面附近不同深度土层的物性指标　　　表 10.46

土层深度（m）	1.5	3.0	4.5	6.0	7.5	9.0	10.5	12.0	13.5	15.0
含水率（%）	6.6	6.1	8.3	8.3	9.0	8.5	8.1	8.4	7.8	9.4
饱和度（%）	15.1	14.5	15.9	21.0	22.5	21.2	20.0	21.9	20.3	24.5
干密度（g/cm³）	1.24	1.27	1.27	1.31	1.30	1.30	1.29	1.33	1.33	1.33

注：文献 [35] 表2.2。

郑州—西安客运专线郑州—洛阳西 10km 段黄土路基的物性指标　　　表 10.47

序号	1	2	3	4	5	6	7	8	9	10	11
取土地点	洛阳	洛阳	K627+000	K621+950	邙山塬脚下	河南炼油厂	渑池	新安	郑州	郑州	洛阳
类别	新近堆积黄土	湿陷性黄土	—	—	Q₄ 坡积黄土	黄土	一级阶地黄土	一级阶地黄土	一级阶地黄土	二级阶地黄土	二级阶地黄土
含水率（%）	18～24	18～20	16.7	12.7	17.6	17.2	24.9	23.0	22.0	19.0	19.6
干密度（g/cm³）	1.44	1.42	1.60	1.50	1.36	1.53	1.46	1.52	1.55	1.38	1.43

注：文献 [87] 表1。

郑州—西安客运专线 3 个区段黄土路基的物性指标　　　表 10.48

区段	张茅—华阴段	华阴—西安段	交口—故县段
土类	Q₃、Q₂、多级阶地	Q₄、Q₃、Q₂、多级阶地	Q₃、Q₂
试验点（处）	44	22	26
含水率（%）	5.6～25.4	9.3～26.7	10～22.6
干密度（g/cm³）	1.23～1.77	1.20～1.53	1.18～1.63
备注	低于10%共4处	低于10% 共1处	均不低于10%

注：综合文献 [87] 表2、表3和表5。

郑州—西安客运专线西安火车站附近探井中不同深度黄土的物性指标　　　表 10.49

土层深度（m）	1	2	3	4	6	8	10
含水率（%）	18.3	22.4	21.5	21.0	25.8	21.8	26.7
干密度（g/cm³）	1.34	1.27	1.33	1.48	1.38	1.52	1.48

注：文献 [87] 表6。

膨胀土和红黏土的含水率普遍较高。大多数关于膨胀土和红黏土的文献只有取样地点而没有取样深度，文献［88］的表 3-5 和表 3-6 汇总了国内外 17 项水利工程场地膨胀土物性指标，其中含水率分布范围为 19%～33%；该文在其第 2 章第 1 节还指出，南水北调中线工程陶岔渠首层间滑动带的 41 组土样含水率平均值为 38%。表 10.50～表 10.56 是文献［89—93］采用探井或探坑或钻孔取原状土样测定的鄂桂豫陕川滇等地膨胀土和红黏土的含水率等物性指标，地貌包括渠道滑坡、铁路堑坡、平坝、三级阶地和高速公路路基。由表 10.50～表 10.52 可见，即便是浅表层的膨胀土和红黏土，其含水率也比较高，均超过 20%；除个别地点外，饱和度均超过 80%。表 10.51 和表 10.52 所示红黏土的含水率的最低值为 24.4%，比第 10.10 节表 10.39 所列红黏土在 600kPa 吸力作用下的最低含水率 22.42% 高出约 2%；表 10.59 所示云南九石阿公路红黏土[71] 的含水率均高于 31%。换言之，对红黏土，没有必要做吸力高于 600kPa 以上的持水特性试验。多地铁路路堑边坡坡顶处膨胀土的含水率均高于 20%（表 10.54）。虽然邕江三级阶地膨胀土边坡（表 10.55）的第 4 层和第 8 层土的含水率在 17% 左右，但全部土层的饱和度都大于 83%（表 10.55），其基质吸力不会高。还应当指出，工程上对于表层土和浅层土，都要予以挖除、处理或防护（包括植被），而不会直接使用或让其裸露，因而土体中的含水率一般不会低于表 10.50～表 10.56 所列数值。

颚北引丹五干渠何段家左岸滑坡膨胀土土层特征与物性指标　　表 10.50

自上而下的土层颜色	厚度（m）	构造特征与软硬状态	含水率（%）	干密度（g/cm³）
黑黄色	0～0.5	坡顶，裂隙发育，含铁锰结核，可塑—硬塑	22.8	1.59
黄灰色	0.6～2.0	二级到三级平台，夹大量灰白色黏土团块，可塑	27.9	1.46
网纹状	2.1～5.6	二级平台以下，网纹状裂隙十分发育，充填随机分布的灰白色黏土条带，竖直向剥落明显，可塑—硬塑	29.8	1.41
棕黄色	2.7～3.1	三级平台附近，含大量钙质结核与铁锰结核，可塑	28.1	1.41
黄褐色	1.1～3.5	二级平台以下，裂隙发育，呈蜡状光泽，可塑—硬塑	31.1	1.36
棕红色	>3.0	一级平台以下，裂隙发育，蜡状光泽，硬塑	30.6	1.42

注：综合文献［89］表 3 和表 4。

广西贵县红黏土-膨胀土物性指标　　表 10.51

取土深度（m）	含水率（%）	饱和度（%）	干密度（g/cm³）	备注
2.00～2.20	24.4	88	1.57	从上到下分 3 层：（1）黄红色和棕黄色红黏土，坚硬或硬塑状态，网纹状构造，裂隙发育，土体被裂隙分割成各种块状，含铁质氧化物呈结核状或薄膜状分布；（2）黄棕色黏土（黄色为主），坚硬或硬塑状态；（3）褐黑色与黄褐色黏土夹大小不一的白云岩碎块，含水率偏高
4.30～4.50	30.2	94	1.47	
7.00～7.20	30.8	98	1.46	
8.00～8.20	47.1	97	1.18	
9.00～9.25	39.2	95	1.29	
10.40～10.60	43.1	97	1.24	
10.70～10.95	—	96	—	

注：引自文献［90］表 3.9。

广西贵县红黏土物性指标　　表 10.52

土样编号	取样地点	取土深度（m）	含水率（%）	干密度（g/cm³）	孔隙比	饱和度（%）
5	仓库试验房	0.05～0.15	32.7	1.39	1.02	89.76
6	仓库试验房	0.50～0.70	26.5	1.49	0.97	76.49
1	公路电杆附近	0.30～0.50	39.7	1.27	1.15	93.90
2	公路电杆附近	0.60～0.80	43.2	1.25	1.19	99.47
7	68 团宿舍	0.20～0.40	25.8	1.50	0.80	87.08
8	68 团宿舍	0.50～0.70	26.7	1.45	0.88	82.83

注：引自文献［90］表 3.12。

从南阳膨胀土（原状和重塑）的持水曲线（图 10.30）可知，南阳原状膨胀土的含水率在 23％时的基质吸力为 1000kPa（图 10.30a），南阳重塑膨胀土的含水率高于 18％时的基质吸力不超过 500kPa（图 10.30b）。表 10.22 给出的荆门重塑膨胀土（5 个干密度）的 SWCC 试验结果表明，当含水率在 20％左右时，不同干密度的重塑膨胀土的基质吸力不超过 1200kPa。图 10.39 是用滤纸法测定的荆门重塑膨胀土（6 个干密度、14 个初始含水率）的吸力，在含水率为 20％ 左右时各干密度对应的基质吸力均在 1500kPa 左右（表 10.57）。由此推断，膨胀土的基质吸力通常不会超过 1500kPa。换言之，做膨胀土持水特性试验的合理吸力范围为 0～1500kPa，而没有必要花费很长的时间去测定全吸力范围的完整持水特性曲线。

表 10.58 是文献 [88] 汇总的国内 10 个地区膨胀土的收缩特性指标，其中 8 个地区的缩限大于 9％。仅从变形角度考虑，膨胀土持水特性试验的吸力上限应是缩限对应的吸力。事实上，实际土体中的含水率远远高于缩限，故没有必要把持水特性试验的含水率做到缩限。

关于本节内容更为详细的讨论，可参阅文献 [94]。

河南平顶山市郊膨胀土物性指标 表 10.53

取土地点	平顶山电厂	吴寨	郑营	郑营	东羊石	杨庄	西八里
取土深度（m）	6.0	1.0	1.0	1.0	3.0	1.5	0.5
含水率（％）	25.5	26.5	25.7	26.1	26.2	27.3	29.3
天然密度（g/cm³）	1.91	1.83	1.87	1.87	1.85	1.93	1.91
干密度（g/cm³）	1.52	1.47	1.49	1.48	1.47	1.52	1.48
饱和度（％）	87.78	81.22	83.73	84.43	82.61	85.98	95.46

注：引自文献 [90] 表 3.36。

几处铁路边坡膨胀土特征与物性指标 表 10.54

取样地点	取样位置	构造特征与软硬状态	含水率（％）	干密度（g/cm³）
安康路堑边坡	距离坡顶 1～2m，取样深度 2.5m	棕红色，裂隙发育，含铁锰结核	22.45	1.66
陕西西乡县路堑边坡		棕红色，夹灰绿色黏土条带，呈虫状分布的灰白色，裂隙发育，有的裂隙面光滑并有擦痕，易风化成粒状，含铁锰结核	22.43	1.63
陕西勉县西路堑边坡		棕红色，致密，裂隙发育，易风化成粒状，含铁锰结核	22.39	1.65
成都狮子山路堑边坡		边坡上部为黄色黏土层，土质均匀致密；裂隙发育，裂隙面上有灰红色黏土充填；边坡下部为红色黏土层，裂隙面延伸较长，其间填充灰白色黏土，呈可塑至硬塑状态	20.55	1.64
雅雀岭路堑边坡		灰白色，裂隙发育，较松散，含铁锰结核	31.71	1.37
云南蒙自自然边坡		灰白色，土质均匀，有滑腻感，可塑	48.59	1.18

注：引自文献 [91] 表 1。

南宁市郊邕江三级阶地膨胀土边坡土层特征与物性指标 表 10.55

土层序号	深度（m）	构造特征与软硬状态	含水率（％）	饱和度（％）	干密度（g/cm³）
1	0～0.2	表土，含草根和有机质	—	—	
2	0.2～1.3	黏土，夹少量粉质，含少量铁锰，红黄花斑状，可塑	19.3	83	1.50
3	1.3～2.3	黏土，黄灰色为主，含分散铁锰质，裂隙发育，可塑	23.1	95.2	1.65
4	2.3～2.7	黄灰色粉质黏土，硬塑	17.6	80.0	1.69
5	2.7～3.2	黄灰色黏土，硬塑	20.6	92.9	1.71

续表 10.55

土层序号	深度（m）	构造特征与软硬状态	含水率（%）	饱和度（%）	干密度（g/cm³）
6	3.2～3.4	粉质黏土，夹煤线，硬塑	—	—	—
7	3.4～4.8	黄灰色黏土，夹厚 0.1m 煤层，硬塑	18.0～23.7	96.4～99.0	1.65～1.84
8	4.8～5.9	灰绿色黏土，裂隙发育，裂面光滑，坚硬	16.9	99.0	1.87
9	5.9～6.5	粉质黏土，粉土	—	—	—

注：引自文献 [92] 表 1。

南宁-友谊关公路宁明段（南宁到明江）黏土的物性指标　　表 10.56

编号	取样地点	取样深度（m）	土名	含水率（%）	干密度（g/cm³）	孔隙比	饱和度（%）
4042	K139＋297.8 右孔	1.5～1.8	棕黄色残积黏土	35.34	1.39	0.99	98.88
4043	K139＋297.8 右孔	3.5～3.8	斑纹状残积黏土	31.38	1.49	0.86	100.00
4044	K139＋297.8 右孔	9.9～10.2	深灰色风化黏土页岩	19.92	1.80	0.53	100.00
4045	K139＋297.8 左孔	—	灰褐色风化残积页岩	18.15	1.81	0.52	95.64
4046	K138＋601.3 右孔	6.0～6.3	深灰—棕黄色残积黏土	29.19	1.50	0.85	95.13
4047	K138＋601.3 左孔	1.5～1.65	灰黄色残积黏土	32.05	1.45	0.91	97.56

注：引自文献 [93] 表 2。

不同干密度的荆门重塑膨胀土在含水率为 20% 左右时的基质吸力　　表 10.57

试样压实度（%）	70	75	80	85	90	95
试样干密度（g/cm³）	1.30	1.40	1.49	1.58	1.67	1.77
含水率（%）	21.12	21.09	21.59	20.85	19.79	—
基质吸力（kPa）	1058	1523	1423	1336	1484	—

注：引自文献 [48]。

我国部分地区膨胀土的收缩特性指标　　表 10.58

地区	初始含水率（%）	干密度（g/cm³）	缩限（%）	线缩率（%）	体缩率（%）	收缩系数（%）
河南信阳	23.8	1.58	11.4	5.7	19.3	0.36
安徽合肥	24.5	1.53	12.0	5.3	18.5	0.32
湖北荆门	25.6	1.58	14.0	5.0	15.9	0.51
广西上思	27.5	1.59	7.5	6.5	23.5	0.32
四川简阳	16.5	1.74	14.0	8.4	4.0	0.44
贵州贵阳	32.7	1.42	21.7	4.8	20.0	0.29
云南蒙自	20.0	1.64	9.4	4.1	24.2	0.34
河北邯郸	20.3	1.78	11.8	4.4	14.5	0.48
河南鲁山	29.3	1.67	9.1	3.2	4.9	0.13
河南平顶山	27.8	1.66	8.6	6.4	22.7	0.24

注：引自文献 [88] 表 2-7。

云南九石阿公路红黏土的物性指标　　表 10.59

编号	取土深度（m）	天然密度（g/cm³）	含水率（%）	饱和度（%）	土粒相对密度	塑性指数
ZK1-1	2.6～2.8	1.91	31	97	2.74	29
ZK5-1	1.7～1.9	1.82	37	97	2.68	20
ZK5-2	3.3～3.5	1.78	33	88	2.69	18
ZK1-2	5.1～5.3	1.66	56	98	2.72	44
ZK1-3	9.1～9.3	1.78	46	100	2.71	35
ZK2-1	6.0～6.2	1.67	47	92	2.71	22

编号	取土深度（m）	天然密度（g/cm³）	含水率（%）	饱和度（%）	土粒相对密度	塑性指数
ZK2-2	8.5～8.7	1.67	47	93	2.69	26
ZK2-3	9.8～10.0	1.64	51	93	2.68	21
ZK4-1	5.0～5.2	1.94	32	100	2.72	26
ZK5-3	7.3～7.5	1.92	30	98	2.69	18
ZK6-1	10.6～10.8	1.81	45	100	2.71	34

注：引自文献［71］的附件3。

10. 12　本章小结

（1）从现代土力学观点来看，持水特性是非饱和土的本构关系之一。用研究本构关系的观点、理论和方法探索持水特性可提升该领域的研究水平。持水特性曲线的作用就是描述土中水分与应力张量之间相互依赖的本构关系，是非饱和土的本构关系之一，它不能代替土的其他本构关系，如应力-应变关系、强度准则、渗水规律和渗气规律、气体状态方程、气体在水中溶解的亨利定律等。Fredlund学派对传统持水特性曲线赋予更多的功能，用其估算土的强度、变形和渗水系数，这是不合适的。

（2）持水特性曲线有狭义和广义之分，前者指土的体积含水率/质量含水率/饱和度与吸力之间的关系，后者指土的体积含水率/质量含水率/饱和度与吸力及密度/净平均应力-偏应力之间的关系；分别给出了狭义持水特性曲线和广义持水特性曲线的多种经验公式；分析了不同广义持水特性公式的精度，指出在一般情况下可以不考虑不同应力状态变量之间的交叉效应对持水特性的影响。

（3）不同类土、不同地区的土其持水特性曲线的形态差异很大，用现有文献中的任一经验公都难以描述；如同没有万能的本构模型一样，不可能有描述各种土在不同条件下的持水特性模型；用试验方法确定具体对象的持水特性曲线才是有效的可靠途径。

（4）用压力板仪和三轴仪得到的多地原状黄土（陕西铜川、西安曲江、宁夏固原、兰州理工大学、兰州和平镇）的持水特性曲线表明，黄土含水率的敏感变化区对应的基质吸力范围为0～400kPa；而文献［31］用压力板仪测定的黄土含水率敏感变化区对应的基质吸力范围为0～1000kPa。

（5）膨胀土的持水特性曲线应考虑试验过程中试样体积变化的影响，中国学者已提出了多种修正方法；膨胀土含水率敏感变化区对应的基质吸力范围为0～1500kPa。

（6）控制干密度和含水率的膨胀土的持水特性曲线（不发生体积变化），该方法仅需测试吸力，试样不发生干缩或湿胀，也不必区分增湿过程与脱湿过程；对低吸力可用张力计量测，对高吸力可用滤纸或热传导探头量测；当有多台套设备时，可大大缩短试验总历时，提高工作效率。完成一种土样的完整持水特性试验只需10d左右。显然，该法可用于测定膨胀土的SWCC。

（7）膨润土的吸力从数兆帕到数百兆帕，可利用饱和盐溶液上方气体湿度控制其总吸力。

（8）以吸附热力学为基础构建的考虑温度影响的持水特性公式（10.60），仅包含1个参数，只要知道了参考温度（譬如20℃）下的持水特性曲线，就可以用该式得到任一温度下的持水特性曲线，应用方便；该式已得到国内外许多试验资料验证。

（9）用5种方法［压力板仪、高量程张力计、盐溶液蒸汽平衡法、滤纸法、冷镜露点技术（Decogon公司生产的露点水势仪WP4C）］测定盐渍土的持水特性曲线结果表明：

① 当总吸力小于10MPa时，滤纸法和蒸气平衡法结果较为一致，而WP4C测得的总吸力偏大；总吸力大于10MPa时，试验方法对测得的吸力值几乎没有影响。

② 达到平衡的历时差别很大，蒸气平衡法最慢，耗时一至数月不等，滤纸法的静置时间为14d；WP4C测吸力仅用时15～30min，但其测试结果的误差很大，最高可达77%，说明该技术

239

并不成熟；高量程张力计能在 2～3h 与试样达到吸力平衡，而并非像文献中所说的 IC 张力计的吸力平衡历时只要 5min，且其饱和工作复杂，需要很高的压力，故至今难以推广。

③ 在吸力小于 30kPa 时，张力计和滤纸法的结果均偏大，且二者的离散性较大，特别是滤纸法的离散性更大，故不宜用滤纸法测 1000kPa 以下基质吸力。

④ 用范德华公式［第 1 章式（1.3）和（1.4）］计算盐渍土的渗透吸力，理论计算值低于试验值，其原因有待进一步研究。

（10）针对伊犁黄土易溶盐含量较高，随着体积含水率的变化和易溶盐溶解、析出，土样内溶液浓度发生较大变化的实际情况，提出了能够描述含盐量和含水率耦合变化情况下伊犁黄土的土水特征的修正 Gardner 模型［式（10.79）］。

（11）近年来有的研究者对各类土都在不遗余力地测定或预测完整的持水曲线。事实上，除了作为高放废物地质库缓冲材料的膨润土等在工作环境下吸力可高达数百兆帕外，工程中经常遇到的填土、黄土、膨胀土、红黏土等在工作环境下的吸力不超过 1500kPa，而对土的变形和强度影响比较显著的吸力范围就更窄。大量现场土样的含水率表明：做黄土持水特性试验的合理吸力范围为 0～1000kPa，做膨胀土持水特性试验的合理吸力范围为 0～1500kPa，没有必要花费很长的时间去测定全吸力范围的完整持水特性曲线。

参考文献

[1]　FREDLUND D G, RAHARDJO. Soil Mechanics for Unsaturated Soils [M]. New York: John Wiley and Sons Inc., 1993.（中译本：非饱和土土力学 [M]. 陈仲颐，张在明等译. 北京：中国建筑工业出版社，1997）

[2]　贝尔 J. 多孔介质流体动力学 [M]. 李竞生，陈崇希译，孙讷正校. 北京：中国建筑工业出版社，1983.

[3]　雷志栋，杨诗秀，谢森传. 土壤水动力学 [M]. 北京：清华大学出版社，1988.

[4]　陈正汉. 岩土力学的公理化理论体系 [J]. 应用数学和力学，1994（10），中文版：901-910；英文版：953-964.

[5]　陈正汉，周海清，FREDLUND D G. 非饱和土的非线性模型及其应用 [J]. 岩土工程学报，1999，21（5）：603-608.

[6]　陈正汉. 非饱和土与特殊土力学的基本理论研究 [J]. 岩土工程学报，2014，36（2）：201-272.

[7]　陈正汉，郭楠. 非饱和土与特殊土力学及工程应用研究的新进展 [J]. 岩土力学，2019，40（1）：1-54.

[8]　BROOKS R H, COREY A J. Hydraulic Properties of Porous Media. Colorado State University (Fort Collins). Hydrology Paper, Nr. 3 March, 1964.

[9]　VAN GENUCHTEN M T. A closed-form equation for predicting the hydraulic conductivity of unsaturated soils [J]. Soil Sci. Soc. Am. J. 1980, 44 (5): 892-898.

[10]　FREDLUND D G, XING A. Equations for the soil-water characteristic curve [J]. Canadian Geotechnical Journal. 1994, 31 (4): 521-532.

[11]　陈正汉. 非饱和土固结的混合物理论：数学模型、试验研究、边值问题 [D]. 西安：陕西机械学院，1991.

[12]　陈正汉，谢定义，刘祖典. 非饱和土固结的混合物理（Ⅰ）[J]. 应用数学和力学，1993（2），中文版：127-137；英文版：137-150.

[13]　陈正汉，谢定义，王永胜. 非饱和水的土气运动规律及其工程性质的试验研究 [J]. 岩土工程学报，1993，15（3）：9-20.

[14]　张雪东，赵成刚，蔡国庆，等. 土体密实状态对土-水特征曲线影响规律研究 [J]. 岩土力学. 2010，31（5）：1463-1468.

[15]　BAO CHENGGANG, GONG BIWEI, ZHAN LIANTONG. Properties of unsaturated soils and slope stability of expansive soils [C] //Proceedings of 2nd International Conference on Unsaturated Soils. International Academic Publishers, 1998 (2): 71-98.

[16]　李志清，胡瑞林，王立朝，等. 非饱和膨胀土 SWCC 研究 [J]. 岩土力学，2006，27（5）：730-734.

[17] 王协群，邹维列，骆以道，等. 考虑压实度时的土水特征曲线和温度对吸力的影响 [J]. 岩土工程学报，2011，33 (3)：368-372.

[18] 陈正汉. 重塑非饱和黄土的变形、强度、屈服和水量变化特性 [J]. 岩土工程学报，1999，21 (1)：82-90.

[19] CHARLES W W NG，PANG Y W. Influence of stress states on soil-water characteristics and slope stability [J]. Journal of Geotechnical and Geoenvironmental Engineering，2000，126 (2)：157-166.

[20] 龚壁卫，吴宏伟，王斌. 应力状态对膨胀土 SWCC 的影响研究 [J]. 岩土力学，2004，25 (12)：1915-1918.

[21] NUTH M，LALOUI L. Advances in modeling hysteretic water retention curve in deformable soils [J]. Computers and Geotechnics，2008，35 (6)：835-844.

[22] MASIN D. Predicting the dependency of a degree of saturation on void ratio and suction using effective stressprinciple for unsaturated soils [J]. International Journal of Numerical and Analytical Methods Geomechanics，2010 (34)：73-90.

[23] UCHAIPICHAT A. Influence of hydraulic hysteresis on effective stress in unsaturated clay [J]. International Journal of Earth & Environmental Sciences，2010 (1)：20-24.

[24] 黄海，陈正汉，李刚. 非饱和土在 p-s 平面上的屈服轨迹及土-水性特征曲线的探讨 [J]. 岩土力学，2000，21 (4)：316-321.

[25] 张磊. 非饱和路基填土（含黏砂土）力学特性的试验研究 [D]. 重庆：后勤工程学院，2010.

[26] 苗强强. 非饱和含黏砂土的水气运动规律和力学特性研究 [D]. 重庆：后勤工程学院，2011.

[27] 方祥位，陈正汉，孙树国，等. 剪切对非饱和土土水特征曲线影响的研究 [J]. 岩土力学，2004，25 (9)：1451-1454.

[28] 姚志华. 大厚度自重湿陷性黄土的水气运移和力学特性及地基湿陷变形规律研究 [D]. 重庆：后勤工程学院，2012.

[29] 章峻豪，陈正汉. 南水北调中线工程安阳段渠坡换填土广义土-水特征曲线的试验研究 [J]. 岩石力学与工程学报，2013，32 (S2)：3987-3994.

[30] LI JING. Strength characteristics of unsaturated Palouse loess [D]. University of Idaho，1989.

[31] 党进谦，李靖，王力. 非饱和黄土水分特征曲线的研究 [J]. 西北农业大学学报，1997，25 (3)：55-58.

[32] 陈正汉，扈胜霞，孙树国，等. 非饱和土固结仪和直剪仪的研制及应用 [J]. 岩土工程学报，2004，26 (2)：161-166.

[33] 陈存礼，褚峰，李雷雷，等. 侧限压缩条件下非饱和原状黄土的土水特征 [J]. 岩石力学与工程学报，2011，30 (3)：610-615.

[34] 孙树国，陈正汉，朱元青，等. 压力板仪配套及 SWCC 试验的若干问题探讨 [J]. 后勤工程学院学报，2006.，22 (4)：1-5.

[35] 朱元青. 基于细观结构变化的非饱和原状湿陷性黄土的本构模型研究 [D]. 重庆：后勤工程学院，2008.

[36] 李加贵. 侧向卸荷条件下考虑细观结构演化的非饱和原状 Q₃ 黄土的主动土压力研究 [D]. 重庆：后勤工程学院，2010.

[37] 刘艳华，龚壁卫，苏鸿. 非饱和土的土水特征曲线研究 [J]. 工程勘察，2002，(3)：8-11.

[38] MIAO LIN CHANG，FEI JING，SANDRA L. Houston. Soil-Water Characteristic Curve of Remolded Expansive Soils [C] //Proceedings of the Fourth International Conference on Unsaturated Soils. ASCE，2006：997-1004.

[39] ZHAN L T，CHEN P，NG C W W. Effect of suction change on water content and total volume of an expansive clay [J]. Journal of Zhejiang University-Science A，2007，8 (5)：699-706.

[40] KARUBE D，KAWAI K. The role of pore water in the mechanical behavior of unsaturated soils [J]. Geotechnical and Geological Engineering，2001，19 (3/4)：211-241.

[41] KAWAI K，KARUBE D，KATO S. The model of water retention curve considering effect of void ratio [C] //RAHARDJO H，TOLL D G，LEONG E C，Rotterdam In Unsaturated Soil for Asia：Proceedings

of the Asian Conference on Unsaturated Soils，UNSAT-ASIA 2000，Singapore. Balkema the Netherlands，2000：329-334.

[42]　MBONIMPA M，AUBERTIN M，MAQSOUD A，et al. Predictive model for the water retention curve of deformable clayey soils [J]. Journal of geotechnical and geoenvironmental engineering，2006，132：1121.

[43]　PÉRON H，HUECKEL T，LALOUI L. An improved volume measurement for determining soil water retention curves [J]. Geotechnical Testing Journal. 2007，30 (1)：1.

[44]　SALAGER S S S，EL YOUSSOUFI M S E Y，SAIX C S C. Definition and experimental determination of a soil-water retention surface [J]. Canadian Geotechnical Journal. 2010，47 (6)：609-622.

[45]　周葆春，孔令伟. 考虑体积变化的非饱和膨胀土土水特征 [J]. 水利学报. 2011，42 (10)：1152-1160.

[46]　邹维列，张俊峰，王协群. 脱湿路径下重塑膨胀土的体变修正与土水特征 [J]. 岩土工程学报，2012，34 (12)：2213-2219.

[47]　BRONSWIJK J. Shrinkage geometry of a heavy clay soil at various stresses [J]. Soil Science Society of America Journal. 1990，54.

[48]　周葆春，张彦钧，冯冬冬，等. 非饱和压实膨胀土的吸力特征及其本构关系 [J]. 岩石力学与工程学报，2013，32 (2)：385-392.

[49]　ASTM. Standard test method for measurement of soil potential (suction) using filter paper：D 5298-03 [S]. 2003.

[50]　刘小文，常立君，胡小荣. 非饱和红土基质吸力与含水率及密度关系试验研究 [J]. 岩土力学，2009，30 (11)：3302-3306.

[51]　陈正汉，秦冰. 缓冲/回填材料的热-水-力耦合特性及其应用 [M]. 北京：科学出版社，2017.

[52]　秦冰，陈正汉，孙发鑫，等. 高吸力下持水曲线的温度效应及其吸附热力学模型 [J]. 岩土工程学报，2012，34 (10)：1877-1886.

[53]　秦冰. 非饱和膨润土的工程特性与热-水-力多场耦合模型研究 [D]. 重庆：后勤工程学院，2014.

[54]　DEAN J A. Lange's handbook of chemistry [M] //15th edition. New York：McGraw-Hill，1999.

[55]　LANGE N A. Handbook of chemistry [M] //10th edition. New York：McGraw-Hill，1961.

[56]　TANG A M，CUI Y J. Controlling suction by the vapour equilibrium technique at different temperatures and its application in determining the water retention properties of MX80 clay [J]. Canadian Geotechnical Journal，2005，42：287-296.

[57]　JACINTO A C，VILLAR M V，GÓMEZ-ESPINA R，et al. Adaptation of the van Genuchten expression to the effects of temperature and density for compacted bentonites [J]. Applied Clay Science，2009 (42)：575-582.

[58]　LLORET A，ROMERO E，VILLAR M V. FEBEX II Project：Final report on thermo-hydro-mechanical laboratory tests [R]. Madrid：Publicación Técnica ENRESA，2004.

[59]　VAN GENUCHTEN，M T. A closed-form equation for predicting the hydraulic conductivity of unsaturated soils [J]. Soil Science Society of America Journal，1980 (44)：892-898.

[60]　孙发鑫. 膨润土-砂混合缓冲/回填材料的力学特性和持水特性研究 [D]. 重庆：后勤工程学院，2013.

[61]　李华昌，符斌. 实用化学手册 [M]. 北京：化学工业出版社，2007.

[62]　孙德安，张谨绎，宋国森. 氯盐渍土土-水特征曲线的试验研究 [J]. 岩土力学，2013，34 (4)：955-960.

[63]　LEONG E C，HE L，RAHARDJO H. Factors affecting the filter paper method for total and matric suction measurements [J]. Geotechnical Testing Journal，2002，25 (3)：1-12.

[64]　张悦，叶为民，王琼. 含盐遗址土的吸力测定及土水特征曲线拟合 [J]. 岩土工程学报，2019，41 (9)：1661-1669.

[65]　张爱军，王毓国，邢义川，等. 伊犁黄土总吸力和基质吸力土水特征曲线拟合模型 [J]. 岩土工程学报，2019，41 (6)：1040-1049.

[66]　ASTM. Standard Test Method for Measurement of Soil Potential (suction) Using Filter Paper：D 5298-10

[S]. Annual Book of ASTM Standards，ASTM International，West Conshohocken，PA，2010.

[67] 孟庆珍，胡鼎文，程泉寿，等. 无机化学 [M]. 北京：北京师范大学出版社，1988.

[68] 印永嘉. 大学化学手册 [M]. 青岛：山东科学技术出版社，1985.

[69] GARDNER W R. Some steady-state solutions of the unsaturated moisture flow equation with application to evaporation from a water table [J]. Soil Science，1958，85（4）：228-232.

[70] 中华人民共和国住房和城乡建设部. 湿陷性黄土地区建筑标准：GB 50025—2018 [S]. 北京：中国建筑工业出版社，2019.

[71] 后勤工程学院. 路基非饱和高液限填土的力学特性试验研究与路堤稳定性分析 [R]. 2012.

[72] LI X S. Modeling of hysteresis response for arbitrary wetting/drying paths [J]. Computers and Geotechnics，2005，32（2）：133-137.

[73] WEI C F，DEWOOLKAR M M. Formulation of capillary hysteresis with internal state variables [J]. Water Resources Research，2006，42（7），W07405，doi：10. 1029/2005WR004594.

[74] 刘艳，赵成刚. 土水特征曲线滞后模型的研究 [J]. 岩土工程学报，2008，30（3）：399-405.

[75] 徐炎兵，韦昌富，陈辉，等. 任意干湿路径下非饱和岩土介质的土水特征关系模型 [J]. 岩石力学与工程学报，2008，27（5）：1046-1052.

[76] CHEN P，WEI C F，MA T T. Analytical model of soil-water characteristics considering the effect of air entrapment [J]. International Journal of Geomechanics，2015，15（6）：04014102.

[77] FREDLUND D G，VANAPALLI S K，XING A，PUFAHL D E. Predicting the shear strength for unsaturated soils using the soil-water characteristic curve [C] //Proc. 1st International. Conference on Unsaturated Soils. Paris，1995：63-69.

[78] 陈正汉. 非饱和土与特殊土的工程特性和力学理论及其应用研究 [C] //中国土木工程学会. 第十届土力学及岩土工程学术会议论文集：上册. 重庆：重庆大学出版社，2007：172-194.

[79] 谭晓慧，余伟，沈梦芬，等. 土-水特征曲线的试验研究及曲线拟合 [J]. 岩土力学，2013，34（S2）：51-56.

[80] TOLL D G. A framework for unsaturated soil behavior [J]. Geotechnique，1990，（1）：31-44.

[81] 陈正汉，王永胜，谢定义. 非饱和土的有效应力探讨 [J]. 岩土工程学报，1994，16（3）：64-71.

[82] 甘肃省建工一局建筑科学研究所. 自重湿陷性黄土的试验研究：试坑浸水及载荷浸水试验报告 [R]. 1975.

[83] 陕西省煤矿设计院，陕西省建工局建筑研究所，西安冶金建筑学院建工系. 渭北张桥自重湿陷性黄土的试验研究 [R]. 1977.

[84] 陕西省建筑科学研究的设计院，西安华秦岩土工程科技开发公司. 宝鸡第二发电厂试坑浸水试验报告（罗宇生编写）[R]. 1993.

[85] 郑颖人，陈正汉，郑宏录. 某机场道面修复工程研究 [J]. 机场工程，1996（1）：1-12.

[86] 黄雪峰. 大厚度自重湿陷性黄土的湿陷变形特征、地基处理方法和桩基承载性状研究 [D]. 重庆：后勤工程学院，2007.

[87] 中铁西北科学研究院. 郑州至西安客运专线黄土物理力学指标汇总表 [R]. 2003.

[88] 刘特洪. 工程建设中的膨胀土问题 [M]. 北京：中国建筑工业出版社，1997.

[89] 湖北省水利学会膨胀土课题研究课题组. 鄂北岗地膨胀土特性及渠道滑坡防护与整治的研究报告 [R]. 1991.

[90] 李森林，秦素娟，薄遵昭，等. 中国膨胀土工程地质研究 [M]. 南京：江苏科学技术出版社，1992.

[91] 张颖钧. 裂土三向胀缩特性及其对边坡稳定性的影响 [C] //全国首届膨胀土科学研讨会论文集. 成都：西南交通大学出版社，1990：139-150.

[92] 黄绍铿，柯尊敬，范秋雁，等. 天然膨胀土边坡现场气象、吸力、含水率、土层变形综合观测 [C] //中国土木工程学会土力学及基础工程学会. 中加非饱和土学术研讨会文集. 1994：184-193.

[93] 黎新蓉，韦秉旭，廉向东. 膨胀土（岩）的工程特性对路堑边坡稳定性的影响 [C] //郑健龙，杨和平. 膨胀土处治理论、技术与实践：全国膨胀土学术研讨会文集. 北京：人民交通出版社，2004：162-167.

[94] 陈正汉，苗强强，郭楠. 关于持水特性曲线研究的几个问题 [J]. 岩土工程学报，2023 年待刊.

第11章 渗水和渗气特性

本章提要

非饱和土中的渗流包括渗水和渗气,详细论述了用常规方法和 γ 射线透射法测试水分运移参数的原理;阐明了描述土中气体运动的达西定律和菲克定律之间的关系;从理论上分析比较了两种计算渗气系数公式的异同;用多种方法分别研究了原状黄土和重塑黄土的渗水特性,原状黄土和重塑黄土、含黏砂土及膨润土的渗气特性;介绍了采取渗水试验用的大尺寸原状土试样的方法;用二维渗水模型试验研究揭示了路堤边坡在多种降雨强度和不同降雨历时的渗流场变化规律。

11.1 确定水分运动参数的原理

水在非饱和土中的渗流速度远远低于在饱和土中的量值,故仍可用达西定律描述,但渗水系数不是常数而是随含水率(或饱和度,或吸力)变化的函数。测定渗水系数的方法有稳态法(试验中的水头、吸力、流速均保持不变)和非稳态法(流速等随时间变化)。由于非饱和土的渗透系数很低,导致试验持续时间长,不易精确量测渗水体积;吸力增加时试样产生收缩有可能与陶土板脱离而让空气通过,空气还会在水中扩散引起量测水量的误差;特别是在高吸力下更为困难,故稳态法并不实用。瞬态剖面法是常用的非稳态法,在室内和现场均可使用。水平土柱渗水试验是最常用、最成熟的一种瞬态剖面法。

11.1.1 用水平土柱渗水试验确定水分运动参数的原理

下面推求水分运动参数的计算公式。文献 [1, 2] 应用混合物理论导出的非饱和土中水、气渗流规律为:

$$\left.\begin{array}{l} nS_r(X'_w - X'_s) = -\dfrac{K_w}{\rho_w g}\nabla u_w \\[2mm] n(1 - S_r)(X'_a - X'_s) = -\dfrac{K_a}{\rho_w g}\nabla u_a \end{array}\right\} \tag{11.1}$$

式中,X'_s、X'_w、X'_a 依次是土的固相速度、水的速度和气的速度;ρ_w 是水的密度(g/cm³),g 是重力加速度(9.8N/kg,或者 9.8m/s²);K_w 和 K_a 分别称为渗水系数和渗气系数,显然,它们都与土的密度及饱和度有关。式(11.1)左边分别是土中水、气渗流相对于土骨架的表现速度,故式(11.1)可称为土中水气渗流的广义达西定律。换言之,**传统达西定律的实质是水、气运动方程的简化形式,简化的条件包括 7 个方面(详见本书第 23 章第 23.3.3 节):水气各自连通;土的渗透性是各向同性的;渗透速度较小;忽略各相速度梯度的影响(否则要包含自旋张量);忽略水、气之间的阻力;忽略体力和惯性力;忽略土骨架的运动。式(11.1)的另一个特点是对水、气压力采用同一尺度($\rho_w g$)度量,便于比较水压力头和气压力头的大小,避免了因分别采用 $\rho_w g$ 和 $\rho_a g$ 度量水压力和气压力的混乱情况**(例如文献 [3])。

对式(11.1)的第一式进行变换,设孔隙气压力为常数,则有[1]

$$nS_r(X'_w - X'_s) = -\frac{K_w}{\rho_w g}\nabla u_w = -\frac{K_w}{\rho_w g}\nabla(-s)$$

$$= -\frac{K_w}{\rho_w g}\left(-\frac{ds}{d\theta_w}\right)\nabla\theta_w = -\frac{K_w}{\rho_w g}\left(-\frac{ds}{dw}\right)\nabla w = -\frac{K_w}{\rho_w g}\left(-\frac{ds}{dS_r}\right)\nabla S_r$$

$$= -\frac{K_w}{\rho_w g}\left(-\frac{ds}{d\theta_w}\frac{d\theta_w}{dw}\right)\nabla w = -\frac{K_w}{\rho_w g}\frac{\rho_d}{\rho_w}\left(-\frac{ds}{d\theta_w}\right)\nabla w \qquad (11.2)$$

$$= -\frac{K_w}{\rho_w g}\left(-\frac{ds}{dw}\frac{dw}{dS_r}\right)\nabla S_r = -\frac{K_w}{\rho_w g}\frac{e}{G_s}\left(-\frac{ds}{dw}\right)\nabla S_r$$

分别定义[1,4]

$$D(\theta_w) = K_w\left(-\frac{ds}{d\theta_w}\right) = K_w\frac{1}{C(\theta_w)} \qquad (11.3)$$

$$D(w) = K_w\left(-\frac{ds}{dw}\right) = K_w\frac{1}{C(w)} \qquad (11.4)$$

$$D(S_r) = K_w\left(-\frac{ds}{dS_r}\right) = K_w\frac{1}{C(S_r)} \qquad (11.5)$$

式中，$D(\theta_w)$、$D(w)$ 和 $D(S_r)$ 均称为**水分扩散度**，$C(\theta_w)$、$C(w)$ 和 $C(S_r)$ 均称为**比水容量**，它们分别是体积含水率、质量含水率和饱和度的函数。$C(\theta_w)$ 是 θ_w-s 型持水特性曲线的斜率，$C(w)$ 是 w-s 型持水特性曲线的斜率，$C(S_r)$ 是 S_r-s 型持水特性曲线的斜率，分别表示单位吸力引起的体积含水率、质量含水率和饱和度的变化。

由式（11.3）～式（11.5）可分别解出渗水系数，即

$$K_w = D(\theta_w)\cdot C(\theta_w) \qquad (11.6)$$

$$K_w = D(w)\cdot C(w) \qquad (11.7)$$

$$K_w = D(S_r)\cdot C(S_r) \qquad (11.8)$$

只要测定了相应形式的扩散度和持水特性曲线，即可用式（11.6）～式（11.8）计算渗水系数。

体积含水率 θ_w 与饱和度 S_r 及质量含水率 w 之间存在如下关系

$$\theta_w = nS_r = n\frac{G_s}{e}w = \frac{G_s}{1+e}w = \frac{\rho_d}{\rho_w}w \qquad (11.9)$$

式中，n 和 e 分别是土的孔隙率和孔隙比；G_s 是土颗粒的相对密度；ρ_d 为土样的干密度（g/cm³）。在渗透试验中，通常忽略土样的变形，孔隙率、孔隙比、土样的干密度和水的密度均可视为常数，利用式（11.9），可以导出不同扩散度之间的关系。

从式（11.2）等号右端第 3 行可知，

$$D(\theta_w) = nD(S_r) = \frac{G_s}{1+e}D(w) = \frac{\rho_d}{\rho_w}D(w) \qquad (11.10)$$

从式（11.2）等号右端第 4 行可知［或从式（11.10）中间一个等号两端得出］，

$$D(w) = \frac{e}{G_s}D(S_r) \qquad (11.11)$$

通常对式（11.6）～式（11.8）中各包含的 3 个参数要用两种试验方法和两个大小不同的土样测定，例如用水平土柱渗水试验测定扩散度 $D(\theta_w)$，用压力板或张力仪测定土-水特征曲线后确定比水容量 $C(\theta_w)$，再根据式（11.6）计算出渗水系数 $K_w(\theta_w)$。由试验资料获得扩散度和渗水参数的具体分析方法分别详见文献［3］和［5］，其中，在某一时段内通过某一断面的渗水量根据水量平衡法计算。

目前水分和吸力量测技术已经普及，故只需用同一个试样就可同时测得各点的含水率和吸

力。但因需要在试样上安装多个水分传感器和多个吸力探头，土样的尺寸必须足够大，通常长度为 1m，直径不小于 10cm。

用水平土柱入渗试验测定非饱和土的渗水特性，通常用马氏瓶作为供水源（图 3.4），马氏瓶既可控制水头，又可同时量测渗水量。压力-体积控制器具有同样的功能，即能够同时控制水压力（亦即水头）和量测供水量，而且量测精度很高（压力和体变的分辨率分别为 1kPa 和 1cm^3），因而可用压力-体积控制器取代马氏瓶。

11.1.2　用 γ 射线透射法测定含水率的原理

γ 射线穿过物质的过程中，射线与物质发生相互作用，主要有 3 种形式[6]：光电效应、康普顿效应和电子对效应。3 种效应的结果使 γ 射线的部分能量或者被物质的电子所吸收，或者散射后能量改变，或者偏离原来入射方向，导致 γ 射线强度衰减。γ 射线穿过物质前后的强度衰减服从如下的指数规律：

$$I = I_0 e^{-\mu \rho L} \tag{11.12}$$

式中，I_0 为入射前的 γ 射线强度；I 为 γ 射线穿过物质后的射线强度（脉冲数/单位时间）；μ 为被穿透物质的质量吸收系数（cm^2/g）；ρ 为被穿透物质的密度（g/cm^3）；L 为射线穿透物质的厚度。

γ 射线穿过非饱和土时，忽略气相对射线的吸收作用（即 $\mu_a \approx 0$），γ 射线的衰减可用下式描述：

$$I = I_0 e^{-(\mu_w \bar{\rho}_w + \mu_s \bar{\rho}_s)L} \tag{11.13}$$

式中，μ_w 为水对 γ 射线的质量吸收系数，μ_s 为固相颗粒对射线的质量吸收系数，二者均为常数；$\bar{\rho}_w$ 和 $\bar{\rho}_s$ 分别为土样中水和土颗粒的表观密度（按试样体积计算的平均密度）。

设在入渗过程中的 t_1 和 t_2 时刻，土样测点的固体颗粒和水的表观密度分别为 $\bar{\rho}_{s1}$ 和 $\bar{\rho}_{s2}$、$\bar{\rho}_{w1}$ 和 $\bar{\rho}_{w2}$，则穿过厚度为 L 的非饱和土时的射线强度分别为：

$$I_1 = I_0 e^{-(\mu_w \bar{\rho}_{w1} + \mu_s \bar{\rho}_{s1})L} \tag{11.14}$$

$$I_2 = I_0 e^{-(\mu_w \bar{\rho}_{w2} + \mu_s \bar{\rho}_{s2})L} \tag{11.15}$$

由式（11.14）和式（11.15）可得：

$$\frac{I_2}{I_1} = e^{-\mu_w (\bar{\rho}_{w2} - \bar{\rho}_{w1})L - \mu_s (\bar{\rho}_{s2} - \bar{\rho}_{s1})L} \tag{11.16}$$

式中，$(\bar{\rho}_{w2} - \bar{\rho}_{w1})$ 为入渗过程中试样测点水的表观密度增量；而 $(\bar{\rho}_{s2} - \bar{\rho}_{s1})$ 为入渗过程中测点颗粒的表观密度增量。由于 $\bar{\rho}_{s1}$ 和 $\bar{\rho}_{s2}$ 均是土样的干密度，在入渗过程中保持不变，而水的表观密度是变化的，则由式（11.16）可得：

$$\frac{I_2}{I_1} = e^{-\mu_w (\bar{\rho}_{w2} - \bar{\rho}_{w1})L} \tag{11.17}$$

$(\bar{\rho}_{w2} - \bar{\rho}_{w1})$ 为单位体积水分的质量增量 $\Delta \bar{\rho}_w$，其值等于体积含水率的增量（$\Delta \theta_w$）与水的真实密度（单位体积纯水的密度 ρ_w）的乘积，即：

$$\Delta \bar{\rho}_w = (\theta_{w2} - \theta_{w1}) \rho_w \tag{11.18}$$

式中，θ_{w1} 和 θ_{w2} 分别是入渗过程中的 t_1 和 t_2 时刻土样测点的体积含水率。

另一方面，从式（11.17）解出 $\Delta \bar{\rho}_w$，得：

$$\Delta \bar{\rho}_w = \frac{1}{\mu_w L} \ln \frac{I_1}{I_2} \tag{11.19}$$

结合式（11.18）和式（11.19）则有：

$$\Delta\theta_{\mathrm{w}} = \frac{1}{\rho_{\mathrm{w}}\mu_{\mathrm{w}}L}\ln\frac{I_1}{I_2} \tag{11.20}$$

把式（11.9）代入式（11.20）可得：

$$\Delta S_{\mathrm{r}} = \frac{1}{n}\frac{1}{\rho_{\mathrm{w}}\mu_{\mathrm{w}}L}\ln\frac{I_1}{I_2} \tag{11.21}$$

$$\Delta w = \frac{1}{\rho_{\mathrm{d}}\mu_{\mathrm{w}}L}\ln\frac{I_1}{I_2} \tag{11.22}$$

式（11.20）～式（11.23）就是用 γ 射线透射法测定土中含水率变化的基本计算公式。

11.2 重塑黄土的渗水特性

11.2.1 试验方法简介

陈正汉等[1,4]（1991）用水平土柱入渗试验研究了重塑黄土的渗水特性，并改进了文献［7］整理试验资料的方法。试验用土取自西安市黑河大坝金盆土场，属于粉质黏土，土的物性指标和颗粒组成见表 11.1。取样方法为：在场地开挖探井，探井直径 1m、深 3m，在探井侧壁上自井口到井底刻画两条相距 30cm 的竖直线，挖取两竖直线之间厚度 30cm 的土料，自探井取出后倒在塑料布上，揉碎和匀，测天然含水率，装袋运回实验室。在制备试样前，风干过 2mm 筛备用。

试验用黄土的物理性质指标和颗粒组成　　表 11.1

相对密度	天然含水率（%）	塑限（%）	液限（%）	塑性指数（%）	颗粒组成（%）		
					>0.05mm	0.05~0.005mm	<0.005mm
2.73	21.5	17.6	30.9	13.3	12	58	30

试验装置为王文焰等研制的测定非饱和土水分运动参数的设备[7]（图 3.5），其中含水率用 γ 射线透射法量测。该设备的主要部件有土筒、供水系统和同位素测土的含水率的系统，各部件简介如下[1,4]。

（1）土筒，是一长 100cm、内径 9cm 的有机玻璃筒，兼做制样模筒。土筒两端有法兰盘。土样长 85cm，在其断面上铺放一层海绵垫，并用支架固定；土筒空余 15cm 作为水室。

（2）马氏筒供水系统，是一内径 4.8cm、附有刻度的有机玻璃筒，其下端和土筒的水室相连。

（3）同位素量测土样含水率系统，该系统将装有放射源的铅罐和接收器（F5-367 型通用闪烁式探头）置于同一跑车上，跑车可在具有轨道的试验台上沿水平方向移动，并有标尺指示出测量点水平坐标；探头接收穿透试样后的放射强度可由 FH-408 型定标器读出。

（4）量测试样吸力的装置，用 CYG 压力传感器量测吸力，读数由电压表显示。

考虑到有机玻璃土筒的强度较小，试样的干密度控制为 1.30g/cm³、1.40g/cm³、1.45g/cm³、1.50g/cm³、1.55g/cm³。在土筒周边刻有环形线，试样按 2.5cm 一层的厚度分层击实。试样的初始含水率均为 10.5%。

试验的具体步骤如下。

① 制备试样，安放试样，用水泵给马氏筒充水；

② 打开定标器，记录没有放置放射源时的自然放射强度 I_{e}，5 个试验测得的自然放射强度 I_{e} 的平均值为 1356；

③ 把装有放射源的铅罐放在跑车上，沿土柱用放射源逐点（测点距为 2cm）测量 γ 射线穿透土体的强度 I_0^j，j 为测点编号；同时测定空水室处的强度 I_0^f；

④ 打开马氏筒放水阀，随着入渗锋面的推移，每隔一段时间沿土柱逐点测记一次穿透强度

I_t^i，同时测记水室在充满水后的穿透强度 I_t^f，分别记录入渗时间 t_1、t_2……t_n 及马氏筒的水位，由此算出渗水量 q_1、q_2……q_n；

⑤ 当湿润锋快要到达土筒末端前，将马氏容器供水阀关闭，停止供水，并放空水室；

⑥ 从土筒中按分段取土测定含水率。

制备另一试样，重复上述步骤，直到完成全部试验。

11.2.2　试验结果分析

根据土筒水室处的实测数据，水室在充水前全是空气，忽略气相对射线的吸收作用（$\mu_a \approx 0$），水室的体积含水率为 0；充满水后，水室的体积含水率为 1，水室的体积含水率增量为 1；以式（11.20）为基础，扣除自然放射强度 I_e 的影响，水对 γ 射线的质量吸收率可由下式可计算，即

$$\mu_w = \frac{1}{d_0 \rho_w} \ln\left(\frac{I_0^f - I_e}{I_t^f - I_e}\right) \tag{11.23}$$

式中，μ_w 为水对 γ 射线的质量吸收率（cm^2/g）；d_0 为土筒的内径（9cm）。

由 5 个渗透试验数据计算得到的 μ_f 数值列于表 11.2，前 3 位小数的数值完全相同，说明量测系统是可靠的。5 个试验的 μ_f 平均值为 $0.07541 cm^2/g$。

以式（11.20）为基础，扣除自然放射强度 I_e 的影响，不同入渗时刻测点的含水率增量由下式计算，即

$$w_j = \frac{1}{\rho_d \mu_w d_0} \ln\left(\frac{I_0^j - I_e}{I_t^j - I_e}\right) \tag{11.24}$$

式中，w_j 为第 j 测点在入渗过程中 t 时刻含水率的增量。

利用式（11.24）算得的土样各测点在不同时刻的含水率分布绘于图 11.1。

水对 γ 射线的吸收系数　　　　　　　　　　　　　表 11.2

试验编号	1	2	3	4	5	吸收系数平均值
土样干密度（g/cm^3）	1.30	1.40	1.45	1.50	1.55	
μ_w（cm^2/g）	0.07523	0.07565	0.07542	0.07562	0.07512	0.07541

水分扩散度可按下式计算，即：

$$D(w_i) = -\frac{1}{2}\frac{\Delta(x_i t^{-1/2})}{\Delta w_i}\sum_{\theta_0}^{\theta}(x_i t^{-1/2})\Delta w_i = -\frac{1}{2t}\left(\frac{\overline{\Delta x_i}}{\Delta w_i}\right)\sum_{w_0}^{w}\overline{x}_i \Delta w_i \tag{11.25}$$

式中，$D(w_i)$ 为土样第 i 点处的扩散率（cm^2/min）；x_i 为入渗距离（cm），即第 i 测点到入渗端面的距离；t 为入渗时间（min）；Δx_i 和 Δw_i 分别是两相邻测点间的距离及含水率差；$\left(\dfrac{\overline{\Delta x_i}}{\Delta w_i}\right)$ 是 $\dfrac{\Delta x_i}{\Delta w_i}$ 的平均值，$\overline{x}_i$ 是两相邻测点到入渗端面的距离平均值。

把同一土样在不同时刻的扩散度与饱和度绘在同一图中，其结果如图 11.2 所示。该图中的曲线相当于对同一土样做了若干次重复试验的平均结果，因而更具代表性。图 11.2 所示的试验资料的整理方法是对文献 [7] 中所介绍的方法的改进。文献 [7] 对每一量测时刻用一条曲线拟合，再取各拟合函数的参数的平均值作为代表试样的结果。这样做工作量大，且缺乏直观性。

把扩散度与饱和度的关系绘在半对数坐标上，5 个试验结果都表现为两段折线（图 11.3a），转折点大致都在饱和度等于 60% 处。显然，饱和度与密度对扩散度都有重大影响。图中的直线可统一表达为

$$\lg D = c S_r - d \tag{11.26}$$

式中，c 和 d 分别是图 11.3（a）中分段直线的斜率和截距，二者都与土的干密度有关。

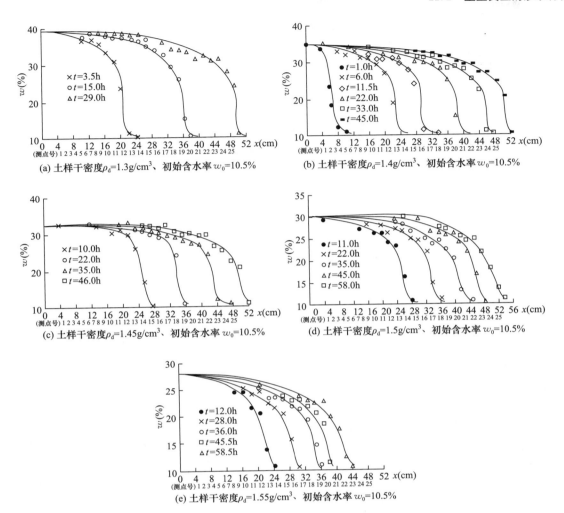

图 11.1　在不同入渗历时土样中的含水率分布

由图 11.3（b）可知，c 和 d 均与试样的干密度呈线性关系，其表达式为：

当 $S_r \leqslant 60\%$ 时，

$$c = 8.3000 - 15.2381n$$
$$d = 8.5700 - 13.8333n \tag{11.27}$$

当 $S_r \geqslant 60\%$ 时，

$$c = 6.4333 - 6.6667n$$
$$d = 8.2737 - 10.5263n \tag{11.28}$$

从式（11.26）解出扩散度，即：

$$D = 10^{cS_r - d} \tag{11.29}$$

应当注意，式（11.26）和式（11.29）中的扩散度是由式（11.25）计算得到的 $D(w)$，应按公式（11.11）换算成 $D(S_r)$。

黑河水库金盆土场重塑黄土的持水特性曲线的表达式见第 10.5 节式（10.13），即：

$$S_r = a_0 - b_0 \lg \frac{s}{p_{atm}}$$

把式（10.13）两端对吸力求导得 $C(S_r)$，即：

$$C(S_r) = -\frac{dS_r}{ds} = 0.4343 b_0 / (s/p_{atm}) = 0.4343 \frac{b_0}{s} p_{atm} \tag{11.30}$$

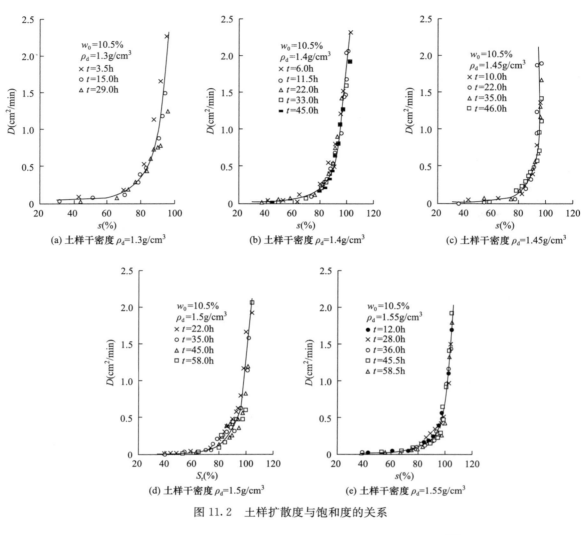

图 11.2　土样扩散度与饱和度的关系

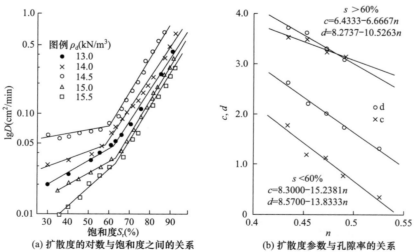

图 11.3　扩散度与土性指标的关系

从式（10.13）解出 s，得：

$$s = p_{\text{atm}} 10^{\frac{a_0 - S_r}{b_0}}$$

(11.31)

把式（11.11）、式（11.29）～式（11.31）代入式（11.8），即得计算渗水系数的具体表达式[1]：

$$K_{w} = 0.4343 \frac{e}{G_{s}} b_{0} \times 10^{[(\frac{1}{b_0}+c)S_{r}-(\frac{a_0}{b_0}+d)]}$$ (11.32)

应当注意，从第 10.5 节知，式（11.32）在饱和度小于 80% 时才适用。用式（11.32）算出的渗水系数示于图 11.4，该图中还给出了用式（11.32）推算的土样干密度为 1.7g/cm^3 的渗水系数（参数 c 和 d 与孔隙率即干密度有关）。从图 11.4 可见，土样的饱和度越低，干密度越大，其渗水系数越小。

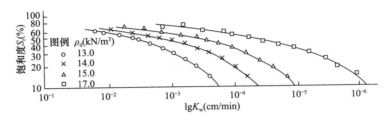

图 11.4 不同干密度的重塑黄土的渗水系数与饱和度的关系

11.3 原状 Q₃ 黄土的渗水特性

姚志华等[8,9]（2012）研究了原状 Q₃ 黄土的渗水特性。土样取自兰州市和平镇，取土深度 2～3m。土样的天然干密度和天然含水率分别为 1.28g/cm^3 和 6.2%，相应的体积含水率为 7.92%；土粒相对密度为 2.71，土样的液限和塑限分别为 28.7% 和 17.6%。

为了取得符合水平土柱渗透试验要求的大尺寸原状土样，专门设计加工了一套采取大尺寸原状土样的装置（图 11.5）。该装置包括钢架和土筒两部分，土筒为有机玻璃筒，外径 200mm、内径 186mm，筒长 1m。钢架高度为 40cm，由 4 条腿支撑；在两根水平架杆之间焊接 5 个内径 20cm 的半圆形钢环，用以支撑土筒；水平架杆穿插于套管中；水平架杆可以在套管中自由滑动。土筒前端头加工成刃口状，起类似环刀的作用，刃口磨损后可以打磨。

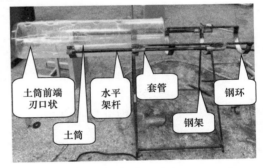

图 11.5 采取大尺寸原状土样装置照片

在现场采取土样时（图 11.6），先开挖出工作面，安放取样装置，把土筒的刃口端对准土体，边开挖、边削土、边挤进；有机玻璃筒向前滑动，水平架杆与有机玻璃筒齐头并进，支撑杆的最大伸长量为 70cm。为加快推进速度，取水平土样时，可用千斤顶从土筒后端加压；取竖直土样时，可用橡皮锤在土筒后端敲击。

用亚克力板分别加工 1 个圆盖和 1 个挡板，圆盖留孔作为进水端；挡板上分布许多小孔，作为渗水通道。土样装好之后，土样前端平铺 1cm 厚砂层作为过渡层，并将挡板压在砂层上，将其固定；再将圆盖用 AB 胶粘于有机玻璃筒上（图 11.7）。待渗水试验结束时，可将前端亚克力圆盖敲掉，有机玻璃筒可重复利用。

供水装置采用有机玻璃管加工的马氏瓶，玻璃管内部用一细玻璃管控制水头（图 11.7），试验水头控制为 100mm。马氏瓶高 2000mm，内径 107.7mm，外径 112.7mm。

应用该装置，采取原状竖直土样和水平土样各两个，进行平行试验。为了比较原状黄土与重塑黄土的渗水特性，同时制备了 5 个重塑黄土试样，干密度分别为 $1.25g/cm^3$、$1.35g/cm^3$、$1.45g/cm^3$、$1.55g/cm^3$、$1.65g/cm^3$。重塑试样所用的黄土均取自原状黄土取样位置，含水率和干密度与原状试样相同。

(a) 采取原状水平土样　　　　(b) 采取原状竖直土样

图 11.6　用原状黄土取样装置在现场采取大尺寸土样

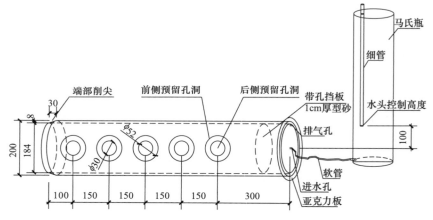

图 11.7　水平土柱入渗试验装置示意图

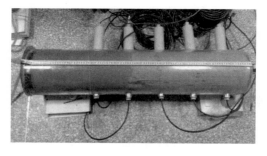

图 11.8　入渗试验过程照片

试验采用国产 TDR-3 型水分计（图 2.11a），其量测体积含水率精度在 $0\sim50\%$ 范围内为 $\pm2\%$。吸力测量选用美国造的 Fredlund 热传导吸力探头，测试精度为 5%。试验前对水分计和吸力探头进行标定。每个试样安装 5 个水分计和 5 个热传导吸力探头（图 11.8），可得到 5 个断面的持水特性曲线与入渗不同时刻的含水率。

由于 TDR 水分传感器标定值对应的是体积含水率，故须先用式（11.10）把式（11.25）从 $D(w)$ 转成换成 $D(\theta_w)$ 的形式，再通过计算得到竖直试样和水平试样的扩散率 $D(\theta_w)$。分别取竖直方向和水平方向两个平行试验扩散率的平均值，其与饱和度 S_r 之间关系曲线（半对数坐标）如图 11.9 所示。在整个试验范围内，竖直试样的扩散度大于水平试样的扩散率，反映原状黄土的渗透性是各向异性的；在饱和度低于 60% 时，竖直试样与水平试样的扩散率相差较大，而饱和度高于 60% 时，两者扩散率相差较小。类似于图 11.3，以饱和度 60% 左右为分界点，竖直与水平试样的扩散率可近似为两条折线。

图 11.10 是重塑黄土的扩散率与饱和度的关系。干密度越小，扩散率越大。以饱和度 65% 左右为分界点，扩散率可近似为两段折线。

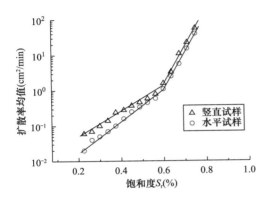
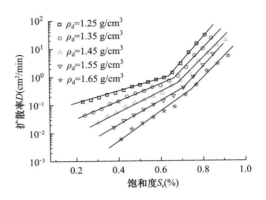

图 11.9　原状竖直和水平试样
的扩散率与饱和度的关系

图 11.10　重塑黄土的扩散率
与饱和度的关系

兰州和平镇原状 Q₃ 黄土与重塑黄土的持水特性曲线示于图 10.27 和图 10.28，两图中的曲线形态相似。对原状 Q₃ 黄土，在饱和度 0.2~0.8 之间用 VG 模型（式（10.10））进行拟合，即

$$\theta_w = \theta_r + \frac{\theta_s - \theta_r}{[1 + (\alpha s)^n]^m} \tag{11.33}$$

式中，s 为基质吸力；θ_r 为残余体积含水率；θ_s 为饱和体积含水率；α、m 和 n 为试验参数，其中 $m = 1 - 1/n$。利用最小二乘法，取原状 Q₃ 黄土的残余体积含水率和饱和体积含水率分别为 0.05 和 0.5，拟合得到的 4 个试验的相应模型参数 α 和 n 分别为 0.037 和 2.03；0.056 和 1.81；0.035 和 1.92；0.045 和 1.97，4 个试验的参数相差不大，因此可取其平均值作为原状 Q₃ 黄土土-水特征曲线 VG 模型参数值，α 和 n 分别取为 0.043 和 1.93。

利用式（11.9）可将式（11.33）转换成饱和度与吸力的关系。进而根据式（11.8）就可算出原状 Q₃ 黄土渗水系数（图 11.11）。类似地可得重塑黄土的渗水系数（图 11.12）。图 11.11 与图 11.9 相似，在饱和度低于 60% 时，竖直土样的渗水系数大于水平土样的相应值；当饱和度大于 60% 时，二者的差距很小。图 11.12 与图 11.10 相似，干密度对重塑非饱和 Q₃ 黄土的渗水系数影响较大，干密度越小，渗透系数越大。

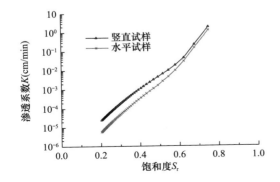
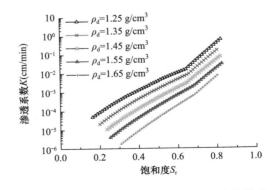

图 11.11　原状 Q₃ 黄土的渗水系数与饱和度的关系

图 11.12　重塑黄土的渗水系数与饱和度的关系

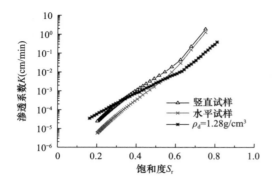

图 11.13　非饱和原状 Q_3 黄土与其干密度
相同的重塑黄土的渗水系数比较

图 11.13 是原状 Q_3 黄土与其干密度相同的重塑黄土的渗水系数比较。在饱和度低于 35% 时，重塑土样的渗水系数高于原状土样（包括竖直方向的土样和水平方向的土样）；当饱和度在 35%～55% 时，重塑土样的渗水系数居于竖直原状土样和水平原状土样的渗水系数之间；而当饱和度大于 55% 时，重塑土样的渗水系数最小。造成上述差异的原因在于原状 Q_3 黄土的结构与重塑黄土不同。重塑黄土的结构比较均匀，孔隙大小相近。原状 Q_3 黄土中的孔隙尺寸相差悬殊，具有架空孔隙和肉眼可见的竖直大孔隙，因而竖向渗水系数高于水平方向的渗水系数。在入渗过程中，水先进入大孔隙，通过大孔隙流动；当饱和度较高时，水同时通过大小孔隙流动，因而差异逐渐减小。

顺便指出，苗强强[10]（2011）和张龙[11,12]（2016，2018）分别用水平土柱入渗试验研究了广佛高速的含黏砂土和延安新区重塑 Q_3 与 Q_2 黄土及杂填土的渗水特性，得到了类似的规律。

11.4　描述土中气体运动的达西定律和菲克定律之间的关系

对非饱和土中气相运动的描述，目前尚没有统一的认识[3,13,14]，既可用达西定律描述，也可用菲克定律描述。事实上，达西定律是菲克定律的特例，以菲克定律为基础可以导出达西定律。菲克定律的表达式为[3]：

$$J_a = \frac{\partial m_a}{\partial t} = -D_a \frac{\partial C}{\partial h} \tag{11.34}$$

式中，J_a 为单位时间内通过单位面积的气体质量流量；m_a 为气体质量；D_a 为气体质量扩散系数；C 是气体质量浓度，表示单位土体积中的气体质量；$\frac{\partial C}{\partial h}$ 为 h 方向上的质量浓度梯度。土中气体浓度的表达式为：

$$C = \frac{m_a}{V_a/(1-S_r)n} = \rho_a(1-S_r)n \tag{11.35}$$

式中，ρ_a 是空气的密度，与气体的绝对压力 p_a（$p_a = p_{atm} + u_a$）和温度（理想气体状态方程）有关。把式（11.35）代入式（11.34），视大气压为常数，可得：

$$J_a = \frac{\partial m_a}{\partial t} = -D_a \frac{\partial C}{\partial h} = -D_a \frac{\partial C}{\partial u_a} \frac{\partial u_a}{\partial h} = -D_a^* \frac{\partial u_a}{\partial h} \tag{11.36}$$

式中，$D_a^* = D_a \frac{\partial C}{\partial u_a}$，称为气体传导系数；$\frac{\partial u_a}{\partial h}$ 为气压梯度。

另一方面，气体质量流量在标准大气压（101.3kPa）下计量，即：

$$J_a = \frac{\partial m_a}{\partial t} = \rho_{a0} \frac{\partial V_a}{\partial t} = \rho_{a0} v_a \tag{11.37}$$

式中，ρ_{a0} 为标准大气压下的空气密度；v_a 为单位时间内的气体的体积流量（即速度）。把式（11.37）代入式（11.36），得：

$$v_a = -\frac{D_a^*}{\rho_{a0}} \frac{\partial u_a}{\partial h} \tag{11.38}$$

如把气压力用等效水压力头表示为：

$$u_\mathrm{a} = \rho_\mathrm{w} g H_\mathrm{a}^* \tag{11.39}$$

把式（11.39）代入式（11.38），有：

$$v_\mathrm{a} = -k_\mathrm{a} \frac{\partial H_\mathrm{a}^*}{\partial h} \tag{11.40}$$

式中，k_a 称为土的渗气系数，可表示为：

$$k_\mathrm{a} = \frac{\rho_\mathrm{w} g}{\rho_\mathrm{a0}} D_\mathrm{a}^* \tag{11.41}$$

式（11.40）即为气体渗流的达西定律，故达西定律可视为菲克定律的特例。

11.5　重塑黄土的渗气特性

文献［1，2］根据理论分析指出：在气相流速较小且不计液相运动对它的影响时，可用达西定律描述气相运动，但渗气系数与土的饱和度及密度有关，即式（11.1）的第 2 式。本节用大量重塑黄土的渗气试验对其进行验证，并揭示渗气系数的有关规律。

11.5.1　试验设备与试验方法简介

根据建筑材料科学中使用的渗气仪原理[15]，设计了一套非饱和土的渗气装置[1,4]，其构造如图 11.14 所示。主要部件包括：（1）土筒，兼作为试样成型模；（2）带可控阀门的水箱；（3）U 形压力计（对小压差用水柱，对大压差用水银柱）；（4）量筒和秒表。该装置用量测试验过程中的出水量代替流过试样的空气体积，从而提高了量测精度。其最大的优点是构造简单、操作方便。在本章第 11.10.2 节，用精密气体流量计量测气体的流量。

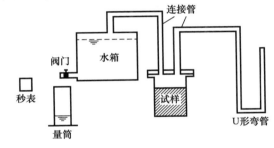

图 11.14　渗气装置原理示意图

试验用土取自西安黑河大坝金盆土场（粉质黏土），土的物性指标和颗粒组成见表 11.1。试样为高 8.2cm、横断面积 13.2cm² 的圆柱，是用千斤顶把配好水的土按设计干重度分五层压实成型的。每层的高度用套在压力活塞上的钢环高度控制。试验的控制干密度为 1.40g/cm³、1.50g/cm³、1.60g/cm³ 和 1.70g/cm³，每一干密度配制 6 个含水率（10%、12.6%、15.7%、17.2%、21.5% 和 24.8%）的试样，共计 24 个试样。压力梯度范围为 $i = 0 \sim 12.5$；每个试样在 $5 \sim 7$ 个气压梯度下进行渗气试验，共做了 150 多个渗气试验。

试验开始，开阀放水，并控制到适当的流量。水的流出使水箱上部的空气体积增大，从而在水箱上部、管道及试样上端出现负压。而试样的下端与大气相通，于是在试样两端形成压差。该压差由 U 形管的液面反映。经过一段时间后，经过试样进入水箱上部空气的体积流量与从水箱下部放出的水的流量达到了动态平衡，U 形管内的液面差就保持恒定。这时开始用量筒集水，同时开动秒表计时，经过若干时间便可收集到一定量的水。这样就完成了某个试样在一个压力梯度下的试验。通过改变阀门的开度，调节放水量，重复上面的量测过程，就可得出一组试验资料。

11.5.2　重塑非饱和黄土的渗气规律

在整理分析试验资料时，首先要把量测的水的体积按下式校正：

$$Q' = \frac{p_\mathrm{atm} - \overline{\Delta p}}{p_\mathrm{atm}} Q \tag{11.42}$$

式中，Q 是量测的水的体积（cm^3）；$\Delta\overline{p}$ 是 U 形压力计读数（即，水箱和土筒上部负压的绝对值，kPa）；Q' 是渗过试样的空气在大气压下的体积（cm^3）；p_{atm} 是大气压（kPa）。然后用 Q' 计算空气在单位时间内流过试样单位面积的流量 q（即流速，cm/s）及压力梯度 i，即：

$$q = \frac{Q'}{At} \tag{11.43}$$

$$i = \frac{\overline{\Delta p}}{\rho_w gL} \tag{11.44}$$

式中，A，L 分别是试样的横断面积（cm^2）与高度（cm）；t 是历时（s）；q 是在单位时间内通过单位面积的气体流量；i 是气压力梯度；g 是重力加速度，等于 9.8N/kg。

若试验过程中的气温变化较大，则还应把试验量测的水体积（即气体的体积）按照理想气体状态方程修正为某一标准温度下的体积。

试验成果绘成 q-i 关系图（图 11.15 和图 11.16）。由于同一含水率下不同干密度的试样的渗气性相差很大，难以在同一张图上画出，因而图 11.15 只绘出了试样含水率为 10% 和 12.6% 的试验结果。图 11.16 是同一干密度的试样在不同含水率下的试验结果。这些图清楚地表明：在试验的密度范围（$\rho_d = 1.40 \sim 1.70 g/cm^3$）、湿度范围（饱和度 $S_r = 28\% \sim 83\%$）和压力梯度范围（$i = 0 \sim 12.5$）内，非饱和压实土的渗气规律完全可用达西定律描述；土的密度对渗气性有显著影响，而湿度对渗气性的影响不大；同一干密度的试样在不同含水率下的渗气系数最大相差不超过 5 倍，在实用上可采用不同含水率下的平均值。这一点在图 11.17 上看得更清楚。图 11.17 中的直线代表平均渗气系数 $\bar{k}_a$ 与孔隙率 n 的关系，其方程为

$$\lg \bar{k}_a = 3.2234 + 15.3755 \lg n \tag{11.45}$$

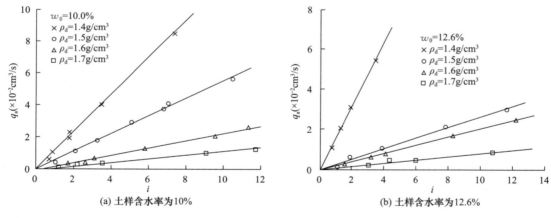

图 11.15　干密度对渗气性的影响
（西安黑河水库金盆土场重塑黄土）

当把图 11.16 中每条直线的斜率画在图 11.17 中时，所有的点都落在式（11.45）表示的直线上。

应当指出，尽管试验的湿度范围较大，但都没有超过与试样干密度相应的最优含水率。最优含水率按李君纯提出的经验公式计算[16]，即：

$$w_{op} = \frac{86\rho_w}{\rho_d} - 31.6 \tag{11.46}$$

与干密度 $1.40 g/cm^3$、$1.50 g/cm^3$、$1.60 g/cm^3$ 和 $1.70 g/cm^3$ 相应的最优含水率分别为 29.83%、25.73%、22.15% 和 18.99%。因此，尚需提高试验的含水率进行研究。

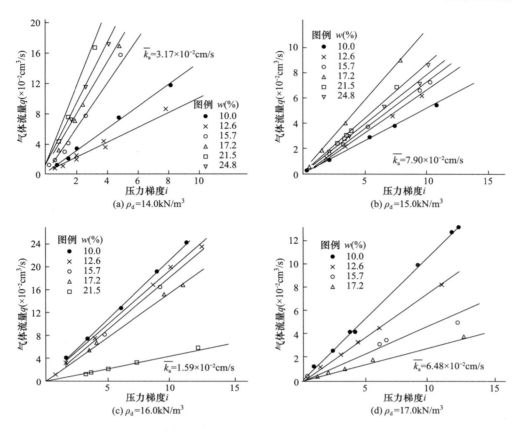

图 11.16 含水率对渗气性的影响（西安黑河水库金盆土场重塑黄土）

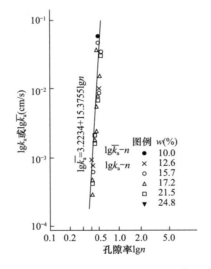

图 11.17 渗气试验的 $\lg k_a$-$\lg n$ 关系（西安黑河水库金盆土场重塑黄土）

11.6 含黏砂土的渗气特性

11.6.1 试验设备与试验方法简介

苗强强[10,17]在前一节渗气装置的基础上，研发了非饱和土三轴渗气试验装置（图 11.18）。

该装置的主要特色是：①试样直径为 39.1mm，高为 80mm，在试样两端各放一个 3mm 厚的透水石，以便在给试样套乳胶膜时使试样形状保持不变，同时可以防止因气压较大可能冲走试样上端土粒而堵塞排气孔；②给试样套入两层乳胶膜，以防漏气；③压力室充满蒸馏水，调节围压于设定值，待其稳定后，调节反压阀于设定气压力，始终保持气压低于围压 10kPa，防止试样周边与乳胶膜之间漏气，这是该装置的一个重要优点；④空气从试样帽进入透水石，穿过试样，从三轴底座排水孔流出；⑤用微型压力传感器和静态数字应变仪量测气压（图 11.19），该微型传感器探头直径为 3mm，用胶粘剂胶接在直径 8mm 的空心螺母中，螺母下端预留 2mm 长的一段，用以保护传感器探头；与传感器相连的数字应变仪，输出标定比率 $10^3\mu\varepsilon/100kPa$ 保持不变，量测气压力精度为 0.1kPa；使用前对该微型传感器用气压标定，多次标定结果表明，在气压力 $u_a=0\sim200kPa$ 范围内，该微型传感器的输出与气压力之间具有良好的线性关系；⑥用中号三轴压力室作为水箱，体积为 2090cm³，用该压力室底座上的阀门可以调控水流量；用量测试验过程中的出水量代换流过试样的空气体积，从而解决了量测空气体积困难的问题，提高了量测精度；⑦量筒和秒表各一只，精度为 0.001g 的电子天平一台；⑧控制气压的稳定性好，可施加较大范围的气压力梯度；⑨构造简单，操作方便，可直接利用制备三轴试样的装置（图 9.4）制作重塑土样，快捷简便，试样均质性好，质量高。

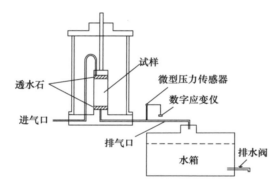

图 11.18　非饱和土三轴渗气试验装置示意图　　　图 11.19　微型压力传感器与数字应变仪

试验用土为广佛高速公路路堤填土——含黏砂土。该土的最优含水率 13.5% 对应的最大干密度为 1.90g/cm³。

用制备三轴试样的装置（图 9.6）制作重塑土样，试样干密度控制为 1.70、1.75、1.80、1.85g/cm³，每一干密度的土样配置 5 个含水率，共计 20 个试样。对每个试样在 4～8 个压力梯度进行渗气试验，共做了 104 个渗气试验。试验方案见表 11.3。

渗气试验研究方案（广佛高速含黏砂土）　　　　　　　　　　　表 11.3

干密度（g/cm³）	含水率（%）	饱和度（%）	气压梯度
1.70，1.75，1.80，1.85	8.70，12.30，13.30，14.50，15.50	47.5～86.6	1～75

试验开始，先调节气压阀到预定气压力值，待数字应变仪读数稳定后测记相应的气压初始值 p_1；而后开阀放水，水的流出使水箱上部空气体积增大，从而在水箱上部、管道及试样底端出现负压。而试样的上端与稳定气源相通，于是试样两端形成气压差，该压差由数字应变仪读数变化来反映。经过一段时间后，由试样进入水箱上部空气的体积流量与从水箱下部放出水的流量达到了动态平衡，数字应变仪的读数保持恒定，测记相应的气压值 p_2；这时开始用量筒接水，同时开始计时，经过一段时间量筒收集到一定量的水，用精度 0.001g 天平秤量量筒中的水。将数字应变仪在渗气过程中的稳定读数与初始稳定读数差值换算成气压力，这样就完成了

某个试样在一个压力梯度下的试验。调节放水量，重复上面的试验过程，就可得出一组试验资料。

整理试验资料时，把量测的水体积 Q 按式（10.42）校正为在标准大气压（取为 100kPa）下流过试样的空气体积 Q'；由数字应变仪读数换算出的压力变化值（p_1-p_2）即为式（10.43）中的 $\overline{\Delta p}$；用式（10.43）和式（10.44）及 Q' 和（p_1-p_2）分别计算空气在单位时间内流过试样单位面积的流量 q（即流速 v，cm/s）及气压梯度 i。

11.6.2 试验结果分析

图 11.20 是不同含水率的试样在各种干密度时的试验结果；图 11.21 是相同干密度的试样在各种干密度时的试验结果。从图 11.20 和图 11.21 可见，气体流速与压力梯度均呈线性关系，直线的斜率即为渗气系数；渗气系数随干密度和含水率的增大而减小，与压力梯度无关。

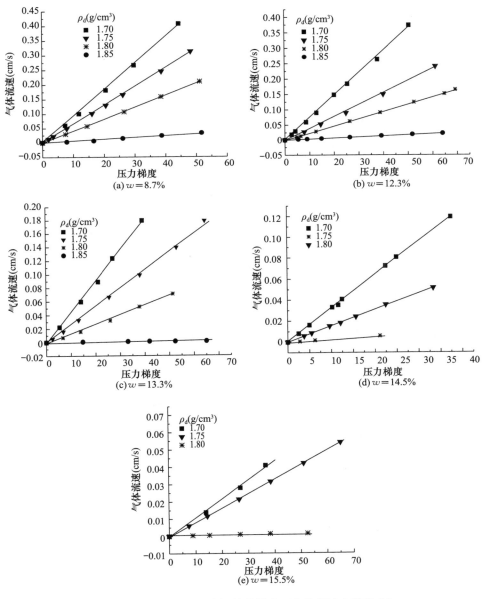

图 11.20 干密度对渗气性的影响（广佛高速含黏砂土）

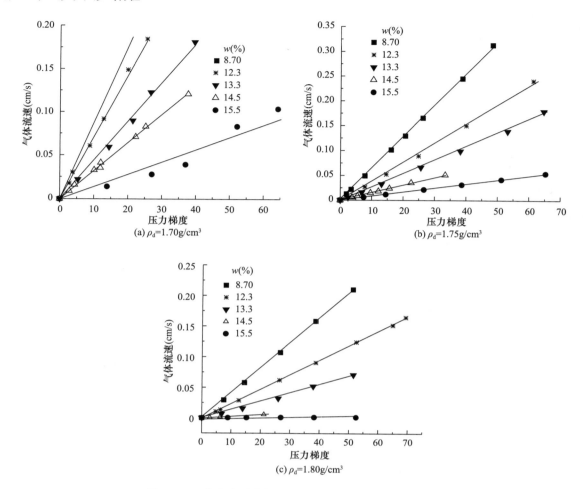

图 11.21　含水率对渗气性的影响（广佛高速含黏砂土）

表 11.4 是各试验得到的渗气系数。该表表明，干密度和含水率对渗气性的影响均有较大影响，而干密度的影响更为显著。例如，在含水率为 13.3％时，干密度为 1.70g/cm³ 和 1.85g/cm³ 的两个试样的渗气系数分别为 4.30 和 0.03，前者是后者的 140 倍以上，相差两个数量级；而干密度为 1.80g/cm³ 的试样，当含水率为 14.5％和 15.5％时相应的饱和度分别为 79.5％和 84.9％，它们的渗气系数都已接近于 0。再如，干密度为 1.85g/cm³ 时，含水率为 12.3％和 13.3％两组试样，渗气系数分别为 0.34×10⁻³cm/s 和 0.03×10⁻³cm/s，含水率仅相差 1％，渗气系数之值却相差 11 倍；干密度为 1.80g/cm³ 时，含水率为 14.5％和 15.5％两组试样，渗气系数分别为 0.28×10⁻³cm/s 和 0.04×10⁻³cm/s，含水率相差 1％，渗气系数却相差 7 倍。发生上述现象的原因是：干密度越大，土样越密实，土中的孔隙直径越小，连通孔隙越少，进气值越大，气体越不易流通；在饱和度较高时（如 80％以上），连通孔隙被水充满，若气压力小于土样的进气值，空气就不能进入土样，相应的渗气系数为零。

将干密度为 1.70、1.75、1.80g/cm³ 试样的含水率 w 和渗气系数 k_a 的关系绘于 w-k_a 坐标系中，如图 11.22 所示，同一干密度时的渗气系数均为线性关系。采用二元回归方法，对表 11.4 中的有关数据进行拟合，可得如下表达式，即：

$$k_a = c - aw - b\rho_d / \rho_w \tag{11.47}$$

式中，k_a 为气体渗气系数；a、b、c 分别为土参数，对于试验的含黏砂土，$a=0.000820$cm/s，$b=0.003217$cm/s，$c=0.069957$cm/s。

不同干密度的试样在各种含水率时的渗气系数（广佛高速含黏砂土）　　表 11.4

干密度 (g/cm³)	含水率（%）				
	8.70	12.30	13.30	14.50	15.50
	渗气系数 k_a（$\times 10^{-3}$cm/s）				
1.70	8.71	7.07	4.3	3.20	1.20
1.75	6.29	3.66	2.50	1.56	0.81
1.80	4.04	2.29	1.23	0.28	0.04
1.85	0.57	0.34	0.03	—	—

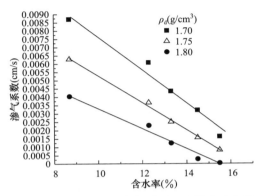

图 11.22　渗气系数与含水率的关系（广佛高速含黏砂土）

11.7　从理论上分析比较两种计算渗气系数的公式

在第 11.4 节指出，对非饱和土中气相运动的描述，目前尚没有统一的认识，既可用达西定律描述，也可用菲克定律描述。姚志华[8,18]比较了两种定律公式的差异。

一方面，类似于 11.4.1 节的推导，考虑对温度的影响修正，从菲克定律可得出渗气系数的表达式，即：

$$k_{a1} = \frac{(p_{atm} - \Delta p)}{p_{atm}} \frac{Q^*}{At} \frac{\rho_w g L T_0}{T \Delta p} \qquad (11.48)$$

式中，k_{a1} 是用达西定律导出的试样的平均渗气系数（相当于把试样看成一个单元体）；$\Delta p = p_1 - p_2$ [相当于式（11.42）中的 $\overline{\Delta p}$]；L 是试样高度（即渗径长度）；t 是渗流历时；Q^* 是试验量测的水体积 [相应于式（11.42）中的 Q]；T 为室内温度（K）；T_0 为标准温度，20℃。

应当指出，利用根据达西定律得到的式（11.42）～式（11.44）经过简单的运算就可直接得到式（11.48），而不必重新推导。

另一方面，可以把试样看成一个实体，把渗气试验问题当成边值问题求解。气体在恒温下的稳态渗流，质量流动速率 $\rho_a Q$ 是一常数，由质量守恒定律有：

$$\frac{d(\rho_a Q)}{dt} = 0 \qquad (11.49)$$

$$\frac{d(\rho_a Q)}{dx} = 0 \qquad (11.50)$$

$$\frac{d^2 p_a}{dx^2} = 0 \qquad (11.51)$$

式中，Q 是气体体积流动速率，$p_a = p_{atm} + u_a$。设试样高度为 L，取坐标轴 x 向下为正，则式（11.51）的边界条件为：

$$\begin{cases} x=0, & p_a=p_1 \\ x=L, & p_a=p_2 \end{cases} \tag{11.52}$$

式（11.51）的解答为：

$$p_a^2 = p_1^2 + \left(\frac{p_2^2-p_1^2}{L}\right)x \tag{11.53}$$

如直接用达西定律描述非饱和土中的气体运移，计及试验历时，则有：

$$Q = -\frac{k_a}{\rho_a g}At\frac{\mathrm{d}p_a}{\mathrm{d}x} \tag{11.54}$$

结合式（11.53）和式（11.54）可得试样中任意一点 x 气体体积流量：

$$Q_x = -\frac{k_a At}{2\rho_a gL}\frac{(p_2^2-p_1^2)}{\sqrt{p_1^2+\left(\frac{p_2^2-p_1^2}{L}\right)x}} \tag{11.55}$$

试样底端处的气体体积流量即为：

$$Q_L = -\frac{k_a At}{\rho_a g}\frac{(p_2^2-p_1^2)}{2Lp_2} \tag{11.56}$$

由式（11.56）解得渗气系数：

$$k_a = \frac{2Q_L\rho_a gLp_2}{At(p_1^2-p_2^2)} \tag{11.57}$$

由式（11.57）可见渗气系数与压力平方差，即 $p_1^2-p_2^2=(p_1+p_2)(p_1-p_2)=\Delta p(p_1+p_2)$ 有关，而不仅仅与压力差 Δp 有关。本节中 p_1 即为试验中施加的气压 100kPa（$\approx p_{atm}$），而气体体积通过水的体积换算而来，同时考虑温度的影响，对式（11.57）进行修正，并将修正后的渗气系数称之为 k_{a2}，得：

$$k_{a2} = \frac{2Q_L\rho_w gLp_2 T_0}{At(p_{atm}^2-p_2^2)T} \tag{11.58}$$

试验测得的 Q^* 与 Q_L 是同一数值，由式（11.48）计算的 k_{a1} 和式（11.58）计算的 k_{a2} 之比为：

$$k_{a1}/k_{a2} = \frac{p_{atm}+p_2}{2p_{atm}} = \frac{p_{atm}+(p_{atm}-\Delta p)}{2p_{atm}} = 1-\frac{\Delta p}{2p_{atm}} \tag{11.59}$$

式（11.59）表明，当 $\Delta p \ll 2p_{atm}$ 时，两种方法得到的渗气系数的差别甚微，可以忽略不计。

应当指出，上述两种方法没有本质的区别，前者把试样看成一个单元体，后者则把试样看成一个实体，把渗气试验问题当成边值问题求解；加之试样比较均质，尺寸小，因而平均渗气系数有比较好的代表性。例如，若要求二者的差别不超过 5%，则应控制 $\Delta p \ll 10.13\mathrm{kPa}$；取重力加速度 g 等于 9.8N/kg，相应的等效水压力的气压头为 1.03m；渗径长度即为试样高度（三轴渗气试验的试样高度为 0.08m，第 11.4 节重塑黄土试样的高度为 0.082m），相应的平均压力梯度分别为 12.88 和 12.61，此值已与第 11.4 节渗气试验所控制压力梯度的最高值 12.5 非常接近。换言之，用两种方法分析第 11.4 节的渗气试验资料得到的两个渗气系数没有差别，但用式（11.42）～式（11.44）计算渗气系数比用式（11.58）要简便很多。

11.8　原状 Q₃ 黄土的渗气特性

11.8.1　土样来源与研究方案

姚志华用非饱和土三轴渗气仪（图 11.18 和图 11.19）研究了兰州和平镇原状 Q₃ 黄土的渗气特性。开挖探井取样，探井深 34m，在探井侧壁取原状样。不同深度原状黄土的物理性质指标见表 11.5。

选择 5m、10m、15m、21m、26m 和 34m 等 6 个深度的原状土做渗气试验；考虑到原状黄土的各向异性，对每一深度的原状土分别制备了竖向试样和水平向试样；每一深度的原状土样配置 6 个含水率，为得到预定的试验含水率，分别采用了先风干再加湿的方法，其中 12 个试样在风干后的含水率接近 1%，可以看成是干土（表 11.6）；在每个渗气试验结束后测定试样含水率，并将其作为分析试验资料的含水率。共计 6×2×6=72 个原状黄土试样。

为了比较原状黄土与重塑黄土的渗气性，选择 5m、15m、26m 和 34m 等 4 个土层深度的土料做重塑土渗气试验，把各层土料分别风干粉碎，过 1mm 筛，配制 6 个不同含水率的湿土料；用制备三轴试样的装置（图 9.6）制作重塑土样，分 5 层压实，制成与同深度原状黄土干密度相同的 4 组试样，共计 24 个重塑黄土试样。重塑黄土初始物理指标见表 11.7。

渗气试验的方法与第 11.4 节和第 11.5 节相同。试验前，对数字应变仪读数与气压之间的关系进行了两次标定，均为良好的线性关系（图 11.23）。将两次标定的直线斜率平均值（即，数字应变仪 1 个电信号代表 1/13.92kPa 气压）用于试验资料分析。

不同深度原状黄土物理指标（兰州和平镇） 表 11.5

试样埋深（m）	土粒相对密度	天然含水率（%）	干密度（g/cm³）	孔隙比 e	饱和度（%）	液限（%）	塑限（%）
5		7.67	1.28	1.10	18.87	27.62	17.15
10		11.30	1.31	1.07	28.65	28.62	17.55
15		14.03	1.33	1.04	36.74	28.82	17.63
21	2.71	13.58	1.35	1.01	36.54	27.45	17.07
26		15.20	1.39	0.95	43.38	28.02	17.30
30		18.85	1.35	1.01	50.71	29.00	17.68
34		19.43	1.41	0.92	57.12	28.45	17.48

风干后原状黄土试样的含水率（兰州和平镇） 表 11.6

试样埋深（m）	5	10	15	21	26	34
竖向试样含水率（%）	1.78	1.95	1.81	1.67	1.67	1.55
水平向试样含水率（%）	1.58	1.41	1.42	1.89	1.58	1.14

重塑黄土试样的初始物理指标（兰州和平镇） 表 11.7

试样埋深（m）	土粒相对密度	干密度（g/cm³）	孔隙比	配制含水率（%）
5		1.28	1.10	4.06
				7.45
15		1.33	1.04	10.37
	2.71			14.84
26		1.39	0.95	18.47
34		1.43	0.92	22.45

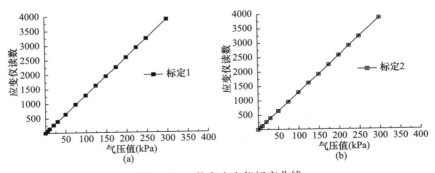

图 11.23 数字应变仪标定曲线

11.8.2　原状 Q_3 黄土的渗气规律

姚志华用式（11.58）分析试验资料。图 11.24 分别是各深度原状 Q_3 黄土渗气试验（包括竖向和水平向）按照式（11.58）计算出的渗气系数，其中该图的（a）～（f）是竖向试样的渗气试验结果，该图的（g）～（l）是水平向试样的渗气试验结果。同一含水率的渗气系数随气压力平方差略有减小，可视为常数；渗气系数随含水率的增大而减小，与第 11.4 节和第 11.5 节的认识一致。

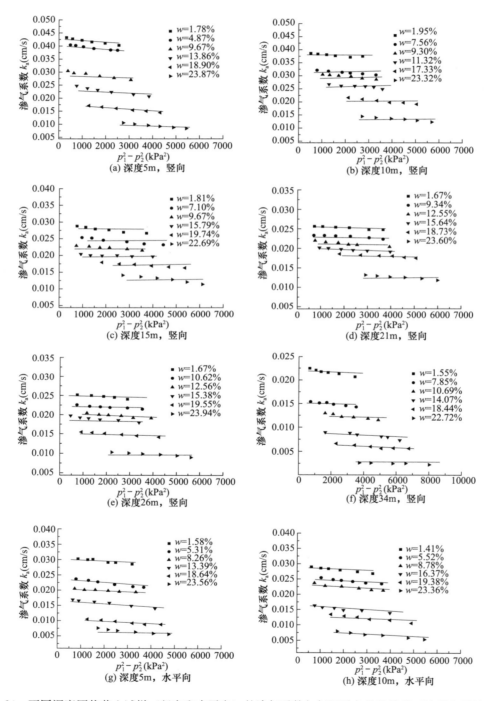

图 11.24　不同深度原状黄土试样（竖向和水平向）的渗气系数与气压平方差的关系（兰州和平镇）（一）

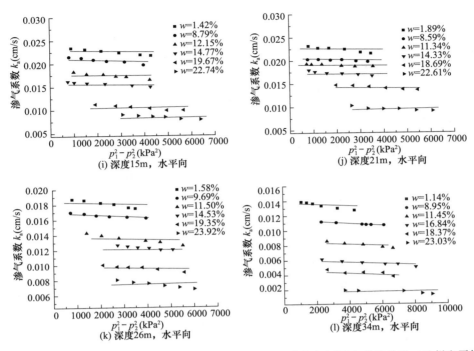

图 11.24 不同深度原状黄土试样（竖向和水平向）的渗气系数与气压平方差的关系（兰州和平镇）（二）

图 11.25 是 6 个深度原状竖向和水平向试样渗气系数随含水率的变化曲线。总体上看，渗气系数随含水率升高而降低；原状 Q₃ 黄土竖向试样渗气系数大于水平向试样；含水率越低，两者差异越大；含水率越高，两者之间差异逐渐缩小。这些规律与 11.3 节原状 Q₃ 黄土的渗水特性（图 11.9 和图 11.11）相似，机理也相同。这也再次反映了原状黄土结构的各向异性，即原状黄土的竖向孔洞发育程度高于水平向。

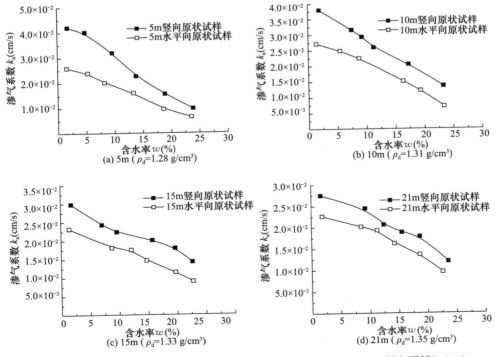

图 11.25 不同深度的竖向与水平向原状黄土渗气系数的比较（兰州和平镇）（一）

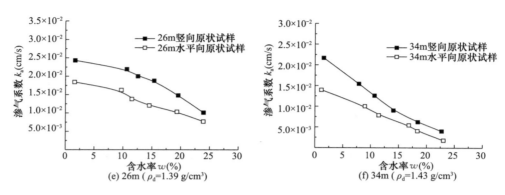

图 11.25　不同深度的竖向与水平向原状黄土渗气系数
的比较（兰州和平镇）（二）

11.8.3　重塑黄土的渗气规律及与原状黄土的比较

图 11.26 是 4 个不同干密度的重塑黄土试样按式（11.58）计算出的渗气系数，同一含水率的渗气系数可视为常数。图 11.27 是渗气系数与含水率（或干密度）的关系。可见重塑黄土的渗气系数随含水率和干密度的增大而减小，这与原状 Q_3 黄土的渗气特性相似。

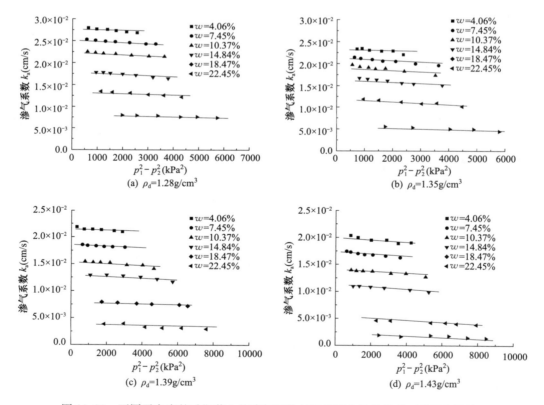

图 11.26　不同干密度的重塑黄土的渗气系数与气压平方差的关系（兰州和平镇）

图 11.28 是重塑黄土与原状黄土渗气特性的比较。总体上看，由于结构性的差异，原状试样与压实试样的渗气系数差异较大；原状竖向试样的渗气系数均大于重塑试样；而原状水平向试样的渗气系数曲线与重塑试样的渗气系数曲线均有一个交叉点，在交叉点前重塑试样的渗气性大于原状水平向试样，在交叉点后重塑试样的渗气性小于水平向原状试样。

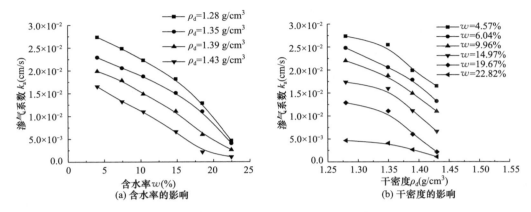

图 11.27 含水率和干密度对重塑黄土渗气性的影响（兰州和平镇）

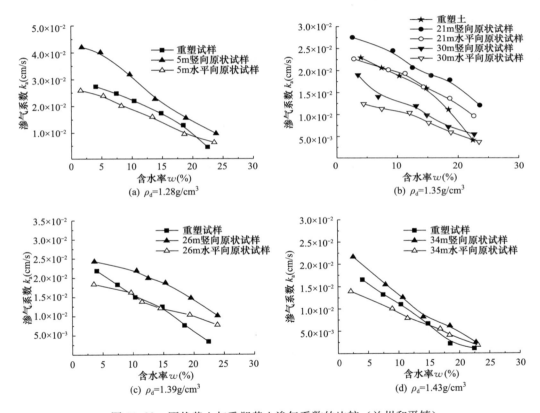

图 11.28 原状黄土与重塑黄土渗气系数的比较（兰州和平镇）

11.8.4 原状 Q₃ 黄土渗气规律的定量描述

从图 11.25 和图 11.27 可见，不同深度的竖向和水平向原状黄土的渗气系数及重塑黄土的渗气系数都依赖于含水率和干密度，且均可用双线性关系近似描述。

姚志华选择所谓的充气度（即土中气相饱和度，或称为气相体积分数）描述黄土的渗气规律。充气度的表达式为

$$\eta_a = n(1 - S_r) = \frac{e - G_s w}{1 + e} \tag{11.60}$$

图 11.29 是不同深度原状黄土（竖向与水平向）渗气系数与充气孔隙度的关系，亦皆近似为线性关系。为了简便，姚志华又改用饱和度为自变量，按指数关系拟合，得

$$k_\mathrm{a} = k_\mathrm{da}\exp\left[\alpha(S_\mathrm{r})^\beta\right] \tag{11.61}$$

式中，k_da 是干土的渗气系数，取 12 个风干后含水率接近 1‰ 试样（表 11.6）的渗气系数值；α 和 β 均为无单位量纲的土性参数。通过最小二乘法拟合得到 6 组试样的渗气模型参数值，列于表 11.8。为简便起见，可取各自的其平均值，即，竖向试样 $\alpha=-2.91$、$\beta=1.75$；水平向试样 $\alpha=-2.98$、$\beta=1.92$。由此可见，竖向和水平向的 α 值很接近，而 β 值相差较大。换言之，原状黄土渗气系数的各向异性主要由参数 β 体现。

干土的渗气系数 [即式（11.61）的 k_da] 和干密度有关，经分析知亦可用指数函数描述，所得表达式较繁，此处从略。

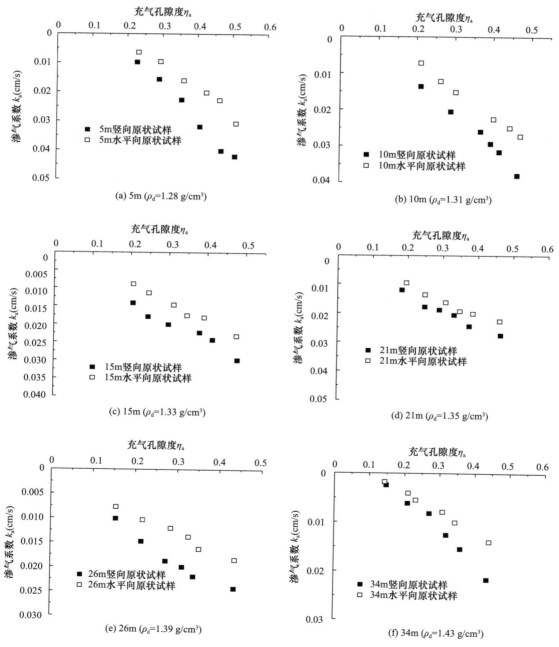

图 11.29　不同深度原 Q_3 状黄土（竖向与水平向）渗气系数与充气孔隙度的关系（兰州和平镇）

渗气系数模型（式 11.61）的参数数值（兰州和平镇）　　表 11.8

试样埋深 （m）	干密度 ρ_d （g/cm³）	竖向试样		水平向试样	
		α_v	β_v	α_h	β_h
5m	1.28	−3.92	1.73	−3.29	1.51
10m	1.31	−2.31	1.57	−3.39	2.19
15m	1.33	−2.37	1.21	−2.25	1.69
21m	1.35	−2.26	1.87	−2.57	2.27
26m	1.39	−2.38	2.27	−2.31	1.84
34m	1.43	−4.22	1.86	−4.07	2.01
平均值		−2.91	1.75	−2.98	1.92

11.9　原状 Q₃ 黄土在各向等压作用下的渗气特性

11.9.1　试验装置、试验用土与试验方案

受文献［4，17，18］的启发，陈存礼和张登飞等[19]将常规三轴仪改为三轴渗气装置（图 11.30），可以给试样施加围压。按照文献［4］的方法，试样底端直接与大气相通，无须专门施加气压力的设备；试样顶端与水箱上部空气相连，采用真空表量测负压。

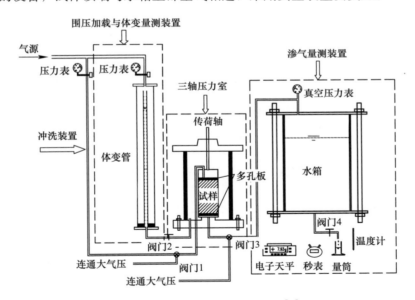

图 11.30　三轴渗气装置示意图[19]

试验用土取自西安北郊的原状 Q₃ 黄土，取土深度 3～4m，物理性质指标见表 11.9。用专门的削样器制备直径约 3.91cm，高度 8cm 的三轴试样，选取相同干密度（平均值为 1.30g/cm³，且彼此差值小于 <0.02g/cm³，以减小干密度差异的影响）的试样进行试验。

西安北郊原状 Q₃ 黄土的物理性质　　表 11.9

相对密度 G_s	含水率 w_n（%）	干密度 ρ_{dn}（g/cm³）	液限 w_L（%）	塑限 w_P（%）	颗粒组成（%）		
					>0.075mm	0.075～0.005mm	<0.005mm
2.70	15.2	1.23～1.35	30.9	19.8	4	73	23

为了研究湿度对原状黄土渗气特性的影响，对天然含水率 w_n 的试样，通过增湿或减湿的方

法控制 1.5%（风干含水率）、8.5%、13.5%、15.2%、16.6%、19.8%、21.8%共 7 个不同初始含水率 w_0 进行渗气试验。$w_0 < w_n$ 时，采用风干的方法；自然风干至试样质量基本不变时，测定出风干含水率为 1.5%。$w_0 > w_n$ 时，采用滴定注水的方法。待风干或注水达到控制含水率后，在保湿缸中密闭放置 72h 以上，以使水分扩散均匀。

为了研究各向等压应力对原状黄土渗气特性的影响，对不同初始含水率原状黄土皆在不同各向等压应力 p（分别为 0kPa、50kPa、100kPa、200kPa、300kPa、400kPa）作用下进行渗气试验，具体试验方案见表 11.10。

为了使试样在各向等压应力作用下单向排水，在试样上部放置透气不透水的薄膜和多孔板，下部放置多孔板（孔径 0.5mm）。固结完成后，分别把阀门 1 和阀门 3 转到与冲洗装置和大气相通的方向，通过给试样内部施加的气压力（$< p$）冲掉附着在下部多孔板内的水，以避免应力作用下试样排出的水堵塞渗气通道。冲洗完毕后，阀门 1、阀门 3 分别转到与大气相通、水箱相通的方向。

渗气试验主要包括试样的各向等压固结，冲洗（应力作用产生的水）及渗气量测三个阶段。完成渗气试验后拆样，测定试样的含水率 w。各向等压固结后试样的孔隙比 e（根据固结体变量计算）及含水率 w 见表 11.10。可以看出，不同各向等压应力 p 作用下，固结后试样的含水率 w 与试验前初始含水率 w_0 相差很小（$\leqslant 1.1\%$），反映出应力作用使含水率的变化很小，可以忽略不计。在 $p \leqslant 400$kPa，$w_0 \leqslant 21.8\%$ 时，可以近似取 $w = w_0$，下文皆称为含水率 w。

渗气试验方案（西安北郊原状 Q_3 黄土）　　表 11.10

p (kPa)	$w_0 = 1.5\%$		$w_0 = 8.5\%$		$w_0 = 13.5\%$		$w_0 = 15.2\%$		$w_0 = 16.6\%$		$w_0 = 19.8\%$		$w_0 = 21.8\%$	
	e	$w(\%)$	e	$w(\%)$	e	$w(\%)$	e	$w(\%)$	e	$w(\%)$	e	$w(\%)$	e	$w(\%)$
0	1.077	1.5	1.077	8.5	1.077	13.5	1.077	15.2	1.077	16.6	1.077	19.8	1.077	21.8
50	1.066	1.5	1.064	8.5	1.058	13.5	1.046	15.1	1.048	16.5	1.040	19.7	1.037	21.6
100	1.059	1.5	1.053	8.5	1.044	13.5	1.037	15.0	1.037	16.4	1.029	19.6	1.021	21.4
200	1.051	1.5	1.038	8.5	0.999	13.2	0.990	14.8	0.964	16.1	0.955	19.2	0.952	21.2
300	1.033	1.5	0.999	8.5	0.972	13.1	0.940	14.7	0.916	15.9	0.910	19.0	0.896	20.8
400	0.993	1.5	0.959	8.5	0.922	12.8	0.902	14.5	0.885	15.8	0.873	18.8	0.859	20.7

11.9.2　试验结果分析

试验资料分析计算依据达西定律，所用公式与第 11.4 节的式（11.42）～式（11.44）完全相同。

文献 [19] 分别分析了渗气系数与各向等压应力、充气度及体积含水率的关系，构建了各自的数学模型。其中，由渗气系数与各向等压应力之间的关系构建的数学模型，比较直截了当，便于工程应用。

不同各向等压应力 p 作用下的渗气系数 k_a 与含水率 w 关系如图 11.31 所示，可以看出：

（1）对于不同 p，增湿的 k_a-w 关系曲线皆比减湿的陡，即增湿对渗气系数影响较大，减湿的影响较小。这主要是不同应力下天然含水率原状黄土的饱和度介于 38%～43%（由表 11.10 中 w，e 计算）时，当含水率减小（减湿）时，气相可能处于完全联通，含水率增大（增湿）时，气相处于双联通状态所致。

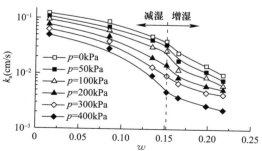

图 11.31　不同应力下渗气系数与含水率关系（西安北郊原状 Q_3 黄土）

（2）随着 p 的增大，k_a-w 关系曲线下移，即对于相同含水率，渗气系数随应力的增大而减小。这主要是由于孔隙比随应力的增大而减小（表 11.10），孔隙通道被压缩，流程的曲折度增加，渗气阻力增大所致。

在半对数坐标系中，渗气系数 k_a 与规格化应力 p/p_{atm} 关系曲线如图 11.32 所示，可以看出，增湿及减湿（w 增大及减小）时，$\ln k_a$-p/p_{atm} 关系近似呈平行直线，即不同含水率下渗气系数随应力增大而减小的速率基本相同。其表达式为：

$$\ln k_a = \ln k_{a0} - bp/p_{atm} \tag{11.62}$$

式中，k_{a0}，b 为土性参数，分别为 $\ln k_a$-p/p_{atm} 关系直线的截距和斜率。它们皆有明确的物理意义，即 k_{a0} 为无应力作用时不同含水率原状黄土的渗气系数，b 为一定含水率下渗气系数随应力增大而减小的速率。为了方便，可由天然含水率下 $\ln k_a$-p/p_a 的直线关系确定参数 b。对于本节试验研究的原状黄土，$b=0.346$。参数 k_{a0} 随含水率的变化而变化，需要进一步分析。

引入湿度指标 $w_r=(w-w_d)/(w_s-w_d)$，以反映增减湿时含水率相对于饱和含水率的变化程度，$w_s(=(G_s-\rho_{dn})/\rho_{dn}G_s$，$\rho_{dn}$ 为土的天然干密度）为无应力作用时饱和含水率，w_d 为土体可能减湿的最小含水率，本节选取 $w_d=1.5\%$。绘出无应力作用时 k_{a0}/k_{a0d}-w_r 关系（k_{a0d} 为含水率等于 w_d 时的渗气系数）如图 11.33 所示。可以看出，k_{a0}/k_{a0d} 随 w_r 的增大而减小。这种变化特性的表达式为：

$$k_{a0}/k_{a0d} = (1-w_r)\exp(-cw_r) \tag{11.63}$$

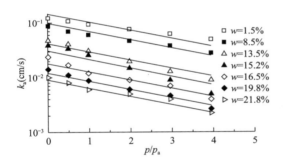

图 11.32　不同含水率下渗气系数与规格化等
向压缩应力关系（西安北郊原状 Q₃ 黄土）

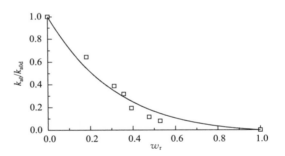

图 11.33　k_{a0}/k_{a0d}-w_r 关系曲线
（西安北郊原状 Q₃ 黄土）

式中，c 为土性参数。对于本文试验研究的原状黄土，$c=2.215$。式（11.63）可以反映 $w=w_d$（$w_r=0$）、$w=w_s$（$w_r=1$）时，k_{a0}/k_{a0d} 分别为 1、0 的特定情况。将式（11.63）代入式（11.62），得：

$$k_a = k_{a0d}(1-w_r)\exp[-(bp/p_a+cw_r)] \tag{11.64}$$

用式（11.64）及相关参数确定出不同含水率及等向压缩应力条件下渗气系数，绘出预测渗气系数 k_{ap} 与实测渗气系数 k_{am} 关系如图 11.34 所示，预测效果很好。

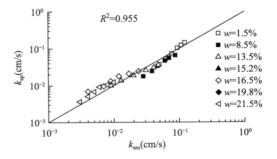

图 11.34　渗气系数的实测值与式（11.64）
预测值比较（西安北郊原状 Q₃ 黄土）

11.10　膨润土的渗气特性

当含气孔隙半径接近气体分子平均自由程时，气体分子与孔隙壁之间的滑脱流动对气体渗流的贡献将不可忽略，渗气系数在宏观上表现出与气体压力的相关性，即 Klinkenberg 效应

(Klinkenberg，1941)[20]。密实的膨润土的孔径很小，渗透性很低，对膨润土渗气性的研究应考虑 Klinkenberg 效应。

11.10.1　考虑 Klinkenberg 效应的渗气系数计算原理

对于气体流动的达西定律可表达为：

$$\nu_g = -\frac{k_g}{\mu_g}\nabla p_g \tag{11.65}$$

式中，ν_g 为气体的表观流速；p_g 为气体绝对压力；k_g 为渗气系数（单位：m^2）；μ_g 为气体的黏滞系数。达西定律仅适用于层流，在层流中流体是粘附于孔隙壁上的，即在孔隙壁处的流速为零；当孔隙半径较大时，气体分子与孔隙壁之间的碰撞概率较低，可近似认为孔隙壁处的气体流速为零，即达西定律适用，渗气系数与气压力无关；但是当孔隙半径接近气体分子平均自由程时，气体分子与孔隙壁之间的碰撞作用将不可忽略，孔隙壁处存在称之为"滑流"的附加流量，渗气系数在宏观上呈现出与气压力的相关性，这一现象称为 Klinkenberg 效应。

Klinkenberg（1941）[20]基于毛管模型给出渗气系数与气压力之间存在如下关系：

$$k_g = k_\infty\left(1+\frac{b}{p_g}\right) \tag{11.66a}$$

$$b = \frac{4}{\sqrt{2}\pi}\frac{\kappa T}{d^2}\frac{c}{r} \tag{11.66b}$$

式中，k_∞ 称为 Klinkenberg 渗透系数；b 称为气体滑脱因子；T 为绝对温度；κ 为 Boltzmann 常数；d 为气体分子直径；c 为无量纲常数；r 为孔隙半径。气体滑脱因子 b 是与气体性质相关的，在下文分析中，均为关于氮气的气体滑脱因子。

将式（11.66）代入式（11.65），可得考虑 Klinkenberg 效应的气体渗透方程如下：

$$\nu_g = -\frac{k_\infty}{\mu_g}\left(1+\frac{b}{p_g}\right)\nabla p_g \tag{11.67}$$

秦冰[21,22]采用第 11.7 节导出式（11.56）和式（11.58）的方法推求考虑 Klinkenberg 效应的渗气问题解答，以便用该解答确定 Klinkenberg 渗透系数 k_∞ 与气体滑脱因子 b。通常基于轴向稳态法量测渗气系数，即在试样两端施加恒定的气压力差，通过量测达到稳态后的气体流量以计算渗气系数，如图 11.35 所示。在图 11.35 中，p_1、p_2 分别为试样进气端与出气端处的气体绝对压力，ρ_1、ρ_2 分别为试样进气端与出气端处的气体密度，Q_1、Q_2 分别为试样进气端与出气端处的气体体积流量，L 为试样长度，A 为试样底面积，q_m 为试样任意断面上的气体质量流量。当达到稳态之后，试样各断面上的气体质量流量相等并保持恒定，即：

$$q_m = \rho_g\nu_g A = \rho_1 Q_1 = \rho_2 Q_2 = \text{Const} \tag{11.68}$$

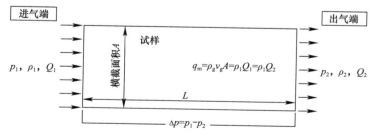

图 11.35　轴向稳态法量测渗气系数原理图

式中，ρ_g 为试样任意断面上的气体密度，根据理想气体状态方程，可表达为：

$$\rho_g = \frac{p_g M_g}{RT} \tag{11.69}$$

式中，R 为通用气体常数。

将式（11.67）、式（11.69）代入式（11.68），并考虑到进、出气端处的气压力边界条件，可将轴向稳态法渗气系数量测用以下常微分方程描述：

$$\begin{cases} (p_g + b)\dfrac{\mathrm{d}p_g}{\mathrm{d}x} = -\dfrac{\mu_g}{k_\infty} - \dfrac{RT}{M_g}\dfrac{q_m}{A} \\ p_g|_{x=0} = p_1, \quad p_g|_{x=L} = p_2 \end{cases} \tag{11.70}$$

式中，x 为沿试样轴线方向的坐标。假定已知出气端气体体积流量 Q_2（$q_m = \rho_2 Q_2$），由式（11.70）可解得：

$$Q_2 = \frac{k_\infty}{\mu_g}\frac{A}{L}\left[\frac{p_1^2 - p_2^2}{2p_2} + \frac{b(p_1 - p_2)}{p_2}\right] \tag{11.71}$$

依据上式，通过对不同进、出气压力组合（p_1，p_2）下气体体积流量 Q_2 的拟合分析，即可确定 Klinkenberg 渗透系数 k_∞ 与气体滑脱因子 b。

若不考虑 Klinkenberg 效应（即 $b=0$），则式（11.71）简化为：

$$Q_2 = \frac{k_g}{\mu_g}\frac{A}{L}\frac{p_1^2 - p_2^2}{2p_2} \tag{11.72}$$

式（11.72）与式（11.56）等价。由上式可知，如果 Klinkenberg 效应不存在，Q_2 与 $(p_1^2 - p_2^2)/2p_2$ 之间的关系曲线应为过原点的直线，可借此判断 Klinkenberg 效应是否显著。对比式（11.71）与式（11.72）可知，若在计算中不考虑 Klinkenberg 效应，会高估实际的渗气系数，且气体滑脱因子 b 越大（意味着渗气系数越低），存在的误差越大。

另一方面，为了简化计算，在很多研究中是取平均气压力 $(p_1 + p_2)/2$ 来反映 Klinkenberg 效应，即：

$$k_g = k_\infty\left(1 + \frac{2b}{p_1 + p_2}\right) \tag{11.73}$$

此时，式（11.71）可简化为：

$$Q_2 = \frac{k_\infty\left(1 + \dfrac{2b}{p_1 + p_2}\right)}{\mu_g}\frac{A}{L}\frac{p_1^2 - p_2^2}{2p_2} \tag{11.74}$$

根据上式，可首先利用式（11.72）依次计算单个进、出气压力组合（p_1，p_2）下的渗气系数 k_g，即得到不同平均气压力下的渗气系数 k_g，然后再利用式（11.73）确定 Klinkenberg 渗透系数 k_∞ 与气体滑脱因子 b。同时，可利用渗气系数 k_g 是否随平均气压力 $(p_1 + p_2)/2$ 减小来判断 Klinkenberg 效应的显著性。应当指出，该方法确定的 k_∞、b 值可能与直接通过式（11.71）拟合确定的值并不一致。为了便于区分，将依据式（11.73）和式（11.71）确定 k_∞、b 值的方法分别称为"近似法"与"精确法"。

11.10.2　试验设备与研究方案

试验设备采用三轴渗气装置（图 11.18），对其做了以下改进：①因压缩空气的湿度是变化的，其黏滞系数是不确定的，使用氮气作为渗透气体；②第 11.6 节和第 11.7 节使用的气体流量量测装置的量测下限仅为 50mL/min，难以满足低渗透性的压实膨润土的测试需求，故改用 Agilent ADM2000 型电子精密流量计量测气体体积流量，其量程为 0~1000mL/min，分辨率为 0.01mL/min。③所使用的三轴压力室为常规饱和土三轴压力室，试样下端为进气端，上端为出气端，试样与底座、试样帽之间放置干燥透水石以保证试样端面处的气体分布均匀。

试验过程中，只控制进气端的气压力 p_1，出气端则直接与大气相通，并量测出气端的气体

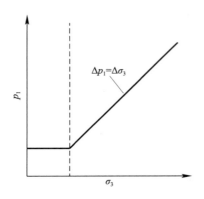

图 11.36 进气压力与围压
控制路径

体积流量 Q_2。气压力与围压的控制分为 2 个阶段（图 11.36）：第一阶段，进气压力 p_1 不改变，逐级增加围压 σ_3（每级 10kPa），直至出气端的气体体积流量 Q_2 基本不变，以研究初始应力对压实膨润土渗气特性的影响；第二阶段，逐级同步增加进气压力 p_1 与围压 σ_3（即 $\Delta p_1 = \Delta \sigma_3$），以研究渗气系数随气压力的变化规律（即 Klinkenberg 效应）。

试验用土为高庙子膨润土 GMZ001，其矿物成分、基本物理化学性质指标等见第 10.8.2 节的表 10.27。首先将高庙子膨润土在 110℃ 下烘干 36h，然后采用喷雾法将其配至目标含水率，选取的 5 个目标含水率分别为 7%、10%、12.5%、15%、18%，静置 5d 后再用于压制试样。试样直径为 39.1mm，高度为 40mm，利用 100kN 压力机分两层静力压实，压实速率为 0.5mm/min，压实目标干密度共 5 个，分别为 1.2g/cm³、1.3g/cm³、1.4g/cm³、1.5g/cm³、1.6g/cm³。共进行了 25 个试样的渗气试验，各试样的物理性质指标、最大压实力见表 11.11。

膨润土试样的物理性质指标与制样压实力 表 11.11

试样编号	含水率（%）	干密度（g/cm³）	体积含气率（%）	最大压实力（kN）
A1		1.19	46.6	12.6
A2		1.29	42.0	21.6
A3	7.2	1.38	38.0	31.8
A4		1.47	33.9	57.7
A5		1.56	29.7	69.1
B1		1.18	42.9	11.1
B2		1.30	37.4	16.7
B3	10.5	1.40	32.6	30.6
B4		1.50	27.6	46.5
B5		1.60	22.8	72.4
C1		1.20	39.5	11.6
C2		1.30	34.8	16.6
C3	12.5	1.42	28.9	26.9
C4		1.50	24.9	44.3
C5		1.60	19.5	70.6
D1		1.21	36.6	18.4
D2		1.30	31.7	24.1
D3	14.7	1.40	26.5	33.2
D4		1.50	21.6	39.6
D5		1.60	16.2	58.5
E1		1.20	32.4	17.5
E2		1.30	27.2	18.2
E3	18.4	1.40	21.2	20.5
E4		1.49	16.2	32.1
E5		1.60	10.4	53.4

11.10.3 膨润土的渗气规律

基于式（11.72）（即暂不考虑 Klinkenberg 效应的影响）整理的渗气系数随围压的变化示于

图 11.37。初始围压对渗气系数的影响是与干密度密切相关的，试样干密度越大，围压对渗气系数的影响越显著：对于干密度未超过 1.3g/cm³ 的试样，渗气系数随围压的变化不大，可视为常数；对于干密度大于 1.5g/cm³ 的试样，随着围压的增大，渗气系数开始会急剧减小，随后逐步减低至稳定值。

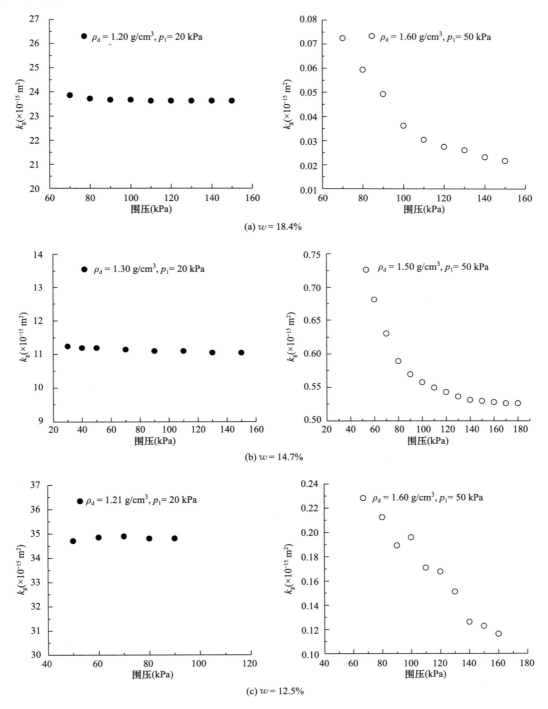

(a) $w = 18.4\%$

(b) $w = 14.7\%$

(c) $w = 12.5\%$

图 11.37 不同干密度试样的渗气系数与围压的关系

渗气系数随围压增大而减小的现象并非由围压增大引起的压缩变形造成的，而主要是由于试样中存在初始微裂隙所致。对于高干密度试样，其压实应力峰值一般会在 30MPa 以上，最高可达 60MPa 以上（表 11.11），当试样从制样模具中卸出时，巨大的应力释放会在试样中造成微裂隙；这些微裂隙是气体流动的快速通道，随着围压的逐渐增大，微裂隙逐渐闭合，在宏观就表现为渗气系数的显著下降，当微裂隙完全闭合或不再连通时，渗气系数就达到相应的稳定值。对于低干密度试样，由于其制样压力明显小于高干密度的试样（表 11.11），应力释放造成的微裂隙的影响就相对较小，渗气系数受初始围压变化的影响不再显著。尽管已有研究表明压力增大引起的压缩变形也会导致渗气系数的降低，但所施加的有效围压（即围压与气压之差，150kPa 以内）会远小于其先期固结压力，由此可知围压增大引起的压缩变形较小，对渗气性的影响不大。

试验得到的 Q_2 与 $(p_1^2 - p_2^2)/2p_2$ 之间的典型关系曲线如图 11.38、图 11.39 所示。对于高渗气性试样（大于 $10^{-14}\,\text{m}^2$），Q_2 与 $(p_1^2 - p_2^2)/2p_2$ 之间的关系曲线基本为过原点的直线（图 11.38），按照式（11.72）得到的不同平均气压力下的渗气系数大致相同（图 11.40），即说明在高渗气性试样中 Klinkenberg 效应可忽略不计。随着试样渗气能力的下降，Q_2 随 $(p_1^2 - p_2^2)/2p_2$ 的变化逐渐由线性转变为非线性，二者之间的关系曲线呈上凸型（图 11.39），按照式（11.72）得到的渗气系数随平均气压力的增大而减小（图 11.41），Klinkenberg 效应的影响逐步凸显。

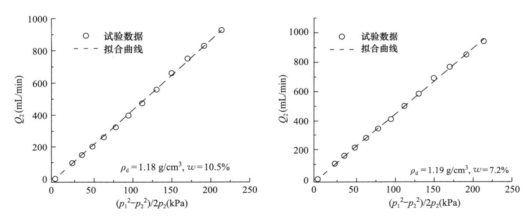

图 11.38　流量 Q_2 与 $(p_1^2 - p_2^2)/2p_2$ 关系曲线

（高渗气性试样，大于 $10^{-14}\,\text{m}^2$）

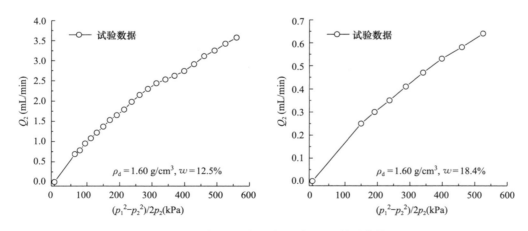

图 11.39　流量 Q_2 与 $(p_1^2 - p_2^2)/2p_2$ 关系曲线

（低渗气性试样，小于 $10^{-14}\,\text{m}^2$）

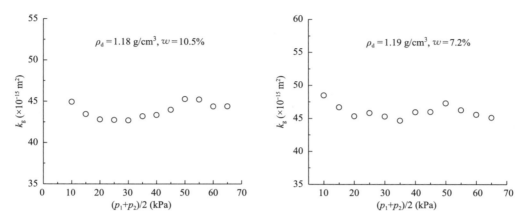

图 11.40　渗气系数随平均气压力的变化（高渗气性试样，大于 $10^{-14}\,\mathrm{m}^2$）

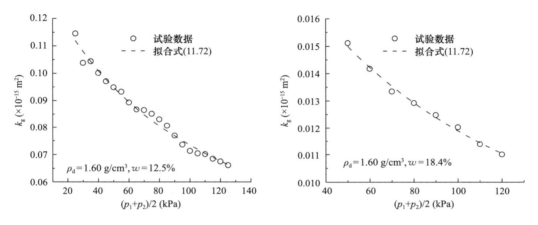

图 11.41　渗气系数随平均气压力的变化（低渗气性试样，小于 $10^{-14}\,\mathrm{m}^2$）

表 11.12 列出了分别采用精确法（式 11.71）和近似法（式 11.72、式 11.73）得到的 Klinkenberg 渗气系数 k_∞ 与气体滑脱因子 b，及按照式（11.72）得到的不同气压下的渗气系数的平均值 $\bar{k}_\mathrm{g}$。当渗气系数大于 $10^{-14}\,\mathrm{m}^2$ 时，Klinkenberg 渗气系数 k_∞ 与渗气系数的平均值 $\bar{k}_\mathrm{g}$ 基本相同；而当渗气系数小于 $10^{-14}\,\mathrm{m}^2$ 时，渗气系数的平均值 $\bar{k}_\mathrm{g}$ 会高于 Klinkenberg 渗气系数 k_∞ 至少 30%。另一方面，考虑到在压实膨润土中气压力通常在 1 个大气压至数百千帕之间变化，取 $p=100\mathrm{kPa}$、$200\mathrm{kPa}$，$b=50\mathrm{kPa}$，根据式（11.65）可知，滑流分别将约占总流量的 33%、20%；当 Klinkenberg 渗气系数 k_∞ 小于 $10^{-14}\,\mathrm{m}^2$ 时，试验得到的气体滑脱因子 b 均大于 $50\mathrm{kPa}$，滑流对气体总流量的贡献是不可忽略的。因此，在本节试验中，可认为 Klinkenberg 效应是否显著的界限渗气系数约为 $10^{-14}\,\mathrm{m}^2$。随着渗气系数的降低，渗气系数的平均值 $\bar{k}_\mathrm{g}$ 与 Klinkenberg 渗气系数 k_∞ 的差别不断增大（当 k_∞ 分别小于 $10^{-15}\,\mathrm{m}^2$、$10^{-16}\,\mathrm{m}^2$ 时，$\bar{k}_\mathrm{g}$ 分别比 k_∞ 高 50%、100% 以上），气体滑脱因子 b 亦会有所增加（图 11.42），即 Klinkenberg 效应的影响会愈加显著。由表 11.12 还可看出，较之近似法，精确法得到的 Klinkenberg 渗气系数 k_∞ 较低、气体滑脱因子 b 会更高，但差异不大（图 11.42），下文中仅以精确法计算结果分析。

气体滑脱因子 b 与干密度、含水率没有明显的相关性，而与 Klinkenberg 渗气系数 k_∞ 之间大致存在唯一的线性关系，其拟合公式如下：

$$b = 0.12k_\infty^{-0.39} \tag{11.75}$$

式中，k_∞、b 的单位分别为 m^2、Pa。

对膨润土渗气特性的进一步分析可参阅文献［21～23］。

Klinkenberg 渗气系数与气体滑脱因子　　　表 11.12

试样编号	精确法		近似法		平均渗气系数 $\bar{k}_g$ ($\times 10^{-15}$)
	Klinkenberg 渗气系数 k_∞ ($\times 10^{-15}\,m^2$)	滑移因子 b ($\times 10^3\,Pa$)	Klinkenberg 渗气系数 k_∞ ($\times 10^{-15}\,m^2$)	滑移因子 b ($\times 10^3\,Pa$)	
A1	43.65	5.4	45.21	—	45.21
A2	17.52	16.3	18.97	—	18.97
A3	5.83	72.5	5.96	67.4	8.04
A4	1.16	189.1	1.26	159.2	2.16
A5	0.38	180.6	0.41	151.6	0.73
B1	43.78	—	43.78	—	43.78
B2	13.20	7.3	13.66	—	13.66
B3	2.79	85.8	3.02	63.9	3.89
B4	0.64	126.9	0.66	116.6	1.03
B5	0.10	215.9	0.11	197.3	0.21
C1	32.73	—	32.73	—	32.73
C2	12.97	—	12.97	—	12.97
C3	2.20	79.5	2.40	57.4	3.05
C4	0.47	93.3	0.50	76.8	0.69
C5	0.0054	2470.4	0.0085	1505.8	0.073
D1	30.68	—	30.68	—	30.68
D2	7.81	44.9	7.80	45.3	9.76
D3	1.85	77.96	1.97	62.5	2.58
D4	0.32	93.2	0.33	82.1	0.48
D5	0.012	683.5	0.0098	855.1	0.056
E1	21.81	—	21.81	—	21.81
E2	5.62	59.9	6.07	42.9	7.49
E3	1.03	65.13	1.03	64.5	1.40
E4	0.096	121.1	0.095	123.0	0.16
E5	0.0025	753.8	0.0025	743.3	0.012

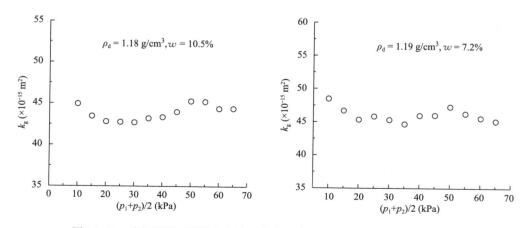

图 11.42　渗气系数随平均气压力的变化（高渗气性试样，大于 $10^{-14}\,m^2$）

11.11　路堤的二维渗水模型试验研究

11.11.1　试验设备和试验方案

路堤两侧属于人工边坡，通常处于非饱和状态，其变形和稳定性与降雨有关。苗强强[10]研究了广佛高速公路增幅路堤边坡在不同降雨条件下的水分运移特性。仪器设备为 LGD-Ⅲ 型非饱和土水分运移试验系统（图 3.6），含水率采用 γ 射线透射法量测，测量点的重复定位误差 2mm，空间分辨率误差小于 2mm。模型箱内部尺寸为长 120cm、宽 20cm、高 200cm，按平面应变问题的构想设计试验。在水平方向上最少可以测量 30 个断面，每个断面上不少于 30 个测点。

试验用土初始含水率为 4.32%，控制干密度 1.70g/cm³，用夯锤每 5cm 分层夯实到控制干密度；根据实际路堤边坡，将夯土削坡，使坡角为 37°；在坡脚处埋设汇流槽使坡面的产流水分经导管流入产流量测装置。取模型箱中水分可能影响的部分作为分析研究对象，如图 11.43 所示。

人工降雨装置由针管式降雨器及马氏筒组成，根据设计的降雨强度布置相应的降雨器针头，如图 11.44 所示。试验模拟了三种降雨强度即 11.6mm/h、21.5mm/h 和 32.7mm/h。安装降雨器的步骤为：①按标定的水头，将蒸馏水注入降雨器相应的位置，确定为所需水头，然后将降雨器中的水全部倒出，存放于某一容器。②将空的降雨器放置于模型箱上面正对于斜坡上部，使降雨器的针头降雨能够均匀地覆盖斜坡表面。③调节马氏筒的高度，使其供水高度为降雨器所需水头。④开始降雨，将从降雨器中倒出的水重新倒入降雨器，同时打开马氏筒的开关，使降雨器的水头保持某个恒定值，从而保证了降雨强度的稳定性。

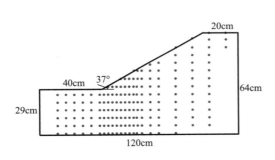

图 11.43　路堤模型的含水率探测范围和位置

图 11.44　降雨器照片（底面朝上）

试验开始前，先将空的模型箱整体扫描一次作为模型箱介质脉冲；待装样结束后再将模型箱连同土样扫描一次，作为土样和箱体的初始脉冲；然后按照设计降雨，降雨步骤为：①降雨强度 11.6mm/h 连续降雨 2h，降雨结束后整体扫描第一次，然后静置 24h 后，进行第二次扫描。②降雨强度 32.7mm/h 连续降雨 2h，降雨结束后整体扫描第一次，然后静置 24h 后，进行第二次扫描。③降雨强度 21.5mm/h 连续降雨 5h，降雨结束后整体扫描第一次，然后静置 24h 后，进行第二次扫描。

11.11.2　路堤边坡在降雨时的入渗规律

图 11.45 为降雨强度 11.6mm/h 连续降雨 2h 后和静置 24h 后的边坡内部水分分布图，其中左边为使用 suffer7.03 所绘等值线图，右边为降雨入渗试验相应时间的照片。在不同时间水分入渗湿润锋用黑笔标记于箱体上，对比两图形状大致一样，说明 suffer7.03 的分析结果是比较可靠的。由图 11.45 可知，降雨强度 11.6mm/h 连续降雨 2h 后，水分大致分布在边坡表层，随着距离坡面深度增加、含水率逐渐减小，此时的降雨强度小于该土在干密度 1.70g/cm³、含水率

4.32％时的入渗率，所有的降雨都入渗到坡体内部，没有产流形成。水分的入渗在距离坡面 5～8cm 范围，表层的含水率高达 33.93％，仍然未达到饱和含水率 39.72％。但随与坡面距离的增加，含水率急剧减小。

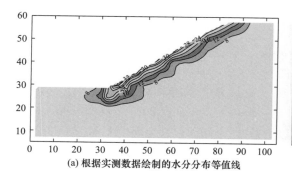

(a) 根据实测数据绘制的水分分布等值线

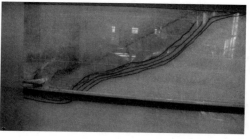

(b) 人工用黑色笔实时标记的入渗锋面

图 11.45　在降雨强度为 11.6mm/h、连续降雨 2h 后的路堤模型边坡中的水分分布

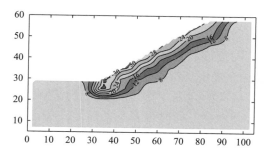

图 11.46　降雨强度 11.6mm/h、连续降雨 2h 后，
再静置 24h 后根据实测数据绘制的水分等值线

图 11.46 为降雨强度 11.6mm/h 连续降雨 2h 后再静置 24h 后的水分分布情况，随着降雨结束，边坡表面不再有雨水补充，同时坡面高含水率的水分向坡体低含水率（即在重力势和基质势等的作用下）的土样中运动。坡面土样含水率逐渐减小，随之坡体内土样含水率逐渐增加。直到水分的入渗达到距坡面 10～14cm 范围，表层的含水率明显低于降雨后的含水率。图 11.46 相对于图 11.45 在坡脚处水分扩散范围较大。

图 11.47 和图 11.48 分别为降雨强度 32.7mm/h 连续降雨 2h 后水分分布等值线图和连续降雨 2h 后再静置 24h 后的水分分布等值线图及相应时刻的照片，随着降雨强度的增加，水分运移的范围不断增大，在降雨强度 32.7mm/h 连续降雨 2h 后，水分入渗的影响范围由 10～14cm 增大到 20～25cm 的范围。同时产流量不断增加，平均产流量为 73.6％，且随着降雨持时的增大产流量增大。其原因有三：一是随着降雨的增多，黏土颗粒膨胀而使孔隙度变小；二是降雨强度超过了入渗率；三是渗径变长。因此，大量的降雨只能以产流的形式排出。由于排水槽设在坡脚处，坡脚水分运移扩散的范围较大。

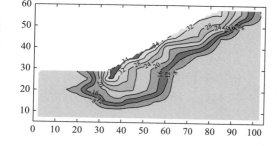

图 11.47　降雨强度为 32.7mm/h、连续降雨
2h 后根据实测数据绘制的水分等值线

图 11.49 和图 11.50 分别为降雨强度 21.5mm/h 连续降雨 5h 不同时段水分分布等值线图和连续降雨 5h 再静置 24h 后的水分分布等值线图及相应时刻的照片。在前两种降雨的影响下，由于雨点击打，表皮土被压密，边坡表面形成了一层致密的土层，土样表皮孔隙率降低，水分运动的通道变得曲折，这时水分入渗率急剧降低，由于降雨历时较长，产流量高达 71.6％。坡体内部水分运移向水平方向发展的趋势增加，在竖直方向发展趋势减缓。与上述两种降雨情况相比，水分运移显著，是因为降雨强度 21.5mm/h，连续降雨 5h，使土体表层土粒间的结构发生变化。尤其在坡角位置更加明显，随降雨量持续增长，大部分的降雨在重力作用下向坡角方向运动，坡角处的

积水量逐渐增多，大部分的雨水排出，还有一小部分的雨水积聚在坡角，在基质势和重力势的作用下向坡角水平方向运移。

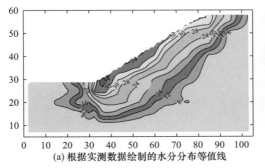
(a) 根据实测数据绘制的水分分布等值线

(b) 人工用黑色笔实时标记的入渗锋面

图 11.48 在降雨强度为 32.7mm/h、连续降雨 2h，再静置 24h 后的路堤边坡中的水分分布

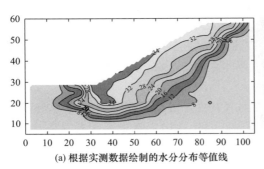
(a) 根据实测数据绘制的水分分布等值线

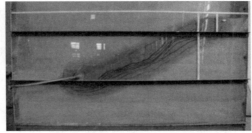
(b) 人工用黑色笔实时标记的入渗锋面

图 11.49 在降雨强度为 21.5mm/h、连续降雨 5h 后的路堤边坡中的水分分布

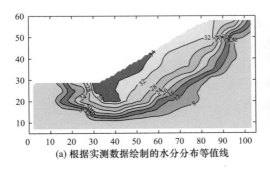
(a) 根据实测数据绘制的水分分布等值线

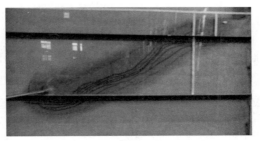
(b) 人工用黑色笔实时标记的入渗锋面

图 11.50 在降雨强度为 21.5mm/h、连续降雨 5h，再静置 24h 后的路堤边坡中的水分分布

综上所述可知，坡面在降雨期间土体都是从非饱和到饱和，降雨结束静置 24h 后土样又从饱和状态变化到非饱和状态，这是降雨停止后水分由土水势高的坡面向土水势低的坡体内运移的结果所致；无论是在降雨期还是降雨停止 24h 后，大量的水分积聚在坡脚到距坡脚 1/3 处，该区域在降雨期间还是雨后都是吸力减小较大、土坡强度减小最快的地方，是路坡发生破坏的薄弱部位，应进行相应的工程处治和加强坡脚排水措施。

11.12 本章小结

（1）非饱和土中的渗流包括渗水和渗气，详细论述了用常规方法和 γ 射线透射法测试水分运移参数的原理。

（2）非饱和土的水分运动可用达西描述，渗水系数、扩散度和比水容量等 3 个水分运动参数由式（11.6）～式（11.8）相联系。

（3）阐明了描述土中气体运动的达西定律和菲克定律之间的关系，前者是后者的特例。

（4）从理论上分析比较了两种计算渗气系数公式的异同：一是把试样视为单元体（即一个点），二是把试样看作实体结构求解边值问题，二者的出发点都是气体运移服从达西定律，没有本质的区别，但前者计算公式简便；当试样两端的气压差 $\Delta p \ll 2p_{atm}$ 时，式（11.59）表明，两种方法得到的渗气系数的差别甚微，可以忽略不计。

（5）研发了一个渗水试验用大尺寸试样的简易装置，既可采取水平土样，也可采取竖直土样，方便实用。

（6）饱和度与密度对原状黄土和重塑黄土的渗水性和渗气性都有重大影响；在半对数坐标系中，原状黄土和重塑黄土的水分扩散度-饱和度关系为两段折线，转折点的饱和度为 60％左右。

（7）原状黄土的渗透性具有各向异性，竖向的渗水系数和渗气系数高于水平向的渗水系数渗气系数。

（8）非饱和土中的气体运移既可用达西定律描述，也可用菲克定律描述，达西定律是菲克定律的特例；达西定律应用简便，黄土、含黏砂土和膨润土的大量渗气试验验证了达西定律的适用性和合理性。

（9）研究了原状 Q_3 黄土在各向等压作用下的渗气特性，分析了渗气系数与各向等压应力、充气度及体积含水率的关系，构建了各自的数学模型；其中，由渗气系数与各向等压应力之间的关系构建的数学描述，比较直截了当，便于工程应用。

（10）对密度较高的膨润土，滑流对气体总流量的贡献不可忽略，其渗气性应考虑压力的影响（即 Klinkenberg 效应）。

（11）用 γ 射线透射法可实时无损连续测定土的含水率变化，简便快捷，对水平土柱入渗试验和二维渗透模型试验均适用，但应注意采取必要的防护措施。

（12）用二维渗透模型试验研究揭示了路堤边坡在多种降雨强度和不同降雨历时的渗流场的实时变化规律，发现坡面在降雨期间土体都是从非饱和到饱和，降雨结束静置后土样又从饱和状态变化到非饱和状态；大量的水分积聚在坡脚到距坡脚 1/3 处，该区域是边坡发生破坏的薄弱部位，应进行相应的工程处治和加强坡脚排水措施。

参考文献

[1] 陈正汉. 非饱和土固结的混合物理论：数学模型、试验研究、边值问题 [D]. 西安：陕西机械学院，1991.

[2] 陈正汉，谢定义，刘祖典. 非饱和土固结的混合物理论（Ⅰ）[J]. 应用数学和力学，1993，14（2），中文版：127-137.

[3] FREDLUND D G, RAHARDJO H. Soil Mechanics for Unsaturated Soils [M]. New York：John Wiley and Sons Inc.，1993.（中译本：非饱和土土力学 [M]. 陈仲颐，张在明，等译，中国建筑工业出版社，1997）

[4] 陈正汉，谢定义，王永胜. 非饱和土的水气运动规律及其工程性质研究 [J]. 岩土工程学报，1993，15（3）：9-20.

[5] 雷志栋，杨诗秀，谢森传. 土壤水动力学 [M]. 北京：清华大学出版社，1988.

[6] 杨福家，王炎森，陆福全. 原子核物理学 [M]. 2 版. 上海：复旦大学出版社，2010：205-216.

[7] 王文焰，张建丰. 在一个水平土柱上同时测定非饱和土壤水各运动参数的试验研究 [J]. 水利学报，1990（7）：26-30.

［8］ 姚志华．大厚度自重湿陷性黄土的水气运移和力学特性及地基湿陷变形规律研究［D］．重庆：后勤工程学院，2012．

［9］ 姚志华，陈正汉，黄雪峰，等．非饱和原状和重塑 Q_3 黄土渗水特性研究［J］．岩土工程学报，2012，34（6）：1020-1027．

［10］ 苗强强．非饱和含黏砂土的水气分运移规律和力学特性研究［D］．重庆：后勤工程学院，2011．

［11］ 张龙，陈正汉，孙树国，等．非饱和重塑 Q_2 和 Q_3 黄土的渗水特性研究［J］．水利与建筑工程学报，2016，14（2）：1-5．

［12］ 张龙，陈正汉，扈胜霞，等．延安某工地填土的渗水和持水特性研究［J］．岩土工程学报，2018，40（S1）：184-188．

［13］ 蒋彭年．非饱和土工程性质简论［J］．岩土工程学报，1989，11（6）：39-59．

［14］ BLIGHT G E．Flow of air through soils［J］．ASCE．Soil Mechanics and Foundation Engineering Division，1971，97（11）：607-624．

［15］ 丁朴荣．ZC-5 型渗气仪的研究与渗气测试方法的研究［J］．陕西机械学院学报，1986（4）：37-52．

［16］ 陆灏．非饱和击实土孔隙压力的试验研究［D］．南京：南京水利科学研究院，1988．

［17］ 苗强强，陈正汉，张磊，等．非饱和黏土质砂的渗气规律试验研究［J］．岩土力学，2010，31（12）：3746-3750．

［18］ 姚志华，陈正汉，黄雪峰，等．非饱和 Q_3 黄土的渗气特性试验研究［J］．岩石力学与工程学报，2012，31（6）：1254-1273．

［19］ 陈存礼，张登飞，张洁，等．等向压缩应力条件下原状 Q_3 黄土的渗气特性研究［J］．岩土工程学报，2017，39（2）：287-294．

［20］ KLINKENBERG L J．The permeability of porous media to liquids and gases［J］．Am．Pet．Inst．Drill．Prod．Pract．，1941：200-213．

［21］ 秦冰．非饱和膨润土的工程特性与热-水-力多场耦合模型研究［D］．重庆：后勤工程学院，2014．

［22］ 秦冰，陆飏，张发忠，等．考虑 Klinkenberg 效应的压实膨润土渗气特性研究［J］．岩土工程学报，2016，38（12）：2194-2201．

［23］ 陈正汉，秦兵．缓冲/回填材料的热-水-力耦合特性及其应用［M］．北京：科学出版社，2017．

第12章　黄土的力学特性

本章提要

用自主研发的非饱和土湿陷-三轴仪、非饱和土三轴仪和直剪仪系统研究了陕甘宁青晋多个场地原状黄土（包括 Q_3 和 Q_2）及其重塑土的变形（包括湿陷/湿化变形）、屈服、强度和水量变化特性，考虑了吸力、净围压、密度和应力路径等因素的影响，揭示了相关规律；提出了描述黄土湿陷变形的 3 个广义湿陷系数、湿陷准则和湿陷变形的非线性本构模型；提出一个新的吸力屈服准则和一个确定三轴剪切过程中屈服点的方法；提出了统一屈服面的概念及其数学表达式，便于应用。

变形、屈服、强度和水量变化特性是非饱和土的基本力学性质，也是非饱和土本构关系研究的基础。黄土在我国北方（特别是黄河流域）广泛分布，面积辽阔，厚度大，处于干旱和半干旱地区，是典型的非饱和土之一。本章以原状 Q_3 黄土及其重塑土为主要研究对象，探讨其变形（包括原状黄土的湿陷性）、屈服、强度和水量变化特性。

12.1　原状 Q_3 黄土在复杂应力状态下的湿陷变形特性

12.1.1　黄土的分类和广义湿陷系数

黄土属于地质年代第四纪的产物，黄土堆积过程持续了 200 多万年。黄土按成因分为原生黄土（风积）和次生黄土（冲积和其他成因），前者又称为典型黄土，后者则称为黄土状土。黄土按生成年代分为老黄土和新黄土，老黄土包括早更新世黄土 Q_1 和中更新世黄土 Q_2，分别称为午城黄土和离石黄土；新黄土包括晚更新世黄土 Q_3 和全新世黄土 Q_4，分别称为马兰黄土和新近堆积黄土。在陕西省洛川县黑木沟发现了典型的黄土地质剖面，黄土出露清楚，地层连续完整，古土壤层清晰，沟谷深度 80~100m，形成了独特奇异的黄土地貌，是 200 多万年以来构造运动和地貌形态演变的真实写照，具有很高的学术价值。国土资源部 2001 年批准成立洛川黄土国家地质公园。

顺便指出，黄土风积说最早由德国学者李希霍芬在中国 14 个省份考察 4 年于 1877 年提出，后经刘东生等中国学者多年考察研究得以定论[1,2]；李希霍芬还把张骞开凿的西域商路命名为"丝绸之路"（见陈正汉. 抗疫丰碑，黄土颂歌 [J]. 陕西英才，2021（1）：61-72）。

据刘东生[1,2] 的研究，黄土在全世界广泛分布，面积达 $1300 \times 10^4 km^2$，占陆地面积的 9.3%；黄土在我国分布面积 $64 \times 10^4 km^2$（包括原生黄土和次生黄土，但不包括黄淮平原地区），占国土面积 6.3%；原生黄土在我国分布面积约为 $44 \times 10^4 km^2$，在黄河中游为 $31.76 \times 10^4 km^2$。文献 [1] 介绍的黄土厚度一般为 80~120m，最大厚度为 175m。文献 [3] 前言中称："兰州地区黄土的厚度达 410m，是世界上黄土厚度最大的地区"。

有的黄土，在一定压力下受水浸湿，土的结构迅速破坏而产生显著附加下沉，此种特性称为黄土的湿陷性。黄土按有无湿陷性分为湿陷性黄土和非湿陷性黄土，前者通常包括 Q_3 和 Q_4 黄土，后者通常包括 Q_1 和 Q_2 黄土。《湿陷性黄土地区建筑标准》GB 50025—2018[4] 认为，Q_2 黄土的上部部分土层具有湿陷性。黄土按在上覆的饱和自重压力作用下是否湿陷分为自重湿陷性黄土和非自重湿陷性黄土，前者的湿陷性比后者更为强烈。湿陷性是黄土最重要的工程性质。我国黄土地区按黄土湿陷性的强弱分为 7 个区[4]。应当指出，林在贯最先提出对湿陷性黄土进行分类划区（见王永焱，林在贯，等. 中国黄土的结构特征及物理力学性质 [M]. 北京：科学出版社，1990）。

通常采用竖向湿陷系数 δ_s 作为评价黄土湿陷性的主要指标，用侧限压缩试验测定。该法由苏联学者阿别列夫在 1948 年提出。由于其测定方法简便，故得到工程界的广泛应用，至今仍作为湿陷性黄土地基分类划级、预测湿陷量的依据[4]。不过，侧限压缩试验所模拟的应力-应变不符合地基情况。事实上，黄土地基在局部荷载作用下湿陷，不仅有竖向位移，而且有水平变形[5-8]，仅用湿陷系数 δ_s 描述湿陷变形是不全面的。为了描述黄土在复杂应力状态下的湿陷性，陈正汉等[9,10]（1986）提出了三个广义湿陷系数，即湿陷体应变、湿陷偏应变和湿陷性应变罗德角，分别用 ε_v^{sh}，ε_s^{sh} 和 θ_ε^{sh} 表示如下：

$$\left.\begin{aligned}
\varepsilon_v^{sh} &= \varepsilon_1^{sh} + \varepsilon_2^{sh} + \varepsilon_3^{sh} \\
\varepsilon_s^{sh} &= \frac{\sqrt{2}}{3}\left[(\varepsilon_1^{sh} - \varepsilon_2^{sh})^2 + (\varepsilon_2^{sh} - \varepsilon_3^{sh})^2 + (\varepsilon_3^{sh} - \varepsilon_1^{sh})^2\right]^{1/2} \\
\theta_\varepsilon^{sh} &= \frac{1}{3}\arcsin\left(-\frac{3\sqrt{3}}{2}\frac{J_3'}{(J_2')^{3/2}}\right)
\end{aligned}\right\} \tag{12.1}$$

式中，J_2' 和 J_3' 为湿陷偏应变的第二和第三不变量。广义湿陷系数为用现代土力学知识和三轴仪研究黄土的湿陷性提供了方便。

在三轴应力状态下，式（12.1）简化为：

$$\left.\begin{aligned}
\varepsilon_v^{sh} &= \varepsilon_1^{sh} + 2\varepsilon_3^{sh} \\
\varepsilon_s^{sh} &= \frac{2}{3}(\varepsilon_1^{sh} - \varepsilon_3^{sh}) \\
\theta_\varepsilon^{sh} &= -\frac{\pi}{6} = -30°
\end{aligned}\right\} \tag{12.2}$$

12.1.2 原状 Q₃ 黄土在三轴应力条件下的湿陷变形特征

黄土的湿陷变形与塑性变形有相似之处，即与应力路径有关（即与加荷次序有关）。若把水视为一种广义的力，则湿陷变形就与水和力对土的作用次序有关，即先加力后浸水与先浸水后加力所产生的湿陷变形是不同的。相应的试验方法有单线法和双线法之分。一般认为，单线法比较符合工程实际，而双线法似与实际情况不符，但试验比较简便。

为了揭示黄土在复杂应力状态下的湿陷变形特征，陈正汉等[9]（1986）率先用应力控制三轴仪对洛川原状 Q₃ 黄土做了一系列三轴湿陷试验，可称之为三轴单线法，在加载过程中保持主应力比（$K = \sigma_3/\sigma_1$）等于常数、待加载到一定应力状态变形稳定后浸水至饱和。为了比较，做了 3 个双线法三轴湿陷试验。试验方案见表 12.1。

陕西洛川县黑木沟 Q₃ 黄土湿陷试验统计表[9] 表 12.1

试验方法	单线法（共 40 个试验）							双线法（共 3 个试验）		
等应力比 K	0.15	0.20	0.30	0.40	0.50	0.60	1.00	0.4	0.5	0.6
浸水前的偏应力（kPa）	100	40 60 80 100 120	70 100 125 140 150	80 100 115 125 150 175 200 300	50 80 90 100 150 200 300	40 80 90 100 150 200 300	100 150 200 250 300 400 500	各做了一个试验，浸水前围压等于 20kPa		
单向湿陷试验	9 个试验 浸水前轴向压力=50，100，200，300，400，500，600，700，800kPa									
对比试验	三轴单线法（2 个）	围压=100kPa，偏应力=150kPa （和 K=0.4，偏应力=150kPa 的试验结果对比） 围压=100kPa，偏应力=100kPa （和 K=0.6，偏应力=100kPa 的试验结果对比）								

试验方法		单线法（共 40 个试验）	双线法（共 3 个试验）
常规三 轴试验	原状	固结排水剪试验 4 个，围压＝100，150，250，300kPa	
	饱和	固结不排水剪试验 3 个，围压＝100，200，300kPa	
试验总数（个）		61	

用平均应力 $p=\dfrac{\sigma_1+2\sigma_3}{3}$ 和偏应力 $q=\sigma_1-\sigma_3$ 描述土试样的三轴应力状态。洛川原状 Q_3 黄土的三轴湿陷试验结果示于图 12.1，包括偏应力-湿陷偏应变关系曲线（图 12.1a）、球应力-湿陷体变关系曲线（图 12.1b）和湿陷体应变-湿陷偏应变关系曲线（图 12.1c）。图 12.1 表明黄土湿陷变形具有以下特征。

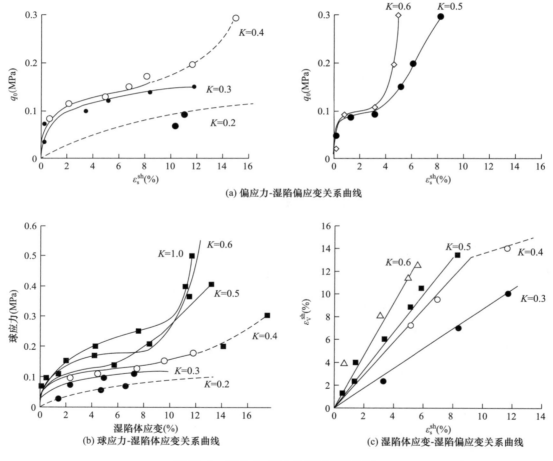

(a) 偏应力-湿陷偏应变关系曲线

(b) 球应力-湿陷体应变关系曲线

(c) 湿陷体应变-湿陷偏应变关系曲线

图 12.1　洛川 Q_3 黄土的湿陷试验结果

1）主应力比 K 对湿陷变形的影响很大，不同 K 值的湿陷变形曲线具有不同的形态。当 $K\geqslant0.4$ 时，曲线上有一明显的转点，把曲线分成两部分：前段下凹，后段上凹；$K=0.3$ 时，曲线只有下凹部分；$K=0.2$ 时，试样在湿陷过程中变形很不均匀，试样下部断面明显胀大，标志着试样已破坏（图中用虚线表示）；$K<0.2$ 时，试验未进行到底就破坏。$K=0.15$、$\sigma_3=$ 17.65kPa、$\sigma_1-\sigma_3=100$kPa 的湿陷变形试验表明，在浸水 25min 后，试样的上部尚未浸湿，下部已变成泥浆。

2）湿陷变形曲线上的转点反映了黄土在湿陷过程中结构和强度的变化。在转点以前主要是原有结构的破坏和强度的丧失；在转点以后则既有原结构的破坏和强度的丧失，又有新结构和强度的形成。由于"增长"的因素大于"消失"的因素，因而曲线表现为上升的趋势。对于较小的 K，由于 q/p 较大，"消"的因素大于"长"的因素，新的稳定结构不可能形成，故曲线只有下凹部分。转点的位置与 K 有关。一般说来，转点的剪应力 q_t 随 K 的增大而减小。这是因为土样新结构的形成和强度的增长主要靠球应力使土变密，K 越大对应于同一剪应力的球应力越大，因而体变越大，土越密实，强度增长越快，"长"大于"消"的局面出现得越早。所以转点在 p-ε_v^{sh} 和 q-ε_s^{sh} 曲线上的不同位置，也反映了不同应力状态下黄土浸水后结构强度的改变。在接近转点时，曲线斜率接近于零，反映了黄土浸水后残余强度的丧失导致了土结构的崩解，在该瞬间，土的强度最低。

3）黄土在三轴应力状态下的湿陷变形的确表现为体积和剪切变形两方面。当 K 较大时，主要表现为湿陷体积变形；当 K 较小时，主要表现为湿陷剪切变形。例如：当 $K=0.2$、$p=34.32\text{kPa}$、$q=58.84\text{kPa}$ 时，$\varepsilon_v^{sh}=1.3\%$，$\varepsilon_s^{sh}=10.3\%$。这种塑性体积变形较小而塑性剪切变形急剧发展的现象，类似于塑性流。不过，黄土的湿陷塑性变形与塑性理论中的塑性变形机理有所不同。湿陷变形是由土中水分变化（或者说是吸力状态改变）导致土结构的变化，水与力共同作用引起的附加变形；而后者则纯粹是由应力引起的。

4）球应力和偏应力都能导致湿陷，且它们对湿陷体变和湿陷偏应变有交叉影响。例如，当 $K=1$ 时，在各向等压为 245.17kPa 的作用下，$\varepsilon_v^{sh}=7.73\%$，按各向同性计算，$\varepsilon_s^{sh}=2.5\%$，其值不可忽视。湿陷就意味着土结构的破坏。球应力所以能引起黄土结构的破坏，是因为黄土的特殊结构。高国瑞[11]对黄土显微结构的研究表明，湿陷黄土具有粒状架空接触式结构，其内部存在着孔径远比构成孔隙土粒大的架空孔隙（不同于大孔隙）。这种结构即使土样受到均压作用，土骨架中的应力仍非均匀分布，在土粒的胶结物上将发生应力集中，使胶结物受到压、剪、弯扭的组合应力作用。随着水的浸入，黄土的加固黏聚力破坏，连接强度减弱，黄土的骨架就会失去稳定，土粒重新排列，架空孔隙周围的颗粒将落入孔隙内，造成湿陷现象。不像正常固结土那样，在球应力作用下只产生塑性屈服和硬化，没有突变变形发生。

5）在一定应力状态下，黄土的原有结构破坏，并能形成新的稳定结构，软硬化相伴而生。湿陷变形曲线表现为由下凹段和上凹段两部分组成，试样结构经历了先破坏湿陷、再逐渐压密以至形成新结构的过程。由此可知：湿陷后的黄土不等于其强度完全丧失，可能会有新的强度产生，湿陷后的黄土地基经过一定时间仍能达到新的稳定，稳定程度取决于应力状态。

12.1.3 湿陷变形与应力状态的关系及其应用

黄土的结构在湿陷前后发生重大变化，反映在湿陷变形-应力曲线上就是转点前后变形曲线具有不同的形态（图 12.1），故对其进行数学描述宜分段处理[9,10]。该法虽然浅显，但能直观反映湿陷变形的非线性、结构性和应力状态的影响，以及球应力和偏应力的交叉效应，具有直截了当、过程透明、结果简洁、参数易定、便于应用等突出优点。

（1）转点前的 ε_v^{sh} 和应力状态的关系。对于每一应力比 K，转点前的 p-ε_v^{sh} 关系曲线接近双曲线，故可用下式描述：

$$p = \frac{\varepsilon_v^{sh}}{a + b\varepsilon_v^{sh}} \tag{12.3}$$

式中，$1/a$ 为 p-ε_v^{sh} 曲线的起始斜率，反映产生湿陷的难易程度；$1/b$ 为双曲线的渐近线相应的球应力。a，b 与 K 的关系由下式确定：

$$a = 0.2865 + \frac{1 - 1.6667K}{8.2035K - 1.9767} \tag{12.4}$$

$$b = 0.7487 - 2.8508 \times 10^{-5} e^{15K} \tag{12.5}$$

综合式（12.3）、式（12.4）和式（12.5）可以解得：

$$\varepsilon_v^{sh} = \frac{ap}{1-bp} = \frac{\left(0.2865 + \dfrac{1-1.6667K}{8.2035K - 1.9767}\right)p}{1 - (0.7487 - 2.8508 \times 10^{-5} e^{15K})p} \tag{12.6}$$

（2）转点后的 ε_v^{sh} 和应力状态的关系。其可用幂函数表示：

$$p = \alpha (\varepsilon_v^{sh})^\beta \tag{12.7}$$

$$\alpha = 0.9369 - 1.5419K \tag{12.8}$$

$$\beta = \frac{K}{1.2274 - 1.6347K} \tag{12.9}$$

由式（12.7）解出：

$$\varepsilon_v^{sh} = (p/\alpha)^{1/\beta} = \left(\frac{p}{0.9369 - 1.5419K}\right)^{\frac{1.2274}{K} - 1.6347} \tag{12.10}$$

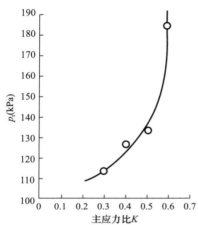

图 12.2 转点的球应力与主
应力比的关系

（3）转点的轨迹方程式。应用式（12.6）和式（12.10）计算 ε_v^{sh} 时，需要先知道应力点是在转点以前或以后，为此，须建立转点的轨迹方程。图 12.2 是转点球应力 p_t 与 K 的关系曲线，其数学表达式为：

$$p_t = 1.14 + \frac{K - 0.30}{2.91 - 4.10K} \tag{12.11}$$

这就是应用式（12.6）和式（12.10）计算 ε_v^{sh} 的判别准则。

（4）ε_s^{sh} 和应力状态的关系

图 12.1(c) 是 ε_v^{sh} 和 ε_s^{sh} 的关系曲线（含转点前后），它们近似一簇过原点的直线，可表达为：

$$\varepsilon_v^{sh} = \lambda \varepsilon_s^{sh} \tag{12.12}$$

式中，斜率 λ 和 K 呈线性关系，即：

$$\lambda = 4.470K - 0.444 \tag{12.13}$$

λ 可定义为湿陷变形比。从式（12.10）可知，湿陷剪应变随 K 的增大而减小。

转点以前，结合式（12.6）、式（12.12）和式（12.13）得：

$$\varepsilon_s^{sh} = \frac{ap}{(4.470K - 0.444)(1-bp)} \tag{12.14}$$

再把 $p = \dfrac{1+2K}{3(1-K)}q$ 代入式（12.14）则得：

$$\varepsilon_s^{sh} = \frac{\bar{a}q}{1-\bar{b}q} \tag{12.15}$$

$$\begin{cases} \bar{a} = \dfrac{1+2K}{3(1-K)(4.470K - 0.444)}a \\ \bar{b} = \dfrac{1+2K}{3(1-K)}b \end{cases} \tag{12.16}$$

转点以后，结合式（12.10）、式（12.12）和式（12.13），并把 $p = \dfrac{1+2K}{3(1-K)}q$ 代入则得：

$$\varepsilon_s^{sh} = \frac{\varepsilon_v^{sh}}{\lambda} = \left(\frac{q}{\bar{\alpha}}\right)^{1/\bar{\beta}} \tag{12.17}$$

$$\begin{cases} \bar{\alpha} = \dfrac{\lambda\beta}{(1+2K)/3(1-K)} \\ \bar{\beta} = \beta \end{cases} \tag{12.18}$$

分别比较式（12.15）和式（12.6）、式（12.17）和式（12.10）可知，ε_v^{sh}-p 与 ε_s^{sh}-q 具有类似的函数关系，仅变形参数不同而已。还应注意到，这 4 个表达式中的 $K=\dfrac{3-\eta}{3+2\eta}$ 和 $\eta=q/p$，故这 4 式都反映了湿陷变形对应力状态和应力路径的依赖关系。很明显它们都是非线性关系，相互间有交叉影响，这是黄土湿陷变形的重要特点。

应用以上本构关系，通过计算分析，得到了在外荷作用下地基湿陷变形的规律：①最大分层湿陷应变出现在 $(0.5\sim1.0)b$ 内（b 为基础宽度）；②基础下 $(0\sim2)b$ 范围内的湿陷量占总湿陷量的 80% 以上，即附加荷载湿陷量的大部分集中在压缩层范围；③基础下 $(0.5\sim1.0)b$ 内产生较大的侧向位移，促使基础下的土体侧向挤出，加剧了竖向湿陷变形。这些规律与有关单位在兰州钢厂和陕西张桥等地载荷浸水试验结果[5-7]比较接近（图 12.3 和图 12.4）。

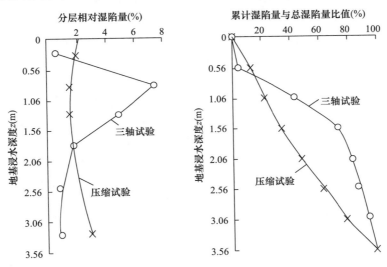

图 12.3 计算湿陷变形的竖向分布

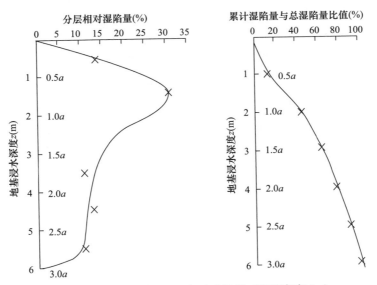

图 12.4 兰州钢厂载荷浸水试验结果（基础宽度 2m）

12.1.4　湿陷准则

穆斯塔伐耶夫[12]认为，黄土湿陷是因应力超过了黄土的浸水强度，从而使土的应力状态达到了极限平衡造成的，强度参数 c、φ 和静止侧压力系数 ξ 都是含水率的函数。据此提出了包括含水率影响的广义 M-C 准则[12]，即黄土发生湿陷的初始条件。

$$\sin\varphi(w) = \frac{\sigma_1^f - \sigma_3^f + [1 - \xi(w)]\sigma_{1C}(w)}{\sigma_1^f + \sigma_3^f + [1 + \xi(w)]\sigma_{1c}(w) + 2c(w) \cdot \cot\varphi(w)} \quad (12.19)$$

式中，σ_{1C} 为竖向自重应力；σ_1^f、σ_3^f 分别为荷载引起的附加大、小主应力增量。但其有可能忽视了附加主应力的方向不一定与自重应力相同。

众所周知，M-C 准则只能描述剪切破坏。从本节前述可知，单纯的球应力作用也可以引起黄土湿陷；黄土发生有限的湿陷变形后有可能形成新的稳定结构，而不会破坏失去承载能力。由此观之，把 M-C 准则作为黄土湿陷的起始条件是不合适的。加之湿陷变形有大有小，据此可知，剪切破坏的条件比发生湿陷的初始条件苛刻。

鉴于上述原因，寻求新的判别湿陷初始条件就显得很必要。可以根据湿陷初始压力的概念提出以下确定湿陷初始条件的方法。所谓湿陷初始压力，通常是指在饱水时能引起黄土湿陷的最小压力。从理论和试验方面精确确定这一压力的数值是困难的，因而《湿陷性黄土地区建筑标准》[4]建议，取湿陷系数 $\delta_s = 0.015$ 时的压力作为湿陷初始压力。当然这只是对侧限压缩试验而言。对于承重地基，不同部位具有不同的湿陷初始压力。换言之，湿陷初始压力与应力状态相关。为了能与《湿陷性黄土地区建筑标准》[4]协调，陈正汉取三轴试验的 $\varepsilon_1^{sh} = 1.5\%$ 对应的应力状态为湿陷初始的应力状态。利用式（12.3），可以确定不同 K 值下的湿陷初始压力 (p, q)，把这些点标在 p-q 坐标中，其包络线接近圆形（图 12.5），轨迹方程为：

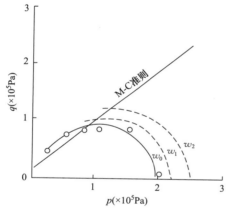

图 12.5　湿陷准则随含水率的变化

$$(p - p_0)^2 + (q - q_0)^2 = R^2 \quad (12.20)$$

式中，p_0，q_0，R 分别为圆心坐标值和圆的半径，都是含水率 w 的函数。当含水率变化时，用相同的方法，可以求得湿陷初始压力轨迹曲线族。图 12.5 中的 w_0 代表饱和水情况，w_1，w_2……则代表未饱和情况。

式（12.20）就是湿陷变形发生的初始条件，或称为湿陷准则[10]。

受上述工作的启发[13]，苗天德等[14,15]提出了黄土湿陷的突变模型，他们在 1999 年导出的湿陷判别式[15]与式（12.20）的形式相同。

另外，由洛川原状黄土的饱和后的三轴快剪试验（表 12.1）测得其黏聚力等于 7.84kPa，内摩擦角等于 20.9°；据此可用下式推算出在 p-q 坐标系中相应破坏线的倾角 $\bar{\varphi} = 39°$ 和截距 $\bar{c} = 16.7$kPa（有关推导见第 17.2.2 节）：

$$\begin{cases} \tan\bar{\varphi} = \dfrac{6\sin\varphi}{3 - \sin\varphi} \\ \bar{c} = \dfrac{6c \cdot \cos\varphi}{3 - \sin\varphi} \end{cases} \quad (12.21)$$

p-q 坐标系中破坏线的方程为（有关推导见第 17.2.2 节）：

$$q = p\tan\bar{\varphi} + \bar{c} \quad (12.22)$$

则黄土的湿陷准则线就是圆位于破坏线以下的弧段［式（12.20）］，圆弧与破坏线的交点坐标可通过式（12.20）和式（12.22）联立求得。

12.1.5 吸力对湿陷变形的影响

黄土通常处于非饱和状态，吸力对其变形和强度具有重要影响。为了探讨吸力对黄土湿陷变形的影响，朱元青等[16]（2008）研发了湿陷三轴仪，用该仪器探讨了宁夏扶贫扬黄工程 11 号泵站自重湿陷性黄土（Q_3）的湿陷变形特性。

12.1.5.1 仪器设备和三轴湿陷试验研究方法

文献 ［16］ 研发的湿陷三轴仪具有以下特点。

（1）压力室底座具有二元构造（图 6.43、图 7.5 和图 12.6），既能控制吸力又能浸水。该底座针对直径为 39.1mm 的试样设计，分为两部分。内部是半径为 10.55mm，进气值为 5bar 的陶土板，渗水系数为 $1.21×10^{-9}$ m/s。陶土板下面的底座上刻有 2mm 宽、2mm 深的螺旋槽。外部是铜圈，铜圈上均匀分布着半径为 0.5mm 小孔。内外两部分之间为 2mm 宽的铝合金隔墙。铜圈下面的底板上刻有 2mm 宽、2mm 深的环形槽，环形槽中有一直径为 2mm 的孔，此孔连通浸水阀门，用于浸水，浸水结束后用于排水。由于非饱和土渗透系数小，非饱和土试验的历时长，试验过程中空气通过孔隙水和陶土板中的水扩散，影响试样排水体积的精确测量。通过螺旋槽可将扩散气泡冲走，减小排水体积量测误差。该底座既可控制吸力，又能以较快的速度浸水使土样饱和。

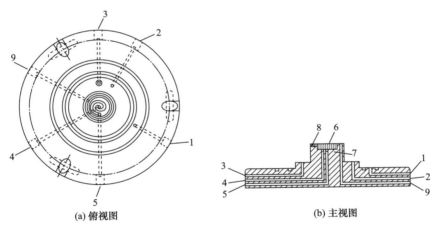

（a）俯视图　　　　（b）主视图

图 12.6　具有二元结构的非饱和土三轴压力室试样底座示意图

1—接外压力室三通阀门；2—接内压力室三通阀门；3—接孔隙气压三通阀；4—接排水三通阀门；5—接冲洗螺旋槽
三通阀门；6—高进气值陶土板；7—陶土板下螺旋槽；8—环形多孔薄金属板；9—接环形水槽阀门

（2）可控制剪切速率或偏应力的轴向荷载控制系统。此系统由步进电机及其驱动器、调压筒、活塞、数据采集程序组成。它既能控制试样的应变速率，又能控制施加在试样上的偏应力。应变速率具有 7 档，可供选用。调压筒由黄铜制成，与轴向加载活塞之间用不锈钢管连通，内充无气水，不锈钢管内径为 1mm、外径为 3.2mm，可承受 10MPa 的压力。步进电机与电脑和压力传感器组成的控制系统控制活塞内压力的大小，以达到稳定轴向荷载的目的。

（3）体变量测装置。采用双层压力室，体变可用压力-体积控制器量测内压力室的体变获得。量测体变亦可采用精密体变量测装置，其主要部件是一支装在有机玻璃筒中的注射器，有压气体进入玻璃筒推动注射器，注射器中的无气水进入内压力室并给内压力室中的试样施加围压，且可由注射器内水体积的变化推算试样体积的变化。注射器的位移用带传感器的百分表量测，百分表每走一格，代表体变为 $0.0063cm^3$。为保证水不从注射器内壁与活塞之间挤出，要求注射器配合性好，同时在注射器内的无气水上覆盖一层厚度1cm，黏度合适的标准油。精密体变量测装置构造及其与三轴仪压力室联结的情况见本书第 6 章的图 6.8、图 6.9 和图 6.11。

（4）浸水所用的装置为 GDS 压力/体积控制器。标准的 GDS 压力/体积控制器的压力最大值可达 2MPa，容积为 1000cm³。其压力量测精度可达 1kPa，体积量测精度可达 1mm³。该控制器可实现常水头下的浸水，同时量测浸水量。可根据浸水难易程度调节压力控制浸水速度。

测定黄土湿陷系数通常用固结仪按双线法和单线法实验步骤进行。用湿陷三轴仪研究湿陷变形也可用双线法和单线法。

采用双线法进行湿陷试验时需要两个试样：即所谓的"饱和试样"和"干试样"。前一个试样（即"饱和试样"）先在初始含水率下施加吸力和净围压；待排水固结完成（判定标准为体变在 2h 的变化不超过 0.0063cm³，排水在 2h 内的变化不超过 0.012cm³）后，同步等量降低围压和吸力值，直到卸除全部吸力而保持净固结压力不变，再在净固结压力下浸水饱和（即同步等值提高围压和浸水压力，以保持浸水过程中净围压为常数），浸水过程的稳定标准为体变在 2h 内不超过 0.0063cm³，并且浸水量等于出水量；试样饱和后逐级施加偏应力，在各级偏应力作用下变形和排水稳定后测记体应变、轴向应变和排水量，稳定标准为轴向位移每小时不超过 0.01mm，体变每 2h 不超过 0.0063cm³。第二个试样（即"干压样"）在初始含水率下施加吸力和净围压，排水固结完成后逐级施加偏应力，每级偏应力作用下的稳定标准为轴向位移每小时不超过 0.01mm，体变每 2h 不超过 0.0063cm³。

采用单线法时，对某一吸力和净围压组合，需要一组试样。每个试样先在相同的吸力和净围压下排水固结完成后，再在不同偏应力下浸水饱和，直到变形稳定。

浸水时从铜圈的小孔浸水，从试样帽排水管排水。为了使试样内部的孔隙水压力较快地均匀化，采用试样周边贴滤纸的方法。滤纸高 8cm、宽 0.6cm，在试样周边贴 6 条。对双线法的饱和试样，在逐级施加偏应力排水剪切时，同时打开试样帽排水管阀门和铜圈进（排）水阀门，此时试样为双向排水，可缩短每级偏应力荷载下变形稳定时间。

控制偏应力时需在试样轴向变形过程中不断调整轴向荷载。湿陷过程中，在偏应力作用下轴向变形发展快，试样平均横断面积变化较大。为了控制湿陷过程中的偏应力，应变速率不宜过慢，要求步进电机以较快速率补偿，但是过快的应变速率使偏应力的变化范围大，不能准确控制偏应力，且对试样有较大的扰动。经过反复比较，选择 0.2mm/min 调节偏应力变化的剪切速率进行补偿为宜。

设单线法三轴湿陷试样固结结束时的体积为 V_c，高度为 h_c；逐级增加偏应力到目标值，变形和排水稳定后的体积为 V_t，高度为 h_t；在目标偏应力下浸水稳定后，体积为 V_{ts}，高度为 h_{ts}。则在该级偏应力下湿陷体应变为 $\varepsilon_v^{sh} = \dfrac{V_t - V_{ts}}{V_c}$；湿陷轴向应变为 $\varepsilon_a^{sh} = \dfrac{h_t - h_{ts}}{h_c}$。

设双线法中浸水饱和后加偏应力的试样为饱和样；固结后直接加偏应力的试样为初始含水率样。双线法试验的湿陷轴向应变和湿陷体应变计算示意图见图 12.7，饱和试样与初始含水率试样在相同偏应力下的轴向应变和体应变之差即为湿陷轴向应变和湿陷体应变。设在固结结束后两个试样的体积和高度分别为 V_{cs}、h_{cs} 与 V_{ci}、h_{ci}。记饱和样在常围压下（无偏应力作用）的湿陷体变为 ΔV。记某一级偏应力下的饱和样与初始含水率样的体变和高度变化值分别为 ΔV_{ts}、Δh_{ts} 和 ΔV_{ti}、Δh_{ti}。当偏应力为 0 时，湿陷体应变为 $\varepsilon_{v0}^{sh} = \dfrac{\Delta V}{V_{cs}}$，湿陷轴向应变为 $\varepsilon_{a0}^{sh} = \dfrac{\varepsilon_{v0}^{sh}}{3}$。当偏应力不为 0 时，每一级偏应力下的湿陷体应变、湿陷轴向应变和湿陷偏应变分别为：

$$\varepsilon_v^{sh} = \varepsilon_v^s - \varepsilon_v^i = \frac{\Delta V + \Delta V_{ts}}{V_{cs}} - \frac{\Delta V_{ti}}{V_{ci}} \tag{12.23}$$

$$\varepsilon_a^{sh} = \varepsilon_a^s - \varepsilon_a^i = \left(\varepsilon_{a0}^{sh} + \frac{\Delta h_{ts}}{h_{cs}}\right) - \frac{\Delta h_{ti}}{h_{ci}} \tag{12.24}$$

$$\varepsilon_s^{sh} = \varepsilon_a^{sh} - \frac{\varepsilon_v^{sh}}{3} \tag{12.25}$$

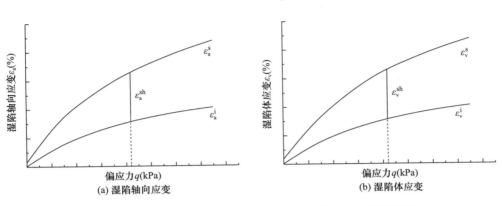

图 12.7 双线法试验的湿陷轴向应变和湿陷体应变计算示意图

试验所用土样取自宁夏扶贫扬黄灌溉工程 11 号泵站，该土样取自场地深度 10m 处，为 Q₃ 自重湿陷性黄土。试样的初始含水率低，在切土盘上削完后，用水膜转移法将试样的初始饱和度统一控制为 75%，以便在控制吸力的试验中试样仍能排水。为使水分均匀扩散，所加水用注射器分几次缓慢均匀滴入土样中，每次加水间隔数小时。加水后每 12h 翻动一下土样，在保湿罐中放置 72h 以上取出装样。

本节按双线法进行湿陷试验。试验分为两组：①净围压 100kPa，吸力分别为 50、100、200kPa；②吸力为 100kPa，净围压为 50、100、200kPa。每组试验需要 4 个试样，即 1 个饱和试样，3 个干试样；共做了 8 个试验。

12.1.5.2 试验结果分析

图 12.8、图 12.9 和图 12.10 分别是净围压为 100kPa，吸力 50kPa、100kPa、200kPa 时，用双线法得到的湿陷轴向应变、湿陷体应变和湿陷偏应变与偏应力的关系曲线。同一净围压和偏应力下，随吸力的增加湿陷变形增加。当吸力为 100kPa、200kPa 时，随着偏应力的增加，湿陷轴应变、湿陷体应变、湿陷偏应变均随偏应力增加而增加，在试验应力范围内，未出现湿陷峰值；偏应力不超过 125kPa 时，湿陷应变随偏应力增大变化较小；但是当偏应力大于 125kPa 后，湿陷应变随偏应力增大变化剧烈，这是由于黄土的原有结构被破坏了。当吸力为 50kPa 时，出现了湿陷峰值。这是由于较小的吸力对应着较高的饱和度，已有研究结果表明，当饱和度接近 80% 时湿陷性基本消失[17]，故低吸力下会出现湿陷变形峰值。这 3 个吸力不同的试验均以偏应力等于 125kPa 为分界点，低偏应力（≤125kPa）下吸力对湿陷变形的影响小于高偏应力（>125kPa）下的影响。

图 12.11、图 12.12 和图 12.13 分别是吸力为 100kPa，净围压为 50kPa、100kPa、200kPa 时，相应的湿陷轴向应变、湿陷体应变和湿陷偏应变与偏应力的关系曲线。其中，净围压 50kPa、吸力 100kPa 的浸水饱和样，在偏应力为 25kPa 时轴向变形达到了 25%，试样已破坏，此偏应力下湿陷体应变、湿陷轴向应变、湿陷偏应变分别为 6.98%、23.39%、21.06%，故未在图中示出。同一吸力和偏应力下，净围压 200kPa 的湿陷变形大于净围压 100kPa 下的湿陷变形。净围压 50kPa、偏应力 25kPa 下的湿陷变形大于净围压 100kPa 和净围压 200kPa、偏应力 25kPa 下的湿陷变形。当偏应力值低于 125kPa 时，湿陷应变随偏应力增大变化较小，但是当偏应力大于 125kPa 后，湿陷应变随偏应力增大变化剧烈。

总而言之，吸力、净围压和偏应力对湿陷变形均有显著影响；吸力、净围压和偏应力越大，湿陷变形越大；同一净围压和偏应力下，湿陷变形随着吸力的增加而增加；低偏应力下吸力对湿陷变形的影响小于高偏应力下的影响，偏应力等于 125kPa 可视为分界点。

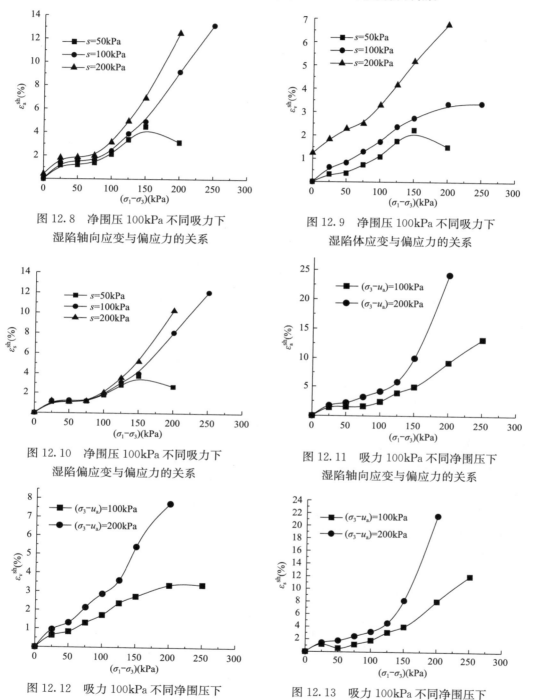

图 12.8　净围压 100kPa 不同吸力下湿陷轴向应变与偏应力的关系

图 12.9　净围压 100kPa 不同吸力下湿陷体应变与偏应力的关系

图 12.10　净围压 100kPa 不同吸力下湿陷偏应变与偏应力的关系

图 12.11　吸力 100kPa 不同净围压下湿陷轴向应变与偏应力的关系

图 12.12　吸力 100kPa 不同净围压下湿陷体应变与偏应力的关系

图 12.13　吸力 100kPa 不同净围压下湿陷偏应变与偏应力的关系

12.2　重塑黄土的变形、屈服、强度和水量变化特性

陈正汉[18]（1999）用非饱和土三轴仪深入系统地研究了重塑非饱和黄土的力学特性，包括

变形、屈服、强度和水量变化特性。

12.2.1 描述变量及相互联系

用净平均应力 $p=\dfrac{\sigma_1+2\sigma_3}{3}-u_a$、偏应力 $q=\sigma_1-\sigma_3$ 和吸力 $s=u_a-u_w$ 描述非饱和土试样的三轴应力状态。用体应变、偏应变和水相体应变描述相应的变形状态，分别由以下 3 式定义

$$\varepsilon_v=\frac{\Delta V}{V_0}=\varepsilon_1+2\varepsilon_3 \tag{12.26}$$

$$\varepsilon_s=\frac{2}{3}(\varepsilon_1-\varepsilon_3) \tag{12.27}$$

$$\varepsilon_w=\frac{\Delta V_w}{V_0} \tag{12.28}$$

式中，ε_v、ε_s 和 ε_w 分别为土样体应变、土样偏应变和土中水相体应变；ΔV、ΔV_w、V_0 分别为土样的体积改变量、土中水的体积改变量和土样的初始体积；ε_1 和 ε_3 分别是大主应变和小主应变；ε_v 和 ε_w 都用土样初始体积统一度量，二者分别通过以下两式与土的比容 $v=1+e$（e 为孔隙比）和土样质量含水率 w 相联系[18]，

$$v=(1+e_0)(1-\varepsilon_v)=v_0(1-\varepsilon_v) \tag{12.29}$$

$$w=w_0-\frac{1+e_0}{G_s}\varepsilon_w \tag{12.30}$$

式中，e_0 和 v_0 分别为土样的初始孔隙比和初始比容，$v_0=1+e_0$；w_0 为土样的初始质量含水率；G_s 为土的固相颗粒的相对密度。

式（12.29）可从孔隙比的定义导出，即：

$$e=\frac{V_v}{V_s}=\frac{V_{v0}-\Delta V_v}{V_s}=\frac{V_{v0}}{V_s}-\frac{\Delta V_v}{V_s}=e_0-\frac{\Delta V_v}{V_s}=e_0-\frac{\dfrac{\Delta V_v}{V_0}}{\dfrac{1}{1+e_0}}=e_0-(1+e_0)\varepsilon_v \tag{12.31}$$

在式（12.31）两边各加 1，化简就得式（12.29）。在式（12.31）中，V_{v0}、V_v、ΔV_v 分别是土样中孔隙的初始体积、试验过程中任一时刻的孔隙体积和孔隙体积改变量；V_s 和 V_0 分别是试样中固相体积和试样的初始体积。式（12.31）利用了土样的体变实质是土孔隙的变化，即：

$$\varepsilon_v=\frac{\Delta V}{V_0}=\frac{\Delta V_v}{V_0} \tag{12.32}$$

土中水的体应变实质就是土样体积含水率 θ_w 的改变量 $\Delta\theta_w$（单位土体积的排出水量或渗入水量），即：

$$\varepsilon_w=\frac{\Delta V_w}{V_0}=\Delta\theta_w \tag{12.33}$$

由式（11.9）和式（12.33）可导出式（12.30）。事实上，

$$\varepsilon_w=\frac{\Delta V_w}{V_0}=\Delta\theta_w=\Delta(S_r n)=\Delta\left(\frac{G_s w}{e}\cdot\frac{e}{1+e}\right)=G_s\Delta\left(\frac{w}{1+e}\right)$$

$$=G_s\Delta\left(\frac{w}{1+e_0}\right)=\frac{G_s}{1+e_0}\Delta w=\frac{G_s}{1+e_0}(w_0-w) \tag{12.34}$$

式（12.34）中，n 是土样的孔隙率；此处假设土的变形为小变形，$1+e\approx 1+e_0$。

根据土中水相体应变的定义式（12.28）亦可直接导出式（12.30）。下面从质量含水率的定义出发进行推导。设土颗粒的密度为 ρ_s，土样的干密度为 ρ_d，土样中的固相质量为 $M_s=\rho_s V_s=\rho_d V_0$，在试验中保持常数；试样中的初始水分质量为 M_{w0}；在试验过程某一时刻试样的排水量为 ΔM_w、试样中的水分质量和质量含水率分别为 M_w 和 w，则根据质量含水率的定义有

$$w = \frac{M_w}{M_s} = \frac{M_{w0} - \Delta M_w}{M_s} = \frac{M_{w0}}{M_s} - \frac{\Delta M_w}{M_s}$$

$$= w_0 - \frac{\Delta V_w \rho_w}{V_0 \rho_{d0}} = w_0 - \frac{\Delta V_w \rho_w}{V_0 \dfrac{G_s}{1+e_0} \rho_w} \quad (12.35)$$

$$= w_0 - \frac{1+e_0}{G_s} \frac{\Delta V_w}{V_0} = w_0 - \frac{1+e_0}{G_s} \varepsilon_w$$

或者利用固相体积的下述表达式：

$$V_s = V_0 - V_{v0} = V_0 - n_0 V_0 = (1 - n_0)V_0 = (1 - \frac{e_0}{1+e_0})V_0 = \frac{V_0}{1+e_0} \quad (12.36)$$

亦得：

$$w = \frac{M_w}{M_s} = \frac{M_{w0} - \Delta M_w}{M_s} = \frac{M_{w0}}{M_s} - \frac{\Delta M_w}{M_s} = w_0 - \frac{\Delta V_w \rho_w}{V_s \rho_s} = w_0 - \frac{\Delta V_w \rho_w}{V_s G_s \rho_w}$$

$$= w_0 - \frac{\Delta V_w}{V_s G_s} = w_0 - \frac{\Delta V_w}{\dfrac{V_0}{1+e_0} G_s} = w_0 - \frac{1+e_0}{G_s} \frac{\Delta V_w}{V_0} = w_0 - \frac{1+e_0}{G_s} \varepsilon_w$$

12.2.2　试验设备、土样制备和研究方法

为达到研究目标和提高试验精度，对图 6.7 和图 6.8 所示的非饱和土三轴仪做了以下几点改进：①陶土板的进气值是 1500kPa，从而可以利用轴平移技术对土样施加较高的吸力。②从试样顶帽对土样施加控制气压力，试样外包裹两层橡皮膜以减少气体的渗漏。③采用双层压力室，试样体变仍采用带百分表的注射器量测。注射器活塞的 0.01mm 位移改变量相应于 0.006cm³ 的土样体积变化。④用内径 4mm 的尼龙管量测排水体积，尼龙管附在一根固定在三轴仪立柱上的钢尺前面。钢尺的最小刻度是 mm，可以估读到 0.5mm。排水管中水位发生 0.5mm 的变化相应于 0.006cm³ 水体积改变。

试验用土取自山西汾阳机场探井中的 Q_3 黄土，重塑制样。根据设计的试样干密度算出一个土样所需的湿土，再分成 5 等份。用专门的制样设备（图 9.6）把土料在试样模中分 5 层压实，每层高度用套在试样模活塞上的钢环控制。试样的直径和高度分别是 3.91cm 和 8cm。土样的初始含水率、初始干密度和初始吸力分别是 17.15%、1.70g/cm³ 和 20kPa，相应的初始孔隙比为 0.6，初始饱和度为 77.75%，土粒相对密度为 2.72。

共做了 3 种应力路径、22 个三轴排水试验：①4 个吸力等于常数、净平均应力增大的各向等压试验，控制吸力分别为 0kPa、50kPa、100kPa 和 200kPa，净平均应力分级施加，试验终止时的净平均应力依次为 500kPa、450kPa、400kPa 和 300kPa。其中吸力等于零的试验就是饱和土的各向等压固结试验。②4 个净平均应力等于常数，吸力逐级增大的三轴收缩试验。这种试验在国内外尚属首次。控制净平均应力为 5kPa、50kPa、100kPa 和 200kPa，吸力分级施加，试验终止时的吸力依次为 500kPa、450kPa、400kPa 和 100kPa。净平均应力等于 5kPa 的试验近似于常规收缩试验（净平均应力等于零）。净平均应力等于 200kPa 的试验在试验过程中发现排水系统渗漏，因而在下文的分析中只用该试验的变形资料。③净围压（$\sigma_3 - u_a$）和吸力 s 都控制为常数的三轴排水剪切试验。净围压分别控制为 100、200 和 300kPa，吸力分别控制为 0kPa、50kPa、100kPa、200kPa 和 300kPa。在排水试验中，孔隙水压力等于零，因而试验时只需控制总围压 σ_3 和气压力 u_a 为常数即可。受管道系统承压能力的限制，净围压和吸力都等于 300kPa 的三轴排水剪切试验没有做。这样，共做了 14 个三轴排水剪切试验。

由于非饱和土的渗透性很小，为了使试样内的吸力在加荷过程中尽可能保持不变并取得各

级荷载下试样变形与排水量的稳定值，加荷速率必须相当小。对控制吸力的各向等压试验和控制净平均应力的三轴收缩试验，采用的稳定标准为（见第 9.6.1 节及表 9.4）：在 2h 内，试样的体变和排水量分别小于 $0.006cm^3$ 和 $0.012cm^3$。完成一个试验约需 14～30d 不等，其历时长短取决于试验最终达到的净平均应力或吸力的高低。对于三轴排水剪切试验，固结历时 3d；剪切速率选用 0.0022mm/min，剪切至轴应变达 15% 约需 4d。

试验结束时，试样被切成 3 段，分别量测各段的含水率，发现 3 者的含水率彼此很接近。由试样的初始含水率和最终含水率之差，可以算出试样的实际排水量，并据此把试验过程中所量测的排水量按历时校正。表 12.2 给出的部分试验结果表明，排水量的量测值与校正值之间的差别不大。尽管如此，在下文的分析中排水量采用校正值。

试样排水量的量测值与校正值的比较　　　　表 12.2

试验条件描述		历时 (d)	量测值 (cm^3)	校正值 (cm^3)	差值 (cm^3)	相对误差 (%)
控制吸力的 各向等压试验	s=50kPa	17	3.28	3.48	0.20	5.75
	s=100kPa	17	4.29	4.47	0.18	4.03
	s=200kPa	14	5.98	6.18	0.20	3.24
净平均应力为常数 吸力逐级增大的 三轴收缩试验	p=5kPa	33	9.83	9.11	0.72	7.90
	p=50kPa	24	9.97	9.79	0.18	1.84

12.2.3 控制吸力的各向等压试验和控制净平均应力的三轴收缩试验结果分析

12.2.3.1 应力路径对体变和排水的影响

在 p-s 平面上，控制吸力的各向等压试验与控制净平均应力的三轴收缩试验有 8 个交点。这 8 个交点的应力状态 (p, s) 相同，但土的体变和排水量不同（表 12.3）。三轴收缩试验的体变和排水量比各向等压试验的体变和排水量分别高大约 35% 和 27%，反映应力路径对非饱和土的体变和排水有显著的影响。因此，文献 [19] 中关于状态面 e-p-s 或状态面 w-p-s 具有唯一性的提法只在某种近似程度条件下成立，并不具普遍性。

应力路径交点处的试样体变和水相体变　　　　表 12.3

交点 应力状态									
	p(kPa)	50	100	200	50	100	200	50	100
	s (kPa)	50	50	50	100	100	100	200	200
ε_v(%)	均压试验	1.27	1.75	2.35	1.44	1.80	2.46	1.73	2.11
	收缩试验	1.63	2.53	3.02	2.26	3.28	3.63	3.03	4.10
ε_w(%)	均压试验	1.77	2.09	2.59	3.11	3.58	3.90	4.71	5.03
	收缩试验	2.19	2.82	—	4.17	5.00	—	6.59	7.90

12.2.3.2 各向等压加载屈服

图 12.14 是控制吸力的各向等压试验的 v-$\lg p$ 关系。同一土样的试验点近似位于两相交的直线段上，两直线段的交点可作为屈服点，屈服点的净平均应力就是屈服应力，以 $p_0(s)$ 表示。从图 12.14 确定的屈服应力列于表 12.4，可以看出吸力越高，屈服应力越大。把屈服点绘在 p-s 平面上，并通过这些屈服点画一条曲线 LC（图 12.15）。在 LC 曲线以左的应力点，当净平均应力增大或吸力减小（湿化）而达到 LC 曲线时，将发生屈服，故 LC 曲线称为加载湿陷屈服线[20]（Loading-collapse yield）。LC 曲线与 p 轴的交点就是饱和土的屈服应力，也是 LC 曲线的下限。因而饱和土的弹塑性模型可以看成是非饱和土的弹塑性模型在吸力等于零时的特例和边界条件。

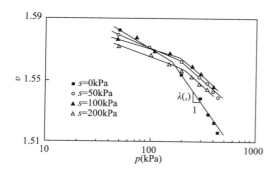

图 12.14　控制吸力的各向等压试验的 v-$\lg p$ 曲线　　　　图 12.15　p-s 平面上的屈服轨迹

与控制吸力的各向等压试验相关的土性参数值　　　表 12.4

吸力 (kPa)	屈服应力（kPa）			压缩性指标	水相体变指标（×10⁻⁵kPa）	
	用 ε_v-$\lg p$ 确定	用 v-$\lg p$ 确定	平均值	$\lambda(s)$	$\lambda_w(s)$	$\beta(s)$
0	170	165	167.5	0.1099	10.65	6.51
50	185	180	182.5	0.0658	4.52	2.81
100	190	200	195	0.0615	4.55	2.58
200	200	210	205	0.0507	6.40	3.89

12.2.3.3　吸力增加屈服

不仅荷载增大能使土屈服，而且吸力增加也能使土屈服。因此，描述非饱和土的体变屈服性状，在 p-s 平面上需要两条屈服线[20]，一条是前述的 LC 曲线，另一条是图 12.15 中的 SI 曲线，这两条曲线与坐标轴包围的区域是弹性区。SI 曲线称为吸力增加屈服线（Suction increase），位于弹性区的应力点在吸力增加达到 SI 曲线时土就屈服了。Alonso 等人[19]提出的吸力增加屈服条件是：

$$s = s_0 = \text{Const} \tag{12.37}$$

式中，s_0 是土在历史上曾经遭受过的最大吸力。此屈服条件自 1990 年提出以来尚未验证过。控制净平均应力的三轴收缩试验的 ε_v-$\lg s$ 关系示于图 12.16。与图 12.14 相似，同一试样的试验点近似位于两相交的直线段上。由交点确定的相应于净平均应力等于 5kPa、50kPa 和 100kPa 的屈服吸力大约都是 100kPa，而试样曾受过的最大吸力是 20kPa（即初始吸力）。这表明式（12.37）表达的屈服条件对本节所研究的重塑非饱和黄土并不适用。

图 12.16 中相应于净平均应力等于 200kPa 的土样没有发生明显的吸力增加屈服。从表 12.4 可知，当试样吸力在 200kPa 以内时，屈服净平均应力不超过 200kPa。因此，净平均应力等于 200kPa 的试样已穿过了 LC 曲线而屈服了。上述事实表明：由于吸力增加引起的屈服不仅取决于土在历史上曾受过的最大吸力，而且还与土的初始密度及净平均应力有关。当土的初始密度较低时，吸力增加时土就会在很低的吸力下屈服，从文献［21］的试验资料中可以找到这种情况的例证。该文作者使数种黏性土在净总应力等于零的条件下从泥浆状态开始脱水，吸力从零开始增加。土的孔隙比在吸力很小时就急剧减小，表明土样发生屈服。屈服吸力不超过 10kPa，与式（12.37）表达的屈服条件接近。反之，若土的初始密度较高，则土样在干缩时需要较高的吸力才能屈服，本节的土样就是例证。如果土样的初始孔隙比相当小，或如果净总应力大得足以引起 LC 屈服而导致土的压缩性大大减小，则土样就会对随后的吸力加载呈现弹性反应。换言之，土样的 SI 屈服受其 LC 屈服的影响。文献［19，22］和本节的试验资料支持这些观点。图 12.17 是文献［21］关于正常固结的 Jossigny 粉土在各种压力下的干缩试验资料，吸力从零增至 1000kPa。当荷载等于 25kPa 和 50kPa 时，土样发生屈服，屈服吸力均为 50kPa 而不等于其

初始吸力（0kPa）。当荷载等于 200kPa 和 400kPa 时，无明显屈服现象发生。该土样的这些性状与本节的重塑黄土土样相似。

综上所述，吸力增加的屈服条件式（12.37）可被修正为：

$$s = s_y = \text{Const} \tag{12.38}$$

式中，s_y 是屈服吸力，可由净总应力等于零的常规收缩试验确定。由于 $s_y \geqslant s_0$，故新的屈服条件扩大了弹性区的范围（图 12.15）。

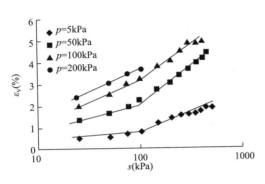

图 12.16 控制净平均应力的三轴收缩
试验的 ε_v-lg$s$ 关系曲线

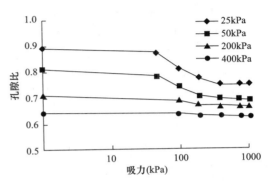

图 12.17 Jossigny 粉土的各种压力下
的干缩试验

12.2.3.4 体变指标与水量变化指标

1）与控制吸力的各向等压试验相关的体变指标和水量变化指标

用符号 $\lambda(s)$ 表示图 12.14 中屈服后直线段的斜率。指标 $\lambda(s)$ 的数值列于表 12.4，这些数值是用最小二乘法确定的。从表 12.4 可知，$\lambda(s)$ 随吸力增大而减小，较大的变化发生在低吸力范围。例如，吸力等于零的饱和土的 $\lambda(0)$ 等于吸力为 50kPa 的非饱和土的同一指标的 1.67 倍。从表 12.4 还可看出，对吸力不小于 50kPa 的非饱和土而言，吸力对体变指标的影响并不显著。控制吸力的各向等压压缩试验的 ε_w-p 关系和 w-p 关系分别如图 12.18（a）和图 12.18（b）所示。各种吸力下的 w-p 关系都是线性的，ε_w-p 关系在 p 大于 100kPa 时也接近直线。用符号 $\lambda_w(s)$ 和 $\beta(s)$ 分别表示图 12.18（a）和图 12.18（b）中直线段的斜率，它们的数值见表 12.4。$\lambda_w(s)$ 和 $\beta(s)$ 的联系可由式（12.18）对 p 微分求出：

$$\lambda_w(s) = -\frac{G_s}{1 + e_0}\beta(s) \tag{12.39}$$

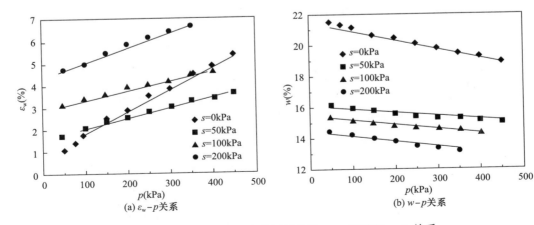

(a) ε_w-p 关系   (b) w-p 关系

图 12.18 控制吸力的各向等压试验的 ε_w-p 关系和 w-p 关系

上式右端的负号表示含水率随着排水量增加而减小。式（12.39）表示，对应于同一吸力的 $\lambda_w(s)$ 与 $\beta(s)$ 的数值之比应等于 1.7。表 12.4 中的有关数值之比与这个理论值接近。从表 12.4 还可看出，在低吸力范围（0～50kPa），水量变化指标的改变较大；而在吸力大于等于 50kPa 时，吸力对水量变化指标的影响不大。三个非饱和土样的水量变化指标 $\lambda_w(s)$ 和 $\beta(s)$ 的平均值分别是 $5.16\times10^{-5}\mathrm{kPa^{-1}}$ 和 $3.09\times10^{-5}\mathrm{kPa^{-1}}$。

2）与控制净平均应力的三轴收缩试验相关的体变指标和水量变化指标

控制净平均应力的三轴收缩试验的体应变、液相体应变和含水率三者与规格化吸力 $\lg[(s+p_{atm})/p_{atm}]$ 之对数间的关系分别示于图 12.19(a)、图 12.19(b) 和图 12.19(c)。此处，p_{atm} 是大气压，三图所示关系皆为线性。以符号 $\lambda_\varepsilon(p)$、$\lambda_w(p)$ 和 $\beta(p)$ 分别表示图 12.19(a)、图 12.19(b) 和图 12.19(c) 中直线的坡度，它们在不同净平均应力下的数值列于表 12.5。

$\lambda_\varepsilon(p)$ 随净平均应力变化，可用下式描述（图 12.19d）：

$$\lambda_\varepsilon(p) = \lambda_\varepsilon^0(p) + m_3\lg\left(\frac{p+p_{atm}}{p_{atm}}\right) \tag{12.40}$$

式中，$\lambda_\varepsilon^0(p)$ 是 $\lambda_\varepsilon(p)$ 在 p 等于零时的值，其几何意义是图 12.19(d) 中直线的截距；m_3 是直线的斜率。对本节研究的土样，$\lambda_\varepsilon^0(p)$ 和 m_3 分别等于 0.0256 和 0.0930。

$\beta(p)$ 近似为常数（0.0857）。$\lambda_w(p)$ 随吸力变化不大，其平均值为 0.1495。$\lambda_w(p)$ 和 $\beta(p)$ 之间有类似于式（12.39）的关系，即：

$$\lambda_w(p) = -\frac{G_s}{1+e_0}\beta(p) \tag{12.41}$$

从表 12.5 可知，$\lambda_w(p)$ 比 $\lambda_\varepsilon(p)$ 大，说明三轴收缩试验的排水量大于土的体积减少量。这是因为吸力增加时压力空气进入土样占据了原来由水占据的一部分孔隙体积。

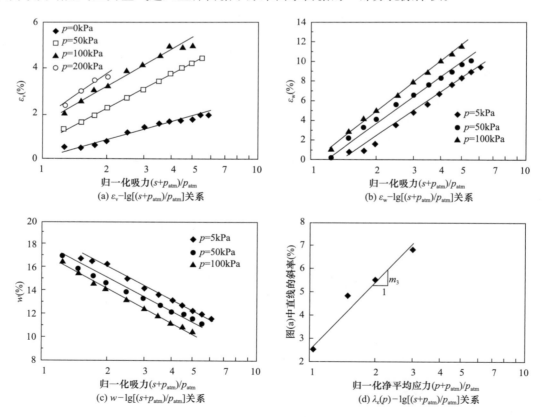

图 12.19　控制净平均应力为常数吸力逐级增大的三轴收缩试验结果

图 12.19 中各直线的坡度　　　　　　　　　　　　表 12.5

p(kPa)	$\lambda_\varepsilon(p)$（%）	$\lambda_w(p)$（%）	$\beta(p)$（%）
5	2.56	15.08	
50	4.88	13.72	8.57
100	5.45	16.04	
200	6.83	—	
平均值		14.95	$1.7\beta(p)=14.57$

收缩试验的水量变化通常表达为 $w-\lg s$ 和 S_r-s 的形式，称之为土-水特征曲线。图 12.20（a）和图 12.20（b）是控制净平均应力的三轴收缩试验的 $w-\lg s$ 关系和 S_r-s 关系，两图中的净平均应力等于 5kPa 的曲线可近似看成是通常的土-水特征曲线。图 12.20 表明，不同的净平均应力对应着不同的土-水特征曲线。当土同时受吸力和净平均应力作用时，土中水量与吸力之间并不存在单值对应的关系。

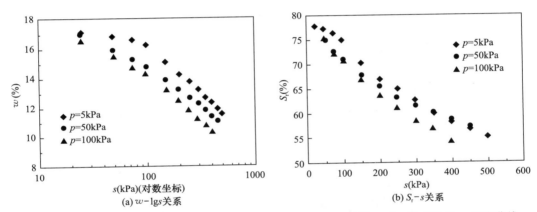

图 12.20　控制净平均应力为常数吸力逐级增大的三轴收缩试验的 $w-\lg s$ 关系和 S_r-s 关系曲线

12.2.4　控制吸力和净室压力的三轴排水剪切试验结果分析

12.2.4.1　变形性状与强度特性

控制吸力和净室压力的三轴排水剪切试验的偏应力和轴向应变的关系曲线（$q-\varepsilon_a$）与体应变和轴向应变的关系曲线示于图 12.21。由该图可见，随着围压增加，土样的偏应力和轴向应变的关系曲线形态从理想塑性向塑性硬化发展；随着吸力增加，试样从理想塑性破坏过渡到脆性破坏；全部试样在剪切过程中均表现为剪缩。针对不同的破坏形式选用相应的破坏标准。对塑性破坏，取轴应变 ε_a 等于 15% 时的应力为破坏应力；对脆性破坏，取 $q-\varepsilon_a$ 曲线上的峰值点对应的应力为破坏应力。14 个三轴排水剪切试验的破坏应力（q_f，p_f）列于表 12.6。

试样破坏时的应力状态和强度参数　　　　　　　　表 12.6

s (kPa)	σ_3-u_a (kPa)	q_f (kPa)	p_f (kPa)	$\tan w$	φ' (°)	ξ (kPa)	c (kPa)
	100	250	183.3				
0	200	480	360.0	1.3177	32.7	7.5	3.7
	300	720	540.0				
	100	400	233.3				
50	200	644	414.7	1.2865	32.0	90.5	44.1
	300	850	583.3				

续表 12.6

s (kPa)	$\sigma_3 - u_a$ (kPa)	q_f (kPa)	p_f (kPa)	$\tan w$	φ' (°)	ξ' (kPa)	c (kPa)
100	100	472	257.3	1.2681	31.6	118.5	57.6
	200	660	420.0				
	300	910	603.3				
200	100	619	306.3	1.1839	29.6	190.5	92.8
	200	800	466.7				
	300	1010	636.7				
300	100	690	330.0	1.2982	32.3	253.5	123.5
	200	919	506.3				

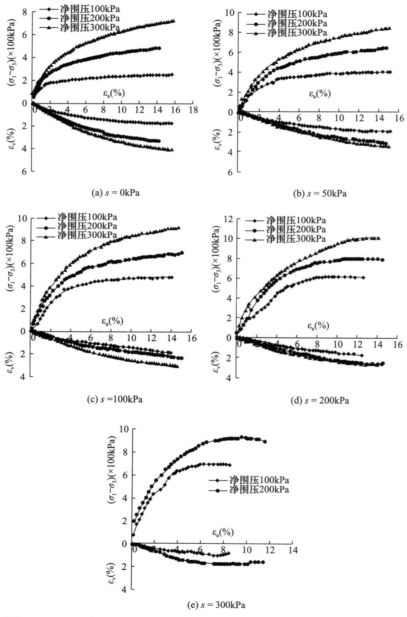

图 12.21　重塑黄土偏应力-轴向应变关系曲线和体应变-轴向应变关系曲线

破坏时的偏应力和球应力关系曲线（即 q_f-p_f 关系）示于图 12.22。吸力相同的一组试验点落在一条直线上，可用下式表达（有关推导见第 17.2.2 节）：

$$q_f = \xi + p_f \tan\omega \qquad (12.42)$$

式中，ξ 和 $\tan\omega$ 分别是图 12.22 中直线的截距和斜率（ω 是直线的倾角），用最小二乘法确定。

土的有效摩擦角 φ' 和总黏聚力 c 可分别从以下两式并由 ξ 和 $\tan\omega$ 换算得到（有关推导见第 17.2.2 节）：

$$\sin\varphi' = \frac{3\tan\omega}{6 + \tan\omega} \qquad (12.43)$$

$$c = \frac{3 - \sin\varphi'}{6\cos\varphi'}\xi \qquad (12.44)$$

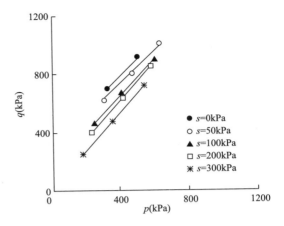

图 12.22 p-q 平面上的强度包线

不同吸力对应 $\tan\omega$ 和 φ' 值列于表 12.6。在试验的吸力范围内（0～300kPa），φ' 变化不大，且与饱和土的有效内摩擦角相当接近。不同吸力下的内摩擦角之间的差异可认为是由于试验误差和采用了不同的破坏标准所致。因此，φ' 可取为常数，并由饱和土的常规三轴试验测定（对于本节所研究的黄土，φ' 等于 32.7°）。取 $\tan\omega$ 等于饱和土的相应数值（即，1.3177），利用式（12.42）就可算出不同吸力下 ξ 的校正值，记为 ξ'。表 12.6 中所列的 ξ' 值系同一吸力的三个试样的平均值。土的总黏聚力 c 最终由下式给出：

$$c = \frac{3 - \sin\varphi'}{6\cos\varphi'}\xi' \qquad (12.45)$$

图 12.23(a) 表明 c-s 关系是非线性的。有两种简化处理的方法。第一种方法是用直线拟合试验点（图 12.23b），直线的倾角和截距分别是 20.6° 和 15.6kPa。此法高估了饱和土的有效黏聚力 c'（=3.7kPa）。抗剪强度的表达式为[19]：

$$\tau_f = c' + (\sigma - u_a)_f \tan\varphi' + (u_a - u_w)_f \tan\varphi^b \qquad (12.46)$$

式中，$(\sigma - u_a)_f$ 是破坏面上的净法向应力；$(u_a - u_w)_f$ 是破坏面上的吸力；τ_f 是土的抗剪强度；φ^b 是图 12.23(b) 中直线的倾角。第二种方法是用两段直线 AB 和 BC 代替图 12.23(a) 中的非线性包线 ABC。AB 和 BC 的倾角分别是 $\varphi^b = \varphi' = 32.7°$ 和 $\varphi^b = 18.2°$；换言之，φ^b 不是常数。B 点的吸力 s_b 和强度 τ_b 分别是 75kPa 和 51.8kPa（= $c' + s_b\tan\varphi'$）。BC 段的强度可用参数 c'，φ'，φ^b 和 s_b 给出。

从图 12.23(a) 可见，折线 ABC 与曲线 ABC 相差不大，因而第二种简化方法适合于本节所研究的土样。

应当指出：有的研究发现，对某些土而言，φ' 随吸力而异，并非常数。一般而言，φ' 和 φ^b 都可能随吸力变化，常数只是特例。

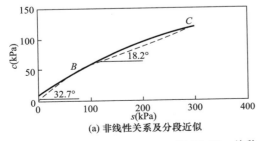

(a) 非线性关系及分段近似

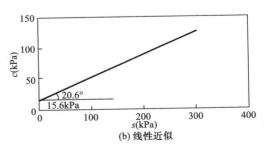

(b) 线性近似

图 12.23 总黏聚力与吸力的关系

12.2.4.2　屈服特性

　　如何判断非饱和土在三轴应力条件下是否屈服，是一个尚需研究的问题[23,24]。当把第 12.2.3.2 节中确定屈服点的方法（即借助于 ε_v-lg$p$ 曲线）用于三轴剪切试验资料时，所得屈服点在 p-q 平面上分布得比较离散。

　　考虑到三轴应力条件下土的屈服，不仅有球应力的影响，还有偏应力的贡献，陈正汉[18]建议利用 ε_v-lg q/p 关系曲线确定屈服点。吸力等于零和 100kPa 的两组三轴试验的 ε_v-lg q/p 关系曲线示于图 12.24(a) 和图 12.24(b)。

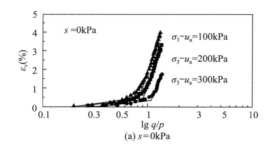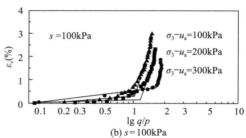

图 12.24　控制吸力和净围压的固结排水剪切试验的 ε_v-lgq/p 的关系

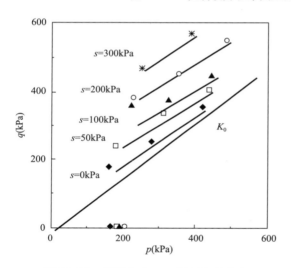

图 12.25　屈服点在 p-q 平面上的分布

　　从图 12.24 可知，三轴剪切试验的 ε_v-lgq/p 曲线的首尾部分可用直线近似，两直线的交点所对应的应力即可作为屈服应力（p_y，q_y）。把各试验的（p_y，q_y）绘在 p-q 平面上（图 12.25），除一个点（相应于 s=100kPa 和 σ_3-u_a=100kPa 的三轴试验）与其余各点不够协调外，总的看来，屈服点的分布呈现良好的规律性。虽然利用图 12.25 上的点尚不足以确定屈服面的形状，但可以看出，屈服曲线随吸力增加向外扩展。这和第 12.2.3.2 节中的 LC 屈服线在概念上是一致的。

　　如把 k_0 线（k_0=1$-\sin\varphi'$）和第 12.2.3.2 节中确定的屈服点也绘在图 12.25 上，可以看出，屈服包线既不是文献［20，25］所假定的长轴位于 p 轴上的椭圆（即修正剑桥模型），也不是文献［23］所说的对称于 k_0 线的椭圆。屈服包线的具体形式有待于进一步研究。

12.2.4.3　水量变化特性

　　非饱和土在三轴剪切过程中的水量变化特性迄今研究甚少。Wheeler 在若干假定的基础上对水量变化建议了一个弹塑性分析方法[26]，其合理性有待检验，且该法显得复杂而不便应用。

　　图 12.26 是本节三轴剪切试验的 w-p 关系。在土样破坏后，w-p 曲线或呈现平台状，或出现陡降段。在土样破坏前，吸力相同的 3 个试样的全部试验点都落在一条狭窄的带状区域内。在带状区域内画一条直线，此直线具有这样的特征：在试样破坏之前，由该直线确定的含水率与对应于同一净平均应力的试验点的含水率之差不超过 0.25%。换言之，该直线上的含水率代表 3 个试样在试验过程中的含水率之平均值。该直线的坡度仍用 $\beta(s)$ 表示，各种吸力值下的 $\beta(s)$ 值列于表12.7。4 个 $\beta(s)$ 值彼此相差不大，它们的平均值为 2.92×10^{-5} kPa，这与第 12.2.3.4 节从控制吸力的各向等压试验所得出的 $\beta(s)$ 的平均值 3.09×10^{-5} kPa 相当接近。

因此，本节非饱和土样的水量变化参数 $\beta(s)$ 或 $\lambda_w(s)$ $[=1.7\beta(s)]$ 可取为常数（$s \geqslant 50\mathrm{kPa}$）。

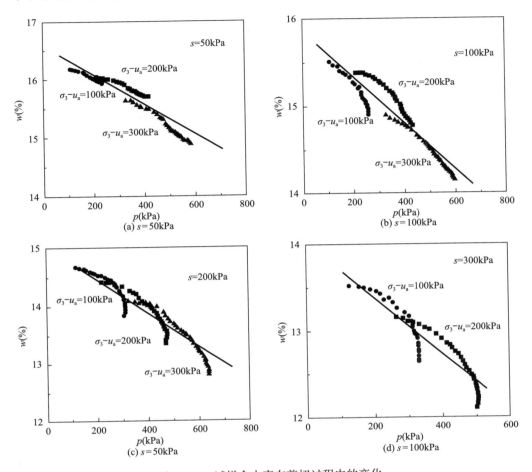

图 12.26　试样含水率在剪切过程中的变化

图 12.26 中各直线的斜率　　　　　　　　　　　　　　　　表 12.7

吸力（kPa）	$\beta(s)$（$\times 10^{-5}\mathrm{kPa}$）
50	2.74
100	2.74
200	3.14
300	3.04
平均值	2.92

12.2.5　重塑黄土在 $p\text{-}s$ 平面内比例加载时的屈服特性与变形指标

为了分析 $p\text{-}s$ 平面上屈服线的全貌，应用第 12.2.2 节的非饱和土三轴仪做了 7 个净平均应力和吸力同时变化的三轴排水试验，吸力增量与净平均应力增量之比在试验中保持常数[27]。试验用土与第 12.2.2 节相同，即取自山西汾阳机场探井中的 Q_3 黄土，重塑制样；土样的初始干密度、初始含水率和初始吸力分别是 1.65g/cm³、17.2% 和 20kPa；相应的初始饱和度为 71.98%，土粒相对密度为 2.72。

为了减小各试样间的差异，均先加载至 $p=5\mathrm{kPa}$ 和 $s=25\mathrm{kPa}$ 的应力点，保持 12h，再加载至路径起点 $A(p=25\mathrm{kPa}, s=25\mathrm{kPa})$。7 条路径 $AB\cdots\cdots AH$ 与 p 轴夹角分别为 $0°$、$15°$、$30°$、

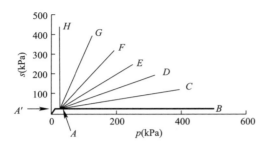

图 12.27　$p\text{-}s$ 平面上的径向应力路径试验

45°、60°、75°、90°（图 12.27）。本节中的试验路径中除 AB 和 AH 两条路径是常规路径，其余路径为净平均应力增大、吸力也同时增大的斜向上的路径，各路径的终止应力状态汇于表 12.8。净平均应力和吸力同时变化的试验尚不多见[28]，每级荷载中的净平均应力增量和吸力增量同步施加。稳定标准为：每 2h 内，体变不超过 0.006cm³，排水量不超过 0.012mm³，且加载时间不少于 48h；每个试验历时 30d 左右。该 7 条路径都使土从弹性状态变化到塑性状态，这样得到的屈服线将位于同一个初始屈服面上，从而可以直接得到 $p\text{-}s$ 平面上的初始屈服线。

7 条应力路径中，p 和 s 所占比重各不相同；在整理分析试验资料时，取占比重大的变量 p 或 s 作为横坐标，以土的比容 $v=1+e$ 为纵坐标。对于路径 $AB\sim AE$ 采用 $v\text{-}\lg p$ 坐标；而对于 $AF\sim AH$ 采用 $v\text{-}\lg s$ 坐标，其中路径 AB、AD 和 AG 试验结果的相应关系曲线示于图 12.28 中。图 12.28 中的试验点可用两直线段近似，两直线的交点可作为屈服点。这是因为试样屈服时，结构发生破坏，体变幅度增大[29]。屈服点的应力值也列在表 12.8 中。7 个试样的初始吸力均为 20kPa（即：$s_0=20$kPa），AF、AG、AH 等 3 条路径屈服点对应的吸力都大于或等于 160kPa，故本节的试验资料再次说明式（12.37）所描述的屈服条件 $s=s_0=$const 是不成立的。

各条应力路径的终点和屈服点的应力状态　　　　表 12.8

应力路径	路径终点应力状态		屈服点的应力状态	
	p(kPa)	s(kPa)	p(kPa)	s(kPa)
AB	500.0	25.0	100	25
AC	400.0	125.5	105	46
AD	325.0	198.2	110	77
AE	250.0	250.0	140	140
AF	195.3	320.0	102	160
AG	125.5	400.0	61	160
AH	25.0	450.0	25	170

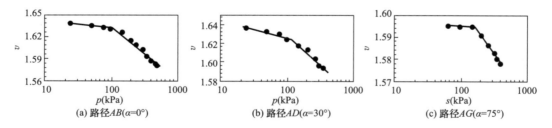

图 12.28　径向应力路径试验的 $v\text{-}\lg p$ 关系或 $v\text{-}\lg s$ 关系

将这些屈服点描绘在 $p\text{-}s$ 平面上，就得到 $p\text{-}s$ 平面上的初始屈服线，是一条光滑曲线（图 12.29a）。图 12.29（a）的屈服线的上部近似为水平线，与文献［18］的结果接近（图 12.15）。若把图 12.29（a）中的屈服线从其与应力路径 AE 的交点处分成两部分，则这两部分的形状分别与巴塞罗那模型中的 LC 和 SI 屈服线的形状相似。

图 12.29（a）中的屈服线可看成是 LC 屈服线和 SI 屈服线的包络线，称之为**统一屈服线**。其数学表达式为[27]：

$$p_0 = p_0^* + \xi s - \zeta[e^{rs/p_{\text{atm}}} - 1] \tag{12.47}$$

式中，p_0 是吸力等于 s 的非饱和土的屈服应力；η，ξ 和 ζ 均为土性参数；p_0^* 是饱和土的屈服应力；p_{atm} 为大气压。将屈服线的数学公式代入巴塞罗那模型，就得到统一屈服面，其表达式为

$$f(p,q,s) = q^2 - M^2(p+p_s)(p_0 - p) = 0 \tag{12.48}$$

式中，q 是偏应力；M 是临界状态线的斜率（与吸力无关）；p_s 是巴塞罗那模型在 p-q 平面上的椭圆屈服线的大主轴的左端点坐标值的绝对值。

屈服面的空间形式如图 12.29(b) 所示。类似于饱和土，如把屈服面看成是塑性体应变的函数，则空间屈服面将随土的硬化向外扩展，从而省去了分析两条屈服线（LC 和 SI）耦合运动的麻烦。

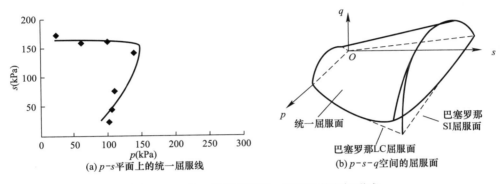

(a) p-s 平面上的统一屈服线   (b) p-s-q 空间的屈服面

图 12.29 统一屈服线和统一屈服面的空间形式

图 12.28 中屈服后的直线段斜率，即土屈服后的压缩指数，同各路径与 p 轴夹角 α 相关；同时，当 $\alpha = 0°$ 时，压缩指数与吸力相关；$\alpha = 90°$ 时，与净平均应力相关；可用下式描述：

$$\lambda(\alpha, p, s) = \lambda_p(s)\cos\alpha + \lambda_s(p)\sin^3\alpha \tag{12.49}$$

式中，$\lambda(\alpha, p, s)$ 为考虑加载路径、净平均应力和吸力影响的压缩指数；$\lambda_p(s)$ 为水平加载路径中与吸力相关的压缩指数；$\lambda_s(p)$ 为竖直加载路径中与净平均应力相关的压缩指数；α 为加载路径与 p 轴间的夹角；由本节试验确定的 $\lambda_p(s)$ 和 $\lambda_s(p)$ 分别为 0.088 和 0.022，它们分别对应于路径 AB 和 AH。从图 12.30 可见，用式（12.49）计算的数据与试验结果比较吻合。顺便指出，巴塞罗那模型中提出的非饱和土的压缩指数仅与吸力有关[20]，未考虑净平均应力和应力路径的影响，是式（12.49）的特例。

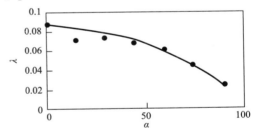

图 12.30 压缩指数 λ（α，p，s）
与应力路径夹角 α 的关系

关于径向应力路径试验的水量变化特性可见第 10.3.1 节。

12.3 原状 Q₃ 黄土的变形、屈服、强度和水量变化特性

为了分析原状 Q₃ 黄土的屈服、变形、强度和水量变化特性，并与重塑黄土的相应特性进行比较，笔者的学术团队用非饱和土固结仪、直剪仪和三轴仪对多地原状 Q₃ 黄土的力学特性做了详细的研究，场地主要包括陕西省铜川市武警支队新区场地、宁夏扶贫扬工程 11 号泵站地基（位于宁夏固原）、兰州理工大学家属院后山黄土高陡边坡、兰州和平镇和延安新区等，本节介绍主要研究成果。本节内容只涉及原状 Q₃ 黄土及其重塑土，为简化叙述，在本节后续文中将原状 Q₃ 黄土简称为原状黄土。

12.3.1 原状黄土在 p-s 平面内的屈服、变形和水量变化特性

研究了宁夏固原、兰州理工大学和兰州和平镇等 3 个场地原状黄土在 p-s 平面内的屈服、变形和水量变化特性。为了与同场地的原状黄土的有关力学特性进行比较，对兰州和平镇的重塑黄土做了相应的对比试验研究。

12.3.1.1 宁夏固原和兰州理工大原状黄土在 p-s 平面内的屈服、变形和水量变化特性

1）宁夏固原原状黄土的试验方案及结果分析

朱元青[30]用非饱和土三轴仪对宁夏固原原状黄土在 p-s 平面内做了两种应力路径试验：(1) 3 个吸力等于常数、净平均应力增大的各向等压试验。控制吸力分别为 0、100kPa 和 200kPa，净平均应力分级施加，试验结束净平均应力分别为 350kPa、250kPa、250kPa。其中，吸力控制为 0 的试样，初始饱和度为 75%，初始吸力为 30kPa。装样后，采用水头饱和，饱和时间为 48h。(2) 2 个净平均应力等于常数，吸力增大的三轴收缩试验。试样安装完毕后，施加 10kPa 的净围压，水头饱和 24h 后控制净平均应力分别为 25kPa 和 200kPa，吸力分级施加，试验结束时吸力分别为 350kPa，200kPa。试验方案和试样的初始物性指标见表 12.9。

非饱和土三轴仪的陶土板的进气值为 500kPa。加载稳定的标准为：在 2h 内，体变不超过 $0.0063cm^3$，排水量不超过 $0.012cm^3$，且加载历时不少于 48h。各试验的历时列于表 12.9 中。

固原原状黄土在 p-s 平面内的试验路径与试样的初始物性指标 　　　表 12.9

应力路径		试验历时 (d)	初始干密度 (g/cm^3)	初始含水率 (%)	初始孔隙比	初始饱和度 (%)
控制吸力的各向等压试验	$s=0kPa$	10	1.30	29.7	1.07	75.0
	$s=100kPa$	12	1.35	27.8	1.00	74.8
	$s=200kPa$	16	1.31	29.3	1.06	74.8
控制净平均应力的三轴收缩试验	$p=25kPa$	42	1.33	29.6	1.03	77.3
	$p=200kPa$	27	1.33	28.7	1.03	75.0

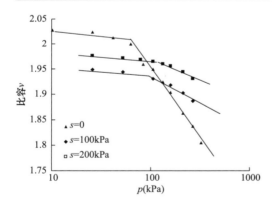

图 12.31 固原原状黄土的控制吸力的各向等压试验的 v-$\lg p$ 关系

图 12.31 是控制吸力的各向同性压缩试验的 v-$\lg p$ 关系。同一试样的试验数据点近似位于两条相交的直线段上，直线段的交点为屈服点，屈服点的横坐标就是屈服应力，以 $p_0(s)$ 表示，$p_0(s)$ 的值见表 12.10。可见随着吸力增大，屈服应力增加。把屈服点绘在 p-s 平面上，其轨迹是一条曲线（图 12.32），该曲线的形状与 Barcelona 模型中 LC 屈服线形状相似，称为加载-湿陷屈服线。LC 曲线与 p 轴的交点就是饱和土的屈服应力，也是 LC 曲线的下限。

用最小二乘法可以确定屈服后的压缩性指标 $\lambda(s)$ 和水相体变指标 β_s，其值亦列于表 12.10。显见，$\lambda(s)$ 随吸力增大而减小；饱和土的压缩性指标和水相体变指标数值远大于非饱和土的相应指标。

固原原状黄土的控制吸力各向等压试验的屈服应力、变形及水量变化参数 　　　表 12.10

试验种类	控制应力 (kPa)	屈服应力 (kPa)	压缩性指标 $\lambda(s)$ (kPa^{-1})	水相体变指标 β_s ($\times 10^{-5} kPa$)
控制吸力的各向等压试验	$s=0$	$p_0^*=55$	0.1164	27.4
	$s=100$	$p_0=87$	0.0471	1.3
	$s=200$	$p_0=103$	0.0368	4.2

试验种类	控制应力 (kPa)	屈服应力 (kPa)	压缩性指标 $\lambda(s)$ (kPa^{-1})	水相体变指标 β_s ($\times 10^{-5}$ kPa)
控制净平均应力的 三轴收缩试验	$p=25$	$s_y=25$	—	—
	$p=200$	—	—	—

控制净平均应力的三轴收缩试验的 $v\text{-}\lg(s+p_{\text{atm}})$ 关系示于图 12.33。净平均应力为 25kPa 的试样的屈服吸力为 25kPa；净平均应力等于 200kPa 的土样没有发生明显的吸力增加屈服。从表 12.10 可知，当试样吸力在 200kPa 以内时，屈服净平均应力不超过 150kPa。因此，净平均应力等于 200kPa 的试样已穿过了 LC 曲线而屈服了。

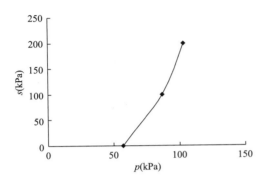

图 12.32 固原原状黄土的控制吸力的各向等压试验的屈服点在 $p\text{-}s$ 平面上的轨迹

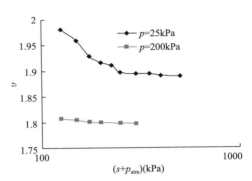

图 12.33 固原原状黄土的控制净平均应力的三轴收缩试验的 $v\text{-}\lg(s+p_{\text{atm}})$ 关系

2）兰州理工大学原状黄土的试验方案及结果分析

兰州理工大学原状黄土取自该校家属院后山，属于黄河南岸Ⅲ级阶地自然陡坡，土层为 Q₃ 黄土。该边坡自然高度为 18m，场地在地下 20m 深度范围内未见地下水。试样试验前的物理参数列于表 12.11。李加贵[31]用多功能非饱和土三轴仪对兰州理工大学原状黄土在 $p\text{-}s$ 平面内做了两种应力路径试验：（1）4 个吸力等于常数、净平均应力增大的各向等压试验。控制吸力分别为 0kPa、50kPa、100kPa 和 200kPa，净平均应力分级施加。（2）3 个净平均应力等于常数吸力增大的三轴收缩试验，控制净平均应力分别为 10kPa、50kPa、200kPa，吸力分级施加。吸力等于零的各向等压试验和三轴收缩试验在试样安装完毕后，施加 10kPa 的净围压，水头饱和 24h 后再采用反压法饱和。加载稳定的标准为：体变在 2h 内不超过 0.0063cm³，并且排水量在 2h 内不超过 0.012cm³，加载时间不少于 48h。

采用与第 12.2.3.2 节和本节对固原的原状黄土相同的分析方法，可得控制吸力的各向等压屈服应力、屈服后的压缩性指标和水相体变指标，有关数列于表 12.12 中。不同吸力下的屈服净平均应力随着吸力的增大而提高，而水相体变指标相差不大；不同净平均应力下的屈服吸力基本上为同一常数，但水相体变指标相差甚远。

兰州理工大学原状黄土在 $p\text{-}s$ 平面内的试验路径与试样的初始物性指标 表 12.11

应力路径		试验历时	干密度 ρ_d(g/cm³)	含水率 w_0(%)	孔隙比 e_0	饱和度 S_r(%)
控制吸力的 各向等压试验	$s=0$kPa	14	1.31	17.5	1.07	44.3
	$s=50$kPa	12	1.30	16.2	1.08	40.7
	$s=100$kPa	10	1.32	17.7	1.04	46.1
	$s=200$kPa	10	1.29	17.9	1.09	44.5

续表 12.11

应力路径		试验历时	干密度 ρ_d(g/cm³)	含水率 w_0(%)	孔隙比 e_0	饱和度 S_r(%)
控制净平均应力的三轴收缩试验	$p=10$kPa	37	1.32	29.6	1.05	79.6
	$p=50$kPa	30	1.33	28.7	1.04	84.4
	$p=200$kPa	16	1.22	36.8	1.22	81.1

兰州理工大学原状黄土在 p-s 平面内的屈服应力、变形及水量变化参数　　　表 12.12

试验种类	控制应力 (kPa)	屈服应力 (kPa)	压缩性指标 $\lambda(s)$ (kPa⁻¹)	水相体变指标
控制吸力的各向等压试验	$s=0$	$p_0^*=95$	0.1214	$\beta_s=13.4\times10^{-5}$kPa
	$s=50$	$p_0=104$	0.0957	$\beta_s=11.0\times10^{-5}$kPa
	$s=100$	$p_0=110$	0.0721	$\beta_s=10.3\times10^{-5}$kPa
	$s=200$	$p_0=123$	0.0339	$\beta_s=9.7\times10^{-5}$kPa
控制净平均应力的三轴收缩试验	$p=10$	$s_y=64$	—	$\beta_p=12.46\times10^{-2}$kPa
	$p=50$	$s_y=66$	—	$\beta_p=13.69\times10^{-2}$kPa
	$p=200$	—	—	$\beta_p=27.70\times10^{-2}$kPa

12.3.1.2　兰州和平镇原状黄土与其重塑土在 p-s 平面内的屈服、变形和水量变化特性

姚志华[32]对兰州和平镇原状黄土及其重塑土做了 2 种对比试验，主要包括：（1）吸力等于常数、净平均应力增大的各向等压试验，原状试样和重塑试样各 4 个；（2）净平均应力等于常数、吸力增大的三轴收缩试验，原状试样和重塑试样各 3 个。两种试验的试样干密度均为 1.35g/cm³。

1）控制吸力的各向等压试验结果分析

（1）屈服应力和变形指标分析

图 12.34(a) 和（b）分别是兰州和平镇原状黄土与重塑土的控制吸力为常数而净平均应力增大的各向等压试验的 v-lg$p$ 关系曲线。同一吸力的 v-lg$p$ 关系曲线可用两段折线近似，两折线交点对应的净平均应力即为屈服应力，试验的屈服净平均应力列于表 12.13。

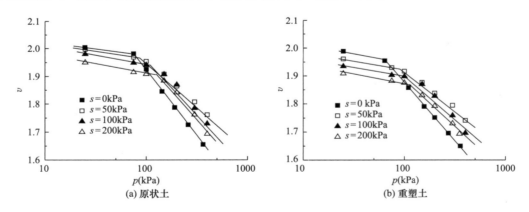

图 12.34　兰州和平镇原状黄土与重塑土的控制吸力的各向等压试验的 v-lg$p$ 关系曲线

由表 12.13 可知随着吸力的增加，屈服应力也在随之增加；在同一试验条件下，原状土的屈服应力高于重塑土。将原状土和重塑土屈服应力绘于 p-s 平面上，连接这些数据点的曲线则称之为 LC 屈服线，如图 12.35 所示。LC 屈服线在 p-s-q 空间扩展为屈服面，其形状示于图 12.36。

比较图 12.35 与图 12.15 可见，原状黄土的 LC 屈服线与重塑黄土的相应屈服曲线相似，但原状土的屈服线在 $p\text{-}s$ 平面内包围的面积要比重塑土的屈服线包围的面积大。

图 12.34（a）和（b）在屈服点前后直线斜率，即为土的压缩指标，分别用符号 κ 和 $\lambda(s)$ 表示，其值列于表 12.13 中。由表 12.13 可知，原状土和重塑土的屈服差异主要体现在试样屈服前，原状土的 κ 值要小于重塑土，意味着随着外荷载的增加原状土的变形小与重塑土。其原因是原状土具有较强的结构性，能够抵抗较大外力作用。在屈服后原状土和重塑土压缩指标 $\lambda(s)$ 相差不明显，这是因为原状土屈服发生结构破坏，其特性已向重塑土转变。

兰州和平镇原状黄土与重塑土的控制吸力各向等压试验的变形参数及屈服应力值　表 12.13

试样分类	吸力 s (kPa)	压缩指数		水相体变指标		屈服应力 (kPa)
		κ	$\lambda(s)$	$\lambda_w(s)$ ($\times10^{-5}$)	$\beta(s)$ ($\times10^{-5}$)	
原状土	0	0.04280	0.5473	7.55	5.60	72.35
	50	0.06339	0.5012	10.72	8.31	92.45
	100	0.06483	0.4245	11.55	8.57	108.81
	200	0.07076	0.4484	12.42	9.22	121.67
重塑土	0	0.08696	0.4812	9.57	6.58	66.45
	50	0.07216	0.3799	12.57	9.32	82.44
	100	0.06362	0.4076	13.14	9.75	99.35
	200	0.06614	0.3814	14.71	10.91	109.08

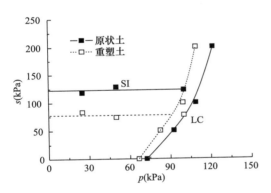

图 12.35　原状黄土与重塑土在 $p\text{-}s$ 平面上的屈服线

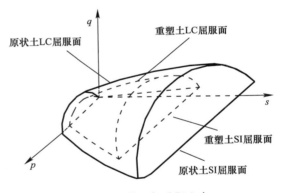

图 12.36　原状黄土与重塑土在 $p\text{-}q\text{-}s$ 空间中屈服面

（2）水量变化特性分析

每个控制吸力的各向等压试验大约历时 15d，必须对排水量的量测值进行校正。试验结束时用烘干法量测试样最终含水率，该值与试样初始含水率之差就是试样的实际排水量，再根据实际排水量去校正量测值。试验含水率的校正值如表 12.14 所示。在下文分析中含水率均采用校正值。

兰州和平镇黄土控制吸力的各向等压试验试样排水量的量测值与校正值　表 12.14

试样分类	吸力 s (kPa)	历时 (d)	测量值 (cm³)	校正值 (cm³)	差值 (cm³)	相对误差 (%)
原状土	0	16	3.81	4.06	0.25	6.16
	50	16	8.99	9.56	0.57	5.96
	100	15	11.49	11.01	0.48	4.36
	200	16	12.73	12.83	0.10	0.78

试样分类	吸力 s (kPa)	历时 (d)	测量值 (cm³)	校正值 (cm³)	差值 (cm³)	相对误差 (%)
重塑土	0	15	6.68	6.98	0.30	4.30
	50	16	9.34	9.90	0.56	5.66
	100	17	12.33	11.52	0.81	7.03
	200	17	13.54	14.67	1.13	7.70

图 12.37 和图 12.38 分别是兰州和平镇原状黄土与重塑土在各向等压过程中试样水量变化指标与净平均应力之间的关系曲线。由两图可知 ε_w-p 和 w-p 数据点均呈现线性变化，可用直线近似，直线的斜率用分别用 $\lambda_w(s)$ 和 $\beta(s)$ 表示，其值用最小二乘法拟合得到。$\lambda_w(s)$ 和 $\beta(s)$ 的值列于表 12.13 中，二者之间由式（12.39）相联系。

从表 12.13 可见，饱和土试样（吸力为 0kPa）的 $\lambda_w(s)$ 和 $\beta(s)$ 数值与非饱和土试样的相差较大；而吸力为分别为 50kPa、100kPa、200kPa 的非饱和土试样的 $\lambda_w(s)$ 和 $\beta(s)$ 数值变化不大，可取三者 $\lambda_w(s)$ 和 $\beta(s)$ 的平均值。

从表 12.13 还可看出，在相同试验条件下，重塑黄土水量变化指标大于原状黄土，即重塑黄土的持水性能低于原状黄土，这与第 12.3.2.2 节的结果（图 12.52）一致。

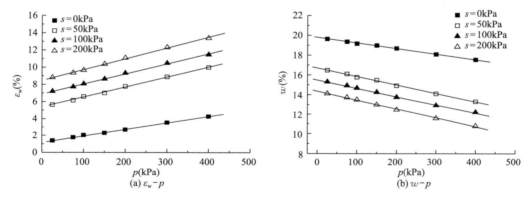

图 12.37　兰州和平镇原状黄土各向等压试验中水相指标与净平均应力的关系曲线

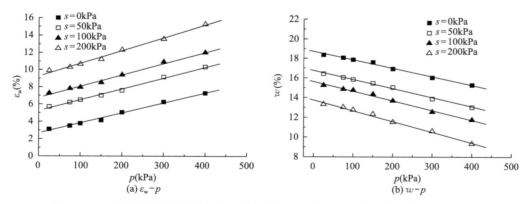

图 12.38　兰州和平镇重塑黄土各向等压试验的水相指标与净平均应力的关系曲线

2）控制净平均应力为常数吸力增大的三轴收缩试验结果分析

共做了 6 个控制净平均应力为常数的三轴收缩试验，净平均应力分别为 25kPa、50kPa 和 100kPa，原状和重塑试样各 3 个，吸力分级施加，试验终止时，除吸力为 100kPa 的试验净平均应力为 250kPa 外，其余净平均应力均为 300kPa。

（1）屈服吸力分析

图 12.39（a）和（b）分别是非饱和原状和重塑黄土 v-$\lg s$ 关系曲线，与前文中各向等压加载试验一样，试验点位于两相交的直线上，通过最小二乘法可以得到屈服吸力，其值列于表 12.15 中。

图 12.39（a）中吸力加载至 120kPa 左右时原状土样均发生了屈服，比体积随着吸力的增大而迅速减小；图 12.39（b）中吸力仅加载至 75kPa 左右时重塑土样发生了屈服。由此可知原状试样的屈服吸力要大于重塑试样。将屈服吸力绘于 p-s 平面上，如图 12.35 所示。通过各向等压加载试验和三轴收缩试验可以完整地了解原状和重塑黄土的屈服特性及其差异，原状土的屈服应力和屈服吸力均大于重塑土，在 p-s 平面上原状土弹性区的范围要大于重塑土，这与黄土的结构性密切相关。由于结构性的存在，原状黄土抵御外部荷载的能力优于重塑土。

吸力增加屈服线在 p-s-q 空间扩展为屈服面（平行于 q 轴的平面），其形状见图 12.36。

通过对图 12.39（a）和（b）屈服前后直线段进行拟合，可将得出的斜率作为收缩性指标，屈服前后分别采用符号 κ_s 和 $\lambda(p)$ 表示，其值列于表 12.15 中。屈服前重塑土收缩性指标 κ_s 明显小于原状土 κ_s，这也表明重塑土在同一荷载作用下变形较大。试样屈服后原状和重塑试样的收缩性指标 $\lambda(p)$ 相差不大，然而随着净平均应力的增大，原状和重塑土的收缩性指标 $\lambda(p)$ 均在减小，说明荷载越大其变形越大。

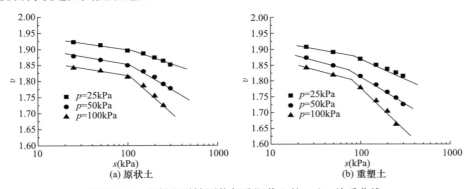

图 12.39　兰州和平镇原状与重塑黄土的 v-$\lg s$ 关系曲线

兰州和平镇黄土三轴收缩试验的变形指标、水量变化指标及屈服吸力值　　表 12.15

试样	净平均应力 p (kPa)	收缩性指标		水相体变指标		屈服吸力 (kPa)
		屈服前 κ_s	屈服后 $\lambda(p)$	$\lambda_w(p)$	$\beta(p)$	
原状土	25	0.04396	0.1141	0.0652	0.00484	118.31
	50	0.04820	0.1805	0.0726	0.00539	128.45
	100	0.04720	0.2753	0.0486	0.00361	122.81
重塑土	25	0.05503	0.1113	0.1181	0.00932	83.43
	50	0.08131	0.1768	0.0984	0.00975	73.84
	100	0.07647	0.2993	0.0893	0.01091	77.74

（2）水量变化分析

1 个控制净平均应力为常数的三轴收缩试验耗时 1 个月左右，因此必须校正排水量的测量值，校正方法与第 12.2.2 节相同，校正结果列于表 12.16 中。由该表可知同一试验条件下重塑土的排水量要大于原状土，这与前文各向等压加载试验水量变化特性相同。

图 12.40 和图 12.41 分别是非饱和原状和重塑黄土三轴收缩试验中，试样水量变化指标与吸力之间的关系曲线。由两图可知 ε_w-$\lg[(s+p_{atm})/p_{atm}]$ 和 w-$\lg[(s+p_{atm})/p_{atm}]$ 数据点均呈现线性变化，可以近似用一条直线代替其关系，直线的斜率用最小二乘法拟合，其值分别用 $\lambda_w(p)$ 和 $\beta(p)$ 表示并列于表 12.15 中。$\lambda_w(p)$ 和 $\beta(p)$ 二者之间由式（12.41）相联系。由表 12.15

可知不同净平均应力下的 $\lambda_w(p)$ 和 $\beta(p)$ 相差不大,可取 3 个试验的平均值,对于原状土的 $\lambda_w(p)$ 和 $\beta(p)$ 分别是 0.062 和 0.0046;对于重塑土 $\lambda_w(p)$ 和 $\beta(p)$ 分别等于 0.102 和 0.0099。

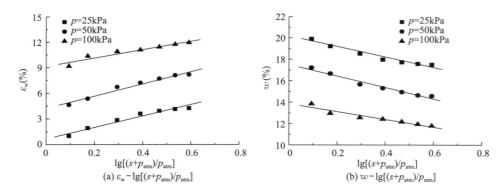

图 12.40　兰州和平镇原状黄土三轴收缩试验的水相指标变化曲线

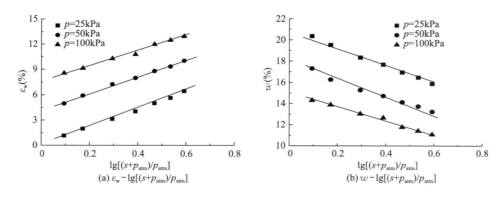

图 12.41　兰州和平镇重塑黄土三轴收缩试验的水相指标变化曲线

兰州和平镇黄土三轴收缩试验排水量的量测值与校正值　　　　　　表 12.16

试样	净平均应力 p（kPa）	历时（d）	测量值（cm³）	校正值（cm³）	差值（cm³）	相对误差（%）
原状土	25	29	3.63	4.09	0.16	3.91
	50	25	7.39	7.86	0.47	5.98
	100	22	12.73	11.47	0.66	5.75
重塑土	25	28	5.84	6.19	0.35	5.65
	50	25	8.33	9.63	0.72	7.48
	100	23	11.54	12.42	0.88	7.09

12.3.2　3 个场地原状 Q_3 黄土与其重塑土的强度特性及持水特性的比较

为了研究吸力对原状 Q_3 黄土强度的影响,对多个场地的土样做了 4 种抗剪强度试验:控制吸力和净竖向应力的直剪固结排水剪切试验、控制吸力和净围压的三轴固结排水剪切试验、控制吸力和净平均应力的三轴固结排水剪切试验、控制吸力和净竖向应力的侧向卸荷三轴固结排水剪切试验。以下分别进行讨论。

12.3.2.1　原状黄土的非饱和土直剪试验结果分析

为了摸索非饱和土直剪仪的使用方法,用非饱和土直剪仪首先研究了陕西省铜川市武警支队新区场地和宁夏扶贫扬黄工程 11 号泵站地基(位于宁夏固原)的原状黄土的强度特性。其次，为分析比较原状黄土与其重塑土的抗剪强度特性，对兰州和平镇原状黄土及其重塑土做了 2 类试验：（1）24 个控制吸力和净竖向应力为常数的非饱和土直剪试验，原状试样和重塑试样各 12 个；（2）6 个控制净平均应力和吸力为常数等 p 三轴排水剪切试验，原状和重塑试样各 3 个。各场地土样的物性指标见第 12.3.1 节。

1）陕西省铜川武警支队新区场地的原状黄土的直剪试验方案及结果分析

系挖探井取样，在现场削成直径 10cm、高 15cm 的土柱，装入铁皮盒中，密封后运到重庆。土的物性指标为：天然孔隙比 1.02，干密度 1.34g/cm³，塑性指数 10.9，湿陷系数 0.055。用环刀切削制备原状样，试样直径 61.8mm，高 20mm。用注射器给试样上、下表面加水，使其饱和度达 85% 左右；然后把土样连同环刀一起放入保湿器中让水分均匀化 72h，再称重算出土样的含水率或饱和度，发现与相应的控制值差别不大。

试验设备为后勤工程学院研发的非饱和土直剪仪[33]（图 5.9）。试验采用控制吸力和净竖向应力为常数的固结排水剪切方法，控制吸力可为 5kPa、50kPa、100kPa、200kPa 等。试验包括 3 个阶段。对应于每一吸力，控制净压力（即总压力减去气压）为 50kPa、100kPa、200kPa、400kPa。试验的第 1 阶段是同步施加总压力和气压，且使总压力恒高于气压 5kPa，以保证各部分接触良好，让试样在吸力作用下固结。此阶段需经 50h 左右，试样的变形和排水才能稳定下来。变形的稳定标准是：每 2h 变形量不超过 0.01mm。排水的稳定标准是：每 2h 排水量不超过 0.012mm³。第 2 阶段是保持气压不变，增加正应力到预定值，让试样在净竖向压力作用下固结，按照上述稳定标准，再经过约 50h 左右完成固结。第 3 阶段进行排水剪切。剪切速率为 0.0032mm/min，按照《土工试验方法标准》GB/T 50123—2019 的规定剪切位移一般达到 4mm 时试样破坏，剪切历约 21h。三轴试样高度为 80mm，如按此剪切速度试验，剪至轴应变达 15%（12mm）则需 62.5h。可见直剪试验可以节省时间，提高效率。若把第 1、第 2 两个试验阶段合并进行，则又可节省 50h 左右。这样完成一个直剪试验的时间可从 5d 减少到 3d 左右。本节试验的前两步都是分开进行的，因而 1 个试验的历时都在 6d 左右。其中包括试验前的准备工作（陶土板重新饱和等）和试样的装卸。

表 12.17 是直剪试验破坏时的有关数据。同一基质吸力下的内摩擦角大致相同，其值为 25.93°。总黏聚力 c 与基质吸力有关，图 12.42 表明该土的 c-s 关系是线性的，直线的截距可认为是饱和土的有效黏聚力，其值为 16kPa；直线的倾角用 φ^b 表示，其值为 19.4°。$\tan\varphi^b$ 表示土的强度随基质吸力而增大的变化率，亦称为吸力摩擦角。

铜川武警支队新区场地原状黄土的直剪试验结果 　　　　　　　表 12.17

基质吸力 s(kPa)	净竖向应力 σ'(kPa)	破坏剪应力 τ_f(kPa)	总黏聚力 c(kPa)	有效内摩擦角 φ'(°)	有效黏聚力 c'(kPa)	吸力摩擦角 φ^b(°)
25	50	51	24	26.2		
	100	72				
	200	118				
	400	222				
50	50	56	31	25.9	16.0	19.4
	100	80				
	200	126				
	400	226				
100	50	74	50	25.7		
	100	92				
	200	146				
	400	233				
平均值			—	25.93	16.0	19.4

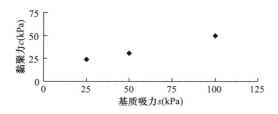

图 12.42　铜川武警支队新区工地原状黄土
的黏聚力随吸力的变化

2）固原原状黄土的直剪试验方案及结果分析

试验设备为后勤工程学院研发的非饱和土直剪仪[33]（图 5.9）。试验采用控制吸力和净竖向应力为常数的固结排水剪切方法，共做了 12 个直剪试验[30]，控制试样的干密度为 1.28～1.33g/cm³；控制吸力为 50kPa、100kPa 和 200kPa，控制净竖向应力为 50kPa、100kPa、200kPa 和 400kPa。为了做不同吸力下的直剪试验，用环刀制得原状土样后，用注射器滴水法将 12 个试样的饱和度统一控制为 75%。

在预定的净竖向应力和吸力作用下固结至竖向变形和排水稳定后开始剪切，剪切速率为 0.0072mm/min。变形稳定和排水稳定标准分别为：竖向位移在 1h 内不超过 0.01mm；排水量在 2h 内不超过 0.012cm³。试样在施加吸力的同时，增加相应重量的砝码以补偿气压力引起的竖向应力减小。

表 12.18 是直剪试验试样破坏时的数据。由表中数据绘出在不同吸力下抗剪强度随净竖向应力变化的关系图，如图 12.43 所示，原状黄土在不同吸力下的抗剪强度包线是平行的。在相同净竖向应力作用下，抗剪强度随基质吸力的增加而增加。由表 12.18 可见，土样的总黏聚力随吸力的提高而显著增大；而有效内摩擦角随基质吸力的变化不大，可取其平均值，即 $\varphi'=29.7°$。

宁夏固原黄土直剪试验结果　　　　　　　　　　　　　　表 12.18

基质吸力 s(kPa)	净竖向应力 (σ_v-u_a)(kPa)	破坏剪应力 τ_f(kPa)	总黏聚力 c(kPa)	有效内摩擦角 φ'(°)
50	50	41	14.7	29
	100	76		
	200	119		
	400	238		
100	50	55	30	29.8
	100	95		
	200	139		
	400	260		
200	50	64	42.4	30.4
	100	105		
	200	167		
	400	273		

图 12.44 是总黏聚力与吸力的关系，同一吸力下的试验数据基本在一条直线上。直线的截距和倾角分别为土样的有效黏聚力和吸力摩擦角，其值分别为：$c'=8.54$kPa，$\varphi^b=9.97°$。

3）兰州和平镇原状黄土的直剪试验方案及结果分析

对兰州和平镇原状黄土及其重塑土的抗剪强度比较试验采用四联非饱和土直剪仪（图 5.10）进行。重塑试样和原状试样的初始干密度相同，初始含水率均为 20.56%。共做了 24 个控制吸力和净竖向应力为常数的固结排水剪切试验，原状黄土和重塑黄土试样各 12 个[32]。控制吸力为 50kPa、100kPa、200kPa、300kPa；控制净竖向应力为 100kPa、200kPa、400kPa。试验过程包括固结和剪切两个阶段，固结时间为 2d，剪切速率均控制为 0.0167mm/min。

图 12.45（a）和图 12.45（b）分别是兰州和平镇原状黄土及其重塑土的剪应力 τ_f 与净竖向应力 $\sigma'=\sigma-u_a$ 在不同吸力条件下的关系曲线，对应的剪应力和净竖向应力列于表 12.19 中。由图 12.45

和表 12.19 可知：（1）在同一试验条件下，原状黄土的抗剪强度高于重塑土，这是由于原状黄土具有较强的结构性所致；（2）净竖向应力一定时，原状黄土和重塑黄土的抗剪强度均随吸力的增加而增加。

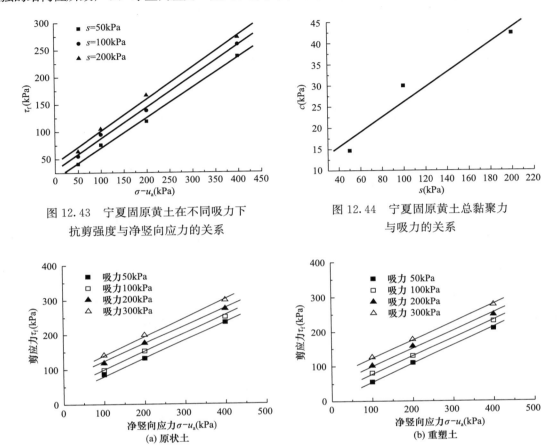

图 12.43　宁夏固原黄土在不同吸力下　　　图 12.44　宁夏固原黄土总黏聚力
抗剪强度与净竖向应力的关系　　　　　　　　与吸力的关系

图 12.45　兰州和平镇原状黄土及其重塑土的抗剪强度与净竖向应力的关系

兰州和平镇原状黄土及其重塑土的控制吸力直剪试验结果　　表 12.19

吸力 s (kPa)	净竖向应力 $\sigma - u_a$ (kPa)	破坏剪应力 τ_f (kPa)		黏聚力 c (kPa)		有效内摩擦角 φ' (°)	
		原状土	重塑土	原状土	重塑土	原状土	重塑土
50	100	86	56	34.16	16.22	26.66	24.56
	200	132	110				
	400	236	210				
100	100	99	81	49.31	28.53	26.85	25.21
	200	152	130				
	400	251	231				
200	100	119	102	70.37	53.51	27.25	25.87
	200	176	158				
	400	274	249				
300	100	141	126	97.59	76.15	27.69	26.83
	200	199	178				
	400	299	278				
平均值				—	—	27.11	25.62

　　图 12.46（a）和图 12.46（b）分别是原状和重塑土总黏聚力 c 和内摩擦角与吸力 s 的关系曲线，其值亦列于表 12.19 中。从图 12.46（a）和图 12.46（b）及表 12.19 可以看出：（1）原状试

样的黏聚力和内摩擦角均大于重塑试样；（2）在 50～300kPa 吸力范围内，黏聚力 c 随着吸力的增加呈线性增加，通过分析总黏聚力 c 与吸力 s 关系曲线的斜率变化可以得到原状和重塑土的吸力摩擦角 φ^b；（3）吸力对内摩擦角的变化影响不明显，可取为饱和土的内摩擦角。

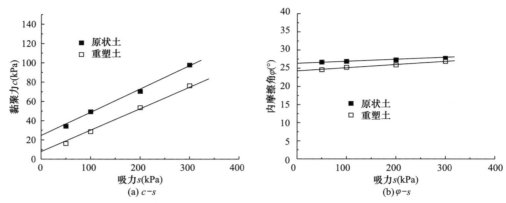

图 12.46 兰州和平镇原状黄土及其重塑土的黏聚力和内摩擦角随吸力的变化规律

表 12.20 汇集了兰州和平镇原状黄土及其重塑土的强度参数值，原状黄土的有效黏聚力、有效内摩擦角和吸力摩擦角均大于其重塑土的相应指标值。

比较表 12.17、表 12.18 和表 12.20 中的非饱和土直剪试验结果，发现铜川武警支队新区场地的原状黄土与兰州和平镇原状黄土的有效内摩擦角很接近，但有效黏聚力和吸力摩擦角相差较大；而固原原状黄土的 3 个强度参数与铜川、兰州和平镇两场地的相应强度参数值差别显著。

兰州和平镇原状黄土及其重塑土的强度参数统计表　　　　表 12.20

抗剪强度指标	有效黏聚力 c'(kPa)		有效内摩擦角 φ'(°)		吸力摩擦角 φ^b(°)	
土类	原状土	重塑土	原状土	重塑土	原状土	重塑土
非饱和土直剪试验	23.76	8.79	26.23	24.03	15.33	13.47

12.3.2.2 控制吸力和净围压的三轴固结排水剪切过程的应力-应变性状和强度特性

用应力控制式非饱和土三轴仪对宁夏扶贫扬黄工程 11 号泵站场地的原状 Q_3 黄土做了两组控制吸力和净围压的三轴排水剪切试验[30]。①净围压 100kPa，吸力分别为 50kPa、100kPa、200kPa；②吸力为 100kPa，净围压为 50kPa、100kPa、200kPa。固结稳定标准为：在 2h 内，体变不超过 0.0063cm³，同时排水量在 2h 内不超过 0.012cm³。每级偏应力作用下的稳定标准是：轴向位移在 1h 内不超过 0.01mm，体变在 2h 内不超过 0.0063cm³，且排水在 2h 内不超过 0.012cm³。图 12.47 和图 12.48 分别是试验的偏应力-轴向应变关系曲线和体应变-轴向应变关系曲线。

对兰州理工大学家属院高陡边坡的原状 Q_3 黄土做了 4 组控制吸力和净围压的三轴排水剪切试验[31]，控制吸力为 0kPa、50kPa、100kPa 和 200kPa，净围压控制为 50kPa、100kPa 和 200kPa，共 12 个试验。试样干密度为 1.32g/cm³，控制 12 个试样间天然干密度差值不超过 0.05g/cm³；9 个非饱和试样的初始含水率控制为 18%。固结稳定标准为：在 2h 内，体变不超过 0.0063cm³，同时排水量在 2h 内不超过 0.012cm³。剪切速率为 0.0066mm/min。图 12.49 是试验的偏应力-轴向应变关系曲线。

对兰州和平镇原状 Q_3 黄土做了 3 组控制吸力和净围压的三轴排水剪切试验[32]。试样的干密度为 1.35g/cm³；净围压 (σ_3-u_a) 均分别控制为 100kPa、200kPa、300kPa，基质吸力 (u_a-u_w) 均分别控制为 50kPa、100kPa、200kPa。固结稳定标准为：在 2h 内，体变不超过 0.0063cm³，同时排水量在 2h 内不超过 0.012cm³。用步进电机通过加载活塞给试样施加偏应力，在偏应力作用下的稳定标准为：轴向位移每 1h 不超过 0.01mm，且体变每 2h 不超过 0.0063cm³。图 12.51 是试验的偏应力-轴向应变关系曲线和体应变-轴向应变关系曲线。

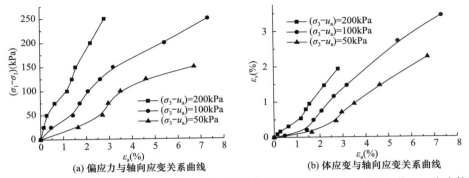

图 12.47　吸力 100kPa、控制净围压的三轴固结排水剪切试验结果（固原原状黄土，应力控制）

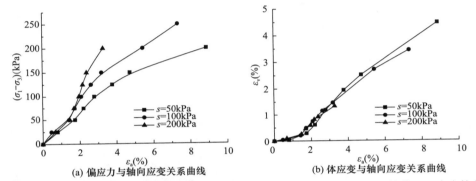

图 12.48　净围压 100kPa、控制吸力的三轴固结排水剪切试验结果（固原原状黄土，应力控制）

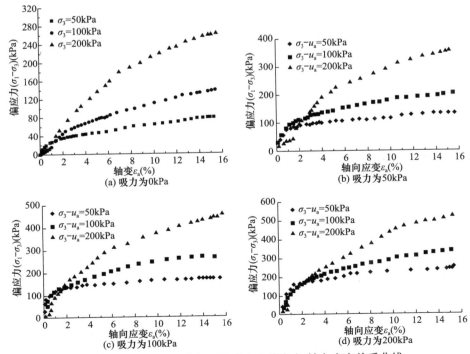

图 12.49　兰州理工大学原状黄土的偏应力-轴向应变关系曲线

（控制吸力和净围压，固结排水剪切，应变控制）

对延安新区原状 Q_3 黄土做了 3 组控制吸力和净围压的三轴排水剪切试验[34]。试样的干密度为 1.33g/cm³；净围压（$\sigma_3 - u_a$）均分别控制为 100kPa、200kPa、300kPa，基质吸力（$u_a - u_w$）均分别控制为 50kPa、100kPa、200kPa。固结稳定的标准为：在 2h 内体变和排水均小于 0.01mL，固结历时 40h 以上；剪切速率为 0.0072mm/min；每个试验共持续 75h 左右。图 12.50 是试验的偏应力-轴向应变关系曲线、体应变-轴向应变关系曲线及试验后的试样照片。

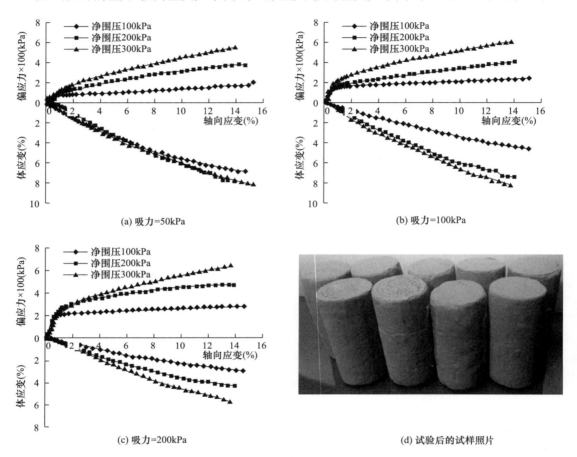

图 12.50　延安新区原状黄土的偏应力-轴向应变关系曲线、体应变-轴向应变关系曲线及试样照片
（控制吸力和净围压，固结排水剪切，应变控制）

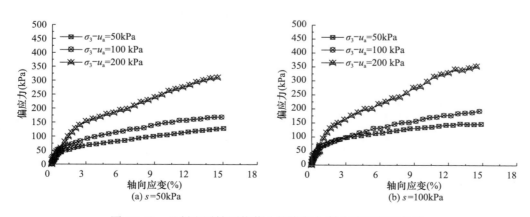

图 12.51　兰州和平镇原状黄土的偏应力-轴向应变关系曲线
（控制吸力和净围压，固结排水剪切，应变控制）（一）

从图 12.47~图 12.51 可见：（1）不管是应力控制，还是应变控制，偏应力-应变曲线的形态均呈硬化型或理想塑性，体应变-轴向应变皆呈剪缩；（2）在净围压较小（如 $\sigma_3 - u_a = 50\text{kPa}$）时偏应力-轴向应变曲线接近理性弹塑性，而当净围压较大（$\sigma_3 - u_a \geq 100\text{kPa}$）时偏应力-轴应变曲线均呈硬化型；（3）吸力和净围压越大，强度越大；（4）当轴向应变较小时，偏应力-轴应变关系曲线有交叉现象，这与黄土的结构性有关；（5）吸力相同时，围压越大，体应变越大。

应用第 12.2.4.1 节的方法，可以求得原状黄土的强度参数。兰州理工大学、延安新区和兰州和平镇的原状黄土的强度参数分别汇于表 12.21、表 12.22 和表 12.23。从表 12.21 可见，

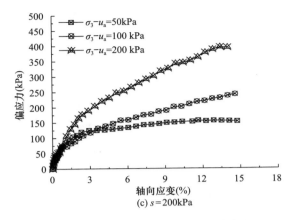

图 12.51 兰州和平镇原状黄土的偏应力-
轴向应变关系曲线（控制吸力和净围压，
固结排水剪切，应变控制）（二）

兰州理工大学的原状黄土的有效摩擦角和黏聚力均随吸力变化，不是常数。比较 3 个场地原状黄土的有效摩擦角可知，延安新区原状黄土的有效内摩擦角最高，而兰州和平镇原状黄土的数值最低，这与各地黄土的颗粒级配和结构性（包括颗粒排列和颗粒之间的胶结）有关。

兰州理工大学原状黄土的非饱和土三轴剪切试验的强度参数[31] 表 12.21

s (kPa)	$\sigma_3 - u_a$ (kPa)	q_f (kPa)	p_f (kPa)	ξ (kPa)	$\tan w$	φ' (°)	c (kPa)
0	100	71.00	73.67	6.60	0.89	22.82	3.12
	200	138.85	146.28				
	300	262.00	287.33				
50	100	132.51	94.17	35.12	1.01	25.66	16.67
	200	201.53	167.18				
	300	360.00	320.00				
100	100	174.20	108.07	52.48	1.13	28.41	25.10
	200	267.03	189.01				
	300	446.95	348.98				
200	100	244.10	131.37	95.05	1.14	28.50	45.48
	200	335.60	211.87				
	300	518.00	372.67				

延安新区原状 Q₃ 黄土的非饱和土三轴剪切试验的强度参数[34] 表 12.22

s (kPa)	$\sigma_3 - u_a$ (kPa)	q_f (kPa)	p_f (kPa)	$\tan w$	φ' (°)	ξ (kPa)	c (kPa)
50	100	211.3	170.4	1.11	27.93	22.8	11.00
	200	382.9	327.6				
	300	559.9	486.6				
100	100	246.7	182.2	1.13	28.44	36.9	18.45
	200	412.2	337.4				
	300	610.1	503.4				
200	100	280.3	193.4	1.12	28.25	65.5	32.74
	200	472.9	357.6				
	300	639.6	513.2				

兰州和平镇原状 Q₃ 黄土的非饱和土三轴剪切试验的强度参数[32]　　表 12.23

试验种类	s (kPa)	σ_3-u_a (kPa)	q_f (kPa)	p_f (kPa)	φ' (°)	φ^b (°)	c (kPa)
控制吸力和净围压的三轴固结排水剪切试验	50	100	128.79	92.93	24.59	16.15	21.35
		200	169.18	156.37			
		300	310.47	303.49			
	100	100	146.79	98.93			
		200	203.08	164.36			
		300	352.58	317.53			
	200	100	154.01	101.18			
		200	242.02	180.67			
		300	394.37	331.46			
控制吸力和净竖向应力的固结排水直剪试验	—				26.23	15.33	23.76

　　表 12.23 还列出了用非饱和土直剪试验测定的兰州和平镇原状黄土的抗剪强度指标。总体上看，两种非饱和土试验设备和方法测定的抗剪强度参数值比较接近，非饱和土直剪仪的测试数值略高于非饱和土三轴仪测试的相应数值。换言之，用非饱和土三轴仪测定的抗剪强度参数偏于安全。

12.3.2.3　控制吸力和净平均应力为常数的三轴固结排水剪试验的强度特性与水量变化特性

　　姚志华[32]采用后勤工程学院的非饱和土三轴仪对兰州和平镇的原状黄土及其重塑土做了控制吸力和净平均应力为常数的三轴排水剪切试验。试验中控制净平均应力均为 150kPa，吸力分别为 50kPa、100kPa 和 200kPa；原状土干密度为 1.35g/cm³，含水率配制为 20.56%，饱和度为 55.16%；重塑土通过分层压实，其物理指标与原状土相同。

　　在等净平均应力剪切试验过程中，偏应力每增大一级，围压必须相应减小，从而达到控制净平均应力为常数的目的。选用剪切速率为 0.0066mm/min。具体试验加载方案如表 12.24 所示，该表中的 σ_1 和 σ_3 分别为总大主应力和总小主应力。

　　每个试验历时 1 个月左右，为考虑试验过程中排水管口的蒸发和量测误差，在试验结束时测定试样含水率，结合试样的初始含水率算出试样实际水分减少量。据此对试验固结过程和剪切过程中量测的含水率进行校正，具体数值列于表 12.25，相对误差为 2%～9.69%。在下文分析中含水率均采用校正值。

控制吸力和净围压为常数的三轴排水剪切试验加载方案　　表 12.24

$s=50$(kPa)			$s=100$(kPa)			$s=200$(kPa)		
σ_3(kPa)	σ_1(kPa)	q(kPa)	σ_3(kPa)	σ_1(kPa)	q(kPa)	σ_3(kPa)	σ_1(kPa)	q(kPa)
195	210	15	240	270	30	340	370	30
185	230	45	220	310	90	320	410	90
165	270	105	200	350	150	270	510	240
150	300	150	170	410	240	220	610	390
125	350	225	140	450	300	180	690	510
105	390	285	120	490	360	160	730	570

控制吸力和净围压为常数的三轴排水剪切试验中试样排水量的测量值与校正值　表 12.25

试样分类	吸力 s (kPa)	量测值（cm³）			校正值（cm³）			总量差值 (cm³)	总量相对误差 (%)
		总量	固结	剪切	总量	固结	剪切		
原状样	50	5.78	4.41	1.37	6.25	4.72	1.54	0.47	7.52
	100	9.04	7.12	1.92	9.47	7.39	2.08	0.43	4.54
	200	13.23	9.85	3.38	14.65	10.94	3.71	1.42	9.69
重塑样	50	8.31	6.19	2.12	8.57	6.06	2.51	0.26	3.03
	100	11.87	8.67	3.2	12.12	8.97	3.15	0.25	2.06
	200	16.12	11.56	4.56	16.94	12.26	4.69	0.82	4.84

1）固结完成后的含水率分析

图 12.52 是兰州和平镇的状 Q₃ 黄土及其重塑土在固结完成后的含水率与归一化吸力的自然对数间的关系曲线。3 个原状试样的曲线位于 3 个重塑试样曲线之上，说明原状试样持水性能优于重塑土。原状土和重塑土的试样曲线均呈线性关系，可用考虑净平均应力影响的广义持水特性曲线公式（式（10.21））描述，即：

$$w = w_0 - ap - b\ln\left(\frac{s + p_{\text{atm}}}{p_{\text{atm}}}\right) \quad (12.50)$$

式中参数 a 和 b 的具体数值列于表 12.26，原状黄土的参数值均小于重塑黄土的相应数值。

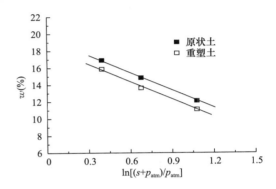

图 12.52　兰州和平镇原状黄土与其重塑土在固结完成后的含水率与归一化吸力的关系曲线

a、b 参数的数值　表 12.26

土类	$a(\times 10^{-5}\text{kPa}^{-1})$	$b(\times 10^{-2})$
兰州和平镇的原状黄土	5.96	6.71
重塑黄土	13.5	7.15

2）剪切破坏时的应变和应力分析

原状土和重塑土在控制吸力和净平均应力剪切破坏时的轴向应变均不超过 3%，6 个试样均呈现脆性破坏，破坏时的偏应力峰值及轴向应变列于表 12.27，相应的破坏应力和破坏轴向应变及吸力之间的关系曲线示于图 12.53。显见原状黄土的剪切破坏强度高于重塑土，这与第 12.3.2.1 节的非饱和土直剪试验结果（表 12.20 和图 12.46）相一致。

兰州和平镇原状黄土与其重塑土在控制吸力和净平均应力的三轴剪切破坏时的应力和应变　表 12.27

吸力 (kPa)	原状土		重塑土	
	破坏应力 q_f(kPa)	轴向应变 ε_{af}(%)	破坏应力 q_f(kPa)	轴向应变 ε_{af}(%)
50	202	1.98	130	1.13
100	267	2.34	198	1.32
200	312	2.68	249	1.78

3）剪切过程中的水量变化分析

图 12.54（a）和图 12.54（b）分别是原状黄土与其重塑土在控制吸力和净平均应力的剪切试验剪切过程中含水率与偏应力之间的关系曲线，该图中的 w-q 关系均可用直线描述，不同吸力下的直线斜率用符号 $c(s)$ 表示，通过最小二乘法拟合，将其值列于表 12.28 中。分析该表数据可知，随着吸力的增加，斜率 $c(s)$ 逐渐减小，说明了吸力的增大对剪切过程中的排水存在一定的影响；同一吸力条件下，重塑土样 $c(s)$ 的绝对值要大于原状土 $c(s)$ 的绝对值，说明重塑土

剪切过程中含水率随偏应力 q 变化的幅度比原状土大，即原状黄土的持水性能高于重塑黄土，与图 12.52 表达的结果一致，反映了两种土的结构差异对持水性能的影响。

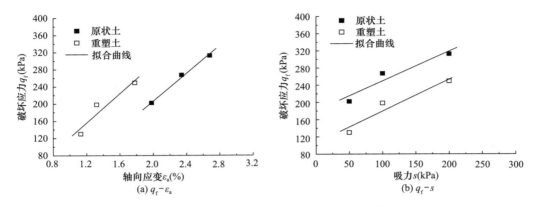

图 12.53　原状黄土与其重塑土在控制吸力和净平均应力的三轴剪切破坏时
的偏应力和轴向应变及吸力间的关系

图 12.54(a) 和图 12.54(b) 的直线可用 4 变量广义持水特性曲线［式（10.22）或式（10.34）］描述，此处不再赘述。

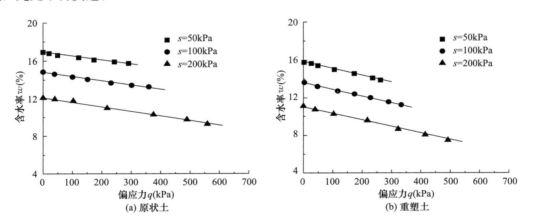

图 12.54　非饱和原状和重塑黄土等 p 剪切中 w-q 关系曲线

剪切过程的 w-q 曲线直线斜率 $\alpha(s)$ 值　　　　　表 12.28

试样分类	吸力(kPa)	$c(s)$（$\times 10^{-5}$kPa^{-1}）	$c(s)$ 平均值（$\times 10^{-5}$kPa^{-1}）
原状土	50	3.98	4.43
	100	4.29	
	200	5.03	
重塑土	50	6.64	6.92
	100	6.88	
	200	7.24	

12.3.2.4　控制吸力和净竖向压力为常数净侧向应力减小的三轴排水剪切强度特性

为了模拟开挖卸荷过程，对兰州理工大学的原状黄土做了一系列控制吸力和净竖向应力为常数的侧向卸荷三轴剪切试验[31]。土样取自兰州理工大学家属院高陡边坡 7.5m 深处，共做了 12 个三轴侧向卸荷剪切试验，其中 3 个为饱和原状 Q_3 黄土，9 个为非饱和原状 Q_3 黄土。试样的天然干密度约为 1.33g/cm³，差值不超过 0.05g/cm³。为了控制不同吸力，调整含水率为

17%。控制吸力分别为 0kPa、50kPa、100kPa、200kPa，控制固结净围压为 200kPa、250kPa、300kPa。装样后，先进行等压固结，固结过程的稳定标准为：在 2h 内体变不超过 0.0063cm^3，且排水量不超过 0.012cm^3。固结完成后进行侧向卸荷剪切试验，每次卸除 10kPa 的围压，同时通过增加相应的竖向应力以补偿因围压减小而引起的轴向力减小的部分，待试样体积变化及轴向变形稳定后读数。

图 12.55 是试验的应力-应变关系，均为硬化型。取轴向应变为 15% 时的应力为破坏应力，试验的破坏偏应力 q_f 及强度参数列于表 12.29 中。

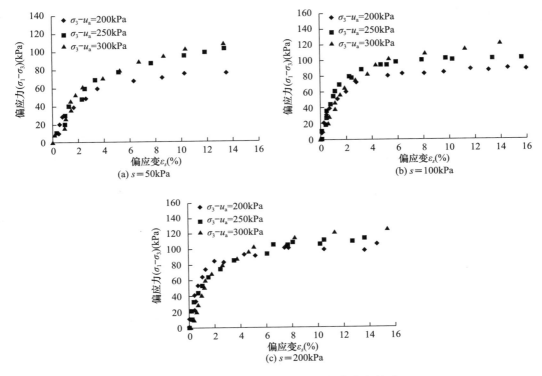

图 12.55　侧向卸荷过程的偏应力-偏应变关系

从表 12.29 中可见，总黏聚力 c 随吸力增大而增大，而有效内摩擦角 φ' 变化很小，可认为是一个常数，取其平均值为 13.17°。总黏聚力与吸力的关系如图 12.56 所示，总黏聚力随吸力的增加呈线性增加，进行线性拟合可得该土侧向卸荷试验的有效黏聚力和吸力摩擦角，即 $c'=2.82\text{kPa}$，$\varphi^b=5.28°$。

对比表 12.21 可以发现，侧向卸荷试验得到的强度参数值均小于三轴压缩试验的相应参数值，其中 c' 值约为三轴压缩剪切结果的 0.61 倍，φ' 值约为三轴压缩剪切结果的 0.59 倍。

				侧向卸荷剪切试验的强度参数		表 12.29	
s	σ_3-u_a (kPa)	$q_f=(\sigma_1-\sigma_3)$ (kPa)	p_f (kPa)	ξ (kPa)	$\tan w$	c (kPa)	φ' (°)
50	200	81	137	19.0	0.487	9.03	12.21
	250	97	170				
	300	113	201.4				
100	200	89	125	27.5	0.492	13.06	13.14
	250	103	153				
	300	121	190				

续表 12.29

s	$\sigma_3 - u_a$ (kPa)	$q_f = (\sigma_1 - \sigma_3)$ (kPa)	p_f (kPa)	ξ (kPa)	$\tan w$	c (kPa)	φ' (°)
200	200	105	122	44.2	0.500	20.97	13.34
	250	115	141				
	300	132	176				
0	200	65.4	142.4	6.11	0.418	2.82	11.27
	250	79.6	175.0				
	300	92	206.1				

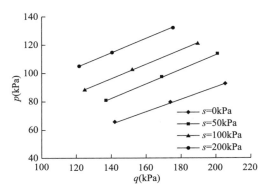

图 12.56　$p\text{-}q$ 平面内的强度包线

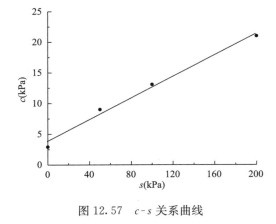

图 12.57　$c\text{-}s$ 关系曲线

12.4　重塑 Q_2 黄土的湿化变形特性

随着西部大开发和城镇化战略的实施，众多高速公路、高速铁路、机场的修建和平山造地工程催生了大量黄土填方工程。应用现代压实机械施工，黄土填土的干密度都比较高，一般不会发生湿陷，但在降雨入渗和地下水位上升时填土体增湿，土会变软，模量降低，产生一定的附加变形。为了与原状黄土的湿陷变形相区别，工程界把填土的增湿变形称之为湿化变形。本节探讨黄土填土的湿化变形规律。

12.4.1　研究方法、仪器设备和三轴试验研究方案

关亮和陈正汉等[35]以甘肃平定高速公路路堤填土（黄土）为研究对象，用后勤工程学院的非饱和土三轴仪（第 12.2.2 节）做了 24 个固结排水剪切试验，控制试样的初始干密度为 1.7g/cm³ 和 1.8g/cm³，控制净围压为 50kPa、100kPa 和 200kPa，控制吸力为 0kPa、50kPa、100kPa 和 200kPa；用三轴双线法探讨了非饱和填土（黄土）的湿化变形特性，即对初始干密度相同的试验，以吸力不等于零（非饱和土）的试验和吸力等于零（饱和土）的试验在同一偏应力下的轴向应变之差作为该吸力下的湿化变形，并提出了两种计算湿化变形的简化方法。有关情况在第 24.4.1 节和 24.4.2 节介绍。

郭楠和陈正汉等[36]用后勤工程学院研制的非饱和土 CT-湿陷三轴仪（图 6.42 和图 12.6）研究了延安新区黄土填土的湿化变形特性。该三轴仪既可应变控制，亦可应力控制。为了模拟填土的湿化过程，郭楠和陈正汉等采用应力控制功能，即让试样在一定应力状态（包括吸力、净围压和偏应力）下排水固结，待固结完成后将吸力释放，浸水到试样饱和，把浸水变形稳定后的轴向变形作为该吸力下的湿化变形，实际上就是三轴单线法（第 12.1.2 节）。为了能够更加

精确地量测体应变、进水量及控制偏应力，对 CT-湿陷三轴仪进行了改进升级（图 12.58），试样的轴向变形用位移传感器量测，共配置 4 台压力-体积控制器：用两台压力-体积控制器同时同步等值地为三轴仪的内外压力室施加液压，用一台压力-体积控制器和压力活塞施加轴向荷载（即偏应力），用一台控制浸水水头

图 12.58　改进后的 CT-湿陷三轴仪及其底座

和进水量，压力量测精度可以达到 1kPa，试样体变和进水量的量测精度可以达到 $1mm^3$。湿陷三轴仪压力室的底座为二元结构，分为内、外两部分（图 12.58）。底座中部刻有 2mm 宽、2mm 深的螺旋槽，其上嵌有进气值为 500kPa、直径 21.1mm 的陶土板。陶土板外围是厚 2mm 的环形铝合金隔墙。隔墙外侧是宽 2mm、深 2mm 的环形水槽，水槽中有一直径为 3mm 的孔，此孔连通浸水阀门，用于浸水，浸水结束后用于排水。水槽顶端嵌有多孔铜圈；铜圈的内径 27.2mm，外径 39.1mm，其上均匀分布两排直径 1mm 透水孔。该三轴仪既可做控制吸力的非饱和土试验，又可在加载稳定后浸水，为研究黄土湿陷、膨胀土湿胀和填土湿化过程中的细观结构变化提供了方便。

　　由于延安新区填土多为 Q_2 黄土，故试验用土以重塑 Q_2 黄土为对象，该土的基本物理性质指标如表 12.30 所示[37]。考虑到延安新区的不同功能分区具有不同的压实度，制备试样时，控制试样的干密度分别为 $1.52g/cm^3$、$1.69g/cm^3$ 和 $1.79g/cm^3$，对应的压实度分别为 79％、88％ 和 93％；全部土样的初始含水率均配置为 18.6％，根据含水率及相应的干密度计算出每个土样所需湿土的质量，用专门的制样设备和模具（图 9.6、图 9.7）将湿土分五层均匀压实，分层之间凿毛，使层间结合良好。试样的直径为 39.1mm，高度为 80mm。

土样的基本物理指标　　　　　　　　表 12.30

相对密度 G_s	塑限 w_P（％）	液限 w_L（％）	最大干密度 ρ_{dmax}	最优含水率 w_{op}（％）
2.71	17.3	31.1	1.92	12.9

　　试验按干密度分为 3 组，共做了 17 个浸水试验，即：（1）8 个干密度为 $1.52g/cm^3$，控制吸力、净围压及偏应力为常数的浸水试验；（2）8 个干密度为 $1.69g/cm^3$，控制吸力、净围压及偏应力为常数的浸水试验；（3）1 个干密度为 $1.79g/cm^3$，控制吸力、净围压及偏应力为常数的浸水试验。三组试验的净围压（$\sigma_3 - u_a$）分别控制为 50kPa、100kPa，基质吸力（$u_a - u_w$）分别控制为 150kPa、300kPa，偏应力（$\sigma_1 - \sigma_3$）分别控制为 100kPa、200kPa。其中 σ_1 和 σ_3 分别是大、小主应力，u_a 和 u_w 分别为孔隙气压力和孔隙水压力。试验方案见表 12.31。为了加速浸水过程并使水分均匀分布，在橡皮膜和试样之间均匀放置了 6 条宽度 5mm 的滤纸条。

试验研究方案　　　　　　　　　　　表 12.31

试验分组编号	试样编号	初始干密度（g/cm³）	净围压（kPa）	基质吸力（kPa）	偏应力（kPa）
I	1	1.52	50	150	100
	2	1.52	50	150	200
	3	1.52	50	300	100
	4	1.52	50	300	200
	5	1.52	100	150	100
	6	1.52	100	150	200
	7	1.52	100	300	100
	8	1.52	100	300	200

续表 12.31

试验分组编号	试样编号	初始干密度（g/cm³）	净围压（kPa）	基质吸力（kPa）	偏应力（kPa）
II	9	1.69	50	150	100
	10	1.69	50	150	200
	11	1.69	50	300	100
	12	1.69	50	300	200
	13	1.69	100	150	100
	14	1.69	100	150	200
	15	1.69	100	300	100
	16	1.69	100	300	200
III	17	1.79	100	300	100

浸水时水从陶土板外沿钢圈上的小孔进入，从试样帽排出。试验前计算并测出水充满试样帽到出水阀门这段排水通路所需水量，则总浸水量减去排水量及停留在排水通路中的水就是试样的实际浸水量。试验是按照序号从 1～16 的顺序依次进行的，发现 2 号和 4 号试样在浸水过程中的轴向变形远大于 1 号和 3 号试样，便结束了试验，但此时并未达到"直到出水量等于进水量、试样变形稳定为止"的标准，经计算其饱和度分别只有 71.1％和 68.8％。故对后续的全部试验，都严格按"直到出水量等于进水量、试样变形稳定为止"的标准执行，并在试验结束后对 5 个试样的含水率进行了抽样检查，在试样的上、中、下三个部位分别取土烘干，饱和度均达 93％以上，与按试样过程中量测的进水量和排水量的计算结果相符。

固结稳定后进行第一次扫描，扫描断面分别是距离试样底部 1/3 高度（下 1/3，称为 a 断面）及距离试样顶部 1/3 高度（上 1/3，称为 b 断面）两个截面。扫描结束后开始浸水，根据轴向位移调整扫描位置，对断面进行跟踪扫描。扫描得到的 CT 图像上任意一个区域的 CT 数均值（ME）和方差（SD），分别反映该区域的平均密度和物质分布的均匀程度。ME 越大，土体越密实，土颗粒间的连接越强；SD 值越小，土颗粒排列分布越均匀。观察试样扫描后的图像要选择适当的窗宽、窗位，且不同的试验需根据视觉要求设定不同的窗宽、窗位。不同的窗宽和窗位不影响试样的 CT 扫描数据。

12.4.2　试验结果分析（本节仅分析湿化变形规律）

12.4.2.1　第 1 组试验的湿化变形分析

表 12.32 是干密度为 1.52g/cm³ 的试样的湿化试验数据。从表 12.32 可知，试样的固结变形较小，而湿化变形较大；除 1 号试样外，其余试样在固结稳定后的轴向应变均小于浸水湿化后的轴向应变。由此可见，对干密度较低的填土，其湿化变形不容忽视。

干密度为 1.52g/cm³ 的试样在浸水过程中有 3 个试样发生破坏。其中 8 号试样由于轴向应变超过 15％而发生破坏。2 号、4 号试样轴向应变虽然未达到 15％，但在浸水过程中，由于偏应力较大，试样的中下部在浸水过程中鼓胀严重，试样破坏，如图 12.59 所示。从表 12.31 可知，2 号、4 号和 8 号试样的围压都比较低，而吸力和偏应力都比较大，说明低围压、高吸力和偏应力大的试样在浸水过程中容易发生破坏。这一点具有实际意义，即干密度较低的填土地基在较大荷载作用下浸水时，其浅层部位很有可能会发生剪切破坏。

干密度为 1.52g/cm³ 的试样湿化试验数据 表 12.32

序号	固结过程		浸水过程		
	轴向应变（％）	饱和度（％）	轴向应变（％）	饱和度（％）	体应变（％）
1	0.19	59.3	0.08	97.7	−0.58

序号	固结过程		浸水过程		
	轴向应变（%）	饱和度（%）	轴向应变（%）	饱和度（%）	体应变（%）
2	1.22	60.1	11.8	71.1	3.08
3	0.26	55.5	0.73	96.2	0.64
4	3.38	54.3	10.92	68.8	3.30
5	0.25	57.9	0.51	97.2	2.49
6	0.62	59.6	4.99	97.9	4.45
7	0.49	53.8	1.63	94.1	3.62
8	1.31	57.0	23.3	96.6	4.66

从表 12.32 中还可以看出，净围压、吸力、偏应力均较小时，试样易发生剪胀，其余均为剪缩。当净围压较大，吸力、偏应力较小时，试样由少量的剪胀逐渐变为剪缩，其余均表现为剪缩。分析原因，可能是当净围压较小时，对试样的径向应变的约束就越小，试样易发生剪胀。干密度及其他条件相同时，净围压越大，试样的湿化体应变越大。

(a) 2号   (b) 4号

图 12.59　试样浸水后的照片

12.4.2.2　第 2 组试验的湿化变形分析

表 12.33 是干密度为 1.69g/cm³ 的试样固结稳定后和浸水饱和后的参数。由表 12.33 可知，除 10 号试样外，其余 7 个试样的湿化轴向应变均小于固结轴向应变。该组试验只有 10 号试样由于净围压小，吸力、偏应力较大而发生破坏，其余试样均未破坏，且有 6 个试样的轴向湿化应变不超过 1‰。10 号试样由于压实度较大，固结稳定后轴向应变仅 0.24%。随着浸水的进行，试样饱和度不断提高，试样刚开始浸水时，速度较快，第二次扫描时饱和度已达到 91.4%，较固结结束时提高了 11.8%，轴向应变提高 9.7%。第三次扫描时饱和度为 94.1%，轴向应变增加 11.2%，此后，随着浸水量继续增大，轴向应变迅速增大，第四次扫描时已达到 21.9%，试样发生湿剪破坏。由此可见，填土层在含水率较低和承受荷载较大时，遇水浸湿发生破坏的可能性较大，特别是压实度低的填土在浸水时更容易发生破坏。

与干密度为 1.52g/cm³ 的试样相似，净围压、吸力、偏应力均较小时，试样表现出较强的剪胀性，其余均为剪缩。吸力较大的试样，由于固结过程中排出的水量较大，含水率较低，在开始浸水后试样体应变变化较大。

干密度为 1.69g/cm³ 的试样的湿化变形数据　　　表 12.33

序号	固结过程		浸水过程		
	轴向应变（%）	饱和度（%）	轴向应变（%）	饱和度（%）	体应变（%）
9	0.19	78.9	0.03	98.6	−0.58
10	0.24	79.6	21.87	99.2	1.8
11	0.14	74.4	0.08	99.2	1.18
12	0.89	68.5	0.88	93.3	1.65
13	0.13	72.3	0.05	96.6	1.04
14	0.16	79.5	0.09	97.7	1.78
15	0.20	78.3	0.05	95.4	1.67
16	0.53	79.0	0.10	98.5	2.43

12.4.2.3　干密度对湿化变形的影响

以上试验结果表明，干密度、净围压、吸力及偏应力均对试样的湿化变形有影响，但干密度的影响最大，这可从 4 个方面说明。（1）对比表 12.32 和表 12.33 可知，无论是固结变形还是湿化变形，干密度大者变形小，而干密度小者变形大。（2）从变形量级上看，干密度为 1.52g/cm³ 试样的湿化轴向应变中有 5 个大于 1%，而干密度为 1.69g/cm³ 试样的湿化轴向应变中只有 1 个大于 1%，其余 7 个均小于 1%，有 6 个不超过 1‰。（3）从发生破坏的试样数量看，干密度为 1.52g/cm³ 的试样中有 3 个发生湿化剪切破坏，而干密度为 1.69g/cm³ 的试样只有 1 个发生湿化剪切破坏。（4）干密度 1.79g/cm³ 的试样，尽管吸力较高（300kPa）、偏应力较低（100kPa），但浸水相当困难：在 15kPa 的浸水压力下，历时 24h 浸水量仅 0.7g，历时 60h 浸水量 1.1g；将浸水压力增加至 40kPa，同时相应的增大围压，使净围压保持不变，再历时 30h，总浸水量也只有 1.3g。由此可见，提高压实度可有效减小湿化变形量，减轻或避免发生湿化剪切破坏。

12.5　重塑非饱和黄土的三轴不排水剪切性状

在第 12.2 节和第 12.3 节所做的非饱和土三轴试验都是控制吸力的固结排水剪切试验，在试验过程中，孔隙气压力用精密调压阀控制为常数，孔隙水压力保持为 0（大气压），二者均无需量测。本节探讨非饱和土在三轴不排水剪切时的性状需要同时量测试样的轴向变形、体变、偏应力、孔隙水压力和孔隙气压力，其中精确量测试样体变和孔隙气压力比较困难。

12.5.1　试验仪器与标定检验

Bishop 和 Donald[38] 采用如图 6.1 所示的非饱和土三轴仪，从陶土板下量测水压力；用与试样帽连接的细孔聚乙烯管传递气压力，把此管引到压力室外，再与充满水银的尼龙管相连（目的是减少管路中的气体对试样中气压的影响），即可在压力室外量测气压力；为了消除压力室本身体积变化对测试试样体变的影响，他们在压力室外罩与试样之间增加了一个可拆卸的有机玻璃内罩。内罩下缘用橡皮垫圈密封，上口敞开，在内罩与试样之间充满水银，在内罩的水银面以上及内外罩之间充水；水银表面浮一不锈钢球或尼龙球。由于内罩两侧的液压相等，故压力室液压的改变并不会引起内罩的胀缩（忽略有机玻璃材料本身的体变）。这样，用带游丝标的望远镜测得浮球下沉量及试样竖向压缩量后，即可得出较为精确的试样体变量。水银能有效地防止气体通过橡皮膜向外扩散，大大提高了气压量测的可靠性（图 6.2）。

如图 6.1 所示非饱和土三轴仪的明显缺陷是水银有毒，伤害人体；孔隙气压力不能紧靠试样量测，量测精度低。俞培基和陈愈炯[39]（1965）在试样顶上放多孔金属板或干玻璃丝布传递气压力；从试样顶上引出一条内径 1mm 的细管到压力室外面量测气压力；由于细管中的空气压缩会引起试样排气及歪曲试验结果，他们在细管的大部分灌水，仅在靠近试样帽处留一小段空气（图 6.4）。显然，这种做法的结果只能使量测孔隙气压力的精度更低。

陈正汉在 1991 年[40]用具有双层压力室的非饱和土三轴仪（图 12.60）研究了重塑非饱和黄土的不排水性状。其中，量测内压力室体变采用精密体变量测装置，其核心部件是一支装在有机玻璃筒中的医用注射器，气压进入玻璃筒推动注射器，从而给试样施加围压；注射器的位移用百分表量测，百分表每走一格，所对应的体变是 $0.0098cm^3$。对内压力室及其液压管路在不同液压下的体变量在试验前进行了标定（详见第 9.3 节），从而有效提高了量测试样体变的精度。精密体变量测装置的照片如图 12.61 所示。

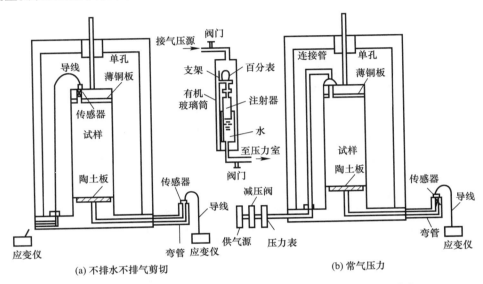

图 12.60 改装的非饱和土三轴仪与精密体变量测装置示意图[40]

为了提高量测孔压的精度，陈正汉用两个微型传感器分别量测孔隙气压力和孔隙水压力，配套两台数字应变仪采集孔压数据。为了在安装孔隙水压力传感器时使连接处始终充满水，专门加工了一个弯管接头，如图 12.60(a)、图 12.60(b) 的右下角所示。

量测孔隙气压力的传感器安装在试样帽中（图 12.60a）。微型传感器的探头直径为 3mm，用胶粘剂连接在外直径 8mm 的空心螺母中。螺母下端约 2mm 长的一段，用以保护传感器探头。气压传感器的引线从三轴仪底座原来安装排水管出口的地方引出（图 12.60a）。由于孔隙气压力传感器紧靠试样顶部，因而大大提高了量测气压力的精度。微型压力传感器的照片如图 12.62 所示。

图 12.61 精密体变量测装置　　　　图 12.62 微型压力传感器

微型传感器的额定工作压力是 100kPa，最大工作压力可达到 300kPa。试验前对孔隙气压力和孔隙水压力传感器进行了标定。传感器的参考工作压力为大气压，设定每 100kPa 的压力对应的数字应变仪输出读数为 $4000\mu\varepsilon$。经过多次反复加载-卸载试验，其线性度及重复性能很好，灵敏度高，零漂值小。传感器与应变仪在工作中性能稳定，外界干扰对其几乎无影响。标定结果见表 12.34 中第 1 行，该数值即是参考压力为大气压（视为 0）在不同气压的加卸载过程中传感器的输出读数，最大偏差不超过 0.67%，可见传感器的性能很好。

孔隙水压力安装在三轴压力室外面，工作压力和参考压力都是大气压，因而与孔隙水压力传感器相配套的应变仪的输出设置即为 $4000\mu\varepsilon/100$kPa。

气压传感器的标定比较复杂。在改装非饱和土三轴仪器时遇到了一个疑难问题：按厂方设计，传感器尾部有一根很细的不锈钢管与大气相通，把大气压力作为传感器工作和探头量测的参考压力。为了实现试样的小型化，气压传感器须装在试样帽上。这样一来，传感器的尾部就浸在压力室的水中，并受液压 σ_3 作用。传感器是否允许这样工作？能否把不同的 σ_3 作为参考压力？在传感器两头受压的情况下是否还能保持良好的线性性质？这些问题连厂家也感到茫然。

为了模拟气压传感器的实际工作条件，陈正汉（1991）[40] 把气压传感器装在三轴仪底座上（图 12.63），通过压力室对传感器探头尾部施加气压，使其尾部受不同参考压力 σ_3 的作用（$\sigma_3=$ 0kPa，50kPa，100kPa，150kPa，200kPa，250kPa）；对尾部每一参考工作压力，对气压传感器探头的前部施加不同的气压力 u_a（$u_a=$0kPa，50kPa，100kPa，150kPa，200kPa，250kPa），进行加载-卸载试验。多次试验表明：u_a 和 σ_3 之间仍具有良好的线性关系，且输出比率（$4000\mu\varepsilon/100$kPa）保持不变；最大偏差不超过 1.25%，精度还是很高的。具体标定结果如表 12.34 所示。

应当指出，作者的这一探索为同类研究工作提供了有益参考。Tarantino 等（2000）[41] 在验证非饱和土的应力状态变量时，把量测正应力和孔隙水压力的传感器都置于压力室中，即把压力室的压力作为传感器的参考压力；压力室的压力用气压施加，最高达 600kPa。详见本书第 16.5 节的图 16.3。

为了扩大数字应变仪的量测范围，在正式试验时把应变仪的输出设置为 $3000\mu\varepsilon/100$kPa。

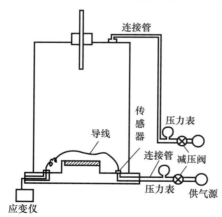

图 12.63　孔隙气压力传感器标定示意图

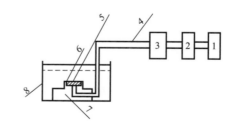

图 12.64　陶土板性能检验示意图
1—供气源；2—减压阀；3—压力表；4—连接管；
5—陶土板；6—连接处；7—底座；8—水槽

微型压力传感器的标定读数　　　　　　　　　　　　　　　　表 12.34

参考压力 (kPa)	加载/卸载	施加气压力 (kPa)					
		0	50	100	150	200	250
0	加	0	1992	3975	6040	8000	10002
	卸	21	2020	4000	6060	8002	

参考压力 (kPa)	加载/卸载	施加气压力（kPa）					
		0	50	100	150	200	250
50	加	−2000	0	1956	4045	6011	7995
	卸	−2015	−10	1950	4035	6005	
100	加	−4010	−1990	−50	2040	3999	5975
	卸	−4035	−2020	20	2023	3985	
150	加	−6005	−3985	−2005	62	2024	4045
	卸	−6060	−4045	−2010	25	2014	
200	加	−7990	−6010	−4070	−1970	−25	1970
	卸	−6057	−6070	−4075	1998	−25	
250	加	−10025	−8010	−6060	−3990	−2024	−30
	卸	−10089	−8025	−6063	−4030	−2079	

对陶土板性能的检验包括三项内容[40]：①检查陶土板与底座连接是否密封；②确定陶土板的进气压力值；③确定陶土板传压的滞后时间长短。前两项工作可同时进行。先把陶土板在压力室用压力水饱和；用洗饵球吸走弯管中的水并接上通气管；把陶土板连同三轴仪底座放入盛无气水的容器中（图 12.64）；分级施加压力，观察是否有微气泡出现。最后一级压力是 300kPa，持续 40min 未发现漏气现象，表明所用陶土板的进气值不低于 300kPa。第三项工作直接在三轴仪上进行，给压力室充满水，施加液压；用水压传感器量测陶土板下面的水压。试验表明，加载时水压传感器达到液压的滞后时间不超过 3min，但在卸除液压并卸去压力室顶盖上的螺钉后（使压力室的水与大气相通），弯管 [图 12.60(a)、图 12.60(b) 的右下角] 中的水压消散则要较长的时间。

在安装试样前，先安装传感器。在弯管接头处安装孔隙水压力传感器时，弯管中的水受到传感器的挤压产生正水压力，应变仪显示为 $300\sim500\mu\varepsilon$，需要等待水压力消散后才能安装试样，而后进行试验。表 12.35 是 4 次安装试样前的正水压力消散过程情况，一般需要 5h 左右。

4 次安装试样前正孔隙水压力消散过程（3000με/100kPa）　　表 12.35

试验编号								
	1	历时（min）	0	30	40	225	305	传感器再次调零后安装试样
		水压力（με）	500	260	217	67	23.5	
	2	历时（min）	0	20	35	40	275	
		水压力（με）	300	75	20	7	−22	
	3	历时（min）	0	2	7	140	1032	
		水压力（με）	315	290	250	−23	2	
	4	历时（min）	0	160	335	345	350	
		水压力（με）	345	121	11	7.5	4.5	

12.5.2 试验方法与经验[40]

试验取土为西安黑河水库金盆土场，属于粉质黏土，土的物理性质见表 11.1。

为了保证量测孔隙水压力和孔隙气压力的准确性，必须注意试验的各个环节。首先要知道试样的初始吸力。若试样的初始吸力不超过 70kPa，可用非饱和土三轴仪直接进行不排水不排气剪切试验，步骤如下。

（1）饱和陶土板，具体方法见第 9.2 节。

（2）陶土板饱和后，卸掉压力室顶盖上的排气螺钉，放掉压力室内大部分水，使留在压力室内的水面恰好盖住陶土板；用注射器给水压传感器螺母前端的小孔中注满水，把水压传感器放在弯管上，把应变仪调零，安装水压传感器。

（3）消除安装水压传感器过程中产生的正孔隙水压力，一般需要等 5h 左右，如表 12.35 所示。在此期间安装气压传感器。

（4）安装试样，具体方法见第 9.7 节。

（5）量测试样在无压状态下的初始负孔隙水压力，直到水压力不变为止，历时需要 20～50h。历时长短与试样初始吸力（或含水率）有关。

（6）把气压传感器调零。

（7）施加围压，伴随着试样发生体变，气压快速做出反应，增长很快；经过 0.5～1.5h，试样体变基本完成，气压达到最大值相对稳定（表 12.36）。而孔隙水压力由于本身的滞后效应，还要等数小时才能稳定（表 12.37）。但发现时间过长了气压又会逐渐降低（见表 12.36 中干密度为 1.5g/cm³ 的试样的最后两列数字），解决办法是给试样包裹两层乳胶膜，在乳胶膜之间加一层铝箔。

试样在围压作用下孔隙气压力的变化情况　　　　　　　　　　　表 12.36

含水率（%）	干密度（g/cm³）	围压（kPa）	在围压作用下孔隙气压力的变化情况（应变仪输出设定：3000με/100kPa）						
14.6	1.7	100	历时（min）	2	11	15	21	25	31	34
			气压（με）	45	49	57	70	75	85	85
		200	历时（min）	1	5	10	15	22	30	—
			气压（με）	180	195	209	214	219	217	—
17.2	1.7	150	历时（min）	5	10	15	20	27	35	38
			气压（με）	157	187	197	203	210	217	217
		200	历时（min）	2	4	7	12	27	32	—
			气压（με）	240	252	265	278	285	286	—
27	1.5	100	历时（min）	5	15	31	45	54	70	100
			气压（με）	1097	1242	1278	1288	1296	1289	1277
		200	历时（min）	5	20	47	64	79	84	90
			气压（με）	1524	2590	3452	3570	3593	3597	3593

试样在围压作用下孔隙水压力的变化情况　　　　　　　　　　　表 12.37

含水率（%）	干密度（g/cm³）	围压（kPa）	在围压作用下孔隙水压力的变化情况（应变仪输出设定：3000με/100kPa）					
27	1.5	100	历时（h）	0.5	1.0	1.5	5.0	5.5
			水压（με）	179	336	459	813	822
		200	历时（h）	0.5	1.0	1.5	10.0	11.0
			水压（με）	780	1502	2130	2859	2855

（8）剪切，记录轴向变形、轴向力、体变量、孔隙水压力和孔隙气压力。

如果试样的初始吸力超过 70kPa，则需采用轴平移技术，人为地提高气压，使水压力高于 -70kPa，孔隙水压力最好为正值，以免试验中途出现更高负压而导致量测失效。陈正汉[40]有过这方面的经验，在按上述方法做试样干密度为 1.7g/cm³、含水率为 14.6% 和 17.2% 的两组试验时发现，在试验开始量测初始吸力时，等待了 20～50h 后测出的初始孔隙水压力都稳定在 66kPa 左右（表 12.38），且在后续施加围压和剪切过程中孔隙水压力几乎不变（表 12.39）。尽管把干密度为 1.7g/cm³、含水率为 17.2%、围压为 200kPa 的试验重复了 3 次（表 12.38 和表 12.39），结果皆如此。但所测数值并非该试样的真实吸力值。事实上，试验所在地西安的平均海拔高程约为 400m，该地的大气压自然低于海平面的标准大气压，测不出高于 70kPa 的负孔隙水压力。后改用轴平移技术量测该试样的初始吸力，先给试样施加 5kPa 的围压，再给试样同步等值施加围压和气压，使围压和气压分别达到 205kPa 和 200kPa，24h 后应变仪读数稳定，两次重复试验测得孔隙水压力的平均值为−17.5kPa，由此测得试样的初始吸力为217.5kPa，远远超出了在西安用张力计量测吸力的范围。前述问题正是由于低估了试样的初始吸力所致。

在第18.5.8节做非饱和土的各向等压不排水试验和三轴不排水剪切试验（表18.30）、真三轴不排水剪切试验时，都采用了轴平移技术。

试样干密度为 1.7g/cm³、含水率为 17.2% 的 3 次重复量测初始吸力情况　　表 12.38

试样号	初始吸力量测情况（应变仪输出设定：3000με/100kPa）							
1	历时（min）	0	10	260	390	415	940	980
	吸力（με）	313	387	1297	1495	1510	1897	1897.5
2	历时（min）	0	102	300	490	615	1407	1447
	吸力（με）	380	1060	1500	1712	1804	2063	2071
3	历时（min）	0	530	1360	1640	2106	2777	2812
	吸力（με）	295	1371	1796	1875	1983	2005.5	2005

剪切过程中试样水压力的变化情况（3 次重复试验）（应变仪输出设定：3000με/100kPa）　表 12.39

试样初始物性参数与试验条件		试样干密度为 1.7g/cm³，含水率为 17.2%；围压为 200kPa，在围压作用下未测出吸力变化；剪切速率 0.033mm/min			
第 1 次试验		第 2 次试验		第 3 次试验	
轴向变形（×0.01mm）	水压力（με）	轴向变形（×0.01mm）	水压力（με）	轴向变形（×0.01mm）	水压力（με）
30	0	30	4	50	3
60	1	50	7	100	6
100	1	85	8	170	7
120	1	100	10	250	7
150	1.5	140	12	300	7
175	1.5	185	14	360	7
241	2	280	18	400	6
300	2	360	19	486	10.5
400	21	430	22	535	10
452	20	495	24	600	8.5
500	20	570	29	670	8.5
675	34	676	33	723	7
750	34	770	36	800	7
850	34	870	39.5	930	3
900	34.5	980	42	1000	1
1010	45	1035	44	1070	0
1100	48.5	1120	46	1135	−4
1150	49	1200	50	1170	−6

12.5.3　试验结果与分析[42]

图 12.65 和图 12.66 分别是三组压实黄土的三轴不排水不排气剪切试验结果。其中图 12.65(a)、图 12.65(b) 是试样干密度为 1.7g/cm³、含水率分别为 14.6% 和 17.2% 的两组试验曲线。前已述及，此两组试验的试样含水率较低，其负孔隙水压力超过了 70kPa，在各向等压过程和剪切过程中未能量测出负孔隙水压力的变化，因而在图 12.65(a)、图 12.65(b) 中只给出了孔隙气压力的变化曲线。由图 12.65(a)、图 12.65(b) 可见：①孔隙气压力与试样的体变密切相关，剪缩时升高，剪胀时降低；②含水率较低时孔隙气压力的变化幅度较小。

图 12.66 是试样干密度为 1.5g/cm³、含水率为 27% 的两组试验曲线，包括非饱和土三轴不

排水不排气剪切试验过程中所有可量测量的变化曲线，包括偏应力、轴向应变、体应变、孔隙水压力和孔隙气压力。全面反映了非饱和土的三轴应力-应变性状。其中图 12.66(a) 的下半部是 $\sigma_3=$ 100kPa 的试样的孔隙水压力和孔隙气压力的增量与轴应变的对应关系；图 12.66(b)、图 12.66(c) 则是 $\sigma_3=150$kPa 和 $\sigma_3=200$kPa 的试样的孔隙水压力和孔隙气压力的总量与轴应变的对应关系。对含水率较高的土样，从图 12.66 中可以看出：①孔隙水压力和孔隙气压力的增量和总量都比较大；②在剪切过程中，随着试样剪缩变密与饱和度增加，孔隙水压力和孔隙气压力逐渐靠拢，并最终向同一数值趋近；③在试样从非饱和状态向饱和状态过渡的过程中，孔隙水压力和孔隙气压力出现小幅度的振荡，反映出土中气相从连通状态向封闭状态转变过程的复杂性。

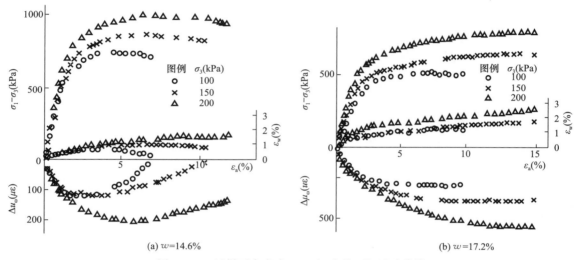

图 12.65　试样干密度为 1.7g/cm³ 的两组试验曲线

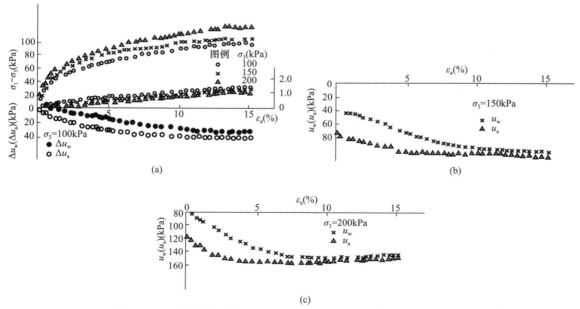

图 12.66　试样干密度为 1.5g/cm³、含水率为 27% 的两组试验曲线

12.6　原状 Q₂ 黄土及其重塑土的力学特性

本节研究延安新区和华能蒲城电厂的原状 Q₂ 黄土及其重塑土的变形和强度特性。

12.6.1 延安新区 Q₂ 黄土的变形强度特性

为配合延安新区建设，对延安新区的原状 Q₂ 黄土及其重塑土做了一系列控制吸力和净围压的三轴固结排水剪切试验[43]。以下简要介绍试验研究结果，仅给出试验的偏应力-轴向变形曲线、偏应力-体应变曲线和破坏时的偏应力、净平均应力及强度参数表。

12.6.1.1 延安新区重塑 Q₂ 黄土的变形强度特性

针对延安新区不同功能区填土的压实度，试验土样采用 3 种干密度：$1.52g/cm^3$、$1.69g/cm^3$ 和 $1.79g/cm^3$，对应的压实度分别为 79%、88% 和 93%。固结稳定的标准为 2h 内体变和排水均小于 0.01mL，固结历时 40h 以上；剪切速率选用 0.0072mm/min，剪切至轴应变达 15% 约需 30h；每个试验共持续 70h 左右。

压实度为 79% 的重塑 Q₂ 黄土（干密度 $1.52g/cm^3$）的试验应力-应变曲线见图 12.67，试验后的土样照片见图 12.68，强度参数见表 12.40。

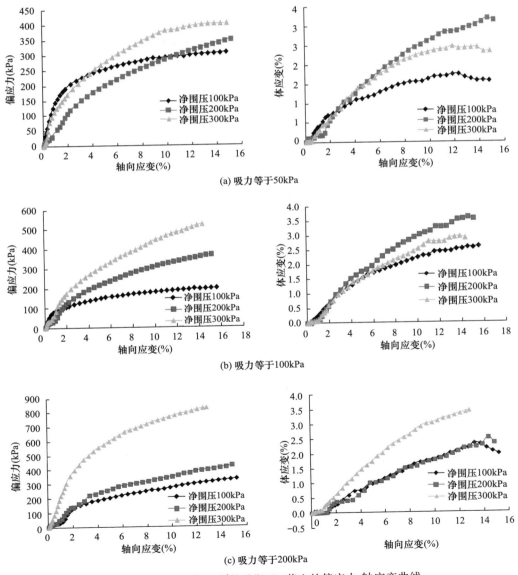

图 12.67 压实度 79% 的重塑 Q₂ 黄土的偏应力-轴应变曲线

图 12.68　压实度 79％的 Q_2 重塑黄土试样在试验后的照片

压实度 79％的 Q_2 重塑黄土的强度参数　　　　　　　　　　表 12.40

控制吸力 $u_a - u_w$ （kPa）	控制净围压 $\sigma_3 - u_a$ （kPa）	破坏偏应力 q_f （kPa）	破坏净平均应力 p_f （kPa）	有效摩擦角 φ' （°）	吸力摩擦角 φ^b （°）	表观黏聚力 c （kPa）
50	100	167.45	155.82	22.36		23.63
	200	332.05	310.68			
	300	477.20	459.07			
100	100	202.63	167.54	23.42	14.31	32.47
	200	377.49	325.83			
	300	532.85	477.62			
200	100	276.523	192.17	24.96		44.37

　　压实度为 88％的重塑 Q_2 黄土（干密度 1.69g/cm³）的试验应力-应变曲线见图 12.69，试验后的土样照片见图 12.70，强度参数见表 12.41。

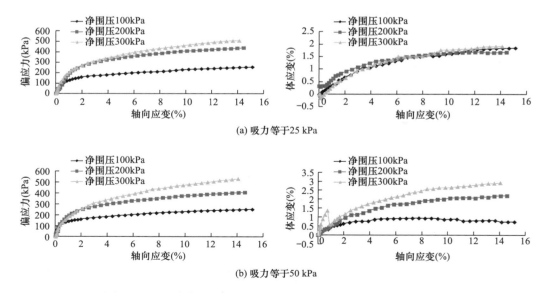

(a) 吸力等于 25 kPa

(b) 吸力等于 50 kPa

图 12.69　压实度 88％的重塑 Q_2 黄土的偏应力-轴应变曲线（一）

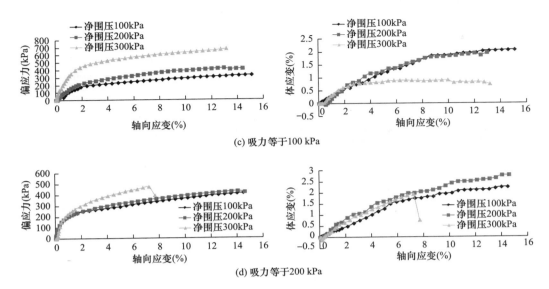

图 12.69 压实度 88% 的重塑 Q₂ 黄土的偏应力-轴应变曲线（二）

图 12.70 压实度 88% 的重塑 Q₂ 黄土试样在试验后的照片

压实度 88% 的 Q₂ 重塑黄土的强度参数　　　　　表 12.41

控制吸力 $u_a - u_w$ (kPa)	控制净围压 $\sigma_3 - u_a$ (kPa)	破坏偏应力 q_f (kPa)	破坏净平均应力 p_f (kPa)	有效摩擦角 φ' (°)	吸力摩擦角 φ^b (°)	表观黏聚力 c (kPa)
25	100	185.08	161.69	23.72		20.52
	200	329.74	309.91			
	300	498.43	466.14			
50	100	252.67	184.22	23.61		30.53
	200	409.24	336.41			
	300	563.15	487.72		15.46	
100	100	330.45	210.15	25.05		43.15
	200	475.93	358.64			
	300	680.32	526.77			
200	100	416.33	238.78	25.07		70.08
	200	575.52	391.84			
	300	767.64	555.88			

　　压实度为 93% 的重塑 Q₂ 黄土（干密度 1.79g/cm³）的试验应力-应变曲线见图 12.71，试验后的土样照片见图 12.72，强度参数见表 12.42。

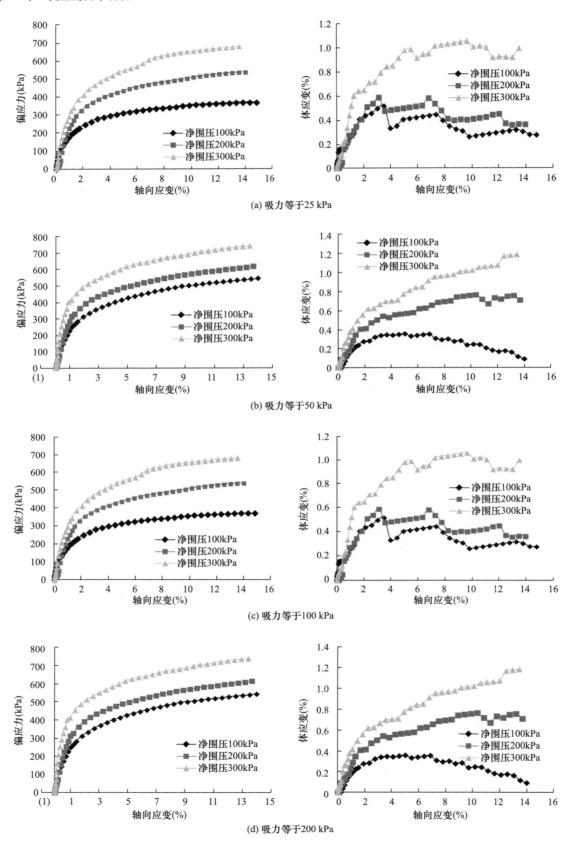

图 12.71　压实度 93% 的重塑 Q₂ 黄土的偏应力-轴应变曲线

图 12.72 压实度 93% 的重塑 Q₂ 黄土试样在试验后的照片

压实度 93% 的 Q₂ 重塑黄土的强度参数 表 12.42

控制吸力 u_a-u_w （kPa）	控制净围压 σ_3-u_a （kPa）	破坏偏应力 q_f （kPa）	破坏净平均 应力 p_f （kPa）	有效 摩擦角 φ' （°）	吸力 摩擦角 φ^b （°）	表观 黏聚力 c （kPa）
50	100	308.61	202.87	28.78	24.26	34.83
	200	478.95	359.65			
	300	679.60	526.53			
100	100	369.26	223.09	28.87		52.00
	200	536.87	378.96			
	300	742.10	547.37			
200	100	544.00	281.33	29.59		101.35

总体上看，对于重塑 Q₂ 黄土，吸力越大，净围压越大，强度就越高；随着密度提高，有效内摩擦角和吸力摩擦角都有所增大，特别是当干密度为 1.79g/cm³ 时，二者显著增加。

12.6.1.2 延安新区原状 Q₂ 黄土的变形与强度特性

延安新区的原状 Q₂ 黄土呈浅红色，土质比较坚硬，不易开挖。试样的干密度是 1.52g/cm³，试验结果见图 12.73。原状 Q₂ 黄土结构性强，主要表现为脆性破坏；不管是偏应力-轴向应变曲线，还是体应变-轴向应变曲线，呈现相互交叉现象，规律性不强。试验后的土样照片见图 12.74。

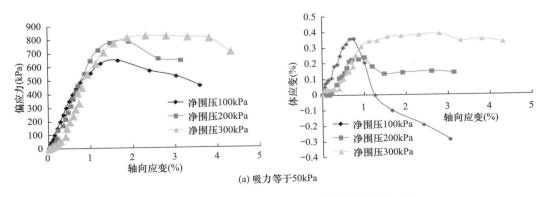

(a) 吸力等于 50kPa

图 12.73 原状 Q₂ 黄土的偏应力-轴应变曲线（一）

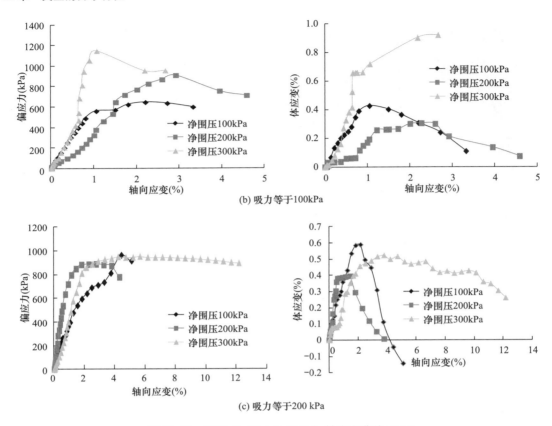

(b) 吸力等于100kPa

(c) 吸力等于200 kPa

图 12.73　原状 Q_2 黄土的偏应力-轴应变曲线（二）

图 12.74　原状 Q_2 黄土试样在试验后的照片

12.6.2　华能蒲城电厂 Q_2 黄土的力学特性

　　华能蒲城电厂位于陕西省蒲城县西陈庄，电厂地基土为 Q_2 黄土。为配合该电厂三期扩建工程，研究了该地基原状 Q_2 黄土及其重塑土的力学特性，包括变形、屈服、强度和水量变化特性[44]。试验设备为后勤工程学院的非饱和土三轴仪（见第 12.2.2 节）和非饱和土四联固结-直剪仪（图 5.10）。

12.6.2.1 研究方案

(1) 对华能蒲城电厂地基 J108 钻孔的 F2 土层和 L3 土层的原状黄土及其重塑土用非饱和土直剪试验研究了其强度特性,原状试样的干密度为 $1.38 \sim 1.43 g/cm^3$,初始含水率为 $18\% \sim 19\%$。重塑试样干密度控制为 $1.4 g/cm^3$,初始含水率控制为 18.5%。试验控制吸力分别为 100kPa、200kPa、300kPa;控制净竖向应力分别为 100kPa、200kPa、400kPa。试验过程包括固结和剪切两个阶段,由于非饱和土的渗透性很小,固结时间必须足够长,剪切速度必须较慢;参照已有经验,试验固结时间为 2d,剪切速率为 0.0167mm/min。

(2) 对华能蒲城电厂地基 J45 钻孔中的 L3 土层的原状黄土及其重塑土用非饱和土三轴试验研究了其变形、屈服、强度和水量变化特性。该土层位于地下 $16.0 \sim 16.2m$ 深处。土样的物理力学指标见表 12.43。该土样由西北电力设计院采取,在该院实验室存放数年,大量水分散失,导致含水率很低。

表 12.43

原状 Q_2 黄土试样的物理指标

土层	干密度 $\rho_d(g/cm^3)$	含水率 $w(\%)$	孔隙比 e	饱和度 $S_r(\%)$
L3	$1.4 \sim 1.5$	$4.44 \sim 5.45$	$0.8 \sim 0.894$	$13.83 \sim 17.97$

由于试样的初始含水率很低,为 $4\% \sim 6\%$,初始吸力值高,因此试样在切土盘上削成后,将试样的初始含水率统一增加为 18% 左右。由于加水量接近 20g,用医用 5mL 注射器分两次在试样外表面均匀注水,两次注水间隔 12h。注水结束后,每 12h 翻动一次试样,在保湿罐中放置 48h 以上。

对原状 Q_2 黄土共做了两类 12 个试样的 CT-三轴剪切试验,试样的初始条件及试验参数见表 12.44。CT-三轴照片见图 6.44,对 CT 图像的分析见本书第 20.4 节。0~7 号试验为控制吸力和净围压为常数的 CT-三轴排水剪切试验(0 号试样由于 CT 机故障未对断面进行 CT 扫描),先将制备的原状 Q_2 黄土试样进行一定吸力下的各向等压固结,待变形和排水稳定后进行控制吸力和净围压为常数的三轴排水剪切试验;稳定的标准是在 2h 内体积变化不超过 $0.0063cm^3$,并且排水量不超过 $0.012cm^3$;剪切速率为 0.0167mm/min。8~11 号试验为控制含水率和围压为常数的三轴剪切试验,先将制备的原状 Q_2 黄土试样进行各向等压固结,待变形稳定后进行控制含水率和围压为常数的三轴剪切试验,剪切速率仍为 0.0167mm/min。

表 12.44

原状 Q_2 黄土三轴试验的初始条件及试验参数

试验 编号	控制吸力 $s(kPa)$	净围压 (kPa)	初始含水率 $w(\%)$	初始干密度 $\rho_d(g/cm^3)$	比容 v
3 号		50	17.56	1.48	1.83
1 号	100	100	17.35	1.44	1.87
2 号		200	17.79	1.46	1.85
6 号		50	18.13	1.45	1.86
4 号	300	100	17.8	1.43	1.89
7 号		200	17.55	1.47	1.84
5 号	450	50	17.99	1.43	1.89
0 号		100	17.86	1.43	1.89
10 号		25		1.43	1.89
8 号	控制含水率	50	4.78	1.43	1.89
9 号		100		1.46	1.85
11 号		50	7.64	1.44	1.87

重塑 Q₂ 黄土试样的初始干密度为 1.45g/cm³，含水率为 18％，孔隙比为 0.862，饱和度为 56.38％。共做了 3 组非饱和土三轴试验：①3 个吸力等于常数、净平均应力增大的各向等压试验。控制吸力分别为 0、50 和 200kPa，净平均应力分级施加，试验结束时净平均应力分别为 300、450 和 300kPa。吸力为 0 的试样，装样后采用水头饱和再进行试验。②2 个净平均应力等于常数，吸力增大的三轴收缩试验。控制净平均应力等于 25 和 50kPa，吸力分级施加，试验结束时吸力分别为 400kPa 和 350kPa。③9 个控制吸力和净室压力为常数的三轴排水剪切试验，控制吸力分别为 100kPa、300kPa 和 450kPa，净室压力分别为 50kPa、100kPa 和 200kPa。各向等压试验、三轴收缩试验及三轴排水剪切试验的固结过程的稳定标准均为体变在 2h 内不超过 0.0063cm³，并且排水量在 2h 内不超过 0.012cm³，三轴排水剪切试验的剪切速率为 0.0167mm/min。

12.6.2.2 蒲城电厂 J108 钻孔两层原状 Q₂ 黄土及其重塑土的强度特性

J108 钻孔两层土（包括原状土及重塑土）的控制吸力和净竖向应力的直剪试验结果如下：图 12.75 是破坏剪应力 τ_f 与净竖向应力 σ 之间的关系曲线；图 12.76 为总黏聚力 c 与吸力 s 的关系图；图 12.77 为内摩擦角 φ 与吸力 s 的关系图；各土层（包括原状土及重塑土）土样的强度参数列于表 12.45 中。

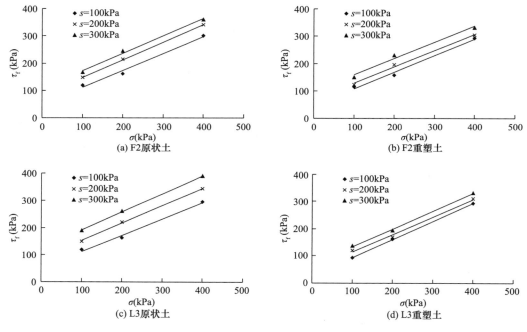

图 12.75 控制吸力试验的 τ_f-σ 关系曲线

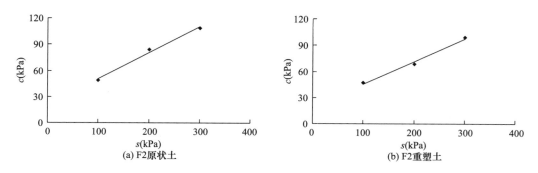

图 12.76 控制吸力试验的 c-s 关系曲线（一）

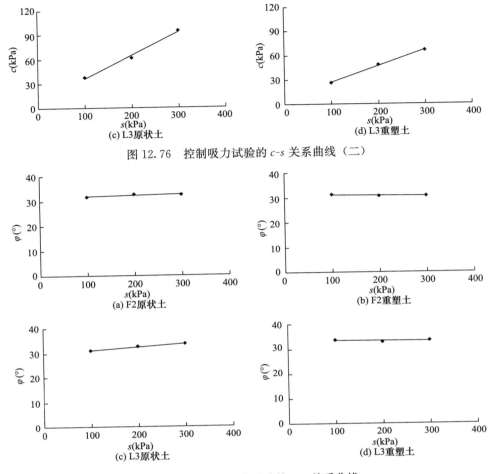

图 12.76 控制吸力试验的 c-s 关系曲线（二）

图 12.77 控制吸力试验的 φ-s 关系曲线

控制吸力的直剪试验结果 表 12.45

土层	吸力 s(kPa)	净竖向应力 σ(kPa)	剪应力 τ_f (kPa)		黏聚力 c(kPa)		内摩擦角 φ(°)	
			原状土	重塑土	原状土	重塑土	原状土	重塑土
F2	100	100	119	115	49	47	31.69	31.22
		200	160	157				
		400	300	293				
	200	100	147	123	84	68.5	32.69	30.77
		200	214	195				
		400	340	304				
	300	100	166	150	108.5	99	32.49	30.68
		200	245	230				
		400	360	332				
L3	100	100	102	92	37.5	26	32.78	33.67
		200	166	160				
		400	295	292				
	200	100	129	119	61.5	48.5	35.42	32.90
		200	209	169				
		400	344	310				
	300	100	170	135	95	66	36.36	33.39

从图 12.75~图 12.77 和表 12.45 可知，两层原状黄土及其重塑土的抗剪强度均随吸力增大而提高；在试验所做的吸力范围内，总黏聚力 c 随着吸力的增加呈线性增加；F2 土层的内摩擦角随吸力变化不大，可视为常数；L3 土层的内摩擦角随吸力的增加而有较大提高。

表 12.46 是各土层的有效凝聚力、有效内摩擦角和吸力摩擦角的数值。由于原状 Q_2 黄土具有结构性，其强度参数均大于相应的重塑土的强度参数，且随着吸力的增大有增加的趋势。

各 Q_2 土层的强度参数汇总表

表 12.46

土层代号	c'(kPa)		φ'平均值(°)		φ^b(°)	
	原状土	重塑土	原状土	重塑土	原状土	重塑土
F2	21	19.5	32.29	30.89	16.57	14.57
L3	7.17	6.83	34.85	33.32	16.04	11.31

12.6.2.3 蒲城电厂 J45 钻孔 L3 土层原状 Q_2 黄土的变形、强度和屈服特性

1）应力-应变性状与强度特性

图 12.78 是 L3 土层原状黄土 12 个试样的三轴试验的应力-应变曲线。控制吸力为常数的 3 组 8 个试样均呈塑性破坏和剪缩；而控制含水率的 4 个试样由于含水率低均呈脆性破坏，且体变由剪缩变为剪胀。受结构性影响，应力-轴应变曲线有一定的交叉现象 [图 12.78(a) 和图 12.78(d) 较明显]，且交叉的两条曲线均为净围压（围压）为 50kPa 和 100kPa。原状 Q_2 黄土随吸力降低（含水率增大）和固结围压的增大，应力-应变曲线由软化型逐渐向硬化型发展。

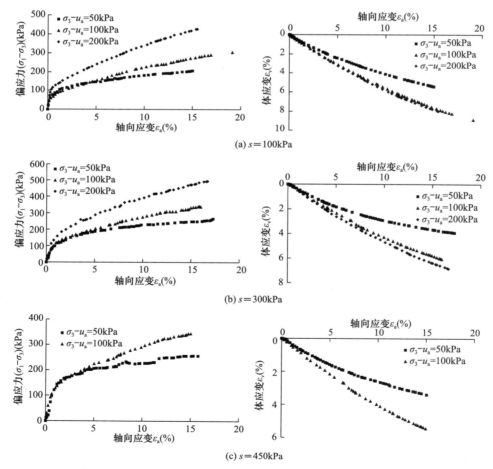

图 12.78 偏应力-轴向应变关系和体应变-轴向应变关系曲线（一）

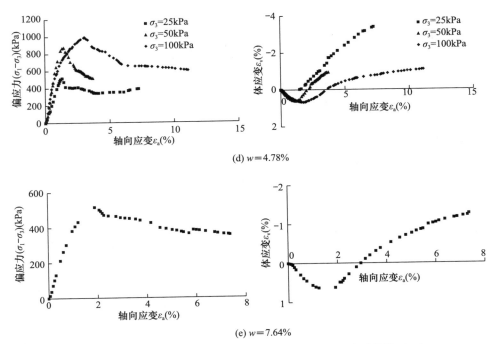

(d) $w=4.78\%$

(e) $w=7.64\%$

图 12.78 偏应力-轴向应变关系和体应变-轴向应变关系曲线（二）

12 个原状 Q₂ 黄土的三轴剪切试验在破坏时的 q_f-p_f 关系如图 12.79 所示，破坏应力及强度参数列于表 12.47 中。从该表中可以看出，控制吸力试验的黏聚力 c 随吸力增大而增大，而内摩擦角 φ 几乎没有变化。在试验所做的吸力范围内，黏聚力 c 随着吸力的增加呈线性增加（图 12.80），该图中的截距为饱和土的有效黏聚力，其值 $c'=37.6$kPa；该图的倾角为吸力摩擦角，其值 $\varphi^b=3.2°$。内摩擦角 φ 在试验所做的吸力范围内只有微小的变化（图 12.81），可以认为是一常数，且等于饱和土的内摩擦角 φ'（$\varphi'=25.1°$）。

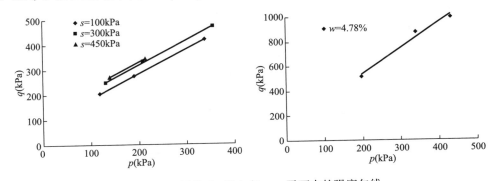

图 12.79 原状 Q₂ 黄土在 p-q 平面内的强度包线

原状 Q₂ 黄土三轴试验的强度参数　　　　表 12.47

s 或 w	净围压 (kPa)	$q_f=(\sigma_1-\sigma_3)_f$ (kPa)	p_f (kPa)	ξ (kPa)	$\tan w$	c (kPa)	φ (°)
$s=100$kPa	50	205	118.3	89.24	0.9717	42.3	24.73
	100	274	191.3				
	200	420	340.0				
$s=300$kPa	50	247	132.3	118.76	0.9910	56.3	25.18
	100	332	210.7				
	200	471	357.0				

续表 12.47

s 或 w	净围压 (kPa)	$q_f=(\sigma_1-\sigma_3)_f$ (kPa)	p_f (kPa)	ξ (kPa)	$\tan\omega$	c (kPa)	φ (°)
$s=450\text{kPa}$	50	269	139.7	129.33	1.0000	61.3	25.39
	100	344	214.7				
$w=4.78\%$	25	516	197.0	121.67	2.0828	71.2	50.65
	50	874	341.3				
	100	996	432.0				
$w=7.64\%$	50	516	222.0	—	—	—	—

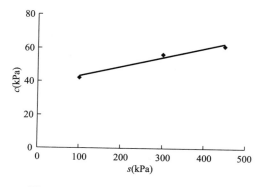

图 12.80　原状 Q₂ 黄土的 c-s 关系曲线

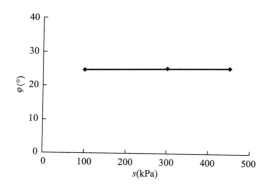

图 12.81　原状 Q₂ 黄土的 φ-s 关系曲线

2) 屈服特性

通过对比 ε_v-$\lg q$、ε_v-$\lg p$ 及 ε_v-$\lg(q/p)$ 等曲线确定屈服点，发现由前二者曲线所得屈服点在 p-q 平面上分布较离散。同时考虑到三轴应力条件下土的屈服，不仅有球应力的影响，还有偏应力的贡献，故采用第 12.2 节的方法、利用 ε_v-$\lg(q/p)$ 关系曲线确定屈服点。各试验的 ε_v-$\lg(q/p)$ 关系曲线（$w=4.78\%$ 时只研究剪缩部分），如图 12.82 所示，ε_v-$\lg(q/p)$ 曲线的首尾部分可用直线近似，两直线的交点所对应的应力作为屈服应力（p_y，q_y），各试验的屈服应力列于表 12.48。把各试验点的（p_y，q_y）绘在 p-q 平面上（图 12.83），屈服点的分布呈现良好的规律性。虽然利用图 12.83 上的点尚不足以确定屈服面的形状，但可以看出屈服曲线随吸力增加向外扩展，即与巴塞罗那模型的 LC 屈服线的性状相同。

原状 Q₂ 黄土的屈服应力　　　　表 12.48

s 或 w	净围压 (kPa)	q/p	p_y (kPa)	q_y (kPa)	ξ_y (kPa)	$\tan\omega_y$
$s=100\text{kPa}$	50	1.34	91	122	69.54	0.5106
	100	0.93	145	135		
	200	0.78	270	210		
$s=300\text{kPa}$	50	1.50	100	150	90.67	0.5876
	100	1.14	162	185		
	200	0.91	286	259		
$s=450\text{kPa}$	50	1.58	105	166	102.67	0.6032
	100	1.21	168	204		
$w=4.78\%$	25	1.81	63	114	12.28	1.6137
	50	1.72	117	201		
	100	1.67	226	377		
$w=7.64\%$	50	1.63	109	178	—	—

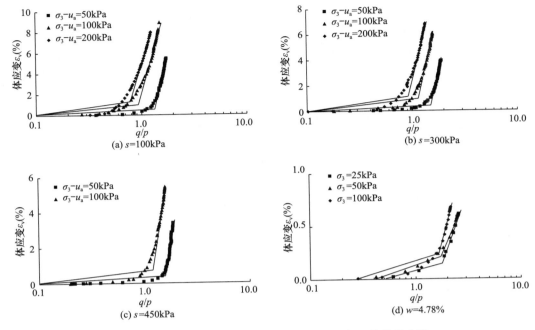

图 12.82 原状 Q₂ 黄土的体应变 ε_v 与 $\lg(q/p)$ 的关系曲线

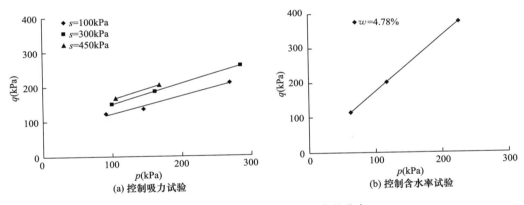

图 12.83 屈服点在 p-q 平面内的分布

12.6.2.4 蒲城电厂 J45 钻孔 L3 土层重塑土的变形、屈服、强度和水量变化特性

采用 12.2 节相同的分析方法，根据控制吸力的各向等压试验和净平均应力等于常数吸力增

大的三轴收缩试验资料，可以得到该重塑土的屈服净平均应力（表 12.49）、屈服吸力（表 12.50），发现屈服净平均应力随吸力增大而提高；不同净平均应力下的屈服吸力基本相同。该重塑土样在 p-s 平面内的 LC 屈服线和 SI 屈服线如图 12.84 所示。

各向等压试验的土样在屈服前、屈服后 v-$\lg p$ 曲线的斜率分别用符号 κ、$\lambda(s)$ 表示。κ 的平均值为 0.022，$\lambda(s)$ 值见

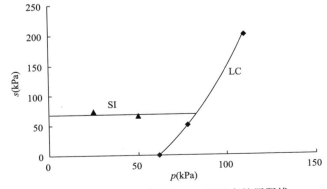

图 12.84 重塑 Q₂ 黄土在 p-s 平面内的屈服线

表 12.49，可见 $\lambda(s)$ 随吸力增加而减小。

控制吸力的各向同性压缩试验的 w-p 关系曲线如图 12.85 所示。各种吸力下的 w-p 关系基本上都是线性的。用 $\beta(s)$ 表示各直线段的斜率，它们的数值见表 12.49。当吸力为 0 即饱和时，$\beta(s)$ 比较大，其他两个不同吸力下的 $\beta(s)$ 则基本相等。取 $\beta(s)$ 值时，用两个非饱和土的 $\beta(s)$ 的平均值，其数值为 $\beta_p = 2.19 \times 10^{-5}\,\mathrm{kPa}^{-1}$。

与控制吸力的各向同性压缩试验相关的土性参数   表 12.49

吸力（kPa）	屈服应力（kPa）	压缩性指标 $\lambda(s)$	水量变化指标 $\beta(s)$（$\times 10^{-5}\,\mathrm{kPa}^{-1}$）
0	62	0.1298	13.7
50	78	0.0958	2.12
200	110	0.0696	2.25

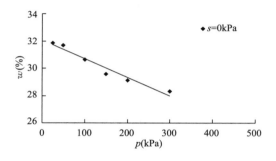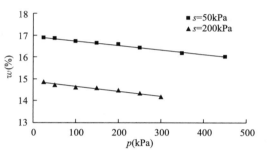

图 12.85 控制吸力的各向同性压缩试验的 w-p 关系

分别用符号 κ_s、$\lambda(p)$ 表示控制净平均应力的三轴收缩试验的 v-$\lg(s+p_{\mathrm{atm}})$ 关系曲线土样屈服前、屈服后的直线段的斜率。κ_s 的平均值为 0.012，$\lambda(p)$ 值见表 12.50，可以看出 $\lambda(p)$ 随吸力增加有增大的趋势，为简化取其平均值，用 λ_s 表示，$\lambda_s = 0.085$。

控制净平均应力的三轴收缩试验的 w-$\ln[(s+p_{\mathrm{atm}})/p_{\mathrm{atm}}]$ 关系曲线如图 12.86 所示，基本上是线性的。用 $\beta(p)$ 表示各直线段的斜率，其数值见表 12.50。不同净平均应力下的 $\beta(p)$ 变化不大，取其平均值为 0.0332。

与控制净平均应力的三轴收缩试验相关的土性参数   表 12.50

净平均应力（kPa）	屈服吸力（kPa）	收缩性指标 $\lambda(p)$	水量变化指标 $\beta(p)$（%）
25	74	0.0797	3.27
50	66	0.0898	3.37

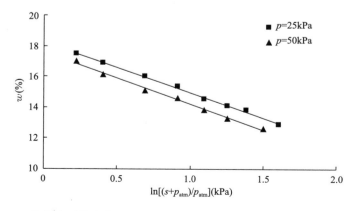

图 12.86 控制净平均应力的三轴收缩试验的 w-$\ln[(s+p_{\mathrm{atm}})/p_{\mathrm{atm}}]$ 关系曲线

控制吸力和净围压为常数的三轴排水剪切试验的 $(\sigma_1 - \sigma_3)$-ε_a 曲线如图 12.87 所示。应力-应变性状表现为应变硬化特征，试验呈塑性破坏。对塑性破坏，取轴应变 $\varepsilon_a = 15\%$ 时的应力为破坏应力。9 个三轴剪切试验的破坏应力及强度参数列于表 12.51 中，破坏时的 q_f-p_f 关系如图 12.88 所示。黏聚力随吸力增大而增大，而内摩擦角变化很小，可视为常数。采用第 12.2 节相同的分析方法可得 $c' = 27.9\text{kPa}$，$\varphi' = 22.7°$，$\varphi^b = 3.8°$。

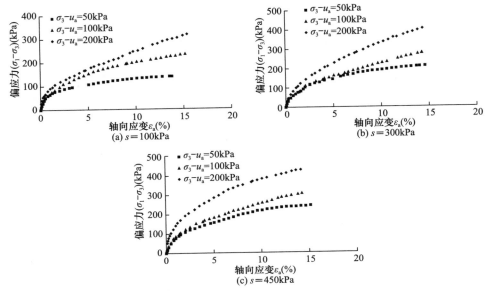

图 12.87 重塑 Q_2 黄土的 $(\sigma_1 - \sigma_3)$-ε_a 关系曲线

重塑 Q_2 黄土的强度参数　　　　　　　　　　　　表 12.51

吸力 s (kPa)	净围压 (kPa)	$(\sigma_1 - \sigma_3)_f$ (kPa)	p_f (kPa)	ξ (kPa)	$\tan\omega$	c (kPa)	φ (°)
100	50	140	96.7	71.851	0.8117	33.9	20.96
	100	233	177.7				
	200	312	304.0				
300	50	214	121.3	105.79	0.9166	50.0	23.44
	100	291	197.0				
	200	414	338.0				
450	50	240	130.3	121.04	0.9249	57.2	23.63
	100	310	203.3				
	200	440	347.3				

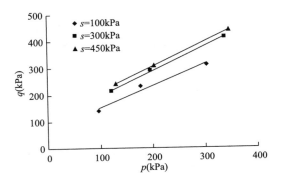

图 12.88 重塑 Q_2 黄土在 q_f-p_f 平面内的强度包线

　　控制吸力和净围压为常数的三轴排水剪切试验固结过程的排水量宜用 4 变量广义持水特性曲线公式（式 10.22）描述，即

$$w = w_0 - ap - b\ln\left(\frac{s + p_{\text{atm}}}{p_{\text{atm}}}\right) - cq \qquad (12.51)$$

进行拟合得到 a、b 的值。a 相当于表 12.49 的 $\beta(s)$，b 相当于表 12.50 中的 $\beta(p)$；从图 12.89 可得 $\beta(s)$ 的三个值为 2.4×10^{-15}、1.86×10^{-15}、$2.08 \times 10^{-5}\,\text{kPa}^{-1}$，取平均值 $2.11 \times 10^{-5}\,\text{kPa}^{-1}$；从图 12.90 可得 $\beta(p)$ 的三个值为 3.00%、3.08%、2.96%，取平均值 3.01%。与表 12.50 和表 12.51 中的相应数值比较可知，应力路径对水量变化有一定的影响，但影响不大。

　　在剪切过程中，吸力等于常数，净平均应力和偏应力不断增大，排水量扣除净平均应力的影响即为偏应力引起的排水，各试验的 $w\text{-}q$ 关系曲线（图略）基本上呈线性，各直线段的斜率即为式（12.51）中的 c，其范围在 $0.9 \times 10^{-5} \sim 1.8 \times 10^{-5}\,\text{kPa}^{-1}$，取平均值为 $1.35 \times 10^{-5}\,\text{kPa}^{-1}$。

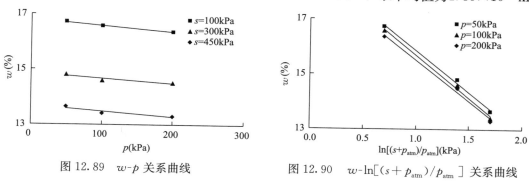

图 12.89　$w\text{-}p$ 关系曲线　　　　　图 12.90　$w\text{-}\ln[(s + p_{\text{atm}})/p_{\text{atm}}]$ 关系曲线

12.7　本章小结

　　（1）提出描述黄土湿陷性的 3 个广义湿陷系数，即湿陷体应变、湿陷偏应变和湿陷应变罗德角，为用现代土力学知识和三轴仪研究黄土的湿陷性提供了方便。

　　（2）用应力控制式三轴仪研究了黄土的湿陷变形特性，发现主应力比 K 对湿陷变形的影响很大，不同 K 值的湿陷变形曲线具有不同的形态；湿陷变形表现为体积和剪切变形两方面；球应力和偏应力都能导致湿陷，且它们对湿陷体变和湿陷偏应变有交叉影响；湿陷变形曲线上的转点反映了黄土在湿陷过程中结构和强度的变化，在一定应力状态下，黄土的原有结构破坏，并能形成新的稳定结构，软硬化相伴而生。

　　（3）构建了描述黄土湿陷变形的非线性数学模型，能反映球应力和偏应力对湿陷变形的影响及湿陷过程中黄土结构的变化，概念清楚，形式简明。用其预测的地基湿陷变形规律与现场浸水试验的结果一致。

　　（4）提出了一个湿陷准则，形式简洁，能反映球应力和偏应力的影响，克服了穆斯塔伐耶夫把 M-C 准则作为湿陷准则的缺陷（不能反映球应力对湿陷的影响，表达式复杂，是含水率的 3 次函数），便于应用。

　　（5）自主研发的非饱和土湿陷/湿胀三轴仪压力室底座为二元结构，既能做控制吸力的三轴试验，又能做吸力完全卸载的湿陷/湿胀试验。

　　（6）用非饱和土湿陷三轴仪研究湿陷变形的结果表明：吸力、净围压和偏应力对湿陷变形均有显著影响；吸力、净围压和偏应力越大，湿陷变形越大；同一净围压和偏应力下，湿陷变形随着吸力的增加而增加；低偏应力下吸力对湿陷变形的影响小于高偏应力下的影响。

　　（7）用非饱和土三轴仪和直剪仪系统研究了多地原状 Q_3 黄土及其重塑土的变形、屈服、强

度和水量变化特性，考虑了吸力、净围压、密度和应力路径等因素的影响，揭示了相关规律。

（8）提出了一个新的吸力屈服准则，扩大了弹性区范围，修正了巴塞罗那模型。

（9）提出了一个确定三轴剪切过程中屈服点的方法，能同时反映球应力和偏应力的影响。

（10）首次提出统一屈服面的概念及其数学表达式；该统一屈服可看作是 LC 屈服面和 SI 屈服面的包络面，光滑无角，便于应用。

（11）比较非饱和土三轴剪切试验与非饱和土直剪试验的结果，发现铜川武警支队新区场地的原状黄土与兰州和平镇原状黄土的有效内摩擦角很接近，但有效黏聚力和吸力摩擦角相差较大；而固原原状黄土的 3 个强度参数与铜川、兰州和平镇两场地的相应强度参数值差别显著。

（12）研究了重塑 Q_2 黄土的湿化变形特性，发现干密度、净围压、吸力及偏应力均对试样的湿化变形有影响，但干密度的影响最大；提高压实度可有效减小湿化变形量，减轻或避免发生湿化剪切破坏。

（13）用微型传感器量测孔隙气压力和孔隙水压力，有效提高了量测精度；揭示了非饱和土在不排水剪切过程中的吸力演化规律，即，在剪切过程中，随着试样剪缩变密与饱和度增加，孔隙水压力和孔隙气压力逐渐靠拢，并最终向同一数值趋近。

（14）探讨了原状 Q_2 黄土及其重塑土的力学特性，重塑土的规律性较好，而原状土的结果比较离散。

参考文献

[1] 刘东生. 中国的黄土 [J]. 地质学报，1962，42（2）：1-14.

[2] 刘东生，等. 黄土与环境 [M]. 北京：科学出版社，1985.

[3] 张振中. 黄土地震灾害预测 [M]. 北京：地震出版社，1999.

[4] 中华人民共和国住房和城乡建设部. 湿陷性黄土地区建筑规范：GB 50025—2018 [S]. 北京：中国建筑工业出版社，2018.

[5] 汪国烈，等. 自重湿陷性黄土的试验研究（试坑浸水及载荷试验报告）[R]. 兰州：甘肃省建工局建筑科学研究所，1975.

[6] 涂光祉，等. 陕西省焦化厂自重湿陷黄土地基的试验研究 [R]. 西安：西安冶金建筑学院，1977.

[7] 涂光祉，等. 渭北张桥自重湿陷黄土的试验研究 [R]. 西安：西安冶金建筑学院，1975.

[8] 钱鸿缙，王继唐，罗宇生，等. 湿陷性黄土地基 [M]. 北京：中国建筑工业出版社，1985.

[9] 陈正汉，刘祖典. 黄土的湿陷变形机理 [J]. 岩土工程学报，1986，8（2）：1-12.

[10] 陈正汉，许镇鸿，刘祖典. 关于黄土湿陷的若干问题 [J]. 土木工程学报，1986，19（3）：62-69.

[11] 高国瑞. 黄土显微结构分类与湿陷性 [J]. 中国科学，1980，（12）：1203-1208.

[12] 穆斯塔伐耶夫. 湿陷性黄土地基和基础的计算 [M]. 张中兴，译. 北京：水利电力出版社，1984.

[13] 苗天德. 黄土湿陷变形机理的研究现状 [C] // 罗宇生，汪国烈. 湿陷性黄土研究与工程. 北京：中国建筑工业出版社，2001：73-84.

[14] 苗天德，王正贵. 考虑微结构失稳湿陷性黄土变形机理 [J]. 中国科学（B辑），1990（1）：86-96.

[15] 苗天德，刘忠玉，任九生. 湿陷性黄土的变形机理与本构关系 [J]. 岩土工程学报，1999，21（4）：383-387.

[16] 朱元青，陈正汉. 研究黄土湿陷性的新方法 [J]. 岩土工程学报，2008，30（4）：524-528.

[17] 罗宇生. 湿陷性黄土地基处理 [M]. 北京：中国建筑工业出版社，2008.

[18] 陈正汉. 重塑非饱和黄土的变形、强度、屈服和水量变化特性 [J]. 岩土工程学报，1999，21（1）：82-90.

[19] FREDLUND D G，RAHARDJO H. Soil Mechanics for Unsaturated Soils [M]. New York：John Wiley and Sons Inc.，1993.（中译本：非饱和土土力学 [M]. 陈仲颐，张在明，等译. 北京：中国建筑工业出版社，1997）

[20]　ALONSO E E，E E，GENS A AND JOSA A. A Constitutive model for partially saturated soils [J]. Géotechnique，1990，40（3）：405-430.

[21]　JEAN MARIE FLEUREAU，SIBA KHEIRBEK-SAOUD，RIA SOEMITRO，SAID TAIBI. Behavior of clayey soils on drying-wetting paths [J]. Canadian Geo technical. Journal，1993，30（2）：287-296.

[22]　DELAGE P，GRAHAM J. Mechanical behevior of unsaturated soils：Understanding the behavior of unsaturated soils requre reliable conceptual models [C]. In：Proceedings of the First International Conference on Unsaturated Soils. Paris：1995，1223-1256.

[23]　CUI Y J，DELAGE P. Yieding and plastic behavior of an unsaturated compacted silt [J]. Geotechnique，1996，46（2）：291-311.

[24]　李广信，等. 高等土力学 [M]. 北京：清华大学出版社，2005.

[25]　WHEELER S J，SIV AKUMAR V. An Elasto-plasticity critical state framwork for unsaturated silt soil [J]. Geo technique，1995，45（1）：35-53.

[26]　WHEELCR S J. Inclusion of specific water volume within an elasto-plastic model for unsaturated Soil [J]. Canadian Geotechnical Journal，1996，33（4）：42 -57.

[27]　黄海，陈正汉，李刚. 非饱和土在 ps 平面上的屈服轨迹及土-水特征曲线的探讨 [J]. 岩土力学，2000，21（4）：316-321.

[28]　沈珠江. 当前非饱和土土力学研究中的若干问题 [C] //区域土的岩土工程问题研讨会论文集. 北京：原子能出版社，1996：1-10.

[29]　TERZAGHI K，PECK R B，MESRI G. Soil Mechanics in Engineering Practice [M]. New York：Wiley-Interscience Publication，1996.

[30]　朱元青. 基于细观结构变化的原状湿陷性黄土的本构模型研究 [D]. 重庆：后勤工程学院，2008.

[31]　李加贵. 侧向卸荷条件下考虑细观结构演化的非饱和原状 Q_3 黄土的主动土压力研究 [D]. 重庆：后勤工程学院，2010.

[32]　姚志华. 大厚度自重湿陷性黄土的水气运移和力学特性及地基湿陷变形规律研究 [D]. 重庆：后勤工程学院，2012.

[33]　陈正汉，扈胜霞，孙树国，等. 非饱和土固结仪和直剪仪的研制及应用 [J]. 岩土工程学报，2004，161-166.

[34]　郭楠，陈正汉，高登辉，等. 加卸载条件下吸力对黄土变形特性影响的试验研究 [J]. 岩土工程学报，2017，39（4）：735-742.

[35]　关亮，陈正汉，黄雪峰，等. 非饱和填土（黄土）的湿化变形研究 [J]. 岩石力学与工程学报，2011，30（8）：1698-1704.

[36]　郭楠，陈正汉，杨校辉，等. 重塑黄土的湿化变形规律及细观结构演化特性 [J]. 西南交通大学学报，2019，54（1）：73-81，90.

[37]　中国民航机场建设集团公司空军工程设计研究局. 延安新区一期综合开发工程地基处理与土石方工程设计 [R]. 2012.

[38]　BISHOP A W，DONALD I B. The experimental study of partly saturated soil in triaxial apparatus [C] // Proceedings of 5th International Conference on Soil Mechanics and Foundation Engineering. Paris：Dunod，1961（1）：13-21.

[39]　俞培基，陈愈炯. 非饱和土的水-气形态及其力学性质的关系 [J]. 水利学报，1965（1）：16-23.

[40]　陈正汉. 非饱和土固结的混合物理论：数学模型、试验研究、边值问题 [D]. 西安：西安理工大学，1991.

[41]　TARANTINO A，MONGIOVÕ A L，BOSCO G. An experimental investigation on the independent isotropic stress variables for unsaturated soils [J]. Géotechnique，2000，50（3）：275-282.

[42]　陈正汉，谢定义，王永胜. 非饱和土的水气运动规律及其工程性质研究 [J]. 岩土工程学报，1993，15（3）：9-20.

[43]　后勤工程学院. 延安新区高填方的渗流-变形研究 [R]. 2016.

[44]　方祥位. Q_2 黄土的微细观结构及力学特性研究 [D]. 重庆：后勤工程学院，2008.

第 13 章　膨胀土的力学和热力学特性

本章提要

　　应用自主研发的非饱和土固结仪、三轴仪、温控三轴仪系统研究了南阳膨胀土和陶岔膨胀土的变形、屈服、强度、水量变化特性和热力学特性，提出了考虑温度效应的非饱和土强度公式；应用改进的三向胀缩仪研究了膨胀土的三向膨胀力特性，考虑密度、含水率、变形量和干湿循环的影响，构建了预测三向膨胀力的数学表达式。

　　膨胀土是典型的非饱和土之一，在我国广西、云南、安徽、鄂北、南阳、陕南（汉中、安康）、成都平原等地均有分布，许多重大工程如南水北调中线工程、南（宁）昆（明）铁路、阳（平关）安（康）铁路、南（宁）友（谊关）和南（阳）邓（州）高速公路在修建过程和运营过程中都发生过大量膨胀土病害。本章以南阳靳岗村膨胀土和陶岔膨胀土及其重塑土为研究对象，探讨其变形（包括湿胀）、屈服、强度和水量变化特性。

13.1　吸力和上覆压力对重塑膨胀土湿胀变形的影响

13.1.1　试验研究概况

　　魏学温[1]用后勤工程学院的非饱和土固结仪（图5.1）研究了陶岔重塑膨胀土的湿胀变形规律。试验用土取自南水北调中线工程陶岔引水渠首左岸渠坡的膨胀土，重塑制样。采用固结仪专用的无沿环刀，用千斤顶压制成 ϕ61.8mm×20mm 的试样，试样的基本指标如表13.1所示。为了考虑上覆压力对湿胀变形的影响，试验的净竖向应力控制为25kPa和50kPa。对每一净竖向应力分别做了8个控制吸力的压缩试验，吸力分别控制为25kPa、50kPa、100kPa、150kPa、200kPa、250kPa、300kPa、400kPa。试验过程分3个步骤：试样先在吸力和净竖向应力作用下排水固结，量测竖向变形和排水量，直到变形和排水量稳定；保持净竖向应力不变，将吸力卸载到零；通过进气管给试样容器加水，让试样浸水膨胀，量测竖向变形，直到变形稳定为止。在固结过程中，每隔8~10h冲洗陶土板底部一次。固结稳定的标准是在2h内，排水量不超过0.012cm³，且轴向变形量不超过0.01mm。在吸力卸载时，必须同时同步减少砝码，以保持净竖向应力不变。膨胀变形稳定的标准为轴向变形在2h内不超过0.01mm。每个试验历时5d左右，共做了16个湿胀试验。

试样的初始物理性质指标　　　　　　　　　　　　　　表 13.1

土粒相对密度 G_s	干密度 ρ_d（g/cm³）	含水率 w_0（%）	饱和度 S_r（%）	孔隙比 e_0
2.73	1.5	27	89.89	0.82

13.1.2　试验结果分析

　　试验结果列于表13.2。图13.1是相应的竖向膨胀应变-吸力关系曲线（绘制曲线时剔除了2个不合理的数据）。从表13.2和图13.1可见，竖向净应力和吸力对湿胀变形均有显著影响。膨胀量随吸力的增加而增加，且随净竖向应力的增大而减小。在吸力较小时（$s<100\text{kPa}$），净竖向应力的不同对膨胀变形的影响较小；在吸力大于 100kPa 后，不同净竖向应力下的膨胀量差别明显净变大。从净竖向应力为 25kPa 的曲线可以看出，在吸力大于 250kPa 以后膨胀变形才趋于稳定；而净竖向应力为 50kPa 的试验曲线表明，在吸力大于 100kPa 后膨胀量的变化增量就已经很小。由于当含水率低于缩限含水率 w_s 后，土不再发生胀缩变形，因而继续增大吸力使土的含水率低于缩限，膨胀量将不再增加。更有甚者，如文献［2］所说的南阳棕黄色膨胀土，当含水率大于 26%、竖向应力超过 100kPa 时，浸水后不但不发生膨胀，反而产生压缩变形，即出现所谓的负膨胀。

除了净竖向应力和吸力，干密度和含水率也是影响湿胀变形的重要因素。已有研究结果表明[2]，干密度越大，初始含水率越低，湿胀变形量越大。初始吸力与初始含水率的作用相当。

陶岔重塑膨胀土的竖向膨胀量表　　　　　　表 13.2

净竖向应力 (kPa)	吸力 (kPa)							
	25	50	100	150	200	250	300	400
	卸除吸力后浸水引起的竖向膨胀变形量（mm）							
25	0.20	0.35	0.55	0.80	1.65	1.20	1.25	1.28
50	0.05	0.30	0.60	0.65	0.80	0.60	0.85	0.90

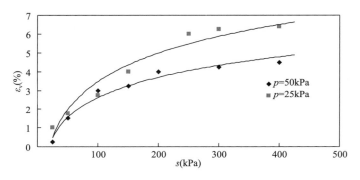

图 13.1　竖向膨胀应变-吸力关系曲线

图 13.1 的竖向膨胀应变与吸力的关系可用下式描述：

$$\varepsilon_v = a\ln(s/0.01p_{atm}) - b \quad (\%) \tag{13.1}$$

式中，s 为吸力，kPa；p_{atm} 为大气压；a，b 是拟合参数，与试样的净竖向应力有关。表 13.3 为与净竖向应力相关的 a，b 的拟合结果。

参数 a，b 的数值　　　　　　表 13.3

净竖向应力（kPa）	干密度 ρ_d(g/cm³)	参数	
		a（%）	b（%）
25	1.5	2.18	6.55
50	1.5	1.56	4.57

13.2　重塑膨胀土在 $p\text{-}s$ 平面内的变形、屈服、强度和水量变化特性

13.2.1　试验设备、土样制备和研究方法

试验设备为后勤工程学院改进的非饱和土三轴仪（见第 12.2.2 节），土样取自南阳市靳岗

村[3-4]，取土地点位于南水北调中线工程的渠线上。先在现场开挖探坑，在深度 2.2m 处取原状土块，外观呈棕黄色，含少量礓石；再在实验室重塑制样，试样的制备方法同第 12.2.2 节，制样设备见图 9.6。原状土样的干密度和含水率分别是 $1.5g/cm^3$ 和 22.7%，制成试样的初始物性指标见表 13.4。

试样的初始物性指标（南阳靳岗村重塑膨胀土）　　　　　　　　表 13.4

土粒相对密度 G_s	干密度 $\rho_d(g/cm^3)$	含水率 w_0（%）	孔隙比 e_0	饱和度 S_r（%）
2.73	1.49	28.5	0.84	92.5

卢再华[4]对该重塑膨胀土在 $p\text{-}s$ 平面内做了 3 种应力路径的非饱和三轴试验，共 10 个试样：（1）4 个吸力等于常数、净平均应力增大的各向等压试验。控制吸力分别为 0kPa、50kPa、100kPa 和 200kPa，净平均应力分级施加，试验结束时净平均应力分别为 400kPa、400kPa、300kPa、300kPa。（2）3 个净平均应力等于常数，吸力增大的三轴收缩试验。控制净平均应力分别为 25kPa、50kPa 和 100kPa，吸力分级施加，试验结束时吸力分别为 400kPa、400kPa、300kPa。（3）3 个净平均应力等于常数、吸力减小到 0 的三轴湿胀试验。控制净平均应力分别为 25kPa、50kPa 和 100kPa，3 个试样都先施加吸力到 400kPa，变形及排水稳定后再使吸力降到零。试验应力路径示意图见图 13.2。

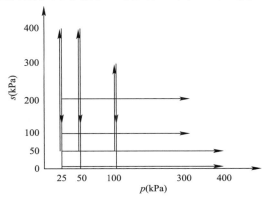

图 13.2　非饱和重塑膨胀土的三轴
试验应力路径示意图

试样在固结、收缩、湿胀试验过程的稳定标准为：在 2h 内体变不超过 $0.0064cm^3$，并且排水量在 2h 内不超过 $0.012cm^3$，且加载时间不少于 48h。考虑到压缩试验和收缩试验历时较长，应对排水量的量测值进行校正。由试样的初始含水率和最终含水率之差，可以算出试样的实际排水量，再根据算得的实际排水量去校正量测值，部分试验的排水量与校正结果列于表 13.5。在下面的分析中，含水率用校正值。

部分试样排水量的校正　　　　　　　　　　　　　　表 13.5

应力路径描述		历时（d）	量测值（cm³）	校正值（cm³）	差值（cm³）	相对误差（%）
控制吸力的各向等压试验	$s=50kPa$	21	2.91	2.61	0.30	10.44
	$s=100kPa$	32	4.31	4.10	0.21	4.94
	$s=200kPa$	40	6.09	5.55	0.54	8.90
控制净平均应力为常数吸力逐级增大的三轴收缩试验	$p=25kPa$	24	3.75	3.70	0.05	1.43
	$p=50kPa$	24	3.92	3.85	0.07	1.83
	$p=100kPa$	26	4.31	4.15	0.16	3.66

13.2.2　屈服特性

图 13.3 是控制吸力的各向等压试验的 $v\text{-}\lg p$ 关系图。同一土样的试验点可用两条相交的直线段拟合，两直线的交点作为屈服点，屈服点的净平均应力就是屈服应力，用 $p_0(s)$ 表示。由此确定的不同吸力下的屈服应力列于表 13.6，可见随吸力提高，屈服应力增大。把屈服点绘在 $p\text{-}s$ 平面上，并用曲线光滑拟合可得屈服轨迹如图 13.4 所示。可以看出膨胀土的各向等压加载

屈服特性和一般非饱和土的 LC 屈服[5]特性类似。考虑到膨胀土浸湿时的变形以膨胀为主，本书改用 LY 曲线表示，称为加载屈服线。

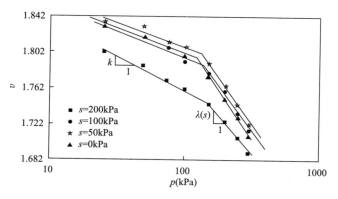

图 13.3　重塑膨胀土的控制吸力各向等压试验的 $v\text{-}\lg p$ 关系图

与控制吸力为常数的各向等压试验相关的土性参数　　表 13.6

吸力（kPa）	屈服应力（kPa）	压缩性指标 $\lambda(s)$	水量变化指标 $\beta(s)$（$\times 10^{-5}$ kPa）
0	105	0.0800	3.66
50	125	0.0745	2.11
100	130	0.0713	2.29
200	150	0.0692	2.81

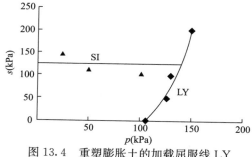

图 13.4　重塑膨胀土的加载屈服线 LY
和吸力增加屈服线 SI

控制净平均应力为常数吸力逐级增大的三轴收缩试验的 $v\text{-}\lg(s+p_{\text{atm}})$ 关系示于图 13.5，此处的 p_{atm} 为大气压力。净平均应力等于 25kPa、50kPa 的试样屈服明显，按确定屈服净平均应力相同方法得到的屈服吸力分别是 145kPa、110kPa 和 105kPa，列于表 13.7 中。由此可知，膨胀土的屈服吸力随净平均应力的增大而有所减小，但由屈服点所连成的屈服线 SI 与 p 轴夹角不大。对于膨胀土与吸力相关的屈服特性，文献［6］中假定了一条与 p 轴成 45°夹角的直线来描述，即吸力屈服线与 p 轴夹 45°角，这与本节试验结果不符，其合理性有待进一步验证。本节为了简化起见，取各屈服吸力的平均值，即用图 13.4 中的水平线 SI 描述吸力加载屈服特性。

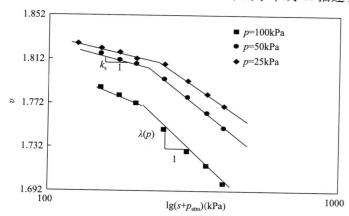

图 13.5　控制净围压为常数吸力逐级增大的三轴收缩试验的 $v\text{-}\lg(s+p_{\text{atm}})$ 关系

与控制净平均应力为常数吸力逐级增大的三轴收缩试验相关的土性参数　　表 13.7

围压（kPa）	屈服吸力（kPa）	收缩性指标 λ（p）	水量变化指标 β（p）（%）
25	145	0.0783	1.6527
50	110	0.0870	1.7749
100	105	0.1073	1.6390

对于控制净平均应力的三轴湿胀试验，由于吸力从初始值 400kPa 一次降到零，故仅得到同一土样的始末两个试验点，在图 13.6 中用虚线连接。可见，随着围压增大，湿胀试验的比容变化幅度减小，即膨胀变形明显减小。当净平均应力等于 100kPa 时，膨胀量已经很小，说明膨胀土场地的膨胀主要由 5m 以内的浅土层引起。上述结论与第 13.1 节的试验研究结果一致。

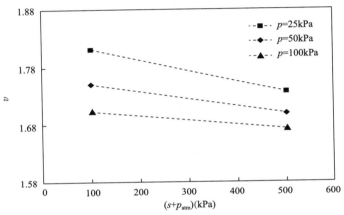

图 13.6　控制净平均应力为常数吸力减小到 0 的三轴湿胀试验的 v-$(s+p_{atm})$ 关系

13.2.3　体变指标与水量变化指标

分别用 k、$\lambda(s)$ 表示图 13.3 中土样屈服前、屈服后的压缩指数。k 的平均值为 0.03，$\lambda(s)$ 值见表 13.6。由表 13.6 可以看出，压缩指数 $\lambda(s)$ 随吸力增加变化缓慢。这是因为膨胀土含黏土矿物成分较多，而黏土具有很强的持水能力，造成膨胀土含水率随吸力变化较慢，从而压缩指数 $\lambda(s)$ 变化不大。相应地，屈服应力 $p_0(s)$ 随吸力增加不多，p-s 平面上的 LY 线较陡。

控制吸力为常数的各向等压试验的水量变化规律如图 13.7 的 w-p 关系曲线所示，可见各种吸力下的 w-p 关系基本上都是线性的。用 $\beta(s)$ 表示各直线段的斜率，斜率数值见表 13.6。可

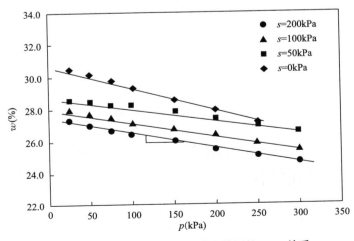

图 13.7　控制吸力为常数的各向等压的 w-p 关系

见，饱和时 $\beta(s)$ 要大一些，其他不同吸力下的 $\beta(s)$ 则基本相等。

类似地，分别用 k_s、$\lambda(p)$ 表示控制净平均应力为常数吸力逐级增大的三轴收缩试验的试样在吸力增加屈服前、后的体变指标（图 13.5）；用 $\beta(p)$ 表示相应试验的水量变化指标，即图 13.8 所示的含水率-吸力关系曲线的斜率。k_s 的平均值为 0.015，$\lambda(p)$ 和 $\beta(p)$ 的值见表 13.7。可见随着净平均应力增大，土样的收缩指数 $\lambda(p)$ 逐渐变大，水量变化指标 $\beta(p)$ 则变化不大。

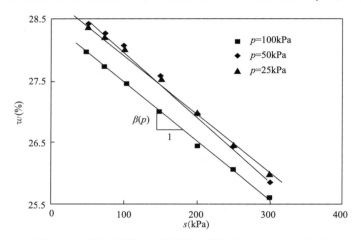

图 13.8　控制净围压为常数的三轴收缩试验的 w-s 关系

若假定控制净平均应力的膨胀试验的水量变化也是线性的，则由图 13.9 可算出在净围压等于 25kPa、50kPa 和 100kPa 时的水量变化指标，$\beta(p)$ 依次为 0.0114、0.0147 和 0.0158。比较表 13.6 和表 13.7 中 $\lambda(s)$、$\lambda(p)$ 值及图 13.5 的膨胀量可知，膨胀土吸力变化的收缩指数和净平均应力变化的压缩指数在数值上属于同一量级。换言之，湿胀和干缩变形都比较大。因而对膨胀土地基，不仅要注意湿胀，也要重视干缩。例如文献［7］中介绍的宁明某部轻型房屋随气候干湿变化，室内地面升降幅度可超过 200mm。

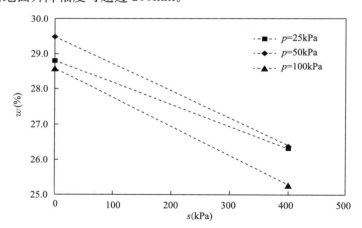

图 13.9　控制净平均应力为常数吸力减小到 0 的三轴湿胀试验的 w-s 关系

13.3　重塑膨胀土在控制吸力和净围压的三轴固结排水剪切中的变形、强度和水量变化特性

试验用土取自南阳靳岗村，取土地点和制样方法与第 13.2.1 节相同。重塑膨胀土试样的干密度为 1.5g/cm³，含水率为 30.2%（完全饱和）。孙树国等[8-9]对该重塑膨胀土做了 4 组共 12 个

控制吸力和净围压等于常数的三轴固结排水剪切试验。吸力分别控制为 0kPa、50kPa、100kPa 和 200kPa，净室压力（$\sigma_3 - u_a$）分别控制为 100kPa、200kPa 和 300kPa，剪切速率为 0.0022mm/min，剪切到轴向应变达到 15% 需要 91h。

13.3.1 偏应力-轴向应变性状和强度特性

试验的 $(\sigma_1 - \sigma_3)$-ε_a 曲线见图 13.10。由图可见，南阳靳岗村重塑膨胀土在非饱和状态下的剪切应力-应变性状与饱和时（$s=0$）的性状相似，都表现为应变硬化的特征，$(\sigma_1 - \sigma_3)$-ε_a 关系可用双曲线描述。

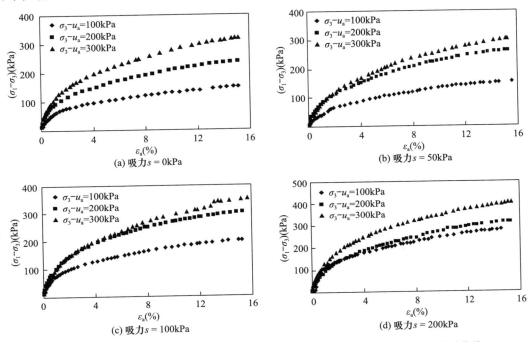

图 13.10 南阳靳岗村重塑膨胀土三轴固结排水剪切试验的 $(\sigma_1 - \sigma_3)$-ε_a 关系曲线

图 13.10 中 $(\sigma_1 - \sigma_3)$-ε_a 曲线均为硬化型，取轴应变 ε_a 等于 15% 时的应力为破坏应力。12 个剪切试验的破坏应力（q_f-p_f）列于表 13.8 中，q_f-p_f 关系示于图 13.11 中。由图 13.11 可以看

南阳靳岗村重塑膨胀土的强度参数表　　　　　　　　　　　　　　　　　　表 13.8

s (kPa)	$\sigma_3 - u_a$ (kPa)	q_f (kPa)	p_f (kPa)	$\tan\omega$	ξ (kPa)	φ' (°)	ξ' (kPa)	c (kPa)
	100	149.5	149.8					
0	200	237.7	279.2	0.66	51	17.3	51.8	24.4
	300	319.7	406.6					
	100	154.3	151.4					
50	200	260.8	286.9	0.61	70.8	16.1	62.6	29.6
	300	333.3	411.1					
	100	200.3	166.8					
100	200	303.2	301.1	0.61	104.6	16.1	90.1	42.6
	300	353.1	417.7					
	100	280.8	193.6					
200	200	315.6	305.2	0.52	172	13.8	128.4	60.8
	300	405.2	435.1					

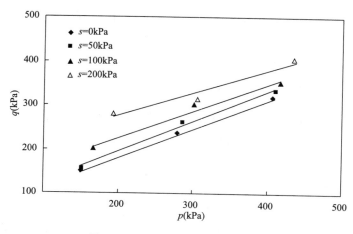

图 13.11　p-q 平面上的强度包线

出在相同固结围压下，强度随吸力增加而提高。相同吸力的一组试验点落在同一条直线上，可用下式表示：

$$q_f = \xi + p_f \tan\omega \tag{13.2}$$

式中，ξ 是该直线在 q 轴上的截距，$\tan\omega$ 是直线斜率。ξ 和 $\tan\omega$ 由最小二乘法确定。

有效摩擦角 φ' 从下式（即式（12.43））求得：

$$\sin\varphi' = \frac{3\tan\omega}{6 + \tan\omega} \tag{13.3}$$

不同吸力对应的 $\tan\omega$ 和 φ' 值列于表 13.8 中。

从表 13.8 可见，在试验的吸力范围内（0～200kPa），φ' 值随吸力的增加有减小的趋势，最大差值达到 3.5°，说明吸力对南阳重塑膨胀土的有效摩擦角有比较明显的影响。但为简化起见，可将 φ' 视为常数，其值采用该土在饱和状态的有效摩擦角，即 φ' 等于 17.3°；由此引起的误差可用下述方法通过调整黏聚力值而得到校正。

取 $\tan\omega$ 等于饱和土的相应数值（即 0.66），利用式（13.2）可算出不同吸力下的 ξ 校正值，记为 ξ'。表 13.8 中所列的 ξ 值系同一吸力的 3 个试样的平均值。

总黏聚力 c 由下式（即式（12.45））给出：

$$c = \frac{3 - \sin\varphi'}{6\cos\varphi} \xi' \tag{13.4}$$

总黏聚力与吸力关系示于图 13.12，可见总黏聚力与吸力基本呈线性关系，用直线拟合试验点，线性方程如下：

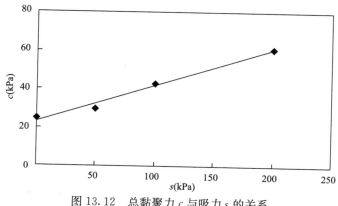

图 13.12　总黏聚力 c 与吸力 s 的关系

13.3 重塑膨胀土在控制吸力和净围压的三轴固结排水剪切中的变形、强度和水量变化特性

$$c = c' + (u_a - u_w)_f \tan\varphi^b \tag{13.5}$$

式中，c' 和 $\tan\varphi^b$ 分别为饱和时的有效黏聚力和因吸力增加引起的强度增加率，对于该试验土样 $c'=22.7\text{kPa}$，$\varphi^b=10.6°$。

重塑膨胀土的强度可用推广的库仑公式表达如下（即式（12.46））[10]：

$$\tau_f = c' + (\sigma - u_a)_f \tan\varphi' + (u_a - u_w)_f \tan\varphi^b \tag{13.6}$$

式中，$(\sigma - u_a)_f$ 是破坏面上的净法向应力，$(u_a - u_w)_f$ 是破坏面上的吸力，τ_f 是破坏面上土的抗剪强度，不同吸力情况下的强度参数列于表 13.8。

13.3.2 水量变化特性

不同吸力下三轴排气排水剪切试验的 w-p 关系曲线示于图 13.13。由图 13.13 可以看出在土样破坏前，吸力相同的 3 个试样的全部试验点都落在一条带状区域内。可用直线近似拟合试样在破坏前的水量变化，该直线的含水率代表了 3 个试样在试验过程中含水率变化平均值。该直线的斜率仍用 $\beta(s)$ 来表示，各种吸力值下的 $\beta(s)$ 值列于表 13.9。其中饱和膨胀土剪切试验的 $\beta(s)$ 值较大，其余 3 个 $\beta(s)$ 值彼此相差不大，它们的平均值为 $2.7975\times10^{-5}\text{kPa}$。与相同吸力下各向等压试验含水率变化曲线比较，由图 13.13 可见两种路径试验的 w-p 曲线的斜率比较接近，故与净平均应力相关的水量变化指标 $\beta(s)$ 可取两种应力路径的平均值，即 $2.7575\times10^{-5}\text{kPa}$。

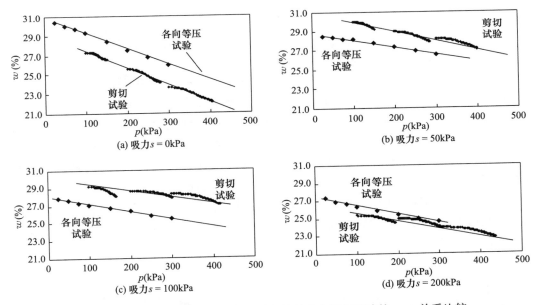

图 13.13 控制吸力的各向等压试验与固结排水剪切试验的 w-p 关系比较

重塑膨胀土的三轴固结排水剪切试验相关的土性参数 表 13.9

净平均应力范围（kPa）	吸力（kPa）	控制吸力的三轴固结排水剪切试验的 $\beta(s)$（$\times10^{-5}\text{kPa}$）	控制吸力的各向等压试验的 $\beta(s)$（$\times10^{-5}\text{kPa}$）
100~400	0	3.69	3.66
100~400	50	2.76	2.11
100~418	100	2.23	2.29
100~435	200	2.51	2.81

13.4　原状膨胀土的变形-强度特性

应用后勤工程学院 CT-三轴科研工作站的非饱和土三轴仪（图 6.42）研究了南阳靳岗村和陶岔两地原状膨胀土的变形-强度特性。靳岗村膨胀土的取土地点已在第 13.2.1 节介绍。陶岔膨胀土取自南水北调中线工程引水渠首（位于陶岔镇）渠道左岸边坡，开挖探井取样，表层和浅层（深度小于 1.5m）比较破碎，呈黄灰褐花斑状；深度 1.5m 以下，土质比较均匀，主要呈黄白色，夹褐色斑点，无结核，可取边长 30～50cm 的完整土块。

13.4.1　靳岗村原状膨胀土的变形-强度特性

卢再华等[4,11]用非饱和土三轴仪（图 6.42）对南阳靳岗村原状膨胀土做了 6 个控制吸力和围压的三轴固结排水剪切试验，试样高 80mm，直径 39.1mm。试样在剪切前的初始条件和试验参数见表 13.10。

靳岗村原状膨胀土试样在剪切前的初始条件和试验参数　　　　表 13.10

试样编号	干密度 ρ_d(g/cm^3)	含水率 w(%)	吸力 s(kPa)	净围压 σ_3(kPa)	破坏偏应力 q_f(kPa)	破坏净平均应力 p_f(kPa)
1	1.66	23.6	100	100	317.5	205.8
2	1.68	22.1	100	50	305.2	151.7
3	1.67	23.2	100	25	165.1	80.1
4	1.61	22.8	200	25	183.7	86.2
5	1.69	21.0	200	50	210.0	120.0
6	1.66	21.9	200	100	336.1	212.0

图 13.14 是靳岗村原状膨胀土三轴试验的偏应力-轴向应变曲线和体应变-轴向应变曲线。除吸力和净围压较大的 6 号试样的偏应力-轴向应变曲线为应变硬化型外，其余 5 个试样的偏应力-轴向应变关系曲线均呈软化型；1～3 号试样的吸力较小，在轴向应变为 3%～4% 时偏应力-轴向应变曲线就出现了峰值。总体上看，吸力和净围压越大，强度越高。吸力相同时，净围压越大，强度越高；净围压相同时，吸力越大，强度越高。从体变方面看，1 号试样一直处于剪缩；2～4 号试样则是先剪缩，而后发生较大的剪胀；5 号试样接近塑性流动状态（体积保持不变）；6 号试样仅发生轻微剪胀。由于原状膨胀土不是均质介质，具有裂隙构造，土样内可能含有小块礓石，试验数据比较离散。

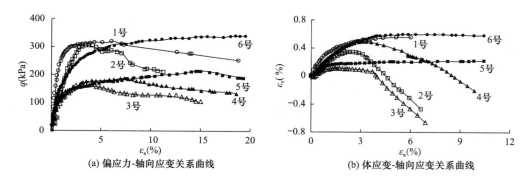

图 13.14　靳岗村原状膨胀土三轴试验的应力-应变曲线

对脆性破坏，取偏应力-轴向应变关系曲线的峰值点对应的偏应力为破坏应力；对塑性破坏，取轴向应变等于15%时的偏应力为破坏应力，6个试样的破坏偏应力和净平均应力列于表13.10中。图13.15是靳岗村原状膨胀土在 p_f-q_f 平面内的强度包线，其中，剔除3个吸力为100kPa、净平均应力为50kPa的数据点。对应于不同吸力的两条强度包线大致平行，即对非饱和原状膨胀土而言，与净总应力相关的有效摩擦角可视为常数。

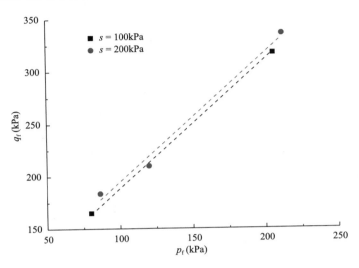

图 13.15 靳岗村原状膨胀土在 p_f-q_f 平面内的强度包线

13.4.2 陶岔原状膨胀土的变形-强度特性

魏学温[1]用后勤工程学院研制的CT-三轴仪（图6.44）研究了陶岔原状膨胀土的变形-强度特性，用切土盘制成高度80mm、直径39.1mm的原状样，共做了3组15个试验，试验分组及编号见表13.11。每个试验包括固结和排水剪切两个阶段。固结稳定的标准为：在2h内，体变不超过 0.0064cm^3，且排水量不超过 0.012cm^3。

试 验 类 型 及 编 号   表 13.11

试验分组编号	试验类型	编号
I	控制吸力和净围压的 固结排水剪切试验	1～9 号
II	控制吸力和净竖向应力的 固结侧向卸荷剪切试验	10～12 号
III	控制吸力和净平均应力的 固结排水剪切试验	13～15 号

13.4.2.1 第 I 组试验结果分析

第 I 组试验的9个试样在剪切前的初始条件及试验力学参数见表13.12。为模拟膨胀土渠坡的浅层破坏，试验采用的净围压较低。试验的轴向变形剪切速率采用 0.0167mm/min。

第 I 组试验的试样初始条件及试验力学参数   表 13.12

试验 编号	初始干密度 ρ_d (g/cm³)	初始含水率 w (%)	控制吸力 s (kPa)	控制净围压 σ_3 (kPa)	破坏偏应力 q_f (kPa)	破坏净平均应力 p_f (kPa)
1 号	1.67	21.0	150	25	615	230
2 号	1.67	21.8	150	50	638	263

续表 13.12

试验编号	初始干密度 ρ_d (g/cm³)	初始含水率 w (%)	控制吸力 s (kPa)	控制净围压 σ_3 (kPa)	破坏偏应力 q_f (kPa)	破坏净平均应力 p_f (kPa)
3 号	1.67	20.9	150	75	852	359
4 号	1.68	23.2	200	25	713	263
5 号	1.68	22.9	200	50	655	268
6 号	1.68	23.0	200	75	781	335
7 号	1.68	22.8	250	25	790	288
8 号	1.68	22.0	250	50	679	276
9 号	1.67	20.9	250	75	572	266

图 13.16（a）是第 I 组试验的偏应力-轴向应变关系曲线。由图可知，所有曲线都有峰值，9 个试样皆呈脆性破坏，破坏时的轴向应变均小于 2%。破坏时的偏应力和净平均应力亦见表 13.12。

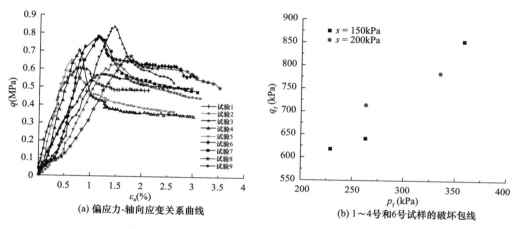

(a) 偏应力-轴向应变关系曲线　　　　　(b) 1~4 号和 6 号试样的破坏包线

图 13.16　第 I 组试验的偏应力-轴向应变关系曲线

从图 13.16 和表 13.12 可知，试验数据比较离散。1~4 号和 6 号试样表现出较好的规律性 [图 13.16（b）]：吸力越大，净围压越大，强度越高；而 5 号、7 号、8 号和 9 号试样的强度则无此规律，甚至净围压越大，强度越低。这些现象系原状膨胀土的结构缺陷所致，将在后面进行分析。

13.4.2.2　第 II 组试验结果分析

此组试验是为了模拟膨胀土边坡开挖引起的应力状态变化，试验的应力路径就是保持 σ_1 不变且同时减小 σ_3 使摩尔圆与强度线相切达到主动破坏。试样剪切时每 15min 减小 10kPa 的围压，同时通过步进电机控制的活塞增加相应的竖向应力以平衡因为围压减小而引起的 σ_1 减小的部分。本次共做了 3 个净围压为 200kPa 的试验，吸力分别为 100kPa、150kPa、200kPa。试验的初始条件及试验参数如表 13.13 所示。

第 II 组试验的试样初始条件及试验力学参数　　　　表 13.13

试验编号	干密度 ρ_d (g/cm³)	含水率 w (%)	控制吸力 s (kPa)	净围压 p (kPa)	破坏偏应力 q_f (kPa)
10 号	1.68	22.0	100	200	419
11 号	1.70	21.8	150	200	502
12 号	1.67	22.9	200	200	476

图 13.17 是第Ⅱ组试验的偏应力-轴向应变曲线。由图可知，3 条曲线都近似于理想弹塑性。试验发现：破坏应变很小，当轴向应变在 1%左右时，三个试样的偏应力就达到偏应力峰值；在 11 号试样中有两条裂隙，这与工程实际中观察到的开挖引起卸荷裂隙的现象相一致，由此揭示了开挖卸荷引发膨胀土滑坡的机理。破坏偏应力列于表 13.13，与第Ⅰ组试验相同条件下的强度相比，第Ⅱ组试验的破坏偏应力明显较低。这是由于第Ⅰ组试验的应力路径接近被动破坏，而第Ⅱ组试验的应力路径属于主动破坏。

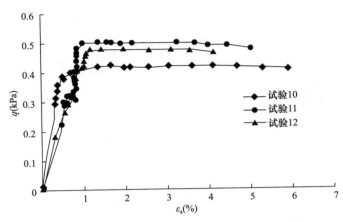

图 13.17 第Ⅱ组试验的偏应力-轴向应变关系曲线

13.4.2.3 第Ⅲ组试验结果分析

本次共做了 3 个控制吸力和净平均应力为常数的剪切试验，吸力分别为 100kPa、150kPa、200kPa。试验的初始条件及试验参数如表 13.14 所示。试样剪切时每 15min 减小 $\Delta\sigma_3 = 10$kPa 的围压，同时通过步进电机控制的活塞给轴向应力增加 $3\Delta\sigma_3$，以保持净平均应力不变。

第Ⅲ组试验的试样初始条件及试验力学参数 表 13.14

试验 编号	干密度 ρ_d(g/cm³)	含水率 w（%）	控制吸力 s (kPa)	净围压 p (kPa)	破坏偏应力 q_f（kPa）
13 号	1.72	22.3	100	200	535
14 号	1.65	21.7	150	250	658
15 号	1.68	22.8	200	250	482

图 13.18 是第Ⅲ组试验的偏应力-轴向应变曲线。破坏应变都比较小，破坏时的偏应力见表 13.14。因试验数量少，尚不能得出相应的强度规律。

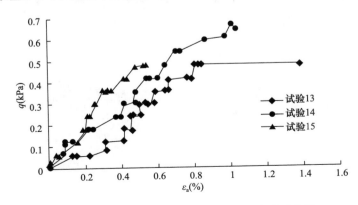

图 13.18 第Ⅲ组试验的偏应力-轴向应变关系曲线

13.4.2.4 试样的破坏形态

图 13.16～图 13.18 所示试验数据的离散性反映了原状膨胀土内部存在微孔隙、微裂纹、裂纹、原生裂隙面和软弱面及姜石等结构缺陷，容易发育为不规则的断裂面。图 13.19 是试验后的陶岔原状膨胀土试样照片，从总体上看［图 13.19（a）］，原状膨胀土远非均质各向同性介质，其破坏

(a) 试验后的陶岔原状膨胀土试样照片

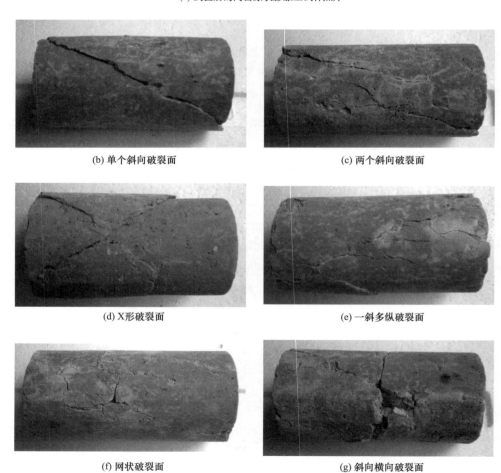

(b) 单个斜向破裂面   (c) 两个斜向破裂面

(d) X形破裂面   (e) 一斜多纵破裂面

(f) 网状破裂面   (g) 斜向横向破裂面

图 13.19 试验后的陶岔原状膨胀土试样照片及各种破坏形式

形态表现为多种形式：图 13.19（b）为单个斜向破裂面、图 13.19（c）为两个斜向破裂面、图 13.19（d）为 X 形破裂面、图 13.19（e）为一斜多纵破裂面、图 13.19（f）为网状破裂面、图 13.19（g）为斜向横向破裂面等。事实上，**膨胀土的强度具有尺寸效应，膨胀土的强度可分为 4 类**[12]：**土块强度（不含裂隙的原状土强度）、裂隙面强度、连续结构软弱面强度和滑动面强度**。由此可见，探讨原状膨胀土的抗剪强度规律还需要做大量工作。

13.5 重塑膨胀土在多种条件下的三向膨胀力特性

湿胀干缩（即胀缩性）是膨胀土的重要特性之一。如果湿胀变形受到限制，则必然产生膨胀力。以往对膨胀土的胀缩变形和膨胀力研究多局限于一维状态，大多在固结仪上进行试验研究。实际工程中膨胀土处于三维受力状态，土体遇水膨胀时，其膨胀变形和膨胀力都是三维的。由于湿胀产生的水平膨胀力较大，会引起挡土墙、桩基、地下管道、涵洞破坏[13-15]，研究膨胀土浸水膨胀后产生的水平膨胀力对工程建筑物的稳定分析是必要的。谢云等[16-17]采用后勤工程学院改进的三向胀缩仪（图 7.2），对南阳陶岔重塑膨胀土做了三向膨胀力试验、干湿循环试验条件下的膨胀力试验和控制变形的膨胀力试验，研究膨胀力的各向异性、干湿循环及膨胀变形量对膨胀力的影响。

13.5.1 研究方法与研究方案

试验用土取自南水北调中线工程陶岔引水渠道边坡，重塑制样。由于膨胀力与蒙脱石含量、含水率、干密度等因素有关，试样初始含水率控制为 9.85%、13.32%、15.95% 和 17.32%，初始干密度控制为 1.5g/cm³、1.6g/cm³ 和 1.7g/cm³。试样尺寸为 4cm×4cm×4cm。共做了 3 组 30 个试验，试验方案见表 13.15，试样的具体编号见表 13.16。

重塑陶岔膨胀土的三向膨胀力试验方案 表 13.15

试验分组编号	试验名称	初始含水率（%）	初始干密度（g/cm³）	试样数量（个）
Ⅰ	三轴膨胀力	9.85、13.32、15.95、17.32	1.5、1.6、1.7	12
Ⅱ	3 次湿干循环胀缩变形与膨胀力试验	9.85、15.95、17.32	1.5、1.6、1.7	9
Ⅲ	控制变形的膨胀力试验	9.85、15.95、17.32	1.5、1.6、1.7	9

试 样 编 号 表 13.16

三向膨胀力试验			干湿循环试验			控制变形的三向膨胀力试验		
试样编号	初始含水率（%）	初始干密度（g/cm³）	试样编号	初始含水率（%）	初始干密度（g/cm³）	试样编号	初始含水率（%）	初始干密度（g/cm³）
1-1	9.85	1.5	2-1	9.85	1.5	3-1	9.85	1.5
1-2	9.85	1.6	2-2	9.85	1.6	3-2	9.85	1.6
1-3	9.85	1.7	2-3	9.85	1.7	3-3	9.85	1.7
1-4	13.32	1.5	2-4	15.95	1.5	3-4	15.95	1.5
1-5	13.32	1.6	2-5	15.95	1.6	3-5	15.95	1.6
1-6	13.32	1.7	2-6	15.95	1.7	3-6	15.95	1.7
1-7	15.95	1.5	2-7	17.32	1.5	3-7	17.32	1.5
1-8	15.95	1.6	2-8	17.32	1.6	3-8	17.32	1.6
1-9	15.95	1.7	2-9	17.32	1.7	3-9	17.32	1.7
1-10	17.32	1.5	—	—	—			
1-11	17.32	1.6	—	—	—			
1-12	17.32	1.7						

第Ⅰ组试验共 12 个，具体方法是：将试样装入仪器后，安装百分表；调整控制等强度梁的螺杆，施加 1kPa 压力，使试样、承压活塞、钢珠、等强度梁各部分接触；在试样的顶部和底部同时加水，随时同步调整控制 3 个等强度梁变形的螺杆，使 3 个方向的等强度梁的变形在试验过程中始终保持为零；按时记录膨胀力，并添加适量的水；当膨胀力的变化不超过 0.01kPa/h 时就认为达到稳定，此时的膨胀力即为试样的膨胀，亦即试样膨胀力的最大值。

第Ⅱ组试验共 9 个，具体方法是：先对试样做三向膨胀力试验，测得其膨胀力，取为初始值；然后吸干试样周围的余水，插上 2 根功率为 50W 的电阻丝对试样烘干；烘样 24h 后，去掉加热元件，待仪器整体温度降至室温；再次加水，测其三向膨胀力，重复上述过程 4 次。

第Ⅲ组试验共 9 个，具体方法是：首先对试样进行三向膨胀力试验，待试样浸水膨胀稳定后，测得其膨胀力；然后调整某一水平方向的变形，使该方向的试样变形量保持为 0.05mm，待三向膨胀力读数稳定后，记下此时的膨胀力；最后再调整该水平方向的变形，使该方向的试样变形量达到 0.10mm，待三向膨胀力读数稳定后，记下此时的膨胀力；如此反复，直至该方向的水平膨胀力减小到零为止。这样可以得到该方向的水平膨胀力和水平变形之间的关系。

13.5.2　三向膨胀力的变化规律

用 P_{cz}、P_{cx} 和 P_{cy} 分别表示竖向和两个水平方向的膨胀力，第Ⅰ组试验测得的三向膨胀力汇于表 13.17，其中试样编号为 1-1 的试验因操作失误没有取得可靠的数据。

三向膨胀力试验结果　　　　　　　　　　　　　　　　　　　表 13.17

试样编号	初始含水率（%）	初始干密度（g/cm³）	P_{cz}（kPa）	P_{cx}（kPa）	P_{cy}（kPa）	R_0
1-1	9.85	1.5	—	—	—	—
1-2	9.85	1.6	151.7	76.7	88.5	0.544
1-3	9.85	1.7	402	271.3	266.6	0.669
1-4	13.32	1.5	81.4	34.1	25.6	0.367
1-5	13.32	1.6	116.5	58.9	48.4	0.461
1-6	13.32	1.7	352	246.8	215.7	0.657
1-7	15.95	1.5	67.6	26.8	24.3	0.378
1-8	15.95	1.6	98.1	48.6	42.7	0.466
1-9	15.95	1.7	313.2	210.6	208.3	0.671
1-10	17.32	1.5	61.9	25	26.3	0.418
1-11	17.32	1.6	79.1	38.1	36.6	0.473
1-12	17.32	1.7	256.3	179.6	168.1	0.679

13.5.2.1　竖向膨胀力随时间变化规律

图 13.20（a）～图 13.20（c）分别是初始含水率为 13.32%，15.95%，17.32% 的试样在不同初始干密度时的竖向膨胀力 P_{cz} 随时间变化曲线。图 13.20 有两个明显的特点：一是初始干密度对膨胀力的影响很大，初始干密度大者的竖向膨胀力大；不同初始干密度的竖向膨胀力相差悬殊，结合表 13.17 可知，在同一含水率下，试样初始干密度为 1.7g/cm³ 的竖向膨胀力是试样初始干密度为 1.5g/cm³ 和 1.6g/cm³ 的竖向膨胀力的 3～6 倍，而后两者的竖向膨胀力比较接近。二是试样在浸水初期膨胀力发展很快，随后逐渐趋于平缓，最终达到稳定值。以图 13.20（a）中最上面的一条曲线为例，该曲线是初始干密度为 1.7g/cm³、含水率为 17.32% 的试样的竖向膨胀力时程曲线。按照膨胀力随时间变化可把该曲线分为 3 段即快速膨胀阶段（oa 段）、减速膨胀阶段（ab 段）和趋缓膨胀阶段（bc 段）。试验初期，土样含水率低，吸力大，水头梯度

高，吸水较快，膨胀潜势大，试样体积受到限制产生膨胀力，膨胀力呈线性增长；由于试样膨胀土填充了部分孔隙通道，加之吸力减小，水头梯度变低，吸水速率变慢，膨胀力增长速度减缓；几个小时后，试样基本达到饱和，吸力降为零，膨胀力趋于稳定。

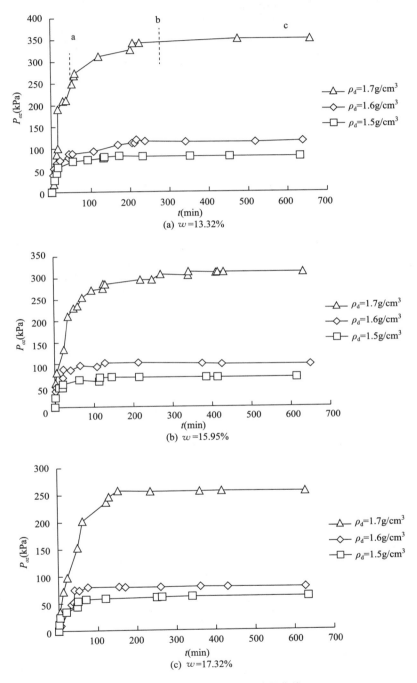

图 13.20 竖向膨胀力的时程曲线

13.5.2.2 竖向膨胀力与水平膨胀力关系

图 13.21 是含水率为 15.95% 的土样的初始干密度分别为 1.5g/cm³，1.6g/cm³，1.7g/cm³ 的竖向膨胀力和水平向膨胀力时程曲线。由图 13.21 可见，竖向膨胀力在加水后增长速度快于

水平向膨胀力，但二者达到稳定值所需的时间大致相同。

用 R_0 表示两个水平方向膨胀力的平均值与竖向膨胀力值之比，R_0 的数值列于表 13.17 中。所有 R_0 的数值都小于 1，说明竖向膨胀力大于水平膨胀力；R_0 的数值随着土的含水率和干密度变化，反映重塑膨胀土试样具有各向异性。形成重塑试样各向异性的原因在于制样过程中试样水平方向所受到的制样模具的侧向约束力小于竖向压力，从而形成试样的各向异性结构。含水率相同时，R_0 随干密度的增大而增大，亦即各向异性随干密度增加而减弱。

张颖钧[18]测得 6 种原状土样的竖向和水平向膨胀力的比值介于 0.376～0.646，水平方向膨胀力小于竖直方向膨胀力；张颖钧还对重塑土的三向膨胀力与原状土做了比较，发现重塑土的三向膨胀力较原状土大为提高。

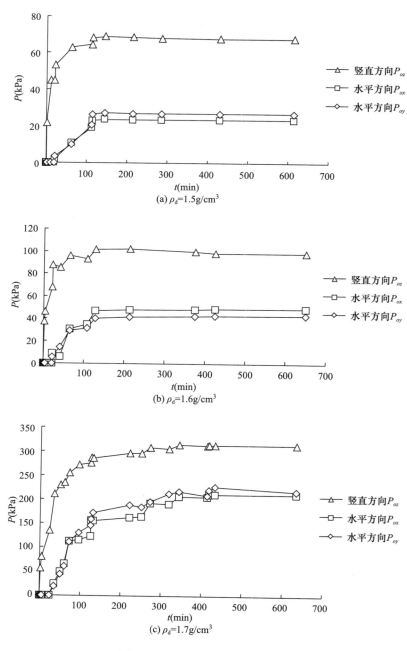

图 13.21　三向膨胀力时程曲线

13.5.2.3 竖向膨胀力与干密度及含水率的关系

依据表 13.17 的数据可绘出竖向膨胀力与初始含水率的关系，在同一干密度下不同初始含水率的竖向膨胀力如图 13.22 所示。同一干密度下，竖向膨胀力随初始含水率增大而减小，两者之间呈线性关系。同样依据表 13.17 的数据可得同一初始含水率时竖向膨胀力与干密度的关系，如图 13.23 所示。图 13.23 的曲线可用如下指数函数描述：

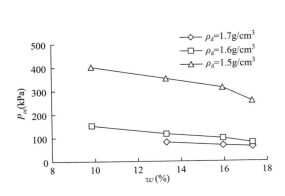

图 13.22 竖向膨胀力与初始含水率的关系

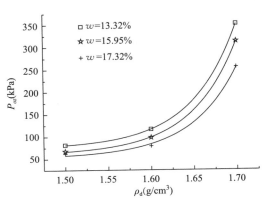

图 13.23 竖向膨胀力与初始干密度的关系

$$P_{az} = P_0 + Ae^{\rho_d/B} \tag{13.7}$$

式中，P_0，A，B 为土性参数，取值如表 13.18 所示，其中 B 为常数。利用表 13.18 的数据，可得参数 P_0 和 A 与含水率的关系，即图 13.24 和图 13.25，二者均随着初始含水率的增加而线性减小，用线性拟合，再将拟合式代入式（13.7），即得竖向膨胀力与初始含水率及干密度的关系式：

$$P_{az} = (146.69 - 539.26w) + (6.045 - 20.48w) \times 10^{-12} e^{\rho_d/0.053} \tag{13.8}$$

式（13.8）表明竖向膨胀力随含水率增加而减小，随干密度的增加而增大。

式（13.7）中参数的数值　　　　　　　　　　　表 13.18

初始含水率（%）	P_0（kPa）	A	B
13.32	74.78139	3.2551×10^{-12}	0.053
15.95	60.91426	2.9611×10^{-12}	0.053
17.32	53.13719	2.3785×10^{-12}	0.053

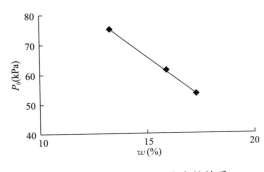

图 13.24 P_0 与初始含水率的关系

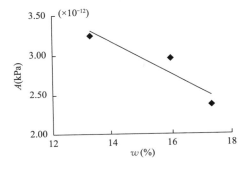

图 13.25 参数 A 与含水率的关系

13.5.3 湿干循环试验和控制变形试验的膨胀力分析

表 13.19 是在不同循环次数时测得的竖向膨胀力。由表可以看到，竖向膨胀力随着干湿循

环次数而减小，且每次循环测得的膨胀力减小值亦随循环次数增加而减小。这个结论与文献
[18] 揭示的原状膨胀土的干湿循环特性不同。张颖钧[18]利用三向胀缩特性仪对取自安康、西
乡、勉西、成都狮子山、鸦雀岭、蒙自的原状膨胀土进行了湿干循环试验，发现由于原状膨胀
土具有较大的密度和前期固结压力，干湿循环能部分破坏膨胀土的固化黏聚力，使得经历湿干
循环试样的膨胀力要大于没有经过湿干循环原状膨胀土试样的膨胀力。

部分湿干循环试验的垂直膨胀力 表 13.19

试样编号	初始含水率（%）	初始干密度（g/cm³）	$P_{\alpha z}$（kPa）			
			循环次数			
			1	2	3	4
2-1	9.85	1.5	—	—	—	—
2-2	9.85	1.6	151.7	125.3	117.8	115.2
2-3	9.85	1.7	402	364.2	345.9	341.6
2-4	13.32	1.5	81.4	54.1	43.7	39.8
2-5	13.32	1.6	116.5	78	65.4	58.1
2-6	13.32	1.7	352	313.2	298.4	265.1
2-7	17.32	1.5	61.9	26.4	25.1	24.9
2-8	17.32	1.6	79.1	56.2	48.9	46.2
2-9	17.32	1.7	256.3	203.1	198.3	187.6

图 13.26 是干密度为 1.7g/cm³ 试样的三向膨胀力与水平向应变的关系曲线。水平方向应变
用 ε_h 表示，定义为水平方向的变形量除以试样初始宽度 4mm 的百分比。图 13.26 表明，三向膨
胀力均随水平变形的增加而减小，特别是在水平变形很小的区段更是如此。以干密度为 1.7g/
cm³、含水率为 9.85% 的试样为例，从图 13.26 （c）可见，当水平应变为 0.75% 时，竖向膨胀
力就从 402kPa 降低到了 290.8kPa，即竖向膨胀力减少了 27.7%。换言之，水平应变的微小增
加，就可引起三向膨胀力的大幅度减小；水平应变越小时，膨胀力减小的速率越快。由此得到启
发，如对膨胀土边坡采用柔性支护，就可以有效减小支护结构上受到的膨胀力，节约成本。

图 13.27 是不同含水率和干密度的水平膨胀力与水平变形的关系。纵坐标用水平膨胀力的
对数值 $\lg P_{\alpha x}$，横坐标为水平方向应变 ε_h。$\lg P_{\alpha x}$-ε_h 关系呈线性关系，可以用下式表示：

$$\lg P_{\alpha x} = a_2 + b_2 \varepsilon_h \tag{13.9}$$

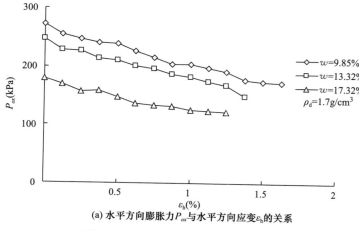

(a) 水平方向膨胀力 $P_{\alpha x}$ 与水平方向应变 ε_h 的关系

图 13.26 三向膨胀力-变形曲线（一）

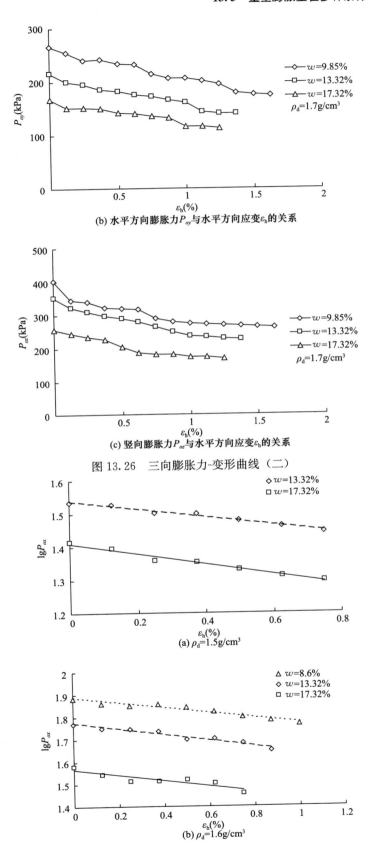

(b) 水平方向膨胀力 P_{oy} 与水平方向应变 ε_h 的关系

(c) 竖向膨胀力 P_{oz} 与水平方向应变 ε_h 的关系

图 13.26　三向膨胀力-变形曲线（二）

(a) $\rho_d=1.5\mathrm{g/cm^3}$

(b) $\rho_d=1.6\mathrm{g/cm^3}$

图 13.27　水平膨胀力的对数与水平方向应变的关系（一）

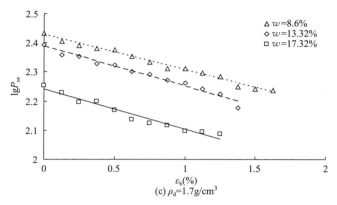

图 13.27　水平膨胀力的对数与水平方向应变的关系（二）

式中，a_2 和 b_2 是土性参数，其值见表 13.20。对应于同一干密度，a_2 值随含水率增加而减小，不同含水率的 b_2 值取值相近，用 $\overline{b_2}$ 表示。通过拟合，可以分别得到 a_2、$\overline{b_2}$ 与干密度和含水率之间的关系：

$$a_2 = 1.9408 + 0.00005 \times \rho_d^{18.4953} - 3.685w \tag{13.10}$$

$$\overline{b_2} = 0.11436 + 0.004 \times \rho_d^{11.70114} \tag{13.11}$$

将式（13.10）、式（13.11）代入式（13.9），就可计算出水平膨胀力。

参数 a_2 和 b_2 的数值　　　　　　　　　　　　　　　表 13.20

干密度（g/cm³）	含水率（%）	b_2	$\overline{b_2}$	a_2
1.5	13.32	0.1184	0.1195	1.5368
	17.32	0.1205		1.3894
1.6	8.6	0.1226	0.1253	1.8937
	13.32	0.1284		1.7734
	17.32	0.1248		1.5688
1.7	8.6	0.1336	0.1366	2.4449
	13.32	0.1393		2.3908
	17.32	0.137		2.2405

13.6　温度对重塑膨胀土变形强度的影响

湿胀干缩是膨胀土的基本属性，而膨胀土场地的干缩主要是由夏季高温蒸发引起的。换言之，温度会影响膨胀土的持水性能、渗透性、变形和强度等力学特性。为了研究温度对膨胀土力学特性的影响，后勤工程学院自主研发了温控土工三轴仪（图 6.33），陈正汉和谢云等[19-20]用该仪器研究了重塑陶岔膨胀土的热力学特性。取土地点与第 13.4 节相同，试样的直径和高度分别是 3.91cm 和 8cm，初始干密度为 1.5g/cm³，初始含水率为 24.2%，土粒相对密度为 2.73。

13.6.1　三轴试验研究方案

共做了 3 种应力路径的温控试验。考虑到南水北调中线工程陶岔引水渠坡的失稳多为厚度 3～5m 的浅层滑坡，且当地夏季的极端温度不会超过 60℃，3 种应力路径的温控试验方案具体情况为：（1）控制温度和基质吸力都等于常数而净平均应力增大的各向等压固结试验，控制温度为 45℃，控制基质吸力为 100kPa，净平均应力 p 分级施加，试验结束时净平均应力为 300kPa；（2）控制温度和净围压都等于常数而基质吸力逐级增大的三轴收缩试验，温度控制为

45℃，净围压控制为 50kPa，基质吸力分级施加，试验结束时基质吸力为 300kPa；（3）温度、净围压及基质吸力都等于常数的三轴固结排水剪切试验，控制温度为 15℃、30℃、45℃、60℃，控制净围压为 50kPa、100kPa、200kPa，控制基质吸力为 100kPa。先让土样在控制温度、吸力和净围压为常数条件下排水固结，在排水和固结稳定后进行剪切。固结过程的稳定标准为体变在 2h 内不超过 0.006cm^3，且排水量不超过 0.012cm^3。轴向剪切速率控制为 0.00555mm/min。

13.6.2 第 Ⅰ、Ⅱ 种试验的结果分析

图 13.28 是控制温度和基质吸力都为常数而净平均应力增大的各向等压固结试验的比容-净平均应力关系曲线。图 13.29 是控制温度和净围压都为常数而基质吸力逐级增大的三轴收缩试验的比容-吸力关系曲线。与第 13.2 节在常温下所做的同类试验相比，易见在净平均应力和吸力较小时（小于 100kPa），温度的影响不明显；而当净平均应力和吸力超过 100kPa 后，温度才对该两种试验结果有显著影响。

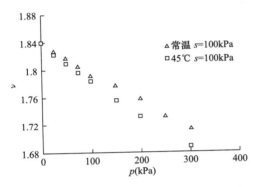
图 13.28 控制温度和吸力为常数而净平均应力增大的各向等压试验的 ν-p 关系

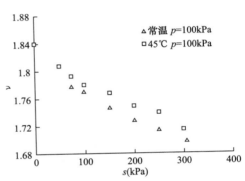
图 13.29 控制温度和净平均应力为常数而吸力增大的三轴收缩试验的 ν-s 关系

13.6.3 第 Ⅲ 种试验的结果分析及考虑温度影响的非饱和土抗剪强度公式

图 13.30 是控制温度、吸力和净围压的三轴固结排水剪切试验的偏应力-轴向应变关系〔即 $(\sigma_1-\sigma_3)$-ε_a 曲线〕。所有曲线均表现为硬化特征；在不同控制温度下，重塑非饱和膨胀土的偏

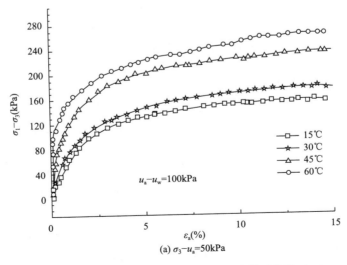
(a) $\sigma_3-u_a=50\text{kPa}$

图 13.30 不同温度下的偏应力-轴向应变关系曲线（一）

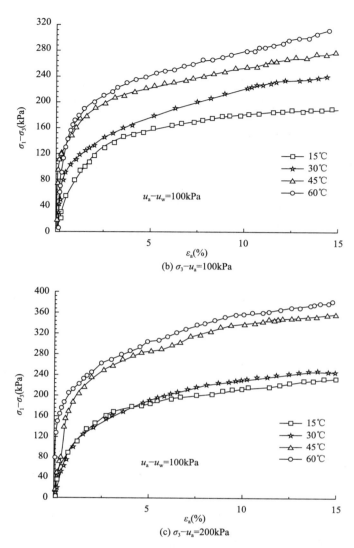

图 13.30　不同温度下的偏应力-轴向应变关系曲线（二）

应力-轴向应变性状与常温（15℃）时相似；净围压和吸力一定时，土的强度随温度升高而增大，初始切线杨氏模量也随温度升高而增大。

图 13.31 是温度和吸力一定时，净围压不同时的偏应力-轴向应变曲线。土的强度随围压增大而提高。

综上所述可见，温度与吸力的作用相似（参见第 13.1 节）。

图 13.30 中（$\sigma_1-\sigma_3$）-ε_a 曲线都为硬化型，取轴应变 ε_1 等于 15％时的应力为破坏应力（p_f，q_f），将破坏点绘制在 p_f-q_f 平面内，如图 13.32 所示。同一温度下的强度包线近似呈直线关系；强度包线随着温度升高向外扩张，说明温度越高强度越大；不同温度下的破坏包线基本平行，即在试验温度变化范围内，温度对重塑膨胀土的有效内摩擦角影响很小。

先用最小二乘法得出重塑膨胀土在 p_f-q_f 平面内强度包线的斜率（即包线倾角 ω 的正切值，$\tan\omega=0.617$），再利用式（13.2）～式（13.4）可得重塑膨胀土的有效内摩擦角 $\varphi'=16.24°$。

由此反算出的总黏聚力 c 与温度 t 的关系曲线见图 13.33。同一吸力下，非饱和土的总黏聚力随温度的升高而增大，而且在试验温度的变化范围内呈线性增加。假设与吸力相关的摩擦角 φ^b 不随温度变化［式（13.5）］，把温度对强度的影响视为黏聚力的变化，即：

$$c = c' + k^{\mathrm{T}} \cdot T + (u_{\mathrm{a}} - u_{\mathrm{w}})_{\mathrm{f}} \tan\varphi^{\mathrm{b}} \tag{13.12}$$

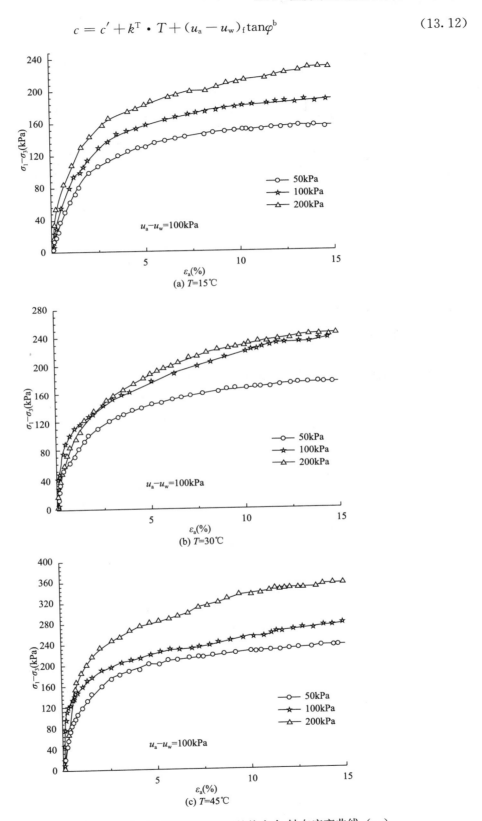

图 13.31　温度和吸力一定时，不同净围压下的偏应力-轴向应变曲线（一）

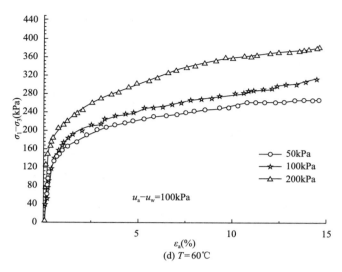

图 13.31　温度和吸力一定时，不同净围压下的偏应力-轴向应变曲线（二）

式中，c' 是图 13.33 中直线段的延长线在 c 轴上的截距，是饱和土的有效黏聚力；k^T 表示总黏聚力随温度增加的系数；T 是摄氏温度。对本节的重塑陶岔膨胀土，$\varphi^b = 10.6°$，$c' = 6.26\text{kPa}$，$k^T = 1.0156\text{kPa}/℃$。

综合以上结果，考虑温度影响的非饱和土的抗剪强度公式可用下式表达：

$$\tau = c' + k^T T + (u_a - u_w)_f \tan\varphi^b + (\sigma - u_a)_f \tan\varphi' \tag{13.13}$$

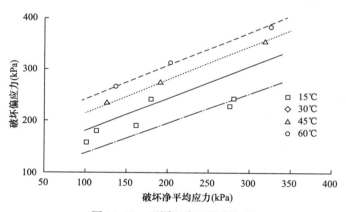

图 13.32　不同温度下强度包线

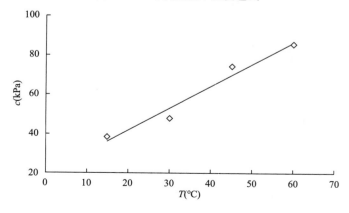

图 13.33　总黏聚力 c 与温度 T 的关系

13.7　本章小结

（1）在侧限条件下，吸力和竖向净应力对膨胀土的浸水湿胀变形均有显著影响。膨胀量随吸力的增加而增加，且随净竖向应力的增大而减小。当净竖向应力超过某一临界值时，浸水后产生压缩变形。

（2）重塑膨胀土在 p-s 平面内的屈服特性可用 LC 屈服和 SI 屈服描述。

（3）重塑膨胀土的黏聚力与吸力基本呈线性关系，而摩擦角随吸力的增加有明显减小的趋势。

（4）由控制吸力的各向等压固结排水试验和控制吸力和净围压的三轴固结排水剪切试验得到的重塑膨胀土的水量变化指标接近相同。

（5）原状膨胀土的内部存在多种缺陷，偏应力-轴向应变关系曲线均呈软化型，破坏应变小，试验资料离散性大，探讨原状膨胀土的抗剪强度规律，还需做大量工作。

（6）膨胀力具有各向异性，竖向膨胀力大于水平膨胀力。

（7）干湿循环能部分破坏膨胀土的固化黏聚力，湿干循环使膨胀力增大。

（8）允许发生一定的水平应变，可大幅度减小三向膨胀力。

（9）考虑干密度和含水率的影响，构建了预测三向膨胀力的数学公式。

（10）膨胀土的抗剪强度随温度升高而增加，将强度增加量视为温度对黏聚力的贡献，提出了考虑温度影响的非饱和土的抗剪强度公式。

参考文献

[1]　魏学温. 膨胀土的湿胀变形与结构损伤演化特性研究 [D]. 重庆：后勤工程学院，2007.

[2]　刘特洪. 工程建设中的膨胀土问题 [M]. 北京：中国建筑工业出版社，1997.

[3]　孙树国. 膨胀土的强度特性及其在南水北调渠坡工程中的应用 [D]. 重庆：后勤工程学院，1999.

[4]　卢再华. 非饱和膨胀土的弹塑性损伤模型及其土坡多场耦合分析中的应用 [D]. 重庆：后勤工程学院，2001.

[5]　ALONSO E E, GENS A, JOSA A. A constitutive model for partially saturated soils [J]. Géotechnique, 1990，40 (3)：405-430.

[6]　GENS A, ALONSO E E. A framework for the behaviour of unsaturated expansive clays [J]. Canadian geote chnique journal, 1992，29：1013-1032.

[7]　魏庭忠. 影响广西膨胀土地基升降变形的因素 [C] //张颖均，曲永新，朱永林. 全国首届膨胀土科学研讨会论文集. 成都：西南交通大学出版社，1990：202-209.

[8]　孙树国，陈正汉，卢再华. 重塑非饱和膨胀土强度及变形特性的试验研究 [C] //南水北调膨胀土渠坡稳定和滑动早期预报研究论文集，1998：128-136.

[9]　卢再华，陈正汉，孙树国. 南阳膨胀土的变形和强度特性的三轴试验研究 [J]. 岩石力学与工程学报，2002，21 (5)：717-723.

[10]　FREDLUND, RAHARDJO. Soil Mechanics for Unsaturated Soils [M]. John Wiley and Sons Inc. New York. (中译本：非饱和土土力学 [M]. 陈仲颐，张在明，等译. 北京：中国建筑工业出版社，1997.)

[11]　卢再华，陈正汉，曹继东. 原状膨胀土的强度变形特性及其本构模型研究 [J]. 岩土学，2001，22 (3)：339-342.

[12]　陈正汉，郭楠，非饱和土与特殊土力学及工程应用研究的新进展 [J]. 岩土力学，2019，40 (1)：1-54.

[13]　殷宗泽. 土的侧膨胀性及其对土石坝应力应变的影响 [J]. 水利学报，2000 (7)：49-55.

[14]　邹越强，李永康，劢孟新. 膨胀土侧压力研究 [J]. 合肥工业大学学报（自然科学版），1993，16 (3)：109-114.

［15］　张颖钧. 裂土挡墙土压力分布探讨［J］. 中国铁道科学，1993，11：90-99.

［16］　谢云. 非饱和膨胀土的热力学特性及膨胀土边坡渗流稳定分析［D］. 重庆：后勤工程学院，2005.

［17］　谢云，陈正汉，孙树国，等. 重塑膨胀土的三向膨胀力试验研究［J］. 岩土力学，2007，28（8）：1636-1642.

［18］　张颖钧. 裂土的三向胀缩特性［C］//中加非饱和土学术研讨会. 1994.

［19］　陈正汉，谢云，孙树国，等. 温控土工三轴仪的研制及其应用［J］. 岩土工程学报，2005，27（8）：928-933.

［20］　谢云，陈正汉，李刚. 温度对非饱和膨胀土抗剪强度和变形特性的影响［J］. 岩土工程学报，2005，27（9）：1082-1085.

第 14 章　膨润土的力学和热力学特性

本章提要

　　应用自主研发的高温-高压-高吸力非饱和土固结仪和三轴仪及三向胀缩仪系统研究了膨润土及其掺砂混合料的变形、屈服、强度和三向膨胀力特性，考虑了温度、竖向压力、围压、吸力、含水率和密度等因素的影响，揭示了有关规律，构建了相应的数学模型；探讨了侧限条件下卸载-再加载的变形规律和溶液浓度改变引起的渗析变形。

　　高放废物的处置关系到能源、国防和核工业的可持续发展，关系到子孙万代的生存环境安全，引起了国际上的广泛重视，采用深地质库处置高放废物已达成共识。废物罐与围岩之间的填充物称为缓冲材料，封堵巷道和竖井的填充物称为回填材料。膨润土及其与砂的混合料是高放废物深地质处置库的缓冲/回填材料，起力学屏障（维护处置库结构的稳定性）、水力学屏障（阻滞地下水流到废物罐表面）、化学屏障（阻滞核素及氧化剂迁移）、导热（防止废物罐过热）等作用；长期处于高温（100℃左右）、高压（上覆压力和膨胀压力可达 10MPa 以上）、高吸力（初始吸力可达数百兆帕）和热-水-力-化学（T-H-M-C）多场耦合环境中工作。本章以我国高放废物深地质处置库的首选缓冲/回填材料——高庙子膨润土 GMZ001 及其掺砂的混合料为对象，研究其力学和热力学特性。关于膨润土的基本物性指标见本书第 10.8.2 节中表 10.27。

14.1　膨润土在控制温度和吸力的单向加卸载循环中的变形-屈服特性、有荷浸水膨胀变形特性及物理化学作用对胀缩变形的影响

　　本节用高温-高压-高吸力非饱和土固结仪研究膨润土在控制温度和吸力下的加卸载循环中的变形特性、有荷浸水膨胀变形特性，以及常温下物理化学作用对膨润土的胀缩变形的影响。

14.1.1　仪器设备与研究方案

　　试验所用仪器设备为后勤工程学院自主研发的高温-高压-高吸力非饱和土固结仪，主要由高吸力固结室、竖向力加载系统、高吸力控制系统、恒温试验箱及数据采集与控制系统等组成，仪器实体照片如图 5.7 所示。该仪器能够实现对高温（20~120℃）、高竖向压力（0~14MPa）和高吸力的独立施加、量测与控制，显著超出了常规土工仪器的工作能力范围，且量测与控制精度高、能够自动采集、应用方便。其中高吸力由浸泡试样的化学溶液的浓度控制；或者由饱和盐溶液上方的气体湿度控制，后者通过循环泵对试样施加高吸力，一般为 3~350MPa。在试验前对仪器本身及各类传感器进行不同温度下的标定，详见文献 [1] 第 3 章。

　　应用该高温-高压-高吸力非饱和土固结仪，对初始含水率为 10.8%、初始干密度为 1.60g/cm³ 的压实膨润土试样，进行了以下 3 组试验研究[2]：

　　（1）控制温度与吸力的加卸载循环试验：控制温度为 20℃、50℃，使用饱和 KCl、NaBr、MgCl₂ 溶液和蠕动泵控制吸力，共做了 6 个加卸载循环试验，施加的竖向压力等级为 50kPa、100kPa、200kPa、500kPa、1000kPa、4000kPa、6000kPa、8000kPa、12000kPa。试样的升温是在第一级竖向压力（50kPa）作用下进行的，各级荷载下试样变形稳定标准为变形量不超过

0.01mm/12h。

（2）控制温度与竖向压力的浸水膨胀变形试验：控制温度为 20℃、50℃、80℃；控制竖向压力为 400kPa、800kPa、1200kPa、1600kPa；共 12 个膨胀变形试验，使用的浸泡液体为去离子水。首先密闭固结室，在无荷状态下进行仪器的升温，然后施加需控制的竖向压力；待压缩变形稳定后（变形量小于 0.01mm/12h），连通固结室与水循环系统，为试样注水，当膨胀变形量小于 0.01mm/12h 时，结束试验。

（3）常温下物理化学作用引起的胀缩变形试验及加卸载循环试验：采用两个不同的干密度：1.34g/cm³、1.53g/cm³；两个不同的竖向压力：0、500kPa；两种不同吸湿方式：直接在液体中浸泡与在饱和水蒸气中吸附水分；三种浸泡液体：蒸馏水、1mol/L NaCl 溶液以及 5mol/L NaCl 溶液。共 14 个试验，对部分试样在膨胀变形稳定后做了加卸载循环试验，具体实施情况见第 14.1.4 条。

14.1.2　控制温度与吸力的加卸载循环试验结果分析

加卸载循环过程中孔隙比随竖向压力的变化（即 e-$\lg p$ 曲线）如图 14.1 所示。加载过程的 e-$\lg p$ 曲线呈分段线性，分别对应于弹性变形阶段与弹塑性变形阶段，且弹性阶段的斜率与卸载

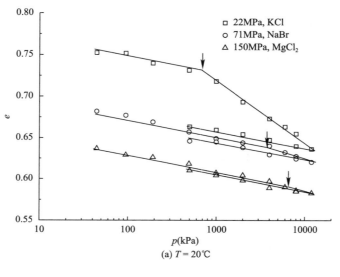

(a) $T = 20℃$

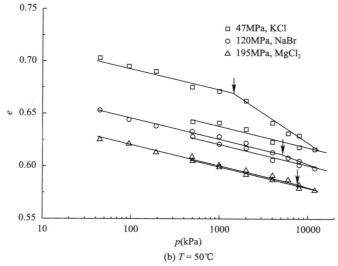

(b) $T = 50℃$

图 14.1　不同温度下孔隙比随竖向压力的变化

曲线的斜率基本相同，与土力学中关于压缩-回弹曲线的认识是相同的。在弹性变形阶段，其变形以瞬时的弹性变形为主，变形平衡较快，如图 14.2（a）所示；而在弹塑性变形阶段，则呈现出塑性变形的不断累积，平衡过程缓慢，如图 14.2（b）所示。

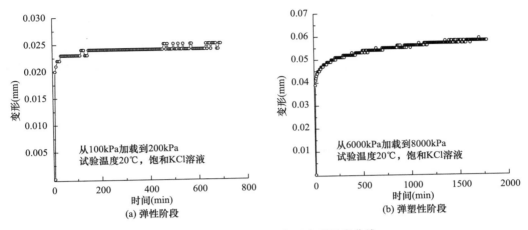

图 14.2　加载过程中的典型变形平衡曲线

图 14.1 表明，在相同温度下，随着吸力的增大，屈服应力会明显增大，屈服后的弹塑性变形系数 λ_s 会显著降低（$\lambda_s = -\Delta e/\Delta \lg p$，即图 14.1 中屈服后曲线的斜率），这与高吸力下 FE-BEX 膨润土（Lloret 等，2003）[3]、MX-80 膨润土（Tang 等，2008）[4]中的规律是一致的，也与低吸力下非膨胀性或弱膨胀性非饱和土中的规律是一致的（Alonso 等，1990）[5]。另外，弹性变形系数 κ（即图 14.1 中屈服前曲线的斜率）随吸力的增大会略有降低，但变化不显著，可忽略吸力对弹性变形系数 κ 的影响。

将同一温度下的屈服应力点绘在吸力-竖向应力平面内，如图 14.3 所示。在同一吸力条件下，随着温度的升高，屈服应力有所降低，相应的 LC 屈服面会收缩。但温度对弹塑性变形系数 λ_s 则基本无影响，如图 14.4 所示。这与高吸力下 MX-80 膨润土（Tang 等，2008）[4]和 FEBEX 膨润土（Lloret 与 Villar，2007）[6]及低吸力下非饱和粉土（Uchaipichatc 与 Khalili）[7]中的规律是一致的。

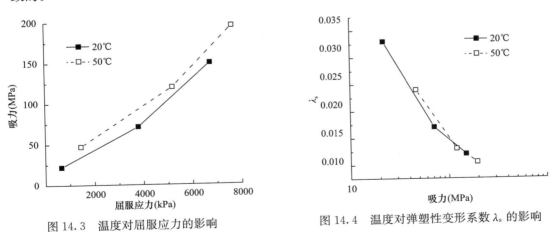

图 14.3　温度对屈服应力的影响　　　　图 14.4　温度对弹塑性变形系数 λ_s 的影响

14.1.3　控制温度与竖向压力的浸水膨胀变形试验结果分析

用膨胀应变（膨胀后的试样高度的增加量/初始高度×100%）描述试样的膨胀变形，膨胀应变随时间的变化曲线（以下简称时程曲线）如图 14.5 所示。竖向压力对膨胀应变时程曲线的形状有一定影响，在低竖向压力下（400kPa、800kPa），膨胀应变会随时间不断连续增长；而在高竖向压力下（1200kPa、1600kPa），呈现"二次膨胀"现象，即在中间一段时间，膨胀应变的增长会几乎停滞，在时程曲线中出现一个"平台"。在高竖向压力下，"二次膨胀"现象的存在与高压力下膨润土微观结构膨胀对宏观孔的填充、遇水后微结构变化导致渗透性的显著降低等有关（Pusch，2001）[8]。以往在膨润土膨胀力研究中，也观察到类似的"二次膨胀"现象（Komine 与 Ogata，1994；Pusch，2002；秦冰等，2009）[9-11]。图 14.6 给出了温度对膨胀应变时程曲线的影响，温度的升高会缩短膨胀应变的平衡时间，这与渗透性随温度的升高而增大等原因有关。

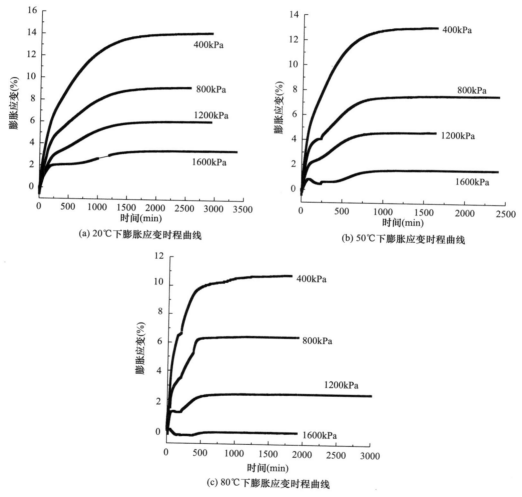

图 14.5　竖向压力对膨胀应变时程曲线的影响

平衡后的最大膨胀应变随竖向压力的变化如图 14.7 所示。在相同温度下，竖向压力越大，最大膨胀应变越小（与第 13.1 节膨胀土的湿胀变形规律相同），且二者服从对数函数关系；随着温度的升高，最大膨胀应变与竖向压力曲线逐渐下移，但彼此之间大致相互平行。最大膨胀应变随温度的变化如图 14.8 所示，在恒定的竖向压力下，最大膨胀应变大致随温度的升高呈线性减小，且不同竖向压力对应的最大膨胀应变与温度曲线亦大致彼此平行；温度每增加 10℃，最大膨胀应变约减小 0.6%。总而言之，高庙子膨润土的膨胀性会随温度的升高而减弱，这与 FEBEX 膨润土（Lloret 与 Villar，2007；Lloret 等，2004）[6,12] 中的规律是一致的。

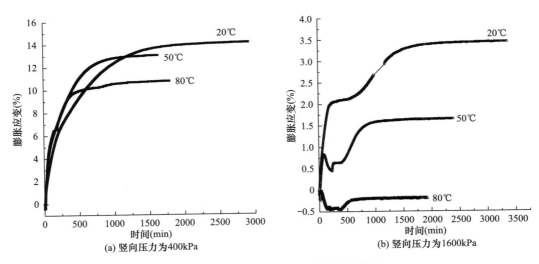

(a) 竖向压力为400kPa　　　　　(b) 竖向压力为1600kPa

图 14.6　温度对膨胀应变时程曲线的影响

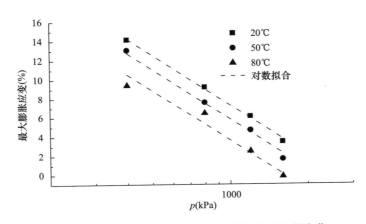

图 14.7　不同温度下最大膨胀应变随竖向压力的变化

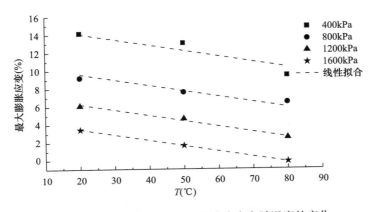

图 14.8　不同竖向荷载下最大膨胀应变随温度的变化

14.1.4　第 3 组试验结果分析

第 3 组试验的具体实施情况是：试样横截面积为 $30cm^2$，高度为 1cm，在 13% 的含水率下静力压实。为研究干密度、竖向压力、浸泡液体以及吸湿方式对膨润土膨胀变形的影响，共进行了 14 个试验。采用两个不同的干密度：$1.34g/cm^3$、$1.53g/cm^3$；两个不同的竖向压力：0kPa、

500kPa；两种不同吸湿方式：直接在液体中浸泡与在饱和水蒸气中吸附水分；浸泡液体有三种：蒸馏水、1mol/L NaCl 溶液以及 5mol/L NaCl 溶液。各试验条件与结果见表 14.1。其中，1～6 号试样是在 500kPa 的压力作用下浸泡，而 7～12 号试样是在无荷状态下浸泡。13 号、14 号试样在饱和蒸汽中放置 3 个月后测量其膨胀变形。7 号、8 号试样的膨胀变形试验历时 37d，其他试样均为 22d。待膨胀变形稳定后，1 号、4 号试样进行加卸载循环，依次经历的荷载量值如下：500kPa、800kPa、500kPa、200kPa、500kPa、200kPa、500kPa、800kPa、500kPa、200kPa、500kPa。对于 2 号、3 号、5 号、6 号试样，首先研究浸泡液体由 NaCl 溶液换成蒸馏水的影响，并且多次换水以保证效果，试验历时 16d；然后用初始浓度的 NaCl 溶液取代蒸馏水进行浸泡，待变形稳定后，再进行加卸载循环，依次经历的荷载量值为：500kPa、800kPa、500kPa、200kPa、500kPa。试验结束拆样后发现，无荷状态下直接浸泡的试样（7～12 号）会从环刀下部挤出，如图 14.9 所示（试样倒放）。因此，表 14.1 给出的 7～12 号试样的膨胀率有一定误差。

膨润土的膨胀变形试验条件与结果　　　　　　　　　　　　表 14.1

试样编号	初始干密度（g/cm³）	初始含水率（%）	荷载（kPa）	溶液浓度（mol/L）	膨胀率（%）
1 号	1.34	13	500	0	−0.4
2 号	1.35	13	500	1	−2.4
3 号	1.34	13	500	5	−3.1
4 号	1.53	13	500	0	10.2
5 号	1.51	13	500	1	5.2
6 号	1.53	13	500	5	3.21
7 号	1.36	13	0	0	156.9
8 号	1.54	13	0	0	195.9
9 号	1.33	13	0	5	51.87
10 号	1.55	13	0	5	56.03
11 号	1.34	13	0	1	62.28
12 号	1.51	13	0	1	63.11
13 号	1.34	13	0	饱和蒸汽	18.8
14 号	1.56	13	0	饱和蒸汽	21.8

注：膨胀率为负值表示试样的压缩变形。

图 14.9　11 号试样试验后的照片（环刀倒放）

14.1.4.1　干密度、竖向压力、浸泡液体以及吸湿方式对膨胀变形的影响

不同干密度、受不同竖向压力作用以及不同浸泡液体下，膨润土的膨胀率（膨胀变形/初始高

度）见表 14.1，负值表示试样的压缩变形。干密度、竖向压力、盐溶液浓度均会显著影响膨胀变形：干密度小、竖向压力大、盐溶液浓度高，则膨胀变形小；反之，膨胀变形大。在竖向压力 500kPa 下，低干密度试样（1～3 号）浸水后，产生压缩变形；而高干密度试样（4～6 号）最终可产生较大的膨胀变形。其中，1 号试样变形很小（<0.5%），可认为干密度为 1.34g/cm³、含水率为 13%，膨胀力约为 500kPa。

13 号、14 号试样置于饱和蒸汽中 3 个月后，测得最终膨胀率分别为 18.8% 和 21.8%。13 号、14 号试样与 7 号、8 号试样相比，主要的不同在于：13 号和 14 号试样在饱和蒸汽中通过吸附水蒸气获得水分，而 7 号和 8 号试样可直接吸收水分。但两种情况的最终膨胀率却相差极大（8～9 倍）。膨润土的膨胀变形可以分为两部分：蒙脱石颗粒（即叠片体）自身的膨胀和颗粒之间的膨胀[13-14]。对于钠基蒙脱石颗粒，不管是直接浸水还是从饱和蒸汽中吸附水分，都可最多获得三层层间水化物[13]。因此，浸水饱和法与蒸汽吸湿法引起的蒙脱石颗粒自身的膨胀不会有显著差异。但是，膨润土直接浸水时，颗粒之间可以形成非常厚的扩散双电层[13]，无荷状态下更是如此；而当膨润土在饱和蒸汽中吸附水分时，由于没有足够的水分供应，很难形成较厚的扩散双电层。这就可以解释在无荷状态下，浸水饱和与蒸汽吸湿两种方法所引起的膨胀变形的巨大差异。膨润土浸水后形成的扩散双电层易受压力影响，随着压力的增大，双电层的厚度减小，两种吸附状态下膨润土膨胀变形的差异也减小。由文献［3］对某西班牙膨润土的研究可知，在膨胀力试验中（干密度为 1.65g/cm³ 的试样的膨胀力约 8MPa），直接浸水得到的膨胀力与在饱和蒸汽中吸附水分得到的膨胀力基本相同，也就是说，在等于膨胀力的荷载作用下，两种吸湿方式引起的变形基本相同。

14.1.4.2 调整浸泡液体引起的渗析变形

对于 2 号、3 号、5 号、6 号试样，待膨胀变形稳定后，将浸泡液体由 NaCl 溶液调整为蒸馏水。各试样的最终变形率和相对变形量（调整浸泡液体引起的变形，以膨胀变形为正）见表 14.2。其中，试样最终变形率由下式定义：

$$试样最终变形率 = \left(\frac{渗透变形稳定后的试样高度}{试样初始高度} \times 100 - 100\right) \times 100\%$$

浸泡液体调整引起的渗析变形 表 14.2

试样编号	2 号	3 号	5 号	6 号
调整浸泡液体之前试样膨胀率（%）	−2.4	−3.1	5.2	3.21
NaCl 溶液→蒸馏水				
最终变形率（%）	−1.06	−2.34	8.22	7.08
调整浸泡液体引起的相对变形量（0.01mm）	13.4	7.6	30.2	38.7
蒸馏水→NaCl 溶液				
最终变形率（%）	−1.91	−6.84	6.95	3.12
调整浸泡液体引起的相对变形量（0.01mm）	−8.5	−45	−12.7	−39.6

将浸泡液体由 NaCl 溶液调整为蒸馏水，所有试样均发生膨胀，即所谓的渗析膨胀。对于初始干密度大的试样，在浓度 1mol/L 的 NaCl 溶液中浸泡过的试样（5 号）的渗析膨胀量小于在浓度 5mol/L 的 NaCl 溶液中浸泡过的试样（6 号）的渗析膨胀量；而对于初始干密度小的试样，在浓度 1mol/L 的 NaCl 溶液中浸泡过的试样（2 号）的渗析膨胀量大于在浓度 5mol/L 的 NaCl 溶液中浸泡过的试样（3 号）的渗析膨胀量，这可能是因为调整浸泡液体后，3 号试样最初产生过一个较大的压缩变形（0.07mm）；而对于其他几个试样（2 号、5 号、6 号），则未观察到此压缩变形。尽管调整浸泡液体后各试样膨胀，但其最终高度均小于直接在蒸馏水中浸泡试样的最

终高度，且在 5mol/L NaCl 溶液中浸泡过的试样的最终高度小于在浓度 1mol/L 的 NaCl 溶液中浸泡过的试样的最终高度，也就是说浸泡在 NaCl 溶液中产生了不可逆的影响。当膨润土浸泡在 $CaCl_2$ 溶液中时，Ca^{2+} 会对晶体结构产生不可逆作用，当 Ca^{2+} 浓度减小直至零时，晶面间距 d_{001} 并不会随之增大[15]。GMZ 膨润土浸泡在 NaCl 溶液中时，可能会存在类似的作用，导致先在 NaCl 溶液、再在蒸馏水中浸泡的试样的膨胀变形小于直接在蒸馏水中浸泡的试样的膨胀变形。

对于干密度低的压实膨润土，初始的大孔隙比较多[16]，浸泡在浓度高的盐溶液中后，较大的团粒能够保存下来[17-19]，所以此时试样中可能会存在一部分大孔隙，也就是说宏观结构相对疏松。当再用蒸馏水取代盐溶液浸泡时，颗粒之间的连接会削弱[13]，相对疏松的宏观结构在压力作用下（本试验中为 500kPa）就会塌陷。这就可以解释浸泡液体由 NaCl 溶液调整为蒸馏水后 3 号试样的初始压缩变形。

随后再将浸泡液体由蒸馏水调整为初始浓度的 NaCl 溶液，各试样的最终变形率和相对变形量见表 14.2。浸泡液体调整回原浓度的 NaCl 溶液，所有试样均产生压缩变形，即所谓的渗析固结。换回原浓度 NaCl 溶液，不论初始干密度如何，浓度 5mol/L 的 NaCl 溶液中的试样变形均大于浓度 1mol/L 的 NaCl 溶液中的试样变形。文献［20］认为，如果孔隙水中的阳离子与蒙脱石的可交换阳离子相同，则孔隙水中阳离子浓度变化引起的影响是可逆的；反之，孔隙水中阳离子浓度变化引起的影响是不可逆的，并且使用 Ponza 膨润土（可交换阳离子主要是 Na^+）验证了这一说法。对于 Ponza 膨润土，Na^+ 浓度变化引起的效应是可逆的，也就是说，在 NaCl 溶液-蒸馏水-NaCl 溶液的浸泡液体循环中，产生的渗析固结变形与渗析膨胀变形相等。而在本节试验中，对于浓度 1mol/L 的 NaCl 溶液的情况（2 号、5 号），渗析膨胀变形大于渗析固结变形，故试样总体上为膨胀。对于浓度 5mol/L 的 NaCl 溶液的情况，6 号试样的渗析膨胀量与渗析固结量基本相同；而 3 号试样的渗析固结变形远大于渗析膨胀变形，试样明显压缩。这可能与浸泡在 NaCl 溶液中发生阳离子交换、浸泡过程中复杂的水-力-化学耦合作用有关。

14.1.4.3　膨润土在常温环境下加卸载循环中的变形规律

1 号、4 号试样在膨胀变形稳定后进行加卸载循环，加卸载循环的 e-$\lg p$ 曲线如图 14.10 和图 14.11 所示。在 800kPa-500kPa-200kPa（b-c-d）的卸荷过程中，e-$\lg p$ 曲线明显不是直线，500kPa-200kPa（c-d）卸荷引起的膨胀变形较大。在两个 500kPa-800kPa-500kPa（a-b-c、g-h-i）

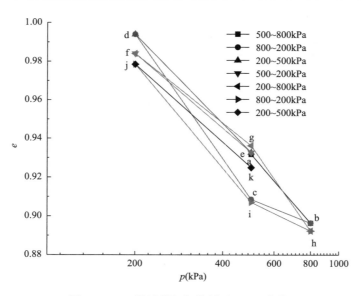

图 14.10　1 号试样加卸载循环 e-$\lg p$ 曲线

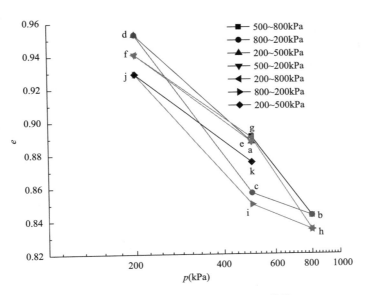

图 14.11 4 号试样加卸载循环 e-lg$p$ 曲线

循环中，均表现出塑性压缩变形。而从 800kPa 卸荷到 500kPa 开始的两个 500kPa - 200kPa -
500kPa（c-d-e、i-j-k）循环中，则表现出塑性膨胀变形。连续两个 500kPa-200kPa-500kPa 循环
中的第二个循环（e-f-g），产生的塑性膨胀变形较小，可近似认为是弹性的。在第一个 500kPa-
800kPa-500kPa-200kPa-500kPa（a-b-c-d-e）的循环中，产生的塑性膨胀变形与塑性压缩变形基
本相等；而第二个 500kPa-800kPa-500kPa-200kPa-500kPa（g-h-i-j-k）的循环中，产生的塑性
膨胀变形明显小于塑性压缩变形。

2 号、3 号、5 号、6 号试样加卸载循环的 e-lg$p$ 曲线如图 14.12～图 14.15 所示。在 500kPa-
800kPa-500kPa（a-b-c）的循环中，均表现出塑性压缩变形。而在 500kPa-200kPa-500kPa（c-
d-e）的循环中，则表现出塑性膨胀变形。在 500kPa-800kPa-500kPa-200kPa-500kPa（a-b-c-d-
e）的循环中，产生的塑性膨胀变形明显小于塑性压缩变形。

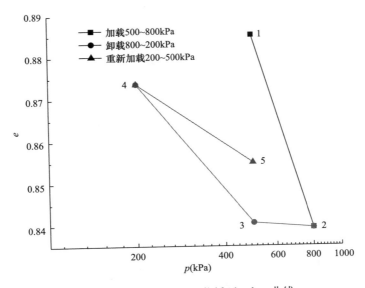

图 14.12 2 号试验加卸载循环 e-lg$p$ 曲线

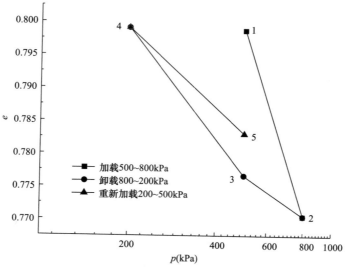

图 14.13　3 号试验加卸载循环 e-$\lg p$ 曲线

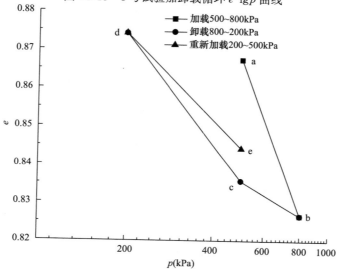

图 14.14　5 号试验加卸载循环 e-$\lg p$ 曲线

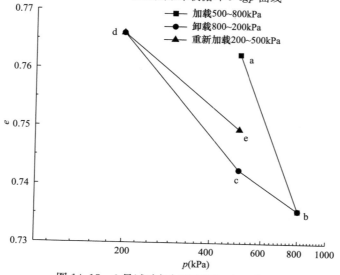

图 14.15　6 号试验加卸载循环 e-$\lg p$ 曲线

　　下面使用 Alonso 等提出的巴塞罗那膨胀土模型（BExM 模型）[21-22]解释 1 号、4 号试样加卸载循环中的变形规律。首先对 BExM 模型作简要介绍。

　　在 BExM 模型中，区分两种不同的结构：微观结构和宏观结构。微观结构考虑了活性矿物（如蒙脱石）膨胀的影响，而宏观结构代表着团粒之间的相互作用。该模型通常假定两个结构层次的吸力是相同的，采用了如下 3 个屈服面（图 14.16）：

$$\text{LC 屈服面} \quad p_0 = p_c \left(\frac{p_0^*}{p_c} \right)^{\frac{\lambda(0)-s}{\lambda(s)-\kappa}} \tag{14.1}$$

$$\text{SI 屈服面} \quad p + s = s_i \tag{14.2}$$

$$\text{SD 屈服面} \quad p + s = s_0 \tag{14.3}$$

式中，p、s 为土体当前的压力与吸力，s_i、s_0 分别为 SI、SD 屈服面的屈服值，$\lambda(0)$ 与 $\lambda(s)$ 分别为饱和与非饱和状态下土的正常压缩线的斜率，κ 为土体卸载回弹线的斜率，p_0^*、p_0 分别为饱和与非饱和状态下的屈服应力，p_c 为参考应力。

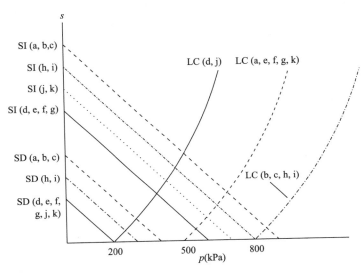

图 14.16　1 号，4 号试样加卸载循环中 p-s 平面上屈服轨迹的变化

　　SI 屈服面和 SD 屈服面的硬化由 SI、SD 屈服面移动所产生的总的塑性体应变控制，即：

$$d\alpha_1 = d\varepsilon_{vSI}^p + d\varepsilon_{vSD}^p \tag{14.4}$$

　　SI 屈服面与 SD 屈服面的移动是相互耦合的。而 LC 屈服面的硬化由 SI、SD、LC 三个屈服面移动所引起的总的塑性体应变控制，即：

$$d\alpha_2 = d\varepsilon_{vSI}^p + d\varepsilon_{vSD}^p + d\varepsilon_{vLC}^p \tag{14.5}$$

　　SI、SD 屈服面的移动会影响 LC 屈服面的位置。其中，$d\alpha_1$ 为 SI、SD 屈服面的硬化参数，$d\alpha_2$ 为 LC 屈服面的硬化参数，$d\varepsilon_{vSI}^p$、$d\varepsilon_{vSD}^p$、$d\varepsilon_{vLC}^p$ 分别为 SI、SD、LC 屈服面移动所引起的塑性体应变。

　　文献 [15]、[23] 指出，卸荷引起的饱和膨润土的膨胀变形，主要是由蒙脱石吸水所致，力学膨胀只占其中很小一部分。在 BExM 模型中，微观结构表达了活性矿物（如蒙脱石）所起的作用。因此，下面借助 BExM 模型，解释 1 号、4 号试样加卸载循环中所观察到的现象。在整个加卸载循环中，p-s 平面上屈服轨迹的变化如图 14.16 所示，图中的序号（a、b、c 等）与图 14.10、图 14.11 中的相对应。在浸水膨胀变形稳定后，可认为土体饱和，LC 屈服面屈服应力为 500kPa。由于之后的试验是一直在浸水状态下进行的，吸力可始终视为零。在第一个 500kPa-800kPa-500kPa（a-b-c）的循环中，产生了塑性压缩变形，可认为 LC 屈服面移动，屈服应力增大到 800kPa，而 SI 屈服面未动。当从 500kPa 卸荷到 200kPa（c-d）时，$p+s$ 从 500kPa 减小到 200kPa，这样就可能激活 SD 屈服面，引起可观的塑性膨胀变形，这就可以解释图 14.10、图 14.11 中500kPa-200kPa（c-d）卸荷引起的较大的膨胀变形。同时，由式（14.5）知，LC 屈服面会向内移动，相应屈服应力减小。

当再加载至 500kPa（e）时，由图 14.10、图 14.11 可见，此 200kPa-500kPa（d-e）加荷曲线的斜率与初始 500kPa-800kPa（a-b）加荷曲线的斜率相近，可认为之前 500kPa 卸荷至 200kPa（c-d）时，LC 屈服面屈服应力最终减小到 200kPa。而在此 200kPa-500kPa（d-e）加荷过程中，LC 屈服面将向外移动，屈服应力最终增加到 500kPa，土样产生塑性压缩变形，而 SI 屈服面仍未激活。由式（14.4）知，若 SI 屈服面未移动，SD 屈服面亦不会移动。所以当又卸荷至 200kPa（f）时，不会激活 SD 屈服面，不引起塑性膨胀变形。因此，在这个 200kPa-500kPa-200kPa（d-e-f）循环过程中，表现出塑性压缩变形，LC 屈服面屈服应力最终维持在 500kPa。

当又重新加载至 500kPa（g）时，既未超过 LC 屈服面屈服应力，又不会激活 SI 屈服面，所以加荷曲线与之前的卸荷曲线基本重合。再加荷至 800kPa（h）时，加荷曲线（g-h）的斜率大于初始 500kPa-800kPa（a-b）加荷曲线的斜率，可认为 LC、SI 屈服面同时被激活。由于 SI 屈服面移动，SD 屈服面亦会移动，即 SD 屈服面 $p_0=p+s>200$kPa，所以当再次由 500kPa 卸荷到 200kPa（i-j）时，SD 屈服面将又一次被激活，土体产生较大的塑性膨胀变形，但小于第一次 500kPa-200kPa（c-d）卸荷引起的膨胀变形，这可能是由于第一次激活的 SD 屈服面在 p-s 平面内更靠上（即 $p_0=p+s$ 更大）。因此，初始的 SI 屈服面在 p-s 平面内亦更靠上（即 $p_i=p+s>800$kPa），这也支持了初次 500kPa-800kPa 加荷（a-b）时，SI 屈服面未被激活的假定。

14.2 膨润土的三向膨胀力特性

用于高放废物深地质处置库的缓冲/回填材料砌块基本都是单向压实的，压实过程会引起材料的各向异性；在实际地质处置库中，缓冲/回填材料都是处于三维受力和变形状态；为了保障缓冲屏障的自密封性且避免过大的膨胀压力对废物罐和围岩造成的不利影响，要求缓冲材料具有合适大小的膨胀压力。为更好地反映实际情况并为缓冲材料的设计提供科学合理的依据，研究膨润土及其与砂的混合缓冲材料在三维状态下的膨胀力特性十分必要，具有重要的理论意义和实用价值。

14.2.1 仪器设备和研究方案

仪器设备为后勤工程学院改进的三向胀缩仪（图 7.2）。试样为正方体，采用等强度梁测定膨胀力，并通过调整等强度梁对面的螺栓，以校正等强度梁的变形，保持试样体积不变。

针对膨润土的膨胀力很大、渗透系数很低的特点，陈正汉和秦冰等[11]对该仪器做了进一步的改进：

（1）把三向胀缩仪的土样室内腔和试样尺寸由原来的 4cm×4cm×4cm 改为 2cm×2cm×2cm，以提高仪器量测膨胀力的范围（由原来的 1.5MPa 提高到 6MPa）、缩短试验历时；

（2）加工了一套相应的试样模具和加压活塞；

（3）更新了数据采集系统。

在试验研究之前，对该仪器所用的 10～12 号等强度梁进行了标定。图 14.17 给出了等强度梁的标定结果。由该图可知，所用等强度梁的线性特性和重复性都很好，且滞后性较小。

膨润土首先置于由饱和盐溶液保持相对湿度恒定的保湿器中，以控制土样的初始吸力。土样的吸力按下式［即式（1.1）和式（10.59）］计算[24]：

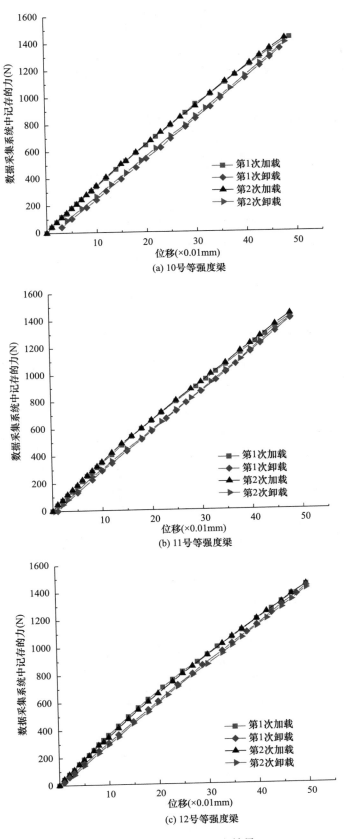

(a) 10号等强度梁

(b) 11号等强度梁

(c) 12号等强度梁

图 14.17 等强度梁标定结果

$$\Psi = -\frac{RT}{\upsilon_{w0}\omega_v}\ln h \tag{14.6}$$

式中，Ψ 为吸力，R 为通用气体常数，T 为绝对温度，υ_{w0} 为水的密度的倒数，ω_v 为水蒸气的摩尔质量，h 为相对湿度。本节采用三种不同的饱和盐溶液控制保湿器中的相对湿度，各饱和盐溶液对应的相对湿度[25]、吸力及其平衡后的土样含水率见表 14.3。

饱和盐溶液上方气体对应的湿度、吸力以及土样的平衡含水率（20℃）　　　表 14.3

盐的分子式	饱和盐溶液上方气体的相对湿度（%）	与相对湿度对应的吸力（MPa）	土样平衡时的含水率（%）
K_2CO_3	44	110.87	10.8
NaCl	76	37.60	14.3
KCl	85	21.95	17.0

　　吸力平衡后的土样，用千斤顶在专门的模具中分两层单向压实。紧接着迅速将试样从模具中取出，装入三向胀缩仪，开始进行试验。试验按 3 个不同的初始吸力分为 3 组，每组 7 个土样，其干密度分别控制在 $1.40g/cm^3$、$1.45g/cm^3$、$1.50g/cm^3$、$1.55g/cm^3$、$1.60g/cm^3$、$1.65g/cm^3$、$1.70g/cm^3$，共做了 21 个三向膨胀力试验。

14.2.2　三向膨胀力与试样初始状态的关系

　　为了便于叙述，称平行于压实方向的膨胀力为"竖向膨胀力"，两个垂直于压实方向的膨胀力的平均值为"水平膨胀力"。图 14.18 表明，两个水平方向的膨胀力略有不同，可能是试验误差引起的。

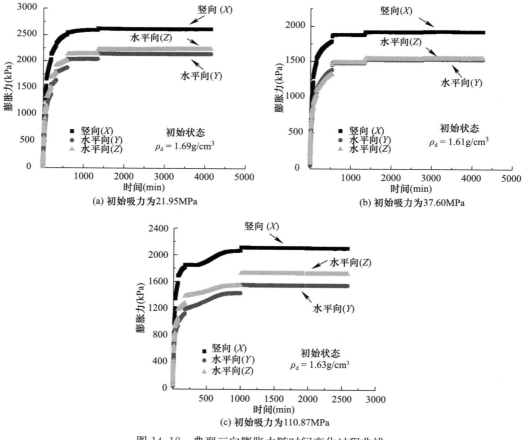

图 14.18　典型三向膨胀力随时间变化过程曲线

　　试验得到的膨胀力如图 14.19 和图 14.20 所示。在试验所研究的含水率、干密度范围内，竖向膨胀力、水平膨胀力均主要与干密度有关，与初始吸力（或初始含水率、饱和度）基本无关，三组不同初始吸力的试样得到的膨胀力数据在图上分布在一起。文献［26］指出当初始含水率小于塑限时，膨胀力不受初始含水率的影响，本节试验的结果与其是一致的。竖向膨胀力 P_{sv}、水平膨胀力 P_{sh} 均与干密度 ρ_d 呈指数关系，考虑到初始吸力对膨胀力基本没有影响，对所有数据统一进行拟合，可得如下公式：

$$P_{sv} = \exp(4.4444\rho_d - 6.4966) \quad R^2 = 0.9921 \tag{14.7}$$

$$P_{sh} = \exp(3.4442\rho_d - 5.0704) \quad R^2 = 0.9771 \tag{14.8}$$

式中，R 为相关系数。

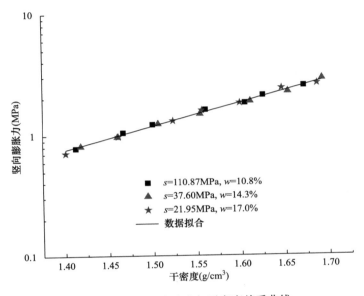

图 14.19　竖向膨胀力与干密度关系曲线

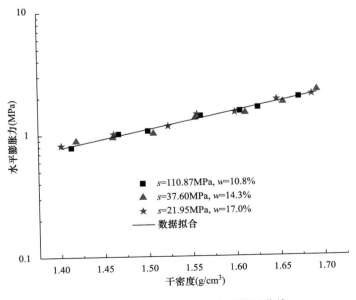

图 14.20　水平膨胀力与干密度关系曲线

14.2.3　竖向膨胀力与水平膨胀力之间的关系

由前面的讨论可知，初始吸力（或初始含水率）不会影响水平膨胀力与竖向膨胀力之比。因此，下面只分析水平膨胀力和竖向膨胀力之比与干密度之间的关系。

试验得出的水平膨胀力与竖向膨胀力之比随干密度的变化如图 14.21 所示。从整体趋势上看，水平膨胀力与竖向膨胀力之比随干密度的增大逐渐减小，这表明随试样干密度的增大，试样的各向异性愈加显著。水平膨胀力和竖向膨胀力之比 R_{hv} 与干密度之间近似呈指数关系，可用下式拟合（$R^2 = 0.91$，R 是相关系数）：

$$R_{hv} = 326331.42 \times \exp\left(-\frac{\rho_d}{0.1020}\right) + 0.7732 \tag{14.9}$$

当干密度较小（$1.4 \sim 1.45 \text{g/cm}^3$）时，竖向膨胀力与水平膨胀力基本相等；而当干密度大于 1.6g/cm^3 时，水平膨胀力与竖向膨胀力之比变化很小，其值稳定在 0.78 左右。

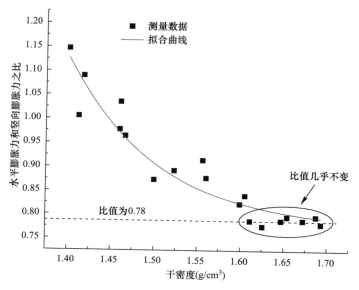

图 14.21　水平膨胀力和竖向膨胀力之比与干密度关系曲线

膨润土膨胀力的各向异性决定于蒙脱石叠片取向的各向异性。当粉末状的膨润土倒入模具中时，可认为蒙脱石叠片的取向是随机的，不存在各向异性。对于干密度较低的试样，团粒间存在明显的大孔隙[3]，初始孔隙的减小主要源于颗粒之间的滑移，因此，在制样过程中，膨润土颗粒受到的作用力没有明显的方向性，蒙脱石叠片的取向仍是随机的，不会表现出各向异性，竖向膨胀力与水平膨胀力应基本相同。而对于干密度较高的试样，团粒之间的孔隙非常小[3]，此时，在制样过程中，膨润土颗粒将受到很大的竖向作用力，迫使蒙脱石叠片垂直于压实方向，因此，竖向膨胀力将大于水平膨胀力。随干密度的增大（即制样压力的增大），这种定向排列作用越明显，试样的各向异性越显著，水平膨胀力与竖向膨胀力之比越小。在本节研究中，观察到当干密度大于 1.6g/cm^3 时，水平膨胀力与竖向膨胀力之比变化很小，这可能与从模具中取出试样时的卸载回弹有一定关系。

14.2.4　膨胀力随时间变化规律

本节以竖向膨胀力为代表分析膨胀力随时间变化的规律。竖向膨胀力随时间变化的曲线（以下简称时程曲线）如图 14.22～图 14.25 所示，图中不连续之处是由于调整等强度梁的螺栓使变形为零所致。

　　干密度、初始吸力对膨胀力时程曲线的形状均有显著影响。当试样干密度较低（小于 1.5g/cm³）时，膨胀力在达到峰值后会有所下降；而高干密度（大于 1.5g/cm³）试样的膨胀力最终会维持在峰值，并不减小，如图 14.22 所示。对于初始吸力低（21.95MPa、37.60MPa）的试样，竖向膨胀力随时间不断连续增长，如图 14.23、图 14.24 所示；而对于初始吸力高（110.87MPa）的试样，干密度较小（小于 1.5g/cm³）时，与低吸力试样的规律类似；但干密度较大（大于 1.5g/cm³）时，在中间一段时间，膨胀力的增长几乎停滞，在时程曲线中出现一个"平台"，如图 14.22（b）、图 14.25 所示。文献［9］指出，对于高干密度试样存在类似图 14.22（b）的时程曲线，但未提及初始吸力对出现此类曲线的影响。文献［10］对 Kunigel-V1 膨润土的研究表明：对于低吸力（高含水率）试样，膨胀力随时间不断连续增长，与本节结论一致；但对于高吸力（低含水率）试样，在干密度低时，其时程曲线才会出现"平台"，与本节上述研究结果相反。

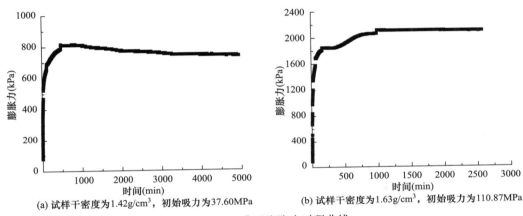

(a) 试样干密度为 1.42g/cm³，初始吸力为 37.60MPa　　　(b) 试样干密度为 1.63g/cm³，初始吸力为 110.87MPa

图 14.22　典型膨胀力时程曲线

　　在达到峰值膨胀力之前，竖向膨胀力时程曲线大致可以分为两个阶段。第一阶段从初始时刻开始，至达到最终膨胀力的 85%～90%。对于高吸力高干密度的试样，第一阶段的终点应取在时程曲线的"平台"之前（注意此时膨胀力仍可达最终膨胀力的 85%～90%）。在这一阶段，膨胀力随时间的变化可以用如下二阶动力模型很好地描述：

$$\frac{\mathrm{d}P}{\mathrm{d}t} = k(P_\mathrm{m} - P)^2 \tag{14.10}$$

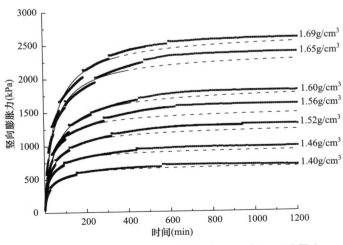

图 14.23　竖向膨胀力时程曲线（初始吸力 21.95MPa）

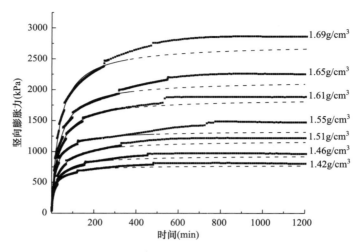

图 14.24　竖向膨胀力时程曲线（初始吸力 37.60MPa）

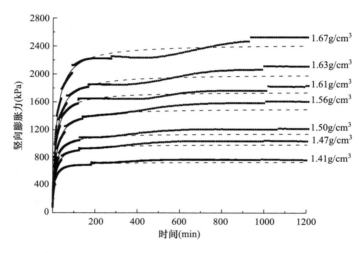

图 14.25　竖向膨胀力时程曲线（初始吸力 110.87MPa）

其中，t 为时间；P 为任意时刻的膨胀力；P_m 为峰值；k 为参数。使用最小二乘法进行拟合，得到的拟合曲线如图 14.23～图 14.26 所示。在图 14.23～图 14.25 中，浅色实线为第一阶段的拟合曲线，浅色虚线则表示将第一阶段的拟合结果外延至第二阶段。应当指出，所有拟合分析的 R^2 值均大于 0.99，这表明二阶动力模型式（14.10）能够很好地模拟时程曲线的第一阶段，如图 14.26 所示。

第二阶段为从第一阶段结束至达到峰值膨胀力。在这一阶段，对于低吸力或高吸力低干密度试样，膨胀力缓慢增大直至峰值；而对于高吸力高干密度试样，膨胀力增长首先出现停滞，一段时间后，膨胀力才继续增加。由图 14.23～图 14.25 可以看出，时程曲线的第二阶段明显偏离于第一阶段拟合曲线的外延（图中的浅色虚线）。

考虑到在时程曲线第一阶段中，膨胀力可以达到最终膨胀力的 85%～90%，下面仅分析在此阶段中竖向膨胀力的变化速率问题。由于二阶动力模型可以很好地描述第一阶段中膨胀力的发展变化，所以可根据拟合曲线考察竖向膨胀力的变化速率，竖向膨胀力的变化速率随时间的变化如图 14.27 和图 14.28 所示。随着时间的推移，膨胀力变化速率逐渐减小。相同初始吸力下，膨胀力变化速率随干密度的增大有所提高；但干密度高时，膨胀力变化速率随时间推移的减小较低干密度试样更加迅速，不同干密度试样膨胀力变化速率的差异随时间逐渐缩小，如图 14.27 所示。

相同干密度下，初始阶段高吸力试样的膨胀力变化速率较低吸力试样的大，但高吸力试样的膨胀力变化速率随时间的减小更快，在一定时间后，低吸力试样的膨胀力变化速率反而比高吸力试样的大，如图 14.28 所示。

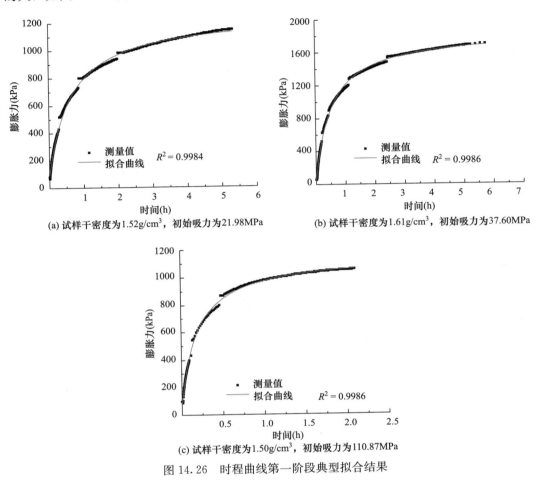

(a) 试样干密度为1.52g/cm³，初始吸力为21.98MPa　(b) 试样干密度为1.61g/cm³，初始吸力为37.60MPa

(c) 试样干密度为1.50g/cm³，初始吸力为110.87MPa

图 14.26　时程曲线第一阶段典型拟合结果

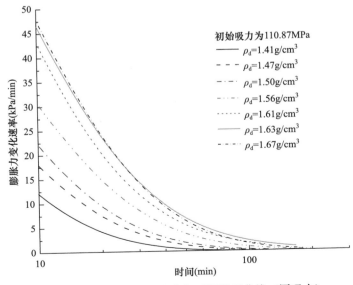

图 14.27　膨胀力变化速率与时间关系曲线（同吸力）

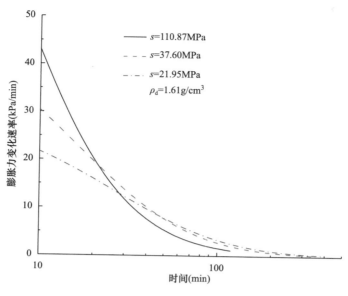

图 14.28　膨胀力变化速率与时间关系曲线（同干密度）

　　为了更好地比较各试样的最终平衡时间（达到峰值膨胀力的时间），将时程曲线归一化，即将某一时刻的膨胀力除以最终膨胀力，归一化的时程曲线如图 14.29 和图 14.30 所示。平衡时间随干密度增大有所增加；但初始吸力的不同对平衡时间影响不大，如图 14.30 所示。最高干密度试样所需的平衡时间大约是最低干密度试样的 1.5～2 倍。低干密度试样所需时间短主要是因为低干密度试样渗透系数大，水分迁移快。

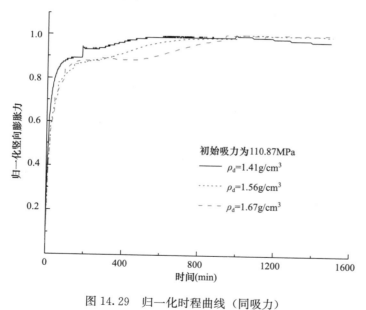

图 14.29　归一化时程曲线（同吸力）

14.2.5　关于膨胀力来源的讨论和对膨胀力时程曲线特征的进一步说明

　　膨胀力主要有两种来源：一是蒙脱石叠片的层间水化（对应于晶格膨胀）；二是颗粒表面形成的扩散双电层（DDL）[9,17,27]。当干密度很大，以致没有足够的空间允许层间水化完全完成时，膨胀力主要是由蒙脱石的层间水化引起的。当干密度小一些，空间充足，层间水化完全完成后，扩散双电层就会形成，此时，膨胀力主要源于扩散双电层的作用。对于蒙脱石，通常认为 4 个水分子层

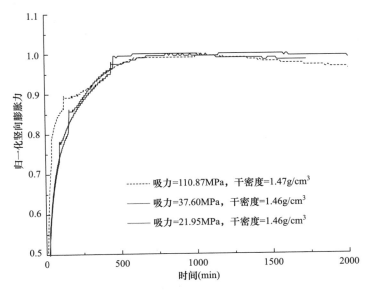

图 14.30 归一化时程曲线（同干密度）

之外的膨胀是由扩散双电层的形成引起的，也就是说，当晶面间距 d_{001} 大于 2.2nm 时，扩散双电层开始形成并发挥作用[28-29]。文献 [30] 指出，当晶面间距大于 2.5nm 时，使用扩散双电层理论可以较好地预测膨胀力。对于本节研究所涉及的干密度范围，按照文献 [31] 的方法，令下述式 (14.11) 和式 (14.12) 相等：

$$\varepsilon_{sv}^* = e\left[1 + \left(\frac{100}{C_m} - 1\right)\frac{\rho_m}{\rho_{nm}}\right] \times 100(\%) \tag{14.11}$$

$$\varepsilon_{sv}^* = \frac{d - R_{ion}}{t + R_{ion}} \times 100(\%) \tag{14.12}$$

可得平均晶面间距不小于 2.8nm。因此，可认为对于本节研究的试样，其膨胀力的大小主要由扩散双电层控制。在式 (14.11) 和式 (14.12) 中，ε_{sv}^* 为蒙脱石膨胀体应变；e 为孔隙比；C_m 为蒙脱石质量含量；ρ_m 为蒙脱石的颗粒密度；ρ_{nm} 为膨润土中非蒙脱石矿物的颗粒密度；d 为蒙脱石叠片间距的一半；t 为蒙脱石叠片的厚度；R_{ion} 为非水化阳离子半径。

　　Komine 等[31]基于 Gouy-Chapman 扩散双电层理论给出了一种预测膨胀力的方法，考虑了可交换性阳离子组成、比表面积、离子浓度等因素的影响，并且对于钠基膨润土，用该方法预测的膨胀力与单向状态下的实测数据能够很好地吻合。按照 Komine 提出的方法，根据 GMZ001 的基本物理化学性质，当其离子浓度分别为 $20mol/m^3$、$30mol/m^3$ 时，在干密度 $1.4\sim1.7g/cm^3$ 的范围内，得到的膨胀力如图 14.31 所示。其中，采用的离子浓度为文献 [31] 中给出的典型数据。图 14.31 中给出了竖向膨胀力的实测数据及其拟合曲线与理论预测的比较。可见实测数据与理论预测曲线有一定的差异，试验数据拟合曲线的斜率较大。这可能是因为 GMZ001 的可交换性阳离子中 Ca^{2+} 含量较高（表 10.27），而扩散双电层模型难以准确描述二价离子（如 Ca^{2+}）的行为[32]。

　　前已述及，高吸力高干密度试样的膨胀力时程曲线会出现"平台"，对该现象进一步解释如下。膨胀力试验中，存在两种作用可以阻滞膨胀力的增长。第一，浸水端面附近的膨润土遇水后，蒙脱石颗粒吸收水分发生水化并迅速膨胀，在试样体积变化受到限制的情况下，蒙脱石会向团粒之间的孔隙膨胀，致使团粒之间的孔隙逐渐减小；同时，部分蒙脱石颗粒会从团粒上脱落，在团粒之间的孔隙中形成高密度凝胶[8]。这一系列的微结构变化最终导致浸水端面附近土体的渗透系数很低，水分向土样中间部分的迁移非常缓慢。第二，对于试样中间部分的膨润土，首先需要吸收一些水分产生膨胀以填充试样内部孔隙，之后才能对膨胀力作出贡献。对于低吸力试样，由于初始蒙脱石叠片吸附的层间水较多，颗粒体积较大，颗粒之间孔隙较少[33]，第二种作用就不显著，所以在本节与文献［10］中，均观察到低吸力试样的膨胀力随时间不断连续增长。而当试样初始吸力较高时，第二种作用就比较明显，膨胀力时程曲线可能会出现"平台"，但关于何种状态下时程曲线能够出现"平台"，本节与文献［10］的结论是相反的。

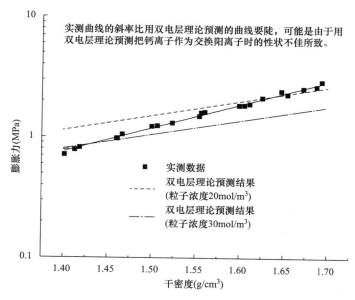

图 14.31 双电层（DDL）理论预测与实测数据的比较

本节所用的 GMZ001 膨润土中蒙脱石含量较高（73.2%），而文献［10］中使用的 Kunigel-V1 膨润土的蒙脱石含量只有 48%。当蒙脱石含量较低时，第一种作用就不明显，而干密度越低，第二种作用越显著，所以在文献［10］中低干密度试样的时程曲线出现了"平台"。在本节研究中，所用 GMZ001 膨润土的蒙脱石含量较高，第一种作用就会凸显出来，随干密度的增大，尽管第二种作用的效力有所降低，但此时第一种作用会愈加显著，高干密度试样中水分的迁移较低干密度试样困难得多。故对于高吸力高干密度试样，中间部分的土体可能需要相当长的时间以吸收水分、填充土样内部孔隙，这就会在宏观上观察不到膨胀力的变化，膨胀力时程曲线出现类似图 14.22（b）中的"平台"。

14.3 膨润土掺砂混合料的三向膨胀力特性

本节研究高庙子膨润土（GMZ001）掺石英砂组成的混合料的三向膨胀力特性。使用的仪器与第 14.2 节相同。

14.3.1 研究方案

孙发鑫等[34]研究了高庙子膨润土（GMZ001）与石英砂组成的混合料的三向膨胀力特性。试验用石英砂放入烘箱烘至恒重，试样的膨润土含水率用气体湿度法保持恒定。试验之前将膨润土放入配有 K_2CO_3 饱和溶液的保湿器中，定期对土进行称重，直到质量恒定，即达到平衡含水率，用烘干法测得平衡后的膨润土含水率约为 10.8%，在该土的塑限含水率以下。第 14.2 节的研究表明：膨润土初始含水率在塑限含水率以下时，初始含水率对其最大膨胀力影响不明显。

故所有试样的含水率都控制为10.8%。制备试样的方法与第14.2节相同。对3种含砂率和6种干密度的不同组合的试样进行试验，具体试验方案见表14.4。整个试验历时2.5个月。试验后试样照片见图14.32。

混合料三向膨胀力试验方案 表14.4

试样编号	干密度（g/cm³）	含砂率（%）	干质量（g）	膨润土质量（g）	砂质量（g）
1号	1.5	15	12.0	11.30	1.80
2号	1.6	15	12.8	12.06	1.92
3号	1.7	15	13.6	12.81	2.04
4号	1.8	15	14.4	13.56	2.16
5号	1.9	15	15.2	14.32	2.28
6号	1.5	30	12.0	9.31	3.60
7号	1.6	30	12.8	9.93	3.84
8号	1.7	30	13.6	10.55	4.08
9号	1.8	30	14.4	11.17	4.32
10号	1.9	30	15.2	11.79	4.56
11号	2.0	30	16.0	12.41	4.80
12号	1.5	45	12.0	7.31	5.40
13号	1.6	45	12.8	7.80	5.76
14号	1.7	45	13.6	8.29	6.12
15号	1.8	45	14.4	8.78	6.48
16号	1.9	45	15.2	9.26	6.84
17号	2.0	45	16.0	9.75	7.20

图14.32 混合料试样在试验后的照片

14.3.2 试验结果分析

图14.33是混合料的典型三向膨胀力随时间变化过程曲线，两个水平方向的膨胀力接近相等，在后面分析中取二者平均值进行分析。图14.34为不同含砂率条件下的膨胀力与干密度的关系曲线，从图中可以看出，在相同含砂率条件下，试样膨胀力均随干密度增大而增大，二者基本呈指数关系。

图14.35为不同干密度条件下的膨胀力与含砂率的关系曲线，从图中可以看出，在相同干密度条件下，膨胀力随含砂率增大而减小，二者基本呈指数关系。

试验得到不同含砂率试样的水平向膨胀力与竖向膨胀力之比随干密度的变化，如图14.36所示。两者之间的比值不等于1，说明试样存在各向异性；所有的比值都小于1，说明竖向膨胀力大于水平向膨胀力；比值随含砂率和干密度不同而不同，说明含砂率和干密度同时对试样的各向异性产生影响；同时可以看出在干密度大于1.7g/cm³以后，含砂率30%和45%的混合料水平向膨胀力与竖向膨胀力之比基本相等，且都小于含砂率 15% 时水平向膨胀力与竖向膨胀力的比值，说明含砂率较高对混合料各向异性的影响比较明显；但当含砂率大于 30% 以后，水平向膨胀力与竖向膨胀力的比值基本相等，含砂率的增加对其各向异性影响较小。

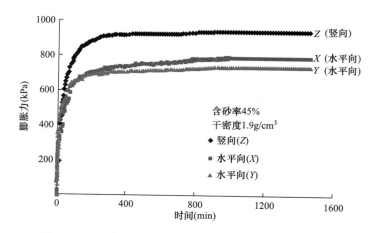

图 14.33　混合料的典型三向膨胀力随时间变化过程曲线

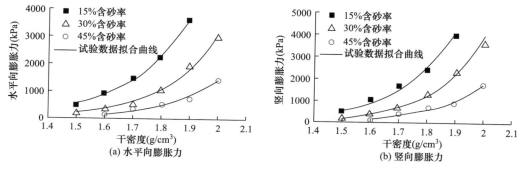

图 14.34　膨胀力与干密度的关系曲线

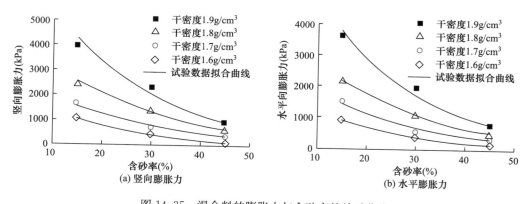

图 14.35　混合料的膨胀力与含砂率的关系曲线

　　从整体趋势上看，在含砂率相同的情况下，水平向膨胀力与竖向膨胀力之比随干密度增大而减小，这表明试样的各向异性随干密度的增大更加显著，但同时从图 14.36 中也可以看出，干密度大于 1.7g/cm³ 时，水平向膨胀力与竖向膨胀力之比变化很小，说明随着干密度增大，水平向膨胀力与竖向膨胀力之比逐渐趋于恒定。

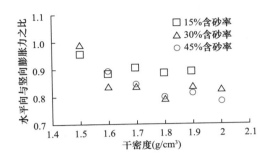

图 14.36 不同含砂率的混合料的水平向膨胀力
和竖向膨胀力之比与干密度的关系曲线

14.3.3 基于膨润土体积率的混合料三向膨胀力模型及其验证与应用

由于添加的石英砂不发生水化膨胀作用，故石英砂不会产生膨胀效应。因此，对膨润土-砂混合料的膨胀力特性进行研究时，可考虑将石英砂在试样中的体积与质量予以扣除，仅考虑膨润土的作用。H. Komine 和 N. Ogata[35]的研究表明：当膨润土-砂混合料中膨润土含量超过 20%时，膨润土充分吸水膨胀后能将混合料中的孔隙完全填充，其膨胀机制如图 14.37 所示。

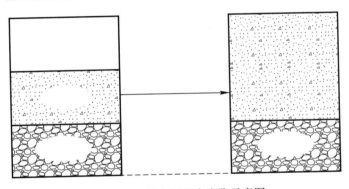

图 14.37 混合料吸水膨胀示意图

设 V 为试样体积（在膨胀力试验过程中保持不变），V_s 为试样中石英砂所占体积，m_s 为试样中石英砂质量，ρ_d 为试样干密度，ρ_s 为石英砂密度，λ 为试样含砂率，定义混合料吸水完全膨胀后的膨润土体积率 β 为：

$$\beta = \frac{V - V_s}{V} = \frac{V - m_s/\rho_s}{V} = \frac{V - V\rho_d\lambda/\rho_s}{V} = 1 - \rho_d\lambda/\rho_s \tag{14.13}$$

膨润土-砂混合料试样吸水完全膨胀后，混合料中的孔隙被完全填充，此时膨润土干密度 ρ_{bd} 为：

$$\rho_{bd} = \frac{m_b}{V_b} = \frac{m_b}{V\beta} = \frac{V\rho_d(1-\lambda)}{V\beta} = \frac{\rho_s\rho_d(1-\lambda)}{\rho_s - \rho_d\lambda} \tag{14.14}$$

式中，m_b 为膨润土干质量，V_b 为混合料吸水膨胀完全后膨润土体积。式（14.14）中 ρ_s 为常数，因此膨润土-砂混合料试样吸水完全膨胀后的膨润土干密度 ρ_{bd} 由混合料试样的干密度和含砂率共同决定。

为比较不同干密度和含砂率条件下混合料之间的膨胀力大小，对混合料的膨胀力根据膨润土体积率指标 β 进行修正，得到修正后膨胀力 σ_a 为：

$$\sigma_a = \frac{\sigma}{\beta} = \frac{\sigma}{1 - \rho_d\lambda/\rho_s} \tag{14.15}$$

式中，σ 为试样实测膨胀力。如假定面积率等于体积率，则 σ 就是作用在混合料单位面积上的表观膨胀压力，而 σ_{a} 为作用在膨润土单位面积上的真膨胀压力。

在本节中，$\rho_{\mathrm{s}} = 2.65\mathrm{g/cm^3}$，$V = 8\mathrm{cm^3}$，$\sigma$、$\rho_{\mathrm{d}}$、$\lambda$ 按实际取值，根据本节试验数据和式（14.14）、式（14.15)计算出的 ρ_{bd}、σ_{a}，得到根据体积率修正后的膨胀力-膨润土干密度的关系曲线（图 14.38）。

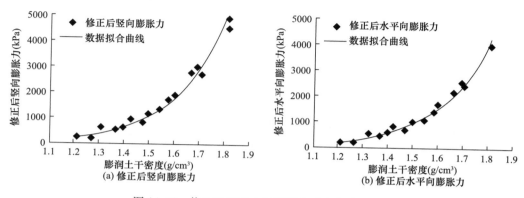

图 14.38　修正后膨胀力与膨润土干密度关系曲线

从图 14.38 可以看出，修正后的竖向膨胀力 σ_{va}、水平向膨胀力 σ_{ha} 均与膨润土干密度 ρ_{bd} 近似呈指数关系。可用下式对所有数据统一进行拟合：

$$\sigma = A\mathrm{e}^{Br} \tag{14.16}$$

式中，A，B 均为由膨润土性质决定的膨胀特性参数。相应于混合料竖向和水平向膨胀力，式（14.16）的具体形式如下：

$$\sigma_{\mathrm{va}} = 0.7009\mathrm{e}^{4.9119\rho_{\mathrm{bd}}} \ (R^2 = 0.973) \tag{14.17}$$
$$\sigma_{\mathrm{ha}} = 0.7183\mathrm{e}^{4.7963\rho_{\mathrm{bd}}} \ (R^2 = 0.983) \tag{14.18}$$

式中，ρ_{bd} 为膨润土干密度。

进而可以得出预测高庙子膨润土-砂混合料的竖向、水平向膨胀力的模型：

$$\sigma_{\mathrm{v}} = \beta 0.7009\mathrm{e}^{4.9119\rho_{\mathrm{bd}}} \tag{14.19}$$
$$\sigma_{\mathrm{h}} = \beta 0.7183\mathrm{e}^{4.7963\rho_{\mathrm{bd}}} \tag{14.20}$$

当 $\lambda = 100\%$（没有膨润土，只有为石英砂）时，$\beta = 0$，此时膨胀力均为 0；当 $\lambda = 0$ 时，$\beta = 1$，膨胀力不需进行修正，仅由膨润土干密度决定。

利用上述模型对高庙子膨润土的三向膨胀力进行预测，并与第 14.2 节中的实测数据进行比较，以验证该模型的合理性。第 14.2 节对 3 种不同初始吸力、7 个干密度共计 21 个纯膨润土试样进行了三向膨胀力试验。

图 14.39 给出了第 14.2 节中膨胀力的实测数据与本节模型理论预测曲线的比较。从图 14.39 可以看出，实测膨胀力数据与理论预测曲线相当接近，说明用本章提出的模型对高庙子膨润土及其含砂混合料的三向膨胀力进行预测是合理可行的。

根据缓冲/回填材料所需的设计膨胀力，可利用本节所建膨胀力模型逆向计算得出该设计膨胀力下混合料干密度和含砂率的一一对应关系，同时再结合混合料的压实性能、渗透性能、导热性能等指标可对混合料的干密度和含砂率进行优选。由于竖向膨胀力大于水平向膨胀力，下面以竖向膨胀力模型为对象进行分析。考虑 3 种情况，设计竖向膨胀力分别为 2000kPa，3000kPa，4000kPa，可计算得到混合干密度和含砂率的一一对应关系（图 14.40），为确保缓冲/回填材料的防渗透、膨胀和吸附性能，含砂率以 60% 为界。

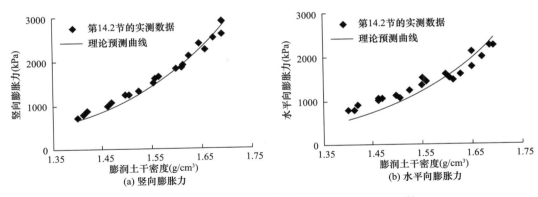

图 14.39　膨胀力预测曲线与实测数据拟合曲线的比较

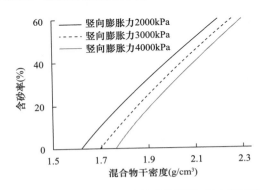

图 14.40　不同膨胀力时混合干密度-含砂率理论
关系曲线

14.4　膨润土掺砂混合料在常温条件下的变形强度特性

本节用改进的非饱和土三轴仪研究高庙子膨润土掺石英砂混合料的变形强度特性。

14.4.1　仪器设备和三轴试验研究方案

为满足施加高围压的需要，对常规土工三轴仪进行了改造升级[36]，改进后的三轴仪（图 14.41）有如下功能与特色：

图 14.41　改造升级后的高压土工三轴仪

（1）三轴压力室采用不锈钢制成，压力室壁厚 1cm，能够承受 10MPa 的液压，有效克服了常规三轴仪的有机玻璃压力室变形大、耐压低等缺点，减小了压力室体变引起的试验误差。

（2）采用 GDS 压力/体积控制器施加围压、量测体变，克服了常规三轴仪量测体变误差较大、利用空压机加压范围仅在几百千帕以内的局限，体变量测精确至 1mm³，围压可施加至 3MPa。

试验前对仪器进行了两次标定，发现围压在 0～400kPa 区间的围压-体变曲线是非线性的；围压在 400～2000kPa 区间的围压-体变曲线是线性的。故对围压小于 400kPa 的压力室体变根据两次标定数据取平均值，即 10kPa、50kPa、100kPa、200kPa 时的体变分别取为 51.5mm³、221.5mm³、386mm³、621.5mm³。而对围压大于 400kPa 后的压力室体变按标定数据进行线性拟合后采用插值法计算，拟合情况见图 14.42，从该图可以看出其线性特性相当好。

考虑到深地质库中缓冲/回填材料长期处于非饱和状态且渗透性很低，其内部的含水率基本保持不变，本节对混合料进行不固结不排水（UU）三轴剪切试验。

在现有类似试验研究中，孙文静等[37]对非饱和高庙子膨润土进行的不排水三轴剪切试验的剪切速率为 0.032mm/min，剪切至 15％轴向应变约 7h；朱国平等[38]对高庙子膨润土进行的不固结不排水三轴剪切试验的剪切速率为 0.5mm/min，剪切至 15％轴向应变约 24min；J. Graham 等[39]对膨润土不固结不排水三轴剪切试验的剪切速率为 0.1％/min，剪切至 15％轴向应变约 2.5h。

为比较剪切速率对膨润土及其含砂混合料抗剪强度和变形特性的影响，试验前对同一干密度的试样进行不同剪切速率条件下的三轴剪切试验，所得应力-应变关系曲线见图 14.43。从该图可知，三种剪切速率条件下试样的峰值强度和峰值前的应力-应变曲线基本相同，即该三种剪切速率对其三轴抗剪强度和应力-应变曲线影响不大。

综上，选取剪切速率为 0.033mm/min，剪切至 15％轴向应变约 6.1h（364min）。

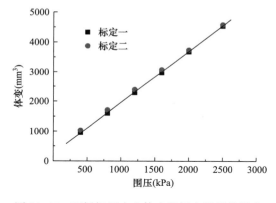 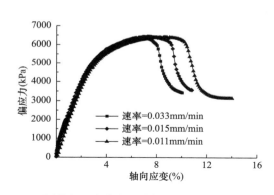

图 14.42　不锈钢压力室体变的标定及线性拟合　　图 14.43　不同剪切速率条件下应力-应变关系曲线的比较

试验之前将配好的膨润土密封静置，直至连续两次含水率测试误差在 0.5％以内；石英砂放入烘箱烘至恒重。本节在一个干密度下对 4 种含砂率、2 种含水率、4 个围压共 32 个试样进行试验，具体试验方案见表 14.5。试样直径为 39.1mm，高度为 80mm。制样前，先按照含砂率和含水率配置土样，然后根据密度用千斤顶在专门的模具中压实。整个试验历时 1.5 个月[39]。

三 轴 剪 切 试 验 方 案　　　　　　　　　　　表 14.5

试样编号	干密度（g/cm³）	含砂率（％）	围压（kPa）	膨润土含水率（％）	总质量（g）	试样含砂质量（g）	试样含膨润土质量（g）
1～4	1.40	45.00	100/500/1000/2000	25.55	153.30	60.49	92.82
5～8	1.40	30.00	100/500/1000/2000	25.55	158.45	40.32	118.13
9～12	1.40	15.00	100/500/1000/2000	25.55	163.60	20.16	143.44
13～16	1.40	0.00	100/500/1000/2000	25.55	168.76	0.00	168.76

试样编号	干密度 (g/cm³)	含砂率 (%)	围压 (kPa)	膨润土含水率 (%)	总质量 (g)	试样含砂质量 (g)	试样含膨润土质量 (g)
17~20	1.40	45.00	100/500/1000/2000	14.14	144.87	60.49	84.38
21~24	1.40	30.00	100/500/1000/2000	14.14	147.72	40.32	107.39
25~28	1.40	15.00	100/500/1000/2000	14.14	150.57	20.16	130.41
29~32	1.40	0.00	100/500/1000/2000	14.14	153.42	0.00	153.42

14.4.2 偏应力-轴向应变性状与体应变-轴向应变性状分析

图 14.44 和图 14.45 分别是含水率 14.14％和含水率 25.55％的试样在不同含砂率条件下的应力-应变关系曲线。可以看出，含砂率对应力-应变关系曲线影响很大，相同围压作用下，含砂率越高，试样的破坏应力越小；随着含砂率的提高，试样破坏由脆性破坏向塑性破坏过渡，试样破坏时的应变增大。

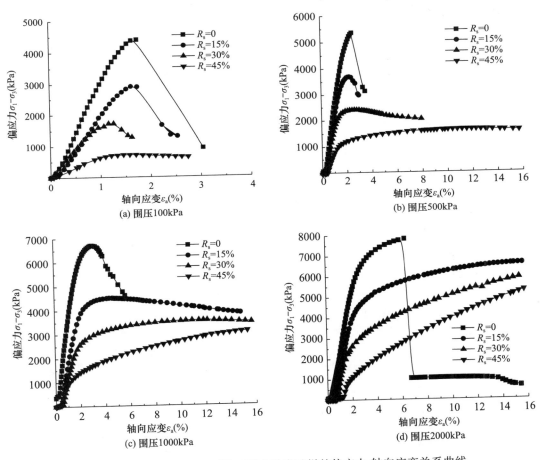

图 14.44　含水率 14.14％的不同含砂率试样的偏应力-轴向应变关系曲线

图 14.46 和图 14.47 分别是含水率 14.14％和含水率 25.55％的试样在不同围压下的偏应力-轴向应变关系曲线。可以看出，相同含砂率条件下，围压越大，试样的破坏应力越大；随着围压的提高，试样破坏形式由脆性破坏向塑性破坏过渡，试样破坏时的应变增大。说明围压的增加提高了试样抵抗外力破坏的能力，围压对偏应力-轴向应变关系曲线影响较大。

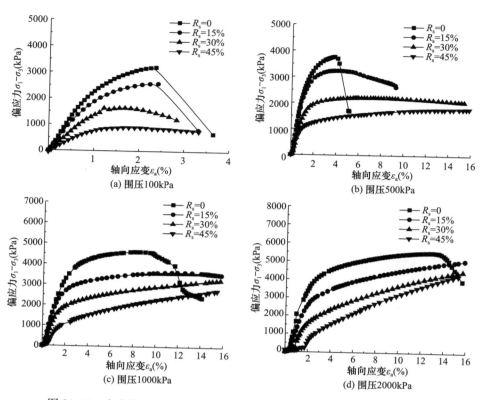

图 14.45　含水率 25.55% 的不同含砂率试样的偏应力-轴向应变关系曲线

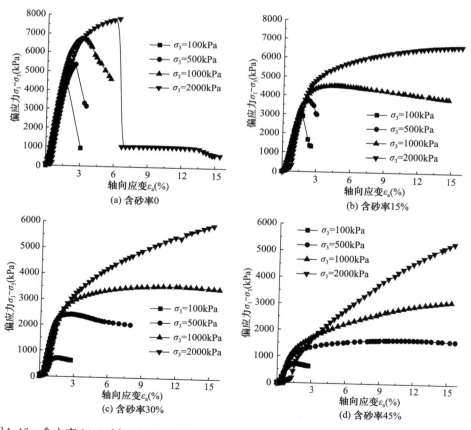

图 14.46　含水率 14.14%、含砂率相同的试样在不同围压作用下的偏应力-轴向应变关系曲线

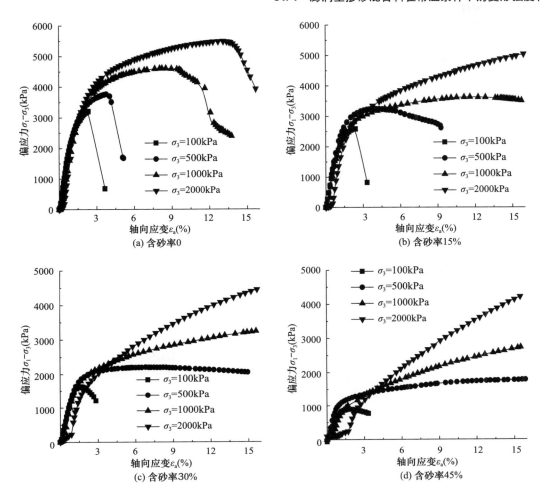

图 14.47 含水率 25.55%、含砂率相同的试样在不同围压作用下的偏应力-轴向应变关系曲线

分别比较图 14.44 和图 14.45、图 14.46 和图 14.47，可以发现，同一含砂率和围压作用下的试样，含水率较低的试样剪切破坏时的应力普遍较大，说明含水率的降低增强了试样抵抗破坏的能力。

总之，含砂率、围压和含水率均对试样的偏应力-轴向应变关系曲线有显著影响。

图 14.48 是含水率 14.14%、含砂率不同的试样的体应变-轴向应变关系曲线。图 14.48（a）和图 14.48（b）中，8 个试样都发生了剪胀，体积减小，在试样破坏后出现了体积再次增大的现象。但随着围压增大至 1000kPa 和 2000kPa 时，含砂率越高的试样，其剪胀现象已不明显，绝大部分

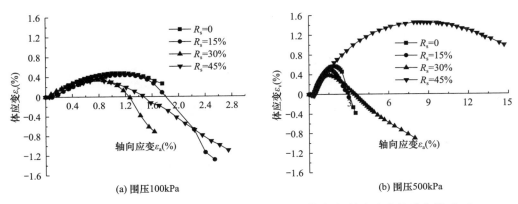

图 14.48 含水率 14.14%、含砂率不同的试样的体应变-轴向应变关系曲线（一）

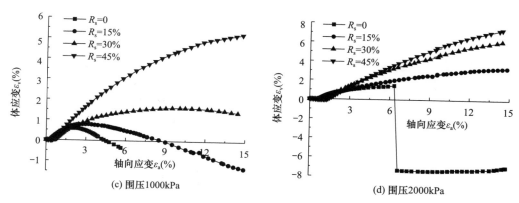

图 14.48　含水率 14.14%、含砂率不同的试样的体应变-轴向应变关系曲线（二）

试样体积一直保持减小，试样在荷载作用下，被越压越密实；同时可以看出相同围压下，含砂率越高试样体应变越大，剪缩现象越明显。

图 14.49 是含水率 25.55%、含砂率不同的试样的体应变-轴向应变关系曲线。高围压和高含砂率的试样普遍出现剪缩现象，而呈现剪胀特性的试样则越来越少，这与从图 14.48 得到的结论是一致的。

比较图 14.48 和图 14.49 中同一受力状态的试样，含水率大的试样体应变普遍较大。

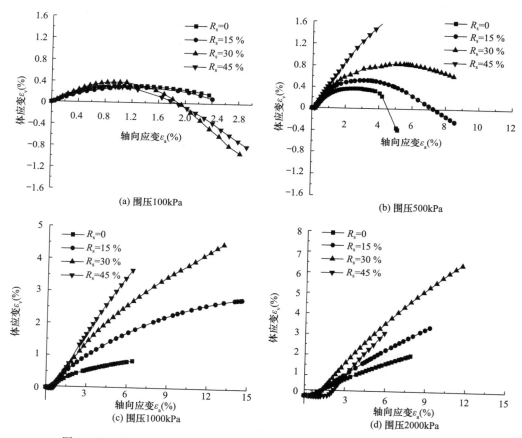

图 14.49　含水率 25.55%、含砂率不同的试样的体应变-轴向应变关系曲线

14.4.3　破坏形态和强度规律

图 14.50 是 32 个试样在试验后的照片,除个别试样剪切结束后比较破碎外,其余试样的破坏形态均拍摄照片记录。

(a) 含水率14.14%的试样　　　　　　　　　(b) 含水率25.55%的试样

图 14.50　试样在剪切试验后的照片

图 14.50 (a) 中试样,多数为剪切破坏形式,亦即所谓的脆性破坏,如图 14.51 (a) 所示;少数发生中部鼓胀破坏形式,亦即所谓的塑性破坏,如图 14.51 (b) 所示。图 14.50 (b) 中少数试样发生剪切破坏,大多出现鼓胀破坏形式。

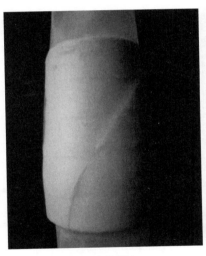
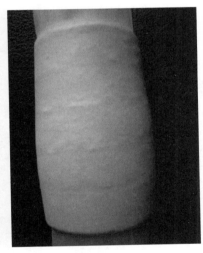

(a) 脆性破坏　　　　　　　　　　　　(b) 鼓胀破坏

图 14.51　试样的两种破坏形态

围压、含水率和含砂率均对膨润土-砂混合料的破坏形式影响较大。以围压 500kPa,不同含砂率的 4 个试样 [图 14.44 (b) 和图 14.45 (b)] 为例,试样随着含砂率的提高,从强软化—弱软化—弱硬化破坏过渡。再以含砂率为 45%,不同围压作用下 4 个试样 [图 14.46 (d)、图 14.47 (d)] 为例,试样破坏从强软化过渡到弱软化、再到弱硬化、最后到强硬化破坏。

当试样为脆性破坏时,取偏应力-轴向应变关系曲线的峰值点对应的应力为破坏应力;当试样为塑性硬化破坏时,取轴向应变 $\varepsilon_a = 15\%$ 对应的应力为破坏应力。32 个试样在 q_f-p_f 平面上的破坏包线如图 14.52 所示,易见强度随含砂率的增加而降低,随平均应力的升高而增大。采用与第 12.2.4 节相同的分析方法,得到混合料的强度参数汇于表 14.6 和表 14.7。从表 14.6 和表 14.7 可见,混合料的内摩擦角随含砂率增加而提高,总黏聚力随含砂率的增加而降低;但随着含水率增加,内摩擦角和总黏聚力都在减少。这些变化规律与常识相符。

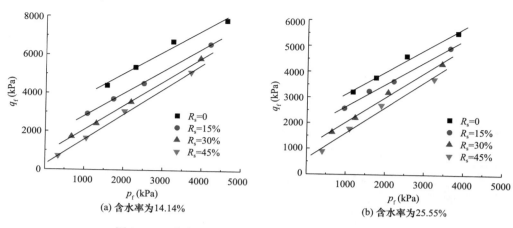

(a) 含水率为 14.14%　　　　　(b) 含水率为 25.55%

图 14.52　膨润土-砂混合料在 p_f-q_f 平面内的强度包线

含水率 14.14% 的试样在不同围压和含砂率下的强度参数　　　　表 14.6

含砂率（%）	σ_3（kPa）	p_f（kPa）	q_f（kPa）	$\tan\omega$	ξ'（kPa）	φ（°）	c（kPa）
0	100	1566.73	4400.20	1.13	2758.34	28.50	1319.68
	500	2287.56	5362.69				
	1000	3238.13	6714.4				
	2000	4609.54	7828.61				
15	100	1072.85	2918.54	1.17	1643.29	29.39	788.72
	500	1732.49	3697.48				
	1000	2506.85	4520.55				
	2000	4196.8	6590.39				
30	100	674.96	1724.89	1.27	807.27	31.65	391.19
	500	1303.69	2411.06				
	1000	2184.73	3554.19				
	2000	3951.65	5854.94				
45	100	337.63	712.89	1.32	298.19	32.66	145.23
	500	1049.17	1647.52				
	1000	2021.81	3065.44				
	2000	3710.97	5132.92				

含水率 25.55% 的试样在不同围压和含砂率下的强度参数　　　　表 14.7

含砂率（%）	σ_3（kPa）	p_f（kPa）	q_f（kPa）	$\tan\omega$	ξ'（kPa）	φ（°）	c（kPa）
0	100	1169.07	3207.2	0.81	2356.75	20.82	1111.33
	500	1755.37	3766.11				
	1000	2535.16	4605.47				
	2000	3837.49	5512.48				
15	100	956.65	2569.94	0.76	1988.90	19.69	937.58
	500	1579.59	3238.77				
	1000	2210.22	3630.67				
	2000	3643.64	4930.93				
30	100	646.54	1639.62	0.97	1049.47	24.66	497.08
	500	1233.67	2201.02				
	1000	2065.56	3196.68				
	2000	3439.63	4318.88				

续表 14.7

含砂率（%）	σ_3 (kPa)	p_f (kPa)	q_f (kPa)	$\tan\omega$	ξ' (kPa)	φ (°)	c (kPa)
45	100	397.58	892.74	0.99	635.12	25.06	301.06
	500	1091.94	1775.83				
	1000	1896.56	2689.67				
	2000	3239.7	3719.09				

14.4.4 非线性变形参数分析

如对三轴试验的偏应力-轴向应变曲线近似按双曲线处理，则按照邓肯-张模型的分析方法，可以得到混合料在不同含水率和含砂率下的初始模量 E_i、偏应力的渐近值 $(\sigma_1-\sigma_3)_{ult}$、破坏比 R_f 和泊松比，分别列于表 14.8～表 14.11 中。总体上看，初始模量和偏应力的渐近值均随含砂率增加而降低；不同含水率下的破坏比差别不大；不同含水率的试样在相同围压下的泊松比平均值基本相等。

含水率 14.14%的试样在不同围压和含砂率下的初始模量和偏应力渐近值　　表 14.8

含砂率（%）	围压（kPa）							
	100		500		1000		2000	
	E_i (MPa)	$(\sigma_1-\sigma_3)_{ult}$ (kPa)	E_i (MPa)	$(\sigma_1-\sigma_3)_{ult}$ (kPa)	E_i (MPa)	$(\sigma_1-\sigma_3)_{ult}$ (kPa)	E_i (MPa)	$(\sigma_1-\sigma_3)_{ult}$ (kPa)
0	449.63	11107.46	298.85	26511.98	961.05	4704.22	379.73	5937.40
15	336.58	5027.45	799.07	3534.87	499.29	3805.77	203.48	5395.84
30	196.34	3457.78	470.68	2373.72	174.76	3517.84	98.04	5787.17
45	125.97	1755.14	164.25	1899.81	69.44	3409.09	44.05	10594.62

含水率 25.55%的试样在不同围压和含砂率下的初始模量和偏应力渐近值　　表 14.9

含砂率（%）	围压（kPa）							
	100		500		1000		2000	
	E_i (MPa)	$(\sigma_1-\sigma_3)_{ult}$ (kPa)	E_i (MPa)	$(\sigma_1-\sigma_3)_{ult}$ (kPa)	E_i (MPa)	$(\sigma_1-\sigma_3)_{ult}$ (kPa)	E_i (MPa)	$(\sigma_1-\sigma_3)_{ult}$ (kPa)
0	381.64	16577.62	298.85	16511.98	257.59	7100.76	469.60	11238.97
15	239.07	12376.28	204.56	3912.73	141.74	4752.38	437.58	7362.79
30	239.55	4339.15	217.77	2587.82	460.16	3784.01	185.29	7164.97
45	86.96	1568.18	222.05	1745.51	101.21	3753.33	62.89	10927.71

膨润土-砂混合料试样在不同围压和含砂率下的破坏比　　表 14.10

含砂率（%）	σ_3 (kPa)	破坏比 R_f	
		含水率 14.14%	含水率 25.55%
0	100	0.27	0.29
	500	0.20	0.23
	1000	0.95	0.98
	2000	0.70	0.93
15	100	0.24	0.51
	500	0.94	0.92
	1000	0.95	0.95
	2000	0.90	0.91

含砂率（%）	σ_3（kPa）	破坏比 R_f	
		含水率 14.14%	含水率 25.55%
30	100	0.40	0.47
	500	0.93	0.93
	1000	0.94	0.91
	2000	0.82	0.75
45	100	0.45	0.51
	500	0.94	0.93
	1000	0.82	0.79
	2000	0.47	0.35

不同含水率试样在不同围压和含砂率下的泊松比　　　　表 14.11

围压 (kPa)	含水率 14.14%试样含砂率（%）					含水率 25.55%试样含砂率（%）				
	0	15	30	45	均值	0	15	30	45	均值
100	0.31	0.34	0.37	0.39	0.35	0.33	0.39	0.38	0.42	0.38
500	0.33	0.48	0.57	0.45	0.46	0.34	0.53	0.51	0.40	0.45
1000	0.32	0.55	0.44	0.30	0.40	0.42	0.40	0.32	0.24	0.35
2000	0.27	0.38	0.27	0.22	0.28	0.36	0.32	0.22	0.21	0.28
均值	0.31	0.43	0.41	0.34		0.36	0.41	0.36	0.32	

14.5　膨润土与膨润土掺砂混合料在非常温下的变形强度特性

本节研究膨润土与膨润土掺砂混合料在非常温下的变形强度特性。

14.5.1　膨润土在非常温下的变形强度特性

14.5.1.1　仪器设备与三轴试验研究方案

试验设备为后勤工程学院自主研发的高温高压高吸力三轴仪（图 6.36～图 6.38），可控温度范围为 0～300℃，施加的吸力最高可达 500MPa；计算机采集试验数据，围压和体变均用 GDS 压力-体积控制器施加，最大围压 3MPa，压力量测精度 1kPa，体积量测精度 1mm³。

共做了 81 个试验，试验方案见表 14.12[40,41]。参考第 14.4.1 节，选用剪切速率为 0.033mm/min 进行三轴不排水剪切试验。对于控制温度为 50℃和 80℃的试验，在开始前需要对整个装置进行预热，以保证试样及其整体周围环境均达到指定温度方可开始试验；据实测，加热达到 50℃需要 30min，达到 80℃需要 1h。

膨润土的温控三轴试验　　　　表 14.12

控制指标	干密度（g/cm³）	围压（kPa）	含水率（%）	温度（℃）	试验总数
指标数值	1.4、1.6、1.8	0、1000、2000	5、15、25	20、50、80	81

14.5.1.2　应力-应变性状和破坏形态

图 14.53 是试验后的部分试样照片，图 14.54～图 14.56、图 14.57～图 14.59、图 14.60～图 14.62 分别是干密度等于 1.4g/cm³、1.6g/cm³ 和 1.8g/cm³ 的试样当含水率为 5%、15% 和 25% 时在不同围压下的偏应力-轴应变曲线和体应变-轴应变曲线，反映出以下规律：（1）围压对曲线形态的影响很大，低围压下试样多呈现脆性破坏，有明显的破裂面，特别是当无围压时，

所有试验的偏应力-轴向应变曲线都具有峰值，试样均呈现脆性破坏；而在高围压下试样多发生塑性破坏，土样中部鼓胀，没有破裂面。（2）干密度对曲线形态有显著影响，在干密度较低（1.4g/cm³ 和 1.6g/cm³）和围压较高（1000kPa 和 2000kPa）时，试样主要呈塑性破坏；而在干密度较高（1.8g/cm³）时，无论围压和温度的高低、含水率的大小，所有试样都是脆性破坏。（3）温度和含水率对试样破坏的形式基本没有影响；但在干密度、围压和温度相同时，含水率越大，曲线位置越低，强度也越小。（4）干密度为 1.4g/cm³ 的试验曲线和干密度为 1.6g/cm³ 的试验曲线呈现的规律相似，即试样强度随温度升高而增大；但干密度为 1.8g/cm³ 的曲线呈现的规律则相反，即试样强度随温度升高而降低。

(a) 干密度为1.4g/cm³

(b) 干密度为1.8g/cm³

图 14.53　试验后的部分试样照片

对于在不同温度下因干密度不同而导致的偏应力-轴向应变曲线截然不同的结果，可解释如下：M. V. Villar 和 A. Lloret[42] 对膨润土研究时注意到，其主要成分蒙脱石附近的水分子结构处于被扰动的状态，这种状态下的水分子与自由水不同，它们是处于被蒙脱石吸附状态的结合水。通过分子动力学模拟及其他宏观测量手段测出结合水密度高达 1.4g/cm³ 甚至 1.5g/cm³。随着土样干密度增加，结合水的密度也不断增加，二者之间呈指数关系[42]。另一方面，T. Carlsson[43] 通过核磁共振技术对膨润土中水质子的弛豫时间 t_p 进行了量测，发现在含水率恒定的情况下，温度从 20℃ 升高到 72℃ 时，水质子的弛豫时间 t_p 大约升高了 1.5 倍，这就意味着通过增加温度，自由水的含量增加，而结合水含量则减少，这是因为在自由水状态下的水分子运动频率较高，土表面质子传递它们的磁力需要花费更长的时间，所以表现为弛豫时间 t_p 升高。随着温度升高结合水会逐步转化为自由水。在土样含水率及体积一定时，土样干密度越大，结合水的密度也越大，所含有的结合水质量就越多，在高温下所能释放出来的自由水就更多，土样基质吸力减少得更多。在本试验中，低干密度膨润土试样中结合水量很少，导致高温条件下能够释放出来的自由水也很少，基质吸力减小十分有限，所以总体上随着温度升高，土样的抗剪强度是增加的。但在高干密度的条件下，试样中结合水量较多，导致高温下释放出的自由水更多，试样基质吸力减少较为明显，导致试样强度随着温度升高而降低。试样从低干密度到高干密度逐渐过渡的过程中，能转变为自由水的结合水总量是逐渐增加的，基质吸力的减小也是逐渐变化的；当干密度超过一定的阈值时，试样的抗剪强度就会随温度升高而降低。

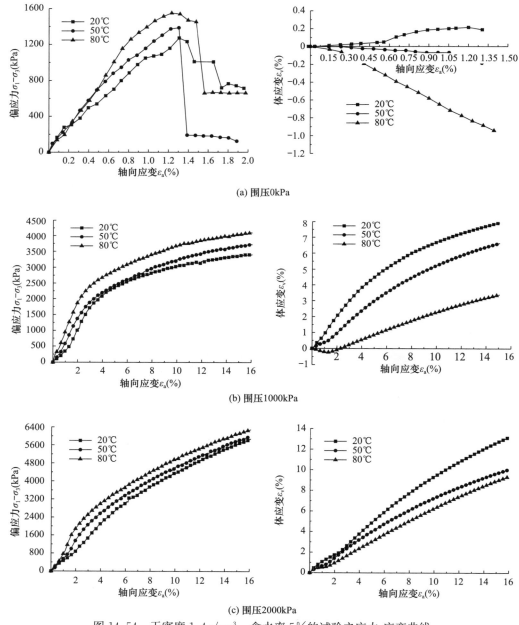

图 14.54　干密度 $1.4 \mathrm{g/cm^3}$、含水率 5% 的试验之应力-应变曲线

　　干密度、围压、温度和含水率均影响试样的剪胀性：（1）无围压作用时，所有试样的体应变在常温下基本上表现为剪缩，而在50℃和80℃下则基本上为剪胀；（2）高围压（1000kPa和2000kPa）下试样的体应变以剪缩为主，反映了围压对剪胀的抑制作用；（3）相同围压下，随着温度升高，试样的剪缩体应变不断减小，有的试样甚至出现了剪胀，其原因与膨润土矿物在高温下发生膨胀和能释放出来的自由水较多有关；（4）相同干密度的土样，含水率越高，在高温下越容易发生剪胀；（5）干密度较低（如1.4g/cm³）时，试样以剪缩为主，而干密度较大的试样（如1.8g/cm³）以剪胀为主。

　　总之，围压、干密度、温度和含水率对膨润土的应力-应变性状、破坏形态和剪胀性均有较大影响。

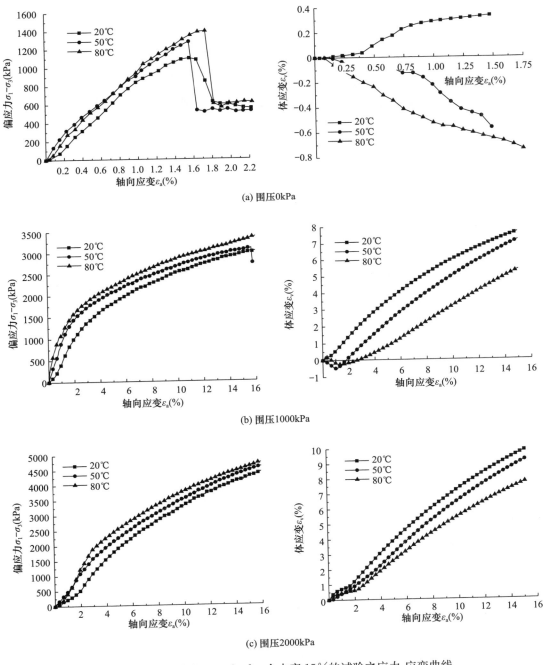

图14.55　干密度1.4g/cm³、含水率15%的试验之应力-应变曲线

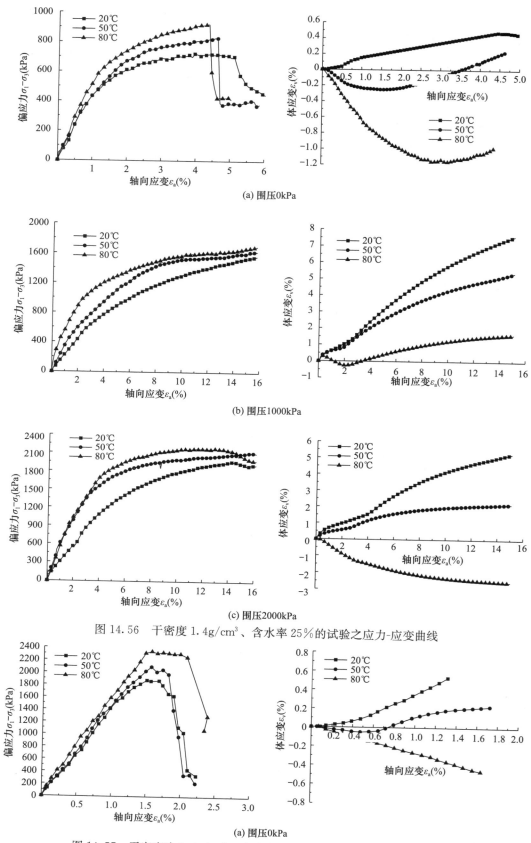

(a) 围压0kPa

(b) 围压1000kPa

(c) 围压2000kPa

图 14.56　干密度 1.4g/cm³、含水率 25%的试验之应力-应变曲线

(a) 围压0kPa

图 14.57　干密度为 1.6g/cm³、含水率 5%的试验的应力-应变曲线（一）

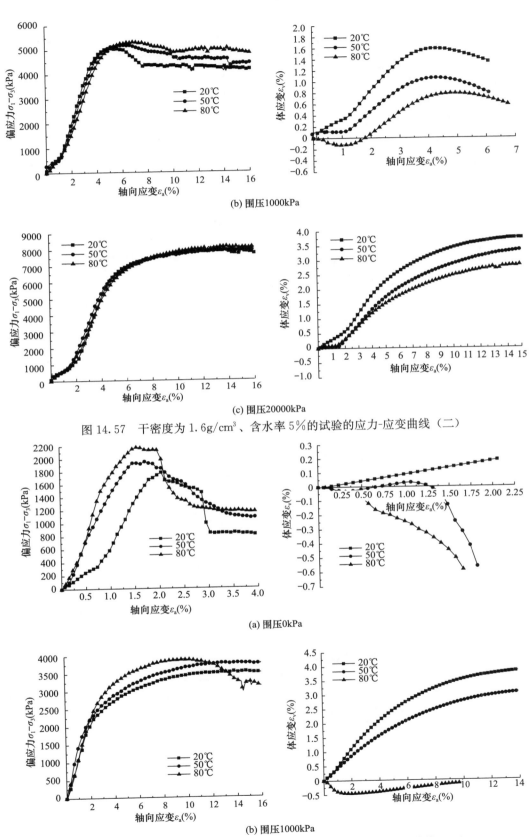

(b) 围压1000kPa

(c) 围压20000kPa

图 14.57　干密度为 1.6g/cm³、含水率 5％的试验的应力-应变曲线（二）

(a) 围压0kPa

(b) 围压1000kPa

图 14.58　干密度为 1.6g/cm³、含水率 15％试验的应力-应变曲线（一）

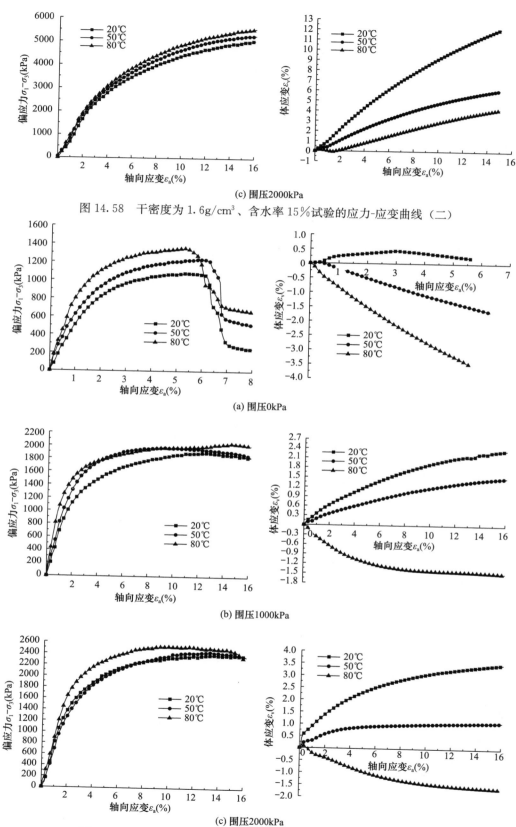

(c) 围压2000kPa

图 14.58　干密度为 1.6g/cm³、含水率 15%试验的应力-应变曲线（二）

(a) 围压0kPa

(b) 围压1000kPa

(c) 围压2000kPa

图 14.59　干密度为 1.6g/cm³、含水率 25%试验的应力-应变曲线

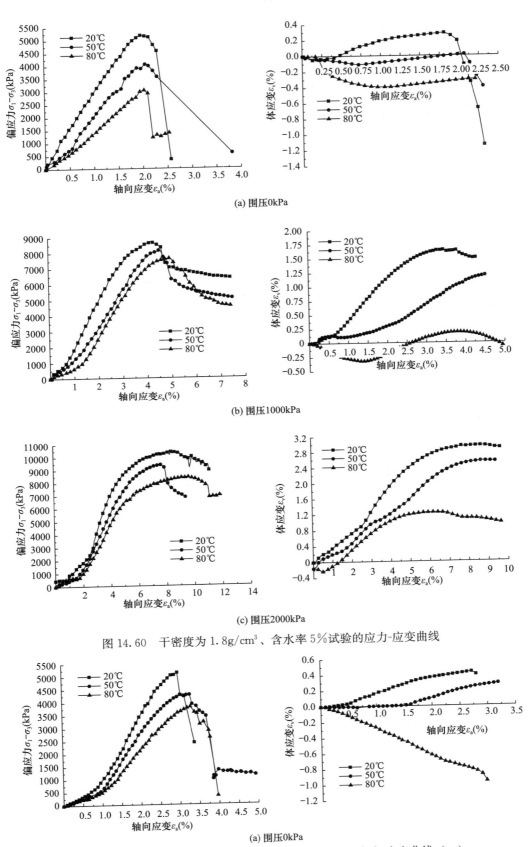

(a) 围压0kPa

(b) 围压1000kPa

(c) 围压2000kPa

图 14.60 干密度为 1.8g/cm³、含水率 5%试验的应力-应变曲线

(a) 围压0kPa

图 14.61 干密度为 1.8g/cm³、含水率 15%试验的应力-应变曲线（一）

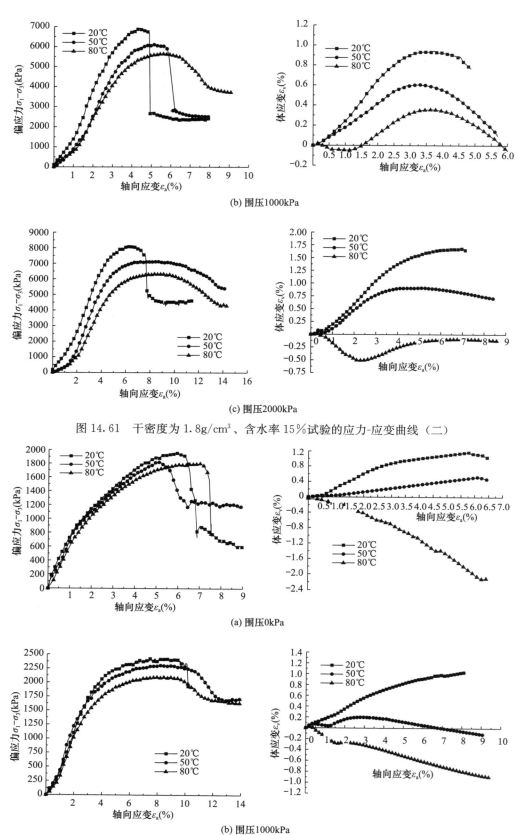

图 14.61　干密度为 1.8g/cm³、含水率 15％试验的应力-应变曲线（二）

图 14.62　干密度为 1.8g/cm³、含水率 25％试验的应力-应变曲线（一）

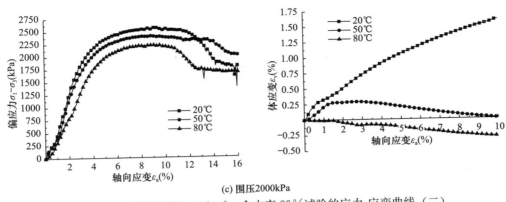

图 14.62 干密度为 1.8g/cm³、含水率 25％试验的应力-应变曲线（二）

14.5.1.3 强度规律

图 14.63～图 14.65 分别是干密度为 1.4g/cm³、1.6g/cm³、1.8g/cm³ 的试样当含水率为 5％、15％和 25％时在球应力-偏应力坐标系中的强度包线，同一温度下的包线为直线。随着温度升高，试样强度增大（与吸力作用类似），但直线的斜率基本不变而截距增加，反映在不排水条件下温度升高使土的黏聚力增大，而对内摩擦角影响很小。

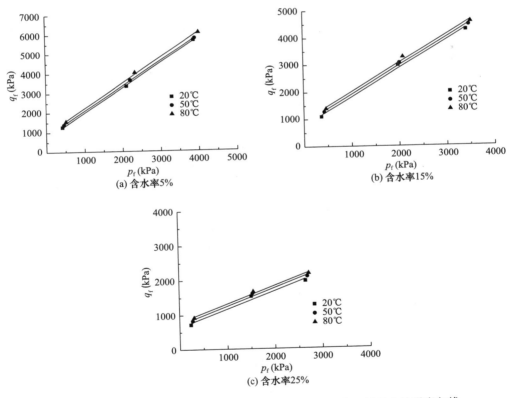

图 14.63 干密度为 1.4g/cm³ 的试样在偏应力-球应力坐标系中的强度包线

对 81 个试验的强度包线进行拟合，可得相应的强度参数（黏聚力和内摩擦角），汇于表 14.13～表 14.15。从表 14.13～表 14.15 可见，黏聚力受含水率和温度的共同影响；而内摩擦角主要受含水率的影响（即温度对内摩擦角的影响可以忽略）。黏聚力、内摩擦角与含水率及温度的关系可分别表达如下：

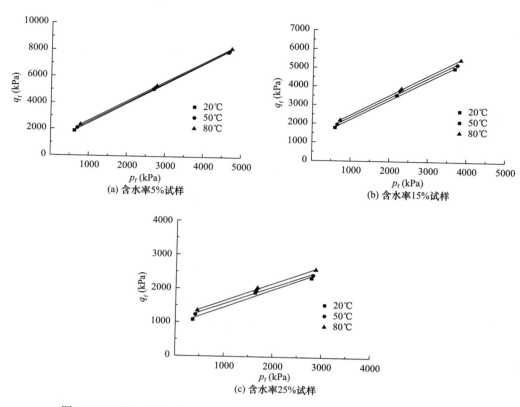

图 14.64　干密度为 1.6g/cm³ 的试样在偏应力-球应力坐标系中的强度包线

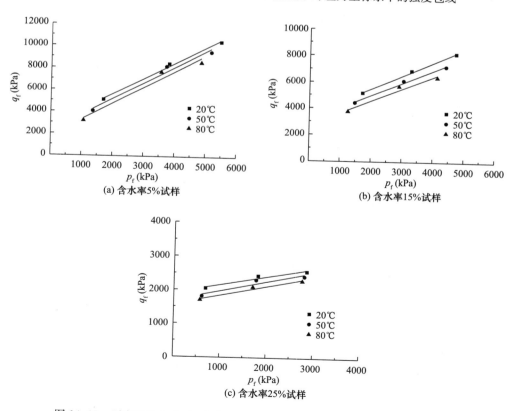

图 14.65　干密度为 1.8g/cm³ 的试样在偏应力-球应力坐标系中的强度包线

干密度等于 1.4g/cm³ 时，

$$c = 260.20 + 1.77T + 11.58w - 0.47w^2 \qquad (14.21)$$
$$\varphi = 38.92 - 0.96w \qquad (14.22)$$

干密度等于 1.6g/cm³ 时，

$$c = 319.65 + 1.92T + 29.76w - 1.06w^2 \qquad (14.23)$$
$$\varphi = 42.93 - 1.15w \qquad (14.24)$$

干密度等于 1.8g/cm³ 时，

$$c = 1022.22 - 7.93T + 126.17w - 4.71w^2 \qquad (14.25)$$
$$\varphi = 43.75 - 1.42w \qquad (14.26)$$

即含水率的增加提高了颗粒间的滑移能力，使内摩擦角减小。但对黏聚力而言，当干密度等于 1.4g/cm³ 和 1.6g/cm³ 时，温度使黏聚力增加；而当干密度为 1.8g/cm³ 时，温度使黏聚力减小，其机理有待深入研究。

图 14.66 和图 14.67 是用式（14.21）～式（14.26）计算的强度参数值与实测值的比较，二者十分接近。因为 81 个点中有许多是重合的，故在图 14.66 和图 14.67 中能看见的点较少。

对膨润土非线性变形参数的分析可参见文献 [44]，此处不再赘述。

干密度 1.4g/cm³ 膨润土在不同含水率和不同温度下的强度参数							表 14.13
干密度 (g/cm³)	含水率 (%)	温度 (℃)	围压 (kPa)	破坏球应力 p_f (kPa)	破坏偏应力 q_f (kPa)	φ (°)	c (kPa)
1.4	25	20	0	240.07	720.21	13.74	306.34
			1000	1510.13	1530.40		
			2000	2652.97	1958.90		
		50	0	276.36	829.08	13.87	343.32
			1000	1535.43	1606.30		
			2000	2695.18	2085.54		
		80	0	307.41	922.22	13.80	376.42
			1000	1554.79	1664.37		
			2000	2724.01	2172.05		
	15	20	0	366.68	1100.06	26.37	369.06
			1000	1992.51	2977.53		
			2000	3427.49	4282.47		
		50	0	426.98	1280.95	26.34	416.44
			1000	2020.66	3061.98		
			2000	3488.07	4464.22		
		80	0	465.69	1397.09	26.37	462.21
			1000	2095.11	3285.34		
			2000	3526.26	4578.78		
	5	20	0	423.48	1270.45	31.67	342.95
			1000	2118.78	3356.35		
			2000	3895.60	5686.79		
		50	0	461.80	1385.39	31.60	394.04
			1000	2219.24	3657.71		
			2000	3927.63	5782.88		
		80	0	516.18	1548.55	32.11	447.79
			1000	2343.81	4031.43		
			2000	4025.19	6075.58		

干密度 1.6g/cm³ 膨润土在不同含水率和不同温度下的强度参数

表 14.14

干密度 (g/cm³)	含水率 (%)	温度 (℃)	围压 (kPa)	破坏球应力 p_f (kPa)	破坏偏应力 q_f (kPa)	φ (°)	c (kPa)
1.6	25	20	0	358.93	1076.80	14.00	443.10
			1000	1630.86	1892.59		
			2000	2782.12	2346.35		
		50	0	410.66	1231.99	13.41	503.21
			1000	1655.16	1965.49		
			2000	2811.77	2435.31		
		80	0	450.94	1352.81	13.74	538.95
			1000	1678.87	2036.60		
			2000	2865.72	2597.15		
	15	20	0	595.39	1786.17	26.50	567.91
			1000	2181.75	3545.26		
			2000	3667.42	5002.25		
		50	0	651.72	1955.16	26.66	623.81
			1000	2262.35	3787.06		
			2000	3733.55	5200.66		
		80	0	726.039	2178.12	26.85	677.40
			1000	2300.27	3900.80		
			2000	3822.72	5468.17		
	5	20	0	625.01	1875.02	37.05	480.46
			1000	2688.94	5066.83		
			2000	4642.74	7928.21		
		50	0	697.51	2092.52	36.63	538.20
			1000	2731.44	5194.32		
			2000	4666.65	7999.94		
		80	0	779.96	2339.87	36.43	595.93
			1000	2774.21	5322.62		
			2000	4727.39	8182.18		

14.5.2　膨润土掺砂混合料在非常温下的变形强度特性

试验设备同第 14.5.1 节。控制干密度为 1.4g/cm³，含砂率控制为 0、15%、30% 和 45%，共做了 96 个不排水试验，试验方案见表 14.16，剪切速率为 0.033mm/min。

各试验结果的偏应力-轴向应变关系曲线和体应变-轴向应变关系曲线示于图 14.68～图 14.75。通过与第 14.5.1 节类似的分析，可得到应力-应变性状特征、强度包线（图略）和强度参数值。表 14.17 和表 14.18 分别是混合料在含水率 15% 和 25% 时的强度参数。

膨润土掺砂混合料的强度规律如下：（1）在同一含水率和同一含砂率下，同一温度的强度包线均为直线；（2）温度越高，包线的位置越高，即混合料的强度随温度升高而增大，直线的斜率（与内摩擦角有关）随温度变化不大，可视为常数，这意味着温度对内摩擦角的影响不大；（3）直线的截距（与黏聚力有关）则随温度升高增加；（4）同一含砂率的强度包线也是直线，在含水率相同时，内摩擦角随含砂率基本不变，而黏聚力随含砂率明显减小。

干密度 1.8g/cm³ 膨润土在不同含水率和不同温度下的强度参数　　　表 14.15

干密度 (g/cm³)	含水率 (%)	温度 (℃)	围压 (kPa)	破坏球应力 p_f (kPa)	破坏偏应力 q_f (kPa)	φ (°)	c (kPa)
1.8	25	20	0	682.79	2048.36	6.71	927.65
			1000	1809.63	2428.89		
			2000	2858.07	2574.20		
		50	0	604.53	1813.58	7.69	818.22
			1000	1768.28	2304.83		
			2000	2808.03	2424.08		
		80	0	566.53	1699.59	7.43	760.41
			1000	1698.42	2095.26		
			2000	2763.73	2291.17		
	15	20	0	1712.88	5138.63	25.50	1643.31
			1000	3287.16	6861.47		
			2000	4717.38	8152.15		
		50	0	1466.37	4399.10	24.35	1450.25
			1000	3034.67	6104.01		
			2000	4396.12	7188.35		
		80	0	1247.23	3741.69	23.65	1280.98
			1000	2889.87	5669.62		
			2000	4120.21	6360.63		
	5	20	0	1694.84	5084.52	35.01	1374.12
			1000	3802.84	8408.52		
			2000	5470.80	10412.39		
		50	0	1355.23	4065.70	35.82	1129.72
			1000	3719.31	8157.93		
			2000	5159.752	9479.26		
		80	0	1059.42	3178.25	36.11	912.15
			1000	3551.25	7653.74		
			2000	4844.72	8534.15		

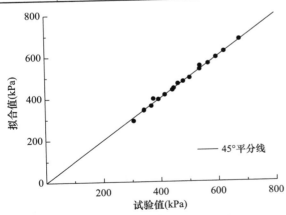

图 14.66　拟合黏聚力与试验值的比较

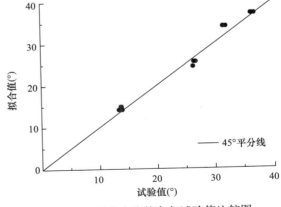

图 14.67　拟合内摩擦角与试验值比较图

膨润土-砂混合料的温控三轴试验　　　表 14.16

干密度 (g/cm³)	含水率 (%)	围压 (kPa)	掺砂率 (%)	控制温度 (℃)	试验数量 (个)
1.4	15、25	100、500、1000、2000	0、15、30、45	20、50、80	2×4×4×3=96

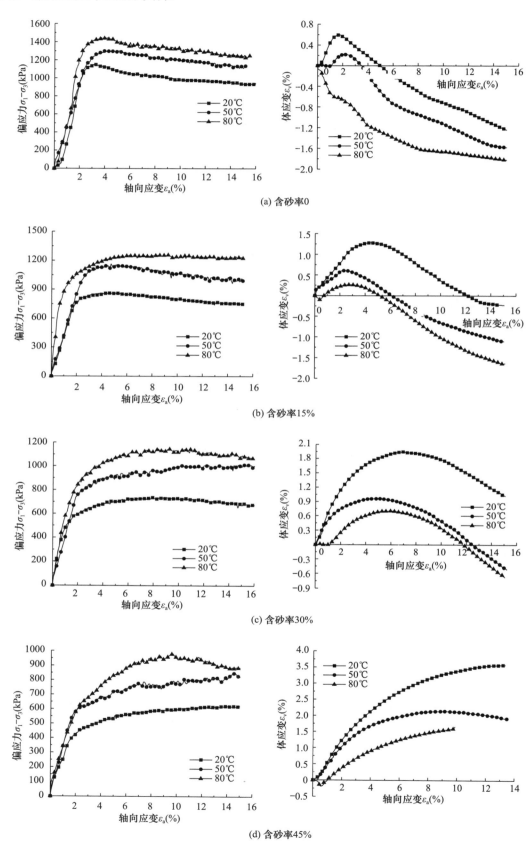

图 14.68　含水率 15%、围压 100kPa 的混合料（干密度 1.4g/cm³）应力-应变曲线

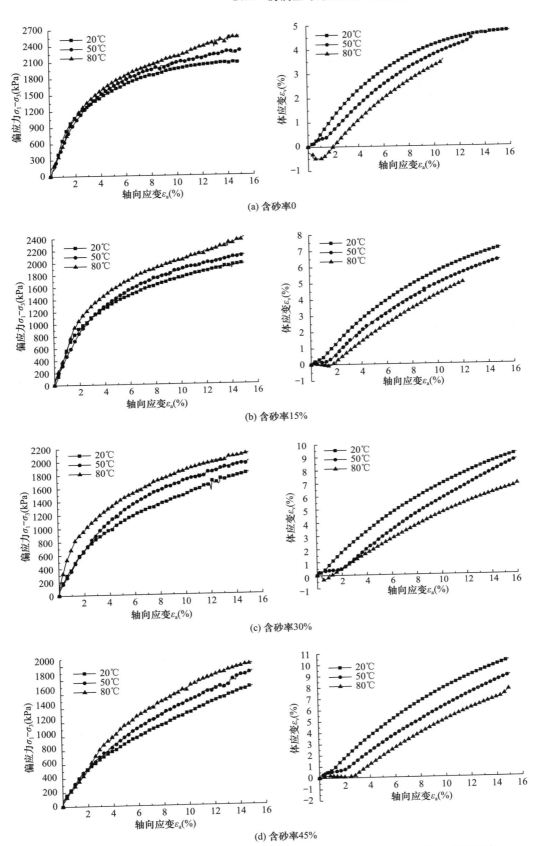

图 14.69　含水率 15%、围压 500kPa 的混合料（干密度 1.4g/cm³）应力-应变曲线

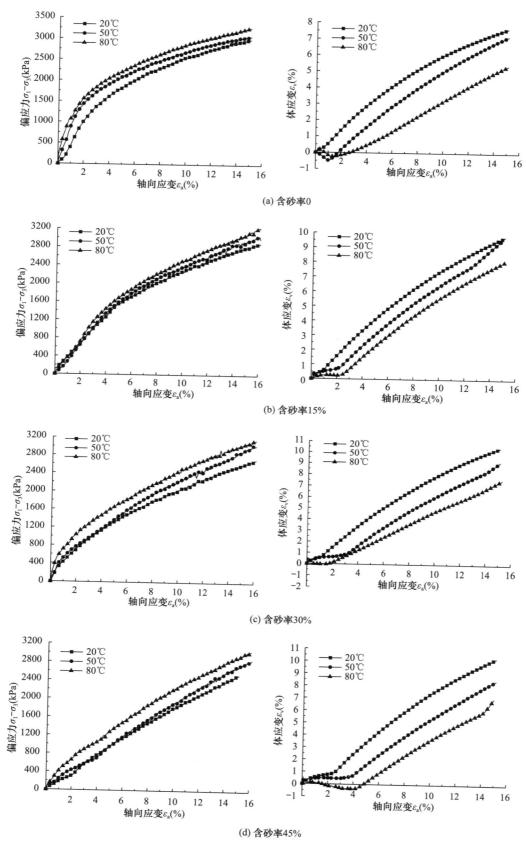

(a) 含砂率0

(b) 含砂率15%

(c) 含砂率30%

(d) 含砂率45%

图 14.70　含水率 15%、围压 1000kPa 的混合料（干密度 1.4g/cm³）应力-应变曲线

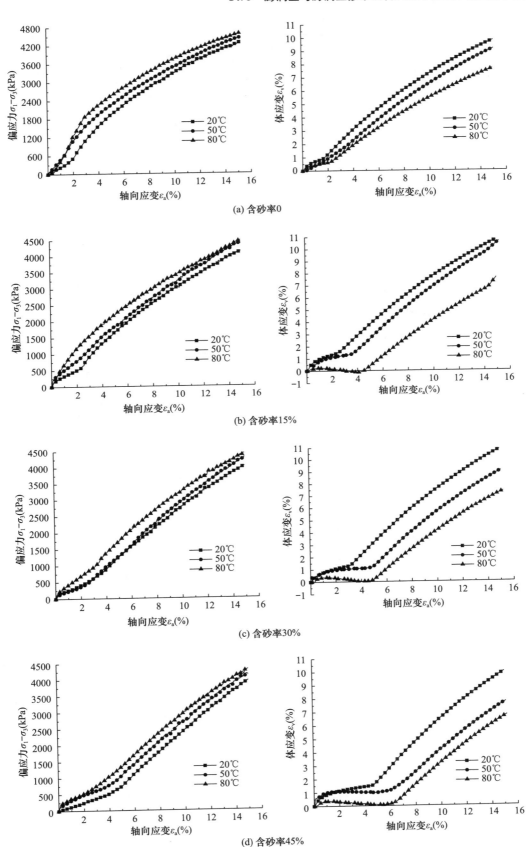

图 14.71 含水率 15%、围压 2000kPa 的混合料（干密度 1.4g/cm³）应力-应变曲线

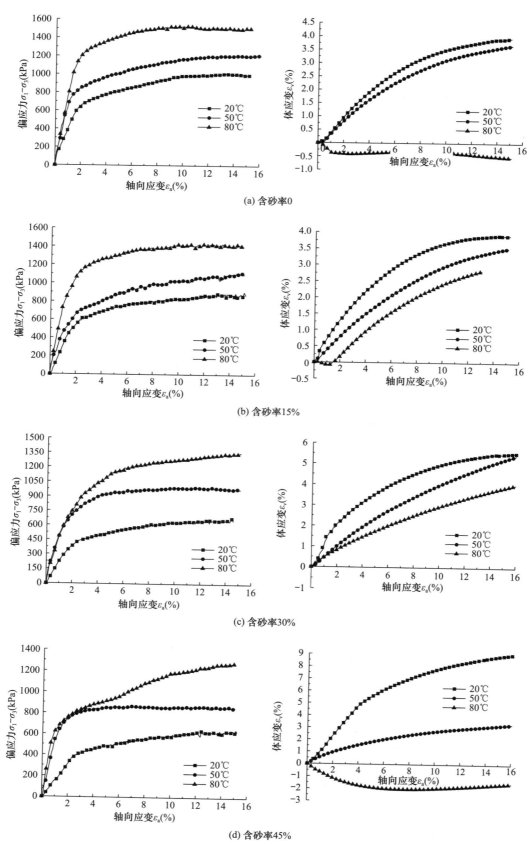

(a) 含砂率0

(b) 含砂率15%

(c) 含砂率30%

(d) 含砂率45%

图 14.72　含水率 25%、围压 100kPa 的混合料（干密度 1.4g/cm³）应力-应变曲线

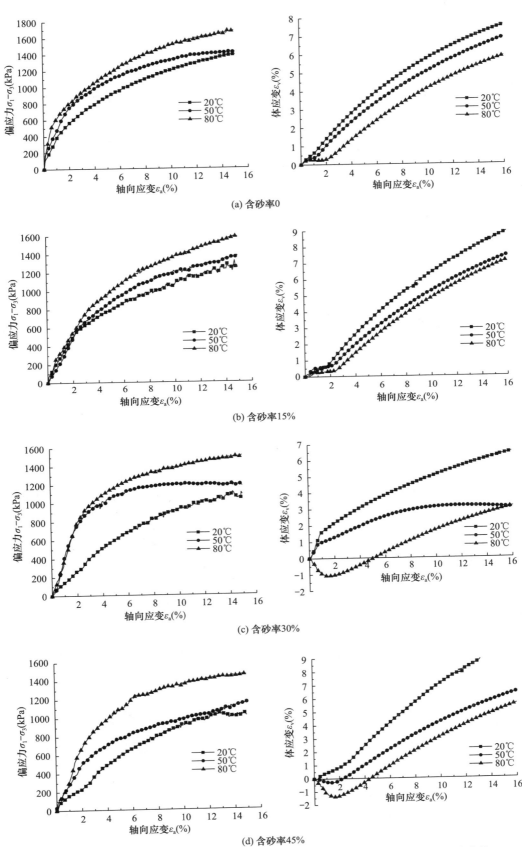

图 14.73 含水率 25%、围压 500kPa 的混合料（干密度 1.4g/cm³）应力-应变曲线

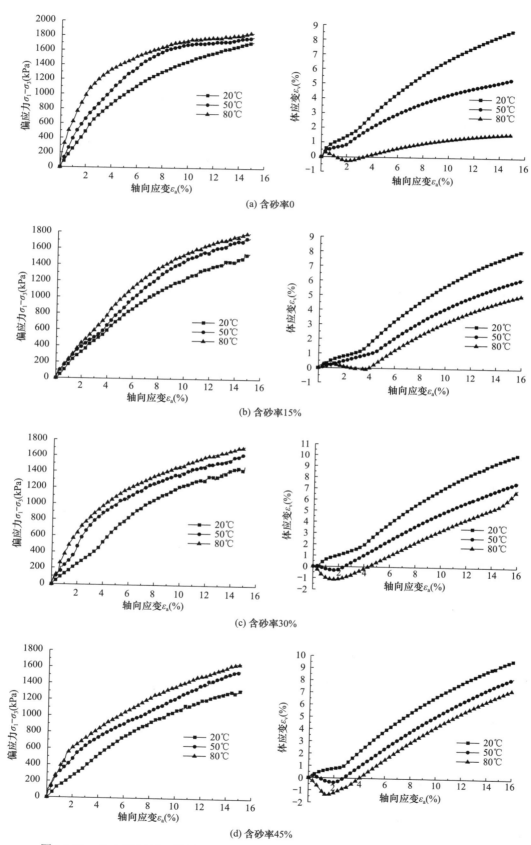

(a) 含砂率0

(b) 含砂率15%

(c) 含砂率30%

(d) 含砂率45%

图 14.74　含水率 25%、围压 1000kPa 的混合料（干密度 1.4g/cm³）应力-应变曲线

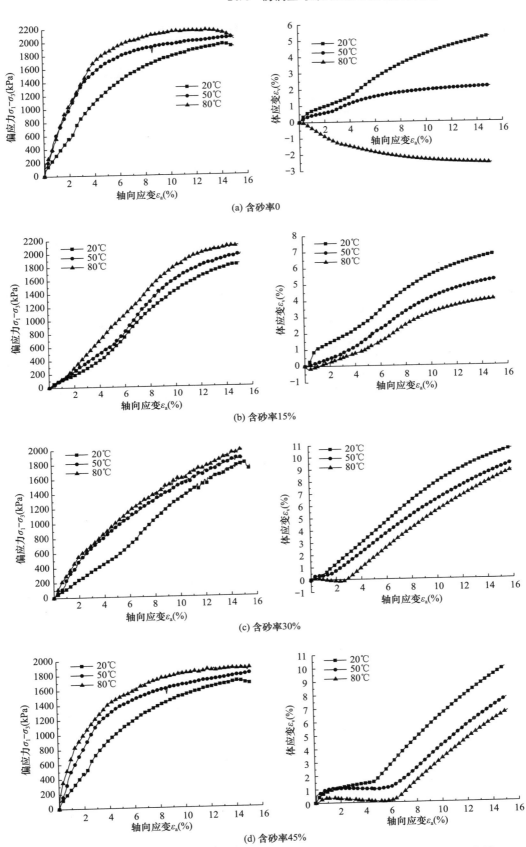

图 14.75　含水率 25%、围压 2000kPa 的混合料（干密度 1.4g/cm³）应力-应变曲线

混合料（干密度 1.4g/cm³）在含水率 15%时的强度参数　　　　　表 14.17

温度 （℃）	含砂率 （%）	围压 （kPa）	破坏球应力 p_f （kPa）	破坏偏应力 q_f （kPa）	φ （°）	c （kPa）
20	0	100	495.0137	1185.04	26.48	366.59
	0	500	1192.54	2077.61		
	0	1000	1992.51	2977.53		
	0	2000	3427.49	4282.47		
50	0	100	541.24	1323.72	26.50	414.60
	0	500	1268.56	2305.68		
	0	1000	2020.66	3061.98		
	0	2000	3488.07	4464.22		
80	0	100	582.76	1448.28	26.51	460.31
	0	500	1313.33	2439.98		
	0	1000	2095.11	3285.34		
	0	2000	3526.26	4578.78		
20	15	100	461.38	1084.13	26.01	337.89
	15	500	1156.88	1970.63		
	15	1000	1928.53	2785.60		
	15	2000	3368.51	4105.52		
50	15	100	502.47	1207.42	26.45	372.89
	15	500	1206.97	2120.90		
	15	1000	1983.26	2949.77		
	15	2000	3438.57	4315.71		
80	15	100	546.42	1339.25	26.40	434.14
	15	500	1295.63	2386.89		
	15	1000	2055.56	3166.68		
	15	2000	3488.75	4466.24		
20	30	100	429.21	987.63	25.89	297.05
	30	500	1106.59	1819.78		
	30	1000	1859.48	2578.43		
	30	2000	3327.53	3982.58		
50	30	100	469.70	1109.11	26.59	334.71
	30	500	1158.62	1975.86		
	30	1000	1949.60	2848.80		
	30	2000	3409.50	4228.50		
80	30	100	512.48	1237.45	26.92	371.23
	30	500	1206.61	2119.84		
	30	1000	2002.71	3008.14		
	30	2000	3473.80	4421.41		
20	45	100	398.27	894.80	26.01	258.62
	45	500	1059.29	1677.86		
	45	1000	1818.86	2456.59		
	45	2000	3299.77	3899.30		

温度（℃）	含砂率（%）	围压（kPa）	破坏球应力 p_f（kPa）	破坏偏应力 q_f（kPa）	φ（°）	c（kPa）
50	45	100	439.01	1017.04		
	45	500	1127.77	1883.31	26.62	302.21
	45	1000	1901.89	2705.68		
	45	2000	3383.34	4150.02		
80	45	100	479.27	1137.80		
	45	500	1173.58	2020.75	26.61	347.41
	45	1000	1972.12	2916.35		
	45	2000	3420.04	4260.11		

膨润土掺砂混合料（干密度 1.4g/cm³）在含水率 25%时的强度参数 表 14.18

温度（℃）	含砂率（%）	围压（kPa）	破坏球应力 p_f（kPa）	破坏偏应力 q_f（kPa）	φ（°）	c（kPa）
20	0	100	356.11	768.33		
	0	500	868.71	1106.12	13.74	306.32
	0	1000	1510.13	1530.40		
	0	2000	2652.97	1958.90		
50	0	100	394.62	883.87		
	0	500	902.91	1208.72	13.83	345.21
	0	1000	1535.43	1606.30		
	0	2000	2695.18	2085.54		
80	0	100	418.76	956.28		
	0	500	936.34	1309.02	13.85	375.78
	0	1000	1554.79	1664.37		
	0	2000	2724.01	2172.04		
20	15	100	334.18	702.55		
	15	500	841.78	1025.35	13.07	287.13
	15	1000	1483.00	1448.99		
	15	2000	2605.43	1816.30		
50	15	100	377.57	832.70		
	15	500	885.93	1157.80	13.23	333.28
	15	1000	1512.90	1538.71		
	15	2000	2656.97	1970.91		
80	15	100	399.41	898.22		
	15	500	911.14	1233.43	13.81	350.18
	15	1000	1530.66	1591.97		
	15	2000	2701.64	2104.91		
20	30	100	322.87	668.62		
	30	500	817.14	951.41	13.05	263.83
	30	1000	1453.44	1360.32		
	30	2000	2591.55	1774.64		
50	30	100	363.67	791.01		
	30	500	867.78	1103.35	12.71	319.39
	30	1000	1484.75	1454.25		
	30	2000	2625.08	1875.23		

温度 (℃)	含砂率 (%)	围压 (kPa)	破坏球应力 p_f (kPa)	破坏偏应力 q_f (kPa)	φ（°）	c（kPa）
80	30	100	386.45	859.35	13.21	338.57
	30	500	889.10	1167.29		
	30	1000	1509.32	1527.95		
	30	2000	2665.02	1995.06		
20	45	100	310.96	632.88	12.68	251.13
	45	500	798.81	896.43		
	45	1000	1437.01	1311.02		
	45	2000	2564.60	1693.79		
50	45	100	346.42	739.26	12.51	300.25
	45	500	848.14	1044.43		
	45	1000	1466.13	1398.39		
	45	2000	2600.38	1801.13		
80	45	100	367.12	801.37	12.51	317.19
	45	500	865.01	1095.02		
	45	1000	1482.80	1448.41		
	45	2000	2633.09	1899.28		

14.6　本章小结

（1）自主研发的高温-高压-高吸力非饱和土固结仪和三轴仪可独立控制温度和吸力，改进的三向胀缩仪可量测高达 6MPa 的膨胀力，能满足研究膨润土及其掺砂混合料的变形和强度的需要。

（2）干密度、竖向压力、浸泡液体均会显著影响膨胀变形；在无荷状态下，直接浸水与饱和蒸汽吸湿两种方法得到的膨胀变形存在巨大差异；浸泡液体由 NaCl 溶液调整为蒸馏水会引起渗析膨胀，而由蒸馏水换成 NaCl 溶液会引起渗析固结。

（3）膨润土在常温下经历加卸载循环，既产生塑性压缩，又会产生塑性膨胀，其机理可用巴塞罗那膨胀土模型解释。

（4）利用高温高压高吸力非饱和固结仪，通过不同温度下的控制吸力加卸载循环试验与膨胀变形试验研究，发现在保持吸力不变时温度升高会导致屈服应力的降低（图 14.3），但对变形系数基本没有影响（图 14.4）；膨胀变形随温度升高呈线性减小；在高竖向压力下，膨胀变形时程曲线中出现"二次膨胀"现象。

（5）膨润土的膨胀力主要与干密度有关，初始吸力对其基本没有影响；发现膨润土和混合料的水平膨胀力小于竖向膨胀力，且竖向膨胀力、水平膨胀力均与干密度呈指数关系。

（6）混合料的含砂率增加使膨胀力和各向异性减弱；提出了一个基于体积率的膨润土干密度指标，据此建立了高庙子膨润土及其含砂混合料三向膨胀力的模型，实现了对不同干密度和含砂率条件下高庙子膨润土及含砂混合料的三向膨胀力的定量预测，并得到已有试验资料的验证。

（7）膨润土试样的干密度较低时（$\rho_d = 1.4\text{g/cm}^3$、$1.6\text{g/cm}^3$），其强度随温度升高而增大；当干密度较高时（$\rho_d = 1.8\text{g/cm}^3$），其强度随温度升高而减小；内摩擦角随含水率的增大而减小，温度对其影响可忽略不计；温度和含水率均对黏聚力有显著影响。分别建立了黏聚力随含水率及温度变化的规律和内摩擦角随含水率减小的规律。

（8）混合料强度随温度升高而增大，随含砂率的增加而降低；在含水率相同时，含砂率对内摩擦角的影响很小，但使黏聚力明显减小；随含砂率提高，混合料的初始杨氏模量逐渐减小；温度与混合料的黏聚力正相关，但对内摩擦角影响不大；高含砂率的试样剪缩现象明显。

参考文献

[1] 陈正汉，秦冰. 缓冲/回填材料的热-水-力耦合特性及其应用 [M]. 北京：科学出版社，2017.

[2] 秦冰，陈正汉，刘月妙，等. 高庙子膨润土的胀缩变形特性及其影响因素研究 [J]. 岩土工程学报，2008，30 (7)：1005-1010.

[3] LLORET A, VILLAR M V, SANCHEZ M, et al. Mechanical behaviour of heavily compacted bentonite under high suction changes [J]. Géotechnique, 2003, 53 (1)：27-40.

[4] TANG A M, CUI Y J, BARNEL N. Thermo-mechanical behaviour of a compacted swelling clay [J]. Géotechnique, 2008, 58 (1)：45-54.

[5] ALONSO E, GENS A, JOSA A. A constitutive model for partially saturated soils [J]. Géotechnique, 1990, 40 (3)：405-430.

[6] LLORET A, VILLAR M V. Advances on the knowledge of the thermo-hydro-mechanical behaviour of heavily compacted "FEBEX" bentonite [J]. Physics and Chemistry of the Earth, 2007, 32：701-715.

[7] UCHAIPICHATC A, KHALILI N. Experimental investigation of thermo-hydro-mechanical behaviour of an unsaturated silt [J]. Géotechnique, 2009, 59 (4)：339-353.

[8] PUSCH R. The microstructure of MX-80 clay with respect to its bulk physical properties under different environmental conditions [R]. Stockholm：SKB Technical Report, 2001.

[9] PUSCH R. The buffer and backfill handbook, part1：Definitions, basic relationships, and laboratory methods [R]. Stockholm：SKB Technical Report, 2002.

[10] KOMINE H, OGATA N. Experimental study on swelling characteristics of compacted bentonite [J]. Canadian Geotechnical Journal, 1994, 31 (4)：478-490.

[11] 秦冰，陈正汉，刘月妙，等. 高庙子膨润土 GMZ001 三向膨胀力特性研究 [J]. 岩土工程学报，2009，31 (5)：756-763.

[12] LLORET A, ROMERO E, VILLAR M V. FEBEX II Project：Final report on thermo-hydro-mechanical laboratory tests [R]. Madrid：Publicación Técnica ENRESA, 2004.

[13] PUSCH R, YONG R N. Microstructure of smectite clays and engineering performance [M]. London and New York：Taylor & Francis, 2006.

[14] 谭罗荣，孔令伟. 特殊岩土工程土质学 [M]. 北京：科学出版社，2006.

[15] SRIDHARAN A, RAO S M, MURTHY N S. Murthy. Compressibility behaviour of homoionized bentonites. Géotechnique, 1986, 36 (4)：551-564.

[16] DELAGE P, MARCIAL D, CUI Y J, et al. Ageing effects in a compacted bentonite：a microstructure approach [J]. Géotechnique, 2006, 56 (5)：291-304.

[17] PUSCH R. The buffer and backfill handbook, Part2：Materials and techniques [R]. Stockholm：SKB Technical Report, 2001.

[18] SUZUKI S, PRAYONGPHAN S, ICHIKAWA Y, CHAE B. In situ observations of the swelling of bentonite aggregates in NaCl solution [J]. Applied Clay Science, 2005, 29：89-98.

[19] SANTAMARINA J C, KLEIN K A, PALOMINO A, et al. Micro-scale aspects of chemical-mechanical coupling：Interparticle forces and fabric [C] //Chemo-Mechanical Coupling in Clays：From Nano-Scale to Engineering Applications. Maratea. 2001：47-60.

[20] MAIO C D. Exposure of bentonite to salt solution：osmotic and mechanical effects [J]. Géotechnique, 1996, 46 (4)：695-707.

[21] ALONSO E E. Modelling expansive soil behaviour [C] //Proceedings of the second International Conference on Unsaturated Soils. Beijing. 1998：37-70.

[22] ALONSO E, VAUNAT J, GENS A. Modelling the mechanical behaviour of expansive clays [J]. Engineering Geology, 1999, 54: 173-183.

[23] MESRI G, OLSON R E. Consolidation characteristics of montmorillonite [J]. Géotechnique, 1971, 21 (4): 341-352.

[24] FREDLUND D G, RAHARDIO H. Soil Mechanics for Unsaturated Soils [M]. New York: Wiley & his sons, 1993. （中译本：非饱和土土力学 [M]. 陈仲颐, 张在明等译. 北京: 中国建筑工业出版社, 1997.）

[25] DEAN J A. Lange's handbook of chemistry [M]. New York: McGraw-Hill, 1999.

[26] 刘泉声, 王志俭. 砂-膨润土混合物膨胀力影响因素的研究 [J]. 岩石力学与工程学报, 2002, 21 (7): 1054-1058.

[27] BRADBURY M H, BAEYENS B. Porewater chemistry in compacted re-saturated MX-80 bentonite [J]. Journal of Contaminant Hydrology, 2003, 61: 329-338.

[28] YONG R N. Soil suction and soil-water potential in swelling clays in engineered clay barriers [J]. Engineering Geology, 1999, 54: 3-13.

[29] LARID D A. Influence of layer charge on swelling of smectites [J]. Applied Clay Science, 2006, 34: 74-87.

[30] YONG R N, MOHAMED A M O. A study of particle interaction energies in wetting of unsaturated expansive clays [J]. Canadian Geotechnical Journal, 1992, 29 (6): 1060-1070.

[31] KOMINE H, OGATA N. Predicting characteristics of bentonite [J]. Journal of geotechnical and geoenvironmental engineering, 2004, 8: 818-829.

[32] SPOSITO G. The chemistry of soils [M]. New York: Oxford University Press, 1989.

[33] 王平全, 熊汉桥. 黏土表面结合水定量分析及水合机制研究 [M]. 北京: 石油工业出版社, 2002.

[34] 孙发鑫, 陈正汉, 秦冰, 等. 高庙子膨润土-砂混合料的三向膨胀力特性 [J]. 岩石力学与工程学报, 2013, 32 (1): 200-207.

[35] KOMINE H, OGATA N. New equations for swelling characteristics of bentonite-based buffer materials [J]. Canadian Geotechnical Journal, 2003, 40: 460-475.

[36] 孙发鑫. 膨润土-砂混合缓冲/回填材料的力学特性和持水特性研究 [D]. 重庆: 后勤工程学院, 2013.

[37] 孙文静, 孙德安, 张谨绎. 常含水率下非饱和高庙子膨润土加砂混合物的水力-力学性质 [J]. 土木工程学报, 2011, 44 (Supp): 161-164.

[38] 朱国平, 刘晓东, 杨婷. 高庙子膨润土三轴剪切力学性能研究 [C] //第二届废物地下处置学术研讨会论文集, 2008: 205-209.

[39] GRAHAM J, SAADAT F. Strength and volume change behavior of a sand-bentonite mixture [J]. Canadian Geotechical Journal, 1989, 26 (5): 292-305.

[40] 陈皓, 吕海波, 陈正汉, 等. 考虑温度影响的高庙子膨润土强度与变形特性试验研究 [J]. 岩石力学与工程学报, 2018, 37 (8): 1962-1979.

[41] 陈皓, 吕海波, 陈正汉, 等. 高庙子膨润土在高温高压下的强度特性研究 [J]. 岩土工程学报, 2018, 40 (S1): 28-33.

[42] VILLAR M V, LLORET A. Influence of temperature on the hydro-mechanical behaviour of a compacted bentonite [J]. Applied Clay Science, 2004, 26 (1): 337-350.

[43] CARLSSON T. Interaction in MX-80 bentonite water electrolyte systems [D]. Kiruna: University of Luleá, 1986.

[44] 陈皓. 高放废物地质库缓冲材料在高温高压下的变形强度特性研究 [D]. 南宁: 广西大学, 2015.

第15章　含黏砂土、红黏土、重塑黏土和盐渍土的力学特性

本章提要

应用非饱和土三轴仪和四联固结-直剪仪系统研究了含黏砂土、红黏土和重塑黏土的变形、屈服、强度、孔压和水量变化特性，考虑了吸力、围压、干密度、含水率、剪切速率等因素的影响，得到了屈服应力、变形参数（初始杨氏模量、泊松比、回弹模量）和强度参数（黏聚力和摩擦角）随吸力、净围压、含水率、干密度的变化规律，提出了抛物线形统一屈服面；初步探讨了含盐率对盐渍土变形和强度的影响。

15.1　含黏砂土的力学特性

广佛高速公路扩建工程（2006～2011）在原来6车道的基础上，两边各增加一个车道。其中，雅瑶（K7+163.6）—谢边（K15+725.44）段的路线长为8.562km，地基为软土，地下水位距地表0.5m；加宽路堤顶面高出地平面6m，填土为含黏砂土，处于非饱和状态，路堤内的水分变化和变形是工程界关切的问题。本节用非饱和土力学的方法研究其变形、强度和水量变化特性[1,2]。

15.1.1　土样物性指标与试验研究方案

对路基填土做了两种筛分试验（水溶法筛分试验和碾碎筛分试验）、界限含水率试验（用光电式液、塑限联合测定仪测定）、击实试验（重型击实法）等物理性质试验[2]。土样颗粒级配见表15.1，根据《土的工程分类标准》GB/T 50145—2007[3]应将该土定名为中砂；由物性试验得到的塑性指数 I_p 为7.6，据其应将该土定名为粉土；综合两方面的试验结果，本节将该土定名为含黏砂土。该土的击实试验曲线示于图15.1，最优含水率为13.5%，对应的最大干密度为1.90g/cm³。

试验所用土的颗粒级配　　　　　　　　　　　　　　　表15.1

相对密度 d_s	颗粒（mm）组成（%）				
	>2	2～0.5	0.5～0.25	0.25～0.075	<0.075
2.68	10.39	19.58	32.46	22.75	14.82

重塑土样的制备方法同第12.2.2节，制样设备见图9.6。试样初始干密度按压实度为97.4%控制，即干密度等于1.85g/cm³，孔隙比为0.45；配制初始含水率为14.5%，初始饱和度为86.36%。用后勤工程学院的非饱和土三轴仪（见第12.2.2节）、非饱和土四联固结-直剪仪（图5.10）共做了以下5种试验。

（1）3个吸力（$s=u_a-u_w$）等于常数、净平均应力（$p=(\sigma_1+2\sigma_3-3u_a)/3$）增大的各向等压固结试验。

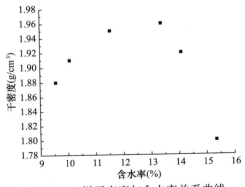

图15.1　土样干密度与含水率关系曲线

（2）3 个控制净平均应力等于常数，吸力逐级增大的三轴收缩试验。

（3）7 个在 p-s 平面上比例加载的径向应力路径试验[1]。净平均应力和吸力同时按一定比例变化的固结试验，7 个试验的应力路径与 p 轴夹角 α 分别为 0°、15°、30°、45°、60°、75° 和 90°，即每条加载路径按 $s=p\tan\alpha$ 的比例加载，具体路径、路径终点应力示于图 15.2。这 7 条路径都使土从弹性状态变化到塑性状态，其初始屈服点的包络线即为在 p-s 平面的初始屈服线。此外，对 15°、30°、45°、60° 和 75° 的 5 条加载路径从加载末端开始按与加载值相反的方向卸载回弹。

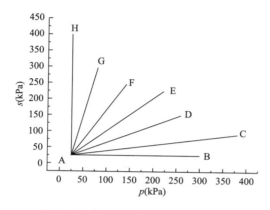

加载路径	p(kPa)	s(kPa)
AB(0°)	300.00	25.00
AC(15°)	381.70	93.80
AD(30°)	259.80	150.00
AE(45°)	225.00	225.00
AF(60°)	144.23	250.00
AG(75°)	80.39	300.00
AH(90°)	25.00	400.00

图 15.2　第（3）种试验在 p-s 平面上的加载应力路径与路径终点的应力值

（4）12 个控制净围压（σ_3-u_a）和吸力都控制为常数的三轴固结排水剪切试验，净围压分别控制为 100kPa、200kPa 和 300kPa，吸力分别控制为 0kPa、50kPa、100kPa 和 200kPa。

第（1）～（3）种试验每级加载的稳定标准与第（4）种试验的固结稳定标准均为：在 2h 内体变不超过 0.0063cm³，且排水量不超过 0.012cm³。按照该标准，第（3）种试验的每个试验历时从 28～38d 不等。考虑到试验用土为含黏砂土，渗透性较好，故三轴排水剪切时采用较高的剪切速率，即 0.0167mm/min，剪切至 15% 轴向应变需要 12h。

（5）9 个控制吸力和净竖向应力为常数的直剪试验[2]，试验横截面积为 30cm²，高度 2cm；控制吸力分别为 50kPa、100kPa 和 200kPa，净竖向应力分别为 100kPa、200kPa 和 300kPa。试验过程包括固结和剪切两个阶段，固结时间为 2d，剪切速率为 0.016mm/min，剪切至位移 6mm 需要 6.25h。

每个试验结束后，测取试样的最终含水率。由于试验历时比较长，对试验测得的排水量按测得的试样最终含水率进行校正，方法同第 12.2.2 节。前 3 种试验的排水量校正情况分别见表 15.2 和表 15.3，相对误差在 6% 以内。在下文的分析中，排水量用校正值。

此外，由表 15.2 可以看出，三轴收缩试验的体变和排水量比各向等压试验的相应数值高出一倍左右，表明应力路径对体变和排水有显著影响。

部分试验排水量的量测值与校正值及体变[2]　　　　　　　　　　表 15.2

试验条件描述		实测值（cm³）	排水量校正值（cm³）	误差（%）	体变（cm³）
控制吸力的各向等压试验	控制吸力（kPa） 50	1.50	1.59	6	1.844
	100	1.47	1.54	4.5	1.765
	200	1.356	1.41	3.98	2.65
控制净平均应力的三轴收缩试验	控制净平均应力（kPa） 25	3.29	3.38	2.8	3.1
	50	3.02	3.14	3.83	5.69
	100	2.80	2.94	4.92	7.33

试验历时和试样排水校正[1]　　　　　　　　　　　　　　表 15.3

加载路径名称	路径方向角（°）	历时（d）	测量值（cm³）	校正值（cm³）	差值（cm³）	相对误差（％）
AB	0	38	3.342	3.356	0.014	0.417
AC	15	36	3.074	3.081	0.007	0.227
AD	30	32	4.941	5.154	0.213	4.133
AE	45	28	3.968	4.072	0.104	2.554
AF	60	34	3.567	3.769	0.202	5.360
AG	75	37	4.028	4.135	0.107	2.588
AH	90	33	5.918	6.022	0.104	1.727

试验后的部分试样照片见图 15.3。

图 15.3　试验后的部分试样照片

15.1.2　含黏砂土在 $p\text{-}s$ 平面上的屈服、变形、水量变化特性及抛物线形屈服线

图 15.4 是控制吸力为常数的各向等压试验结果，包括 $v\text{-}\lg p$ 关系曲线、$\varepsilon_v\text{-}\lg\dfrac{p+p_{\text{atm}}}{p_{\text{atm}}}$ 关系曲线、$\varepsilon_w\text{-}\lg\dfrac{p+p_{\text{atm}}}{p_{\text{atm}}}$ 关系曲线、$w\text{-}\lg\dfrac{p+p_{\text{atm}}}{p_{\text{atm}}}$ 关系曲线。图 15.4（a）中同一试样的试验点近似位于两条相交的直线段上，两直线的交点可作为屈服点，屈服点的净平均应力就是屈服应力。由此确定的不同吸力下的屈服应力列于表 15.4，由表 15.4 可见，随着吸力提高，屈服应力增大。

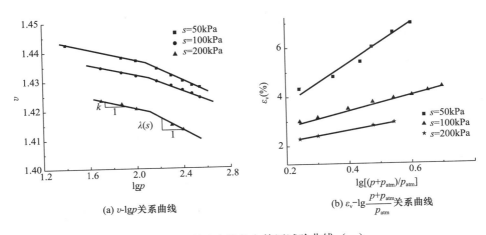

图 15.4　控制吸力的各向等压试验曲线（一）

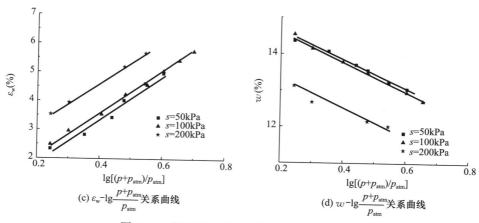

(c) ε_{w}-lg$\dfrac{p+p_{\mathrm{atm}}}{p_{\mathrm{atm}}}$关系曲线　　　(d) w-lg$\dfrac{p+p_{\mathrm{atm}}}{p_{\mathrm{atm}}}$关系曲线

图 15.4　控制吸力的各向等压试验曲线（二）

与控制吸力的各向等压试验相关的土性参数值　　　表 15.4

吸力 （kPa）	屈服应力 （kPa）	压缩性指标 λ（s）	λ_{ε}（s） （%）	λ_{w}（s） （%）	β（s） （%）	w-p 关系直线的斜率 （$\times 10^{-5}$/kPa）
50	114	0.0184	7.5831	7.5831	-3.4629	1.8
100	138	0.0156	3.0609	7.1369	-4.1761	1.7
200	151	0.0175	2.0798	7.0798	-3.7295	1.4
平均值	—	—		7.2666	-3.7895	1.63

分别用符号 κ、λ（s）表示图 15.4（a）中土样屈服前、屈服后的直线段的斜率（压缩指数），通过最小二乘法可以确定其值。κ 的值变化不大，可取其平均值为 0.0099；λ（s）值见表 15.4。λ（s）为 κ 的 1.5～1.8 倍，二者差别并不显著，可能是由于试样的干密度高（达 1.85g/cm³）而施加的净平均应力水平较低的缘故。

用 λ_{ε}（s）、λ_{w}（s）和 β（s）分别表示图 15.4（b）、图 15.4（c）、图 15.4（d）中直线段斜率，其数值列于表 15.4 中。由表 15.4 可知，吸力对 λ_{w}（s）和 β（s）的影响不大，可视为常数，取其平均值即可。容易验证，λ_{w}（s）和 β（s）的数值之间亦满足式（12.39），即：

$$\lambda_{\mathrm{w}}(s) = -\frac{G_{\mathrm{s}}}{1+e_0}\beta(s) \tag{15.1}$$

此外，绘制控制吸力为常数的各向等压试验的 w-p 关系曲线（图略），不同吸力下的 w-p 关系基本上都是线性的，各直线段斜率的数值见表 15.4 的最后一列，其平均值为 1.63×10^{-5}/kPa。

图 15.5 是控制净平均应力为常数吸力逐级增大的三轴收缩试验结果，包括 v-lg$s$ 关系曲线、

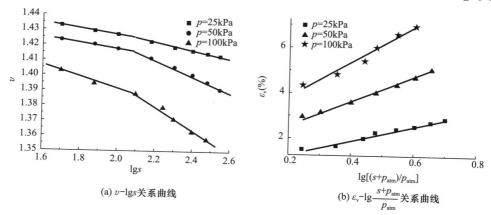

(a) v-lg$s$关系曲线　　　(b) ε_{v}-lg$\dfrac{s+p_{\mathrm{atm}}}{p_{\mathrm{atm}}}$关系曲线

图 15.5　控制净平均应力为常数吸力逐级增大的三轴收缩试验曲线（一）

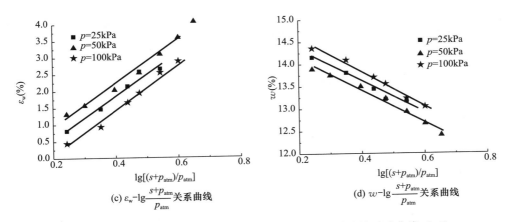

(c) ε_{w}-$\lg\dfrac{s+p_{\mathrm{atm}}}{p_{\mathrm{atm}}}$关系曲线　　(d) w-$\lg\dfrac{s+p_{\mathrm{atm}}}{p_{\mathrm{atm}}}$关系曲线

图 15.5　控制净平均应力为常数吸力逐级增大的三轴收缩试验曲线（二）

ε_{v}-$\lg\dfrac{s+p_{\mathrm{atm}}}{p_{\mathrm{atm}}}$关系曲线、$\varepsilon_{\mathrm{w}}$-$\lg\dfrac{s+p_{\mathrm{atm}}}{p_{\mathrm{atm}}}$关系曲线、$w$-$\lg\dfrac{s+p_{\mathrm{atm}}}{p_{\mathrm{atm}}}$关系曲线。其中，图 15.5（a）中的 3 条曲线都有较为明显的屈服点，并且较为接近，可视为常数，陈正汉[4]将这一吸力定义为土的屈服吸力 s_{y}，其数值见表 15.5。

与控制净平均应力为常数吸力逐级增大的三轴收缩试验相关的土性参数值　　　表 15.5

p（kPa）	屈服应力（kPa）	$\lambda_{\varepsilon}(p)$（%）	$\lambda_{\mathrm{w}}(p)$（%）	$\beta(p)$（%）
25	125	3.1608	6.5747	−3.545
50	126	5.1576	7.0457	−3.799
100	131	7.7571	7.0891	−3.823
均值	127	—	6.90317	−3.722

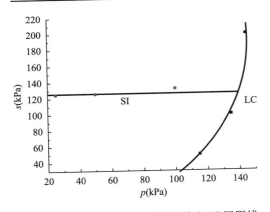

图 15.6　含黏砂土的 LC 屈服线和 SI 屈服线

将由控制吸力的各向等压试验得到的屈服净平均应力（表 15.4）和净平均应力为常数吸力逐级增大的三轴收缩试验得到的屈服吸力 s_{y}（表 15.5）绘制在 p-s 平面上，就得到含黏砂土的 LC 屈服线和 SI 屈服线，如图 15.6 所示。由图 15.6 可见，非饱和含黏砂土的屈服特性与一般非饱和土[5]相似。

用 $\lambda_{\varepsilon}(p)$、$\lambda_{\mathrm{w}}(p)$ 和 $\beta(p)$ 分别表示图 15.5（a）、图 15.5（b）和图 15.5（c）中直线段斜率，它们的数值列于表 15.5 中。由该表可知，净平均应力不同对 $\lambda_{\mathrm{w}}(p)$，$\beta(p)$ 的影响较小，可以视为常数，本书中取各自的平均值。$\lambda_{\mathrm{w}}(p)$ 和 $\beta(p)$ 之间亦满足式（15.1）。

$\lambda_{\varepsilon}(p)$ 随净平均应力的变化较为显著，可用下式描述：

$$\lambda_{\varepsilon}(p)=\lambda_{\varepsilon}^{0}(p)+m_3\lg(\frac{p+p_{\mathrm{atm}}}{p_{\mathrm{atm}}}) \tag{15.2}$$

式中，$\lambda_{\varepsilon}^{0}(p)$ 是 $\lambda_{\varepsilon}(p)$ 在 p 等于零时的值，$\lambda_{\varepsilon}^{0}(p)=0.0108$，$m_3=0.2236$。

图 15.7～图 15.10 分别是 7 个在 p-s 平面上比例加载的径向应力路径试验在 p-s-v、p-s-ε_{v}、p-s-ε_{w} 和 p-s-w 空间的关系曲线。在图 15.7 中还绘制了卸载回弹曲线。从图 15.7 可见，路径 AB（$\alpha=0°$）～路径 AE（$\alpha=45°$）的压缩变形都比较大，说明净平均应力对土的压缩变形起主导作用；5 条回弹曲线的斜率远比加载曲线平缓，且大致平行。从图 15.9 可见，路径 AE（$\alpha=$

45°）～路径 AH（$\alpha=90°$）的排水量都比较大，说明施加吸力比施加净平均应力对排水更为有效。

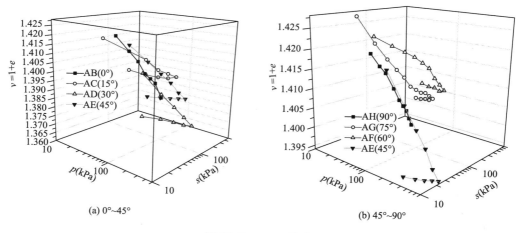

(a) 0°~45°　　　　　　　　　　　(b) 45°~90°

图 15.7　p-s-v 关系

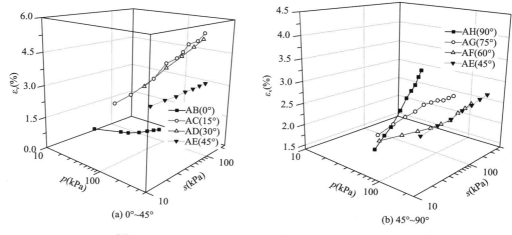

(a) 0°~45°　　　　　　　　　　　(b) 45°~90°

图 15.8　径向应力路径试验在 p-s-ε_v 空间的关系曲线

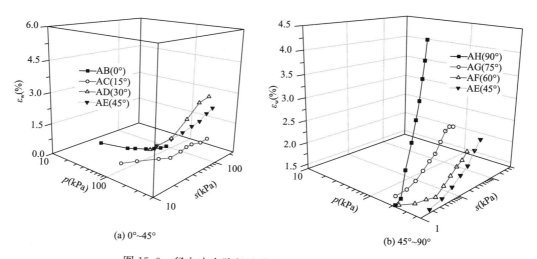

(a) 0°~45°　　　　　　　　　　　(b) 45°~90°

图 15.9　径向应力路径试验在 p-s-ε_w 空间的关系曲线

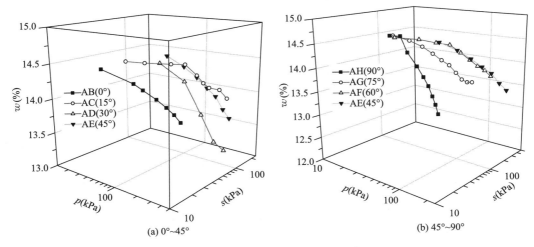

图 15.10 p-s-w 空间的关系曲线

使用第 12.2.5 节的方法确定 7 个试验的屈服点，屈服点对应的应力状态（p，s）列于表 15.6。将各屈服点绘制在 p-s 平面上，其包络线近似为抛物线（图 15.11），可视为 LC 和 SI 屈服线的包络线，称之为统一屈服线。

含黏砂土径向应力路径试验的屈服应力 表 15.6

加载路径名称	加载路径方向角 α（°）	屈服点的净平均应力 p（kPa）	屈服点的吸力 s（kPa）	加载路径名称	加载路径方向角 α（°）	屈服点的净平均应力 p（kPa）	屈服点的吸力 s（kPa）
AB	0	121.15	25.00	AF	60	90.18	156.20
AC	15	133.75	35.84	AG	75	39.08	151.47
AD	30	135.78	78.39	AH	90	25.00	145.82
AE	45	147.00	147.00				

利用坐标变换（平移和旋转）方法，将 p-s 坐标系原点平移到点（147，147），再把 p 轴和 s 轴都逆时针旋转 $45°$，从而可将图 15.11 所示抛物线用下式描述[6]：

$$p = s - 58.57 \pm \sqrt{29252 - 175.65s} \tag{15.3}$$

当 $\alpha = 0° \sim 45°$ 时上式根号前取正号，因为这时净平均应力占优，净平均应力决定土的屈服值；当 $\alpha = 45° \sim 90°$ 时取负号，因为这时吸力占优。

由此，可用吸力表示屈服净平均应力 p_0：

$$p_0 = s - 58.57 \pm \sqrt{29252 - 175.65s} \tag{15.4}$$

用式（15.4）预测的屈服应力亦示于图 15.11 中，可见与试验确定的屈服点包络线比较一致。

为了考查所提抛物线屈服线的合理性，引用文献 [7]、[8] 山西汾阳机场重塑 Q_3 黄土在 p-s 平面上的径向应力路径试验数据进行验证。利用文献 [7] 的试验数据，式（15.4）的具体形式为：

$$p_0 = s - 37.01 \pm \sqrt{22542 - 151.23s} \tag{15.5}$$

用式（15.5）预测的屈服应力示于图 15.12 中，可见亦与试验确定的屈服点包络线 [图 12.29（a）] 比较一致。

综上所述，一般非饱和土在 p-s 平面上的统一屈服轨迹可表示为[6]：

$$p_0 = s + A \pm \sqrt{(B + Cs)}$$

式中，A，B，C 都为土性参数；p，s 为净平均应力和吸力。

将式（15.5）代入巴塞罗那模型的屈服面表达式：

$$f_1(p, q, s, p_0^*) \equiv q^2 - M^2(p + p_s)(p_0 - p) = 0 \tag{15.6}$$

可得到非饱和土在 p-s-q 空间中的屈服面的表达式：

$$q^2 - M^2(p + p_s)[s + A \pm \sqrt{(B + Cs)} - p] = 0 \tag{15.7}$$

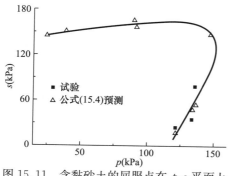

图 15.11　含黏砂土的屈服点在 p-s 平面上的包络线[6]

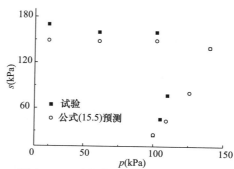

图 15.12　重塑黄土的屈服应力预测值与文献［7］试验值的比较

15.1.3　含黏砂土的控制吸力与净平均应力的三轴固结排水剪切试验结果分析

图 15.13 是含黏砂土的控制吸力与净平均应力的三轴固结排水剪切试验的应力-应变关系

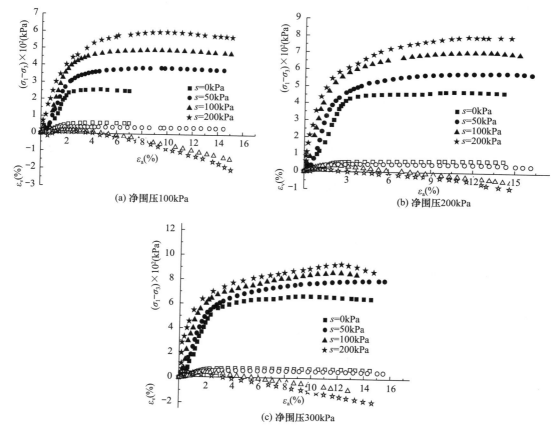

图 15.13　含黏砂土的偏应力、体应变与轴向应变的关系曲线[1,9]

曲线，偏应力-轴向应变关系曲线和体应变-轴向应变曲线绘制在同一张图上，图中实心图标为偏应力-轴向应变的关系曲线，空心图标为体应变-轴向应变的关系曲线。这些曲线反映含黏砂土的应力-应变性状有以下特点：（1）净围压越大，吸力越高，强度越大；（2）随着吸力的增大，偏应力-轴向应变曲线由应变硬化型逐渐向应变软化型转变；（3）低吸力（0和50kPa）时，试样主要呈现剪缩；吸力不小于100kPa时，体变从剪缩转变为剪胀。

针对不同的破坏形式选用相应的破坏标准。对塑性破坏，取轴应变 $\varepsilon_a = 15\%$ 时的应力为破坏应力；对脆性破坏，取 $(\sigma_1 - \sigma_3)$-ε_a 曲线上的峰值点对应的应力为破坏应力。非饱和含黏砂土的三轴固结排水剪切试验的破坏应力列于表15.7中。图15.14是非饱和含黏砂土在 q_f-p_f 坐标系中的抗剪强度包线，3条包线均为直线，且互相平行，说明吸力对含黏砂土的内摩擦角影响很小，内摩擦角可视为常数。

通过和第12.2.4节类似的分析，可以得到含黏砂土的抗剪强度参数，列于表15.7中。

图15.15是含黏砂土的总黏聚力与吸力的关系，据其可以确定该土的吸力摩擦角 φ^b。

含黏砂土的强度参数[9]   表15.7

s	净围压（kPa）	q_f（kPa）	p_f（kPa）	ξ（kPa）	$\tan\bar{\omega}$	c（kPa）	φ（°）
50	100	385.74	228.58	113.24	1.189	54.43	29.75
	200	579.93	393.31				
	300	802.73	567.58				
100	100	490.36	263.45	186.70	1.169	89.58	29.29
	200	703.52	434.51				
	300	872.68	590.89				
200	100	599.16	299.72	267.89	1.119	128.03	28.15
	200	798.94	466.31				
	300	955.75	618.58				

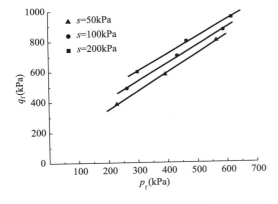

图15.14　含黏砂土在 q_f-p_f 平面内的强度包线　　　图15.15　含黏砂土的总黏聚力与吸力的关系

含黏砂土的控制吸力和净围压为常数的三轴固结排水剪切试验的排水量可用4变量形式的广义持水特性公式描述（即式（10.22））：

$$w = w_0 - ap - b\ln\left(\frac{s + p_{atm}}{p_{atm}}\right) - cq \tag{15.8}$$

式中，$a = \dfrac{1 + e_0}{d_s K_{wpt}}$，$b = \dfrac{(1 + e_0)\,\lambda_w(p)}{d_s \ln 10}$，$c = \dfrac{1 + e_0}{d_s K_{wqt}}$；$a$、$b$、$c$ 均为常数。

用固结过程的排水量对 p 和 $\ln\dfrac{s + p_{atm}}{p_{atm}}$ 进行回归，可以得到 a、b 的值分别为 $a = 3.23 \times 10^{-5}\,\mathrm{kPa}^{-1}$；

$b=14.2\%$。拟合结果如图 15.16 和图 15.17 所示[2]，可以看出，拟合结果较好。

在剪切过程中，吸力等于常数，净平均应力和偏应力不断增大，从剪切过程的总排水量中扣除净平均应力的贡献（用上述 $a=3.23\times10^{-5}$ 进行计算），就得到偏应力引起的排水量，进而可算出偏应力作用下的试样含水率 w_q。各试验的 w_q-q 关系基本上呈线性（图略），取各直线段斜率的平均值即为式（15.8）中的 $c=1.37\times10^{-5}\text{kPa}^{-1}$。

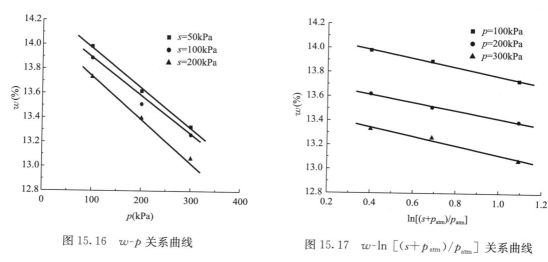

图 15.16　w-p 关系曲线　　　图 15.17　w-$\ln[(s+p_{atm})/p_{atm}]$ 关系曲线

15.1.4　含黏砂土的非饱和土直剪试验结果分析及其与三轴试验结果的比较

含黏砂土的非饱和土直剪试验得到的破坏剪应力 τ_f 数值列于表 15.8[2]。图 15.18 是不同吸力下的破坏剪应力 τ_f 与净竖向应力 σ 之间的关系曲线，均呈线性关系，且互相平行，说明内摩擦角在试验的吸力范围内变化较小，可视为常数且等于饱和土的内摩擦角 φ'。图 15.19 为总黏聚力 c 与吸力 s 的关系曲线；黏聚力 c 随着吸力的增加呈线性增加，由此可得含黏砂土的吸力摩擦角 φ^b。

比较表 15.7 和表 15.8 可知，两种试验（非饱和土三轴试验与直剪试验）的有效摩擦角比较接近，而总黏聚力有一定的差别。其原因是两种试验的土样尺寸、应力条件、剪切方法、剪切面的位置、剪切破坏的标准等都不相同。

含黏砂土的非饱和土直剪试验结果[2]　　表 15.8

吸力 s（kPa）	净竖向应力 σ（kPa）	破坏剪应力 τ_f（kPa）	总黏聚力 c（kPa）	内摩擦角 φ（°）
50	100	118	58.3	30.33
	200	165		
	300	231		
100	100	157	98.7	29.9
	200	212		
	300	272		
200	100	195	136	29.47
	200	252		
	300	312		

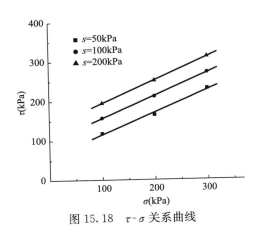

图 15.18 τ-σ 关系曲线

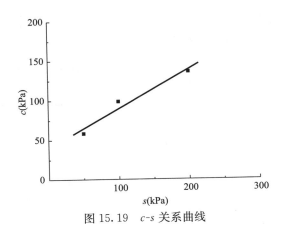

图 15.19 c-s 关系曲线

15.1.5 含黏砂土的泊松比

三轴试样的侧向应变可由试验量测的试样体应变和轴向应变按下式计算：

$$\varepsilon_3 = (\varepsilon_v - \varepsilon_1)/2 \tag{15.9}$$

按照泊松比的定义，定义切线泊松比为 μ_t：

$$\mu_t = -\frac{d\varepsilon_3}{d\varepsilon_1} \tag{15.10}$$

该式就是确定切线泊松比的依据。图 15.20 为不同吸力下侧向应变-轴向应变关系曲线。

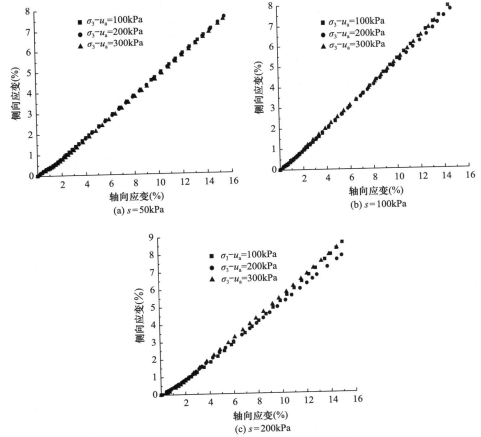

图 15.20 试样的侧向应变-轴向应变关系曲线[2]

由该图可见，非饱和含黏砂土的侧向应变与轴向应变近似呈线性关系，直线的斜率就是切线泊松比，其值列于表 15.9。

含黏砂土的切线泊松比 μ_t 值[2]　　　　　　　　　　　　　　表 15.9

s	净围压（kPa）	μ_t	$\bar{\mu}_t$
50	100	0.493	
	200	0.493	0.492
	300	0.489	
100	100	0.537	
	200	0.493	0.527
	300	0.552	
200	100	0.573	
	200	0.529	0.561
	300	0.581	

由表 15.9 可知，含黏砂土的切线泊松比较大，甚至超过 0.5。这是由于含黏砂土的剪胀性造成的，下面予以说明。

把式（15.9）两边对 ε_1 求导，并利用式（15.10），得：

$$\mu_t = -\frac{\mathrm{d}\varepsilon_3}{\mathrm{d}\varepsilon_1} = \frac{1}{2} - \frac{\mathrm{d}\varepsilon_v}{\mathrm{d}\varepsilon_1} \tag{15.11}$$

土力学以压缩为正。在三轴剪切过程中，试样的轴向一直处于压缩状态，即轴向应变始终大于 0。对剪缩情况（试样体积减小），$\varepsilon_v > 0$，$0 < \mu_t < 0.5$；对理想塑性状态，$\varepsilon_v = 0$，$\mu_t = 0.5$；对剪胀情况（试样体积增大），$\varepsilon_v < 0$，则有 $\mu_t > 0.5$。

从表 15.9 还可以看出，同一净围压下不同吸力的切线泊松比变化不大，可取 3 个吸力下的平均值。平均切线泊松比 $\bar{\mu}_t$ 随吸力提高而增大，可用对数函数拟合，其表达式为：

$$\bar{\mu}_t = 0.05\ln s + 0.2975 \tag{15.12}$$

广佛高速处于南方多雨地区，地下水位高，路堤中土的含水率高，吸力小，一般不超过 50kPa，按式（15.12）计算的平均切线泊松比数值小于 0.49。

15.2　含黏砂土在三轴不排水不排气剪切条件下的变形强度特性

本节研究含黏砂土在不排水条件下的变形强度特性。

15.2.1　试验设备和研究方案

试验使用的非饱和土三轴仪与第 15.1 节相同。为了提高量测孔压的精度，用两个改进的微型传感器分别量测孔隙气压力和孔隙水压力，配套两台数字应变仪采集孔压数据。改进的微型传感器尺寸和外形与第 12.5 节的图 12.62 相同，但额定工作压力从原来的 100kPa 提高到了 500kPa。量测孔隙气压力的传感器安装在试样帽中。微型传感器的探头直径为 3mm，用胶粘剂接在外直径 8mm 的空心螺母中。螺母下端约 2mm 长的一段，用以保护传感器探头。气压传感器的引线从三轴仪底座原来安装排水管出口的地方引出。

微型传感器的额定工作压力是 500kPa，最大压力可达到 800kPa。经过多次反复加载-卸载试验，其线性度及重复性能很好，灵敏度高，零漂值小。传感器与应变仪在工作中性能稳定，外界干扰对其几乎无影响。标定发现，传感器压力和输出数值之间有良好的线性关系，标定曲线如图 15.21 所示。标定时设定：对水压，1kPa 对应的数字应变仪输出数值为 $10\mu\varepsilon$；对气压，

1kPa 对应的数字应变仪输出数值为 $16\mu\varepsilon$。气压传感器在压力室内工作，其量测气压的参考压力不是大气压而是围压，其标定方法与第 12.5.1 节相同（图 12.63）。

试验前对陶土板性能进行了检验，包括三项内容：(1) 检查陶土板与底座连接是否密封；(2) 确定陶土板的进气压力值；(3) 确定陶土板传压的滞后时间。前两项工作可同时进行，方法与第 12.5.1 节相同。先把陶土板在压力室用压力水饱和，用吸耳球吸走弯管中的水并接上通气管，把陶土板连同三轴仪底座放入盛无水气的容器里，分级施加压力，观察是否有小气泡出现，最后一级压力是 500kPa，持续 40min 未发现漏气现象。第三项工作直接在三轴仪上进行，给压力室注满水，施加液压，水压传感器量测陶土板下面的水压。多次试验表明，水压传感器达到液压的滞后时间不超过 2min。

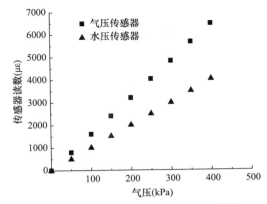

图 15.21　微型压力传感器的标定曲线

安装孔隙水压力传感器时，需要放掉压力室内的水，使留在压力室内的水面恰好盖住陶土板，让压力室顶上的螺母孔敞开与大气相通。用注射器给水压传感器螺母前端的小孔注满蒸馏水，把水压传感器放在弯管上（弯管示意图见图 12.60 及图 18.47），应变仪调零后再装上传感器。在安装水压传感器时，管路中水受到传感器探头的挤压而使传感器受到正压力，必须等这一压力消散到接近零。在安装好试样、正式开始试验之前，需要把孔隙水压力和孔隙气压力传感器的读数再次调到零。非饱和土不排水不排气试验的具体操作步骤见第 12.5.2 节。

在第 15.1 节已说明该土的最优含水率为 13.5%，对应的最大干密度为 1.90g/cm^3。为了探讨压实度和含水率在最优含水率附近变动对该土变形强度的影响，干密度控制为 1.85g/cm^3 和 1.8g/cm^3，控制含水率为 11%、13.5%、14.5% 和 15.5%，控制围压为 100kPa、200kPa、300kPa。共做了 5 组 15 个三轴不排水不排气剪切试验，研究方案见表 15.10。土粒相对密度为 2.68（表 15.1），试样初始吸力为 50kPa。考虑到施加围压后试样体积压缩，饱和度提高，吸力有所降低，故可用传感器直接量测。若对含水率更低试样进行不排水剪切试验，量测吸力就必须采用轴平移技术，施加适当的气压力使水压力变为正值或大于 -70kPa 进行测定，参见第 18.5.8 节。为了与控制吸力的三轴试验相区别，将不排水不排气试验的围压称为总围压，用 σ_3 表示；相应的，将该试验的平均应力称为总平均应力，用 p_t 表示。

剪切速率为 0.015mm/min，剪切至轴向应变达 15% 需要 13.5h。

含黏砂土的三轴不排水不排气剪切试验方案[1,2]　　　　　表 15.10

土粒相对密度	2.68
初始干密度（g/cm³）	1.85, 1.80
压实度（%）	97.4, 94.7
孔隙比	0.45, 0.49
含水率（%）	11, 13.5, 14.5, 15.5, 13.5
初始饱和度（%）	65.51, 80.40, 86.36, 92.31, 73.84
控制总围压 σ_3（kPa）	50, 100, 200

15.2.2　变形、孔压和强度特性分析

图 15.22、图 15.23 和图 15.24 分别是干密度为 1.85g/cm^3 的含黏砂土的三轴不排水不排气

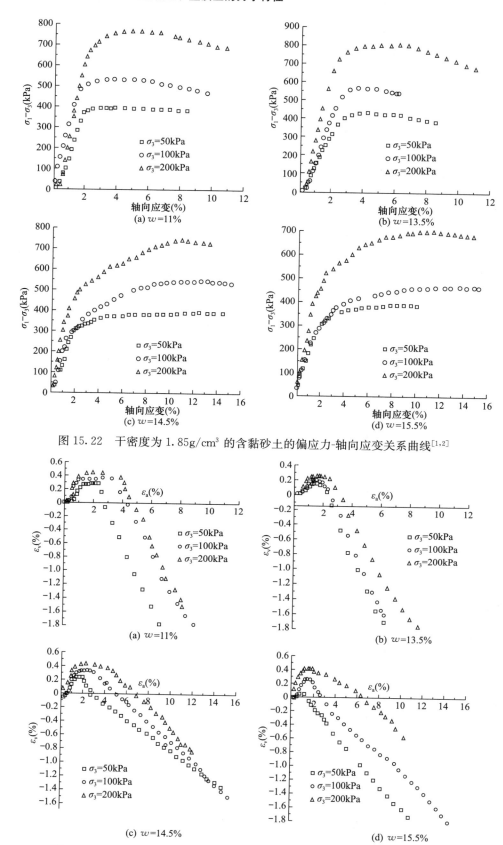

图 15.22　干密度为 1.85g/cm³ 的含黏砂土的偏应力-轴向应变关系曲线[1,2]

图 15.23　干密度为 1.85g/cm³ 的含黏砂土的体应变-轴向应变关系曲线[1,2]

剪切试验在剪切过程中的偏应力-轴向应变曲线、体应变-轴向应变曲线和孔压-轴向应变关系曲线，呈现以下特征：（1）相同含水率情况下，含黏砂土的不排水强度随总围压增大而增大。（2）在最优含水率（$w_{op}=13.5\%$）以下，相同总围压下，随着含水率的增大，强度明显提高；超过最优含水率后，随含水率的增大，非饱和土的基质吸力减小，强度明显降低。（3）低含水率时（$w=11.00\%$和13.50%）土样呈脆性破坏，破坏时的轴向应变较小（$<5\%$），破坏前的偏应力-应变曲线近似为直线；高含水率（高于14.5%）时土样主要呈塑性破坏。（4）含黏砂土的剪胀性明显，在相同含水率下，随总围压增大，剪胀性明显减小。（5）孔隙气压力与试样的体变密切相关，剪缩时升高，剪胀时降低，试样的体变剪缩峰值点对应于孔隙气压力升高的峰值点；孔隙水压力的变化规律相似，但有所滞后；随着剪胀增加，试样的吸力（孔隙气压力与孔隙水压力之差）亦变大。（6）从图15.24看，施加围压后，试样的体积压缩，饱和度提高，吸力从初始50kPa降低到10kPa左右；即使在剪胀阶段，最大吸力也只有20kPa左右。（7）从表15.10可知，当含水率为14.5%和15.5%时，试样的初始饱和度已超过86%，在围压作用下饱和度会进一步提高，因而两组试验的吸力都不高；从图15.24（b）中围压等于200kPa的试样的孔压变化可见，随着剪胀发展，孔隙气压力与孔隙水压力的差距增大，表明吸力随剪胀发展而增加。（8）相同干密度、相同含水率的试样，围压越大剪切破坏时所对应的吸力越大。

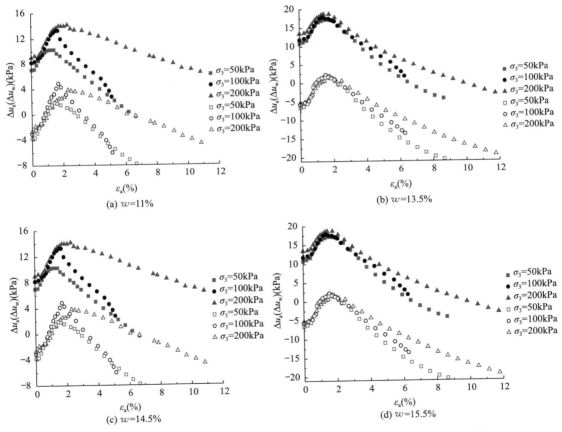

图15.24　干密度为$1.85g/cm^3$的含黏砂土的孔隙压力-轴向应变关系曲线[1]
（图中的实心符号为孔隙气压力，空心符号为孔隙水压力）

　　图15.25为含水率13.5%的试样在剪切过程中吸力的变化关系曲线，该图中的吸力等于试样的初始吸力（50kPa）与试样剪切过程中的吸力改变量［图15.24（b）］之和。由图12.25可

知，随着剪切的进行，基质吸力先增大后减小；减小发生在剪胀之后。将每一个围压偏应力峰值点对应的吸力数值用虚直线示于图 15.25 中，由该图可知试样吸力最大数值并不与偏应力最大点相对应，而是出现在偏应力最大点之前。这就说明试样发生剪胀以后，随着剪切的进行，吸力减小，但偏应力还是继续增大到一定数值后才减小。

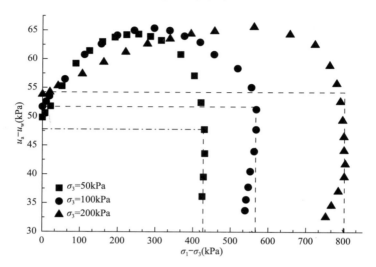

图 15.25　初始干密度 1.85g/cm³ 含水率 13.5％的试样
的总吸力与偏应力的关系[1]

图 15.26 是试样干密度为 1.80g/cm³ 的试验结果，呈现出与上述类似的规律。但与含水率为 13.5％、干密度为 1.85g/cm³ 的试样相比，其强度明显降低，且破坏形态也发生变化，仅在围压为 50kPa 时呈现脆性破坏，围压等于 100kPa 时为理想塑性破坏，围压大于 100kPa 时为塑性硬化；而含水率为 13.5％、干密度为 1.85g/cm³ 的试样在 3 种围压下皆呈现脆性破坏。

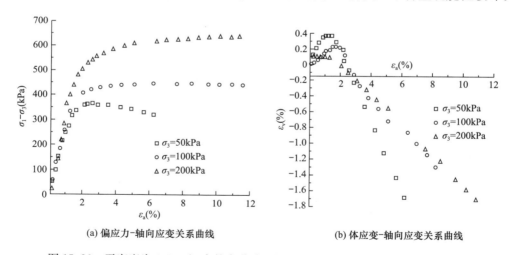

(a) 偏应力-轴向应变关系曲线　　　　　　　　(b) 体应变-轴向应变关系曲线

图 15.26　干密度为 1.80g/cm³ 的含黏砂土的三轴不排水不排气剪切试验结果[2]

表 15.11 是含黏砂土的三轴不排水不排气剪切强度参数。图 15.27 为含黏砂土的总黏聚力与初始含水率 c-w 关系曲线，在最优含水率以下，总黏聚力随含水率的增加而增加；超过最优含水率后，随含水率的提高，黏聚力急剧减小。图 15.28 为含黏砂土的总内摩擦角与初始含水率 φ-w 关系曲线，在最优含水率以下，随含水率的增加，内摩擦角也增大，但变化很小；超过最优含水率后，随含水率的提高，内摩擦角急剧减小。当含水率增加时，水的作用如同一种润滑

剂，水分在土粒表面形成润滑剂，使内摩擦角 φ 减小，同时使土颗粒周围的薄膜水变厚，甚至增加自由水，则土粒之间的静电引力减弱，导致黏聚力 c 降低。

含黏砂土的三轴不排水不排气剪切强度参数 表 15.11

初始干密度 （g/cm³）	w（%）	总围压 （kPa）	q_f（kPa）	p_{tf}（kPa）	ξ（kPa）	$\tan\bar{\omega}$	c（kPa）	φ（°）
1.85	11	50	393.37	181.12	152.93	1.350	74.84	33.44
		100	535.61	278.53				
		200	765.14	455.05				
	13.5	50	431.07	193.69	171.27	1.355	83.83	33.56
		100	567.22	289.07				
		200	804.22	468.07				
	14.5	50	390.36	180.12	163.82	1.3	79.67	32.30
		100	543.52	281.17				
		200	741.74	447.25				
	15.5	50	384.91	178.30	156.1	1.243	75.42	30.97
		100	460.72	253.57				
		200	695.75	431.92				
1.80	13.5	50	359.13	169.71	163.82	1.136	78.38	28.53
		100	440.67	246.89				
		200	631.33	410.44				

注：ξ 和 $\tan\bar{\omega}$ 分别是破坏时在 p_{tf}-q_f 平面内强度包线的截距和斜率。

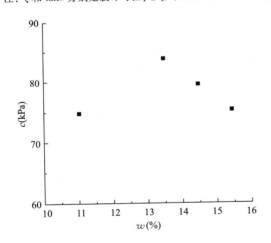

图 15.27 含黏砂土的 c-w 关系曲线

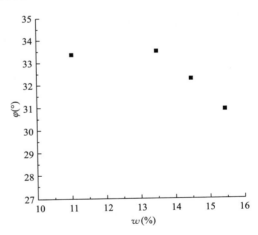

图 15.28 含黏砂土的 φ-w 关系曲线

15.3 含黏砂土的回弹模量

在我国的沥青路面和水泥混凝土路面设计以及施工质量和后期使用品质评定中，反映路基强度、刚度和稳定性的主要设计参数是路基回弹模量，它是表征路基抵抗交通荷载下变形能力的主要力学参数。本节研究干密度和含水率对含黏砂土回弹模量的影响。

15.3.1 研究设备和方案

研究方案有两种：一是采用后勤工程学院的应力控制式三轴仪（图 15.29）进行加卸载试

验，共做9个试验[1]。试样干密度控制为1.70g/cm³、1.80g/cm³和1.85g/cm³；对每一干密度配制3个含水率为10.47%，13.63%和16.02%。控制试验围压为100kPa，最大偏应力为200kPa，加载卸载分6级实施。二是采用HM-1型回弹模量仪（图15.30），按照《土工试验方法标准》GB/T 50123[10]和《公路土工试验规程》JTG E40—2007[11]，进行室内回弹模量试验。试样直径为152mm，高为50mm。试验控制6种含水率和5个干密度，共做30个回弹模量试验，试验方案见表15.12。试验时将预加最大单位压力分成4~6份，作为每级加载的压力。每级加载时间为1min时，记录千分表读数；接着卸载1min，让试件恢复变形，再次记录千分表读数。而后施加下一级荷载，如此逐级进行加载卸载，并记录千分表读数，直至最后一级荷载。为使试验曲线开始部分比较准确，第一、二级荷载可用每份的一半，试验的最大压力也可略大于预定压力。采用两个千分表同时平行记录变形数据，以减少试验误差。每级荷载下的回弹变形$l=$加载读数－卸载读数。每级荷载下的回弹模量按下式计算：

$$E_0 = \pi p D(1-\mu^2)/4l \qquad (15.13)$$

式中，E_0为回弹模量，kPa；p为承载板上的单位压力，kPa；D为承载板直径，cm；l为相应于单位压力的回弹变形，cm；μ为土的泊松比，取0.35。

图15.29　应力控制式三轴仪　　　图15.30　HM-1型回弹模量仪

采用回弹模量仪研究含黏砂土回弹模量的试验方案[2,12]　　表15.12

试样含水率（%）	试样干密度（g/cm³）
9.14、10.47、11.68、13.63、14.85、16.02	1.50、1.60、1.70、1.80、1.85

15.3.2　回弹模量随含水率和干密度的变化规律

表15.13是两种试验方法测得的回弹模量数值。三轴仪所确定的数值始终小于承载板法所确定的数值，这主要是由于所采用的试验手段不同所致，回弹仪法由于所采用筒壁呈刚性，

两种试验方法测得的回弹模量数值　　表15.13

干密度（g/cm³）	含水率=10.47%		含水率=13.63%		含水率=16.02%	
	回弹仪（MPa）	三轴（MPa）	回弹仪（MPa）	三轴（MPa）	回弹仪（MPa）	三轴（MPa）
1.85	52.75	40.48	31.90	24.48	11.14	8.55
1.80	42.33	31.76	21.77	16.33	10.37	7.78
1.70	37.41	24.69	19.03	12.56	8.61	5.68

试样在压缩过程中是一维侧限压缩，故所测定的回弹模量大于三轴仪法测定结果，使用三轴仪法所测模量更接近工程实际受力情况，故建议尽可能使用三轴仪法确定路基土的回弹模量。

图 15.31～图 15.33 为不同含水率的试样在三轴加卸载过程中的偏应力-轴向应变关系曲线。相同含水率时干密度越大的试样，首次加载到 200kPa 时曲线越陡；第一次卸载和第二次加载交点连线的斜率（即回弹模量）数值越大；随着干密度的减小，试验曲线的两个峰值点所对应的轴向应变数值越来越大。干密度越大的试样，其回弹模量数值越大，但最大差别不超过 2 倍。不同含水率试样的回弹模量相差较大，含水率 10.74％和 16.02％的两种试样的回弹模量最大相差接近 5 倍。由此可见，含水率对回弹模量的影响大于干密度对回弹模量的影响。

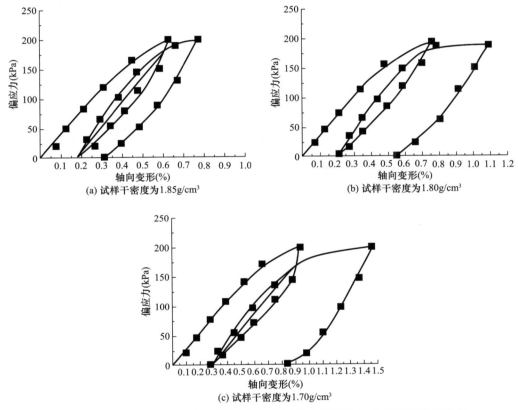

图 15.31　含水率 10.47％的试样在加卸载过程中的偏应力-轴向应变关系曲线

图 15.34 是不同含水率的试样用 HM-1 型回弹模量仪测得的单位压力-回弹变形（p-l）关系曲线。在较小单位压力下，土样回弹变形比较小，变化幅度不大；单位压力≥44kPa 后，回弹变形与单位压力基本呈线性关系。在控制干密度的情况下，随含水率的提高，回弹变形增大，回弹模量减小。含水率越大，回弹变形越大，但增大的速率放缓，含水率由 9.14％提高到 16.02％时，相同干密度情况下回弹变形提高 3～5 倍。

图 15.35 是不同含水率试样的单位压力-回弹模量（p-E_0）关系曲线。在控制含水率的情况下，加载初始阶段，压力比较小，可能承载板和试样还没有充分接触，回弹变形比较小，造成回弹模量比较大；随着压力的继续增大，回弹模量随单位压力变化幅度不大；随着干密度的提高，回弹模量显著提高。随着含水率的提高，回弹模量明显减小。在干密度较高的情况下，随含水率的变化，回弹模量的变化范围较大；干密度越小，随含水率的变化，回弹模量的变化范围减小。施工中要综合考虑含水率和压实度的影响，其中含水率的影响更剧烈。

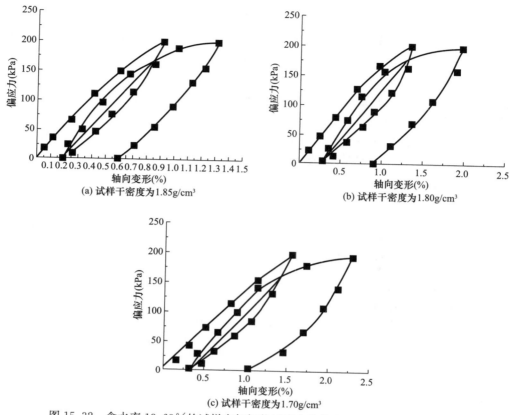

图 15.32　含水率 13.63% 的试样在加卸载过程中的偏应力-轴向应变关系曲线

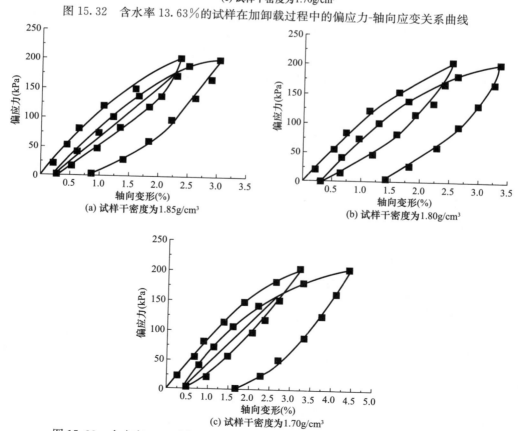

图 15.33　含水率 16.02% 的试样在加卸载过程中的偏应力-轴向应变关系曲线

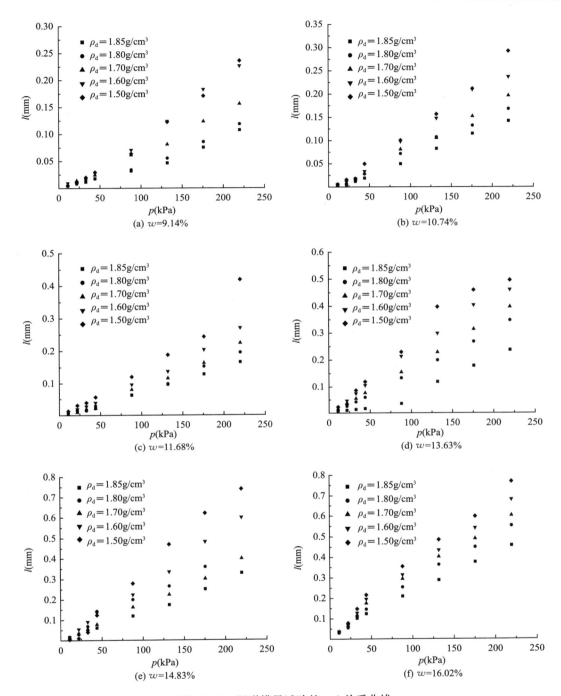

图 15.34 回弹模量试验的 $p\text{-}l$ 关系曲线

图 15.36 为由试验确定的控制含水率条件下土样的回弹模量值。在较低含水率情况下（$w\leqslant11.68\%$），随干密度提高，回弹模量显著提高；含水率越低，回弹模量随干密度的变化越显著；在较高含水率情况下（$11.68\%<w<14.83\%$），随干密度的提高，回弹模量的变化幅度减小；含水率继续提高（$w\geqslant14.83\%$）时，随干密度的提高，回弹模量变化幅度非常小。

图 15.37 为回弹模量试验测定的控制干密度条件下土样的回弹模量值。在同一干密度情况下，随含水率的增大，回弹模量明显减小；把回弹模量的变化幅度与最优含水率结合起来考虑，可以将控制干密度时的 $w\text{-}E_0$ 曲线分为两段直线：（1）$w<14.83\%$ 时，干密度越大，回弹模量

随含水率的变化越显著。（2）$w \geqslant 14.83\%$ 时，回弹模量值比较接近；随着含水率和干密度的继续增大，不同干密度的回弹模量趋于相等。

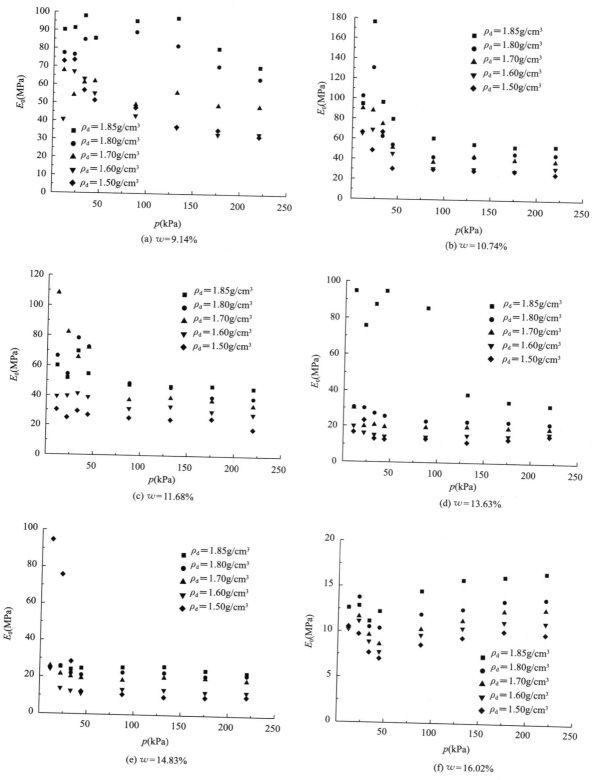

图 15.35　回弹模量试验的 $p\text{-}E_0$ 关系曲线

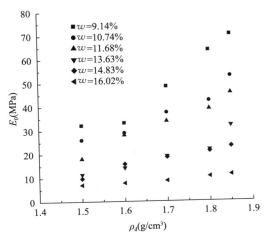

图 15.36 控制含水率时的 ρ_d-E_0 关系曲线

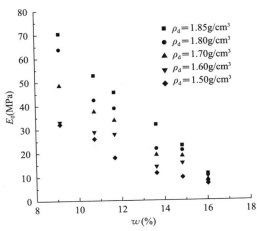

图 15.37 控制干密度时的 w-E_0 关系曲线

15.4 重塑红黏土的变形和强度特性

本节以云南腾陇公路填方路堤的红黏土为对象，研究重塑红黏土的变形强度特性。

15.4.1 研究方案

研究用土与第 10.10 节相同，土样取自云南腾陇公路的 K137+440~K138+000 路堤填方土场，该路段有两处典型红黏土填方路堤，高度分别为 8.5m 和 7.0m。该土的最优含水率为 18.4%，相对密度为 2.64，最大干密度为 1.70g/cm³。试验按压实度分别为 85%、90%、96% 进行制样，控制干密度分别为 1.45g/cm³、1.53g/cm³、1.63g/cm³。所有试样均统一按 85% 的饱和度配制，对应的含水率为分别为 26.41%、23.51% 和 19.97%。试样制备方法与第 15.1 节相同。

试验仪器为后勤工程学院的非饱和土三轴仪，与第 15.1 节相同。试验方案见表 15.14，共做了 36 个控制吸力和净围压为常数的三轴固结排水剪切试验[13]。固结稳定标准为：在 2h 内体变不超过 0.0063cm³，且排水量不超过 0.012cm³。因红黏土属于黏性土，渗透性低，完成固结需要 3d，剪切速率采用 0.0067mm/min，剪切至轴向应变达到 15% 需要 30h。

重塑红黏土的控制吸力和净围压为常数的三轴固结排水剪切试验方案　　表 15.14

试样初始干密度（g/cm³）	控制吸力（kPa）	控制净围压（kPa）
1.45		
1.53	0、50、100、200	50、100、200
1.63		

15.4.2 应力应变性状与破坏形态分析

图 15.38～图 15.40 分别是试样干密度为 1.45g/cm³，1.53g/cm³，1.63g/cm³ 的试验的偏应力-轴向应变曲线；图 15.41～图 15.43 分别是试样干密度为 1.45g/cm³，1.53g/cm³，1.63g/cm³ 的试验的体应变-轴向应变曲线。净围压、吸力和干密度均对试样的强度和破坏形态有显著影响，净围压越大，吸力越高，干密度越大，试样的强度越高；干密度较低的试样（如 ρ_d=1.45g/cm³），不论吸力和净围压的大小，偏应力-轴向应变关系曲线均呈应变硬化型，曲线没有峰值（图 15.38（a））；随着干密度提高（如 ρ_d≥1.53g/cm³），偏应力-轴向应变关系曲线由应变硬化

型向软化型发展，曲线出现峰值，试样发生有破裂面的脆性破坏［图 15.44（b）］；净围压低时试样主要发生剪胀，反之则发生剪缩。图 15.45 是试验后的试样照片。

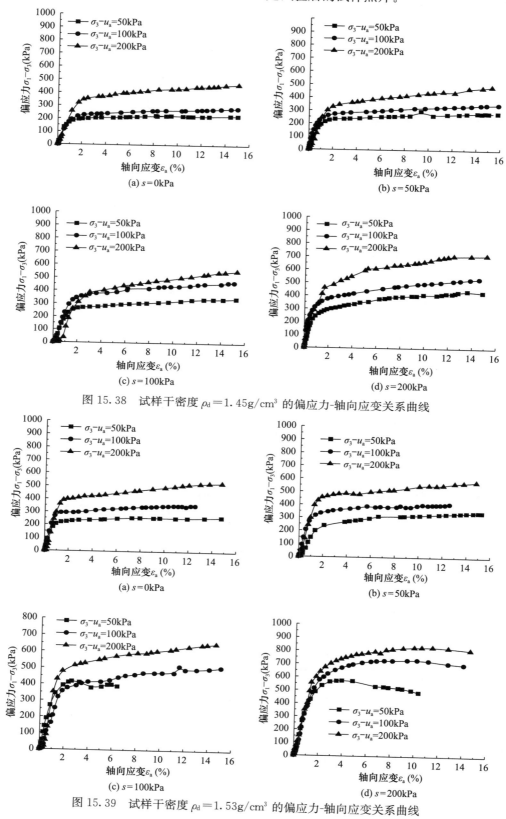

图 15.38　试样干密度 $\rho_d = 1.45 \text{g/cm}^3$ 的偏应力-轴向应变关系曲线

图 15.39　试样干密度 $\rho_d = 1.53 \text{g/cm}^3$ 的偏应力-轴向应变关系曲线

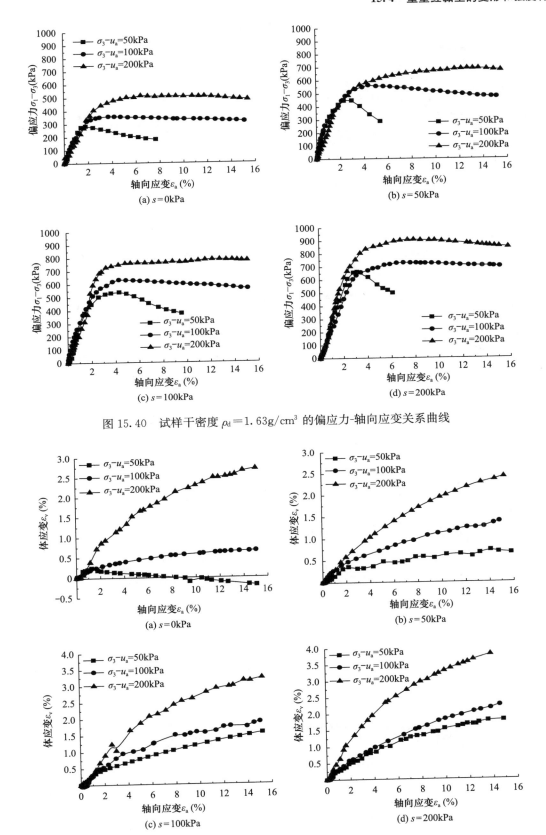

图 15.40 试样干密度 $\rho_d = 1.63\text{g}/\text{cm}^3$ 的偏应力-轴向应变关系曲线

图 15.41 试样 $\rho_d = 1.45\text{g}/\text{cm}^3$ 的体应变-轴向应变关系曲线

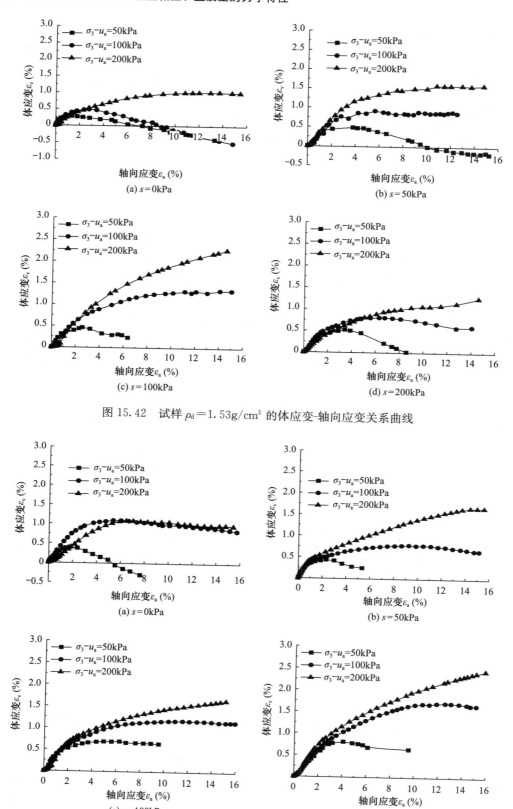

图 15.42　试样 $\rho_d = 1.53\mathrm{g/cm^3}$ 的体应变-轴向应变关系曲线

图 15.43　试样 $\rho_d = 1.63\mathrm{g/cm^3}$ 的体应变-轴向应变关系曲线

(a) 塑性硬化　　(b) 脆性破坏

图 15.44　试样的典型破坏形式

图 15.45　三轴试验后的红黏土试样照片

15.4.3　强度特性分析

针对不同的破坏形式选用相应的破坏标准。对塑性硬化破坏，取轴应变 $\varepsilon_a = 15\%$ 时的应力为破坏应力；对脆性破坏，取 $(\sigma_1 - \sigma_3)$-ε_a 曲线上的峰值点对应的应力为破坏应力。试样干密度为 1.45g/cm^3，1.53g/cm^3，1.63g/cm^3 的非饱和红黏土的三轴固结排水剪切试验的破坏应力分别列于表 15.15～表 15.17 中。

红黏土试样干密度 $\rho_d = 1.45\text{g/cm}^3$ 的强度参数　　　　表 15.15

s (kPa)	$\sigma_3 - u_a$ (kPa)	q_f (kPa)	p_f (kPa)	$\tan\omega$	ξ' (kPa)	φ (°)	c (kPa)
0	50	124.78	224.35	0.95	97.63	24.22	46.21
	100	193.96	281.89				
	200	341.79	425.37				
50	50	144.31	282.43	0.95	141.98	24.69	67.25
	100	215.78	346.97				
	200	361.65	484.63				
100	50	164.19	342.58	0.97	223.81	24.69	106.01
	100	255.52	466.55				
	200	384.63	553.88				
200	50	193.31	429.91	1.01	268.21	25.62	127.50
	100	277.17	531.52				
	200	436.82	710.59				
均值				24.81			

红黏土试样干密度 $\rho_d = 1.53\text{g/cm}^3$ 的强度参数　　　　表 15.16

s (kPa)	$\sigma_3 - u_a$ (kPa)	q_f (kPa)	p_f (kPa)	$\tan\omega$	ξ' (kPa)	φ (°)	c (kPa)
0	50	135.43	256.63	1.01	132.64	25.62	55.96
	100	217.37	352.18				
	200	375.92	529.77				
50	50	164.09	342.28	1.02	172.72	25.86	74.30
	100	234.71	409.78				
	200	392.57	577.69				
100	50	177.59	329.117	1.05	250.34	26.55	110.92
	100	253.42	506.29				
	200	397.54	652.18				

续表 15.16

s（kPa）	$\sigma_3 - u_a$（kPa）	q_f（kPa）	p_f（kPa）	$\tan\omega$	ξ'（kPa）	φ（°）	c（kPa）
200	50	262.63	573.02	1.07	326.13	27.02	144.05
	100	343.79	673.36				
	200	476.15	829.63				
均值				26.26			

红黏土试样干密度 $\rho_d = 1.63 \text{g/cm}^3$ 的强度参数　　　　表 15.17

s（kPa）	$\sigma_3 - u_a$（kPa）	q_f（kPa）	p_f（kPa）	$\tan\omega$	ξ'（kPa）	φ（°）	c（kPa）
0	50	145.18	285.53	1.01	132.42	26.09	63.92
	100	219.51	358.52				
	200	372.08	516.23				
50	50	201.34	454.01	1.02	247.41	26.55	128.04
	100	288.09	564.28				
	200	430.30	690.91				
100	50	230.00	540.01	1.06	313.67	27.02	150.77
	100	311.50	634.51				
	200	462.25	786.74				
200	50	270.93	662.78	1.07	376.95	27.48	181.16
	100	343.67	731.00				
	200	502.73	908.19				
均值				26.79			

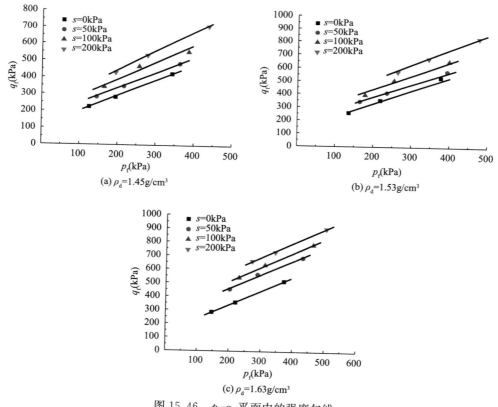

图 15.46　p_f-q_f 平面内的强度包线

图 15.46 是红黏土三轴试验在 q_f-p_f 坐标系中的抗剪强度包线，干密度相同的试样在不同吸力下的 4 条强度包线均为直线，且互相平行，说明吸力对红黏土的内摩擦角影响很小，内摩擦角可视为常数。通过和第 12.2.4 节类似的分析，可以得到含黏砂土的抗剪强度参数，列于表 15.15～表 15.17 中。可以看到，尽管同一干密度的试样在不同吸力下的内摩擦角随吸力升高而有所增加，但的极差不超过 $1.4°$，可以视为常数。

黏聚力受吸力影响显著，如图 15.47 所示。图 15.47 中各直线的倾角就是吸力摩擦角 φ^b，与干密度为 $1.45\mathrm{g/cm^3}$、$1.53\mathrm{g/cm^3}$、$1.63\mathrm{g/cm^3}$ 的试样相应的吸力摩擦角分别为 $22.60°$，$24.38°$和 $28.47°$，可见吸力摩擦角随干密度变化较大（图 15.48）。同样，饱和土的有效黏聚力、同一干密度不同吸力下的内摩擦角平均值也受干密度的影响，分别如图 15.49 和图 15.50 所示。

文献 [9] 还分析了红黏土的非线性变形参数及其变化规律，此处不再赘述。

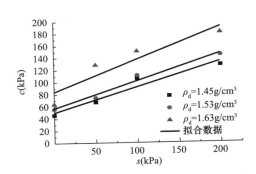

图 15.47　总黏聚力与吸力的关系曲线

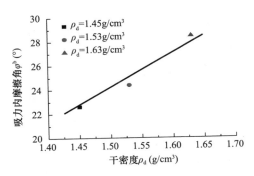

图 15.48　吸力摩擦角与干密度的关系曲线

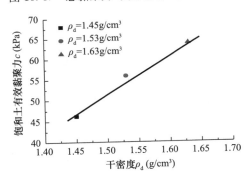

图 15.49　饱和土的有效黏聚力与吸力的关系曲线

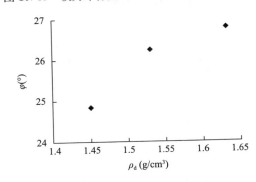

图 15.50　平均内摩擦角与干密度的关系

15.5　重塑非饱和黏土的力学特性

黏土是主要土类之一。本节以南水北调中线工程安阳段渠坡换填土为对象，研究其在非饱和状态的屈服、变形、强度和水量变化特性。

15.5.1　研究方案

研究用土取自南水北调中线工程安阳段南田村渠坡换填土，重塑制样。土样的最优含水率为 11.29%，液限为 28.48%，塑限为 14.97%，塑性指数为 13.51。土粒相对密度为 2.72。制样前先将土料风干，过 2mm 筛，再将其配置到一定的含水率。

试验分两类：侧限压缩试验和三轴力学试验[14]。制备试样时，按照控制的干密度，采用后勤工程学院研发的制样模具和制样设备（图 9.6）制备试样。环刀试样内径为 61.8mm，高度为

20mm，一次压制而成（图 9.8）。三轴试样的直径为
39.1mm，高 80mm，分 5 层压制而成。试样饱和采
用真空饱和法，饱和 24h 以上。

侧限压缩试验设备为常规饱和土固结仪与后勤
工程学院的非饱和土四联固结-直剪仪（图 15.51，与
图 5.10 所示仪器相同）。为了研究土体密实度和基
质吸力对一维压缩特性的影响，共进行了 4 种吸力、
4 种干密度，共 16 个一维压缩试验。对于饱和土，
每级荷载下的稳定时间为 24h；对于非饱和试样，稳
定标准为 2h 内其竖向变形不超过 0.01mm。试验方
案列于表 15.18。

图 15.51　后勤工程学院的四联固结-直剪仪

三轴试验采用后勤工程学院的非饱和土三轴仪。试样初始干密度为 $1.80g/cm^3$，与渠坡换填
土的设计干密度相同。试样的初始孔隙比为 0.51，饱和状态的含水率 $w=19.02\%$。共做了 3 组
51 个三轴剪切试验，具体情况如下。

重塑黏土的侧限压缩试验方案　　　　　　　　　　　　　　　　　表 15.18

吸力 s（kPa）	0	100	200	400
净竖向压力（kPa）	0～800	0～1200	0～1200	0～1200
干密度（g/cm³）	1.6、1.7、1.8、1.9	1.6、1.7、1.8、1.9	1.6、1.7、1.8、1.9	1.6、1.7、1.8、1.9

（1）三轴不固结不排水剪切试验，共 27 个试验。控制 6 个含水率、3 个围压、4 个剪切速
率。为了选择合适的剪切速率，对含水率为 16.15% 和 17.17% 的试样用 4 个速率进行剪切，试
验方案见表 15.19。在确定了合适的剪切速率后，对含水率 8.84%、10.46%、13.50% 和
19.20% 的试样均控制 3 个围压进行剪切，试验方案见表 15.20。用第 15.2.1 节相同的数字应变
仪和微型孔压传感器（图 12.62）量测孔隙水压力和气压力。传感器经过多次标定，重复性良
好。对于水压，1kPa 对应的输出数值为 $16\mu\varepsilon$；对于气压，1kPa 对应的输出数值为 $13\mu\varepsilon$。

（2）控制吸力和净围压的三轴固结排水剪切试验，共 12 个试验。对吸力为 0 的饱和土试样，
试验采用 GDS 应力路径三轴仪（图 6.62），体积控制精度为 $1mm^3$，应力量测精度为 1kPa，固
结时间设定为 48h；对于非饱和土，采用后勤工程学院的非饱和土三轴仪，固结过程的稳定条件
为：在 2h 内体变不大于 $0.0063cm^3$，且排水量不大于 $0.012cm^3$，固结和剪切过程中每隔 8h 对底座
螺旋槽通水一次，冲走陶土板底部气泡，固结时间约为 48h。剪切速率选用 0.0066mm/min，剪切
到轴向应变达 15% 需要 30.30h。试验方案见表 15.21。

（3）控制吸力和净平均应力为常数的三轴排水剪切试验，共 12 个试验。试样的初始含水率为
16.72%，剪切速率取 0.0066mm/min，剪切到轴向应变达 15% 需要 30.30h。试验方案见表 15.22。

比较选择不排水剪切速率的试验方案　　　　　　　　　　　　　　表 15.19

初始干密度（g/cm³）	围压（kPa）	剪切速率（mm/min）	围压（kPa）	剪切速率（mm/min）	围压（kPa）	剪切速率（mm/min）	围压（kPa）	剪切速率（mm/min）
1.80	75	0.033 0.055 0.073 0.166	125	0.033 0.055 0.073 0.166	175	0.033 0.055 0.073 0.166	175	— 0.055 0.073 0.166
	含水率 16.15%						含水率 17.17%	

三轴不固结不排水剪切试验方案　　　　　表 15.20

初始干密度 (g/cm³)	含水率 (%)	围压 (kPa)	含水率 (%)	围压 (kPa)	含水率 (%)	围压 (kPa)	含水率 (%)	围压 (kPa)
1.80	8.84	75	10.46	75	13.50	75	19.02	75
		125		125		125		125
		175		175		175		175
剪切速率：0.055mm/min								

控制吸力和净围压的三轴固结排水剪切试验方案　　　　　表 15.21

初始干密度 (g/cm³)	净围压 $\sigma_3 - u_a$ (kPa)	控制吸力 s (kPa)	剪切速率 (mm/min)
1.80	75	0、50、100、200	0.0066，剪切到轴向应变达 15% 需要 30.30h
	175	0、50、100、200	
	275	0、50、100、200	

控制吸力和净平均应力的三轴固结排水剪切试验方案　　　　　表 15.22

p (kPa)	100	200	300
s (kPa)	0、50、100、200	0、50、100、200	0、50、100、200
含水率 (%)	16.72	剪切速率 (mm/min)	0.0066，剪切到轴向应变达 15% 需要 30.30h
初始干密度 (g/cm³)		1.80	

15.5.2　侧限压缩条件下的变形和屈服特性

图 15.52 为重塑黏土的控制吸力和净竖向应力的固结排水压缩试验的孔隙比与净竖向压力在半对数坐标中的关系曲线，$\sigma - u_a$ 表示净竖向压力。压缩曲线可大致分为两段：当净竖向压力较低时，孔隙比随净竖向压力的变化较小，曲线平缓；当净竖向压力超过一定值（可认为是试样的屈服压力）后，孔隙比随净竖向压力的增大而急剧减小，曲线的斜率增大。屈服压力前后的曲线可近似用直线拟合，两条直线的交点即屈服压力。当吸力相同时，试样的屈服压力随干密度的增大而增大。总的来看，当吸力相同时，试样的压缩指数（即压缩曲线屈服后的斜率）随干密度的增大而减小。

图 15.53 为干密度相同时，孔隙比与净竖向压力在半对数坐标下的关系曲线。总的来看，随着吸力的增大，屈服压力增大，压缩指数减小。

上述一系列现象可从压力和吸力对非饱和土的作用机理加以说明。压力和吸力对非饱和土的作用有所不同。净竖向压力的增加主要导致试样压密，孔隙体积变小，对排水的影响有限；而吸力对试样的作用是双重的，它使试样体积收缩的同时，压力气体进入孔隙，置换孔隙中的部分水分，引起试样含水率下降，土颗粒之间的黏聚力增大，屈服应力提高。土的变形、屈服和水分变化与二者（压力和吸力）的大小及作用次序有关，从第 12.1 节可知，黄土湿陷变形由压力和浸水两个因素控制，高压力使黄土产生大的体积压缩，随后浸水的湿陷变形就比较小；反之，低压力难以使黄土压密，随后浸水的湿陷性变形就比较大。压力和吸力对非饱和土的联合作用与压力和浸水对湿陷性黄土的作用相仿。例如，从第 12.2 节的图 12.16 和图 12.17 可知，若试样先经受较大的净平均应力或较高的竖向压力作用，则随后施加吸力就不再发生屈服。

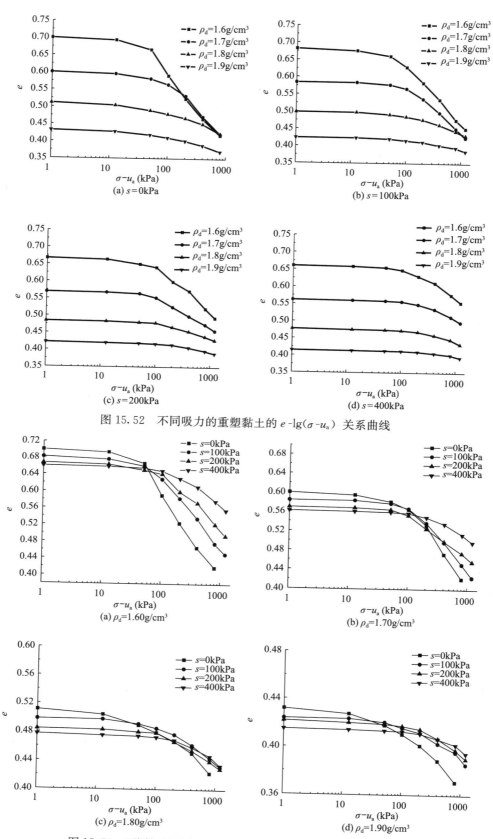

图 15.52　不同吸力的重塑黏土的 e-$\lg(\sigma-u_{\mathrm{a}})$ 关系曲线

图 15.53　不同初始干密度的重塑黏土的 e-$\lg(\sigma-u_{\mathrm{a}})$ 关系曲线

不同吸力和干密度下的压缩指数（用 C_t 表示）和屈服净竖向应力（用 p_{vy} 表示）列于表 15.23。压缩指数与吸力的关系可以用式（15.14）进行拟合，拟合参数见表 15.24。竖向净屈服压力与吸力的关系可用式（15.15）拟合，拟合参数见表 15.25。a_1、b_1、c_1 和 a_2、b_2、c_2 可视为 ρ_d 的函数。

$$C_t = a_1 \exp(-s/b_1) + c_1 \tag{15.14}$$

$$p_y = a_2 \exp(-s/b_2) + c_2 \tag{15.15}$$

重塑黏土控制吸力的侧限压缩压缩试验结果　　　　表 15.23

干密度 ρ_d (g/cm³)	吸力 s (kPa)	压缩指数 C_t	屈服压力 p_{vy} (kPa)	干密度 ρ_d (g/cm³)	吸力 s (kPa)	压缩指数 C_t	屈服压力 p_{vy} (kPa)
1.60	0	0.2059	34.43	1.70	0	0.1366	53.12
	100	0.1563	48.29		100	0.1152	89.79
	200	0.1164	51.89		200	0.0878	72.14
	400	0.0859	96.63		400	0.0655	158.42
1.80	0	0.0537	35.62	1.90	0	0.0385	45.62
	100	0.0506	88.19		100	0.0273	95.23
	200	0.0480	109.91		200	0.0277	147.59
	400	0.0441	173.58		400	0.0244	264.04

不同干密度下的压缩指数与基质吸力关系的拟合参数　　　　表 15.24

ρ_d (g/cm³)	a_1	b_1 (kPa)	c_1 (kPa)	相关系数
1.6	0.1445	216.27	0.0623	0.9974
1.7	0.1090	359.75	0.0288	0.9898
1.8	0.0182	532.26	0.0355	1
1.9	0.0129	58.49	0.0256	0.9593

不同干密度下的屈服压力与基质吸力关系的拟合参数　　　　表 15.25

ρ_d (g/cm³)	a_2	b_2 (kPa)	c_2 (kPa)	相关系数
1.6	13.1883	23.91	23.4732	0.9849
1.7	4.4906	129.81	60.1199	0.9032
1.8	63.5241	387.60	0	0.9450
1.9	73.1689	303.95	0	0.9225

15.5.3　不固结不排水剪切试验结果分析

15.5.3.1　剪切速率对吸力和强度的影响与选择

对不排水剪切试验，孔隙水压力对剪切速率比较敏感，而剪切速率对偏应力-应变关系影响有限。为了探明剪切速率对孔压的影响，将加围压稳定后的水压和气压读数作为起始值，进而考虑在剪切过程中孔隙压力的相对变化量。剪切过程中基质吸力的相对变化量用 $\Delta(u_a - u_w)$ 表示，ε_a 为试样的轴向应变，ν 为剪切速率（该符号含义仅限本节图 15.54～图 15.56 有效）。

图 15.54、图 15.55 分别是含水率为 16.15%、17.17% 的试样在各种剪切速率下的 $\Delta(u_a - u_w)$-ε_a 关系曲线。如图 15.54、图 15.55 所示，剪切过程中，基质吸力随着轴向应变的发展而增长。同一围压下，剪切速率越小，基质吸力相对轴向应变的增长幅度越大。当剪切速

率小于 0.055mm/min 时，不同围压下的 $\Delta(u_a-u_w)$-ε_a 关系曲线已比较接近。

图 15.56 是含水率为 16.15％的试样在各种剪切速率下的 $(\sigma_1-\sigma_3)$-ε_a 关系曲线。当围压分别为 75kPa、125kPa 和 175kPa 时，各种剪切速率下强度值的最大相对差值分别为 4.37％、6.44％和 4.46％，故认为剪切速率对强度的影响可以忽略不计。

综合以上两个方面，认为剪切速率为 0.055mm/min 比较合适，故在以下的研究中，剪切速率均采用 0.055mm/min，剪切到轴向应变达 15％需要 3.64h。

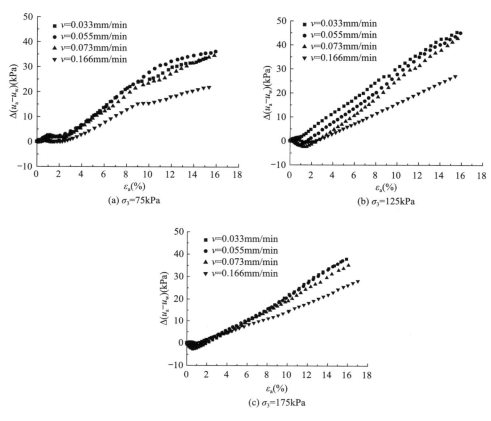

图 15.54　含水率为 16.15％时不同剪切速率和围压下的基质吸力
改变量-轴向应变关系曲线

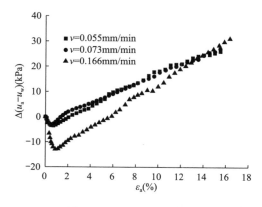

图 15.55　w＝17.17％、σ_3＝175kPa 时不同剪切速率下的基质吸力
改变量-轴向应变关系曲线

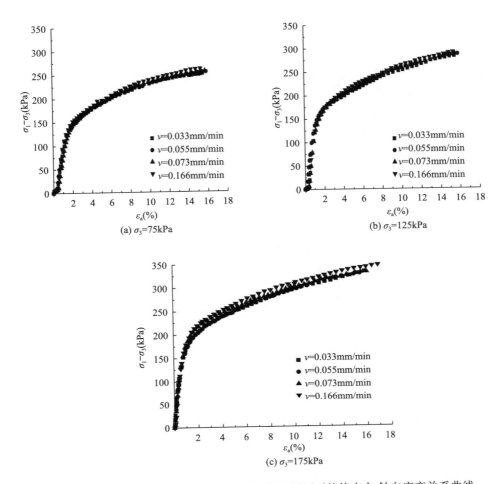

图 15.56 含水率为 16.15% 时不同剪切速率和围压下的偏应力-轴向应变关系曲线

15.5.3.2 不排水剪切的变形强度特性

图 15.57 和图 15.58 是剪切速率为 0.055mm/min 时，不同围压和含水率下的应力-应变关系曲线。由图 15.57 可知，以含水率 13.50% 为界限，含水率大于该值时，试样在不同围压下的偏应力-轴向应变关系曲线呈硬化型；含水率小于该值时，试样呈现出应变软化特性。当围压为 75kPa 时，含水率为 8.84% 的试样出现了脆性破坏（图 15.58（c））。无论偏应力-轴向应变曲线是硬化型还是软化型，初始切线模量均随含水率的升高而减小（图 15.57），同时随围压的升高而增大（图 15.58）。

不排水三轴剪切试验的 $(\sigma_1-\sigma_3)$-ε_a 关系可用双曲线描述，即：

$$\sigma_1 - \sigma_3 = \frac{\varepsilon_1}{a + b\varepsilon_1} \tag{15.16}$$

拟合得参数 a 和 b 的取值（表 15.26）。表 15.26 中的 E_i 为试样的不排水初始切线杨氏模量，应用二元线性回归分析，可以得到 E_i 与含水率和围压之间的关系如下：

$$E_i = \eta_1 w + \lambda_1 \sigma_3 + \zeta_1 \tag{15.17}$$

式中，η_1、λ_1、ζ_1 是拟合参数，参数取值见表 15.27。η_1 和 λ_1 分别为负值和正值，反映 E_i 随含水率的升高而减小，随围压的升高而增大。当含水率和围压都等于零时，$E_i=\zeta_1$，ζ_1 即为干土的无侧限压缩初始切线杨氏模量。

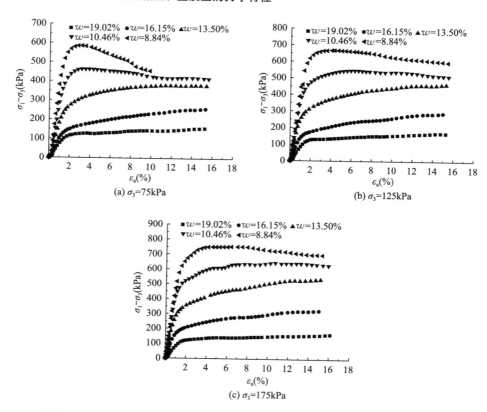

图 15.57　重塑黏土在不同围压下不排水剪切的偏应力-轴向应变关系曲线

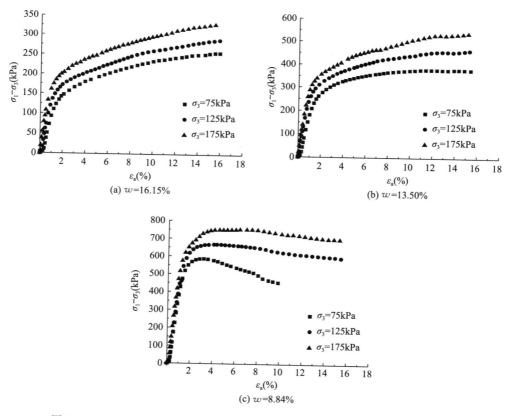

图 15.58　重塑黏土在不同含水率下不排水剪切的偏应力-轴向应变关系曲线

不同含水率的重塑黏土的变形强度参数　　　　　　　　　表 15.26

w (%)	σ_3 (kPa)	p_f (kPa)	q_f (kPa)	$a\times10^{-5}$ (kPa^{-1})	$b\times10^{-3}$ (kPa^{-1})	E_i (MPa)	$\tan\omega$	ξ (kPa)	φ_u (°)	c_u (kPa)
8.84	75	270.11	585.34	1.79	1.88	55.92	1.07	295.57	27.04	140.77
	125	347.16	666.47	1.49	1.55	67.00				
	175	425.64	751.91	1.22	1.31	81.92				
10.46	75	229.18	462.55	2.45	2.27	40.76	1.14	198.69	28.68	95.12
	125	306.55	544.64	2.07	1.80	48.36				
	175	390.55	646.66	1.35	1.48	73.85				
13.50	75	201.55	379.64	3.61	2.37	27.71	1.03	173.61	26.01	82.47
	125	278.88	461.65	2.72	2.01	36.74				
	175	353.55	535.64	1.86	1.75	53.74				
16.15	75	160.47	256.41	5.62	3.41	17.80	0.56	165.30	14.91	78.20
	125	220.98	287.93	4.43	3.19	22.58				
	175	283.53	325.60	3.30	2.87	30.32				
19.02	75	127.15	156.46	9.98	6.07	10.02	0.09	147.46	2.54	72.71
	125	181.00	167.99	7.09	5.33	14.10				
	175	230.10	165.31	8.02	5.70	12.46				

式（15.17）系数的取值　　　　　　　　　表 15.27

η_1 (kPa)	λ_1	ζ_1 (kPa)	α（$\times10^{-2}$）(°)	β（$\times10^{10}$）(°)	γ	A (kPa)	B（$\times10^{-2}$）	C (kPa)
-544043.10	200.20	88485.34	3.60	1.31	15.68	39686.61	1.38	76.48

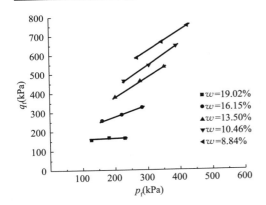

图 15.59　重塑黏土不排水剪切在 p_f-q_f 平面内的强度包线

将剪切速率为 0.055mm/min 时的试样在不同含水率和围压下的强度值作为试样在该含水率和围压下的强度值。强度值的取值标准为：对于偏应力-轴向应变关系曲线呈硬化型的试样，取轴向应变 15% 对应的偏应力作为其强度值；对于偏应力-轴向应变关系曲线呈软化型的试样，取偏应力峰值作为其强度值。将试样在不同含水率和围压下的强度值画在 p_f-q_f 坐标上，如图 15.59 所示，含水率相同的试样在不同围压下的强度值呈良好的线性关系。采用第 12～14 章相同的分析方法，可得强度参数的具体结果（表 15.26）。

图 15.60、图 15.61 分别为试样的总内摩擦角、总黏聚力与含水率的关系曲线。总内摩擦角和总黏聚力均随着含水率的升高而减小。这是因为，随着含水率的提高，土颗粒周围的水薄膜变厚，导致相互之间的静电引力减弱，从而引起内摩擦角和黏聚力的下降。

图 15.60、图 15.61 中的关系曲线可分别用下列方程拟合：

$$\varphi_u = 1/(\alpha + \beta w^{\gamma-1}) \tag{15.18}$$

$$c_u = A\exp(-w/B) + C \tag{15.19}$$

式中，α、β、γ、A、B 和 C 是拟合参数，各参数的取值见表 15.27。

将式（15.18）和式（15.19）代入摩尔强度公式，可以得出不排水抗剪强度与含水率的关系式：

$$\tau_f = c_u + \sigma\tan\varphi_u = A\exp(-w/B) + C + \sigma\tan[1/(\alpha + \beta w^{\gamma-1})] \tag{15.20}$$

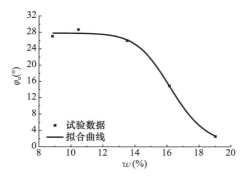

图 15.60　总内摩擦角与含水率的关系曲线

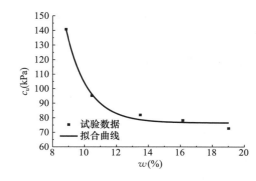

图 15.61　总黏聚力与含水率的关系曲线

图 15.62 是不同围压和含水率下体应变与轴向应变的关系曲线。ε_v 是试样在剪切过程中的体应变，其符号规定以试样体积相对于初始体积减小（即剪缩）为正。由图 15.62 可知，含水率与围压较小时，试样发生剪胀，反之，剪胀减小或没有剪胀。

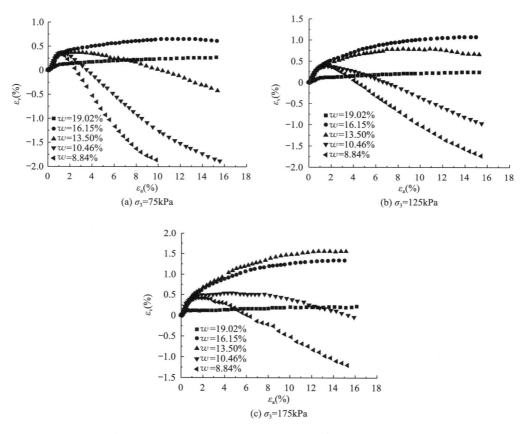

图 15.62　不同围压和含水率下的体应变-轴向应变关系曲线

15.5.4　控制吸力和净围压的固结排水剪切的变形强度特性

图 15.63 是不同净围压和基质吸力下的偏应力-轴向应变关系曲线和体应变-轴向应变关系曲线，具有以下特点：（1）除净围压为 75kPa 和 175kPa、吸力为 0kPa 的试样外，其余试样在不同净围压和吸力下的偏应力-轴向应变关系曲线呈硬化型；（2）试样的初始切线模量和强度均随吸力与净围压的升高而增大；（3）吸力与净围压较小（吸力为 0kPa、净围压为 75kPa 和 175kPa）

时，试样发生剪胀，反之，剪胀减小或没有剪胀；（4）在轴向应变较小时（小于2%），所有试样均呈现剪缩。反映出在剪切初始阶段，试样以压密变形为主；随着剪切的发展，吸力和净围压不同的试样呈现出不同的性质：吸力较大的试样，土的有效黏聚力较大，在偏应力不断增大时不容易发生滑移变形，试样出现剪缩现象；而吸力较小的试样，土的黏聚力较小，如若净围压也比较低，摩擦强度不能有效发挥，抵抗滑移变形的能力较差，当偏应力超过一定值后，试样就发生剪胀。

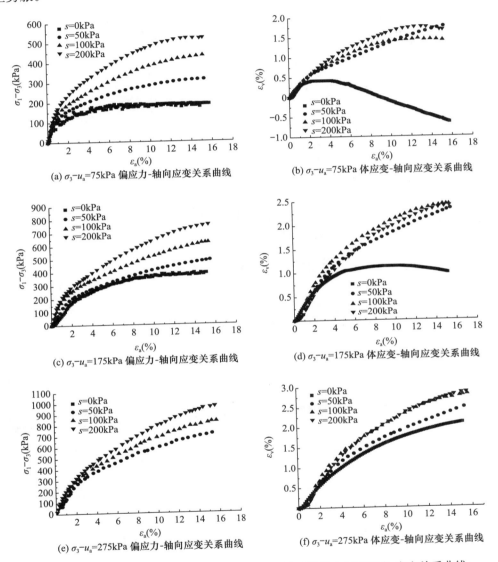

图 15.63　重塑黏土的控制吸力和净围压的三轴固结排水剪切应力-应变关系曲线

图 15.64 是试验的偏应力-轴向应变关系曲线的另一种表达形式，即 $\frac{\varepsilon_a}{\sigma_1-\sigma_3}$-$\varepsilon_a$ 关系曲线，均近似为直线；换言之，重塑黏土的偏应力-轴向应变关系曲线可用双曲线方程式（15.16）描述。双曲线参数 a 和 b 列于表 15.28 中。a 的倒数即为试样的初始切线杨氏模量 E_i，其值亦列于表 15.28中。对 E_i 应用二元线性回归分析，可得其与基质吸力及净围压之间的关系：

$$E_i = \eta_2 s + \lambda_2(\sigma_3 - u_a) + \zeta_2 \tag{15.21}$$

式中，η_2、λ_2、ζ_2 是拟合参数，$\eta_2=15.94$，$\lambda_2=43.32$，$\zeta_2=8306.3kPa$。η_2 和 λ_2 均为正值，反

映 E_i 随基质吸力和净围压的升高而增大。当基质吸力和围压都等于零时，$E_i = \zeta_2$，ζ_2 即饱和土的无侧限压缩初始切线杨氏模量。

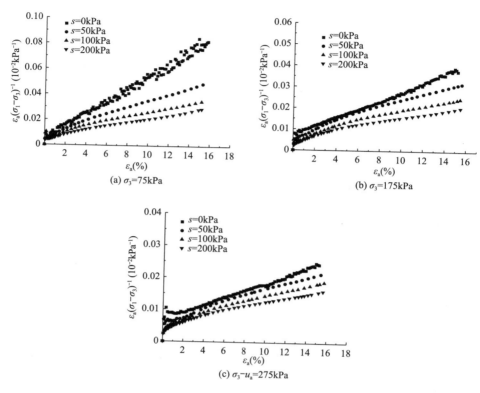

图 15.64　重塑黏土的控制吸力和净围压的三轴固结排水剪切试验的 $\dfrac{\varepsilon_a}{\sigma_1 - \sigma_3}$-$\varepsilon_a$ 关系曲线

试样的强度参数可由图 15.65 和图 15.66 得到，其数值见表 15.28。吸力对摩擦角的影响较小，但对黏聚力的影响显著。

重塑黏土的控制吸力和净围压的三轴固结排水剪切试验的变形强度参数　　表 15.28

s (kPa)	$\sigma_3 - u_a$ (kPa)	p_f (kPa)	q_f (kPa)	$a \times 10^{-5}$ (kPa^{-1})	$b \times 10^{-3}$ (kPa^{-1})	E_i (MPa)	$\tan\omega$	ξ' (kPa)	φ' (°)	c (kPa)
0	75	142.39	191.15	10.38	4.80	9.63				
	175	305.93	392.84	9.46	2.07	10.57	1.24	13.48	30.93	6.50
	275	474.01	600.7	8.71	1.14	11.48				
50	75	179.75	314.25	9.74	2.85	10.27				
	175	338.99	491.97	7.62	1.77	13.13	1.21	71.62	30.26	34.49
	275	514.78	719.33	6.48	1.09	15.42				
100	75	219.57	433.71	6.81	1.98	14.68				
	175	383.73	626.18	5.24	1.37	19.07	1.20	150.35	30.05	72.35
	275	553.19	834.58	5.82	0.98	17.17				
200	75	249.25	522.74	5.83	1.64	17.15				
	175	428.06	759.17	5.09	1.13	19.65	1.29	228.38	32.08	110.90
	275	600.04	975.13	4.90	0.82	20.40				

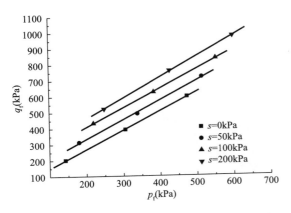

图 15.65 在 p_f-q_f 坐标系中重塑黏土的破坏包线

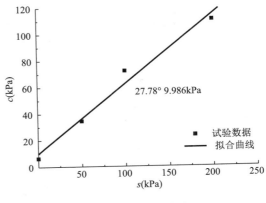

图 15.66 c-s 关系

15.5.5 控制吸力和净平均应力的固结排水剪切的变形强度特性

控制吸力和净平均应力的三轴固结排水剪切试验（简称为等 p 试验）方案见表 15.22。图 15.67 是不同净平均应力下的偏应力-轴向应变关系曲线和体应变-轴向应变关系曲线。由于在增加偏应力时必须减少净围压，净围压在剪切过程中不断降低，轴向应变达到 3%～5% 就发生剪切破坏，且偏应力-轴向应变曲线多为软化型；试样多发生剪胀。

图 15.68 是等 p 试验在 p_f-q_f 坐标系中的强度包线，图 15.69 是相应的总黏聚力与吸力的关系曲线。等 p 试验的黏聚力和内摩擦角分别用 c_p 和 φ_p 表示。强度参数列于表 15.29。

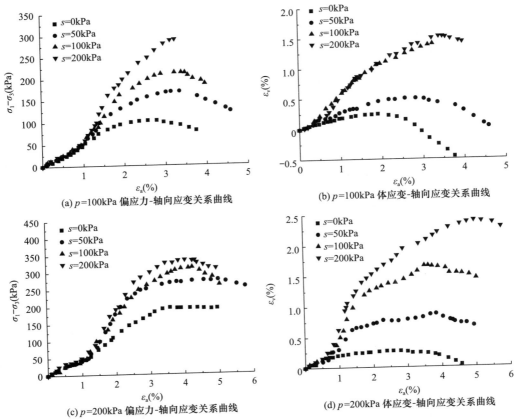

图 15.67 重塑黏土的控制吸力和净平均应力的固结排水剪切试验的应力-应变关系曲线（一）

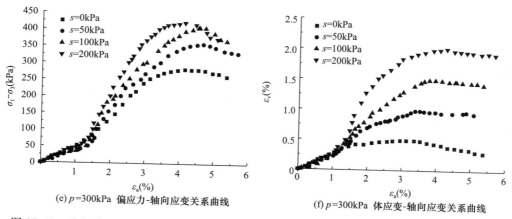

(e) $p=300\text{kPa}$ 偏应力-轴向应变关系曲线　　(f) $p=300\text{kPa}$ 体应变-轴向应变关系曲线

图 15.67　重塑黏土的控制吸力和净平均应力的固结排水剪切试验的应力-应变关系曲线（二）

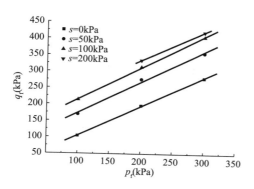

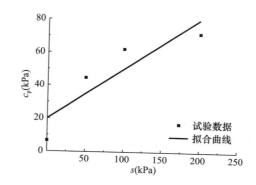

图 15.68　等 p 试验在 p_f-q_f 坐标系中的破坏包线　　图 15.69　等 p 试验的总黏聚力与吸力的关系

等 p 固结排水剪切试验的强度参数

表 15.29

s (kPa)	$\sigma_3 - u_a$ (kPa)	p_f (kPa)	q_f (kPa)	E_i (kPa)	$\tan\omega$	ξ (kPa)	ξ' (kPa)	φ_p (°)	c_p (kPa)
0	100	100	103.79	4262.53	0.89	16.47	13.93	22.82	6.60
	200	200	195.93	4651.47					
	300	300	280.84	5155.73					
50	100	100	169.63	3734.81	0.93	80.37	94.03	23.75	44.47
	200	200	276.03	4152.31					
	300	300	356.71	5511.79					
100	100	100	213.20	3659.30	0.96	118.33	131.35	24.46	62.19
	200	200	313.35	4357.81					
	300	300	405.59	5057.02					
200	100	100	—	4339.87	0.86	161.27	151.94	22.10	71.71
	200	200	333.94	4892.24					
	300	300	420.28	5362.61					

表 15.30 为等 p 试验与控制吸力和净平均应力的固结排水剪切试验的强度指标比较。在吸力较低（不超过 50kPa）时，两种试验的强度指标差别不大；吸力较高时，后者的黏聚力和内摩擦角均低于前者。

控制吸力和净围压的三轴固结排水剪切与三轴等 p 剪切试验的强度参数的比较　　表 15.30

基质吸力（kPa）		0	50	100	200
黏聚力（kPa）	CD 试验	6.50	34.49	72.35	110.90
	等 p 试验	6.60	44.47	62.19	71.71
内摩擦角（°）	CD 试验	30.93	30.26	30.05	32.08
	等 p 试验	22.82	23.75	24.46	22.10

15.6　硫酸盐渍土的变形强度特性简介

　　试验用土取自宁夏扶贫扬黄灌溉工程固海扩灌第四泵站变电所内。洗盐后含砂质量百分比为 57%，含细粒土质量百分比为 43%。其中细粒组中以粉粒为主，依据《土的工程分类标准》GB/T 50145—2007[3]确定为粉土质砂；经过化学成分分析，主要含硫酸根离子和钠离子，为硫酸盐渍土；天然含水率约为 9%，最优含水率为 9.6%，最大干密度为 2.03g/cm³。天然盐渍土中易溶盐的成分和含量较为复杂，为便于定量分析，将不同浓度的硫酸钠溶液分别加入洗盐后的干土中，配成不同硫酸钠含量的盐渍土土样。将配好的土样置于恒温环境 24h。然后制成直径39.1mm、高 80mm 的三轴试样。试样含水率按最优含水率配制，制样室温度为 30℃。制成后的试样实际含水率和干密度见表 15.31。

　　试样设备为后勤工程学院的 CT-三轴仪（图 6.44），CT 室的工作温度控制为 24℃。共做 11个试样试验[15]，按不同硫酸钠含量分为 Ⅰ、Ⅱ、Ⅲ、Ⅳ，共 4 组，其初始参数和应力状态见表 15.31。其中，含盐率是土样中的硫酸钠质量与土的干质量之比，用百分数表示。在进行三轴试验的同时对土样进行 CT 扫描，扫描截面与试样底面平行。取试样高度的 1/3 处和 2/3 处为扫描截面，剪切过程中对每个扫描断面进行多次 CT 扫描；通过分析扫描图像得到相应的 CT 数均值ME 和方差 SD，观测试样在剪切过程中微观变化。本节仅分析硫酸盐渍土的变形和强度特性。

硫酸盐渍土试样的初始参数和围压　　表 15.31

试验组别	试样编号	干密度（g/cm³）	含水率（%）	含盐率（%）	围压（kPa）
Ⅰ	1	1.64	10	0	50
	2	1.66			100
	3	1.65			200
Ⅱ	4	1.63		1	100
	5	1.67			200
Ⅲ	6	1.65		2	50
	7	1.66			100
	8	1.65			200
Ⅳ	9	1.63		4	50
	10	1.63			100
	11	1.62			200

　　图 15.70 和图 15.71 分别是试样在不同含盐率下的偏应力-轴向应变关系曲线和体应变-轴向应变曲线，图 15.72 是试样在不同围压下的偏应力-轴向应变关系曲线。由图 15.70～图 15.72 可见，所有偏应力-轴向应变曲线均呈塑性硬化型；试样体变皆为剪缩；围压越大，强度越高；含盐率越高，强度越低，体应变越大。

　　含盐率小于等于 2% 时，硫酸钠含量对粉土质砂土的屈服强度影响不大，这是因为含盐量较低时，即使所有的盐分都溶解了，土的干密度减小都不超过 0.025g/cm³，对试样的强度影响不大。随着含盐率增加到 4%，试样的强度降低较快。其原因有两个：（1）在试样所含溶液未达到饱和之前，试样含盐率越高，溶解在水中的盐分就越多，相当于充当土体骨架的盐分变少，即土样的实际干密度变小，最多可达 5%；（2）从制样温度 30℃降低到剪切试验温度 24℃时，硫酸钠含量越高，试样内部产生硫酸钠晶体的起胀温度就越高，相同温度变化时产生的芒硝晶体就越多，试样盐胀量越大，使试样干密度减小，强度降低。为消除制样温度与试验温度差异的影响，应尽可能控制制样房间的温度与试验温度一致。

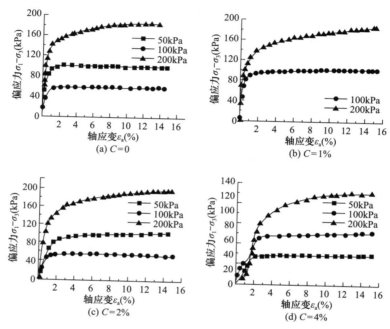

图 15.70　不同含盐率下的偏应力-轴向应变关系曲线（图例数字表示净围压数值）

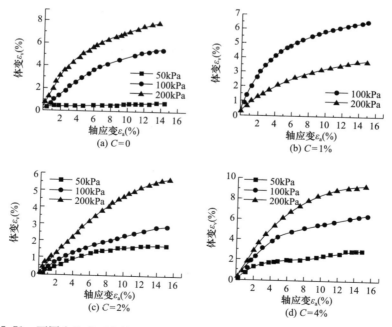

图 15.71　不同含盐率下的体应变-轴向应变关系曲线（图例数字表示净围压数值）

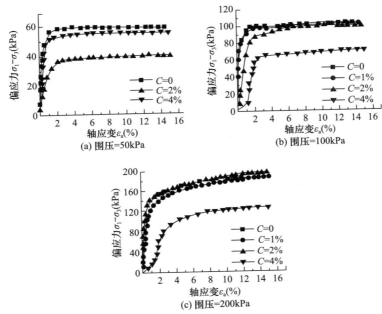

图 15.72　不同围压下的偏应力-轴向应变关系曲线

15.7　本章小结

1. 含黏砂土的主要研究成果

（1）含黏砂土的加载屈服和吸力增加屈服可分别用巴塞罗那模型的 LC 屈服面与 SL 屈服面描述；依据 p-s 平面上比例加载的径向应力路径试验结果提出了抛物线形式统一屈服面，能较好地描述含黏砂土和重塑黄土的屈服特性，具有较好的适应能力。

（2）含黏砂土在三轴试验（包括各向等压和剪切）过程中的水量变化可用考虑吸力、净平均应力和偏应力的 4 变量广义持水特性曲线公式描述。

（3）含黏砂土受到的净围压越大，吸力越高，其强度越大；随吸力的增大，偏应力-轴向应变曲线由应变硬化型逐渐向应变软化型转变；随着吸力增大，体变从剪缩转变为剪胀；含黏砂土具有较强的剪胀性，其泊松比可大于 0.5。

（4）吸力对含黏砂土的黏聚力有显著影响，而内摩擦角随吸力变化不大；三轴试验与直剪试验的有效内摩擦角比较接近，而总黏聚力有一定的差别。

（5）含水率对含黏砂土的不排水变形、强度和孔压演变影响很大；在最优含水率以下，强度和黏聚力随着含水率的增大而明显提高；含水率超过最优含水率后，强度、黏聚力和内摩擦角均随含水率的增大而明显降低；孔隙气压力和孔隙水压力与试样的体变密切相关，剪缩时升高，剪胀时降低；随着剪胀增加，试样的吸力变大。

（6）含水率和干密度对含黏砂土的回弹模量均有显著影响，且前者的影响大于后者；用三轴仪卸载-再加载的滞回圈确定的回弹模量小于承载板法所确定的相应数值，建议用前者。

2. 重塑红黏土的主要研究成果

干密度、吸力、净围压均对重塑红黏土的变形强度有重要影响，黏聚力受吸力影响显著，吸力摩擦角随干密度变化较大。

3. 重塑黏土的主要研究成果

（1）随着吸力增大，重塑黏土的屈服压力增大，而压缩指数减小，二者与吸力的关系均可用指数函数描述。

（2）对不排水剪切试验而言，孔压（或吸力）对剪切速率的反应很敏感，而剪切速率对偏应力-轴向应变曲线的影响不大，应通过试验结果比较选择合适的剪切速率。

（3）含水率对重塑黏土的变形和强度有显著影响，初始杨氏模量、黏聚力和内摩擦角均随含水率的增大而降低。

（4）吸力对初始切线杨氏模量和黏聚力的影响显著，但对内摩擦角的影响较小。

（5）控制吸力和净平均应力的三轴固结排水剪切试验的破坏应变较小，偏应力-轴向应变曲线多为软化型，试样多发生剪胀。

（6）控制吸力和净平均应力的三轴固结排水剪切试验的强度参数低于控制吸力和净围压的三轴固结排水剪切试验的强度参数。

4. 盐渍土的研究成果

（1）含盐率越高，强度越低，体应变越大。

（2）偏应力-轴向应变曲线均呈硬化型；体变皆为剪缩；围压越大，强度越高。

参考文献

［1］苗强强. 非饱和含黏砂土的水气分运移规律和力学特性研究［D］. 重庆：后勤工程学院，2011.

［2］张磊. 非饱和路基填土（含黏砂土）力学特性的试验研究［D］. 重庆：后勤工程学院，2010.

［3］中华人民共和国建设部. 土的工程分类标准：GB/T 50145—2007［S］. 北京：中国计划出版社，2008.

［4］陈正汉. 重塑非饱和黄土的变形、强度、屈服和水量变化特性［J］. 岩土工程学报，1999，21（1）：82-90.

［5］ALONSO E E，GENS A，JOSA A. A constitutive model for partially saturated soils［J］. Géotechnique，1990，40（3）：405-430.

［6］苗强强，陈正汉，朱青青. $p\text{-}s$ 平面上不同应力路径的非饱和土力学特性研究［J］. 岩石力学与工程学报，2011，30（7）：1496-1502.

［7］黄海. 非饱和土的屈服特性及弹塑性固结有限元分析［D］. 重庆：后勤工程学院，2000.

［8］黄海，陈正汉，李刚. 非饱和土在 $p\text{-}s$ 平面上的屈服轨迹及土-水特征曲线的探讨［J］. 岩土力学，2000，21（4）：316-321.

［9］张磊，苗强强，陈正汉，等. 重塑非饱和含粘砂土变形强度特性的三轴试验［J］. 后勤工程学院学报，2009，25（6）：6-11.

［10］中华人民共和国住房和城乡建设部. 土工试验方法标准：GB/T 50123—2019［S］. 北京：中国计划出版社，2019.

［11］中华人民共和国交通部. 公路土工试验规程：JTG E40—2007［S］. 北京：人民交通出版社，2007.

［12］张磊，苗强强，陈正汉，等. 含水率变化对路基回弹模量的影响［J］. 后勤工程学院学报，2010，26（3）：5-10.

［13］武明，陈正汉，姚志华，等. 云南非饱和红黏土的强度和变形特性研究［J］. 地下空间与工程学报，2013，9（6）：1257-1265.

［14］章峻豪. 南水北调中线工程安阳段渠坡滑塌机理及对策研究［D］. 重庆：后勤工程学院，2012.

［15］张伟，陈正汉，黄雪峰，等. 硫酸盐渍土的力学和细观特性试验研究［J］. 建筑科学，2012，28（1）：49-54.